westermann

Stefan Alker, Birte Baumgart, Werner Beermann, Jens Brockamp, Sascha Marx,
Timo März, Hans-Peter Mehl-Deininger, Harald Miehe, Tanja Wachter

Tabellenbuch
Maler/-in und Lackierer/-in

Ausbildung und Praxis

9. Auflage

Bestellnummer 02142

Diesem Buch wurden die bei Manuskriptabschluss vorliegenden neuesten Ausgaben der DIN-Normen, VDI-Richtlinien und sonstigen Bestimmungen zu Grunde gelegt. Verbindlich sind jedoch nur die neuesten Ausgaben der DIN-Normen und VDI-Richtlinien und sonstigen Bestimmungen selbst.

Die DIN-Normen wurden wiedergegeben mit Erlaubnis des DIN Deutsches Institut für Normung e. V. Maßgebend für das Anwenden der Norm ist deren Fassung mit dem neuesten Ausgabedatum, die bei der Beuth-Verlag GmbH, Burggrafenstraße 6, 10787 Berlin, erhältlich ist.

Zusatzmaterialien zum Tabellenbuch Maler/-in und Lackierer/-in

Für Lehrerinnen und Lehrer:

BiBox westermann
inkl. E-Book

BiBox Einzellizenz für Lehrer/-innen (Dauerlizenz): 978-3-427-87198-9
BiBox Kollegiumslizenz für Lehrer/-innen (Dauerlizenz): 978-3-427-87196-5
BiBox Kollegiumslizenz für Lehrer/-innen (1 Schuljahr): 978-3-427-83135-8

Für Schülerinnen und Schüler:

BiBox westermann
inkl. E-Book

BiBox Einzellizenz für Schüler/-innen (1 Schuljahr): 978-3-427-87197-2
BiBox Klassensatz PrintPlus (1 Schuljahr): 978-3-427-81582-2

Druck und Bindung: Westermann Druck GmbH, Georg-Westermann-Allee 66, 38104 Braunschweig

ISBN 978-3-427-**02142**-1

Grundlagen

Werkstoffe, Hilfsstoffe

Arbeitsschutz, Umweltschutz

Aufmaß, Abrechnung

Betriebsführung

Quellen

Mathematische Zeichen

DIN 1302:1999-12, **DIN 5473**:21992-7

Zeichen	Bedeutung	Zeichen	Bedeutung	Zeichen	Bedeutung	Zeichen	Bedeutung
+	plus, und	=	gleich	Σ	Summe	∠	Winkel
−	minus	≠	ungleich	Δ	Differenz	⊥	rechtwinklig
· ×	mal	≡	identisch	{[()]}	Klammer	∦	nicht parallel
:	geteilt durch	≢	nicht identisch	1°	Grad	∥	parallel
— /	Bruchstrich	≈	ungefähr gleich	1'	Winkelminute	log	Logarithmus
$\sqrt[n]{a}$	*n*-te Wurzel	>	größer als	1''	Winkelsekunde	ln	Natürlicher Log, Basis e
$\sqrt{a}$	Quadratwurzel	≥	größer o. gleich	sin	Sinus	lg	Log Basis 10
a^n	*a* hoch *n*	<	kleiner als	cos	Cosinus	arc	Bogenmaß
%	Prozent	≤	kleiner o. gleich	cot	Cotangens	tan	Tangens
‰	Promille	~	proportional	∞	unendlich	…	und so weiter

Griechisches Alphabet

Buchstabe		Benennung	Aussprache	Buchstabe		Benennung	Aussprache	Buchstabe		Benennung	Aussprache
Α	α	Alpha	'alfa	Ι	ι	Iota	'jo:ta:	Ρ	ϱ	Rho	ro:
Β	β	Beta	'be:ta:	Κ	χ	Kappa	'kapa:	Σ	σ	Sigma	'sigma
Γ	γ	Gamma	'gama	Λ	λ	Lambda	'lambda	Τ	τ	Tau	tau
Δ	δ	Delta	'delta	Μ	μ	My	mü	Υ	υ	Ypsilon	'ypsilon
Ε	ε	Epsilon	'epsilon	Ν	ν	Ny	nü	Φ	ϕ	Phi	fi:
Ζ	ζ	Zeta	'tse:ta	Ξ	ξ	Xi	ksi	Χ	χ	Chi	chi:
Η	η	Eta	'e:ta:	Ο	ο	Omikron	'omikron	Ψ	ψ	Psi	psi:
Θ	ϑ	Theta	'te:ta:	Π	π	Pi	pi:	Ω	ω	Omega	'o:mega:

Anwendung griechischer Buchstaben als Formelzeichen

DIN 1338:2011-03

Zeichen	Beispiele	Zeichen	Beispiele
α, β, γ	Winkel	ν	kinematische Zähigkeit
α	Längenausdehnungszahl, Wärmeübergangszahl	ϱ	Dichte, spezifischer elektrischer Widerstand
β	Flächenausdehnungszahl	π	Ludolph'sche Zahl 3,141592, Pi
γ	Volumenausdehnungszahl, Wichte	Σ	Summe
Δ	Differenz (z. B. Temperaturdifferenz, Farbdifferenz im CIELAB-System)	σ	(Oberflächen-)Spannung, Verdunstungszahl
ε	Oberflächenenergie, Wirkungsgrad	τ	Schubspannung
η	dynamische Viskosität, Wirkungsgrad	Φ	Wärmestrom
ϑ, Θ	Temperatur in °C	ϕ	relative Luftfeuchtigkeit, elektr. Potenzial
λ	Wärmeleitfähigkeit, Wellenlänge	ω	Winkelgeschwindigkeit
μ	Diffusionswiderstandzahl	Ω	Raumwinkel

Römische Ziffern

I 1	II 2	III 3	IV 4	V 5	VI 6	VII 7	VIII 8	IX 9	X 10	XX 20	XXX 30	XL 40	L 50
LX 60	LXX 70	LXXX 80	XC 90	C 100	CC 200	CCC 300	CD 400	D 500	DC 600	DCC 700	DCCC 800	CM 900	M 1 000

Beispiele: CXCVI = 196, MDCXCIX = 1699, MDCCXXIV = 1724, MMXIII = 2013

Vorsätze von Einheiten **DIN 1301-1:**2010-10

Vorsätze sind Zahlen-Faktoren und können wie Zahlen verrechnet werden.
Beispiel Dichteangaben: 3,04 g/cm³ = 3,04 · 10⁶ · g · m⁻³ = 3 040 kg/m³ = 3,04 t/m³.

Verkleinerung				Vergrößerung			
Vorsatz	Zeichen	Faktor	Zehnerpotenz	Vorsatz	Zeichen	Faktor	Zehnerpotenz
Dezi	d	0,1	10^{-1}	Deka	da	10	10^{1}
Zenti	c	0,01	10^{-2}	Hekto	h	100	10^{2}
Milli	m	0,001	10^{-3}	Kilo	k	1 000	10^{3}
Mikro	µ	0,000 001	10^{-6}	Mega	M	1 000 000	10^{6}
Nano	n	0,000 000 001	10^{-9}	Giga	G	1 000 000 000	10^{9}

Darstellung von Zahlen und Größen auf der Zahlengeraden und in Koordinatensystemen

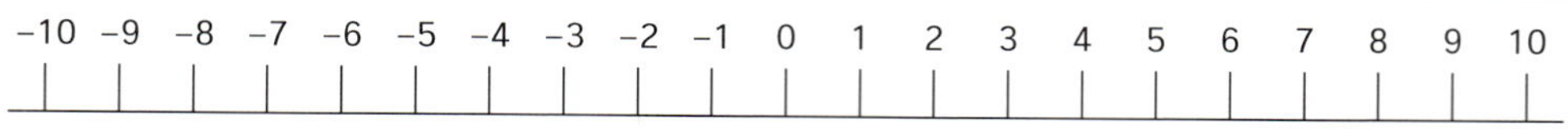

Lineare Darstellung: Eine zehnmal so große Zahl ist zehnmal so weit vom Nullpunkt entfernt.

Logarithmische Darstellung: Eine zehnmal so große Zahl ist um eine Einheit weiter von 1 entfernt, ein Zehntel der Zahl ist um eine Einheit in der anderen Richtung von 1 entfernt. Negative Zahlen sind nicht zulässig.

Zahlen

Zahlen	Beispiele	Konstruktion	Mengenzeichen
Natürliche ℕ Ganze ℤ	0, 1, 2, 3 ... –1, –2, –3 ...	Nachfolger von ℕ Nachfolger und Vorgänger von ℕ	ℕ ℤ
Rationale (Bruch-)	½, ¼ oder 0,24 ...	Quotient ganzer Zahlen $\mathbb{Z}_1/\mathbb{Z}_2$	ℚ
Reelle	$\sqrt{2}$, π, e ...	Rationale Zahlen und irrationale ℤ.	ℝ

Komplexe Zahlen haben beim Aufmaß keine Bedeutung.

Grundrechenarten

Rechenart	Benennung	Beispiele	Bemerkung
Addition	1 plus 2 gleich 3 Summand + Summand = Summe	8,21 m + 3,57 m = 11,78 m $4a + 12a = 16a$	Addition und Subtraktion sind Strichrechnungen.
Subtraktion	3 minus 2 gleich 1 Minuend – Subtrahend = Differenz	14 cm – 2 cm = 12 cm $5a - 2a = 3a$	
Multiplikation, malnehmen	3 mal 4 gleich 12 Faktor · Faktor = Produkt	40 N · 2 m = 80 Nm Größen werden wie Zahlen behandelt	Multiplikation und Division sind Punktrechnungen, auch mit Bruchstrich. Punktrechnen geht vor Strichrechnen.
Division, teilen	12 geteilt durch 3 gleich 4 Dividend : Divisor = Quotient	80 Nm : 2 m = 40 N	
Rechenarten kombiniert	Produkt + Summand Faktor · Summe Differenz · Faktor	2 · 3 + 5 = 6 + 5 = 11 2 · (3 + 5) = 2 · 8 =16 (5 – 2) · 2 = 3 · 2 = 6	Soll die Strichrechnung Vorrang haben, werden Klammern gesetzt.

Vorzeichenregeln

Vorzeichen sind Faktoren; minus mal minus ergibt plus, minus mal plus ergibt minus.

Klammerrechnung

Rechenart	Beispiel	Erklärung
Plusklammer	$2a + (b - 3c) = 2a + b - 3c$	Beim Auflösen einer Plusklammer bleiben alle Rechenzeichen erhalten.
Minusklammer	$a - (-3b + 2c) = a + 3b - 2c$	Beim Auflösen einer Minusklammer ändern sich alle Rechenzeichen in der Klammer.
Mehrfache Klammern	$a - [-b + (c - d)] = a - [-b + c - d]$ $= a + b - c + d$	Die Klammern werden von innen nach außen aufgelöst.
Zahl mal Klammer	$2a \cdot (b - 3c) = 2a \cdot b - 2a \cdot 3c$ $= 2ab - 6ac$	Die Zahl wird mit jedem Summanden der Klammer multipliziert.
Klammer mal Klammer	$(a + b) \cdot (c + d) = a(c + d) + b(c + d)$ $= ac + ad + bc + bd$	Jeder Summand der ersten Klammer wird mit jedem Summand der zweiten Klammer multipliziert.
Klammer durch Zahl	$(a + b) : c = a : c + b : c$ $= \frac{a}{c} + \frac{b}{c}$	Jeder Summand der Klammer wird durch die Zahl dividiert.
Klammer durch Klammer	$(a + b) : (c + d) = a : (c + d) + b : (c + d)$ $= \frac{a}{c + d} + \frac{b}{c + d}$	Jeder Summand der ersten Klammer wird durch die zweite Klammer dividiert.

Beispiele:

$\Delta l = 20 \cdot 1{,}16 \cdot (40 - 10) = 696$

Weitere Beispiele auf S. 302 ff. (Aufmaß, Abwicklungen und Leibungen).

Bruchrechnung

Rechenart	Beispiel	Erklärung
Erweitern oder Kürzen	$\frac{3 \cdot 3}{7 \cdot 3} = \frac{9}{21}$ oder $\frac{9 \cdot 3}{21 \cdot 3} = \frac{3}{7}$	Zähler und Nenner mit derselben Zahl multiplizieren bzw. durch dieselbe Zahl dividieren.
gleichnamig machen	$\frac{3}{2} + \frac{4}{3} = \frac{3 \cdot 3}{2 \cdot 3} + \frac{4 \cdot 2}{3 \cdot 2} = \frac{9}{6} + \frac{8}{6} = \frac{17}{6} = 2\frac{5}{6}$	Jeden Bruch so erweitern, dass alle den kleinsten gemeinsamen Nenner haben.
Addition und Subtraktion	$\frac{3}{7} + \frac{5}{7} - \frac{2}{7} = \frac{3 + 5 - 2}{7} = \frac{6}{7}$	Nur gleichnamige Brüche; Zähler addieren bzw. subtrahieren.
Multiplikation mit Zahl	$3 \cdot \frac{7}{5} = \frac{3 \cdot 7}{5} = \frac{21}{5} = 4\frac{1}{5}$	Die Zahl mit dem Zähler des Bruches multiplizieren.
mit Bruch	$\frac{2}{3} \cdot \frac{7}{5} = \frac{2 \cdot 7}{3 \cdot 5} = \frac{14}{15}$	Jeweils die Zähler und die Nenner multiplizieren.
Division mit Zahl	$\frac{7}{5} : 6 = \frac{7}{5 \cdot 6} = \frac{7}{30}$	Nenner mit der Zahl multiplizieren.
mit Bruch	$6 : \frac{7}{5} = \frac{6 \cdot 5}{7} = \frac{30}{7} = 4\frac{2}{7}$	Zahl mit dem Kehrwert des Bruches multiplizieren.
zwei Brüche	$\frac{3}{5} : \frac{7}{8} = \frac{3 \cdot 8}{5 \cdot 7} = \frac{24}{35}$	Den ersten Bruch mit dem Kehrwert des zweiten multiplizieren.

Potenzen und Wurzeln

Potenz: $a^n = b$	a Basis n Exponent b Potenzwert	Wurzel: $\sqrt[n]{b} = a$	b Radikand n Wurzelexponent a Wurzelwert

Grundlagen | Werkstoffe, Hilfsstoffe | Werkzeuge, Geräte, Gerüste | Arbeitstechniken | Gestaltung | Arbeitsschutz, Umweltschutz | Aufmaß, Abrechnung | Betriebsführung | Quellen

Rechnen mit Zehnerpotenzen (die Basis 10 kann durch jede andere Zahl ersetzt werden)

Rechenart	Beispiel	Erklärung
Addition und Subtraktion	$3 \cdot 10^2 + 2 \cdot 10^2 = 5 \cdot 10^2$ $5 \cdot 10^2 - 2 \cdot 10^2 = 3 \cdot 10^2$	Nur Potenzen mit gleicher Basis und gleichem Exponenten können addiert bzw. subtrahiert werden.
Multiplikation	$10^3 \cdot 10^2 = 10^{3+2} = 10^5$	Potenzen mit gleicher Basis werden multipliziert, indem man die Exponenten addiert.
Division	$\frac{10^5}{10^2} = 10^{5-2} = 10^3$	Potenzen mit gleicher Basis werden dividiert, indem man die Exponenten subtrahiert.
Potenzieren	$(10^2)^3 = 10^{2 \cdot 3} = 10^6$	Potenzen werden potenziert, indem man die Basis beibehält und die Exponenten multipliziert.
Radizieren	$\sqrt{10^6} = 10^{\frac{6}{3}} = 10^2$	Potenzen werden radiziert, indem man die Basis beibehält und den Potenzwert durch den Wurzelwert dividiert.
Sonderfälle	$10^1 = 10$ $10^0 = 1$	$\frac{1}{10^2} = 10^{-2}$ $10^2 = \frac{1}{10^{-2}}$

Beispiele:

$2 \cdot 3^2 + 3 \cdot 3^2 = (2+3) \cdot 3^2 = 45$; $\frac{5^3 \cdot 7^0 \cdot 3^1}{2^3 \cdot 3^4} = \frac{125 \cdot 1 \cdot 3}{8 \cdot 81} = \frac{375}{648}$; $\frac{2^5}{3^4} = \frac{32}{81} \approx 0{,}395$

Proportionen, Verhältnisse

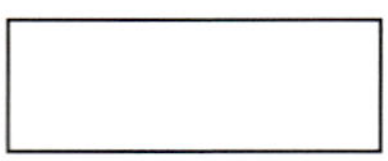

Um zwei Zahlen oder Größen wie Menge, Länge oder Masse miteinander zu vergleichen, werden sie ins Verhältnis gesetzt (Quotient), z. B. Maßstäbe, Mischungsverhältnisse oder Hebel. Beispiele: Stammlack und Härter werden im Verhältnis 3 : 1 gemischt. Breite zu Höhe der Platte verhalten sich wie 2,5 : 0,9.

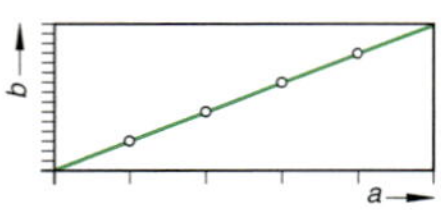

Zwei Größen a und b sind direkt proportional, wenn dem n-Fachen der Größe a das n-Fache der Größe b zugeordnet ist. Steigung einer Geraden.

a	1	2	3	4	5
b	3	6	9	12	15

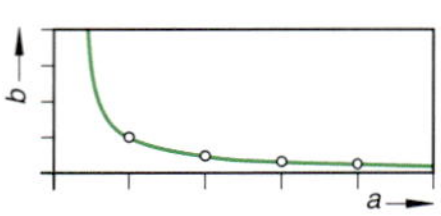

Zwei Größen a und b sind indirekt proportional, wenn dem n-Fachen der Größe a der n-te Teil der Größe b zugeordnet ist. $a \cdot b$ = konstant, Hyperbel

a	1	2	3	4	5
b	1	$\frac{1}{2} = 0{,}5$	$\frac{1}{3} = 0{,}33...$	$\frac{1}{4} = 0{,}25$	$\frac{1}{5} = 0{,}20$

Verhältnisgleichung, Proportion

Außenglieder $a_1 : b_1 = a_2 : b_2$ Innenglieder	Zwei gleiche Verhältnisse können in eine Verhältnisgleichung oder Proportion gebracht werden. Ist eine der Größen unbekannt, wird sie vierte Proportionale genannt. Sie kann durch Auflösen der Gleichung ermittelt werden. In wahren Verhältnisgleichungen gelten die Produkt- und Vertauschungssätze.
$a_1 \cdot b_2 = a_2 \cdot b_1$ $b_2 : b_1 = a_2 : a_1$ $a_1 : a_2 = b_1 : b_2$ $b_1 : a_1 = b_2 : a_2$	Das Produkt der Innenglieder ist gleich dem Produkt der Außenglieder. Auch nach Vertauschen der Innenglieder, der Außenglieder oder der Innenglieder mit den Außengliedern bleibt die Proportion wahr bzw. richtig.

Prozentrechnung

$p = \frac{w \cdot 100\,\%}{g}$ $1\,\% = \frac{1}{100}$

- p Prozentsatz in %
- w Prozentwert
- g Grundwert (entspricht 100 %)

Gibt den Bruchteil in Hundertstel an

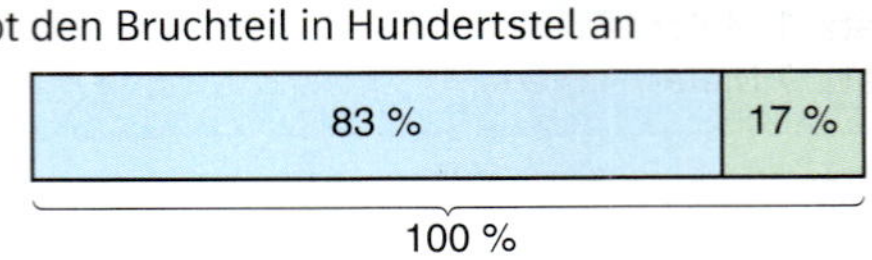

Mischungsrechnen

$\frac{m}{m_1} = \frac{t}{t_1}$	$\frac{m}{m_1} = \frac{100\ \%}{p_1}$
$m = m_1 + m_2 + \dots$	$t = t_1 + t_2 + \dots$

m Gesamtmenge in kg oder l
m_1 Teilmenge in kg oder l
t Gesamtteile
t_1 Anteile
p Prozentanteile in %

Teilmenge m_1 verhält sich zu Gesamtmenge m wie Anteil t_1 zu Gesamtteilen t

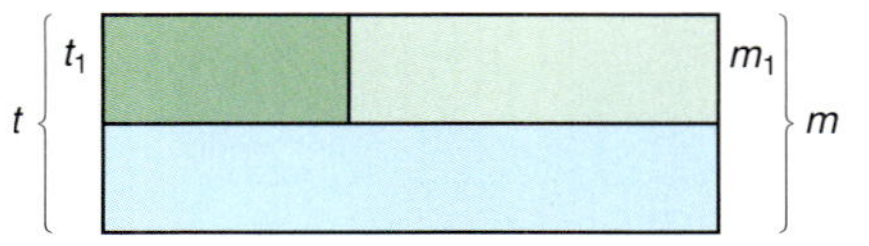

Beispiele für Mischungsrechnen

Anmischen eines 2-K-Lackes

Laut Vorschrift sollen Stammkomponente und Härter im Verhältnis 5 zu 2 angemischt werden, dann ist die Gesamtmenge 7. Benötigt werden 18 L fertiger Lack.

Also werden $\frac{5}{7} \cdot 18$ L Stammkomponente mit $\frac{2}{7} \cdot 18$ L Härter gemischt. (12,587 L und 5,143 L)

Zu einem Stammlack von 2,5 kg wird Härter benötigt. Das Mischungsverhältnis soll 2 (Stammlack) zu 1 (Härter) betragen:

$\frac{2}{1} = \frac{2{,}5}{x}$. Daraus ergibt sich:

$x = 2{,}5\ \text{kg} \cdot \frac{1}{2}$ und $x = 1{,}25$ kg

Zinsrechnung

$$z = \frac{p \cdot K}{100\ \%} \cdot t$$

z Zins in €
K Kapital in €
p Jahreszinssatz in %
t Zeit in Jahren
Es können auch Bruchteile eines Jahres sein!

Jährliche Kosten eines Darlehens

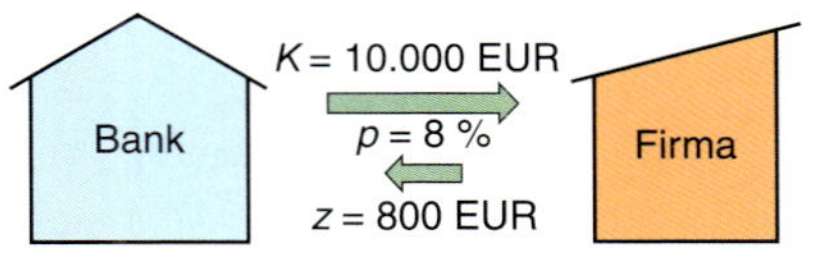

Dreisatzrechnung

Sätze	Dreisatz mit gleichem Verhältnis	Dreisatz mit umgekehrtem Verhältnis
1. Satz: Behauptungssatz (gegebene Vielzahl) Frage: **2. Satz: Zwischensatz** (schließen von der Mehrzahl auf die Einzahl) **3. Satz: Schlusssatz** (schließen von der Einheit auf die neue Mehrzahl)	Beispiel: 7 Rollen Prägetapete kosten 210,00 €. Wie viel kosten 12 Rollen? **1. Satz:** 7 Rollen à 210 € **2. Satz:** 1 Rolle à 210 €/7 **3. Satz:** 12 Rollen à 210 € · 12/7 12 Rollen kosten 360,00 €.	Beispiel: 6 Maler/-innen tapezieren eine Wohnung in 8 Stunden. Wie lange brauchen 4 Maler/-innen? **1. Satz:** 6 Maler/-innen à 8 h **2. Satz:** 1 Maler/-in à 8 h · 6 **3. Satz:** 4 Maler/-innen à 8 h · 6/4 4 Maler/-innen brauchen 12 Stunden.

Weitere Beispiele für die Dreisatzrechnung

Gleiches Verhältnis	Zusammengesetzt umgekehrt
4 Maler/-innen erhalten wöchentlich 1 834,00 € Wie viel erhalten 7 Maler/-innen? 1. Satz: 4 Maler/-innen 1 834,00 € 2. Satz: 1 Maler/-in 1 834,00 €/4 3. Satz: 7 Maler/-innen 1 834,00 € · 7/4 7 Maler/-innen erhalten 3 209,50 €.	5 Maler/-innen streichen eine Betonfassade bei 8 Stunden täglicher Arbeitszeit in 6 Tagen. Wie lange brauchen 9 Maler/-innen bei 7,5 Std. täglicher Arbeitszeit? 1. Satz: 5 Maler/-innen 8 h · 6 Tage 2. Satz: 1 Maler/-in 5 · 8 h · 6 Tage 3. Satz: 9 Maler/-innen 5 · 8 h · 6 Tage/(9 · 7,5) 9 Maler/-innen benötigen 3,55... Tage.

Umstellen von Gleichungen

Vorgang	Beispiel	Erklärung
Seiten austauschen	$(a+b)\cdot c = M$ $M = (a+b)\cdot c$	Die linke und die rechte Seite einer Gleichung können ausgetauscht werden, wenn die gesuchte Größe auf der rechten Seite der Gleichung steht.
Kehrwert bilden	$\frac{1}{k} = \frac{s}{\lambda}$ wird zu $k = \frac{\lambda}{s}$	Von beiden Seiten der Gleichung können die Kehrwerte gebildet werden, wenn die gesuchte Größe im Nenner eines Bruches steht.
Summengleichung	$2\cdot s + d = D$ $2\cdot s + d - d = D - d$ $2\cdot s = D - d$	Auf der linken und der rechten Seite der Gleichung wird der gleiche Wert subtrahiert. So wird ein Summand beseitigt.
Differenzgleichung	$D^2 - d^2 = 1{,}27\cdot A$ $D^2 - d^2 + d^2 = 1{,}27\cdot A + d^2$ $D^2 = 1{,}27\cdot A + d^2$	Auf der linken und der rechten Seite der Gleichung wird der gleiche Wert addiert. So wird ein Subtrahend beseitigt.
Produktgleichung	$m\cdot c\cdot(\upsilon_2 - \upsilon_1) = Q$ $\frac{m\cdot c\cdot(\upsilon_2 - \upsilon_1)}{m\cdot c} = \frac{Q}{m\cdot c}$ $\upsilon_2 - \upsilon_1 = \frac{Q}{m\cdot c}$	Die linke und die rechte Seite einer Gleichung werden durch den gleichen Wert geteilt. So wird ein Faktor beseitigt.
Quotientengleichung	$\frac{D+d}{2} = U\cdot p$ $\frac{D+d}{2\cdot 2} = U\cdot p\cdot 2$ $D+d = U\cdot p\cdot 2$	Die linke und die rechte Seite einer Gleichung werden mit dem gleichen Wert multipliziert. So wird ein Divisor beseitigt.
Potenzgleichung	$a^3 = V$ $\sqrt[3]{a^3} = \sqrt[3]{V}$ $a = \sqrt[3]{V}$	Die linke und die rechte Seite der Gleichung werden radiziert (Wurzel gezogen). So wird eine Potenz beseitigt.
Wurzelgleichung	$\sqrt{c^2 - a^2} = b$ $\left(\sqrt{c^2 - a^2}\right)^2 = b^2$ $c^2 - a^2 = b^2$	Die linke und die rechte Seite der Gleichung werden potenziert (mit sich selbst malgenommen). So wird eine Wurzel beseitigt.

Gleichungen ersten Grades mit zwei Unbekannten

Gleichungen ersten Grades mit zwei Unbekannten lassen sich nur lösen, wenn zwei unabhängige Gleichungen mit diesen Unbekannten gegeben sind. Man stellt aus ihnen eine dritte Gleichung mit nur einer Unbekannten her, die andere ist dann über die ersten Gleichungen zu ermitteln.

Beispiel: I. Gleichung $x + y = 2$; II. Gleichung $3x + y = 4$

Einsetzungsmethode	Gleichsetzungsmethode	Additions-/Subtraktionsmethode
Aus I. Gleichung ergibt sich: $y = 2 - x$ In II. Gleichung eingesetzt: $3x + 2 - x = 4$ Daraus folgt: $2x = 2$ $x = 1$ und aus II. $y = 1$	Aus I. Gleichung ergibt sich: $x = 2 - y$ Aus II. Gleichung ergibt sich: $x = 4/3 - y/3$ Gleichgesetzt: $2 - y = 4/3 - y/3$ Daraus folgt: $2/3y = 2/3$ $y = 1$ und aus I. $x = 1$	Aus I. Gleichung $3x + 3y = 6$ minus II. Gleichung $3x + y = 4$ Daraus ergibt sich $0 + 2y = 2$ Daraus folgt: $y = 1$ und aus I. $x = 1$

Lehrsatz des Pythagoras

$c^2 = a^2 + b^2$

$c = \sqrt{a^2 + b^2}$	$a = \sqrt{c^2 - b^2}$	$b = \sqrt{c^2 - a^2}$

c Hypotenuse in m
a, b Katheten in m

In einem rechtwinkeligen Dreieck ist das Quadrat über der Hypotenuse c gleich der Summe der Quadrate über den Katheten a und b. Das Seitenverhältnis 3 : 4 : 5 ergibt einen rechten Winkel.

Ermöglicht die Berechnung der Seiten im Dreieck

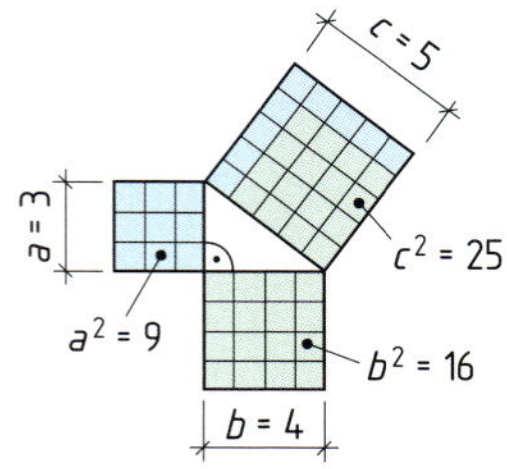

Flächenberechnung

Einheitenumrechnung

m² →·100→ dm² →·100→ cm² →·100→ mm²
m² ←:100← dm² ←:100← cm² ←:100← mm²

Beispiele:
$1\ m^2 = 10\,000\ cm^2$
$10\,000\ mm^2 = 100\ cm^2 = 1\ dm^2$
$125\,000\ cm^2 = 12{,}5\ m^2$

A Fläche b, l_B Bogenlänge D, d Durchmesser	h Höhe l, l_1, l_2 Länge n Eckenzahl	r Radius s Wanddicke U Umfang	α Winkel 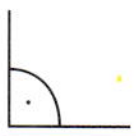

Quadrat	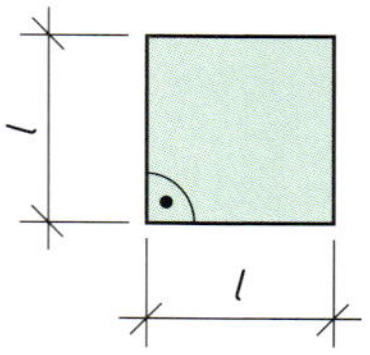	Rechteck	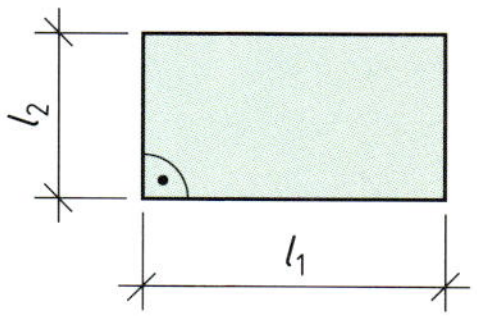
$A = l \cdot l$		$A = l_1 \cdot l_2$	
$U = l \cdot 4$		$U = (l_1 + l_2) \cdot 2$	
Parallelogramm (Rhomboid)	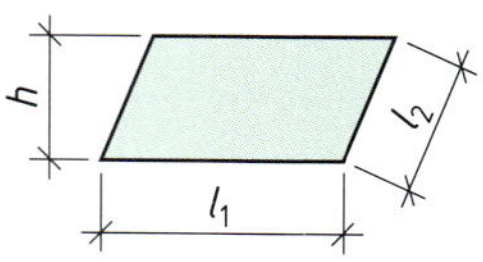	Trapez	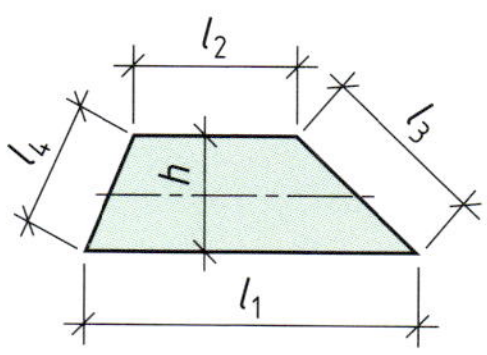
$A = l_1 \cdot h$		$A = \frac{1}{2} \cdot (l_1 + l_2) \cdot h$	
$U = (l_1 + l_2) \cdot 2$		$U = l_1 + l_2 + l_3 + l_4$	

Flächenberechnung (Fortsetzung)

Dreieck

$A = \frac{l \cdot h}{2}$

U Summe der Seiten

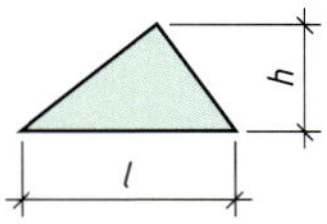

Regelmäßiges Vieleck

$A = \frac{n \cdot d \cdot h}{4}$ | $A = n \cdot A_\Delta$

U Summe der Seiten

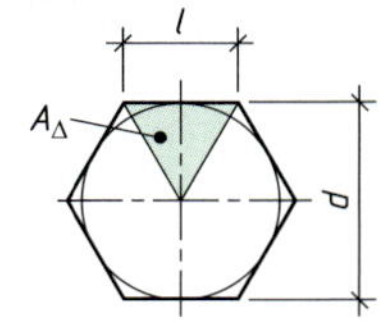

Kreis

$A = d^2 \cdot \frac{3{,}14}{4}$; $r = \frac{d}{2}$

$U = d \cdot 3{,}14$

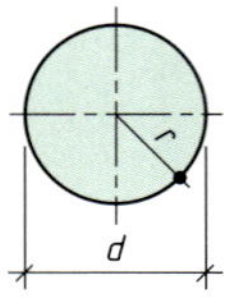

Kreisring

$A = (D^2 - d^2) \cdot \frac{3{,}14}{4}$

$U = (D + d) \cdot 3{,}14$

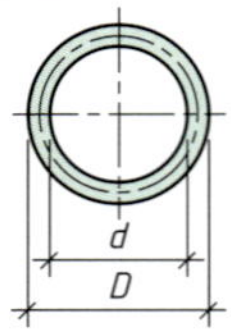

Kreisausschnitt

$A = \frac{d^2 \cdot 3{,}14}{4} \cdot \frac{\alpha}{360}$; $r = \frac{d}{2}$

$U = 2 \cdot r + b$

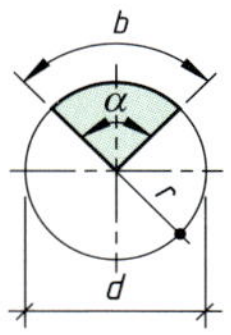

Kreisringausschnitt

$A = (D^2 \cdot d^2) \cdot 3{,}14 \cdot \frac{\alpha}{360}$

$U = (D + d) \cdot 3{,}14 \cdot \frac{\alpha}{360}$

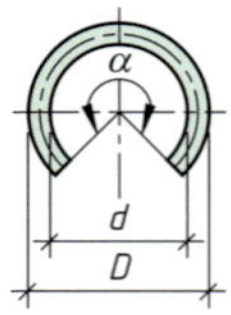

Kreisabschnitt

$A \approx \frac{2}{3} \cdot l \cdot h$

$U = l + b$

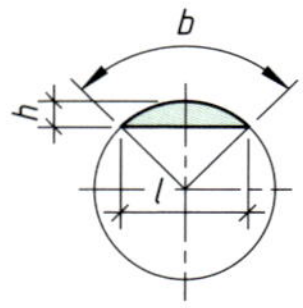

Ellipse

$A = D \cdot d \cdot \frac{3{,}14}{4}$

$U \approx \frac{D + d}{2} \cdot 3{,}14$

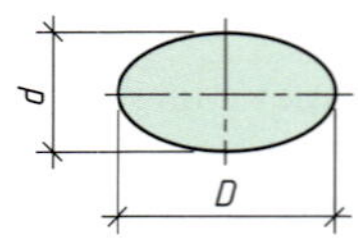

Körperberechnung

Einheitenumrechnung:

m^3 —·1000→ dm^3 —·1000→ cm^3 —·1000→ mm^3

m^3 ←:1000— dm^3 ←:1000— cm^3 ←:1000— mm^3

Beispiele:

1 m³ = 1 000 dm³ = 1 000 000 cm³
1 000 000 mm³ = 1 000 cm³ = 1 dm³

D, d	Durchmesser	h_s, h	Seitenhöhe	M	Mantelfläche	π	3,14
h	Höhe	l, l_1, l_2	Länge	O	Oberfläche	V	Volumen

Für gerade Körper gilt allgemein:
Mantelfläche M = Umfang · Höhe

Oberfläche $O = M$ + Grundfläche + Deckfläche
Volumen V = Grundfläche · Körperhöhe

Würfel

$M = 4 \cdot l \cdot l$

$O = M + 2 \cdot l \cdot l$

$V = l \cdot l \cdot l = l^3$

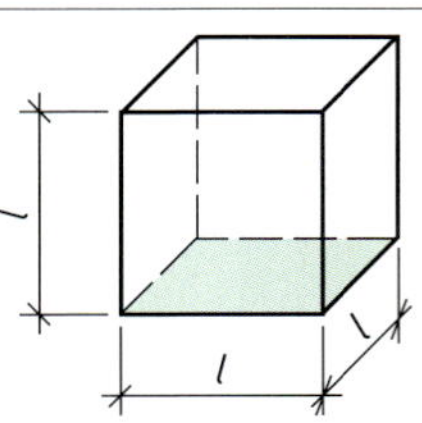

Abwicklung

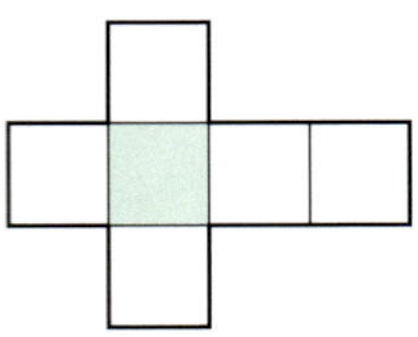

Zylinder

$M = d \cdot 3{,}14 \cdot h$

$O = M + \frac{d^2}{4} \cdot 3{,}14 \cdot 2$

$V = \frac{d^2 \cdot 3{,}14}{4} \cdot h$

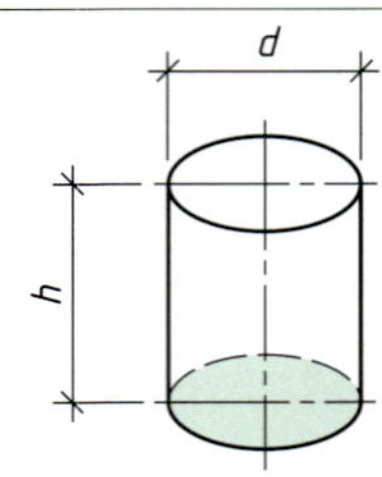

Abwicklung

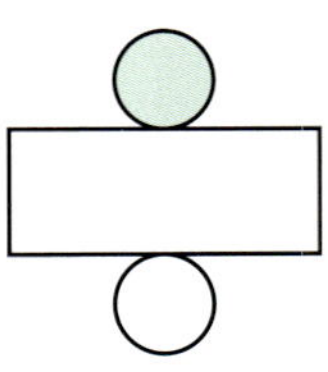

Körperberechnung (Fortsetzung)

Quader (Prisma)

$M = (l_1 + l_2) \cdot 2 \cdot h$

$O = M + l_1 \cdot l_2 \cdot 2$

$V = l_1 \cdot l_2 \cdot h$

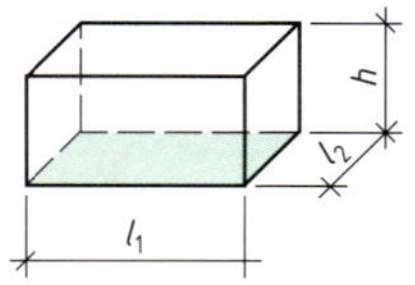

Abwicklung

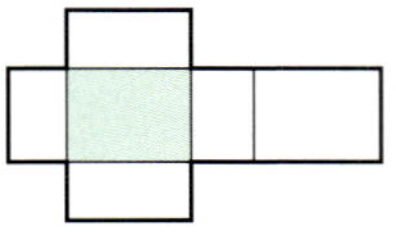

Hohlzylinder

$M = D \cdot \pi \cdot h$

$O = (D^2 - d^2) \cdot \frac{3{,}14}{2} + (D + d) \cdot 3{,}14 \cdot h$

$V = (D^2 - d^2) \cdot \frac{3{,}14}{4} \cdot h$

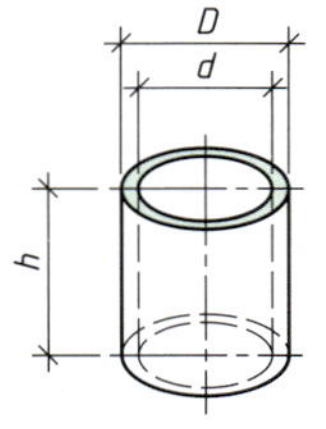

Abwicklung

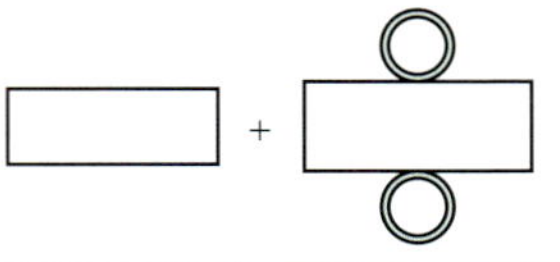

Quadratische Pyramide

$M = \frac{l \cdot h_s}{2} \cdot 4$

$O = M + l \cdot l$

$V = \frac{l \cdot l \cdot h}{3}$

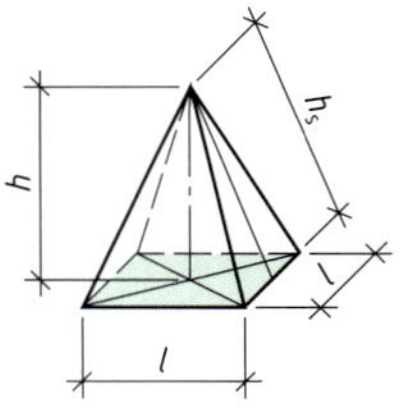

Abwicklung

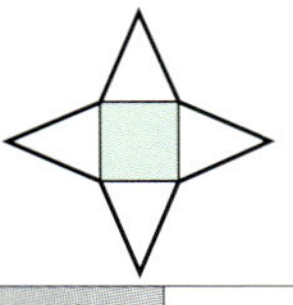

Kegel

$M = \frac{h_s \cdot d \cdot 3{,}14}{2}$

$O = M + \frac{d}{2} \cdot \frac{d}{2} \cdot 3{,}14$

$V = \frac{d^2 \cdot 3{,}14}{4} \cdot \frac{h}{3}$

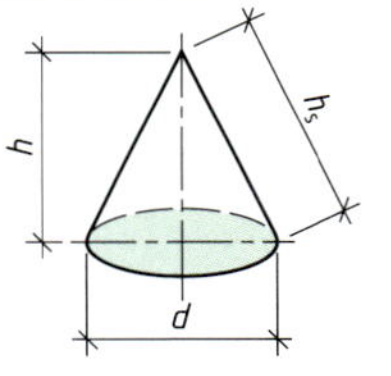

Abwicklung

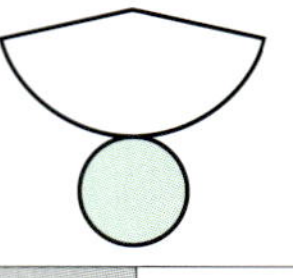

Quadratischer Pyramidenstumpf

$M = (l_1 + l_2) \cdot 2 \cdot h_s$

$O = M + l_1^2 + l_2^2$

$V \approx \frac{l_1 \cdot l_1 + l_2 \cdot l_2}{2} \cdot h$

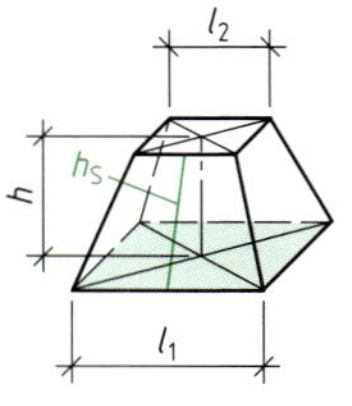

Abwicklung

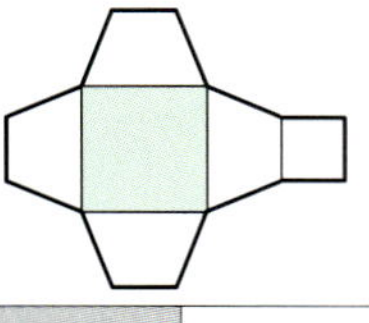

Kegelstumpf

$M = \frac{D + d}{2} \cdot 3{,}14 \cdot h_s$

$O = M + (D^2 + d^2) \cdot \frac{3{,}14}{4}$

$V \approx \frac{h \cdot 3{,}14}{12} \cdot (D^2 + d^2 + D \cdot d)$

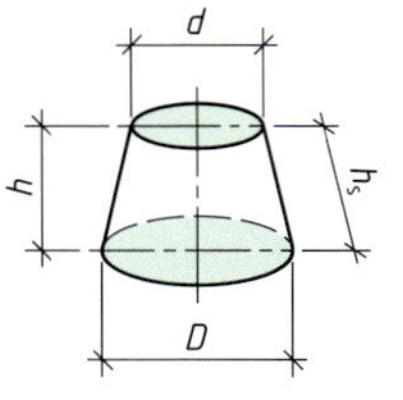

Abwicklung

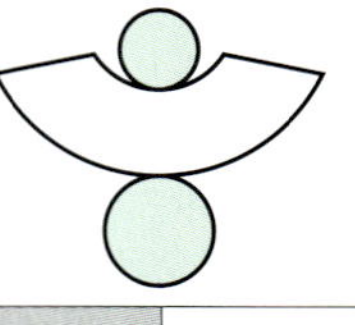

Kugel

–

$O = d^2 \cdot \pi$

$V = \frac{d^3 \cdot 3{,}14}{6}$

Abwicklung nicht möglich

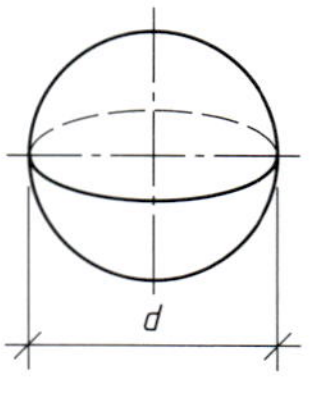

Kugelabschnitt

$M = D \cdot 3{,}14 \cdot h$

$O = D \cdot 3{,}14 \cdot h + \frac{d^2 \cdot 3{,}14}{4}$

$V = h^2 \cdot 3{,}14 \cdot \left(\frac{D}{2} - \frac{h}{3}\right)$

Abwicklung nicht möglich

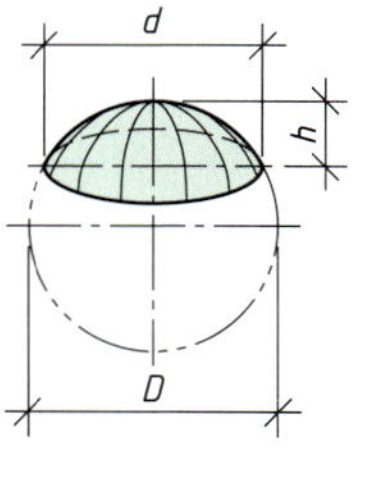

Grundlagen
Werkstoffe, Hilfsstoffe
Werkzeuge, Geräte, Gerüste
Arbeits-techniken
Gestaltung
Arbeitsschutz, Umweltschutz
Aufmaß, Abrechnung
Betriebs-führung
Quellen

Basisgrößen und -einheiten des internationalen Einheitensystems (SI) DIN 1301-1:2010-10

Basisgröße		SI-Basiseinheit		Basisgröße		SI-Basiseinheit	
Name	Zeichen	Name	Zeichen	Name	Zeichen	Name	Zeichen
Länge	l	Meter	m	Stromstärke	I	Ampere	A
Zeit	t	Sekunde	s	Stoffmenge	n	Mol	mol
Masse	m	Kilogramm	kg	Lichtstärke	I	Candela	cd
Temperatur	T	Kelvin	K				

Abgeleitete SI-Einheiten und Einheiten außerhalb des SI Auswahl DIN 1301-1:2010-10

Größe	Zeichen	Einheit (Zeichen)	Definition, Beziehungen zu Basiseinheiten	Bemerkungen Anwendungsbereich
Zeit	t	Sekunde, s Minute, min Stunde, h Tag, d Jahr, a	1 min = 60 s 1 h = 60 min = 3 600 s 1 d = 24 h 1 a = 8 765,8 h	min, h, d und a erhalten keine Vorsätze
Frequenz Drehzahl	f; ν, n	Hertz, Hz, 1/s 1/min	1 Hz = 1/s 1/s = 60/min = 60 min^{-1} 1/min = 1 min^{-1} = 1/60 s	Auch: Häufigkeit eines Ereignisses, z. B. radioaktiver Zerfall
Länge Breite Höhe	l b h	Meter, m	1 m = 10 dm = 100 cm 1 m = 1 000 mm 1 mm = 1 000 µm 1 km = 1 000 m	In angelsächsischen Ländern: Inch und Zoll (") 1 inch = 1" = 25,4 mm int. Seemeile = 1 852 m
Geschwindigkeit	v	m/s km/h	1 m/s = 60 m/min 1 m/s = 3,6 km/h	1 km/h = 0,278 m/s
Beschleunigung	a; g	m/s^2	1 m/s^2 = 1 m/s : 1 s	g nur für örtliche Fallbeschleunigung, g = 9,81 m/s^2
Masse	m	Kilogramm, kg Tonne, t Karat, Kt	1 kg = 1 000 g 1 t = 1 000 kg = 1 Mg 1 Kt = 0,2 g	Metrisches Kt für Masse von Edelsteinen, Kt auch als Reinheitsmaß von Gold
Fläche	A; S	Quadratmeter, m^2 Ar, a Hektar, ha	1 m^2 = 10 000 cm^2 1 m^2 = 1 000 000 mm^2 1 ha = 100 a = 10 000 m^2 100 ha = 1 km^2	S für Querschnitt a und ha für Boden-, Wald- und Wasserflächen
Flächenbezogene Masse	m“	g/m^2	1 g/m^2 = 0,1 mg/cm^2	m“ für die Berechnung der Schichtdicke
Volumen	V	Kubikmeter, m^3 Liter, l, L	1 m^3 = 1 000 dm^3 1 m^3 = 1 000 000 cm^3 1 l = 1 L = 1 dm^3 = 10 dl 1 l = 0,001 m^3, 1 ml = 1 cm^3	Liter vorwiegend für Flüssigkeiten
Dichte	ϱ	kg/m^3	1 000 kg/m^3 = 1 t/m^3 = 1 g/cm^3 = 1 kg/dm^3	Ortsunabhängige Größe
Kraft, Gewichtskraft	F G; F_G	Newton, N	$F = m \cdot a$ 1 N = 1 kg · m/s^2 = 1 J/m	Einheit kp nicht mehr zulässig; 1 kp = 9,81 N
Druck	p	Pascal, Pa bar	$p = F/A$; 1 Pa = 1 N/m^2 1 000 hPa = 1 000 mbar	Normaldruck: 1 013 mbar = 1 013 hPa
Leistung	P	Watt, W	1 W = 1 J/s 1 W = 1 V · A = 1 m^2 · kg/s^2	Beschleunigung einer Masse von 1 kg mit 1 m/s^2 durch 1 W

Abgeleitete SI-Einheiten (Fortsetzung)

Auswahl **DIN 1301-1:**2010-10

Größe	Zeichen	Einheit (Zeichen)	Definition, Beziehungen zu Basiseinheiten	Bemerkungen Anwendungsbereich
Elektrische Ladung	Q	Coulomb, C	$Q = I \cdot t$ 1C = 1A · s	Elementarladung $e^- = 1{,}602 \cdot 10^{-19}$ C
El. Spannung	U	Volt, V	$U = P/I$; 1 V = 1 W/A	Elektrisches Potenzial
El. Widerstand	R	Ohm, Ω	1 Ω = 1 V/A	
Ebener Winkel	α; β; γ	Radiant rad Grad ° Minute' Sekunde"	1 rad = 1 m/m = 180°/π 1° = π/180 rad = 60' 1' = 1°/60 = 60" 1" = 1°/3 600 = 1'/60	Grad, Minute, Sekunde in technischen Berechnungen nur dezimal verwenden, z. B. 15,672°
Raumwinkel	Ω	Steradiant sr	$\Omega_0 = 1$ sr	DIN 1315, 5031-3
Lichtstrom	Φ	Lumen, lm Steradiant, sr	1 lm = 1cd · sr	Lichtstärke mal Raumwinkel in sr, DIN 5031-3
Beleuchtungsstärke	E	Lux, lx	1 lx = 1 lm/m²	Lichttechnik DIN 5031-3
Temperatur	T, Θ, ϑ	Kelvin, K Grad Celsius, °C	0 °C = 273,15 K	
Energie, Wärmemenge	W Q	Joule, J 1 J = 1 Nm = 1 Ws	$W = F \cdot s$; Kraft-Weg-Arbeit $W = m \cdot g \cdot h$; Hubarbeit $W = m \cdot c \cdot \Delta T$; Wärme $W = m/2 \cdot v^2$; kinetisch $W = I \cdot U \cdot t$; elektrisch	Jede Energie kann in jede andere Energieform umgewandelt werden.
Stoffmengenkonzentration	C [x]	Mol/l	Stoffmenge je Volumen (Teilchenzahl)	Bestimmt die chemische Wirksamkeit eines Stoffes

Geschwindigkeit, geradlinige Bewegung

$$v = \frac{s}{t}$$

v Geschwindigkeit in m/s
s Weglänge in m
t Zeit in s

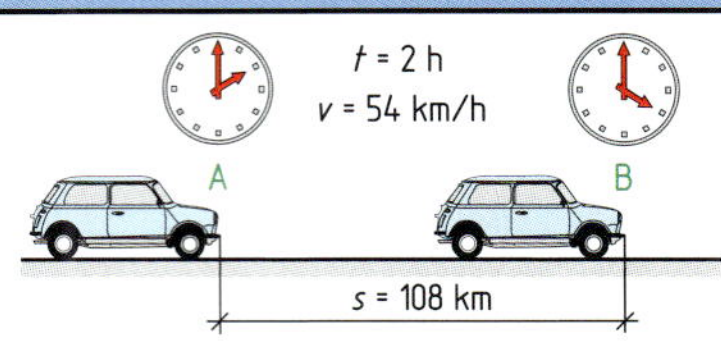

Gleichmäßig beschleunigte bzw. verzögerte, geradlinige Bewegung

Beschleunigung: $a = \frac{v}{t}$ oder $a = \frac{2 \cdot s}{t^2}$

Endgeschwindigkeit: $v = \frac{2 \cdot s}{t}$ oder $v = \sqrt{2 \cdot a \cdot s}$

a Beschleunigung oder Verzögerung in m/s²
v End- bzw. Anfangsgeschwindigkeit in m/s

Beschleunigung ohne Anfangsgeschwindigkeit

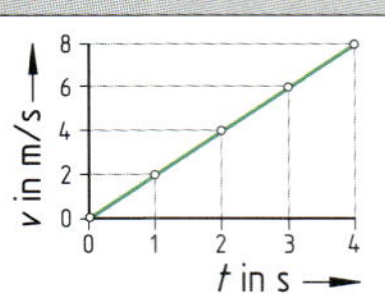

Verzögerung ohne Endgeschwindigkeit

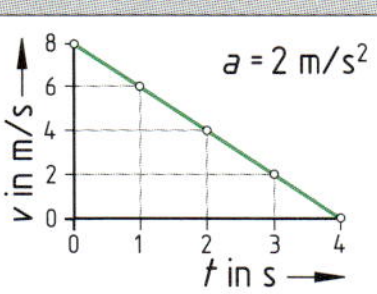

Masse und Dichte

$$m = V \cdot \varrho$$

m Masse in kg
V Volumen in dm³
ϱ Dichte in kg/dm³

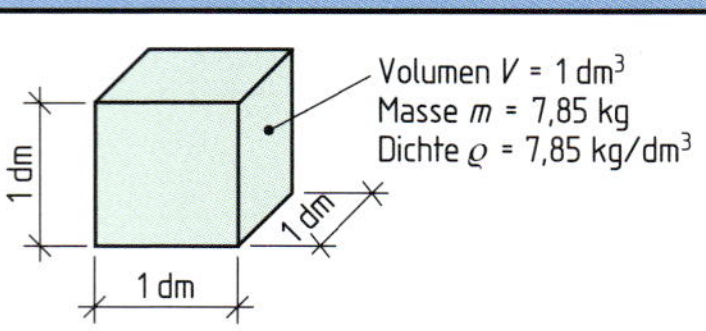

Kraft

$F = m \cdot a$	$1\ \text{N} = 1\ \text{kg} \cdot 1\ \text{m/s}^2$

F Kraft in N
m Masse in kg
a Beschleunigung in m/s^2

Kräfte sind vektorielle Größen und an ihrer Wirkung erkennbar. Wird der Körper mit 1 kg Masse um $1\ \text{m/s}^2$ beschleunigt, dann wirkt auf ihn die Kraft von 1 N.

Darstellung: Eine Kraft ist bestimmt durch Größe, Richtung und Ansatzpunkt.

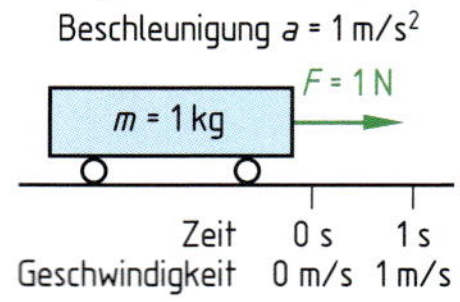

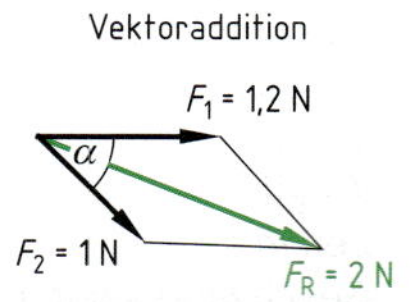

Gewichtskraft

$F_G = m \cdot g$	$g = 9{,}81\ \text{m/s}^2 = 9{,}81\ \text{N/kg}$

F_G Gewichtskraft in N
m Masse in kg
g Fallbeschleunigung in m/s^2

Beispiel:

Die Masse von 12 kg wird beschleunigt und wirkt mit einer Gewichtskraft von
$F_G = m \cdot g = 12\ \text{kg} \cdot 9{,}81\ \text{m/s}^2 = 117{,}72\ \text{N}$

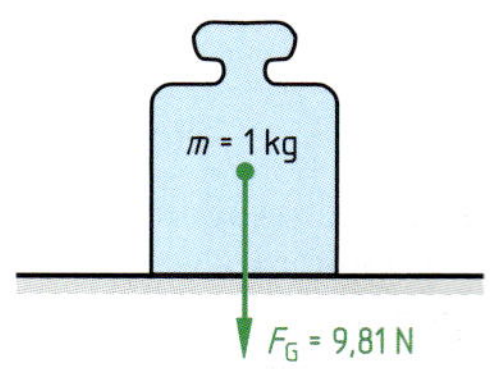

Reibkraft

Haftreibkraft oder Gleitreibkraft
$F_R = \mu \cdot F_N$

F_R Reibkraft in N
F_N Normalkraft in N (senkrecht zur Auflage)
μ Reibzahl (ohne Einheit)

z. B. Abriebprüfung

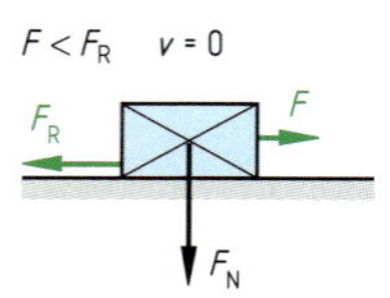

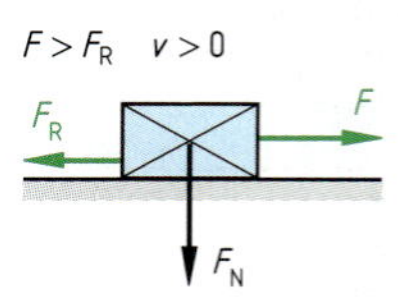

Erst wenn $F > F_R$, setzt sich der Körper in Bewegung.

Mechanische Arbeit

$W = F \cdot s$	$1\ \text{N} \cdot 1\ \text{m} = 1\ \text{J}$

W Arbeit in J oder Nm
F Kraft in N
s Weglänge in m

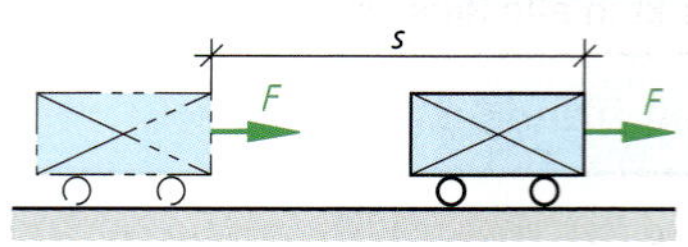

Die Arbeit von 1 J wird durch die Kraft von 1 N bei Verschiebung einer Last um 1 m verrichtet.

Potenzielle Energie (Lageenergie)

$W_P = F_G \cdot h$	$W_P = m \cdot g \cdot h$	$1\ \text{Nm} = 1\ \text{J} = 1\ \text{Ws}$

W_P potenzielle Energie in J oder Nm oder Ws
F_G Gewichtskraft in N oder $\text{kg} \cdot \text{m/s}^2$
m Masse in kg
g Fallbeschleunigung in m/s^2
h Höhe in m

Kinetische (Bewegungs-)Energie

$W = \frac{m}{2} \cdot v^2$	$1\ \text{kg} \cdot 1\ \frac{\text{m}^2}{\text{s}^2} = \text{Nm} = 1\ \text{J}$

W kinetische Energie in J oder Nm oder Ws
v Geschwindigkeit in m/s

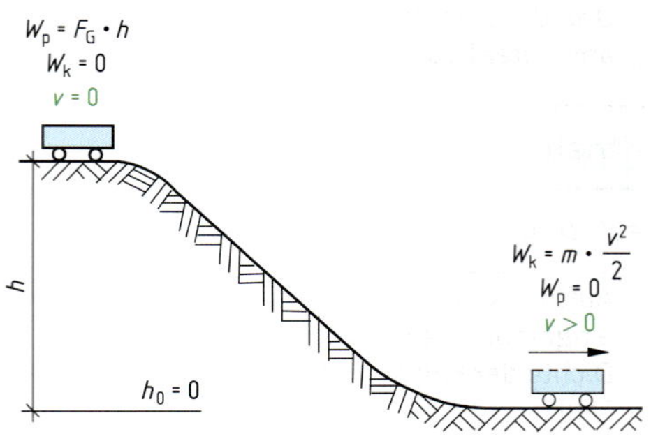

Leistung

$P = \frac{W}{t}$ oder $P = \frac{F \cdot s}{t}$ oder $P = F \cdot v$ | $\frac{1\ \mathrm{J}}{1\ \mathrm{s}} = 1\ \mathrm{W}$

P Leistung in W oder J/s oder Nm/s
W Arbeit in J oder in Nm
F Kraft in N
s Weglänge in m
t Zeit in s
v Geschwindigkeit in m/s

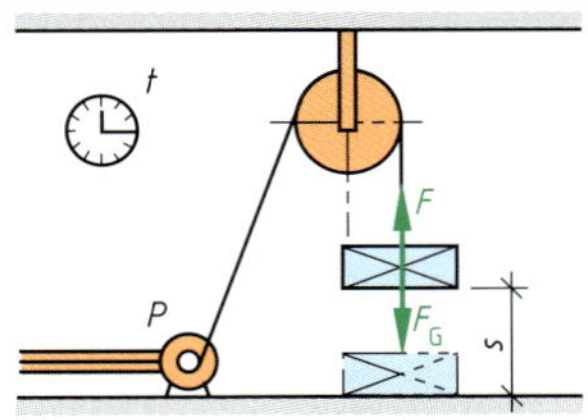

Die Leistung von 1 W wird durch die Arbeit von 1 J in der Zeit von 1 s erbracht.

Wirkungsgrad

$\eta = \frac{P_{ab}}{P_{zu}}$ oder $\eta = \frac{W_{ab}}{W_{zu}}$ | $\eta_g = \eta_1 \cdot \eta_2 \cdot \eta_3 \cdot \ldots$

η_g Gesamtwirkungsgrad (ohne Einheit)
η_1, η_2, η_3 Teilwirkungsgrad (ohne Einheit)
P_{ab} abgegebene Leistung in W
P_{zu} zugeführte Leistung in W
W_{ab} abgegebene Arbeit in J
W_{zu} zugeführte Arbeit in J

Beispiel:

$\eta_g = \eta_1 \cdot \eta_2 \cdot \eta_3 = 0{,}8 \cdot 0{,}95 \cdot 0{,}6 = 0{,}456 = 45{,}6\ \%$

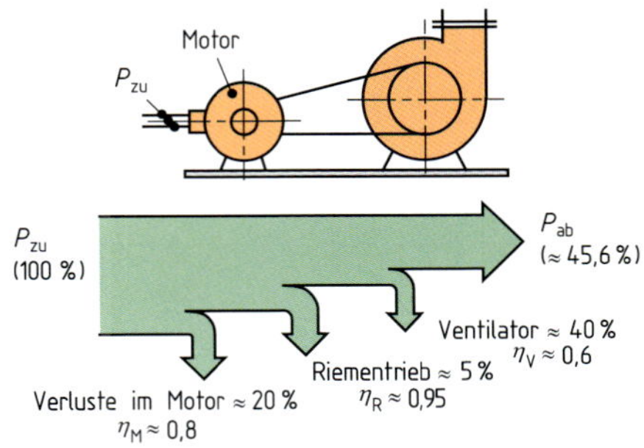

Druck

$p = \frac{F}{A}$ | $1\ \mathrm{Pa} = 1\ \mathrm{N/m^2}$, $10^5\ \mathrm{Pa} = 1\ \mathrm{bar}$

p Druck in Pa oder in N/m²
F Kraft in N
A Fläche in m²

Druck wirkt in alle Richtungen.

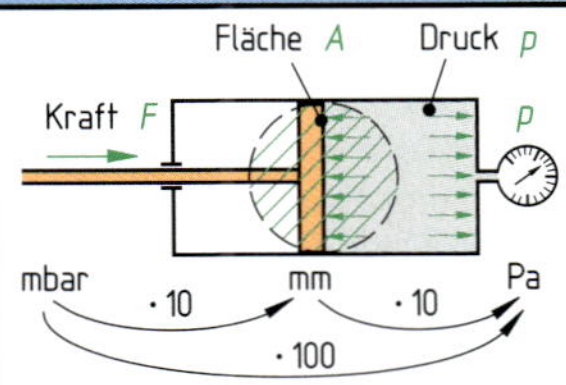

Drückt die Kraft von 1 N auf die Fläche von 1 m², dann wirkt der Druck von 1 Pa.

Atmosphärendruck (Luftdruck), absoluter Druck, Überdruck

$p_{amb} = h \cdot \varrho \cdot g$ | $p_e = p_{abs} - p_{amb}$

p_{amb} Atmosphärendruck in Pa oder bar
h Flüssigkeitshöhe in m
ϱ Dichte der Flüssigkeit in kg/m³
g Fallbeschleunigung in m/s² oder N/kg
p_e Überdruck in Pa oder bar
p_{abs} absoluter Druck in Pa oder bar

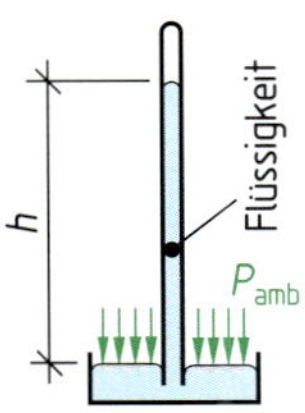

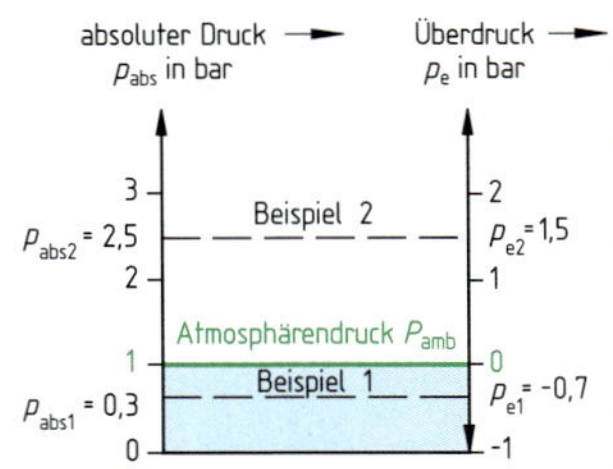

Auftrieb

$F_A = V \cdot \varrho \cdot g$

F_A Auftriebskraft in N
V eingetauchtes Volumen in dm³
ϱ Dichte der Flüssigkeit in kg/dm³
g Fallbeschleunigung in m/s² oder N/kg

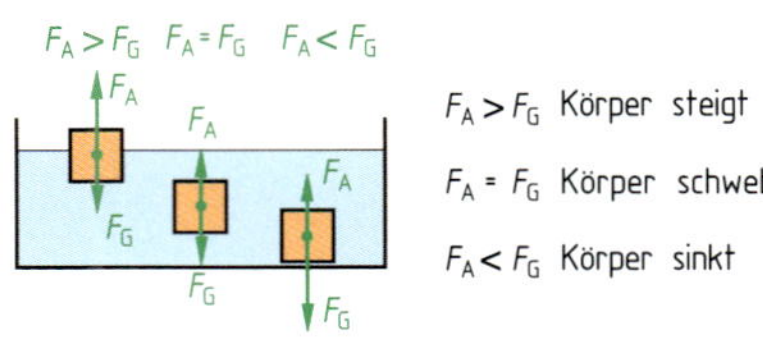

Adhäsion, Haftung

Allgemeine Bezeichnung für eine Haftwirkung zwischen einer festen Grenzfläche und einer zweiten Phase, die entweder aus individuellen Teilchen oder einer kontinuierlichen festen oder flüssigen Phase besteht. Wichtiges Merkmal der Haltbarkeit der Beschichtung. Ursache sind elektrostatische oder chemische Wechselwirkungen.

Wirksame Oberfläche

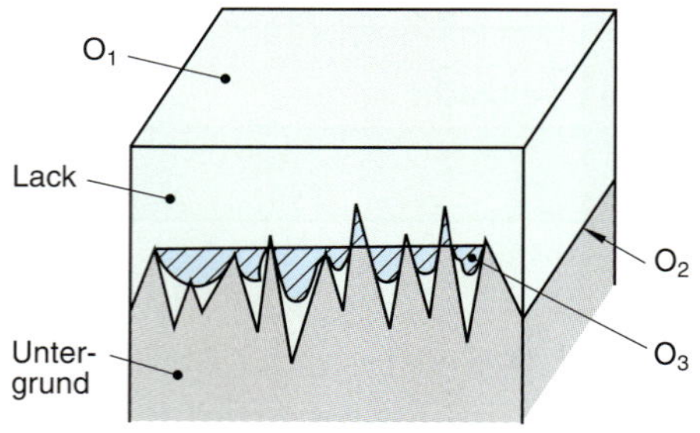

O_1 Messbare Oberfläche (Labormessung)
O_2 Wirkliche Oberfläche (nur berechenbar)
O_3 Wirksame Oberfläche (schraffiert)

Die wirksame Oberfläche hängt ab von:

- Vollständigkeit der Benetzung
- Quellbarkeit
- Trocknung
- Zusammensetzung des Lacks
- Menge, Größe und Form der eingesetzten Füllstoff- und Pigmentpartikel
- Kristallinität der Polymere
- Alterung, Diffusion, Permeation
- Geometrischen Veränderungen

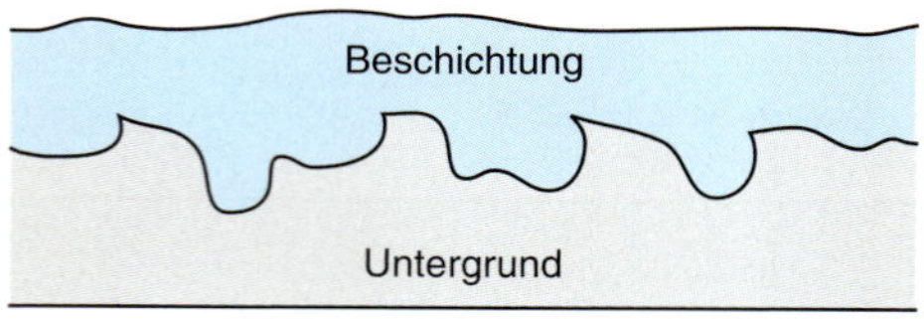

Mechanisch, Physisorption:
In eine zerklüftete Oberfläche dringt ein Bindemittel soweit ein, dass es sich dort „verkeilt". Das Bindemittel ist dann mechanisch verankert, soweit es nicht plastisch oder elastisch ist.

Eine feste Haftung der Beschichtung auf dem Untergrund auch unter Einfluss von Feuchtigkeit, Licht, Salzen und mechanischer Belastung ist Voraussetzung der dauerhaften Schutzwirkung.

Kohäsion

Sonderfall der Adhäsion. Zusammenhalt von Stoffen innerhalb einer homogenen Phase und damit für ihren Widerstand gegenüber Verformung, Zerbrechen, Zerreißen und Zerschneiden verantwortlich.

Mit den Kohäsionskräften **steigt** die:	Mit steigenden Kohäsionskräften **sinkt** die:
• Grenzflächenspannung, Oberflächenenergie • Viskosität • Zersetzungsneigung • Härte	• Elastizität • Plastizität • Benetzung

Oberflächenspannung, Grenzflächenspannung — DIN 13310:1982-08

Entscheidende Größe neben der Polarität für die Benetzung, den Verlauf und die anschließende Haftung einer Beschichtung. Sie beruht auf den Kohäsionskräften eines Stoffes.

Alle waagerechten Teilkräfte heben sich gegenseitig auf.

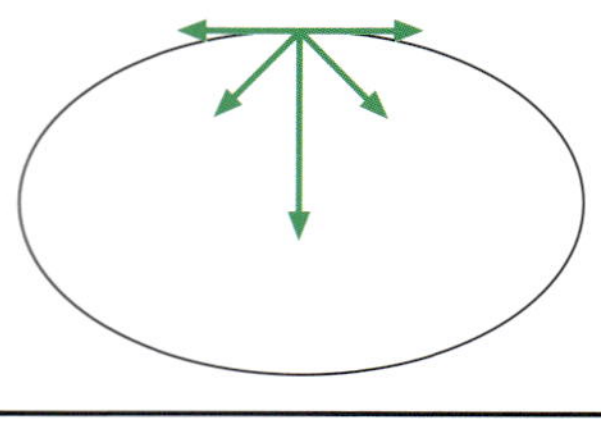

Energie, die nötig ist, um die Oberfläche eines Stoffes isotherm und reversibel zu vergrößern, bzw. Kraft, die nötig ist, um zwei benachbarte Randteilchen voneinander zu entfernen.
Einheit mN/m oder mW/m^2.
Sie beruht auf den Kohäsionskräften der Randmoleküle und erscheint als eine „Haut" der Oberfläche. Flüssigkeiten und Gasblasen in Flüssigkeiten sind bestrebt, eine kugelförmige Oberfläche einzunehmen: Ein Minimum des Volumens entsteht.

Oberflächenspannung, Grenzflächenspannung (Fortsetzung) **DIN 13310:**1982-08

Messmethoden

Bügelmethode
Ein U-förmiger Bügel wird aus der Flüssigkeit herausgezogen.

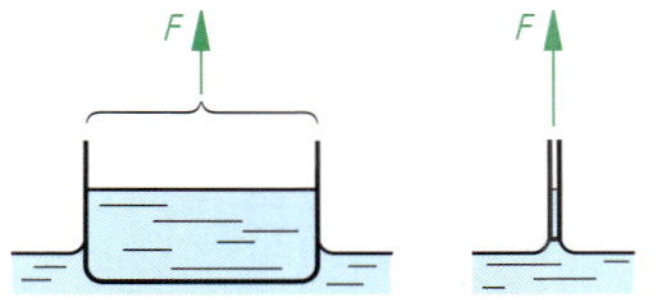

$$\sigma = \frac{F}{2 \cdot l}$$

σ	Oberflächenspannung in N/m
F	Kraft bei Abreißen der Lamelle in N
l	Bügelbreite in m

Je nach Verhältnis der Oberflächenspannungen wird die Flüssigkeit in einer Kapillare steigen oder sinken (Quecksilber). Bild des Meniskus an der Wand.

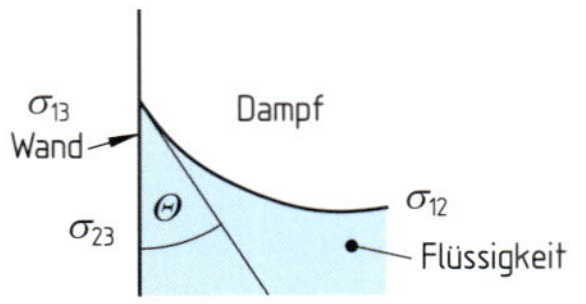

$$\sigma_{13} - \sigma_{23} = \sigma_{12} \cdot \cos\Theta$$

Θ	Winkel zum Rand
σ	Grenzflächenspannung

Tenside setzen die Oberflächenspannung einer Flüssigkeit herab und bewirken so eine bessere Benetzung. Bedeutung bei der Benetzung von Substraten und Pigmenten bei ihrer Dispergierung.

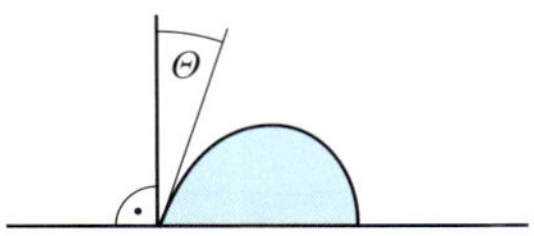

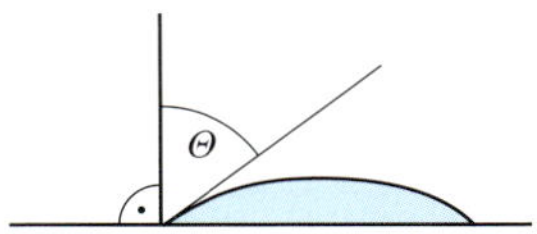

Oberflächenspannungen von Flüssigkeiten bei Raumtemperatur

Stoff	Oberflächenspannung σ in N/m	Stoff	Oberflächenspannung σ in N/m
Diethylether	$16{,}9 \cdot 10^{-3}$	Styrol	$32{,}0 \cdot 10^{-3}$
Oktan	$21{,}0 \cdot 10^{-3}$	Quecksilber	$500{,}0 \cdot 10^{-3}$
Ethanol	$22{,}3 \cdot 10^{-3}$	Wasser	$72{,}8 \cdot 10^{-3}$
Wasser	$129{,}6 \cdot 10^{-3}$ bei 0 °C	Wasser	$20{,}43 \cdot 10^{-3}$ bei 100 °C

Viskosität, Fließverhalten, Rheologie **DIN 1342-1, -2, -3:**2003-11

Newtonsche Flüssigkeiten

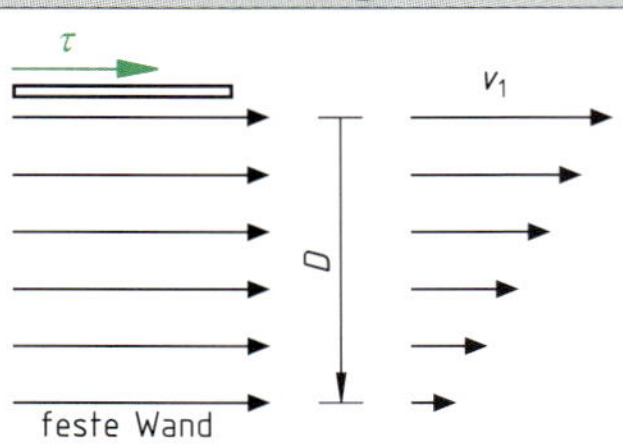

Unter Einwirkung einer Kraft (**Schubspannung** τ) auf eine Oberfläche und parallel zu ihr beginnt ein Stoff zu fließen und wird irreversibel deformiert. Auch entferntere Flüssigkeitsschichten werden mitgenommen (innere Reibung), fließen aber langsamer, sodass ein **Geschwindigkeitsgefälle *D*** entsteht (auch Schergeschwindigkeit genannt). Der **Viskositätskoeffizient** η (dynamische Viskosität) ist das Verhältnis von Schubspannung τ zu Geschwindigkeitsgefälle D in diesem Stoff. η ist eine stoffspezifische Konstante, die temperatur- und druckabhängig ist.

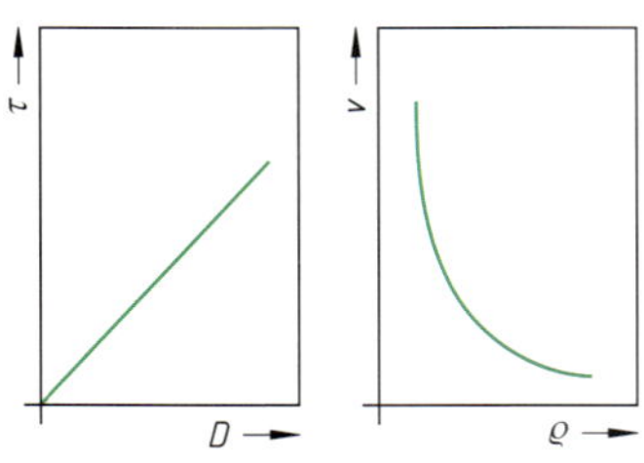

$$\tau = \eta \cdot D$$

τ	Schubspannung in N/m²
D	Geschwindigkeitsgefälle in 1/s
η	dynamische Viskosität in kg/(m · s)

Wenn in einem senkrechten Rohr (Kapillare) die Schwerkraft wirkt und die Randschichten an der Wand gebremst werden, liegt kinematische Viskosität ν vor.

$$\nu = \frac{\eta}{i}$$

ν	kinematische Viskosität in m²/s
i	Dichte in kg/m³

Der Fließbecher ist das einfachste Kapillarviskosimeter.
Nur Wasser, Mineralöle und Lösemittel sind in der Regel newtonsche Flüssigkeiten.

Nicht newtonsche Flüssigkeiten

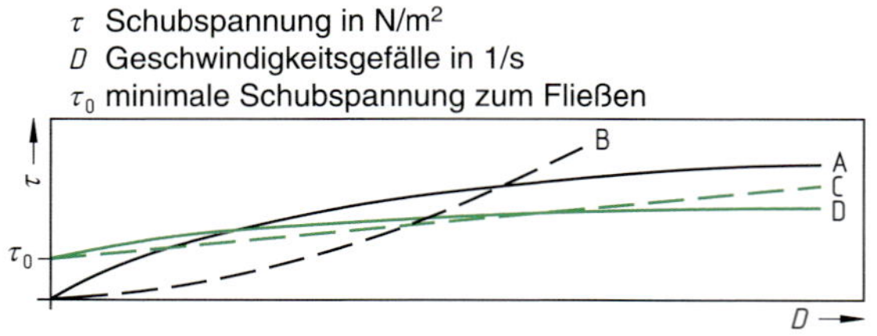

A Strukturviskos durch Ausrichtung der im Ruhezustand verfilzten Makromoleküle. Bei Lacken zunehmende Verstreichbarkeit.
B Dilatanz. Effekt: abnehmende Verstreichbarkeit. **C Plastischer Fluss**. Ideal plastisches Fließen nach Überschreiten von τ_0.
D Plastisch strukturviskoses Fließen (z. B. Pasten).

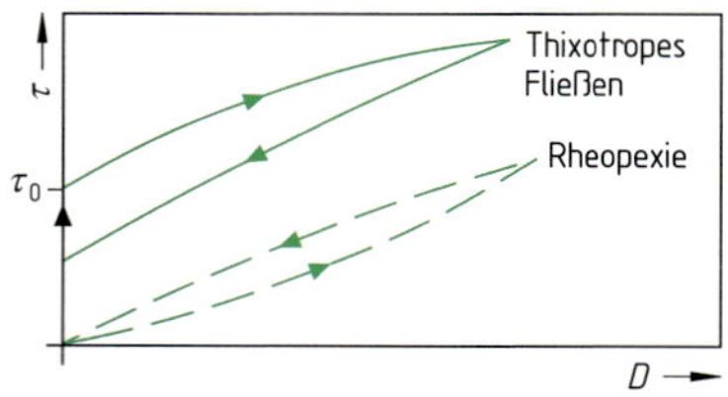

Kartenhausmodell der Thixotropie

Die Viskosität von Stoffen hängt von Temperatur und Druck ab. Die Viskosität von Lösungen mehrerer Stoffe hängt darüber hinaus von deren Konzentrationen und ihren spezifischen Viskositäten ab.
Viskositätsmessung vgl. Seite 132.
DIN EN ISO 2431

Rheologische Begriffe — DIN 1310:1984-02, DIN 1342-1:2003-11

Fluidität: Kehrwert der Viskosität	**Zähigkeit:** Früher anstelle der Vikosität gebraucht
Phase: Homogene Stoffportion	**Mischphase:** Phase aus mehreren Stoffen
Ideale Flüssigkeit: Inkompressible Flüssigkeit, mit vernachlässigbar kleiner Viskosität	**Scherströmung:** Strömung, die sich durch Schubspannung nur bedingt darstellen lässt
Normalspannung: Spannung, deren Richtung senkrecht zur Angriffsfläche steht	**Navier-Stokes-Gleichung:** Allgemeine Bewegungsgleichung für newtonsche Flüssigkeiten
Rheologie: Lehre vom Deformations- und Fließverhalten der Stoffe	**Hooksche Feder:** Modell zur Deutung der Proportionalität von Kraft und Dehnung
Plastizität: Fähigkeit eines Stoffes, nur oberhalb einer Fließgrenze bleibende Deformationen anzunehmen (zu fließen)	**Spannung:** Quotient Kraft durch Fläche, zerlegbar in die Komponenten Normalspannung σ und Schubspannung τ
Newtonsche Flüssigkeit: Bei der einfachen Scherströmung ist die Schubspannung proportional dem Geschwindigkeitsgefälle	**Isotrop:** Eigenschaft eines Stoffes, sich in allen Richtungen gleich zu verhalten, *anisotrop* ist das Gegenteil
Relaxationszeit: Zeitkonstante t^0 eines Entspannungsvorganges unter konstant gehaltener Verformung	**Laminare Strömung:** Strömung, in der keine merkliche Querdurchmischung auftritt; Gegensatz *turbulente Strömung*
Thixotropie: Zeitabhängiges Fließverhalten, bei dem die Viskosität infolge andauernder mechanischer Beanspruchung vom Wert im Ruhezustand zu einem Endwert abnimmt und nach Ende der Beanspruchung wieder zunimmt	**Elastizität:** Eigenschaft eines Stoffes, derzufolge eine Spannung eine reversible Formänderung hervorruft **Viskoelastizität:** Erscheinung, dass Stoffe sowohl Viskosität als auch Elastizität besitzen können

Messgrößen		
Stoffmengenkonzentration c_i in mol/l	$c_i = n_i / V$	
Massenanteil w_i	$w_i = m_i / m$	m Gesamtmasse
Volumenanteil ϕ_i	$\phi_i = V_i / V_0$	V_0 Gesamtvolumen
Stoffmengenanteil x_i	$x_i = n_i / n$	n Gesamtstoffmenge
Massenkonzentration β_i in kg/m³	$\beta_i = m_i / V$	V Gesamtvolumen nach Mischung

Temperatur

DIN 1345:1993-12

0 K = – 273 °C oder 0 °C = 273 K

Für Umrechnungen gilt:
von °C in K: 273 addieren $\Rightarrow T = \vartheta_c + 273\ \text{K}$
von K in °C: 273 subtrahieren $\Rightarrow \vartheta_c = T - 273\ \text{K}$

$\Delta T = T_2 - T_1$ oder $\Delta T = \vartheta_2 - \vartheta_1$ | $\Delta T = \Delta\vartheta$

- ΔT, $\Delta\vartheta$ Temperaturdifferenz immer in K
- T_1, T_2 Temperatur in K (absolute Temperatur)
- ϑ_1, ϑ_2 Temperatur in °C, neuerdings auch Θ_1, Θ_2

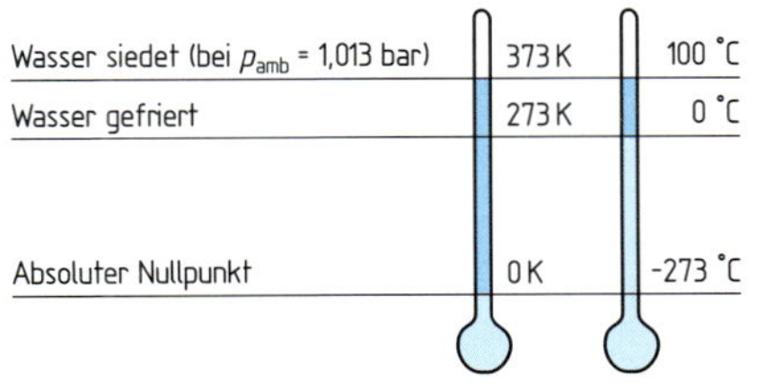

Längenausdehnung

$\Delta l = l_0 \cdot \alpha \cdot \Delta\vartheta$ | $\Delta\vartheta = \vartheta_2 - \vartheta_1$

- Δl Längenänderung in m
- l_0 Länge vor der Temperaturänderung in m
- α Längenänderungskoeffizient in 1/K
- $\Delta\vartheta$ Temperaturdifferenz in K
- ϑ_1, ϑ_2 Temperatur in °C

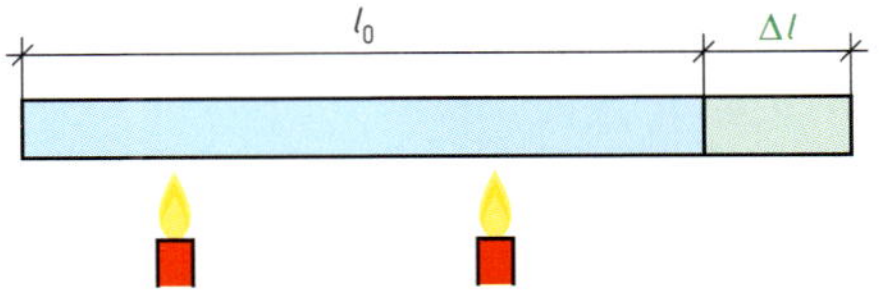

Volumenausdehnung fester und flüssiger Stoffe

$\Delta V = V_0 \cdot \gamma \cdot \Delta\vartheta$ | $\Delta\vartheta = \vartheta_2 - \vartheta_1$

- ΔV Volumenänderung in m^3 oder l
- V_0 Volumen vor Temperaturänderung in m^3
- γ Volumenänderungskoeffizient in 1/K bei festen Körpern ist $\gamma \approx 3 \cdot \alpha$
- $\Delta\vartheta$ Temperaturdifferenz in K
- ϑ_1, ϑ_2 Temperatur in °C

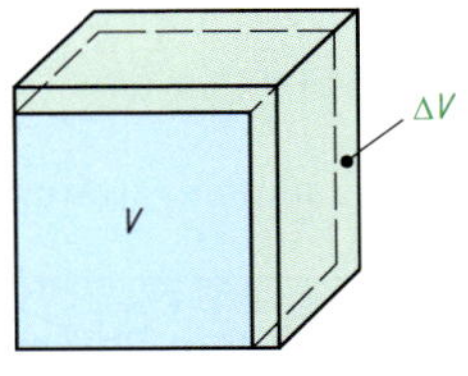

Temperaturmessung

Bimetallthermometer (z. B. im Thermostat)

Zwei unterschiedliche Metallstreifen sind fest miteinander verbunden. Bei Erwärmung dehnen sie sich unterschiedlich, der Streifen verbiegt sich.

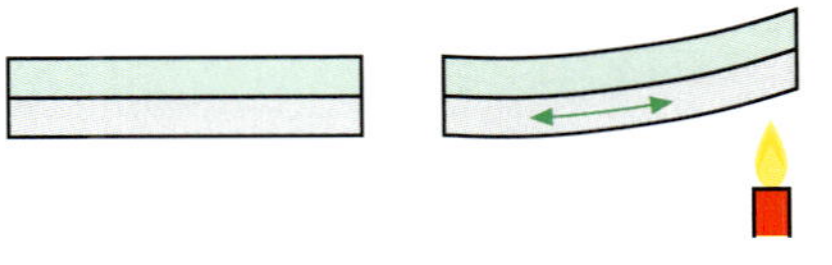

Mittels Thermospannung

Zwischen zwei unterschiedlichen Metallen tritt an der Kontaktstelle eine thermoelektrische Spannung auf, die bei Cu-Konstantan oder Fe-Konstantan proportional der Temperatur ist.

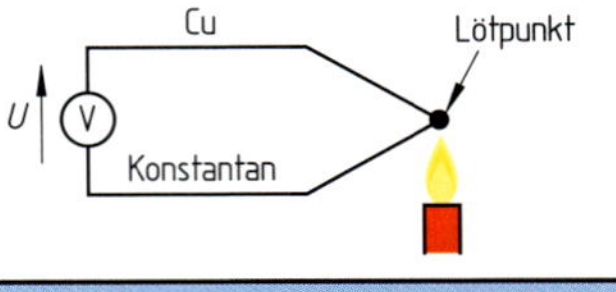

Längenausdehnungszahl α fester Körper (Temperaturbereich 0 °C bis 100 °C)

Stoff	α[1]	Stoff	α[1]	Stoff	α[1]	Stoff	α[1]
Aluminium	2,38	Nickelstahl 20	1,95	Acrylnitril, schlagfest	8,0	Gipsplatten	2,50
Blei	2,90	Stahl	1,15	PE-HD und PE-LD	20,0	Glas (Fenster)	1,00
Bronze	1,75	Titan	0,82	Polypropylen PP-C	18,0	Kalkstein	0,70
Chrom	0,70	Zink	1,40	PE-X (vernetzt)	18,0	Quarzglas	0,05
Gusseisen	1,04	Zink, Ti-legiert	2,20	Polyvinylchlorid PVC	8...10	Eis[2]	5,10
Kupfer	1,65	Zinn	2,05	Asbestzementplatte	1,00	Stahlbeton	1,20
Mörtel (Zement)	0,85... 1,35	Edelputz	0,46... 0,90	Tanne, senkrecht zur Faser	5,80	Tanne, parallel zur Faser	0,30

[1] in mm/(m · 100 K); [2] –20 °C bis –1 °C

Wärmeinhalt, Wärmezufuhr oder Wärmemenge

$Q = m \cdot c \cdot T$	$Q = m \cdot c \cdot \Delta\vartheta$	$\Delta\vartheta = \vartheta_2 - \vartheta_1$
$m = \frac{Q}{c \cdot \Delta\vartheta}$	$\Delta\vartheta = \frac{Q}{m \cdot c}$	$\vartheta_2 = \vartheta_1 + \Delta\vartheta$ $\vartheta_1 = \vartheta_2 - \Delta\vartheta$

Q Wärmemenge, Wärmezufuhr oder Wärmeinhalt in J oder Wh
m Masse in kg
c spezifische Wärmekapazität in J/(kg · K) oder Wh/(kg · K)
$\Delta\vartheta$ Temperaturdifferenz in K
ϑ_1, ϑ_2 Temperatur in °C

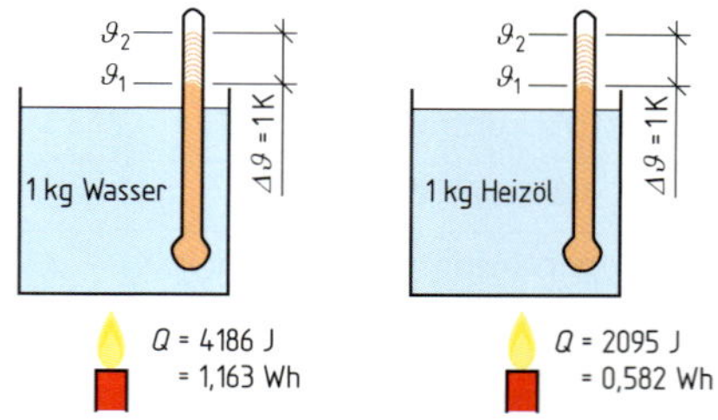

Schmelzwärme

$Q = m \cdot q_s$

Q Schmelzwärme in J oder Wh
m Masse in kg
q_s spezifische Schmelzwärme in J/kg oder Wh/kg

Verdampfungswärme

$Q = m \cdot r$

Q Schmelzwärme in J oder Wh
m Masse in kg
r spezifische Verdampfungswärme in J/kg oder Wh/kg

T-Haltepunkte bei gleichmäßiger Wärmezufuhr

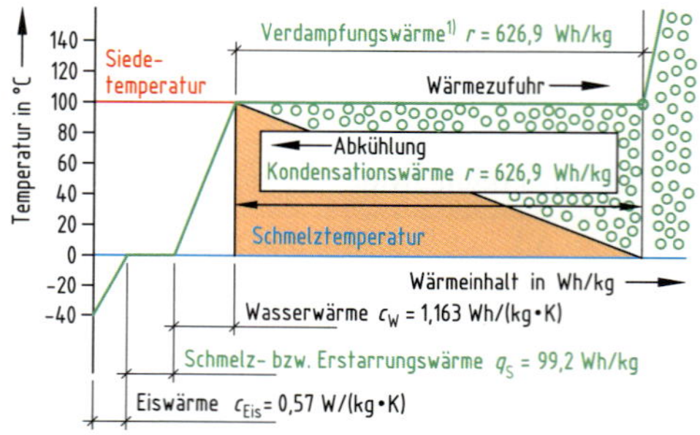

Formelzeichen im Vergleich — DIN EN ISO 7345:2018-07

Für den Wärmeschutz wurden europäische Normen – DIN EN ISO 7345 und weitere – erarbeitet. Gegenüber der DIN 4108 wurden Änderungen vorgenommen, die sich besonders auf die Definition von Koeffizienten und Widerständen beziehen. Die folgenden Indizes werden empfohlen:

Physikalische Größe	bisher üblich	DIN EN ISO 7345	SI-Einheit
Wärmedurchlasswiderstand	$1/\Lambda$	R	m² · K/W
Wärmeübergangskoeffizient	α, λ	h	W/(m² · K)
Wärmeübergangswiderstand außen	$1/\alpha_a$	R_{se}	m² · K/W
Wärmedurchgangskoeffizient	k	U	W/(m² · K)
Wärmedurchgangswiderstand	$1/k$	R_T	m² · K/W
Celsius-Temperatur	ϑ	Θ	°C

innen	i	innere Oberfläche	si	Konvektion	cv	gasgefüllter Raum	g
außen	e	Äußere Oberfläche	se	Strahlung	r	angrenzende Umgebung	a
Oberfläche	s	Wärmeleitung	cd	Kontakt	c		

Wärmeleitung

$\Phi_{cd} = A \cdot \frac{\lambda}{d} \cdot \Delta\vartheta$ $\qquad \Delta\vartheta = \vartheta_1 - \vartheta_2$

Φ_{cd} Wärmestrom in W
A strahlende Fläche in m²
λ Wärmeleitfähigkeit in W/(m · K)
d Bauteildicke in m
$\Delta\vartheta$ Temperaturdifferenz in K
ϑ_1, ϑ_2 Temperatur in °C

Thermometer auf leitendem Material

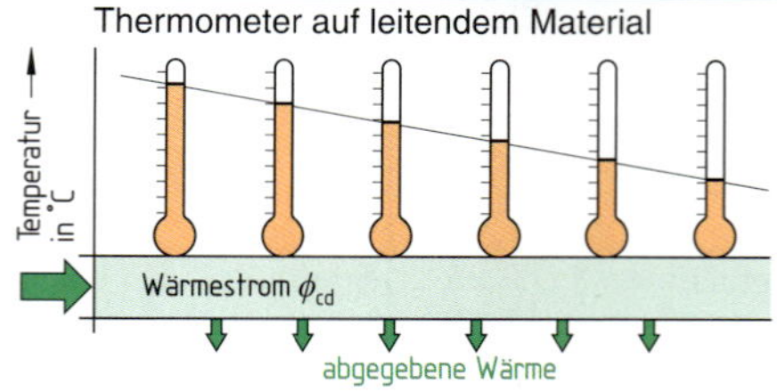

Wärmestrahlung (Gesetz von Stefan-Boltzmann)

DIN 1341:1986-10, **DIN EN ISO 12241:**2008-11

$\Phi_r = A \cdot \alpha_r \cdot \Delta\vartheta$ $\Delta\vartheta = T_1 - T_2$	$\alpha_r = C \cdot \dfrac{\left(\dfrac{T_1}{100}\right)^4 - \left(\dfrac{T_2}{100}\right)^4}{T_1 - T_2}$

Φ_r Wärmestrom in W
A Fläche in m²
α_r Strahlungsübergangszahl in W/(m² · K)
$\Delta\vartheta$ Temperaturdifferenz in K
T_1, T_2 Oberflächentemperatur in K
C Strahlungszahl in W/(m² · K⁴)

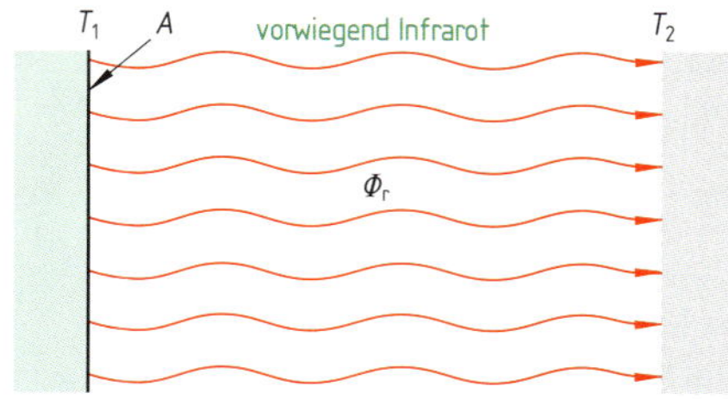

Wärmekonvektion

DIN EN ISO 6946:2018-03

$\Phi_{cv} = A \cdot h_{cv} \cdot \Delta\vartheta$	$h_{cv} = 1/R_s$

Φ_{cv} Wärmestrom in W
A Fläche in m²
h_{cv} Wärmeübergangskoeffizient
$\Delta\vartheta$ Temperaturdifferenz in K
R_s Wärmeübergangswiderstand

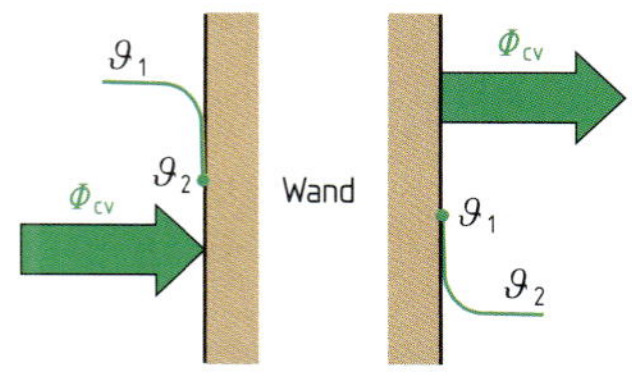

Wärmedurchgang

$\Phi = A \cdot U \cdot \Delta\vartheta$ oder $\Phi = A \cdot \dfrac{1}{R_T} \cdot \Delta\vartheta$

Φ Wärmestrom in W
A Fläche in m²
U Wärmedurchgangskoeffizient in W/(m² · K)
$\Delta\vartheta$ Temperaturdifferenz in K

$$\frac{1}{U} = \frac{1}{h_i} + \frac{d_i}{\lambda_1} + \frac{d_2}{\lambda_2} + \ldots + \frac{1}{h_e} \qquad U = \frac{1}{R_T}$$

$$R_T = R_{si} + R_{\lambda 1} + R_{\lambda 2} + \ldots + R_{se}$$

h_i Wärmeübergangszahl innen in W/(m² · K)
d_1, d_2 Bauteildicke in m
λ_1, λ_2 Wärmeleitfähigkeit in W/(m · K)
h_e Wärmeübergangszahl außen in W/(m² · K)
R_T Wärmedurchgangswiderstand in m² · K/W
$R_{\lambda 1}$, $R_{\lambda 2}$ Wärmeleitwiderstand in m² · K/W
R_{si} Wärmeübergangswiderstand innen in m² · K/W
R_{se} Wärmeübergangswiderstand außen in m² · K/W

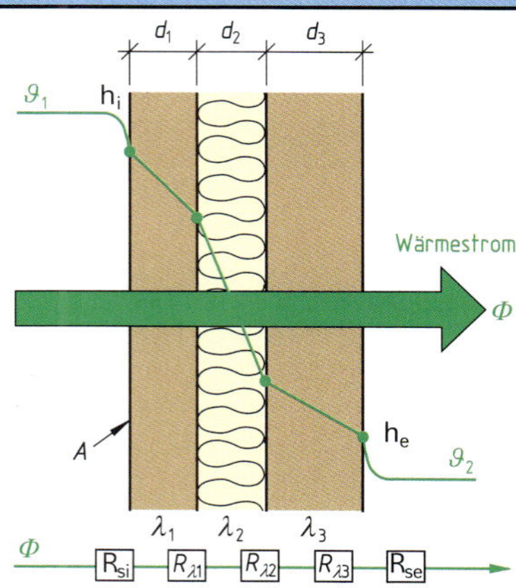

Beispiel: vgl. Seite 27

Dichte, spezifische Wärmekapazität, Wärmeleitfähigkeit fester Körper (bei 20 °C)

ϱ Dichte in kg/dm³
c spezifische Wärmekapazität in J/(kg · K); in Wh/(kg · K): durch 3600 teilen
l Wärmeleitfähigkeit in W/(m · K)

Stoff	ϱ	c	l	Stoff	ϱ	c	l
Metalle und Legierungen							
Aluminium (99,5 %)	2,70	920	221	Kupfer	8,90	390	393
Eisen	7,86	465	71	Messing (CuZn 28)	8,56	390	92
• Grauguss	7,1…7,3	545	46…63	Quecksilber	13,60	138	10,5
• Stahl 0,6 % C	7,84	460	46	Zink	7,14	376	109
• 18 % Cr, 8 % Ni (V2A)	7,88	500	15	Zinn	7,28	230	63

Dichte, spezifische Wärmekapazität, Wärmeleitfähigkeit fester Körper (bei 20 °C) (Forts.)

Stoff	ϱ	c	λ	Stoff	ϱ	c	λ
Andere feste Stoffe							
Asphalt	1,1...1,5	920	0,7	Kalkmörtel	1,80	–	0,87
Beton	1,9...2,3	880	0,8...1,4	Kalk-Gipsmörtel	1,40	–	0,70
Bitumen (Teer)	1,1	1 630	0,16	Kalk-Sandstein	1,8	880	0,99
Eis 0 °C	0,92	2 052	2,21	Marmor	2,5...2,7	810	2,8
Faserzement (gepresst)	2,0	736	0,34...0,44	Sandstein	2,2...2,3	710	1,63
				Sperrholz	0,55	1 700	0,14
Gipskartonplatten	0,9	900	0,21	Ton, trocken	1,8	830	0,84
Glas, Fenster-	2,5	840	0,81	Zementestrich	2,0	–	1,40
Holzspanplatte	0,65	1 700	0,14	Zementmörtel	2,0	–	1,40
Kunststoffe – Thermoplaste							
Acrylnitril-ABS	1,06	1 550	0,15	Polymethylmethacrylat (Plexiglas)	1,18	1 300	0,19
PE-X (vernetzt)	0,94	2 100	0,43				
Polypropylen	0,91	1 700	0,22	Polystyrol	1,05	1 300	0,17
Duroplaste				**Hartschaumstoffe**	$\varrho \cdot 100$	c	
Bakelit	1,27	1 600	0,23	Harnstoffharz-Sch.	0,8...1,5	0,041	–
Epoxidharz	1,15...1,2	–	0,21	Polystyrol-Sch.	1,5...5,0	0,041	–
Polyesterharz	1,3...1,6	–	0,21	Polyurethan-Sch.	3,0...20	0,035	–

Dichte und spezifische Wärmekapazität flüssiger Stoffe (bei 20 °C)

ϱ Dichte in kg/dm³
c spezifische Wärmekapazität in J/(kg · K)

Stoff	ϱ	c	Stoff	ϱ	c
Butan (n) bei 0,5 °C	0,60	2 280	n-Oktan	0,70	2 083
Ethylacetat	0,90	1 932	Petroleum	0,78...0,86	2 140
Ethylalkohol	0,79	2 390	Toluol	0,87	1 697
Glykol, Ethylenglykol	1,114	2 300	**Wasser**, destilliert	**1,0**	**4 190**

Wärmeübergangszahl h_{cv} für vertikale ebene Wände in bewegter Luft

Luftgeschwindigkeit: $v \le 5$ m/s								Luftgeschwindigkeit: $v \ge 5$ m/s							
$h_{cv} = 6{,}2 + 4{,}2 \cdot v$; h_{cv} in W/(m² · K); v in m/s								$h_{cv} = 7{,}6 \cdot v^{0{,}8}$; h_{cv} in W/(m² · K); v in m/s							
v	h_{cv}	v	h_{cv}	v	h_{cv}	v	h_{cv}	v	h_{cv}	v	h_{cv}	v	h_{cv}	v	h_{cv}
0,1	6,6	1,0	10,4	2,5	16,7	4,0	23,0	5,0	27,5	8,0	40,1	12	55,5	18	76,7
0,3	7,5	1,5	12,5	3,0	18,8	4,5	25,1	6,0	31,9	9,0	44,1	14	62,8	20	83,5
0,5	8,3	2,0	14,6	3,5	20,9	5,0	27,2	7,0	38,0	10	48,0	16	69,8	25	99,8

Strahlungszahlen und Absorptionsvermögen verschiedener Oberflächen

ϑ Oberflächentemperatur in °C
α Absorptionsvermögen (ohne Einheit)
C Strahlungszahl in W/(m² · K⁴)

Stoffoberfläche	ϑ	α	C	Stoffoberfläche	ϑ	α	C
Abs. schwarz. Körper		1	5,77	Aluminiumbronze	100	0,35...0,43	2,0...2,5
Beton	20	0,91	5,23	Heizkörperlack	100	0,925	5,34
Metalle, hochglanzpoliert	20	0,02...0,03	0,115...0,173	Ölfarben, auch weiß		0,88...0,97	5,1...5,6
				Lack, schwarz, matt	80	0,97	5,6
Aluminium, walzblank	170	0,04	0,231	Menschliche Haut		0,81	≈ 4,7
Eisen, stark angerostet	20	0,85	4,90	Gips, Putz, Ziegel	20	0,9...0,94	5,2...5,4
Kupfer, oxydiert	130	0,76	4,4	Holz, Papier, Porzellan	20	0,9...0,94	5,2...5,4

Ermittlung der Wärmedurchgangskoeffizienten U (Bsp.)						**DIN EN ISO 6946:**2018-03, **DIN EN 12831-1, -3:**2017-09	
Bauteil außen innen	Baustoff	d in m	ϱ in kg/m³	$d \cdot \varrho$ in kg/m²	λ in W/(m · K)	$R_T = \frac{d}{\lambda}$ in m² · K/W	$U = \frac{1}{R_T}$ in W/(m² · K)
Außenwand EG, OG 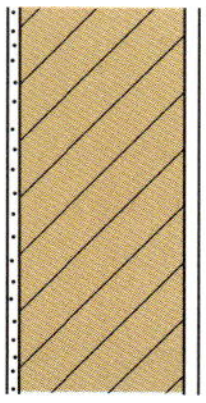	Innenputz	0,015	1 800	27	0,87	0,017	
	Vollziegel (DIN 105)	0,365	1 600	584	0,68	0,537	
	Außenputz (Kalkzementmörtel)	0,020	1 800	36	0,87	0,023	
						$R_{si} = 0{,}13$	
						$R_{se} = 0{,}04$	
		0,400		647		0,747	1,34
Außenwand KG 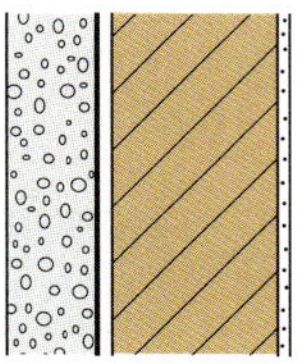	Innenputz (Kalkmörtel)	0,015	1 800	27	0,87	0,017	
	Vollziegel (DIN 105)	0,365	1 600	584	0,68	0,537	
	Außenputz (Zementmörtel)	0,020	2 000	40	1,40	0,014	
	Bitumen	0,002	1 100	2	0,17	0,012	
	Kies	0,200	1 800	360	0,70	0,286	
		0,602		1 013		0,866	–
Innenwand Treppenhaus 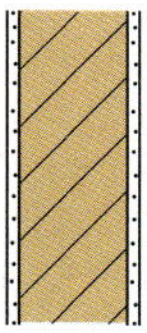	Innenputz (Kalkmörtel)	0,015	1 800	27	0,87	0,017	
	Vollziegel (DIN 105)	0,240	1 600	384	0,68	0,353	
	Innenputz (Kalkmörtel)	0,015	1 800	27	0,87	0,017	
						$R_{si} = 0{,}13$	
						$R_{se} = 0{,}13$	
		0,270		438		0,647	1,55
Kellerfußboden 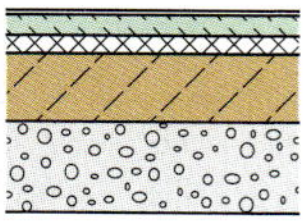	Spannteppich	0,010	700	7	0,081	0,123	
	Zementestrich	0,045	2 000	90	1,400	0,032	
	PUR-Hartschaum	0,040	30	1	0,035	1,143	
	Feuchtigkeitssperre	–		–	–	–	
	Normalbeton	0,150	2 400	360	2,100	0,071	
	Kies	0,200	1 800	360	0,700	0,286	
		0,445		818		1,655	–
Decke zum Dachraum 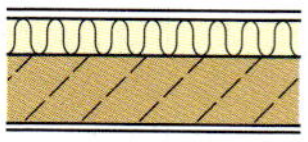	Holzspanplatte (nach DIN EN 309)	0,020	700	14	0,130	0,154	
	Mineralfaser	0,080	300	24	0,040	2,000	
	Normalbeton (DIN 1045: 2008-08)	0,150	2 400	360	2,100	0,071	
	Deckenputz (Kalkmörtel)	0,015	1 800	27	0,870	0,017	
						$R_{si} = 0{,}13$	
						$R_{se} = 0{,}13$	
		0,265		425			0,400

Diffusion — DIN EN 1062-1:2004-08

Zeitlicher Verlauf	Ursache und Bedeutung
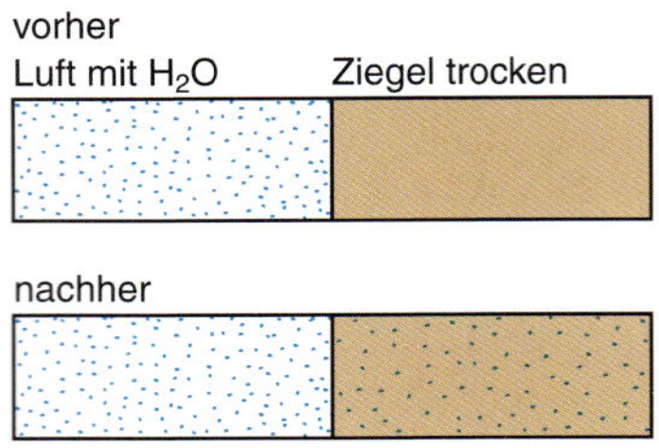	Diffusion: zeitabhängige Vermischung verschiedener Stoffe ohne Einwirkung äußerer Kräfte, auch über Phasengrenzen hinweg. Allein die Wärmebewegung der Teilchen bewirkt die Diffusion; sie ist umso größer, je höher die Temperatur ist. In flüssigen und festen Stoffen ist die Diffusion geringer als in Gasen wie Luft. Der Widerstand wird gekennzeichnet durch die stoffspezifische Diffusionswiderstandszahl μ (ohne Einheit). Der s_d-Wert ist die Dicke einer Schicht, die den gleichen Diffusionswiderstand bietet wie eine Luftschicht von 1 m Dicke ($s_d = \mu \cdot s$).

Wasserdampfdiffusionswiderstandszahlen μ und berechnete s_d-Werte

Stoff	μ (H_2O)	μ (CO_2)	Typische Dicke d	s_d-Wert (H_2O)	s_d-Wert (CO_2)
Zementputz	15 bis 35	200	2 cm	0,50 m	4,00 m
Kalkzementputz	15 bis 30	70	2 cm	0,22 m	1,40 m
Kalkputz	10 bis 25	30	2 cm	0,34 m	0,60 m
Gipsputz	10		2 cm	0,20 m	
Gips	6 bis 9		2 cm	0,16 m	
Silikonharzfarbe	150		100 µm	0,015 m	
Lösemittelhaltige Fassadenfarbe	4 000	1 200 000	100 µm	4,00 m	120,00 m
Silikatfarbe	70		100 µm	0,007 m	
Silikatputz	100	20 000	4 mm	0,40 m	80,00 m
Dispersion außen	3 000	2 000 000	130 µm	0,39 m	260,00 m
Kalksandstein	5 bis 25		36 cm	5,40 m	
Vollklinker	50 bis 100		36 cm	27,00 m	
Betonsteine	5 bis 10		30 cm	2,25 m	
PE-Folie > 0,1 mm	100 000		0,1 mm	10,00 m	
Vollholz	40		12 cm	3,60 m	
Sperrholz	50 bis 400		2 cm	5,00 m	
PF-Hartschaum	10 bis 50		16 cm	5,00 m	
PUR-Hartschaum	30 bis 100		16 cm	10,00 m	

Metallfolien, Kunstharzputz, Glas, PS-Hartschaum sind praktisch dampfdicht, der μ-Wert unendlich groß.

Kapillare Wasseraufnahme — DIN EN ISO 15148:2018-12

w ist die Wasseraufnahme in $kg/(m^2 \cdot t^{0,5})$; verlangt wird ein w-Wert unter 0,10 $kg/(m^2 \cdot h^{0,5})$, da sonst hinter der Beschichtung ein zu hoher Feuchtegehalt vorliegt. Dispersionsfarben mit hoher PVK besitzen eine sehr hohe Wasseraufnahme.

Poren, Porosität — DIN 55670:2011-02, DIN 52102:2013-10

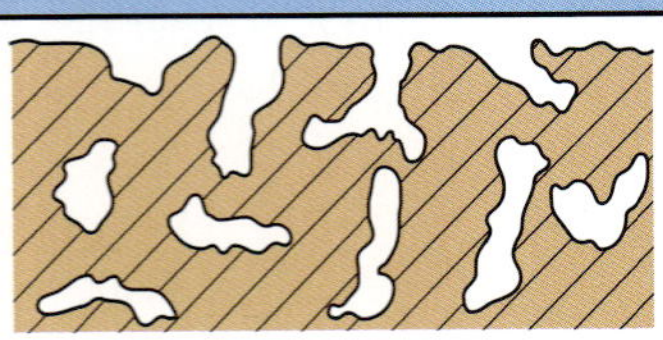

Hohlräume in Stoffen und Oberflächen, deren Tiefe im Verhältnis zum Querschnitt groß ist. Das Verhältnis ihres Volumens zum Gesamtvolumen nennt man Porosität. Mit Porenfüller nach DIN 55945 an der Oberfläche zu beseitigen. Geschlossene Poren sind für die Wärmedämmung erwünscht; offene Poren besitzen meist unerwünschte kapillare Wirkung.

Osmose

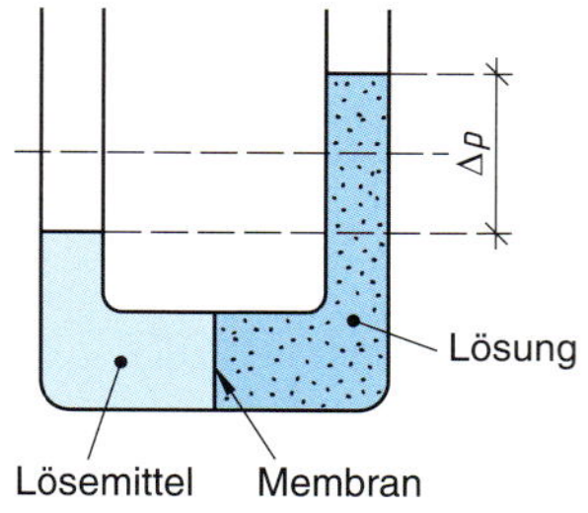

Lösemittel-Wanderung (Permeation). In der Regel können gelöste Stoffe die Phasengrenze nicht überwinden. Wandern Lösemittelmoleküle in die Phase mit gelösten Stoffen, steigt der Innendruck. Es bilden sich Blasen oder es entsteht Unterrostung.
Ungenügende Reinigung von Oberflächen vor der Beschichtung und unvollständiges Aushärten von 2-K-Beschichtungsstoffen fördern die Osmose. Die Permeabilität der Bindemittel sinkt in der Reihe Alkydharze, PVC, Epoxidharz, Polyurethane. Sie sinkt auch mit steigender Pigmentkonzentration, insbesondere bei blättchenförmigen Pigmenten (Eisenglimmer, Aluminium und Grafit), die eine Sperrschicht bilden.

Kapillarität, Kapillardruck — DIN 4108-4:2020-11

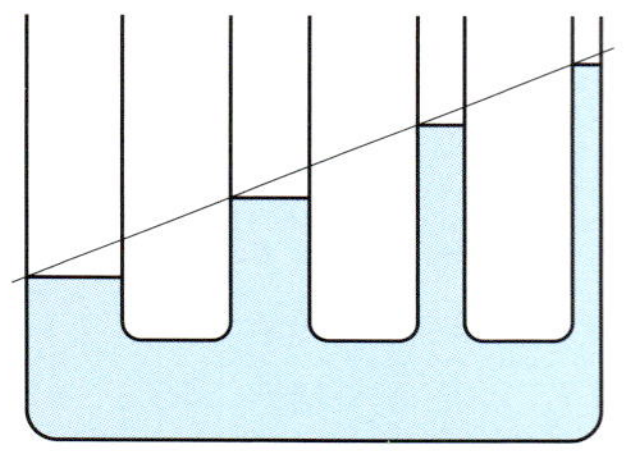

Offene Poren geringen Durchmessers heißen Kapillaren. Wegen der Oberflächenspannungen der Komponenten (Luft – Wandmaterial – Dampf bzw. Flüssigkeit) benetzt die kondensierte Flüssigkeit die Wände der Kapillare (Kapillarkondensation). Dabei steigt die Flüssigkeit gegen die Schwerkraft umso höher, je geringer der Radius der Kapillare ist. In Mauerwerk kann so Feuchte mehrere Meter aufsteigen.

Feuchte

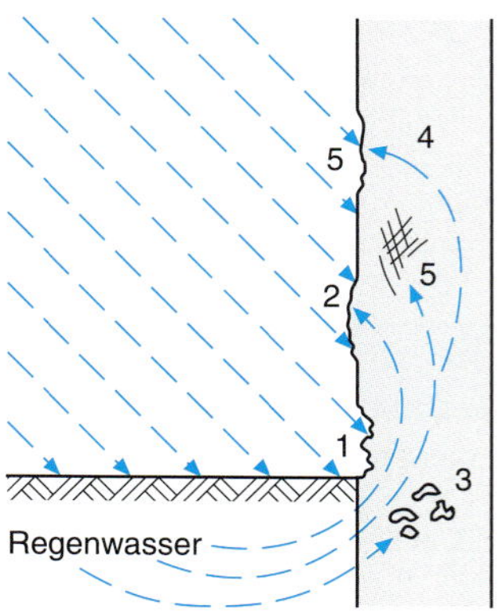

Feuchte Baustoffe unterliegen in verstärktem Maß der Baustoffkorrosion. Die o.g. Phänomene fördern die Aufnahme von Feuchtigkeit aus der Luft oder dem Boden: Osmose und hygroskopische Wasseraufnahme, Wasserdampf- und Kapillarkondensation, kapillare Saugfähigkeit und dazu Regen bzw. Schlagregen sowie drückendes Wasser aus dem Boden. Die Feuchte von Baustoffen wird in Masse-% oder als relative Feuchte (Sättigungs-%) angegeben.
Folgen sind:

- Abplatzungen (1)
- Ausblühungen (2)
- Auslaugungen und Absandungen (3)
- Minderung der Wärmedämmung (4)
- Flecken und nachfolgend Bewuchs (5)

DIN 4108-3:2018-10 enthält eine Regenkarte Deutschlands, Tabellen der Taupunkte und der Wasserdampfsättigung (siehe folgende Seite).

Normklimate — DIN EN ISO 291:2008-08

Normklimate sind Konstantklimate mit festgelegten Werten für Temperatur und Feuchte der Luft mit eingeschränkten Bereichen für den Luftdruck und die Luftgeschwindigkeit und ohne wesentliche zusätzliche Bestandteile und Strahlungseinflüsse. Sie ermöglichen das Erzielen und Aufrechterhalten eines definierten Zustands von temperatur- und feuchteempfindlichen Objekten. Normklimate können in Klimaschränken, -kammern und -räumen eingestellt werden.

Kurzzeichen	Lufttemperatur ϑ in °C	Rel. Luftfeuchte U in %	Taupunkttemperatur ϑ_d in °C	Luftdruck p in mbar	Luftgeschwindigkeit v in m/s
23/50	23	50	12,0	860 bis 1 060	≤ 1
20/65	20	65	13,2		
27/65	27	65	20,0		

Taupunkttemperatur ϑ_S der Luft in Abhängigkeit von Temperatur und relativer Luftfeuchte

Lufttemperatur ϑ in °C	Relative Luftfeuchte													
	30 %	35 %	40 %	45 %	50 %	55 %	60 %	65 %	70 %	75 %	80 %	85 %	90 %	95 %
	Taupunkttemperatur ϑ_S[1)] in °C (DIN 4108 Teil 3 :2018-10)													
30	10,5	12,9	14,9	16,8	18,4	20,0	21,4	22,7	23,9	25,1	26,2	27,2	28,2	29,1
29	9,7	12,0	14,0	15,9	17,5	19,0	20,4	21,7	23,0	24,1	25,2	26,2	27,2	28,1
28	8,8	11,1	13,1	15,0	16,6	18,1	19,5	20,8	22,0	23,2	24,2	25,2	26,2	27,1
27	8,0	10,2	12,2	14,1	15,7	17,2	18,6	19,9	21,1	22,2	23,3	24,3	25,2	26,1
26	7,1	9,4	11,4	13,2	14,8	16,3	17,6	18,9	20,1	21,2	22,3	23,3	24,2	25,1
25	6,2	8,5	10,5	12,2	13,9	15,3	16,7	18,0	19,1	20,3	21,3	22,3	23,3	24,1
24	5,4	7,6	9,6	11,3	12,9	14,4	15,8	17,0	18,2	19,3	20,3	21,3	22,3	23,1
23	4,5	6,7	8,7	10,4	12,0	13,5	14,8	16,1	17,2	18,3	19,4	20,3	21,3	22,2
22	3,6	5,9	7,8	9,5	11,1	12,5	13,9	15,1	16,3	17,4	18,4	19,4	20,3	21,2
21	2,8	5,0	6,9	8,6	10,2	11,6	12,9	14,2	15,3	16,4	17,4	18,4	19,3	20,2
20	1,9	4,1	6,0	7,7	9,3	10,7	12,0	13,2	14,4	15,4	16,4	17,4	18,3	19,2
19	1,0	3,2	5,1	6,8	8,3	9,8	11,1	12,3	13,4	14,5	15,5	16,4	17,3	18,2
18	0,2	2,3	4,2	5,9	7,4	8,8	10,1	11,3	12,5	13,5	14,5	15,4	16,3	17,2
17	–0,6	1,4	3,3	5,0	6,5	7,9	9,2	10,4	11,5	12,5	13,5	14,5	15,3	16,2
16	–1,4	0,5	2,4	4,1	5,6	7,0	8,2	9,4	10,5	11,6	12,6	13,5	14,4	15,2
15	–2,2	–0,3	1,5	3,2	4,7	6,1	7,3	8,5	9,6	10,6	11,6	12,5	13,4	14,2
14	–2,9	–1,0	0,6	2,3	3,7	5,1	6,4	7,5	8,6	9,6	10,6	11,5	12,4	13,2
13	–3,7	–1,9	–0,1	1,3	2,8	4,2	5,5	6,6	7,7	8,7	9,6	10,5	11,4	12,2
12	–4,5	–2,6	–1,0	0,4	1,9	3,2	4,5	5,7	6,7	7,7	8,7	9,6	10,4	11,2
11	–5,2	–3,4	–1,8	–0,4	1,0	2,3	3,5	4,7	5,8	6,7	7,7	8,6	9,4	10,2
10	–6,0	–4,2	–2,6	–1,2	0,1	1,4	2,6	3,7	4,8	5,8	6,7	7,6	8,4	9,2

[1)] Näherungsweise, darf geradlinig interpoliert werden

Ermittlung der Taupunkttemperatur

- Die Luft kann bei einer bestimmten Temperatur nur eine ganz bestimmte Menge an Feuchtigkeit (Wasserdampf) aufnehmen.
- Der Wasserdampfgehalt ist von der Lufttemperatur abhängig und wird in % ausgedrückt (relative Luftfeuchte φ).
- Die Sättigungsmenge (100 %) ist erreicht, wenn die Luft bei einer bestimmten Temperatur (Taupunkttemperatur) keine zusätzliche Feuchtigkeit mehr aufnehmen kann (maximale Luftfeuchte).
- Beispiel:
  Beträgt die Lufttemperatur in einem Raum 20 °C und die relative Luftfeuchte 65 %, dann liegt die Taupunkttemperatur bei 13,2 °C. Auf allen Bauteilen, die kälter als 13,2 °C sind, schlägt sich dann Tauwasser nieder (siehe Tabelle).

Entstehung von Tauwasser auf Bauteiloberflächen (Beispiele)

- Bei unzureichender Wärmedämmung der Außenbauteile wandert die Wärme zu schnell von der Innenwandoberfläche nach außen ab (z. B. Wärmebrücken in Raumecken oder Einbindung der Stahlbetondecke in das Außenmauerwerk).
- Im Raum herrscht eine hohe relative Luftfeuchte und die Lüftung ist unzureichend (z. B. im Bad).
- Möbel stehen zu dicht an der Außenwand und die Hinterlüftung wird dadurch stark eingeschränkt.
- Folgen: Pilz- und Schimmelbildung, durchfeuchtete Wände, Verschlechterung des Wohnklimas u. a.

Wärmebrücken — DIN 4108 Beiblatt 2:2019-06, DIN EN ISO 10211:2018-03, DIN EN 13187:1999-05

Dabei handelt es sich um Stellen der Gebäudehülle, die einen wesentlich kleineren Wärmedurchlasswiderstand und damit eine höhere Wärmestromdichte aufweisen als die benachbarten Wand- und Deckenteile. Der verstärkte Wärmeabfluss erhöht den Heizenergieverbrauch, führt zu Umweltbelastungen und kann die Gesundheit und Wohnqualität beeinträchtigt. Häufig kommt es zu Tauwasserausfall und Schimmelpilzbildung in Innenräumen (siehe Schimmelpilze). Durch korrekte Bauteilkonstruktion können viele Wärmebrücken vermieden und ihre Auswirkungen vermindert werden.

Geometrisch bedingte Wärmebrücken	• Wärmeaufnehmende Innenwandoberfläche ist kleiner als die wärmeabgebende Außenwandoberfläche • Beispiele: Gebäudekanten und besonders Gebäudeecken, die nicht vollständig vermieden werden können
Konstruktiv bedingte und materialbedingte Wärmebrücken	• In einem Bauteil liegen Materialien mit unterschiedlicher Wärmeleitfähigkeit nebeneinander • Entstehen häufig durch planerische Zwänge und bauliche Notwendigkeiten • Beispiele: Rollladenkasten oder ein Regenfallrohr innerhalb eines Wärmedämmverbundsystems, Fenstersturz, auskragende Stahlbetonplatte (Balkon)
Konvektive Wärmebrücken	• Undichte, luftdurchlässige Stellen in der Außenhülle eines Gebäudes • Verlust von Wärmeenergie durch Konvektion (Wärmemitführung von Luft, Gasen und Feuchtigkeit von warm nach kalt) • Fehlerhafte Bauausführung verantwortlich • Beispiele: undichter Anschluss zwischen Fenster und Außenwand durch fehlende Fensteranschlussfolie, fehlerhaft verklebte Dampfsperre
Wärmebrücken durch unsachgemäße Ausführung	• Entstehen durch unsachgemäße Bauausführung und handwerkliche Umsetzungsfehler • Beispiele: nicht sorgfältig gestoßene Dämmstoffplatten bei Wärmedämmverbundsystemen, Lücken in der Dämmung, unsachgemäße Verklebung der Dampfsperre, Sockelausbildung ohne Einbeziehen der Kellerdecke
Sonderformen von Wämebrücken	• Linienförmige, punktuelle oder dreidimensionale Schwachstellen in der gedämmten Gebäudehülle • Beispiele: Befestigungsdübel von Wärmedämmverbundsystemen, Mauerwerksanker von hinterlüfteten Vorhangsystemen, Fensterleibungen, Mischmauerwerk
Durch Thermografie sichtbar gemachte Wärmebrücken	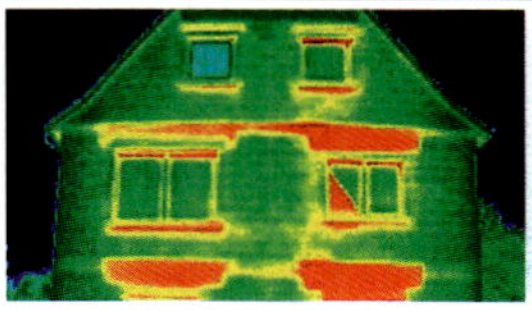 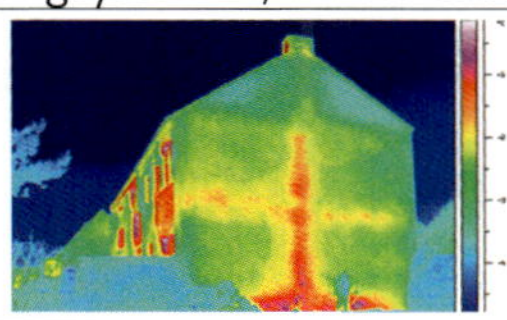 
Vermeidung von Wärmebrücken	• Grundsätzlich sollten Wärmebrücken konstruktiv vermieden werden, z. B. Balkon getrennt vorstellen statt auskragender Betonplatte • Luftdichte Gebäudehülle (Messverfahren mit Unterdruck: Blower-Door-Test) • Dämmstofflagen verschiedener Bauteile sollten lückenlos ineinander übergehen • Sorgfältige und fachgerechte Ausführung von Dämmmaßnahmen insbesondere der Details im Innen- und Außenbereich, wobei die Außendämmung vorzuziehen ist, z. B. Wärmedämmverbundsysteme WDVS
Problem: Algen-, Flechten- und Pilzbewuchs an Fassaden mit Wärmedämmverbundsystem WDVS	• Durch hohe Dämmschichten Abkopplung des Innenraumes von der Fassade, dadurch Tauwasserbildung auf der Fassade durch nächtliche Abkühlung (Wärmespeicherfähigkeit der Außenfassade ist reduziert) • Temperatur- und Feuchtebedingungen an der Außenoberfläche von Wärmedämmverbundsystemen begünstigen die Wachstumsbedingungen für Mikroorganismen (Veralgung der Fassade) • Problematisch ist der Einsatz von bioziden Beschichtungssystemen, die durch Auswaschung die Umwelt beeinträchtigen • Abhilfe: Einsatz von dunklen Farben in Kombination mit Latentwärmespeichern erhöht die Strahlungsenergiegewinne und reduziert den Tauwasserausfall • Abhilfe: Einsatz von infrarot-reflektierende Beschichtung, verringert den Wärmeverlust der Gebäudehülle durch Wärmestrahlung (besonders nachts an den klaren Himmel, ca. −70 °C). Dadurch steigt die Oberflächentemperatur und der Tauwasserausfall wird reduziert.

Schall — DIN 4109-1:2018-01, DIN 4109-2:2018-01, DIN 4109-4:2016-07

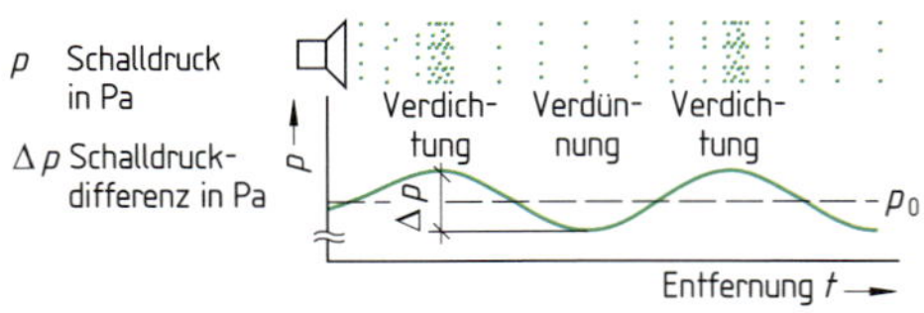

Schall nennt man die elastischen Schwingungen in Luft oder Baustoffen. Die Druckschwankungen der Luft können mit dem Ohr oder Messinstrumenten wahrgenommen werden.

p Schalldruck in Pa
Δp Schalldruckdifferenz in Pa

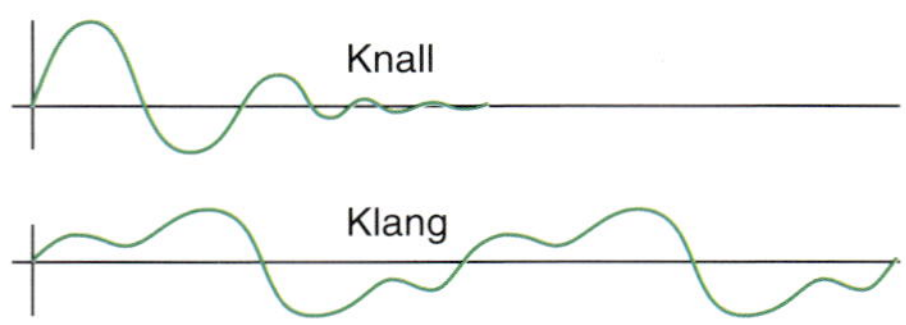

Knall: einmalige, abklingende Druckschwankung

Geräusch: unregelmäßige Druckschwankung

Reiner Ton: sinusförmiger Verlauf des Drucks

Klang: aus mehreren reinen Tönen zusammengesetzter Schall

Luftschall: breitet sich in der Luft aus

Körperschall: breitet sich in Baustoffen aus

Trittschall: ist die Kombination von Körperschall in Decken, Treppen o. Ä., der sich als Luftschall weiterverbreitet

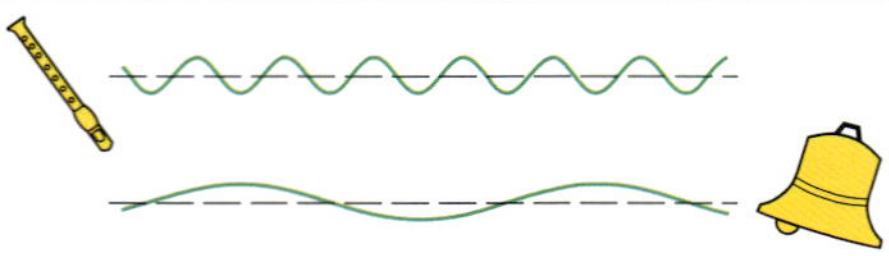

Tonhöhe: Frequenz der Druckschwankung, bis 16 Hz Infraschall, zwischen 16 Hz (tiefer Ton) und 16 000 Hz (hoher Ton) hörbar, darüber Ultraschall bis 100 000 Hz, Kammerton a 440 Hz

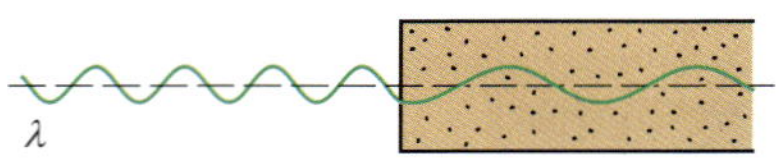

Die **Schallgeschwindigkeit** ist von Druck, Temperatur und Dichte abhängig; zu Normalbedingungen bei Luft 333 m/s; in flüssigen und festen Stoffen über 1 000 m/s bis zu 5 370 m/s (Quarzglas)

Schalldruckpegel in dB: $L_p = \lg \frac{p}{p_0}$

Der nach dem Schallempfinden von Menschen bewertete Pegel wird in dB(A) angegeben.

Die **Lautheit** (Sone) eines Geräusches gibt an, wie viel mal lauter das Geräusch als ein 1 000-Hz-Ton mit L_p = 40 dB empfunden wird.

Lautstärkepegelkurven für reine Sinustöne

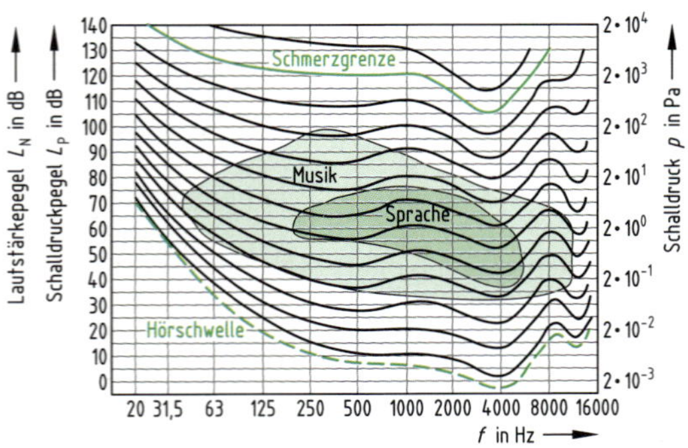

- Die Diagrammdarstellung bezieht sich auf Personen mit normal empfindlichem Gehör.
- Die Lautstärke wird durch Hörvergleiche mit dem Normalschall von 1 000 Hz ermittelt.
- Oberhalb von 40 dB empfindet der Mensch eine Zunahme um 10 dB als doppelt so laut (Sone).

Anhaltswerte für den Schalldruckpegel bei Geräuschen

L_p dB(A)	Beispiel	Hinweise	L_p dB(A)	Beispiel	Hinweise
Bis 10	kaum hörbar	sehr leise	70...80	starker Straßenverkehr	sehr laut und lästig
15...20	nachts im Freien, Kirche		75...85	U-Bahn, div. Fabriken	
25...30	flüstern	leise	80...85	schreien, laut rufen	
30...40	ruhige Wohngegend		80...90	Lkw, laute Werkhallen	teilweise unerträglich
40...50	Büro, leises Gespräch		90...100	Schnellzug	
50...60	normale Unterhaltung		100...110	Schmiede, laute Diskothek	
55...65	Staubsauger	mäßig laut	110...120	Flugzeug, laute Hupe	teilweise schmerzhaft
60...65	lautes Büro, Kaufhaus		120...130	Presslufthammer	
65...70	Schreibmaschine, Hund		130...150	Düsentriebwerke	

Schallschutz — DIN 4109-1:2018-01, DIN 4109-2:2018-01, DIN 4109-4:2016-07

Der Schallschutz in Gebäuden hat eine große Bedeutung für die Gesundheit und das Wohlbefinden der Menschen. Da trotz Schallschutzmaßnahmen nicht erwartet werden kann, dass Geräusche von außen nicht mehr wahrgenommen werden, ergibt sich die Notwendigkeit gegenseitiger Rücksichtnahme durch Vermeidung unnötigen Lärms.

Luftschalldämmung, Räume

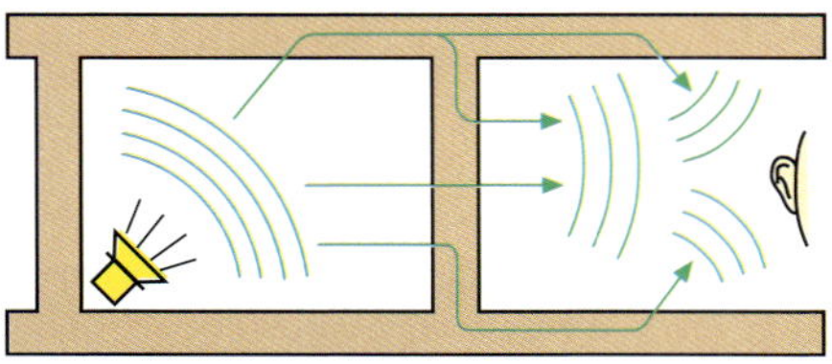

Schallpegeldifferenz $D = L_1 - L_2$ (1 Empfangsraum, 2 Senderaum)

Schalldämmmaß $R = D + 10 \cdot \lg(S / A)$ in dB
S / A Flächenverhältnis

Das bewertete Schalldämmmaß R_w und R'_w wird nach DIN 52210 mithilfe einer Frequenzanalyse anhand einer Bezugskurve ermittelt. Große flächenbezogene Massen, angemessene Biegesteifigkeit.

Ähnlich wird das Trittschallverbesserungsmaß $\Delta L_{W,R}$ ermittelt. Biegeweiche Werkstoffe, Flankenanschlüsse.

Körperschalldämmung

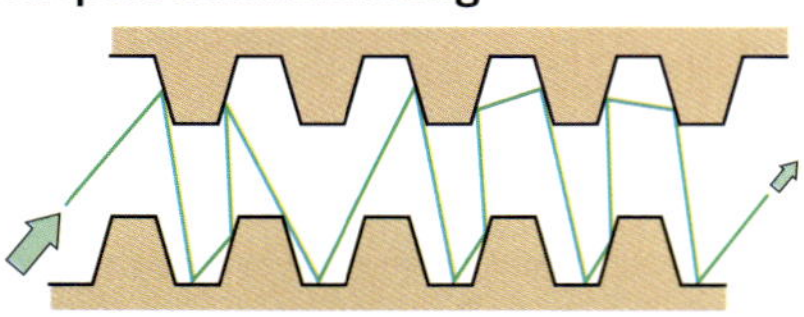

Erfolgt hauptsächlich durch Schallabsorption, das ist der Verlust an Schallenergie durch Reflexion an den Begrenzungsflächen eines Raumes oder an Gegenständen und Personen in einem Raum. Der Verlust entsteht vorwiegend durch Umwandlung von Schall in Wärme.

Ohmsches Gesetz

$U = R \cdot I$ $\quad$ $1\ V = 1\ \Omega \cdot 1\ A$

U	Spannung in V
R	Widerstand in Ω
I	Stromstärke in A

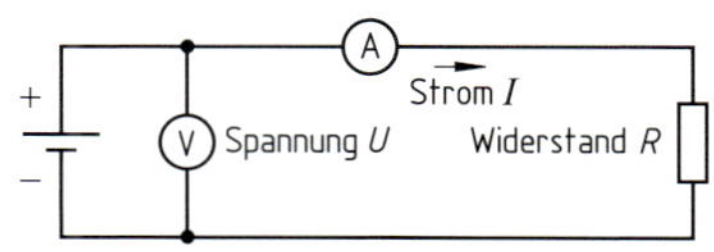

Leiterwiderstand

$$R = \frac{r \cdot l}{A}$$

R	Leiterwiderstand in Ω
r	spezifischer Widerstand in $\Omega \cdot mm^2/m$
l	Leiterlänge in m
A	Leiterquerschnitt in mm^2

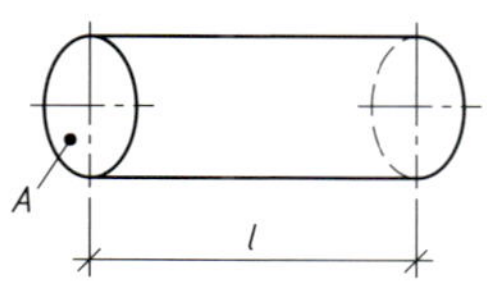

Werkstoff	r in $\frac{\Omega \cdot mm^2}{m}$
Aluminium	0,0278
Silber	0,016
Kupfer	0,018
Konstantan	0,48

Reihenschaltung von Widerständen

$I = I_1 = I_2 = I_3 = \ldots$ | $U = U_1 + U_2 + U_3 + \ldots$

$R = R_1 + R_2 + R_3 + \ldots$

I	Stromstärke in A
U	Gesamtspannung in V
U_1, U_2, U_3	Teilspannung in V
R	Gesamtwiderstand in Ω
R_1, R_2, R_3	Einzelwiderstand in Ω

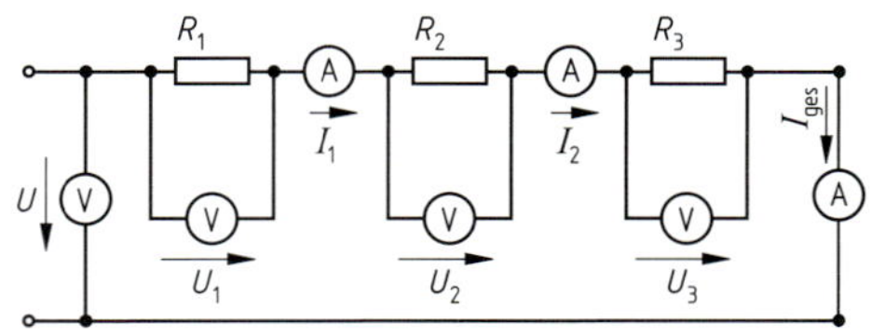

Parallelschaltung von Widerständen

$U = U_1 + U_2 + U_3 + \ldots$ | $I = I_1 = I_2 = I_3 = \ldots$

$\frac{I}{R} = \frac{I}{R_1} + \frac{I}{R_2} + \frac{I}{R_3} + \ldots$

U	Spannung in V
I	Gesamtstromstärke in A
I_1, I_2, I_3	Teilstromstärke in A
R	Gesamtwiderstand in Ω
R_1, R_2, R_3	Einzelwiderstand in Ω

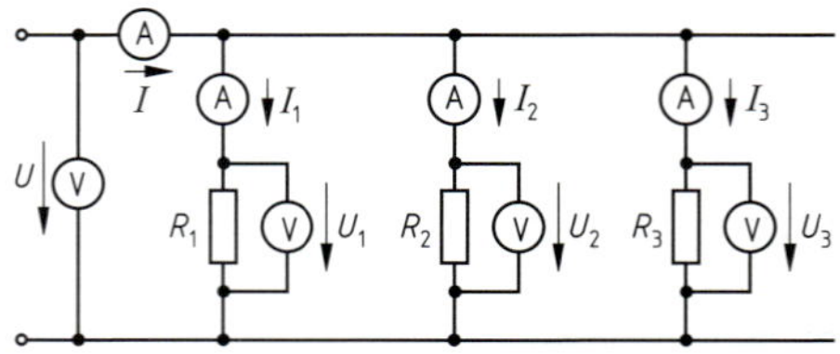

Leistung bei Gleichstrom

$P = U \cdot I$ oder $P = \frac{U^2}{R}$ oder $P = I^2 \cdot R$

P	Leistung in W
U	Spannung in V
I	Stromstärke in A
R	Widerstand in Ω

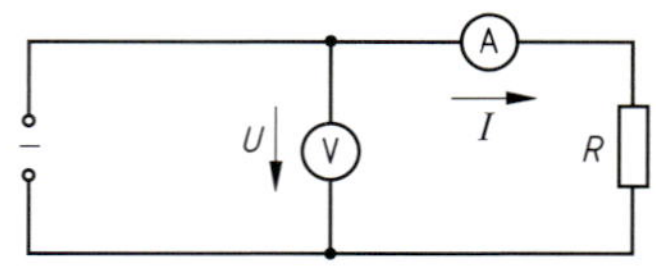

Leistung bei Wechselstrom

$P = U \cdot I \cdot \cos \phi$ | $S = U \cdot I$

P	Wirkleistung in W
U	Spannung in V
I	Stromstärke in A
$\cos \phi$	Leistungsfaktor (ohne Einheit)
S	Scheinleistung in VA
X_L	Blindwiderstand in Ω

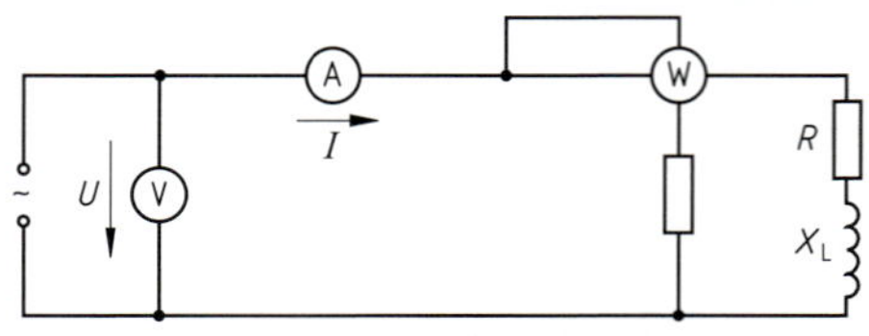

Elektrische Arbeit

$W = P \cdot t$

W	Arbeit in Ws
P	Leistung in W
t	Zeit in s

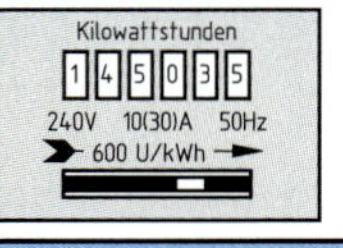

1 Wh = 3 600 Ws
1 kWh = 3 600 000 Ws

Elektromagnetische Strahlung

Elektromagnetische Schwingungen sind periodische Zustandsänderungen des elektromagnetischen Feldes.

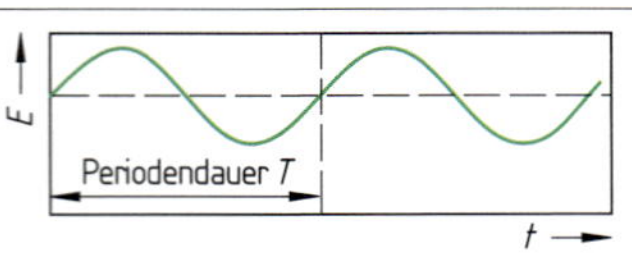

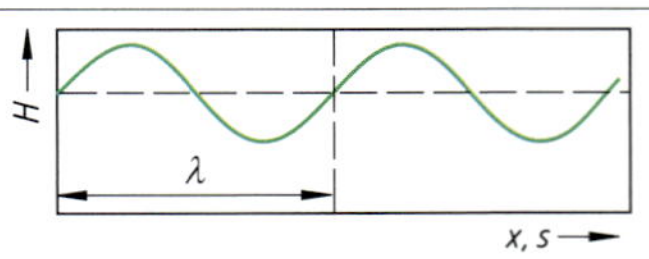

Die Schwingungen werden nach ihrer Frequenz f in 1/s oder nach ihrer Wellenlänge λ in m geordnet. Zwischen ihnen besteht die Beziehung $c_0 = \lambda \cdot f$ mit c_0 = 299 790 km/s, der Vakuumlichtgeschwindigkeit.

Wellenlängenbereiche

Logarithmisches Spektrum, Wellenlängen der elektromagnetischen Strahlung

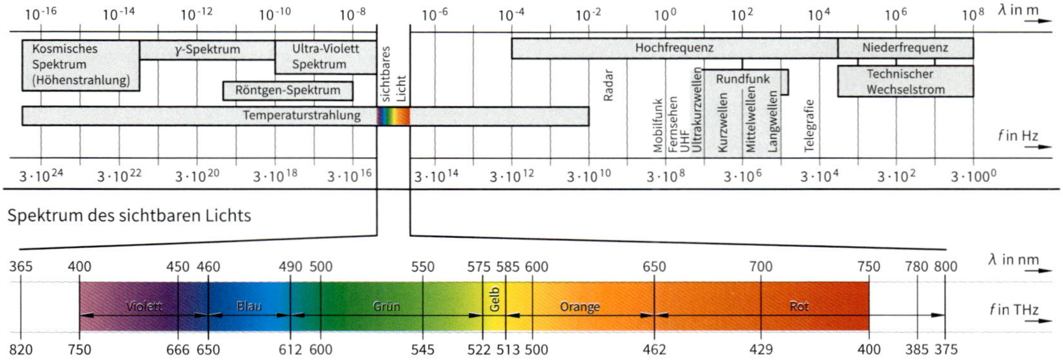

Licht ist der für Menschen sichtbare Bereich des elektromagnetischen Spektrums zwischen 380 nm (Violett) und 780 nm (Rot).

Lichtgeschwindigkeiten, Brechzahl

Die Lichtgeschwindigkeit *c* verringert sich bei Durchgang durch Materie. Der Brechungsindex oder die Brechzahl *n* ist das Verhältnis c_0 zu *c*. (Vakuum: $c_0 = 299\,792\,458\ \text{ms}^{-1}$)

Stoff	*c* in km/s	Brechzahl *n*	Stoff	*c* in km/s	Brechzahl *n*
Luft	299 700	1,0003	Kreide	197 230	1,52
Wasser	225 406	1,33	Quarz	194 669	1,54
Ethanol	220 434	1,36	Bariumsulfat	182 799	1,64
Alkydharz	195 914	1,53	Zinkoxid	149 895	2,00
Polyester	173 289	1,73	Titandioxid	111 033	2,70

Lichtentstehung

Elektromagnetische Strahlung, im engeren Sinne Licht, entsteht durch Änderung des Energieniveaus von Elektronen in Atomen (Quantensprünge). Die Energiedifferenz wird abgestrahlt. Wurden die Elektronen in Atomen von Festkörpern mit vielen Elektronen z. B. durch Wärme angeregt, gibt es viele verschiedene Wellenlängen.

Elektron im Atom

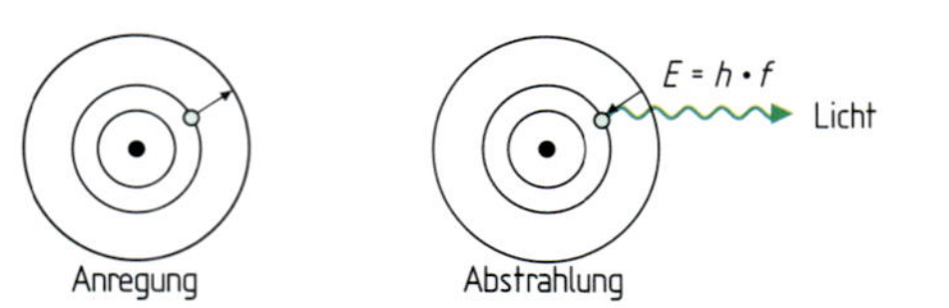

Lichtquellen, Strahler

Lichtquellen werden eingeteilt nach Verteilung der Intensität der Strahlung im Spektrum als **Temperaturstrahler** mit kontinuierlichen Spektren und **Gasentladungsstrahler** sowie **Lumineszenzstrahler** mit diskreten Linienspektren. **Indirekte** Lichtquellen sind beleuchtete Körper, die einen Teil des eingestrahlten Lichts reflektieren oder durchlassen.

Temperaturstrahler:
- Kerzenflamme
- Glühdraht
- Sonne

Gasentladungsstrahler:
- Blitz
- Neonröhren
- Lumineszenzstrahler: UV- und Tageslichtleuchtfarben

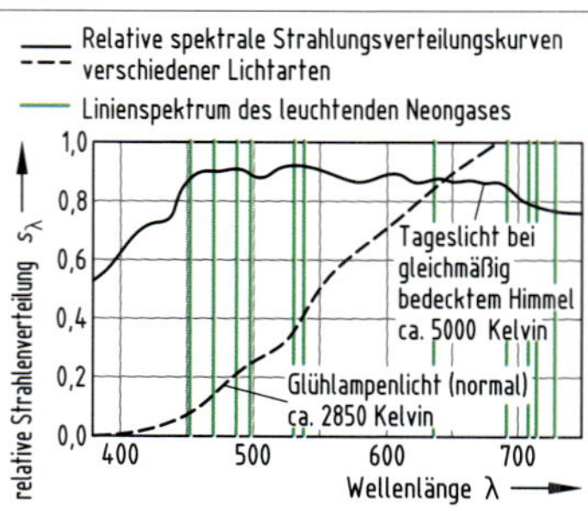

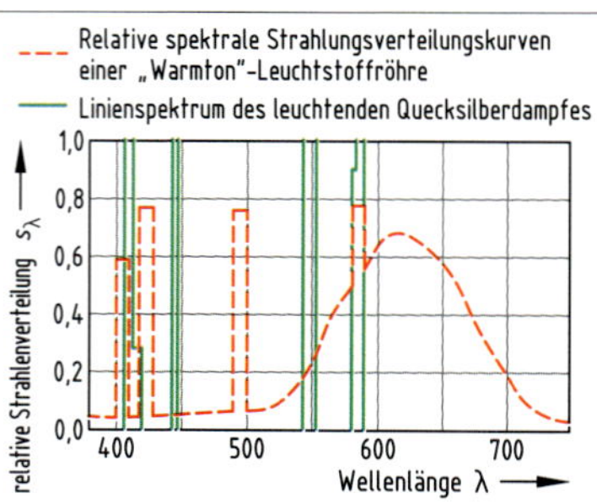

Normlichtarten — DIN 5033-1:2017-10

Im Allgemeinen unterscheidet man Licht von natürlichen Lichtquellen (Tageslicht) und von künstlichen Lichtquellen. Zur Beleuchtung von Proben für die Farbmessung und Farbmusterung sind Normlichtarten künstlicher Lichtquellen festgelegt worden.
Die im Folgenden verwendete Farbtemperatur einer Lichtquelle ist die Temperatur eines schwarzen Hohlraumstrahlers, der subjektive Farbtongleichheit mit einer Lichtquelle oder eines anderen Messobjekts besitzt. Damit ist nicht eine Gleichheit der spektralen Verteilung des Lichts gemeint.

Relative spektrale Verteilungskurven:

a) Glühlampenlicht,
Farbtemperatur etwa 1 900 Kelvin
b) Glühlampenlicht normal,
Farbtemperatur etwa 2 850 Kelvin
c) Direktes Sonnenlicht,
Farbtemperatur etwa 3 500 Kelvin
d) Tageslicht bei gleichmäßig bedecktem Himmel,
Farbtemperatur etwa 5 000 Kelvin

Relative spektrale Strahlungsverteilungskurven verschiedener Lichtarten

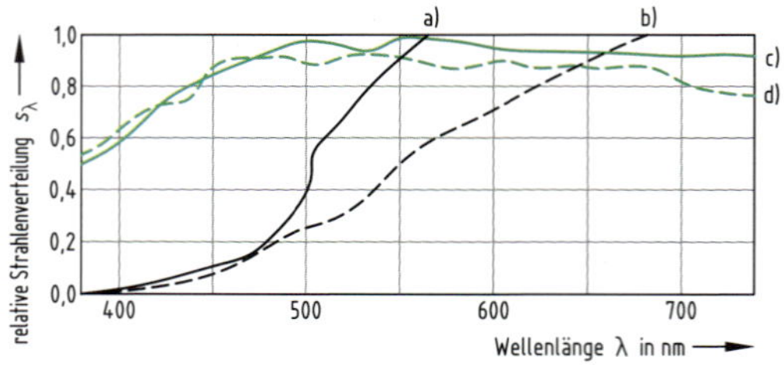

Normlichtart A:
Glühlampenlicht der Farbtemperatur 2 856 Kelvin
Normlichtart C:
„Tageslicht", Farbtemperatur 6 500 Kelvin mit geringem UV-Anteil
Normlichtart D 65:
„Mittleres Tageslicht" mit zusätzlichem UV-Anteil, das für die Farbmetrik eingesetzt wird, in der Praxis eine Xenon-Lampe, teilweise mit UV-Filtern

Relative spektrale Strahlungsverteilungskurven für die Normlichtarten A, C, und D 65

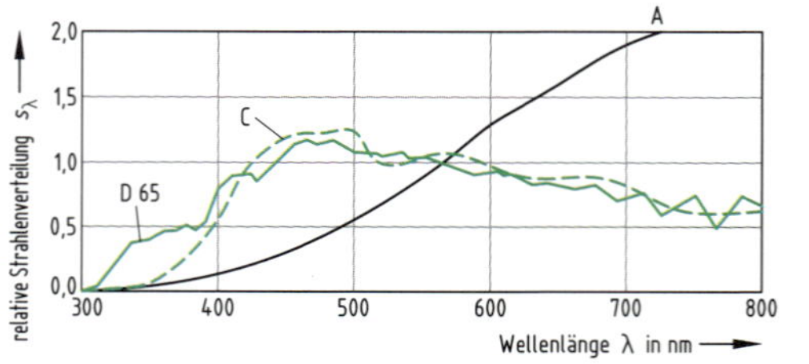

Weitere, ebenfalls genormte Lichtarten D 50, D 55 und D 75 werden in Spezialfällen verwendet.

Lichtstärke

Die Basiseinheit der Lichtstärke ist das Candela (cd). 1 Candela ist die Lichtstärke, mit der 1/60 cm² der Oberfläche eines schwarzen Strahlers bei der Temperatur 1 774 °C (Erstarrungstemperatur des Platins) senkrecht zu seiner Oberfläche leuchtet. Sie entspricht etwa der Lichtstärke einer Stearinkerze mit einer 3 cm hohen Flamme.

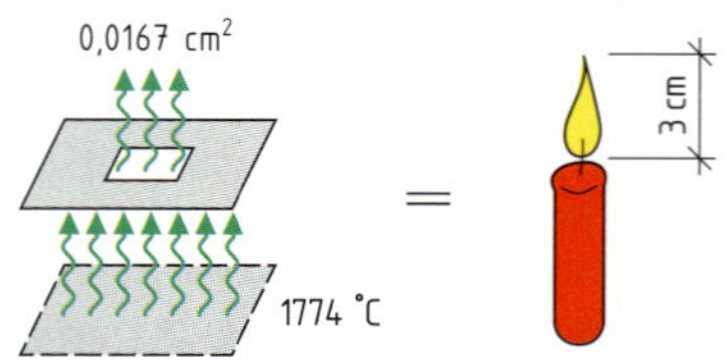

Lichtbegriffe — DIN 55982:2018-08, DIN EN ISO 787-15:2019-12, DIN EN ISO 105-A01:2010-05

Aufhellvermögen	Fähigkeit eines Weißpigments, die Helligkeit zu vergrößern. Messwert Hellbezugswert nach DIN 55982.
Deckvermögen	Fähigkeit, die Farbe eines Untergrunds zu verdecken.
Lichtechtheit, Wollskala	Beständigkeit von Materialien gegen Licht. DIN EN ISO 787-15, Bewertung nach Wollskala DIN EN ISO 105-A01.
Pigmentorientierung	Ausschlaggebend bei der Ausbildung eines guten Metalleffekts. Optimal bei paralleler Ausrichtung.
Remission	Diffuse Reflexion
Schwarzzahl	Charakterisiert coloristisch die schwarze Einfärbung. Messbar mit Spektralfotometer oder einfacher mit dem Densitometer.
Teilchengrößenverteilung	Kornverteilung, beeinflusst wellenlängenabhängig das Verhältnis von Reflexion, Streuung und Absorption, also den Farbeindruck und die mechanischen Eigenschaften, insbesondere in Hinblick auf Korrosionsvorgänge.

Lichtausbreitung

- Vorbeiflutendes Licht ist nicht sichtbar.
- Licht breitet sich geradlinig aus.
- Mit der Ausbreitung von Licht ist ein Energietransport verbunden.

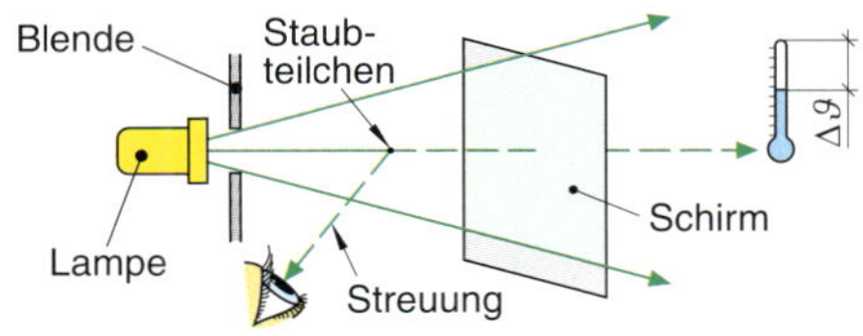

Der Lichtstrom Φ hat die Einheit Lumen (lm) und ist das Produkt aus Lichtstärke in cd und Raumwinkel in Steradiant (sr). Wird der Raumwinkel 1 (1 m² von einer Kugeloberfläche um die Quelle), so ist der Lichtstrom Φ gleich der Lichtstärke I.

Beleuchtungsstärke, Abstands- und Neigungsgesetz

Abstandsgesetz	Neigungsgesetz
$E = \frac{I}{r^2}$	$E = \frac{I \cdot \cos \alpha}{r^2}$

E Beleuchtungsstärke in Lux
I Lichtstärke in cd
r Abstand zwischen der Lichtquelle und dem beleuchteten Gegenstand
α Winkel zwischen den Lichtstrahlen und der Senkrechten der beleuchteten Fläche

Abstandsgesetz Neigungsgesetz 1 und 2

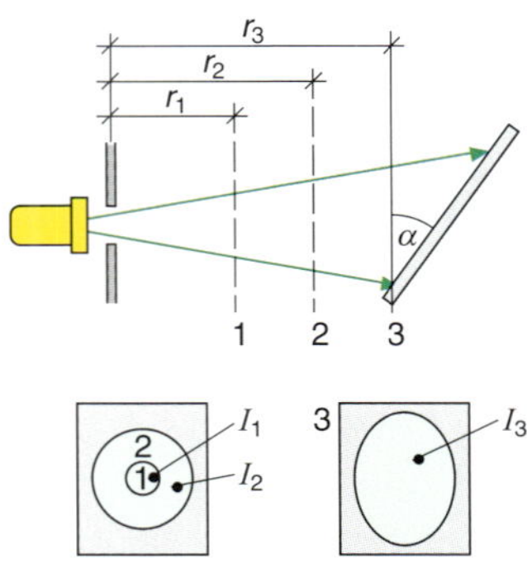

Reflexion

Reflexionsgesetz:
$\alpha = \beta$
α Einfallswinkel
β Ausfallswinkel

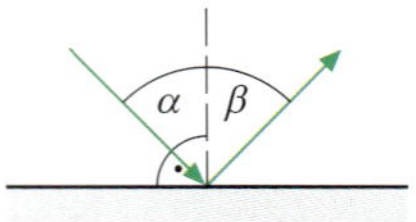

Diffuse Reflexion: Auf unregelmäßigen Oberflächen gilt zwar für jeden Punkt das Reflexionsgesetz, die einzelnen Flächen haben aber nicht die gleiche Neigung zum einfallenden Lichtstrahl, sodass der Lichteindruck diffus wird.

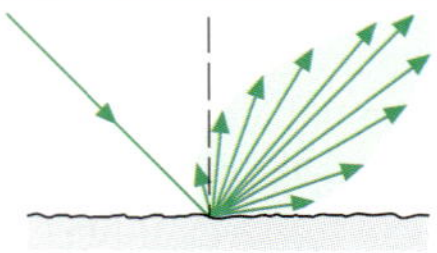

Brechung, Dispersion und Totalreflexion

Ein Lichtstrahl, der nicht senkrecht auf die Grenze zweier Medien verschiedener Brechzahl n trifft, setzt seinen Weg im optisch dichteren Medium (größere Brechzahl) zur Senkrechten hin gebrochen fort. Wird nach dem Brechungsgesetz ein Winkel 90° oder größer, tritt Totalreflexion ein.

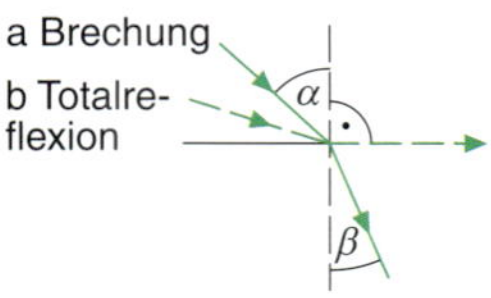

$$\frac{\sin \alpha_1}{\sin \alpha_2} = \frac{n_2}{n_2}$$

Die Brechzahl ist wellenlängenabhängig. Bei jeder Brechung findet also eine **Dispersion** (Auffächerung) der Lichtstrahlen nach Wellenlängen statt, sodass ein (farbiges) Spektrum entsteht.

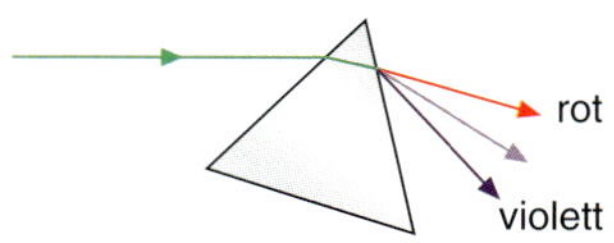

Grundlagen
Werkstoffe, Hilfsstoffe
Werkzeuge, Geräte, Gerüste
Arbeits-techniken
Gestaltung
Arbeitsschutz, Umweltschutz
Aufmaß, Abrechnung
Betriebs-führung
Quellen

Brechzahlen von Pigmenten und Bindemitteln

Calciumcarbonat	1,48...1,65	Wasser	1,33
Magnesiumsilikat	1,54...1,59	Leinöl	1,48
Calciumsilikat	1,55...1,63	Ethanol	1,36
Glimmer	1,59...1,61	Polyacrylate	1,47...1,49
Aluminiumsilikat	1,56	Celluloseester	1,47...1,53
Bariumsulfat	1,64	Alkydharze	1,51...1,55
Lithopone	1,84...2,08	PVC	1,54
Bleiweiß	1,94...2,09	Polyesterharze	1,54...1,57
Zinkoxid	2,01	Melaminharze	1,55...1,68
Titandioxid – Anatas	2,55	Epoxidharze	1,56...1,60
Titandioxid – Rutil	2,75	Harnstoff/Formaldehydharze	1,57
Quarz	1,55	Phenol/Formaldehydharze	1,63

Die relative Brechzahl n_{rel} ist der Quotient der Brechzahlen von Pigment und Bindemittel.

Streuung und Interferenz (Überlagerung)

An jeder Phasengrenze wird Licht teilweise reflektiert, gebrochen und gestreut. In einer Phase wird Licht teilweise absorbiert.

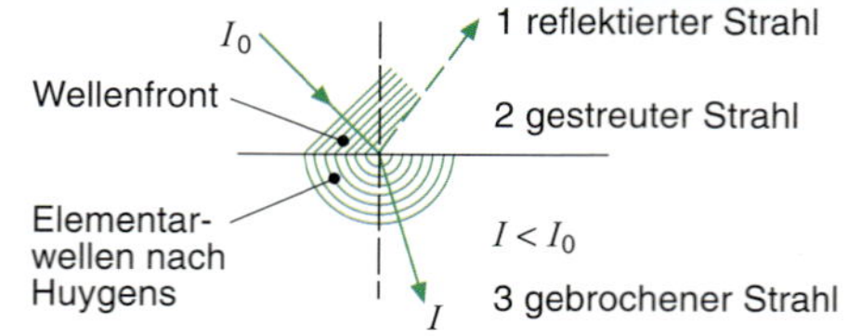

Interferenz: Wellen gleicher Wellenlänge (kohärent) überlagern sich. Je nach Phasenverhältnis $\Delta\phi$ (Gangunterschied) kommt es zu Verstärkung oder Auslöschung.

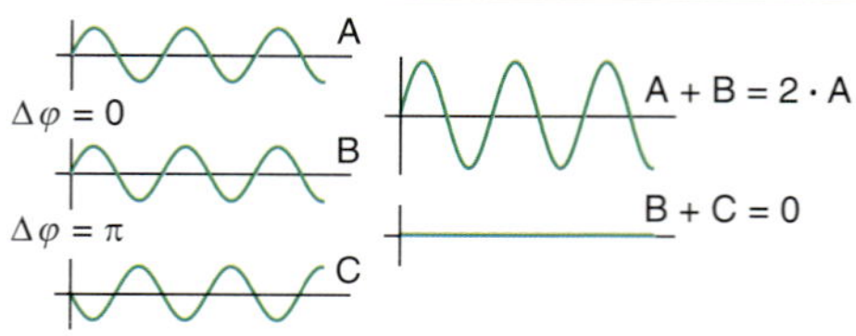

In **Interferenzpigmenten** (Perlglanz) wird Licht an dünnen Schichten reflektiert. Liegt ihr Abstand in der Größe der Wellenlänge, interferieren die reflektierten Lichtwellen und es kommt winkelabhängig zu Auslöschung und Verstärkung. Auf diese Weise entstehen farbige oder Hell-Dunkel-Muster. Bei nanoskaligen Pigmenten hängt die Farbe von der Größe der Teilchen ab.

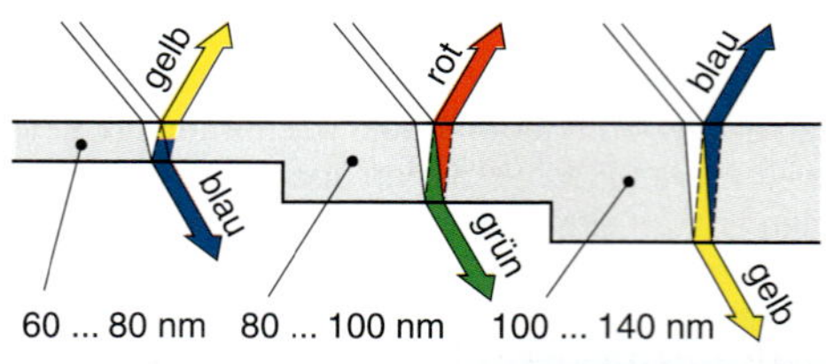

Glanz

DIN EN ISO 2813: 2015-02

Glanz ist der subjektive Eindruck des von einer Oberfläche reflektierten und gestreuten Lichts. Das Verhältnis von reflektiertem und gestreutem Licht bestimmt den Glanzgrad (Glanzmessung: s. S. 137).

Spiegelglanz: Die Oberfläche reflektiert ohne Streulichtanteile. Die Bildschärfe ist ohne jeden Schleier.

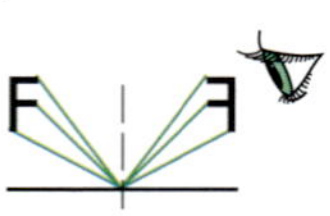

Stumpfmatt: Die Streulichtanteile sind so groß, dass keine Abbildung erkennbar ist.

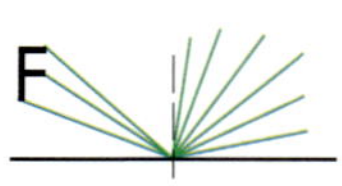

Das Verhältnis von reflektiertem zu gestreutem Licht steigt mit flacheren Betrachtungswinkeln.

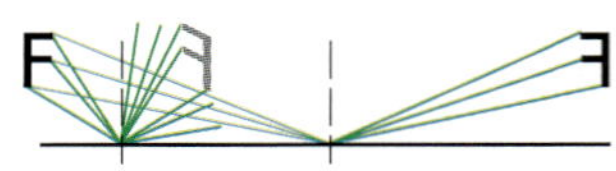

Elementarteilchen und Atombau

Es gibt drei Elementarteilchen, aus denen alle Atome aufgebaut sind. Die verbreiteste physikalische Theorie über Materie und Felder hat eine Systematik von 12 Bausteinen der Materie.

Teilchen	Masse	Ladung
Elektron	$9{,}1094 \cdot 10^{-31}$ kg, relativ 1	$-1{,}602 \cdot 10^{-19}$ As, relativ −1
Neutron	$1{,}6749 \cdot 10^{-27}$ kg, relativ 1836	0
Proton	$1{,}6726 \cdot 10^{-27}$ kg, relativ 1836	$+1{,}602 \cdot 10^{-19}$ As, relativ +1

Atombau und Isotope

Bohrsches Atommodell

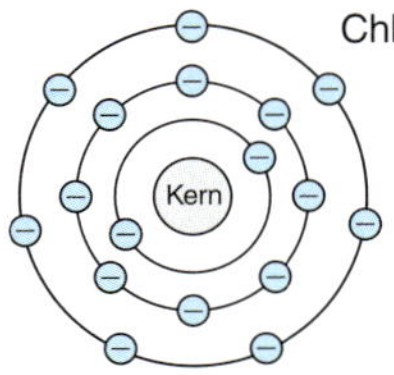

Chlor-Atom

Im **Kern** befinden sich Protonen p^+ und Neutronen n^0; der Kern ist positiv geladen. Sein **Durchmesser** beträgt etwa 10^{-15} m. Die Elektronen e^-, befinden sich in großem Abstand vom Kern, sodass der Atomdurchmesser zwischen 30 pm (H) und 265 pm (Cs) beträgt.

Die **Elemente** unterscheiden sich in der Anzahl der Protonen und Neutronen im Kern und damit auch der Elektronen. Atome mit gleicher Protonenzahl und unterschiedlicher Neutronenzahl nennt man **Isotope**. Manche Isotope sind radioaktiv.

Ionen sind geladene Atome, die entweder Elektronen aufgenommen (Anionen) oder abgegeben haben (Kationen). Nach ihrer Stellung im „Periodensystem der Elemente“ neigen Atome entweder zur Abgabe (Metalle) oder zur Aufnahme (Nichtmetalle) von Elektronen (Edelgasregel, Elektronegativität).

Darstellung von Atomen und Molekülen, Formeln

Symbol/Formel	Bezeichnung, Regeln, Verbreitung
$^{32}_{16}S^{2-}$	Symbol eines Schwefelions des Isotops der Massenzahl 32, Ordnungszahl 16 (Protonen), Ladung des Ions zweifach negativ, also 18 Elektronen insgesamt vorhanden. Zahlen links zur Kennzeichnung von Isotopen.
Al_2O_3	Summenformel von Aluminiumoxid (Di-Aluminiumtrioxid). Die Zahlenverhältnisse in der Verbindung werden durch Indizes angegeben.

Atommassen und molekulare Massen

Fe_2O_3: $M = 159{,}68$ g/mol	Die Summe der Atommassenzahlen ist die molare Masse M in g/mol. Die Stoffmenge 1 mol einer Stoffportion Eisen(III)-oxid hat die Masse $2 \cdot 55{,}84\ \text{g} + 3 \cdot 16{,}00\ \text{g} = 159{,}68$ g.

Reaktionsgleichungen

Calciumhydroxid + Salzsäure reagiert zu Calciumchlorid + Wasser

$$Ca(OH)_2 + 2\,HCl \rightleftarrows CaCl_2 + 2\,H_2O$$
$$74\ \text{g} + 73\ \text{g} = 111\ \text{g} + 36\ \text{g}$$
$$147\ \text{g} = 147\ \text{g}$$

Die Reaktionsgleichung vereinfacht die Niederschrift von Reaktionen. Darüber hinaus gibt sie die Zahlenverhältnisse (stöchiometrische Faktoren) an. Mit den molaren Massen der beteiligten Stoffe können die Massen berechnet werden: **Gesetz von der Erhaltung der Masse**.

Konzentrationsangaben

Die Stoffmengenkonzentration $c\,(x)$ des Stoffes x in mol/l gibt an, wie viel Mol in einem Liter enthalten sind. Die Angabe $[x]$ ist eine weitere Schreibweise für die Stoffmengenkonzentration.

Periodensystem der Elemente (PSE)

Elemente in gleichen Hauptgruppen (Spalten des PSE) besitzen ähnliche Eigenschaften und bilden analoge Verbindungen.
Die Alkalimetalle (1. Hauptgruppe) sind unbeständige Metalle, die lösliche Salze bilden; die Erdalkalimetalle bilden schwerlösliche Sulfate und sind in Gestein und Erden anzutreffen, zusammen mit den Chalkogenen (Erzbildner, 6. Hauptgruppe). Die Halogene sind Salzbildner (7. Hauptgruppe), Edelgase sind in der 8. Gruppe. Die Diagonale von B (Bor) nach Te (Tellur) trennt Metalle von Nichtmetallen.

Periodensystem der Elemente (PSE)[1] (Fortsetzung)

Periode	1	2	3	4	5	6	7	8	9	10	11	12	13	14	15	16	17	18
	Alkalimetalle	Erdalkalimetalle	Nebengruppen										Borgruppe	Kohlenstoffgruppe	Stickstoffgruppe	Chalkogene, Erzbildner	Halogene, Salzbildner	Edelgase
1	1,01 H 1 Wasserstoff				Nichtmetalle; bilden Säuren	Leichtmetalle; bilden Basen	Metalle	Edelmetalle	Halbmetalle	Edelgase								4,00 He 2 Helium
2	6,94 Li 3 Lithium	9,01 Be 4 Berylium											10,81 B 5 Bor	12,01 C 6 Kohlenstoff	14,01 N 7 Stickstoff	16,00 O 8 Sauerstoff	19,00 F 9 Fluor	20,18 Ne 10 Neon
3	22,99 Na 11 Natrium	24,31 Mg 12 Magnesium											26,96 Al 13 Aluminium	28,09 Si 14 Silicium	30,97 P 15 Phosphor	32,06 S 16 Schwefel	35,45 Cl 17 Chlor	39,95 Ar 18 Argon
4	39,10 K 19 Kalium	40,08 Ca 20 Calcium	44,96 Sc 21 Scandium	47,90 Ti 22 Titan	50,94 V 23 Vanadium	52,00 Cr 24 Chrom	54,94 Mn 25 Mangan	55,85 Fe 26 Eisen	58,93 Co 27 Cobalt	58,71 Ni 28 Nickel	63,55 Cu 29 Kupfer	65,38 Zn 30 Zink	69,72 Ga 31 Gallium	72,59 Ge 32 Germanium	74,92 As 33 Arsen	78,96 Se 34 Selen	79,90 Br 35 Brom	83,80 Kr 36 Krypton
5	85,47 Rb 37 Rubidium	87,62 Sr 38 Strontium	88,91 Y 39 Yttrium	91,22 Zr 40 Zirkonium	92,91 Nb 41 Niob	95,94 Mo 42 Molybdän	98,91 Tc 43 Technetium	101,07 Ru 44 Ruthenium	102,91 Rh 45 Rhodium	106,42 Pd 46 Palladium	107,87 Ag 47 Silber	112,41 Cd 48 Cadmium	114,82 In 49 Indium	118,69 Sn 50 Zinn	121,75 Sb 51 Antimon	127,60 Te 52 Tellur	126,90 I 53 Iod	131,30 Xe 54 Xenon
6	132,91 Cs 55 Cäsium	137,33 Ba 56 Barium	57...71 La...Lu Lanthanoide	178,49 Hf 72 Hafnium	180,95 Ta 73 Tantal	183,85 W 74 Wolfram	186,21 Re 75 Rhenium	190,23 Os 76 Osmium	192,22 Ir 77 Iridium	195,09 Pt 78 Platin	196,97 Au 79 Gold	200,59 Hg 80 Quecksilber	204,37 Ti 81 Thallium	207,20 Pb 82 Blei	208,98 Bi 83 Bismut	208,98 Po 84 Polonium	209,99 At 85 Astat	222,02 Rn 86 Radon
7	223,02 Fr 87 Francium	226,03 Ra 88 Radium	89...103 Ac...Lr Actinoide	267 Rf 104 Rutherfordium	269 Db 105 Dubnium	270 Sg 106 Seaborgium	272 Bh 107 Bohrium	273 Hs 108 Hassium	277 MT 109 Meitnerium	281 Ds 110 Darmstadtium	281 Rg 111 Roentgenium	285 Cn 112 Copernicium	286 Nh 113 Nithonium	289 Fl 114 Flerovium	288 Mc 115 Moscovium	293 Lv 116 Livermorium	294 Ts 117 Tenness	294 Og 118 Oganesson

[1] Basierend auf den Regeln der Nomenklatur der IUPAC (International Union of Pure and Applied Chemistry)

Einteilung der Stoffe, Stoffgemische

Reine Stoffe	
Chemische Verbindungen	Nur **chemisch** durch Stoffumwandlung zu zerlegen. Beispiele: Natriumchlorid, Ethanol, Schwefeldioxid. Sie sind an ihrem konstanten Siede- und Schmelzpunkt erkennbar.
Chemische Elemente	Sie sind auch chemisch nicht mehr in verschiedene Bestandteile zu zerlegen. Beispiele: Eisen, Sauerstoff, Kohlenstoff, Gold.
Stoffgemische (heterogene oder homogene Gemenge)	
Heterogen	Mehrere Phasen (abgegrenzte Bereiche) sind erkennbar bzw. aufgrund physikalischer Unterschiede messbar und trennbar. Beispiele: Holz, Blähton, Nebel, Frischbeton.
Homogen (Mischphasen)	Nur eine Phase mit überall gleichen physikalischen und chemischen Eigenschaften. Mit **physikalischen** Methoden ohne Stoffumwandlung in reine Stoffe trennbar. Beispiele: Mineralwasser, Luft, Legierungen.

Kristalline und amorphe Stoffe, Nanopartikel

Gitter, mit Fehlstellen

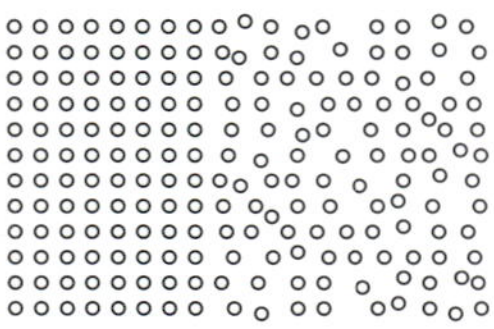

In **idealen** Kristallen sind die Teilchen (Atome, Ionen oder Moleküle) streng geometrisch in sogenannten Kristallgittern angeordnet. Eine **Elementarzelle** wiederholt sich dreidimensional, sodass eine **Fernordnung** besteht. In **realen** Kristallen gibt es **Fehlstellen** (Leerstellen, Fremdionen, Versetzungen, Poren, Einschlüsse), die die idealen Eigenschaften stark verändern, bei dotierten Halbleitern aber auch neue, gewünschte Eigenschaften bewirken. Nanopartikel sind ideale Kristalle geringer Ausdehnung, die gesonderte Eigenschaften bewirken.

Amorph

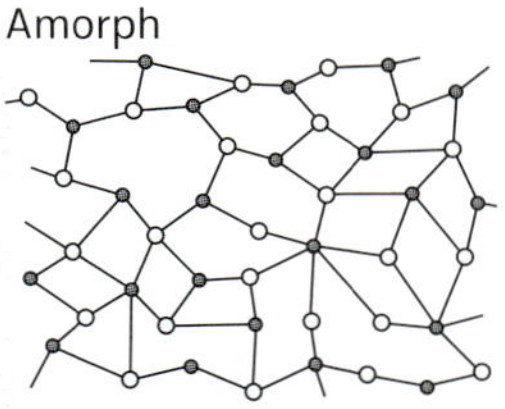

Amorphe Stoffe besitzen keine Ordnung, sodass auch im festen Zustand Eigenschaften einer Flüssigkeit vorhanden sind. Gläser nennt man daher auch unterkühlte Schmelzen. Sie können aus ihrem metastabilen Zustand in den energieärmeren Kristallzustand übergehen („Entglasen"). Lackfilme gehen am **Glaspunkt** vom gummielastischen in den hartelastischen Zustand über. Dabei finden drastische Änderungen von Härte, Elastizitäts-Modul und Volumen statt.

Echte Lösungen

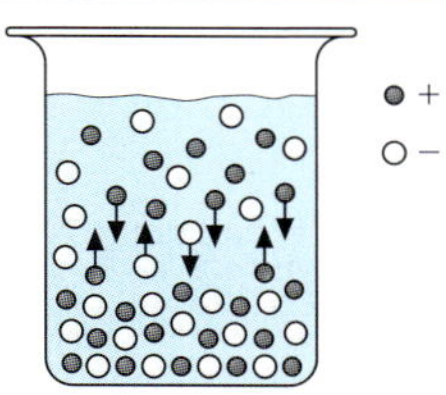

Lösemittel **solvatisieren** (umhüllen) einzelne Ionen oder Moleküle des gelösten Stoffs und erniedrigen so die Energie des Systems. Demzufolge hat die Löslichkeit eine **Sättigungsgrenze**, die gewöhnlich mit der Temperatur steigt. Die physikalischen und chemischen Eigenschaften werden durch die Solvathülle modifiziert. Mit ungelöstem Bodenkörper besteht ein Austausch, ein dynamisches Gleichgewicht.

Kolloid

Bezeichnung für den Zustand von Stoffen, die in einem zweiten Stoff (Dispersionsmittel) fein verteilt in Teilchengrößen zwischen 100 und 1 nm vorliegen, etwa 10^3 bis 10^9 Atome. Die Teilchen besitzen eine so hohe Oberflächenenergie, dass ihre Eigenschaften besonderen Gesetzen gehorchen. Sie werden nach Aggregatzustand, Teilchenform, chemischer Zusammensetzung, Redispergierbarkeit (reversibel, irreversibel), Beweglichkeit (kohärent sind unbewegliche Gele, inkohärent sind bewegliche Sole), Löslichkeitsverhalten (hydrophil, hydrophob) und Form der Stabilisierung (elektrostatisch oder sterisch) unterschieden.

Einteilung kolloiddisperser Systeme nach Aggregatzuständen

Dispersionsmittel (kontinuierliche Phase)	Zerteilter Stoff (disperse Phase)	Benennung und Beispiele
Gasförmig	Flüssig	Nebel, Spray,
Gasförmig	Fest	**Aerosol**, Rauch, staubige Industrieabgase
Flüssig	Gasförmig	Schaum, Schlagsahne
Flüssig	Flüssig	**Emulsion**, Lotion, Teeremulsion
Flüssig	Fest	**Suspension**, auch Dispersion, Leim, Anstrichfarben
Fest	Gas	Schaumstoff, Gasbeton, Brot
Fest	Fest	Metalloxide in Silikaten, Pigmente im festen Lackfilm

Lack-Dispersionen sind heterogene Systeme, in denen die Filmbildner als Dispersionen in bis zu millimetergroßen Tröpfchen evtl. als Schutzkolloide vorliegen (dreifacher Aufbau, vgl. unten).

Eigenschaften und Verhalten inkohärenter kolloider Systeme (Sole)

Ausflockung 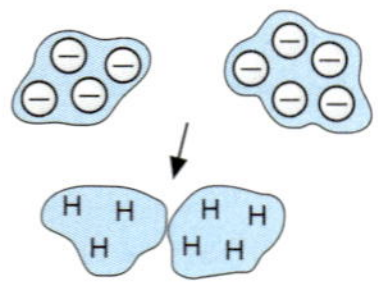	Koagulation: Bei einem bestimmten pH-Wert (isoelektrischer Punkt) bilden die Kolloidteilchen größere Aggregate, Gele oder solche, die nicht mehr dispergiert bleiben.	Elektrophorese 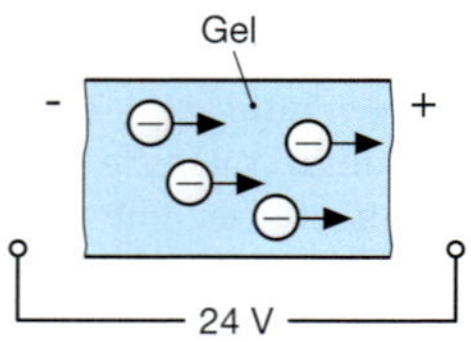	Aufgeladene Teilchen wandern im elektrischen Feld unterschiedlich schnell und lassen sich damit nach Größe trennen.
Sedimentation, Absetzen 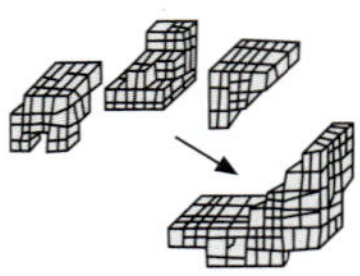	Absetzen: Alterung oder geringe Änderung (Temperatur, Zusammensetzung) des Systems führt zur Ausflockung und anschließendem Absetzen.	Tyndall-Effekt 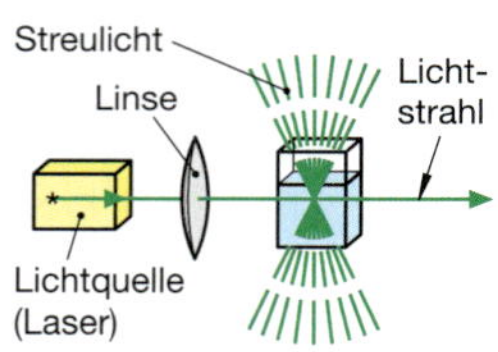	Senkrecht zu einem Lichtstrahl wird polarisiertes Licht gestreut. Erkennungsmethode.
Ultrafiltration 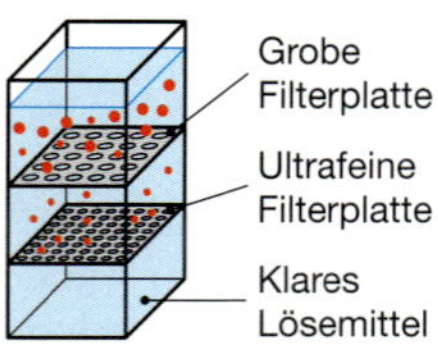	Echte Kolloide werden nur von Membranfiltern zurückgehalten.	Viskosität 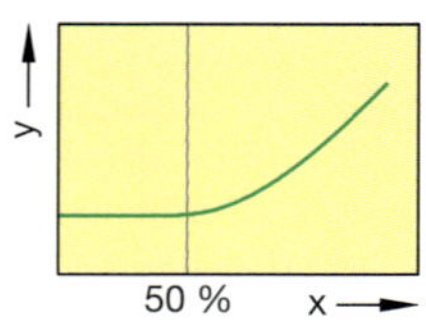	Die Viskosität der Dispersion steigt erst ab einem Feststoffgehalt von etwa 50 % an.

Eigenschaften und Verhalten kohärenter kolloider Systeme (Gele)

Viskosität	Dilatanz, Strukturviskosität, Rheopexie und Thixotropie.
Elastizität	Die räumlich fixierten Teilchen bilden ein Netz, das formbeständig und sehr elastisch ist.

Schutzkolloide

Schutzkolloid

Micelle

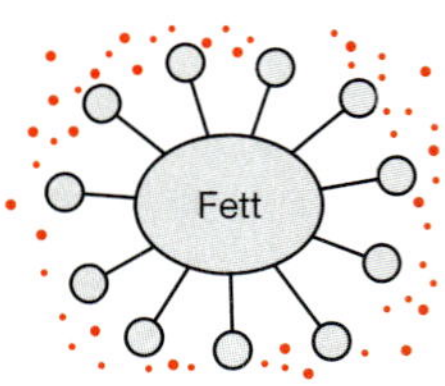

Um zu erreichen, dass dispergierte Teilchen erst nach Verdunsten des Lösemittels koagulieren, werden **Schutzkolloide** mit abstoßenden Kräften eingesetzt. Sie umhüllen die Dispersionströpfchen. Emulgatoren wie Seifen dagegen bilden **Micellen**, in deren Inneren sich ein sonst unlöslicher (z. B. hydrophober) Stoff befindet.

Chemische Bindungen

Alle Bindungstypen zwischen Atomen, Ionen und Molekülen beruhen auf elektrostatischen Kräften und auf Symmetrieerscheinungen.

Gemeinsames Orbital

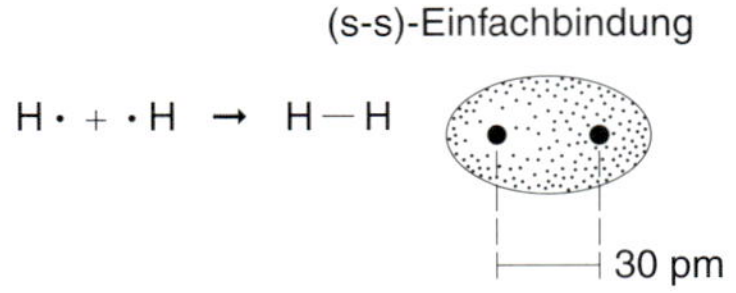

Atombindung: homöopolar bzw. unpolar, gleichmäßige Ladungsdichte.

Beispiel:
H-H-Bindung, zwei Elektronen (eins von jedem Atom) werden gemeinsam „genutzt", um die Edelgaskonfiguration zu erreichen.
Bindungsenergie: 60 bis 700 kJ/mol

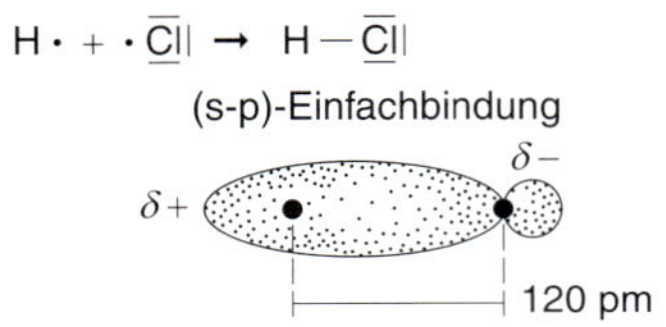

Polare Atombindung: wie oben, aber Dipolmoment zwischen Atomen unterschiedlicher Elektronegativität.

Beispiel:
H-Cl-Bindung
δ^+, δ^- sind Teilladungen, die den elektrischen Dipol bilden. Bindungsenergie: 60 bis 700 kJ/mol

Kation, Anion, Ionengitter

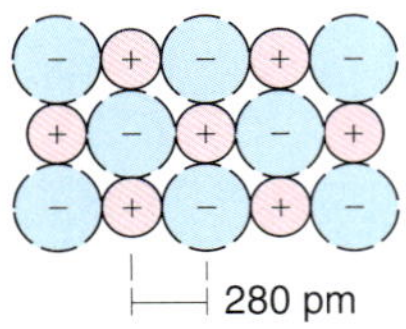

Ionenbindung: Atome haben ein Elektron oder mehrere Elektronen vollständig abgegeben – **Kation** – oder aufgenommen – **Anion**. Zwischen entgegengesetzt geladenen Ionen wirken starke elektrostatische Kräfte.
Die Ionen nähern sich solange, bis die elektrostatische Abstoßung der Elektronenhüllen einsetzt.
Bindungsenergie: 600 bis 1600 kJ/mol

Metallgitter

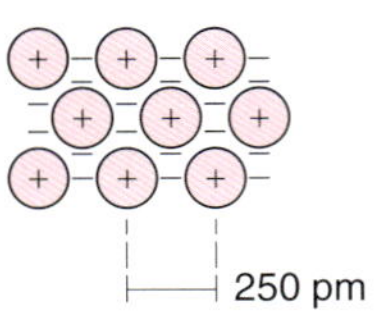

In der **Metallbindung** lagern sich die positiv geladenen Rümpfe der Metallatome zu einem Metallgitter zusammen. Die negativen Außenelektronen halten gemeinsam wie ein **Elektronengas** die Atome zusammen.
Bindungsenergie: 200 bis 800 kJ/mol

Bindungen bzw. Anziehungskräfte zwischen Molekülen führen zu Kohäsion zwischen Molekülen in einer Phase und zu Adhäsion zwischen Molekülen in verschiedenen Phasen.

H-Brückenbindung

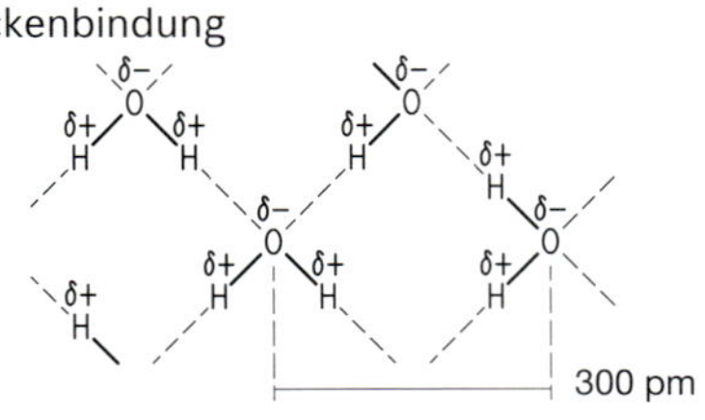

Wasserstoffbrückenbindung:
Ein Wasserstoffatom, an ein Sauerstoff- oder ein Stickstoffatom gebunden, besitzt wegen der polaren Atombindung eine positive Teilladung (s. o.). Es kann leicht von einem Sauerstoffatom eines Nachbarmoleküls mit negativer Teilladung angezogen werden.
Beispiele: Wasser, Polyole wie Glycerin und Zucker
Bindungsenergie: 50 kJ/mol

Entstehung der Van-der-Waals-Kräfte

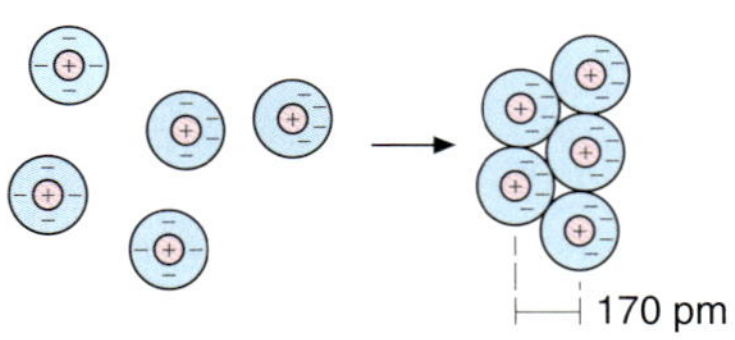

Van-der-Waals-Bindung:
Benachbarte Atome beeinflussen sich elektrostatisch. Der Kern eines Atoms verformt die Elektronenhülle des Nachbaratoms, sodass vorübergehend ein schwaches Dipolmoment entsteht, das zu einer schwachen gegenseitigen Anziehung führt.
Beispiele: Kohlenwasserstoffe
Bindungsenergie: 0,1 bis 40 kJ/mol

Grundlagen
Werkstoffe, Hilfsstoffe
Werkzeuge, Geräte, Gerüste
Arbeitstechniken
Gestaltung
Arbeitsschutz, Umweltschutz
Aufmaß, Abrechnung
Betriebsführung
Quellen

Nomenklatur von Verbindungen **IUPAC** (International Union of Pure and Applied Chemistry)

In anorganischen Verbindungen wird an den Namen des oder der beteiligten Metalle der Name des Nichtmetalls angefügt, modifiziert durch Endsilben, die den Sauerstoffgehalt angeben. Beispiel: Chlor.

Oxidationsstufe, Ladung des Nichtmetalls	Säure		Metallsalz	
	Formel	Name	Formel	Name
+1	$HClO$	Hypochlorige Säure	$NaClO$	Natriumhypochlorit
+3	$HClO_2$	Chlorige Säure	$NaClO_2$	Natriumchlorit
+5	$HClO_3$	Chlorsäure	$NaClO_3$	Natriumchlorat
+7	$HClO_4$	Perchlorsäure	$NaClO_4$	Natriumperchlorat
–1	HCl	Chlorwasserstoff (Salzsäure)	$NaCl$	Natriumchlorid

Häufige Anionen

Säurerest	Name	Säurerest	Name	Säurerest	Name
C^{4-}	Carbid	CO_3^-	Carbonat	HCO_3^-	Hydrogencarbonat
N^{3-}	Nitrid	NO_3^-	Nitrat	PO_3^{3-}	Phosphat
O^{2-}	Oxid	OH^-	Hydroxid	$H_2PO_4^-$	Dihydrogenphosphat
F^-	Fluorid	S^{2-}	Sulfid	SiO_3^-	Silikat
Br^-	Bromid	SO_4^-	Sulfat	$[Fe(CN)_6]^{4-}$	Hexacyanoferrat
I^-	Iodid	–	–	AlO_2^-	Aluminat

Nomenklatur organischer Stoffe

Bei organischen Verbindungen wird ein Stammname, der sich aus der längsten Kohlenstoffkette ergibt, mit Präfixen und Suffixen für die anhängenden funktionellen Gruppen versehen.

Homologe Reihe der Alkane mit dem Suffix -an für gesättigte Kohlenwasserstoffe (KW)					
Anzahl der Kohlenstoffatome	Stammname	Anzahl der Kohlenstoffatome	Stammname	Anzahl der Kohlenstoffatome	Stammname
1: CH_4	Methan	6: C_6H_{14}	Hexan	11: $C_{11}H_{24}$	Undecan
2: C_2H_6	Ethan	7: C_7H_{16}	Heptan	12: $C_{12}H_{26}$	Dodecan
3: C_3H_8	Propan	8: C_8H_{18}	Octan	13: $C_{13}H_{28}$	Tridecan
4: C_4H_{10}	Butan	9: C_9H_{20}	Nonan	14: $C_{14}H_{30}$	Tetradecan
5: C_5H_{12}	Pentan	10: $C_{10}H_{22}$	Decan	20: $C_{20}H_{42}$	Eicosan/Icosan

Ringförmige aromatische KW wie Benzol, Naphtalin und Anthracen besitzen ein eigenes System.

Suffixe als Kennzeichnung für funktionelle Gruppen

Name	Funktionelle Gruppe	Suffix	Beispiele		
			Formel	Name	Trivialname
Aldehyd	–CH=O	-al	CH_3CHO	Ethanal	Acetaldehyd
Alkanol	–OH	-ol	C_2H_5OH	Ethanol	Alkohol
Alken	–C=C–	-en	$CH_3CH{=}CH_2$	Propen	Propen
Alkin	–C≡C–	-in	HC≡CH	Ethin	Azetylen
Amin	$-C-NH_2$	-amin	$H_2N\text{-}(CH_2)_6\text{-}NH_2$	1,6-Hexandiamin	Hexamethylendiamin
Keton	C=O	-on	$CH_3\text{-}CO\text{-}CH_3$	Propanon	Aceton
Säure	–COOH	-säure	CH_3COOH	Ethansäure	Essigsäure

Darstellung von Molekülstrukturen in der Chemie

Die Vielfalt der organischen Verbindungen erfordert über die Summenformel hinaus eine genauere Darstellung der Moleküle. Dabei wird nur der dem Zweck entsprechende Aspekt hervorgehoben.

Styrol: $C_6H_5CH{=}CH_2$ statt C_8H_8 Essigsäure: CH_3COOH statt $C_2H_4O_2$ Glucose: $CH_2OH(CHOH)_4CHO$ statt $C_6H_{12}O_6$	**Aufgelöste Summenformel:** Trägt der Struktur Rechnung durch Darstellung funktioneller Gruppen, die die Träger chemischer Eigenschaften sind. Wiederholungen von Molekülgruppen werden eingeklammert und ihre Zahl wie bei Elementen rechts unten angegeben. Doppelstriche bedeuten Doppelbindungen (4-Elektronen-Bindung).
Styrol: 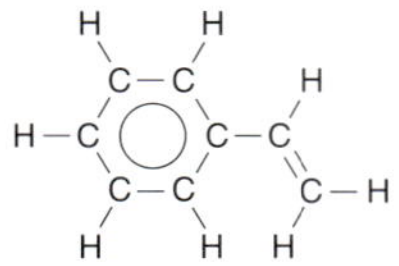 Essigsäure: 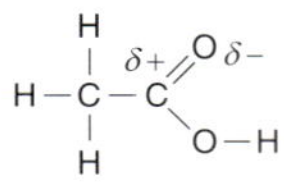 Glucose: 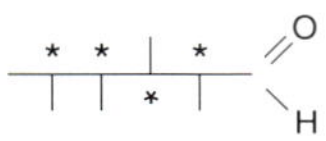	**Strukturformel:** Sie gibt teilweise die räumliche Struktur wieder. Mithilfe von Konventionen lassen sich auch die Symmetrieverhältnisse wiedergeben (RS-Nomenklatur). Häufig werden die H-Atome weggelassen. In diesen Formeln müssen Betrachtende fehlende Wertigkeiten durch H-Atome ergänzen. An der Strukturformel lassen sich gut besondere Merkmale wie Ladungsverteilungen kennzeichnen, bei der Essigsäure die Polarität der C-O-Bindung und die Dissoziationsfähigkeit des H-Atoms. Bei der Glucose sind die mit * bezeichneten Atome asymmetrisch, aber eindeutig zuzuordnen. Andere Zucker mit gleicher Summenformel, die z. B. physiologisch unverträglich sind, können so unterschieden werden.
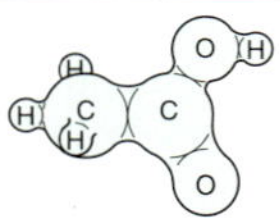	**Räumliche Darstellung** der (Elektronen-)Oberfläche: Atome werden als Kugeln dargestellt, die unterschiedlichen Raum einnehmen. Unerlässlich zur Visualisierung der räumlichen Verhältnisse, insbesondere der Elektronenverteilung.

Darüber hinaus gibt es weitere symbolische Darstellungen mit anderen Symbolen, die die Eigenschaften Ladung, Raumerfüllung, Funktionalität, Form oder Unterscheidbarkeit wiedergeben.

Chemische Reaktionen und chemisches Gleichgewicht

Chemische Reaktionen finden statt, wenn reaktionsfähige Moleküle aufeinander treffen. Die Wahrscheinlichkeit ist um so höher, je höher die **Konzentration *c*** (in mol/l) der Teilchen ist. Das Produkt der Konzentrationen der Reaktionspartner ist ein Maß für die Reaktionsgeschwindigkeit. Chemische Reaktionen laufen nicht vollständig ab, es stellt sich ein **dynamisches Gleichgewicht** zwischen der Hinreaktion und der Rückreaktion ein. Die Lage des Gleichgewichts hängt vor allem von dem Energiegehalt der Reaktionspartner ab, sodass Temperaturänderungen die Lage des Gleichgewichts verschieben. Im **Massenwirkungsgesetz** wird die Gleichgewichtslage mit der **Gleichgewichtskonstanten *K*** dargestellt.

Beispiel: Erhärten von Kalkmörtel
Reaktionsgleichung: $Ca(OH)_2) + CO_2 \leftrightarrow CaCO_3 + H_2O$

Massenwirkungsgesetz: Im Gleichgewicht ist die Geschwindigkeit der Hinreaktion gleich der der Rückreaktion.	$\frac{[CaCO_3] \cdot [H_2O]}{[Ca(OH_2)] \cdot [CO_2]} = K$ Die Angabe $[x]$ ist eine weitere Schreibweise für die Stoffmengenkonzentration.	Die Gleichgewichtskonstante *K* ist das Verhältnis des Konzentrationsprodukts der Endstoffe zu dem Konzentrationsprodukt der Ausgangsstoffe.
Bedeutung: Wie entsteht möglichst viel Kalkstein?	$[CaCO_3] = K \cdot \frac{[Ca(OH)_2] \cdot [CO_2]}{[H_2O]}$	Kalk härtet vollständig aus; $[CaCO_3]$ wird groß, wenn viel CO_2 vorhanden ist und H_2O gleich entfernt wird.

Die chemische Reaktion wird außerdem von Temperatur, Druck, Katalysatoren und bei festen oder heterogenen Stoffen von der spezifischen Oberfläche (Feinheit und Kristallisationszustand) beeinflusst.

Säure-Base-Reaktionen: Austausch von Protonen (Protolyse)

Säure	Base	Protonendonator + Protonenakzeptor; Beispiele
H_2SO_4 H_2O	H_2O H_2O NaOH	$H_2SO_4 + 2\,H_2O \rightleftarrows SO_4^{2-} + 2\,H_3O^+$; **Säuredissoziation** $2\,H_2O \rightleftarrows H_3O^+ + OH^-$; es entstehen H_3O^+-Ionen, **Eigendissoziation** des Wassers $NaOH \rightleftarrows Na^+ + OH^-$; **Basendissoziation**
H_2SO_4	NaOH	$H_2SO_4 + 2\,NaOH \rightleftarrows Na_2SO_4 + 2\,H_2O$; Neutralisation, es entsteht Wasser
H_2O NH_4^+	Cl^- H_2O	$NH_4Cl + H_2O \rightleftarrows NH_4OH + HCl$; es entsteht eine saure Lösung, weil sich anschließt: $NH_4OH \rightleftarrows NH_3 + H_2O$ **Hydrolyse, Umkehrung der Neutralisation**

Berechnung des pH-Werts

Der **pH-Wert** ist der negative dekadische Logarithmus der H^+-Ionenkonzentration: $pH = -\lg c\,(H^+)$

Säure oder Base	$c_{S,B}$ in mol/l	$c\,(H^+)$ oder $c\,(OH^-)$ in mol/l	pH-Wert	Erläuterung: In Wasser entstehende H^+-Ionen werden von H_2O-Molekülen aggregiert.
HCl	1	1	0	Vollständige Dissoziation einer starken Säure
NaOH	1	1	14	Starke Lauge, praktisch keine H^+-Ionen mehr da
H_2SO_4	2	4	−0,22	Der pH-Wert kann in Wasser minimal −1,74 sein
CH_3COOH (Essigsäure)	1	0,0044	2,37	Nur vier von 1 000 Essigsäuremolekülen sind dissoziiert, es ist eine schwache Säure
$Ca(OH)_2$ (gesättigt)	0,17	0,34	12,53	Kalklauge ist trotz der geringen Dissoziation noch stark alkalisch

Entsprechend der Eigendissoziation des Wasser bezeichnet man eine Lösung mit dem genauen pH-Wert 7 als neutral, Lösungen mit höheren H^+-Ionenkonzentrationen und damit kleineren pH-Werten als sauer und entsprechend solche mit höheren pH-Werten als basisch oder alkalisch.

pH-Werte einiger Flüssigkeiten

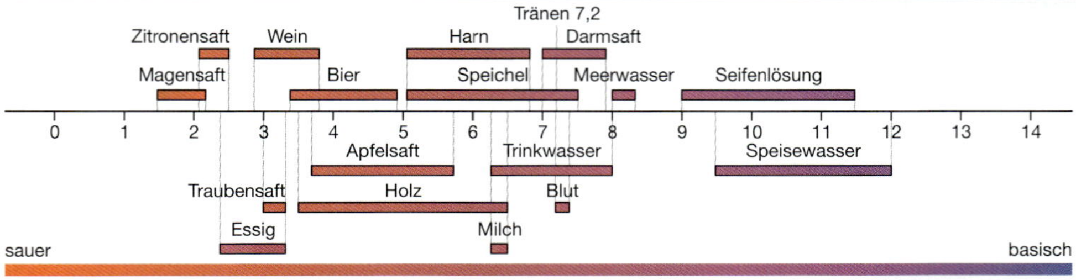

Puffer

Lösungen schwacher Säuren oder Basen ändern den pH-Wert bei Zugabe starker Basen und Säuren anfänglich wenig. Es liegt an der geringen Dissoziation der schwachen Säuren und Basen, die das Gegenion „nachliefern" können und so ein Teil der H^+- oder OH^--Ionen neutralisieren. Mit Zugabe schwacher Säuren und ihrer Salze können saure Lösungen gepuffert werden, basische Lösungen mit ebensolchen Basen. Alle Körperflüssigkeiten sind gepuffert. Chemische Messungen werden mit Pufferlösungen standardisiert.

Indikatoren

Indikatoren sind organische Farbstoffe und gleichzeitig schwache Säuren/Basen mit unterschiedlichen Farben in der protonierten und deprotonierten Form. Der Universalindikator ist ein Indikatorgemisch. Indikatoren zeigen durch ihre Farbe den pH-Wert an.

Name	pH des Farbumschlags	Name	pH des Farbumschlags
Methylorange	3,1 bis 4,4 Rot – Gelb	Thymolphthalein	9,3...10,5 farblos – Blau
Lackmus	5,0 bis 8,0 Rot – Blau	Phenolphthalein	8,0...10,0 farblos – Rot

Fällungsreaktionen: Bildung schwerlöslicher Stoffe

Schwerlösliche Salze werden durch ihr Löslichkeitsprodukt $Lp = [M^+] \cdot [A^-]$ charakterisiert; es entspricht der Massenwirkungskonstanten *K*.

Beispiel: $Ba^{2+} + SO_4^{2-} \rightleftarrows BaSO_4\downarrow$; $Lp = [Ba^{2+}] \cdot [SO_4^{2-}]$; da $Lp_{BaSO4} = 10^{-10}\ mol^2/l^2$ ist, ist die Restkonzentration von Ba^{2+} in der überstehenden Lösung $[Ba^{2+}] = 10^{-5}$ mol/l. Durch Zugabe passender Säuren oder Laugen kann ein leichtlösliches Salz in ein schwerlösliches umgewandelt werden; sinnvoll, um störende Stoffe durch Ausfällung zu entfernen. Immer leichtlöslich bleiben Alkalisalze. Schwerlöslich sind Erdalkalicarbonate und -sulfate, Schwermetallhydroxide und -sulfide sowie Oxide von zwei- und dreiwertigen Metallen; insbesondere:

Salz	*Lp* in $(mol/l)^2$ oder $(mol/l)^3$	Salz	*Lp* in $(mol/l)^2$ oder $(mol/l)^3$	Salz	*Lp* in $(mol/l)^2$ oder $(mol/l)^3$	Anmerkung
$BaSO_4$	10^{-10}	$Al(OH)_3$	10^{-33}	$Mn(OH)_2$	$6{,}4 \cdot 10^{-15}$	Mit Säurezugabe können schwerlösliche Salze oft gelöst werden.
$BaCO_3$	$5 \cdot 10^{-19}$	$Ca(OH)_2$	$8 \cdot 10^{-6}$	$Zn(OH)_2$	10^{-10}	
$BaCrO_4$	$2{,}6 \cdot 10^{-10}$	$Fe(OH)_3$	10^{-38}	CdS	10^{-28}	
$CaCO_3$	$4{,}5 \cdot 10^{-9}$	$Fe(OH)_2$	10^{-15}	FeS	$4 \cdot 10^{-19}$	
CaF_2	$3{,}4 \cdot 10^{-11}$	$Mg(OH)_2$	10^{-12}	CuS	10^{-40}	

Komplexbildung

Metallionen können auch durch Komplexierung (Maskierung) unwirksam gemacht werden. Komplexe entstehen mit Metallionen, wenn Liganden mit freien Elektronenpaaren sich um das zentrale Metallatom anordnen. Vielfach ist das Metallatom nach außen nicht mehr wirksam. Sind die Liganden Teil eines größeren Moleküls wie bei Ethylendiamintetraessigsäure (EDTA), dann entstehen besonders stabile Chelat-Komplexe, die zur Enthärtung von Wasser eingesetzt werden.
Phthalocyanin-Farbstoffe und -Pigmente, dem sauerstoffhaltigen Hämoglobin verwandt, sind ebenfalls Komplexe.

Kupfer-Phthalocyanin-Pigment
$C_{32}H_{16}CuN_8$

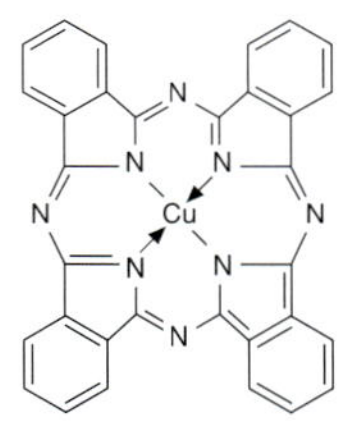

Redoxreaktionen: Oxidations- und Reduktionsreaktion, Austausch von Elektronen

Oxidation	Reduktion	Beispielreaktion
Aufnahme von Sauerstoff	Abgabe von Sauerstoff	$2\ Fe + O_2 \rightleftarrows 2\ FeO$ Eisen wird oxidiert und Sauerstoff reduziert.
Abgabe von Wasserstoff	Aufnahme von Wasserstoff	$2\ MnO_2 + CH_4 \rightleftarrows Mn + CO_2 + 2\ H_2O$
Abgabe von Elektronen	Aufnahme von Elektronen	$Fe^{2+} + Zn \rightleftarrows Fe + Zn^{2+}$ Eisen wird reduziert und Zink oxidiert.

Polymerisation, Polyaddition, Polykondensation: Kettenreaktionen von Monomeren

Mit diesen Reaktionen werden hochmolekulare Kunststoffe hergestellt, die aus Ketten von Kohlenstoffatomen bestehen. Die Kettenverlängerung erfolgt durch Hinzufügen eines weiteren Monomers. Die Art der Monomere hat Einfluss auf die späteren Eigenschaften, nicht die der Kettenbildung.

Polymerisation	Polyaddition	Polykondensation
(Poly)styrol 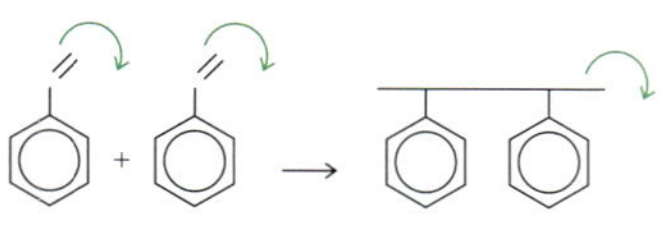	(Poly)urethan 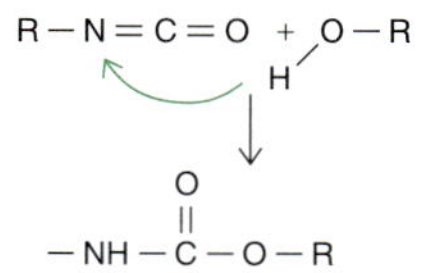 	(Poly)amid 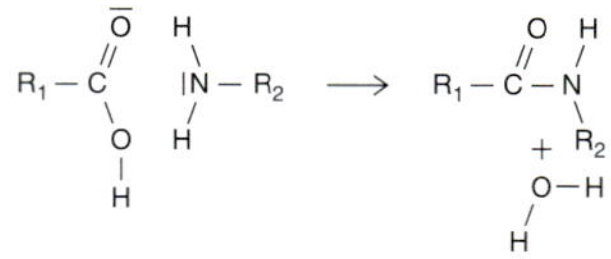
Lediglich Umlagerung von Bindungen.	Hinzu kommt die Umlagerung von Atomen.	Hier wird ein kleines Molekül (H_2O) abgespalten.

Grundlagen
Werkstoffe, Hilfsstoffe
Werkzeuge, Geräte, Gerüste
Arbeitstechniken
Gestaltung
Arbeitsschutz, Umweltschutz
Aufmaß, Abrechnung
Betriebsführung
Quellen

Struktur und Eigenschaften von Kunststoffen (vgl. Seiten 64–65)

Eigenschaftsbestimmend sind die zwischenmolekularen Kräfte. Sie hängen ab von der Anzahl und der Art polarer Gruppen wie C-O, C-N, von der Kristallinität sowie von der Symmetrie von Molekülteilen. Da in Kunststoffen nach dem Baukastenprinzip (Copolymerisate) diese Parameter weit variiert und durch Hilfsstoffe oder Mischungen (Blends) modifiziert werden können, gibt es keine scharfe Abgrenzung der Kunststoffarten voneinander. An den Seitenketten können andere Eigenschaften buchstäblich eingebaut werden, z. B. Farbigkeit, Puffer- und Ionenaustauscher, Absorptionsfähigkeit, Fähigkeit zu spezifischen chemischen Reaktionen, wie z. B. Eiweißsynthese.

lineare	verzweigte	vernetzte
Polyethylen (PE) 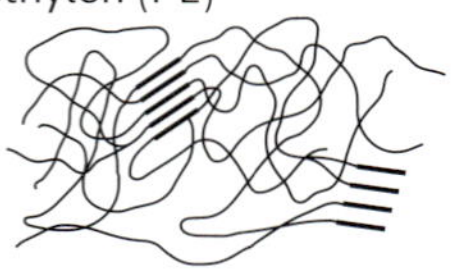 weichelastisch	Polystyrol (PS) 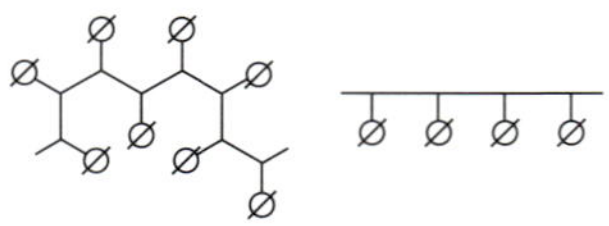 sprödhart bis hornartig	Polyurethan (PUR) 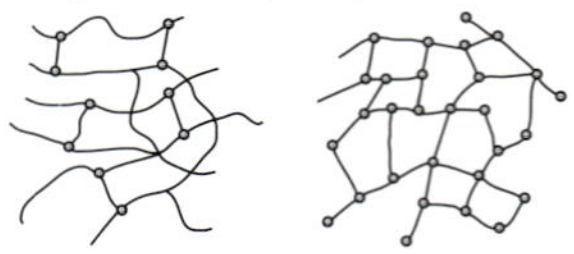 vernetzt eng vernetzt
Plastomere: zwischen −20 bis +60 °C weichplastisch bis weichelastisch	Plastomere: teilweise thermoelastisch (Spannungen eingefroren)	**Elastomere:** weitmaschig, gummielastisch, kautschukartig; **Duromere:** engmaschig

Weichmacher:
Sie lagern sich zwischen die Molekülketten und verringern die intermolekularen Wechselwirkungen.

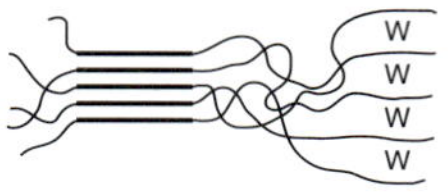

kristallin weichgemacht

Vulkanisation:
Molekülketten werden nachträglich mit Schwefel, Diaminen o. Ä. weitmaschig vernetzt.

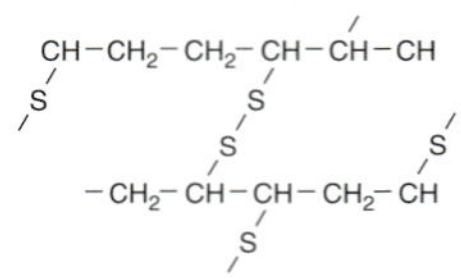

Bezeichnungen, mechanische und thermische Eigenschaften, Anwendungen

ϱ Dichte in kg/dm³; α Längenausdehnungszahl in 1/K; ϑ_{zul} zulässige Betriebstemperatur in °C

Kurzzeichen	Bezeichnung	Handelsnamen	ϱ in kg/dm³	$\alpha \cdot 1000$ in 1/K	ϑ_{zul} in °C	Weitere Eigenschaften, Verwendung
Thermoplaste (alle, auch Bindemittel)						
PVC-U	Polyvinylchlorid	Hostalit	1,38	0,08	+70	Dachrinne, Behälter, Rohr
PVC-P		Tivolen	1,30	0,20	+60	Abdichtungsbahn, Profil, Folie
PE-HD	Polyethylen	Hostalen Lupolen	0,95	0,16	−60...+60	Quellbar, Gas-, Trinkwasserrohr, Abwasserrohr, Öltank, Folie
PE-LD			0,92	0,22	bis +60	
PS	Polystyrol-Hartschaum	Hostyren	1,05	0,08	+70	Gehäuse, Schauglas, Verpackung
PS-E		Styropor	bis 0,05	–	−200...+70	Schaumstoff, Wärmedämmung
PMMA	Polymethylmethacrylat	Plexiglas, Resatglas	1,18	0,08	+68	Farblos, Verglasung, Formmasse, Bindemittel
Duroplaste						
UP-Harz	Ungesättigter Polyesterharz	Palatal, Vestopal	1,3... 1,6	0,25	−50...+130	Kunstharz-Beton, Klebstoff, Bindemittel
EP	Epoxidharz	Avaldit	1,15... 1,2	ähnlich wie UP-Harz		Industrieboden, 2-K-Bindemittel
PUR-Schaum	Polyurethan-Hartschaum	Moltopren, Contipren	0,015... 0,050	–	−40...+90	Wärmedämmung, Polstermaterial, 2-K-Bindemittel
UF-Schaum	Harnstoffharz-Schaum	Isoschaum	bis 0,015	–	+100	Schaumstoff, Bindemittel

Weitere Abkürzungen für Kunststoffe — DIN EN ISO 1043:2016-09

ABS	Acryl-Butadien-Styrol-Copolymerisat	CR	Chloroprenkautschuk	PPO	Polypropylenoxid
MF	Melamin-Formaldehyd-Harz	PA	Polyamid	PVAC	Polyvinylacetat
PEG	Polyethylenglycol	PB	Polybutadien	PVB	Polyvibylbutyral
PEO	Polyethylenoxid (PEG)	PP	Polypropylen	PVDC	Polyvinylidenchlorid
PF	Phenol-Formaldehyd-Harz	PC	Polycarbonat	PVDF	Polyvinylidenfluorid

Kennbuchstaben für besondere Eigenschaften — DIN EN ISO 1043-1:2016-09

Buchstabe	Besondere Eigenschaften	Buchstabe	Besondere Eigenschaften	Buchstabe	Besondere Eigenschaften
C	chloriert	I	schlagzäh	R	erhöht, Resol
D	Dichte	L	linear, niedrig	U	ultra, weichmacherfrei
E	verschäumt	M	Masse, mittel, molekular	V	sehr
F	flexibel, flüssig	N	normal, Novolak	W	Gewicht
H	hoch	P	weichmacherhaltig	X	vernetzt, vernetzbar

Beispiele: PVC-C (chloriert), PE-HD (hohe Dichte), PE-X (vernetzt)

Beständigkeit von Kunststoffen bei 20 °C

Kunststoff	Säuren		Laugen		Benzin Öle	Kunststoff	Säuren		Laugen		Benzin Öle
	schw.	stark	schw.	stark			schw.	stark	schw.	stark	
PVC-U	+	+	+	+	+	PIB	+	+	+	+	–
PVC-P	+	o	+	o	o	PP	+	–	+	+	–
PE	+	+	+	+	+	UP-Harz	+	o	o	–	+
PS	+	+	+	+	+	EP	+	+	+	+	+
PA	–	–	+	–	+	PUR-Sch.	+	–	+	o	o
PMMA	+	–	+	+	+	UF-Sch.	o	–	+	–	+
PB	+	+	+	+	+	PS-Sch.	+	+	+	+	–

+ beständig, o bedingt beständig, – nicht beständig

Spannungsreihe der Metalle (für reine Metalle)

Die elektrische Aufladung der Metalle in einer genormten Flüssigkeit ist ein Maß für das Auflösungs- und Korrosionsverhalten des jeweiligen Metalles. Je negativer die Ladung (das Potenzial) eines Metalles ist, desto schneller löst es sich auf.

Metall	*U* in V	Metall	*U* in V	Metall	*U* in V
Sauerstoffelektrode	+1,20	Blei	–0,13	Chrom	–0,56
Silber	+0,80	Zinn	–0,14	Zink	–0,76
Kupfer	+0,34	Nickel	–0,23	Aluminium	–1,67
Wasserstoffelektrode	**±0**	Eisen	–0,44	Magnesium	–2,40

Elektrochemische Korrosion

Wasserstofftyp bei pH < 4,5; Kontakt zu einem edleren Material: Anode: $Fe \rightleftarrows Fe^{2+} + 2\,e^-$;
Kathode: $2\,e^- + 2\,H_3O^+ \rightleftarrows H_2\uparrow + 2\,H_2O$

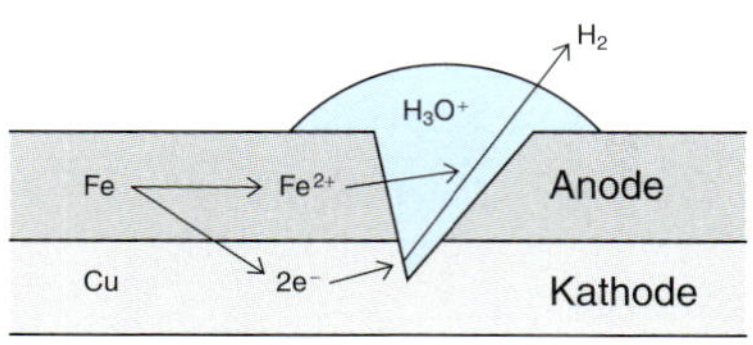

Fe^{2+} wird ausgewaschen

Sauerstofftyp bei behindertem Luftzutritt; O_2-arme Anode: $Fe \rightleftarrows Fe^{2+} + 2\,e^-$
Kathode: $2\,e^- + ½\,O_2 + H_2O \rightleftarrows 2\,OH^-$

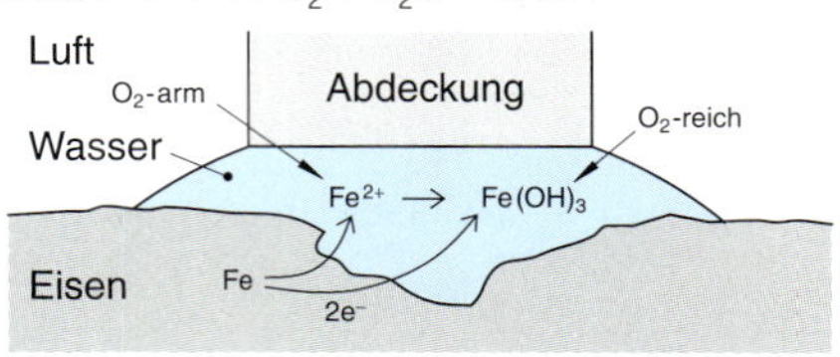

Folge: $2\,Fe(OH)_2 + H_2O + \frac{1}{2}\,O_2 \rightleftarrows Fe_2O_3 \cdot x\,H_2O$

Arten der Korrosion — DIN EN 12502:2005-03, DIN EN ISO 8044:2020-08

Art und Darstellung	Hervorgerufen durch	Art und Darstellung	Hervorgerufen durch
Flächenförmige Korrosion 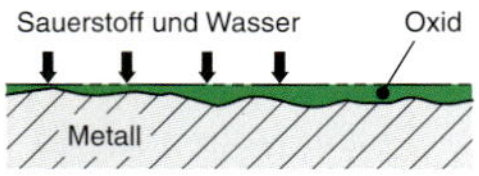	Luft, Wasser oder Chemikalien	Lochfraß-Korrosion 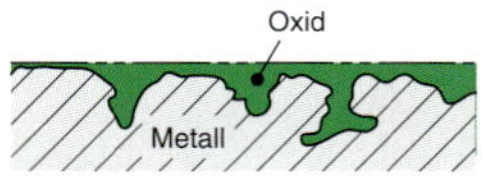	Örtliche elektrochemische Vorgänge (Späne, Belüftungselement)
Kontaktkorrosion 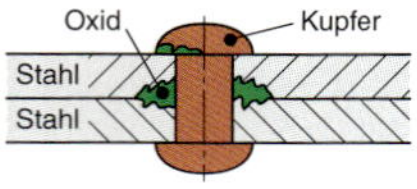	Berührung von unterschiedlichen Metallen und einem Elektrolyten	Taupunktkorrosion 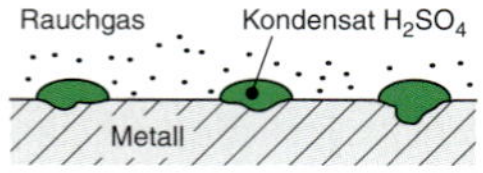	Unterschreitung des Taupunktes und Entstehung von Säuren und H_2O
Spaltkorrosion 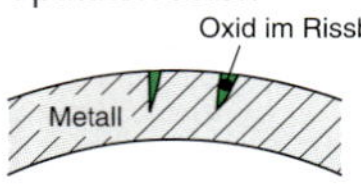	Konzentrationsverschiebung oder Verunreinigung im Spalt	Interkristalline Korrosion 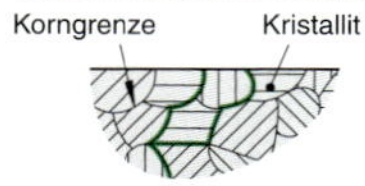	Ausscheidungen von Legierungsbestandteilen an den Korngrenzen

Korrosionsschutz von Metalloberflächen

Art	Vorgang	Anwendung	Art	Vorgang	Anwendung
Asphalt-, Teerüberzug	Anstreichen oder Tauchen	Für erdverlegte Gas-, Wasser- und Ölleitungen, Erdtanks	Kunststoffüberzug	Flammenspritzen von PVC, PE, PA-Pulver oder Granulat oder Wirbelsintern	Behälter, Platten, Geräte
Emaillieren, Glasur	Überziehen mit Glasfluss bei 500 bis 1 000 °C	Warmwasserspeicher, Badewanne	Farb-, Lacküberzug	Spritz- oder Tauchverfahren, luft- oder ofengetrocknet	Witterungseinflüsse, Bleche
Schmelztauchen	Tauchen in flüssiges Überzugsmetall (Zn, Pb, Sn usw.)	Gegen Luft und Wasser, für Rohre und Bleche	Fetten, Ölen, Wachsen	Auftragen von wasserabweisenden Fett-, Öl- oder Wachsschichten	Für Transport oder Lagerung
Galvanisieren	Elektrochemische Elektrolyse, Überzugsmetalle Cu, Cr, Ni usw.	Gegen Luft und Wasser, für Armaturen und Rohre	Kathodischer Schutz	Leitende Verbindung Metall – Opferanode aus unedlerem Metall	Schiffskörper, Wasserbauwerke, Turbinenschaufeln
Plattieren	Walzen oder Pressen, Überzugsmetalle Cu, Ni, Ag	Für Bleche	Anodischer Schutz	Leitende Verbindung des Metalls mit einer Stromquelle	Erdverlegte Rohre, Tanks

Bauschädigende Salze

Sulfate		Carbonate	
$CaSO_4 \cdot \frac{1}{2} H_2O$	Halbhydrat, Gips	$Na_2CO_3 \cdot H_2O$	Thermonatrit, Natriumcarbonat
$CaSO_4 \cdot 2 H_2O$	Gips, Calciumsulfat	$Na_3H(CO_3)_2 \cdot H_2O$	Trona, Natriumhydrogencarbonat
$K_2Ca(SO_4)_2 \cdot H_2O$	Syngenit, Mischsulfat	$NaHCO_3$	Natriumhydrogencarbonat
$K_2Ca_5(SO_4)_6 \cdot H_2O$	Gorgeyit, Mischsulfat	**Chloride**	
$K_2Mg(SO_4)_2 \cdot 6 H_2O$	Picromerit, Mischsulfat	NaCl	Steinsalz, Natriumchlorid
$K_2Na(SO_4)_2$	Glaserit, Mischsulfat	$CaCl_2$	Calciumchlorid
$MgSO_4 \cdot H_2O$	Monohydrat	**Nitrate**	
$MgSO_4 \cdot 6 H_2O$	Hexahydrit, Mg-Sulfat	KNO_3	Nitrokalit, Kaliumnitrat
Na_2SO_4	Thenardit, Natriumsulfat	$NaNO_3$	Nitronatrit, Natriumnitrat

Salze

Bauschädigende Salze entstehen, wenn Schadstoffe aus der Luft, dem Wasser und dem Erdreich mit in Bauteilen vorhandenen Stoffen chemische Verbindungen eingehen. Es können u. a. folgende Schäden und Schadensbilder entstehen:

- Bildung von Salzausblühungen und Salzkrusten auf der Oberfläche des Bauwerkes
- Bindemittel im Mörtel oder in Bausteinen werden in lösliche Verbindungen überführt
- Zerstörung des Porengefüges (verändertes Kapillarverhalten) und der Oberfläche des Baustoffes durch Salzsprengungen (Kristallisations- und Hydratationsdruck)
- Feuchtigkeit wird im Bauteil gebunden (hygroskopische Feuchtigkeitsaufnahme)

Salzart	Entstehung/Vorkommen	Auswirkung/Eigenschaften	Schadensbild/Erkennung
Sulfate u. a. Calciumsulfat (Gips) Natriumsulfat (Glaubersalz) Kaliumsulfat Magnesiumsulfat (Bittersalz) Ettringit	• Salze der Schwefelsäure • Vor allem auf Kalk und Zementmörtel, Beton oder kalkhaltigen Natursteinen • Schwefeldioxid (aus Brennvorgängen mit fossilen Baustoffen) wird mit dem Sauerstoff der Luft oxidiert und mit Regenwasser zu Schwefelsäure (es ensteht saurer Regen). • Neutralisation von Schwefelsäure durch die Alkalität des Untergrundes • Dringen auch mit der Erdfeuchtigkeit ins Mauerwerk ein	• Umwandlung von Calciumcarbonat in Calciumsulfat • Kristallisiert unter erheblicher Volumenvergrößerung aus und wird beim nächsten Wasserkontakt erneut gelöst • Gute Wasserlöslichkeit, Hygroskopizität eher gering • Bilden mit den Aluminatphasen des Zementes Calciumsulfataluminat mit hohem Hydratwasseranteil (Ettringit = Sulfattreiber)	• Starke Schäden durch Sprengwirkung (besonders durch Ettringit/Sulfattreiber) • Beeinträchtigen die Haftung des Putzes und wirken zerstörend auf das Mauerwerk • Ausblühungen weiß bis weißgrau • Besonders in Bauteilen mit dauernder Feuchtigkeitsbelastung (z. B. Kellerbereich) • Bestimmung mit Sulfattest (Messstäbchen kurz in das klare Filtrat eintauchen, abschütteln und nach 2 Minuten die Reaktionszone mit der Farbskala vergleichen)
Nitrate Magnesiumnitrat Calciumnitrat (Mauersalpeter) Natriumnitrat Kaliumnitrat	• Salze der Salpetersäure • Entstehen durch die Einwirkung von stickstoffhaltigen Verbindungen, die sich bei der Zersetzung von organischen Stoffen entwickeln (u. a. an Ställen, Jauchegruben, defekten Toilettenanlagen) • Freiwerdender Ammoniak aus tierischen Abfallprodukten (Jauche, Urin, Fäkalien) und Eiweißabbauprodukten wird zu Salpetersäure oxidiert	• Umwandlung von im Mauerwerk und Mörtel enthaltenem Kalk in Calciumnitrat (Mauersalpeter) • Nitrate sind hochhygroskopisch und leicht wasserlöslich • Kristallisiert in Trockenphasen aus und vergrößert das Volumen erheblich • Nitrate sind sehr stark schädigend, da das Mauerwerk durch ständige Feuchtigkeitsaufnahme und -abgabe bzw. Zerfließen und Auskristallisieren des Salzes regelrecht zermürbt wird	• Starke Schäden durch Calciumnitrat (Mauer- bzw. Kalksalpeter), der den Mörtel und das Mauerwerk mit der Zeit mürbe und bröckelig macht • Durch Kristallisations- und Hydratationsdruck Zermürbung des Baustoffes und Abmehlen der Oberfläche • Neigt besonders stark zu Ausblühungen • Bestimmung mit Nitrattest (Messstäbchen kurz in das klare Filtrat tauchen, abschütteln und nach einer Minute die Reaktionszone mit der Farbskala vergleichen)

Grundlagen
Werkstoffe, Hilfsstoffe
Werkzeuge, Geräte, Gerüste
Arbeitstechniken
Gestaltung
Arbeitsschutz, Umweltschutz
Aufmaß, Abrechnung
Betriebsführung
Quellen

Salze (Fortsetzung)

Salzart	Entstehung/Vorkommen	Auswirkung/Eigenschaften	Schadensbild/Erkennung
Chloride Natriumchlorid Magnesium-chlorid Kaliumchlorid Calciumchlorid	• Salze der Salzsäure • Natriumchlorid dringt überwiegend von außen in den Baustoff ein u. a. als Tausalz oder Meerwasser • Calciumchlorid kann bei der Verwendung von chloridhaltigen Zusatzstoffen z. B. Frostschutzmitteln in Beton und Mörtel entstehen • Aus der PVC-Verbrennung (thermische HCl-Abspaltung) • Verwendung von salzsäurehaltigen Fassadenreinigern in falscher Konzentration oder bei ungenügendem Vor- und Nachwässern	• Calciumnitrat bildet mit der Aluminatphase (Tricalciumaluminat) in Zement bzw. Beton das Friedelsche Salz (entwickelt große Sprengwirkung beim Auskristallisieren) • Chloride erhöhen die Gefahr der Stahlkorrosion bei Stahl-Spannbeton (chloridhaltige Zusatzstoffe verboten) • Stark hygroskopisch und leicht wasserlöslich	• Erscheinen meist als weiße, feuchte Flecken • Kristallisieren auch durch Verdunstung an der Oberfläche aus • Stellen selbst für das Bauteil keine große Gefahr dar, können aber ein Hinweis auf weitergehende Schäden an Beton oder Stahlbauteilen sein • Chloridausblühungen daher rasch entfernen, bevor sie tiefer ins Bauteil eindringen • Bestimmung mit dem Nitrattest (Messstäbchen kurz in das klare Filtrat eintauchen, abschütteln und nach einer Minute die Reaktionszone mit der Farbskala vergleichen)
Carbonate Calciumcarbonat Natriumcarbonat (Soda) Kaliumcarbonat (Pottasche)	• Salze der Kohlensäure • Regenwasser verbindet sich mit dem Kohlendioxid der Luft zu Kohlensäure • Angriff der Kohlensäure erfolgt dann in mehreren Stufen und entspricht dem Ablauf der Tropfsteinbildung	• Kohlensäure dringt in das Bauteil ein und löst darin Kalk aus Hydrogencarbonat $Ca(HCO_3)_2$ auf; an der Bauteiloberfläche zerfällt es dann wieder in Calciumcarbonat (Ausblühungen) • Carbonate sind extrem säureempfindlich, aber gering wasserlöslich	• Ausblühungen sind feste, weiße Krusten • Carbonate zählen nicht unbedingt zu den bauschädigenden Salzen • Das bekannteste ist das Caliumcarbonat (Kalk, Bindemittel vieler mineralischer Untergründe)

Salzanalyse

Die Auswirkung bauschädigender Salze ist von der Art, der Konzentration im Mauerwerk und von der zur Verfügung stehenden Feuchtigkeit abhängig. Folgende Punkte müssen bei einer Salzanalyse geklärt werden:
1) Welche bauschädigenden Salze sind vorhanden?
2) Wie hoch ist die Belastung mit den einzelnen Salzen?
3) Wie sind die Salze im Mauerwerk verteilt?
Erst dann wird entschieden, ob die Sanierungsmaßnahmen notwendig sind und welches Sanierungskonzept (z. B. Sanierputz, chemische Umwandlung der Salze) sinnvoll ist.

Qualitative Salzanalyse: Es wird mithilfe weniger Proben von Schadstellen des Bauwerkes geklärt, um welche Art es sich handelt.

Halbquantitative Salzanalyse: Es wird geklärt, wie hoch die Salzbelastung des Bauwerkes ist. Häufig ist es aber ausreichend eine grobe Einteilung, z. B. in kein/wenig Salz, mittlere Belastung und starke Belastung vorzunehmen. (Teststäbchen, Testlösungen). In der Regel zur Beurteilung ausreichend!

Quantitative Salzanalyse: Bestimmung der Salzbelastung mit einem exakten Wert. Hoher finanzieller und zeitlicher Aufwand. (Bestimmung des Anionengehaltes mit nasschemischen (gravimetrisch, titrimetrisch)-, fotometrischen oder ionenchromatografischen Analysen)

Durchführung einer qualitativen Salzanalyse

Salzart	Geräte/Chemikalien	Durchführung	Auswertung
Sulfate	• Reagenzglas, Filter, Filterpapier, Pipette • Bunsenbrenner • Verdünnte Salzsäure • Destilliertes Wasser • Bariumchlorid ($BaCl_2$)-Lösung	• Baustoffprobe im Reagenzglas mit verdünnter Salzsäure auflösen und filtrieren (durch Erhitzen beschleunigen) • Bariumchlorid in destilliertem Wasser auflösen • Beide Flüssigkeiten vorsichtig zusammenschütten	• Sehr feiner weißer, kristalliner Niederschlag • Geringe Sulfatkonzentration kristallisiert nur langsam
Nitrate	• Reagenzglas, Filter, Filterpapier, Pipette • Bunsenbrenner • Verdünnte Salzsäure • Eisen(II)-sulfat $FeSO_4$ • Verdünnte Schwefelsäure • Konzentrierte Schwefelsäure	• Baustoffproben im Reagenzglas mit verdünnter Salzsäure auflösen und filtrieren (durch Erhitzen beschleunigen) • Einige Kristalle Eisen(II)-sulfat und einige Tropfen verdünnte Schwefelsäure zugeben • Nach dem Abkühlen Reagenzglas neigen und vorsichtig mit einer Pipette konzentrierte Schwefelsäure aufträufeln	Bildung eines braunen bis violettbraunen Ringes an der Grenzfläche zwischen konzentrierter Schwefelsäure und Baustofflösung
Chloride	• Reagenzglas, Filter, Filterpapier, Pipette • Bunsenbrenner • Verdünnte Schwefelsäure • Silbernitrat ($AgNO_3$)-Lösung	• Baustoffprobe in einem Reagenzglas mit verdünnter Schwefelsäure auflösen und filtrieren (durch Erhitzen beschleunigen) • Einige Tropfen Silbernitrat-Lösung zufügen	Voluminöser, flockiger, weißer Niederschlag
Carbonate	• Glasschale o. Ä., Pipette • Verdünnte Salzsäure	• Baustoffprobe mit verdünnter Salzsäure beträufeln • Qualitative Carbonatbestimmung bei allen kalkhaltigen Baustoffen nicht möglich	Probe schäumt auf (Gasentwicklung durch frei werdende Kohlensäure)

Menge der Baustoffprobe ca. 10 g
Gesundheits- und Umweltschutz beachten! Bei der Durchführung der qualitativen Salzanalyse ist Vorsicht beim Umgang mit den Chemikalien geboten und auf das Tragen einer persönlichen Schutzausrüstung besonders zu achten!

Bewertung der schadensverursachenden Wirkung verschiedener Salze (WTA-Merkblatt 4-5-99/D – Stand 10/2015)

Salzart	Gehalt in Massen-%	Belastung	Bewertung/Maßnahmen
Sulfate Nitrate Chloride	< 0,5 < 0,1 < 0,2	gering	nur im Ausnahmefall erforderlich
Sulfate Nitrate Chloride	0,5 – 1,5 0,1 – 0,3 0,2 – 0,5	mittel	im Einzelfall erforderlich Untersuchungen zum Gesamtsalzgehalt erforderlich
Sulfate Nitrate Chloride	> 1,5 > 0,3 > 0,5	hoch	Maßnahmen erforderlich Untersuchungen zum Gesamtsalzgehalt erforderlich

Schimmelpilzbefall in Innenräumen	**DIN ISO 16000-16, -17, -18, -20, -21**
Begriff	„Schimmelpilz" ist ein Sammelbegriff für Pilze, die Pilzfäden und Sporen ausbilden können. Sporen dienen der Vermehrung und Verbreitung. Zuerst bildet sich aus einer Spore das Myzel. Das Myzel besteht aus mikroskopisch kleinen, vielfach verzweigten Pilzfäden, den Hyphen, die an den Spitzen wachsen und sich von einem einzelnen Punkt aus allseitig kreisförmig ausbreiten. Das Schimmelpilzwachstum wird durch Feuchtigkeit, Temperatur, pH-Wert und Nährstoffangebot bestimmt.
Wachstumsbedingungen (Schimmelpilze besitzen eine große Anpassungsfähigkeit)	• Für Sporenkeimung und Myzelwachstum ist Feuchtigkeit notwendig. Die erforderliche Feuchtigkeit wird durch den a_w-Wert[1)] bestimmt. a_w-Minimum 0,80 bis 0,85, a_w-Optimum 0,90 bis 0,98, entspricht einer relativen Feuchte von 80 % bis 85 % bzw. 90 % bis 98 %. • Minimaltemperatur 0 °C, optimale Temperatur 20 bis 30 °C, Maximale Temperatur 30 bis 50 °C • Schimmelpilze bevorzugen ein saures Medium: pH-Wert 4,5 bis 6,5 (Abwaschen mit Essig ist daher nicht sinnvoll!) • Eine Vielzahl von Materialien kann als Nährboden dienen: Holz, Holzwerkstoffe, Tapeten, Kleister, Papier, Pappe, Karton etc. • Licht ist nicht unbedingt erforderlich.
Gesundheitsgefährdung	• Immunologische Wirkungen: Bei ständigem Kontakt können heftige allergische Reaktionen (Husten, Niesen, Hautausschläge) auftreten. • Toxische Wirkungen: Stoffwechselprodukte von Schimmelpilzen sowie die Zellwandbestandteile können toxisch wirken. • Infektiöse Wirkungen: Treten vor allem bei immungeschwächten Menschen auf. (Infektionen der Atemwege) • Geruchsbelästigung: Kann die Lebensqualität erheblich beeinflussen.
Vermeidung von Schimmelpilzen (Auswahl)	• Bauliche Maßnahmen: z. B. 1. Baumängel sollten schnell behoben werden (defekte Rohrleitungen, Mauerrisse, Außenputzschäden, Undichtigkeiten von Dächern). 2. Wärmebrücken vermeiden, da es hier durch erhöhten Wärmestrom zur Tauwasserbildung kommen kann (siehe Taupunkttabelle Seite 30). 3. Materialien auswählen, die Feuchte speichern können, z. B. offenporige Putze, Beschichtungen mit mikroporöser Struktur. • Einrichtung: z. B. 4. Möbel nicht direkt an kalte Außenwände stellen, sondern zur besseren Luftzirkulation 5 bis 10 cm Abstand halten. • Weitere Maßnahmen: z. B. 5. Lüftungsgewohnheiten optimieren: Querlüften und wiederholtes Stoßlüften (3- bis 4-mal täglich für 10 min. das Fenster ganz öffnen und die Heizung dabei abstellen). 6. Besonders in der Übergangszeit und im Winter Räume nie ganz auskühlen lassen.
Schimmelpilzuntersuchungen (Auswahl) Probennahme und Laboruntersuchungen	• Ortsbegehung: Zur Bestandsaufnahme • Schnelltests: Mithilfe von Teststäbchen kann das Vorhandensein von Schimmelpilzen nachgewiesen werden. • Kontaktprobe: Mit handelsüblichem Klebefilm wird eine Probe zur Unterscheidung von anderen Substanzen, wie Verschmutzungen abgenommen und analysiert. • Abklatschpobe: Durch Kultivierung auf einem Nährboden kann die Art der Schimmelpilze festgestellt und damit das Gefährdungspotential bestimmt werden. • Luftkeimsammlung: Nachweis von Sporen in der Raumluft.
Schimmelpilzsanierung	• Sanierung muss sorgfältig unter Berücksichtigung des Arbeitsschutzes geplant werden (siehe Schimmelpilzsanierung – Arbeitsschutz). • Ermittlung und fachgerechte Beseitigung der Ursache (siehe oben unter Vermeidung). • Fachgerechte Sanierung des Befalls, angrenzende Bereiche vor Sporenflug schützen • Abwaschen mit hochprozentigem Alkohol (Isopropanol 80 %) als Sofortmaßnahme zur oberflächlichen Beseitigung des Befalls. • Vorsicht beim Einsatz von Fungiziden, hier ist eine genaue Kontrolle der Inhaltsstoffe notwendig, um Gesundheitsschäden zu vermeiden.

[1)] Die Wasseraktivität (auch a_w-Wert oder Activity of Water) ist ein Maß für frei verfügbares Wasser in einem Material, das nicht durch lösliche Substanzen, wie z. B. Salze gebunden ist. Die Wasseraktivität wird im Bereich zwischen 0 (kein Wasser verfügbar) und 1 (Kondenswasserbildung) angegeben.

Chemische Begriffe

Begriff	Erläuterung
Alkalitreiben	Reaktion von Zement mit alkalilöslicher „Kieselsäure“
Angriff durch Salzsäure	$CaO + 2\,HCl \rightleftarrows CaCl_2 + H_2O$ Auflösung von Kalk
Angriff durch schweflige Säure	$SO_2 + H_2O \rightleftarrows H_2SO_3$ Die schweflige Säure greift Kalk und Gips an.
Aufschluss	Überführen eines schwer löslichen Salzes (z. B. Zuschlagstoffe) in eine lösliche, analysierbare Form durch Schmelzen in einem Soda-Pottasche-Gemisch (Sodaaufschluss) oder in $KHSO_4$ (saurer Aufschluss).
Bildung von Hydrogencarbonat	$Ca(OH)_2 + 2\,CO_2 + H_2O \rightleftarrows Ca(HCO_3)$; löslich
Bioverfügbarkeit	Anteil einer (meist) schädigenden Substanz, der in der Biosphäre umgesetzt werden kann.
Calcinieren	Verfahren: Trocknen durch Glühen bei Wasserabgabe
Carbonatisieren	Abbinden, Aufnahme von CO_2 und Bildung von Carbonat
Wasserhärte	Maßzahl für Carbonatgehalt (temporäre Härte) und Erdalkaliionen-Gehalt (permanente Härte) in Wasser; führt zu erhöhtem Seifenverbrauch
Hydraulische Härtung	Verfestigung unter Wasseraufnahme, entweder in einer chemischen Reaktion oder durch Kristallwasseraufnahme.
Kalktreiben	Umwandlung von CaO in $Ca(OH)_2$ durch Wasseraufnahme
Kalter Fluss	Vgl. Koaleszenz
Koaleszenz	Zusammenfließen von Emulsionströpfchen oder von Teilchen einer Polymersuspension; führt zur Filmbildung von Dispersionsfarben; vgl. Koagulation (Seite 42)
Lösender Angriff	Wird bewirkt durch Säuren, austauschfähige Salze, weiches Wasser und/oder organische Stoffe
Magnesiatreiben	Umwandlung von MgO in $Mg(OH)_2$ durch Wasser
Oxidative Trocknung	Fette Öle und teilweise Alkydharze reagieren mit Sauerstoff; dabei bilden sich zwischen den Molekülketten der ungesättigten Fettsäuren Sauerstoffbrücken aus und vernetzen das Bindemittel.
Schwermetalle	Metalle mit einer Dichte größer 4,5 g/cm^3
Stahlkorrosion in Beton	$2\,Fe + 1{,}5\,O_2 + H_2O \rightleftarrows 2\,FeOOH$
Sulfattreiben	Umwandlung von CaO in $CaSO_4$ durch SO_2 bzw. SO_3
Treibender Angriff	Siehe Alkalitreiben, Sulfattreiben und Magnesiatreiben
Vergilbung	Gelbfärbung von Anstrichstoffen durch Bildung von Farbstoffen – Polyene
Verkieselung	Ausbildung von Calciumsilikat
Verseifung	Spaltung eines Esters durch eine anorganische Base in Gegenwart von Wasser; dabei entsteht ein organischer Alkohol und das Salz der organischen Säure, das häufig grenzflächenaktiv ist (Tensid).
Wassergipswert w	Nach DIN EN 13963 der 100-fache Kehrwert der Einstreumenge von Baugips innerhalb von 2 Minuten in ein Prüfgefäß mit 100 ml Wasser.

Ebenheitstoleranzen — **DIN 18202:**2019-07

Bauteile	Abstand der Messpunkte bis ... m												
	0,1	0,6	1,0	1,5	2,0	2,5	3,0	3,5	4,0	6,0	8,0	10	15
	Ebenheitstoleranzen in mm												
Zeile 1: Nichtflächenfertige Oberseiten von Decken, Unterböden und Unterbeton (ohne erhöhte Anforderungen)	10	13	15	16	17	18	18	19	20	22	23	25	30
Zeile 2: Nichtflächenfertige Oberseiten von Decken, Unterböden und Unterbeton mit erhöhten Anforderungen (z. B. zur Aufnahme von Estrichen, Industrieböden) **und fertige** Oberflächen für z. B. Lagerräume, Keller	5	7	8	9	9	10	11	12	12	13	14	15	20
Zeile 3: Flächenfertige Böden, z. B. Estriche als Nutzestriche bzw. zur Aufnahme von Bodenbelägen (ohne erhöhte Anforderungen)	2	3	4	5	6	7	8	9	10	11	11	12	15
Zeile 4: Flächenfertige Böden mit erhöhten Anforderungen, z. B. gegossene, gespachtelte und geklebte Bodenbeläge für Sporthallen	1	2	3	4	5	6	7	8	9	10	11	12	15
Zeile 5: Nichtflächenfertige Wände und Unterseiten von Rohdecken	5	8	10	11	12	13	13	14	15	18	22	25	30
Zeile 6: Flächenfertige Wände und Unterseiten von Decken, z. B. Sichtbeton, geputzte Wände, Sichtmauerwerk, Wandbekleidungen, Trennwände, abgehängte Decken	3	4	5	6	7	8	8	9	10	13	17	20	25
Zeile 7: Flächenfertige Wände und Unterseiten von Decken mit erhöhten Anforderungen	2	2	3	4	5	6	6	7	8	10	13	15	20

Hinweise

- Zitierweise in Leistungsbeschreibungen z. B. „Einzuhaltende Toleranzwerte nach Zeile 7 der Tabelle 3 gemäß DIN 18202 Maßtoleranzen im Hochbau."
- Standardverspachtelung entspricht Zeile 6, Sonderverspachtelung entspricht Zeile 7, z. B. bei Trockenbau-, Putz- und Stuckarbeiten.
- Nach ATV DIN 18350, 3.1.2 sind auch bei Streiflicht sichtbare Unebenheiten der Oberfläche nicht zu beanstanden, wenn die Toleranzen nach Zeile 7 eingehalten worden sind.

Ebenheitstoleranzen Messtechnik — DIN 18202:2019-07

Lesebeispiel zur Tabelle Seite 56

- Der verwendete Richtscheit hat eine Länge von 3 Metern. Der Abstand der Messpunkte beträgt somit 3 Meter, es gilt die Spalte 3,0 Meter.
- Die Auftraggebenden stellen erhöhte Anforderungen an den flächenfertigen Boden. Es gilt also die Zeile: „4. Flächenfertige Böden".
- Die Toleranz wird im Kreuzungspunkt der Spalte und der Zeile abgelesen: 7 mm.

Hinweise zur Messtechnik

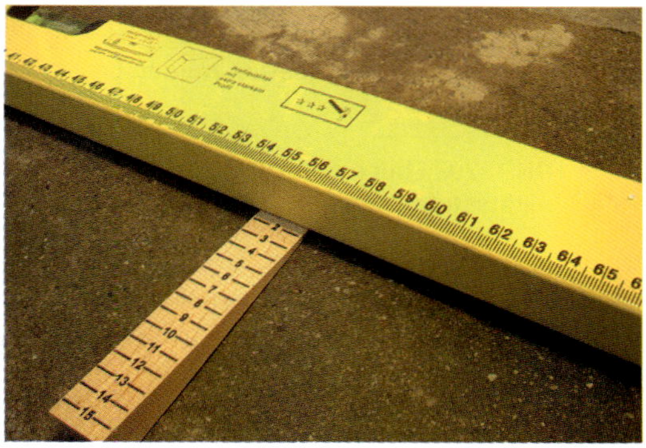

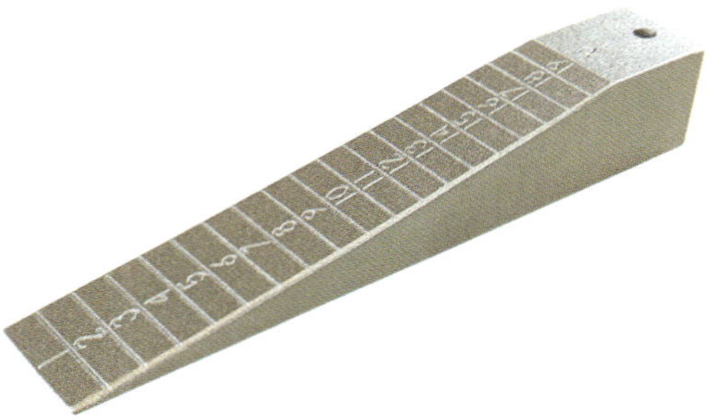

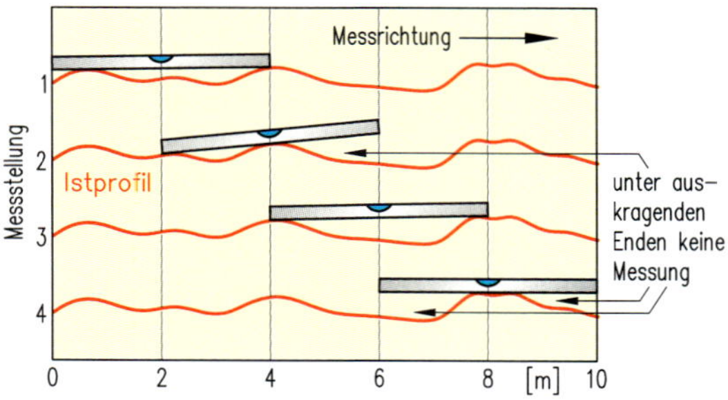

Ein Raum ist 10 Meter breit, die Richtlatte ist 4 m lang. Sie wird jeweils um die Hälfte versetzt weiter geschoben. Unter den auskragenden Enden einer Messung wird nicht gemessen (siehe Messstellungen 2 und 4). Die Messungen finden zwischen zwei Auflagepunkten statt. Bei der Messstellung 2 beträgt dieser Abstand 2 Meter, sodass in der Spalte „Messpunktabstand 2 Meter" die Toleranz in mm nachgeschaut werden muss und nicht in der Spalte für 4 Meter.

- Die Auflagepunkte des Richtscheites sind die Messepunkte, die in der Tabelle oben angegeben sind.
- Der Richtscheit darf auf keinen Fall waagerecht ausgerichtet werden, er wird einfach nur aufgelegt.
- Aufschüsselungen am Rande, wie sie bei Zementestrichen während des Härtungsvorganges entstehen, werden gesondert bewertet. Eventuell werden sie niedergetreten.
- Höhenversätze an Fugen im Boden haben im Regelfall kleine Erhebungen. Auch diese werden gesondert bewertet, eventuell werden sie abgefräst.
- Statt eines Richtscheites kann auch ein Lasergerät eingesetzt werden.
- Wie viele Messungen durchgeführt werden und wo die Messpunkte liegen, ist nicht reguliert.

Winkeltoleranz — DIN 18202:2019-07

Damit wird festgestellt, wie viel z. B. eine Wand von dem rechten Winkel abweicht. Im Abstand von 10 cm wird von der Wand eine Gerade gezogen. Dann wird im rechten Winkel an der kürzeren Wandseite im Abstand von 10 cm eine Gerade gezogen. Die Abweichung wird an der kürzeren Wand gemessen. Ablesebeispiel: Bei einer Wand von 5 m Länge darf die Abweichung von der Geraden höchstens 12 mm betragen.

	Grenzwerte in mm bei Nennmaße in m					
Bezug	bis 1 m	von 1 bis 3 m	über 3 bis 6 m	über 6 bis 15 m	über 15 bis 30 m	über 30 m
Vertikale, horizontale und geneigte Flächen	6 mm	8 mm	12 mm	16 mm	20 mm	30 mm

Grundlagen
Werkstoffe, Hilfsstoffe
Werkzeuge, Geräte, Gerüste
Arbeitstechniken
Gestaltung
Arbeitsschutz, Umweltschutz
Aufmaß, Abrechnung
Betriebsführung
Quellen

Oberflächengüten Q1 bis Q4 — Bundesverband der Gipsindustrie Merkblätter

Die Oberflächengüten werden in drei technischen Richtlinien durch den Bundesverband der Gipsindustrie geregelt:

1. Putzoberflächen innen	In diesem Merkblatt werden die Putze in den Qualitätsstufen Q1 bis Q4 bei allen vier wichtigen Putzoberflächen (abgezogen, geglättet, abgerieben, gefilzt) beschrieben.
2. Verspachtelung von Gipsplatten	Die Oberflächengüten bei der Verspachtelung von Gipsplatten (Gipskartonplatten) werden beschrieben.
3. wie vor, Gipsfaserplatten	Die Oberflächengüten bei der Verspachtelung von Gipsfaserplatten werden beschrieben.

Bedeutung	Grundlage von Putz- und Spachtelarbeiten ist die DIN 18202 Ebenheiten, die auf den beiden vorangegangenen Seiten beschrieben wird. Die Qualitätsstufen regeln anschließend die Oberflächengüte.
Baurecht	Nach VOB Teil A § 9 sind Bauleistungen eindeutig und erschöpfend zu beschreiben. „Malerfertig“, „streichfertig“, „glatt“ usw. sind nicht eindeutige Beschreibungen. Die Q-Stufen dienen dazu, Klarheit zu schaffen, und sollen im Ausschreibungstext benannt werden. Schattenbildungen durch Streiflicht sind nicht zu beanstanden, wenn die Ebenheit nach Zeile 7 der DIN 18202 erfüllt wird. Die Schattenbildung wird durch eine erhöhte Q wie 4 verringert.

1. Putzoberflächen innen

Q1	An diese geschlossene Putzoberfläche wird keine Anforderung hinsichtlich Putzdicke, Optik gestellt. Bearbeitungsspuren und Fugeneinfall sind sichtbar.
Q2	Standardausführung
Q3	Erhöhte Anforderung hinsichtlich Ebenheit, umzusetzen z. B. durch Unterputzprofile, gleichmäßige Putzstruktur
Q4	Wie Q3, aber nochmaliges vollständiges Abziehen der Oberfläche, gleichmäßiges Putzbild

2. und 3. Verspachtelung von Gipsplatten und Gipsfaserplatten

Q1	Grundverspachtelung der Plattenfugen (Füllen), Überziehen der Befestigungsmittel
Q2	Standardausführung nach VOB: wie Q1 und zusätzlich Feinspachteln der Fugen zur Erreichung eines stufenlosen Übergangs zur Plattenfläche
Q3	Q2, breiteres Ausspachteln der Fugen und scharfes Abziehen der gesamten Fläche
Q4	Q2, breites Ausspachteln der Fugen und vollständiges Überziehen der Fläche mit Material mit einer Schichtdicke bis etwa 3 mm

Die 4 Qualitätsstufen bei der Verspachtelung

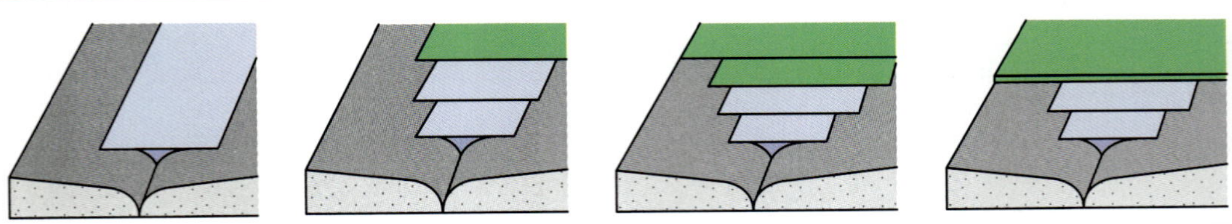

Zusammensetzung von Beschichtungsstoffen

Nach DIN EN ISO 4618:2015-01/DIN 55945:2016-08 ist „Beschichtungsstoff“ der Oberbegriff für flüssige bis pastenförmige oder auch pulverförmige Stoffe, die aus Bindemitteln und gegebenenfalls aus Pigmenten und anderen Farbmitteln, Füllstoffen, Lösemitteln und Additiven bestehen. Beschichtungsstoffe werden eingeteilt nach dem **Bindemittelsystem** (z. B. Alkydharzlack, PUR-Lack) oder nach der Funktion in einem **Beschichtungsaufbau** (z. B. Grundierung, Decklack) oder nach dem **Lösemittelgehalt** (z. B. High Solid-Lack, Pulverlack).

Bestandteile	Aufgaben
Bindemittel	• Nichtflüchtiger Anteil eines Beschichtungsstoffes ohne Pigmente und Füllstoffe, aber einschließlich Weichmachern, Trockenstoffen und anderen nichtflüchtigen Hilfsstoffen • Durch Kohäsionskräfte hält das Bindemittel die Beschichtung zusammen und durch Adhäsionskräfte erfolgt die Haftung am Untergrund • Die meisten chemischen und physikalischen Eigenschaften einer Beschichtung werden durch die Wahl des Bindemittels bestimmt, z. B. Härte, Elastizität, Beständigkeit gegen Chemikalien, UV-Strahlen und Witterung • Als Bindemittel kommen Naturstoffe (z. B. trocknende Öle und Harze) oder modifizierte Naturstoffe (z. B. Cellulosenitrat) oder synthetische Stoffe (z. B. Polyurethanharze und Alkydharze) zum Einsatz
Lösemittel	• Ermöglichen und erleichtern die Verarbeitung eines Beschichtungsstoffes und werden während und nach der Applikation wieder abgegeben (flüchtig) • Regulieren den Trocknungsvorgang, wobei verhindert werden muss, dass Lösemittel in der Beschichtung zurückgehalten werden (Lösemittelretention) • Verhindern Oberflächenstörungen wie Kocher- und Kraterbildung • Ermöglichen das Einstellen der Viskosität (abgestimmt auf das Applikationsverfahren) • Verbessern die Verlaufseigenschaften durch mehrere aufeinander abgestimmte Lösemittel (**niedrigsiedende** Lösemittel bewirken eine schnelle Antrocknung, **mittelsiedende** Lösemittel halten die Beschichtung einige Zeit offen, damit Lösemittel und Kondensationsprodukte entweichen können, **hochsiedende** Lösemittel verbessern Verlauf und Glanz) • Als Lösemittel werden niedrigmolekulare organische Substanzen, z. B. Benzine, Ester, Alkohole und zunehmend auch Wasser verwendet
Farbmittel/ Pigmente	• Geben den gewünschten Farbton und bestimmen das Deckvermögen • Schützen den Untergrund vor chemischen und physikalischen Einflüssen, z. B. UV-Strahlung, Korrosion • Eine Einteilung der Pigmente kann nach Farbton (z. B. Weiß-, Schwarzpigmente), Verwendung (z. B. Korrosionsschutzpigmente), Zusammensetzung (z. B. Bleipigmente) und nach Herkunft (z. B. anorganische und organische Pigmente) erfolgen
Füllstoffe	• Füllstoffe sind gerüstbildende Substanzen, deren Hauptaufgabe die Verbesserung des Füllvermögens von Beschichtungsstoffen ist • Erhöhen die Biege-, Haft- und Zugfestigkeit einer Beschichtung • Erhöhen die Sperrwirkung gegen Witterungseinflüsse • Verbessern die Schleifbarkeit • Bestimmen Glanzgrad bzw. Mattierungsgrad • Verringern den Preis eines Beschichtungsstoffes • Als Füllstoffe werden überwiegend helle, meist anorganische, pulverförmige Substanzen, die sich von den Weißpigmenten durch einen niedrigeren Brechungsindex und einer höheren Teilchengröße unterscheiden, eingesetzt (z. B. Calciumcarbonat, Kreide)
Additive	• Sollen bestimmte Eigenschaften des Beschichtungsstoffes verbessern oder unerwünschte Eigenschaften verhindern • Zum Einsatz kommen z. B. Entschäumer, Netz- und Dispergiermittel, Oberflächenadditive, Mattierungsmittel, Inhibitoren, Lichtschutzmittel, Trockenstoffe, Antihaut- und Absetzmittel, Biozide, Weichmacher und Katalysatoren

Naturrohstoffe (Naturharze)

Eine Einteilung der Naturharze erfolgt aus lacktechnischer Sicht nach dem Alter der Harze. Es wird in vier Gruppen unterschieden:

- Flüssige Harzsekrete und Harzbalsame, die von lebenden Bäumen ausgeschieden werden
- Rezente Harze sind Harzsäuren lebender Bäume
- Rezent-fossile Harze sind Ablagerungen von Baumharzen im Boden, die ausgegraben werden
- Fossile Harze sind umgewandelte Harze aus Ablagerungen ausgestorbener Bäume

Gruppe	Vorkommen und Zusammensetzung	Eigenschaften und Verwendung
Harzbalsame	• Lösungen von Naturharzen in flüchtigen Terpenen • Vorstufe der Naturharze, treten meist als inhomogene, trübe Lösung aus lebenden Bäumen aus (natürliche Ausscheidung oder durch Verletzung der Rinde) • Verwertet werden die Balsame von Kiefern und ähnlichen Koniferen	• Aus dem Harzbalsam werden Balsamharz (Kolophonium) und Terpentinöl gewonnen • Einige Harzbalsame sind selbstständige Rohstoffe, z. B. Oregonbalsam • Verwendung finden Balsame bei der Herstellung von Künstlerfarben, Holzfirnissen und Naturharzlacken
Kolophonium DIN EN ISO 13632:2012-10	• Wird durch das Abdestillieren des flüssigen Terpentinöls aus Harzbalsamen gewonnen • Erhebliche Mengen fallen auch bei der Extraktion von Koniferenwurzeln bzw. bei der fraktionierten Destillation des Tallöls an	• Wichtige Eigenschaft ist die möglichst helle Farbe des Kolophoniums (Farbzahl) • Kolophonium ist löslich sowohl in polaren als auch in unpolaren Lösemitteln (Kohlenwasserstoffe und Terpene) • Verwendung findet Kolophonium in Künstlerfarben, Holzleimen, Firnissen und Druckfarben • Einsatz als Lackrohstoff wegen der Sprödigkeit begrenzt, aber in Kombination mit trocknenden Ölen möglich
Dammar	• Rezentes Naturharz von Laubbäumen (Indonesien und Philippinen) • Wird aber auch durch Grabungen von Ablagerungen gewonnen	• Farbe Hellgelb bis Braun • Sehr geringe Vergilbungsneigung • Heiß löslich in fetten Ölen, sonst Terpentinöl und Benzol • Einsatz in Klarlacken und Gemäldeschlussfirnis, in weißen nichtgilbenden Öl- und CN-Lacken
Schellack	• Stoffwechselprodukt des Weibchens der Lackschildlaus • Das Ausscheidungsprodukt bedeckt die Äste der Bäume mit bis zu 8 mm dicken Krusten • Durch Abschlagen wird das Rohprodukt (Stocklack) gewonnen • Nach der Reinigung und weiterer Verarbeitung erhält man Blätter oder Rubinschellack	• Schellack ist löslich in Alkoholen und in wässrigen alkalischen Lösungen • Kombination mit Cellulosenitrat ist möglich, dadurch auch Verbesserung der Haftung zum Untergrund • Einsatzgebiete sind Spirituslacke, Holzlacke für Möbel, Polituren, Folienlacke und Druckfarben
Kopale	• Rezent-fossiles Harz von Bäumen, die in der Eiszeit und Neueiszeit wuchsen und deren Ausscheidungen sich in Sandbänken ablagerten • Werden nach ihren Fundorten in verschiedene Typen eingeteilt • Heute sind noch Sansibar- und Kongokopale im Handel	• Sind sehr schwer löslich und haben relativ hohe Schmelzbereiche (150 bis 200 °C) • Tragen effektiv zur physikalischen Trocknung von Lacksystemen bei • Werden bei 300 °C aufgeschmolzen und können dann mit oxidativ trocknenden Ölen kombiniert werden • Herstellung von Öllacken, Lackspachteln, Schleiflacken

Naturrohstoffe (Naturharze) (Fortsetzung)

Gruppe	Vorkommen und Zusammensetzung	Eigenschaften und Verwendung
Bernstein	• Fossiles Harz von im mittleren Tertiär im Nord- und Ostseeraum wachsenden Koniferen • Ausgeschiedenes Harz lagerte sich in den Sandbänken dieses Raumes ab und wurde im Laufe der Zeit chemisch verändert • Findet sich heute vor allem auf der Halbinsel Samland	• Kleine und verunreinigte Stücke werden als Lackrohstoff verwendet • Unterschiedliche Schmelzbereiche zwischen 340 bis 385 °C • Wird aufgeschmolzen, um ölverträglich zu werden und bewirkt dann in Öllacken eine gute Antrocknung, Durchtrocknung und Härte • Einsatz als „Bernsteinlack" u. a. in der Fußbodenbeschichtung

Naturrohstoffe (Öle und Fette)

Alle fetten Öle und Fette (Triglyceride) sind Ester höherer acyclischer Monocarbonsäuren (gesättigter und ungesättigter Fettsäuren) mit Glycerol (1,2,3,-Propantriol). Fette sind bei Raumtemperatur feste, wachsartige Substanzen und unterscheiden sich dadurch von den fetten Ölen, die bei Raumtemperatur mehr oder weniger viskose Flüssigkeiten sind. Aus lacktechnischen Gesichtspunkten wird nach ihrem Trocknungsverhalten in trocknende, halbtrocknende und nichttrocknende Öle und Fette unterschieden. Die Trocknung erfolgt durch Oxidation mit dem Sauerstoff der Luft, wobei eine Sättigung der ungesättigten Fettsäuren erfolgt. Öle und Fette werden durch die Anzahl der Doppelbindungen und den Gehalt an Estergruppen charakterisiert.

Trocknende Öle bilden innerhalb weniger Tage durch Autooxidation einen beständigen Lackfilm, der nicht mehr löslich ist, und sind als selbstständige Bindemittel einsetzbar. Verwendet werden können z. B. Leinöl, Holzöl, Ricinenöl (aus Rizinusöl hergestellt) und Fischöle.

Bezeichnung	Herstellung und Zusammensetzung	Eigenschaften und Verwendung
Leinöl DIN EN ISO 150:2019-03 DIN EN ISO 276:2021-08	• Wird aus den Samen der Leinpflanze (Flachs) durch Auspressen gewonnen • Durch kalte Pressung erhält man gutes und helles Leinöl (Kaltvorschlagöl) in geringen Mengen • Bei der heißen Pressung erhält man minderwertiges und dunkles Leinöl mit höherer Ausbeute • Das rohe Leinöl wird entschleimt (raffiniertes Leinöl) • Leinöl kann durch Bleichen heller gemacht werden • Die Samen enthalten 32 bis 43 % Leinöl • Leinöl enthält Linolsäure (≈ 30 %), Linolensäure (≈ 60 %) und Ölsäure (≈ 10 %)	• Jodzahl liegt zwischen 160 bis 200 • Leinöl ist dünnflüssig; trocknet in 4 bis 8 Tagen von der Oberfläche ausgehend • Nach der Trocknung elastisch • Bindemittel für Ölfarben und Grundlage für Alkydharzbindemittel • Starke Vergilbungsneigung durch Gehalt an Linolensäure (Dunkelgilbung) • Dicke Schichten neigen zur Runzelbildung (Durchtrocknung verzögert, siehe auch Alkydharzlacke Seite 64) • Mit basischen Pigmenten Seifenbildung (Korrosionsschutz) • Auf alkalischen Untergründen erfolgt eine Verseifung
Holzöl DIN EN ISO 277:2011-02	• Wird aus den nussartigen Samen des Holzöl- oder Tungbaumes gewonnen • Die Samen enthalten 25 bis 45 % Öl • Holzöl enthält α-Eleostearinsäure mit drei konjugierten Doppelbindungen (≈ 80 %) und Ölsäure (≈ 15 %)	• Jodzahl liegt zwischen 160 bis 175 • Verwendung in hochwertigen Rostschutzgrundierungen (bedingt durch dunkle Farbe und starke Gilbung) • Holzöl ist sehr teuer und wird häufig durch Oiticicaöl ersetzt, das sich ähnlich verhält • Neigt zur Versprödung • Nur in Kombination mit anderen Ölen zur Alkydharzherstellung einsetzbar

Naturrohstoffe (Öle und Fette) (Fortsetzung)

Bezeichnung	Herstellung und Zusammensetzung	Eigenschaften und Verwendung
Fischöle	• Werden aus den Organen verschiedener Fische (z. B. Hering, Dorsch, Sardine) gewonnen • Zusammensetzung der Öle ist unterschiedlich und stark schwankend in der Fettsäuremischung • Öle enthalten Eiweiß- und andere Abbaustoffe und Farbstoffe • Fischöle bestehen aus sehr langkettigen und hochungesättigten Fettsäuren (bis zu 6 Doppelbindungen)	• Jodzahl liegt zwischen 115 bis 190 • Verhalten sich bei einer Jodzahl über 140 in der Trocknung ähnlich wie Leinöl • Versprödungsneigung durch hohe Anzahl an Doppelbindungen • Fischöle sind sehr preiswert • Fischöle haben einen spezifischen Geruch, der auch im Fertigprodukt bemerkbar ist • Verwendung in Rostschutzgrundierungen (gutes Kriechverhalten auf rostigen Untergründen)

Halbtrocknende Öle bilden erst nach längerer Zeit einen Film, der aber aufweichbar und löslich bleibt. Werden als modifizierende Komponente (z. B. Weichmacher), aber auch als selbstständige Bindemittel (hoher Linolsäuregehalt) in Beschichtungsstoffen eingesetzt. Verwendet werden können z. B. Sojaöl, Safloröl, Sonnenblumenöl und Baumwollsaatöl.

Bezeichnung	Herstellung und Zusammensetzung	Eigenschaften und Verwendung
Sojabohnenöl DIN 55938: 2016-09	• Wird aus Sojabohnen gewonnen • Bohnen enthalten 18 bis 20 % Sojaöl • Sojaöl enthält Linolsäure (≈ 50 %), Linolensäure (≈ 8 %), Ölsäure (≈ 35 %) und gesättigte Fettsäuren (≈ 7 %)	• Jodzahl liegt zwischen 120 bis 141 • Sojaöl ist unter den pflanzlichen Ölen am preiswertesten • Grundlage für Alkydharzbindemittel • Geringere Vergilbungsneigung und bessere Durchtrocknung durch geringeren Anteil an Linolensäure • Verwendung auch in Heizkörperlacken (kann bis zu 110 °C wärmegetrocknet werden)
Safloröl	• Wird aus dem Samen der Saflor (Färberdistel) gewonnen • Samen (ohne Schale) enthalten 46 bis 63 % Safloröl • Safloröl enthält Linolsäure (≈ 70 %), Ölsäure (≈ 20 %) und gesättigte Fettsäure (≈ 10 %)	• Jodzahl liegt zwischen 140 bis 150 • Safloröl ist sehr teuer und kommt nur für Spezialzwecke zum Einsatz • Grundlage für Alkydharzbindemittel • Sehr geringe Vergilbungsneigung
Sonnenblumenöl	• Wird aus Sonnenblumenkernen gewonnen • Samen (ohne Schale) enthalten 42 bis 63 % Sonnenblumenöl • Sonnenblumenöl enthält Linolsäure (≈ 55 %), Ölsäure (≈ 40 %) und gesättigte Fettsäuren (≈ 5 %)	• Jodzahl liegt zwischen 125 bis 136 • Grundlage für Alkydharzbindemittel • Keine Vergilbungsneigung
Baumwollsaatöl	• Wird aus dem Samen der Baumwollpflanze gewonnen • Samen enthalten 14 bis 25 % Baumwollsaatöl • Baumwollsaatöl enthält Linolsäure (≈ 45 %), Ölsäure (≈ 30 %) und gesättigte Fettsäuren (≈ 25 %)	• Jodzahl liegt zwischen 99 bis 113 (Jodzahl knapp über 100 und damit gerade noch in trocknenden Alkydharzen anwendbar) • Grundlage für Alkydharzbindemittel • Gute Gilbungsbeständigkeit, auch bei Wärmebelastung, daher Einsatz auch in Heizkörperlacken

Naturrohstoffe (Öle und Fette) (Fortsetzung)

Nichttrocknende Öle bilden keinen Film und werden in der Lackindustrie ausschließlich als modifizierende Komponente (z. B. Weichmacher) in Beschichtungsstoffen eingesetzt. Verwendet werden können z. B. Erdnussöl, Rizinusöl, Kokosfett und Palmkernöl.

Bezeichnung	Herstellung und Zusammensetzung	Eigenschaften und Verwendung
Erdnussöl	• Wird aus den nussartigen Früchten des Erdnussstrauches hergestellt • Samen enthalten 46 bis 50 % Öl • Erdnussöl enthält Ölsäure (50 bis 80 %), Linolsäure (5 bis 20 %) und Stearinsäure (≈ 15 %)	• Jodzahl[1)] liegt zwischen 84 bis 100 • Verwendung bei der Herstellung von nichttrocknenden Alkydharzen, die als Weichharz in Nitrokombilacken eingesetzt werden
Rizinusöl	• Wird aus den Samen der Rizinusstaude gewonnen • Samen enthalten 50 bis 60 % Rizinusöl • Rizinusöl enthält Ricinolsäure (≈ 85 %), Stearinsäure und Ölsäure (jew. ≈ 5 %)	• Jodzahl liegt zwischen 80 bis 90 • Grundlage für Ricinenalkydharze • Alkydharz auf Basis von Rizinusöl wird als Weichharz in Cellulosenitratlacken oder als modifizierende Komponente in 2-K-PUR-Lacken eingesetzt
Kokosfett	• Ist im getrockneten Fruchtfleisch der Kokosnuss zu ≈ 70 % enthalten • Kokosfett enthält Laurinsäure (≈ 50 %), Myristinsäure (≈ 20 %), Palmitinsäure (≈ 15 %) und Ölsäure (≈ 10 %)	• Jodzahl liegt zwischen13 bis 16 • Herstellung von Alkydharzen, die in Kombination mit Melaminharzen hochwertige ofentrocknende Lacke ergeben oder als Weichharz in Cellulosenitratlacken eingesetzt werden
Palmkernfett	• Wird aus den Samen der Ölpalme gewonnen • Palmkernfett enthält überwiegend gesättigte Fettsäuren (siehe Kokosfett)	• Jodzahl liegt zwischen 14 bis 23 • Einsatzbereich ähnlich wie Kokosfett

1) Die Jodzahl (DIN EN ISO 3961:2018-11) gibt an, wie viel Gramm Jod von 100 g Öl oder Fett chemisch gebunden werden. Die Jodzahl ermöglicht die genaue Berechnung der im Öl oder Fett enthaltenen ungesättigten Doppelbindungen. Je höher die Jodzahl desto besser ist das Trocknungsverhalten.

Modifizierte Naturstoffe (Auswahl)

Die Modifizierung von Naturstoffen, z. B. trocknenden Ölen, hat verschiedene Vorteile, z. B.
- Erzielung einer schnelleren An- und Durchtrocknung oder
- Verbesserung der Wetterbeständigkeit.

Öle lassen sich u. a. durch Mischen mit anderen Substanzen oder durch Reaktionen an den Doppelbindungen modifizieren.

Gruppe	Herstellung	Eigenschaften/Verwendung
Standöle DIN EN ISO 276:2021-08	• Öle werden unter Luftabschluss erhitzt, dabei kommt es zur Polymerisation des Öls • Durch die Polymerisation kommt es zu einer Viskositätserhöhung • Kombination von mehreren Ölen möglich, z. B. Leinöl – Holzöl – Standöl	• Zur Herstellung von Alkydharzlacken • Als Imprägnierung für Holz • Verbesserung der Trocknung • Wasser- und Wetterbeständigkeit wird verbessert • Verbesserung von Verlauf und Glanz • Höheres Füllvermögen
Firnisse DIN 55945: 2016-08 DIN EN ISO 150:2019-03	• Öle, hauptsächlich Leinöl, werden mit Trockenstoffen (Sikkativen) versetzt • Zugabe der Trockenstoffe kann bei höheren Temperaturen, aber auch im kalten Zustand erfolgen	• Als Imprägnierung für Holz • Trocknung eines Leinölfilms kann so von etwa 120 Stunden auf etwa 3 Stunden reduziert werden

Modifizierte Naturstoffe (Cellulosederivate) (Auswahl)

Cellulose ist der gerüstbildende Bestandteil von Pflanzen und steht in relativ großen Mengen zur Verfügung. Als Bindemittel ist die Cellulose nur einsetzbar, wenn sie chemisch modifiziert wird, da sie absolut unlöslich in allen gängigen Lösemitteln und Wasser ist.

Gruppe	Herstellung und Zusammensetzung	Eigenschaften und Verwendung
Cellulose-nitrat (CN) DIN ISO 14446:2011-02	• Behandlung von Cellulose mit einer Mischsäure aus Schwefelsäure, Salpetersäure und Wasser (Nitrierung) • Cellulosenitrat wird nach dem Veresterungsgrad bzw. nach dem Gehalt an Stickstoff (N) klassifiziert 10,6 bis 11,2 % N = A-Type (in Alkohol löslich) • CN-Lack: Lösung von Cellulosenitrat (etwa 25 %), Harzen, Weichmachern in Lösemitteln (etwa 75 %)	• Lacke haben geringen Festkörperanteil und bilden nur dünne Filme (reversibel und wasserempfindlich) • Kombination mit Alkydharzen (dienen als Weichmacher) als Nitrokombinationslack • Zaponlacke (Festkörpergehalt unter 10 %) • Farblose Holzlackierungen und Polituren • Ölfreie Grundiermittel • Trocknet physikalisch durch Verdunsten der Lösemittel, schnelle Trocknung • Entzündlich durch hohen Lösemittelanteil (Sicherheitsbestimmungen beachten)

Synthetische Bindemittel (Polykondensationsharze) Auswahl **DIN EN ISO 4618:**2015-01

Gruppe	Herstellung und Zusammensetzung	Eigenschaften und Verwendung
Gesättigte Polyester	• Veresterung von mehrwertigen Alkoholen (u. a. Ethylenglykol) mit gesättigten Polycarbonsäuren (u. a. o-Phtalsäure)	• Linearer Aufbau, thermoplastisch • Gute Abriebfestigkeit und Haftung • Einbrennlacke (z. B. im Coil-Coating-Bereich) • Pulverlacke, Polyurethanlacke
Ungesättigte Polyester (UP)	• Veresterung von mehrwertigen Alkoholen (u. a. Ethylenglykol) mit ungesättigten Polycarbonsäuren (u. a. Maleinsäure) • Reaktive Lösemittel (überwiegend Styrol, u. a. aber auch Vinyltoluol) • Initiatoren (organische Peroxide)	• Reaktives Lösemittel wird beim Polymerisationsprozess in das Harzgerüst eingebaut (Verlust durch Verdunstung etwa 5 %) • Fast 100 % Festkörpergehalt, dadurch kein Einfallen oder Schrumpfen • Verarbeitung nach Zugabe der Initiatoren zeitlich begrenzt (Topfzeit einhalten) • Spachtelmassen und Füller, Lacke
Alkydharze DIN EN ISO 6744: 2004-09	• Polyesterharz besteht aus Dicarbonsäure (u. a. o-Phtalsäure) und drei- und höherwertigen Alkoholen (u. a. Glycerin) und wird mit trocknenden Ölen (Fettsäuren) modifiziert • Unterscheidung nach der Menge der eingebauten Fettsäuren in: **Langölige, fette Alkydharze** mehr als 60 % Ölgehalt (Öllänge) **Mittelölige, mittelfette Alkydharze** 40 % bis 60 % Ölgehalt (Öllänge) **Kurzölige, magere Alkydharze** weniger als 40 % Ölgehalt (Öllänge) • Alkydharze lassen sich zusätzlich durch weitere Komponenten modifizieren, z. B. Thixotrope Alkydharze durch Zugabe von Polyamidharz • Häufigstes Lösemittel: Testbenzin (Kohlenwasserstoffgemisch Gruppe 2 TRGS 901-72 Teil 2 aromatenarm)	• Langölige, fette Alkydharze werden eingesetzt als Bindemittel in lufttrocknenden Lacken für innen und außen • Grundierungen und Schlussbeschichtungen (hochglänzend, seidenglänzend) • Korrosionsschutzgrundierungen in Kombination mit aktiven Pigmenten • Gutes Deckvermögen, gute Haftung, guter Verlauf, hohe Flexibilität, gute Wetterbeständigkeit und Verarbeitbarkeit • Alkydharzlacke, die Leinöl enthalten, neigen stark zur Vergilbung, deshalb im Grundierbereich einsetzen (Sojaöl neigt nicht zur Vergilbung, auch als Decklack einsetzbar) • Lösemittelgehalt der konventionellen Alkydharzlacke liegt zwischen 35 % bis 55 %, High-Solid-Lacke enthalten zwischen 10 % bis 15 % Lösemittel • Alkydharzlacke trocknen durch Verdunsten des Lösemittels und durch Sauerstoffaufnahme (Runzelneigung bei zu hohen Schichtddicken)

Synthetische Bindemittel (Polyadditionsharze)		(Auswahl)
Gruppe	Herstellung und Zusammensetzung	Eigenschaften und Verwendung
Polyurethanharze (PUR) (Polyisocyanat) DIN EN ISO 11909: 2007-05 ISO 25761: 2014-03	• Hydroxylgruppenhaltige Harze (u. a. Polyester-, Acryl-, kurzölige Alkydharze, Polyester) und Polyisocyanate • Bei Zweikomponentensystemen werden Harz (Stammkomponente z. B. in 50%iger Lösung mit Pigmenten, Füllstoffen) und Polyisocyanat (Härter) getrennt geliefert (Gesundheitsschutz beachten) • Auch als High-Solid-Lacke mit höherem Festkörpergehalt • Auch wasserverdünnbare Systeme	• 2-K-PUR-Lacke (Handelsname: DD-Lacke) werden vor der Verarbeitung im angegebenen Mischungsverhältnis angesetzt • Begrenzte Verarbeitungszeit (Topfzeit), chemische Aushärtung durch Polyaddition • Härter darf nicht mit Alkoholen oder Feuchtigkeit in Verbindung gebracht werden, sonst kommt es zu Vernetzungsreaktionen (Lösemittel nur aus dem System verwenden) • Gute Chemikalien-, Lösemittel- und Wasserbeständigkeit, universelle Haftung • Hohe Abriebfestigkeit (Klarlacke u. a. für Holz, Parkettversiegelung) • Stark beanspruchte Grund- und Deckbeschichtungen im Innen- und Außenbereich (u. a. Korrosionsschutz, Balkonböden)
Epoxidharze (EP) DIN EN ISO 7142: 2007-05	• Zweikomponentensystem • Stammkomponente: Harz aus Diphenolen und Epichlorhydrin (charakteristisch für das Epoxidharz sind zwei endständige Epoxidgruppen); Lösung von Epoxidharz in Lösemitteln • Härterkomponente: Polyamine und Polyamide (Gesundheitsschutz beachten) • Auch wasserverdünnbare Systeme • Dickschichtsysteme (lösemittelfrei 100 % Festkörper)	• 2-K-EP-Lacke werden vor der Verarbeitung im angegebenen Mischungsverhältnis angesetzt • Begrenzte Verarbeitungszeit (Topfzeit), chemische Aushärtung durch Polyaddition • Gute Chemikalien-, Lösemittel- und Wasserbeständigkeit, sehr gute Haftung und Elastizität • Stark beanspruchte Grund- und Deckbeschichtungen im Innen- und Außenbereich (abhängig von Zusammensetzung/Herstellerangaben; u. a. Korrosionsschutz, Industriefußböden) • Im Außenbereich zeigen pigmentierte EP-Lacke bei Bewitterung eine starke Kreidung (überwiegend als Grundierungen einsetzen) • Im schweren Korrosionsschutz (Dickschichtsystem)

Synthetische Bindemittel (Polymerisationsharze)		(Auswahl)
Gruppe	Herstellung und Zusammensetzung	Eigenschaften und Verwendung
Acrylharze	• Ester der Acrylsäure oder der Methacrylsäure; es können auch noch andere Monomere u. a. Styrol, Toluol, Vinylester enthalten sein • Polymerisate, die ausschließlich Acryl und/oder Methacrylat enthalten, werden als Reinacrylate bezeichnet • Acrylharze lassen sich in zwei Gruppen aufteilen: **Polyacrylate ohne funktionelle Gruppen** (nicht vernetzbar und werden in physikalisch trocknenden Lacken eingesetzt), **Polyacrylate mit funktionellen Gruppen** (vernetzbar, selbst- oder fremdvernetzend)	• z. B. Kunststoffdispersionen werden durch Emulsionspolymerision hergestellt, d. h., die Monomere werden in einer wässrigen Lösung mit Emulgatoren verteilt und polymerisiert • Reinacrylat-Dispersionen mit dem größten Einsatzbereich zeigen hohe Vergilbungs- und Alkalibeständigkeit, gute Elastizität, gute Wasser- und Wetterbeständigkeit (u. a. Dispersionsfarben, Holzlasuren) • Styrol-Acrylat-Dispersionen zeigen eine hohe Alkalibeständigkeit (preiswerte Alternative zu Reinacrylaten) • Styrol-Butadien-Dispersionen (Neigung zum Kreiden) u. a. für scheuerbeständige Wandbeschichtungen im Innenbereich (Latexfarbe) • Magnetfarbe (www.magnetfarbe.de)

Additive — DIN EN ISO 4618:2015-01

Gruppe	Wirkungsweise	Einsatzbereich
Biozide	• Reduzieren oder verhindern das Wachstum von Mikroorganismen (Pilze, Algen, Bakterien) im Beschichtungsstoff oder in/auf der Beschichtung • Konservierungsmittel schützen bei der Produktion, während des Transportes und der Lagerung • Antimikrobielle Ausrüstung stellt den Schutz der ausgehärteten Beschichtung vor Befall sicher • Antifouling-Additive in Schiffsbeschichtungen	• Einsatz vor allem in wässrigen Beschichtungsstoffen und Dispersionsfarben, da hier der Gehalt an antimikrobiell wirkenden organischen Lösemitteln reduziert ist • Als Konservierungsmittel kommt überwiegend Formaldehyd zum Einsatz • Antimikrobielle Ausrüstungen bestehen aus zum Teil ökologisch bedenklichen Substanzen (metallorganische Verbindungen), aber auch schwefel- und stickstoffhaltige Verbindungen kommen zum Einsatz
Entschäumer/ Entlüfter	• Entschäumer sollen nur an der Oberfläche wirken, müssen deshalb im Beschichtungsstoff nahezu unlöslich/ unverträglich sein und an die Oberfläche ausschwimmen • An der Oberfläche der flüssigen Beschichtungsstoffes bewirken die Entschäumer ein Aufplatzen der Blasen und ein Zusammenfallen des Schaumes • Entlüfter sorgen dafür, dass Gasbläschen aus der flüssigen Beschichtung schneller entweichen können (durch Erhöhung der Aufstiegsgeschwindigkeit)	• In wässrigen Systemen (enthalten seifenähnliche Emulgatoren, die zur Schaumbildung führen) werden Mineralölentschäumer und Silikonentschäumer eingesetzt • In lösemittelhaltigen Systemen kommen Polysiloxane zum Einsatz • Durch den Einsatz von Entschäumern kann es zu folgenden Beeinträchtigungen kommen: Trübungen in Klarlacken, Glanzbeeinträchtigungen, Kraterbildungen und Haftungsprobleme bei nachfolgenden Beschichtungen • Entschäumer können bei längerer Lagerung ihre Wirksamkeit verlieren
Sikkative	• Haben die Aufgabe, die oxidative Trocknung von ungesättigten Ölen und Fettsäuren besonders in Alkydharzlacken zu beschleunigen • Unterteilung in Primär- und Sekundärtrockner (Hilfstrockner) • Trockenstoffe werden in Kombinationen eingesetzt, um sowohl Oberflächentrocknung (z. B. Cobalt) und Durchtrocknung (z. B. Zirkonium) zu fördern	• Bestehen aus Metallsalzen natürlicher organischer Säuren • Als Metalle werden in Trockenstoffen Cobalt, Mangan, Blei, Zirkonium, Calcium und Barium eingesetzt (auf Blei wird weitestgehend verzichtet) • Bei falscher Dosierung kann es zu einer Kräuselung und zu schlechter Durchtrocknung kommen
Antihautmittel	• Verhindern die Hautbildung auf der Oberfläche von Beschichtungsstoffen, besonders bei angebrochenen Gebinden während der Lagerung	• Blockieren die als Trockenstoffe wirksamen Metallionen durch Komplexverbindungen und verhindern so vorzeitige Vernetzungsreaktionen • Antihautmittel verdunsten nach dem Auftragen und geben die Trockenstoffe zur Beschleunigung der oxidativen Trocknung wieder frei
Mattierungs- mittel	• Verhindern die Ausbildung einer glatten und damit glänzenden Oberfläche • Ermöglichen eine Verringerung des Glanzes bei gleichzeitiger Transparenzerhaltung der Beschichtung	• Zusatz von feinverteilten bindemittelunverträglichen Stoffen (z. B. PE-Wachse) in geringer Menge, die sich an der Oberfläche der Beschichtung anreichern

Additive (Fortsetzung)		
Gruppe	Wirkungsweise	Einsatzbereich
Katalysatoren/ Initiatoren	• Katalysatoren beschleunigen die Vernetzungsreaktion bzw. die Aushärtung von Beschichtungsstoffen (katalysierte Vernetzung) • Wirkungsweise hängt vom eingesetzten Bindemittel ab • Initiatoren starten durch Radikalbildung eine Polymerisationsreaktion und nehmen nach dem Zerfall selbst an der Reaktion teil • Initiatoren müssen vor Wärme und Licht geschützt werden	• Säurekatalysatoren (Sulfonsäurederivate) finden ihren Einsatz in Einbrennlacken und säurehärtenden Systemen (Phenol-Formaldehyd- und Amin-Formaldehyd-Harze) • Organische Zinnverbindungen und Amine beschleunigen die Vernetzung von Polyurethanlacken und Epoxidharzlacken (hier eher Amine) • Initiatoren für ungesättigte Polyesterharze sind organische Peroxide (z. B. Benzoylperoxid)
Oberflächen-additive (Verlaufmittel)	• Sollen die Entstehung von Oberflächenstörungen (z. B. schlechter Verlauf, Orangenschaleneffekt, Kraterbildung, Ghosting, Bénardsche Zellen) bei applizierten Beschichtungsstoffen verhindern, die durch unterschiedliche Oberflächenspannungen begründet sind • Reichern sich an der Oberfläche an und reduzieren die Oberflächenspannung des Beschichtungsstoffes	• In wässrigen Beschichtungsstoffen werden u. a. Tenside eingesetzt • In lösemittelhaltigen Beschichtungsstoffen kommen modifizierte Polysiloxane und Silikonöle zum Einsatz • Auf der gesamten Oberfläche stellt sich eine gleichmäßige niedrige Oberflächenspannung ein, u. a. kommt es so zu einer besseren Benetzung des Untergrundes
Verdickungs-mittel (Anti-absetzmittel)	• Beeinflussen die rheologischen Eigenschaften eines Beschichtungsstoffes durch Verdickung der flüssigen Phase • Verhindern das Absetzen von Pigmenten und Füllstoffen während der Lagerung und des Transportes	• Wichtigster Einsatzbereich sind Dispersionsfarben • Zum Einsatz kommen Cellulosederivate (z. B. Methylcellulose), Polyacrylate, Polyurethanderivate, Polyetherpolyole
Thixotropie-rungsmittel	• Sollen ein Ablaufen des Beschichtungsstoffes (möglichst hohe Viskosität) nach der Applikation verhindern, gleichzeitig darf der gute Verlauf der Beschichtungsoberfläche (relativ niedrige Viskosität) nicht behindert werden • Durch hohe Schergeschwindigkeiten bei der Applikation weist ein thixotrop eingestellter Beschichtungsstoff eine niedrige Viskosität auf, bei Nachlassen der Scherbelastung steigt die Viskosität wieder an (Kartenhausstruktur)	• Als Thixotropierungsmittel werden modifizierte Schichtsilikate, pyrogenes Siliciumdioxid und hydriertes Ricinusöl und Harnstoffderivate eingesetzt • Verwendung auch in High-Solid- und Medium-Solid-Lacken (High-Solids sind festkörperreiche Lacke mit Festkörpergehalt zwischen 55 % und 80 %)
Lichtschutz-mittel	• Schützen vor schädlicher UV-Strahlung und verhindern so den Abbau sowie die Veränderung (z. B. Glanzverlust, Versprödung, Rissbildung, Vergilbung) von Beschichtungen • UV-Strahlen werden absorbiert und in unschädliche Wärmeenergie umgewandelt (UV-Absorber) • Entstehende reaktive Radikale werden aufgefangen und in stabile Verbindungen umgewandelt (Radikalfänger)	• Einsatz finden Lichtschutzmittel in hochwitterungsbeständigen Bautenbeschichtungen, hochwertigen Industrielacken und Decklacken z. B. in der Fahrzeuglackierung • Lasuren (Holzschutz)

Löse- und Verdünnungsmittel

Nach DIN EN ISO 4618 ist ein **Lösemittel** eine aus einer oder mehreren Komponente(n) bestehende Flüssigkeit, die Bindemittel ohne chemische Umsetzung lösen kann. Lösemittel müssen unter den Bedingungen der Filmbildung flüchtig sein. Bezüglich ihres Lösevermögens ist eine Einteilung in **echte Löser**, **latente Löser** und **Nichtlöser** üblich. Zum Einsatz kommen auch „Reaktive Verdünner", z. B. bei UP.

Latente Löser sind allein nicht in der Lage das Bindemittel zu lösen. Durch Zusatz eines **echten Lösers** kann ein ausreichendes Lösevermögen für ein bestimmtes Bindemittel erzielt werden. **Nichtlöser** können auch in Kombination das Bindemittel nicht lösen und werden als Verschnittmittel eingesetzt. **Reaktive Verdünner** werden beim Härtungsprozess an der Reaktion beteiligt und werden eingebaut.

Wichtige physikalische und sicherheitstechnische Kennzeichen von Lösemitteln

Verdunstungszahl DIN 53170:2009-08

Die Verdunstungszahl (VD) gibt an, um wie viel langsamer ein Lösemittel im Vergleich zu Diethylether (VD = 1) verdunstet.

Klassifizierung	VD	Beispiele
leichtflüchtig	< 10	Toluol, Methanol
mittelflüchtig	10 bis 35	Ethanol, Testbenzin
schwerflüchtig	35 bis 50	Ethylglykol
sehr schwer flüchtig	> 50	Butylglykol

Siedetemperatur (Siedepunkt) DIN 53171:2009-08

Der Siedepunkt ist die Temperatur, bei der das Lösemittel vom flüssigen in den gasförmigen Zustand übergeht.

Klassifizierung	Siedebereich	Beispiele
Niedrigsieder	unter 100 °C	Methanol
Mittelsieder	100 bis 150 °C	Testbenzin
Hochsieder	über 150 °C	Butylglykol

Für die meisten technischen Lösemittel wird ein **Siedebereich** angegeben, da chemische Reinheit selten erforderlich ist.

Flammpunkt DIN EN ISO 1516:2002-08, Berichtigung 1:2006-11

- Der Flammpunkt ist die niedrigste Temperatur, bei der ein Lösemitteldampf/Luft-Gemisch entsteht, das durch eine offene Flamme entflammbar wird
- Kennzeichnung nach VbF

VOC (Volatile Organic Compounds) DIN EN ISO 11890-1:2007-09, -2:2020-12, DIN EN ISO 17895:2007-11

- VOC ist die Gesamtsumme aller flüchtigen organischen Lösemittel im Lack
- Der Wert wird immer in Gramm (g) VOC je Liter (l) Lack angegeben

Einteilung der Lösemittel

Lösemittelgruppe	Eigenschaften	Beispiele	Verwendung
Aliphatische Kohlenwasserstoffe DIN 51632-1:2001-12 (Spezialbenzine)	• Sind in der chemischen Struktur nur aus Kohlenstoff- und Wasserstoffatomen aufgebaut (kettenförmig) • Die unpolarsten aller Lösemittel • Zum Lösen von unpolaren Bindemitteln • Fast immer Siedebereichsgemische • Verwendung in schnelltrocknenden Beschichtungsstoffen	• Testbenzine (enthalten bis zu 20 % Aromate) • Spezialbenzine (Flammpunkte weit unter 21 °C); nur in explosionsgeschützten Räumen	• u. a. Löser für Öllacke, Chlorkautschuklacke, Alkydharzlacke, Polyacrylate • Nicht gelöst werden u. a. Epoxidharze, Cellulosederivate
Cycloaliphatische Kohlenwasserstoffe	• Lösevermögen liegt zwischen den aliphatischen und den aromatischen Kohlenwasserstoffen • Mit den meisten organischen Lösemitteln mischbar • In Wasser unlöslich	• Tetralin® • Dekalin® (Hochsieder mit sehr gutem Lösevermögen)	• Siehe aliphatische Kohlenwasserstoffe • Zusätzlich Bitumen • Abbeizfluide
Terpenkohlenwasserstoffe	• Gewonnen durch Destillation des Harzausflusses von Nadelhölzern • Mit Alkoholen und den meisten organischen Lösemitteln mischbar • In Wasser unlöslich	• Terpentinöl	• Öl- und Alkydharzlacke (in Kombination mit Testbenzin) • Naturharzlacke

Einteilung der Lösemittel (Fortsetzung)			
Lösemittel-gruppe	Eigenschaften	Beispiele	Verwendung
Aromatische Kohlenwasser-stoffe	• Gewonnen durch Destillation des Steinkohlenteers oder Umwandlung von Erdölfraktionen • Bestehen aus ringförmigen ungesättigten Kohlenstoffen; leiten sich vom Benzol ab • Werden zunehmend durch weniger gefährliche Lösemittel ersetzt • Sind relativ unpolar • Breiteres Lösevermögen als die Benzine (aliphatische KW)	• Toluol • Xylol (beides auch in Nitroverdünnung) • Styrol (u. a. als reaktives Lösemittel[1] für Polyesterharze)	• Alkydharzlacke, Polyesterharze, Acrylharze, Vinylpolymerisate u. a. • Auch andere, weniger polare Harze • Für Cellulosenitrat als Verschnittmittel
Chlorkohlen-wasserstoffe	• Leiten sich von den aliphatischen Kohlenwasserstoffen ab; ein oder mehrere Wasserstoffatome sind durch Chloratome ersetzt • Polarität bedingt ein sehr gutes Lösevermögen • Hohe Toxizität (kaum noch Einsatz in der Lackindustrie)	• Dichlormethan (Methylenchlorid)	• Abbeizmittel (hier aber zunehmend umweltschonendere Lösungen)
Ester DIN 53246: 2009-07	• Entstehen aus der Verbindung von Säuren (Essigsäure) mit Alkohol (u. a. Butanol) • Zeigen deutlich ausgeprägte Polarität und haben ein sehr breites Lösevermögen • Sind mit allen üblichen Lösemitteln mischbar; nur teilweise mit Wasser	• Ethylacetat • Buthylacetat (als Ersatz für Aromaten von großer Bedeutung)	• Physikalisch schnell trocknende Lacke auf Basis von Cellulosenitrat u. a. • Polyurethanlacke
Ketone DIN 55687: 2009-08	• Zeigen deutlich ausgeprägte Polarität und haben ein sehr breites Lösevermögen • Der sehr intensive Geruch wird häufig als störend empfunden (Ester werden deshalb bei ungefähr gleichem Löse- und Verdunstungsverhalten vorgezogen)	• Aceton • Ethylmethylketon • Cyclohexanon • Auch in Nitroverdünnung	• Hervorragendes Lösemittel für alle polaren Bindemittel • Cellulosenitrat, Alkydharzlacke, Polymerisatharze u. a.
Alkohole DIN 55685: 2009-08	• Sehr hohe Polarität und Neigung zur Bildung von Wasserstoffbrücken • Besonders niedere Alkohole (bis zu 3 Kohlenstoffatomen) zeigen diese hohe Polarität und sind sehr gut mit Wasser mischbar • Mit längerer Kohlenstoffkette nimmt Lösevermögen für polare Harze ab	• Methanol • Ethanol • n-Butanol (wichtigster Alkohol in der Lackindustrie) • Propanol-Isomere	• U. a. Naturharze (Schellack), Alkyd- und Polyesterharze, Melamin- und Harnstoffharze, Cellulosenitrat, Phenolharzlacke
Glykole, Glykolether DIN 55688: 2006-09	• Hochpolare Lösemittel mit Neigung zur Bildung von Wasserstoffbrücken • Unbegrenzt mischbar mit Wasser; mischbar mit organischen Lösemitteln	• Buthylglykol • Propylenglykol	• Co-Lösemittel[2] in Wasserlacken • Einbrennlacke • Abbeizmittel

[1] Reaktive Löser werden bei der Filmbildung durch chemische Reaktion in das Bindemittel eingebunden.
[2] Durch Cosolvenzien (Co-Löser) sind Wechselwirkungen mit dem Wasser (Lösemittel) und dem unpolaren Bindemittel möglich; Verhinderung von Viskositätsanomalien „Wasserberg“ bei Wasserlacken.

Pigmente — DIN EN ISO 18451-1:2019-09

Nach DIN EN ISO 18451 sind Pigmente aus Teilchen bestehende Substanzen, die im Anwendungsmedium **unlöslich** sind und die als **Farbmittel** (Sammelname für alle farbgebenden Stoffe) oder wegen ihrer korrosionshemmenden oder magnetischen Wirkung eingesetzt werden.
Ein Farbstoff ist ein im Anwendungsmedium **lösliches** Farbmittel.
Pigmente, die nicht als Farbmittel eingesetzt werden, erhalten in ihrer Bezeichnung eine anwendungsbezogene Ergänzung, z. B. Korrosionsschutzpigment.
Die Einteilung der Pigmente kann nach unterschiedlichsten Gesichtspunkten erfolgen, z. B. Herkunft, Farbton, Zusammensetzung. Nach DIN EN ISO 18451 erfolgt eine Einteilung der Pigmente in **anorganische** und **organische** Farbmittel.

Natürliche anorganische Pigmente/Erdpigmente			Künstliche anorganische Pigmente/Mineralpigmente		
Weißpigmente	Buntpigmente	Schwarz- und Graupigmente	Weißpigmente	Buntpigmente	Schwarzpigmente
Kreide, Dolomit, Schwerspat, Talkum, Gips, Quarz u. a.	Ocker, Umbra, Terra di Siena, Veroneser Grün u. a.	Grafit, Schiefergrau, Schieferschwarz u. a.	Titandioxid, Lithopone, Zinkoxid, Blanc-fixe u. a.	Eisenoxidrot, Zinkphosphat, Chromoxidgrün, Ultramarinblau u. a.	Eisenoxidschwarz

Natürliche organische Pigmente/Tier- und Pflanzenpigmente	Künstliche organische Pigmente/Teerpigmente	
Buntpigmente	Buntpigmente	Schwarzpigmente
Indischgelb, Karmin, Purpur, Sepia, Kasseler Braun, Indigo, Krapplack u. a.	Echtrot, Echtgelb, Azopigmente in Rot und Gelb, Malachitgrün, Pigmentpurpur u. a.	Ruß, Rebschwarz, Anilinschwarz u. a.

Sondergruppen			
Metallpigmente	Metalleffektpigmente	Perlglanzpigmente	Leuchtpigmente
Aluminiumpigment, Kupferpigment, Zinkstaub u. a.	Goldbronze, Silberbronze, Aluminiumbronze u. a.	Interferenzpigmente (Aufbau aus mehreren transparenten Schichten mit unterschiedlicher Lichtbrechung)	Tagesleuchtpigment, nachleuchtende Pigmente (mit fluoreszierenden Farbstoffen eingefärbt) u. a.

Wichtige Pigmenttypen (Auswahl)

Name	Zusammensetzung	Eigenschaften	Verwendung
Titandioxid DIN EN ISO 591-1:2001-08 Warnhinweise für flüssige und feste Gemische mit mehr als 1 % Titandioxid ab 01.10.2021 (s. auch unter: www.forum-titandioxid.de)	• Herstellung erfolgt im Sulfat- oder Chloridverfahren • Sorten: Rutil und Anatas (Rutil hat stabileren Kristallaufbau) • Titanweiß ist ein Gemisch aus Titandioxid und Verschnittmitteln	• Sehr gutes Deck- und Aufhellvermögen[1] (bedingt durch hohe Brechzahl[2], Rutil: 2,75 und Anatas: 2,55) • Anatas neigt sehr stark zum Kreiden; auch Rutil muss nachbehandelt werden, um eine ausreichende Wetterstabilität zu erreichen • Absorbiert UV-Strahlung (Fotoaktivität)	• Wichtigstes Weißpigment; in allen Beschichtungsstoffen einsetzbar • Rutil im Innen- und Außenbereich • Anatas nur im Innenbereich (Fotoaktivität führt zum Bindemittelabbau)

[1] Das Aufhellvermögen (DIN 55982:2018-08) eines Pigmentes bezeichnet die Fähigkeit, die Helligkeit eines bunten, grauen oder schwarzen Systems zu erhöhen.

[2] Die Brechzahl (DIN EN ISO 18451-1:2019-09) bezeichnet die Eigenschaft eines Stoffes, die einfallenden Lichtstrahlen aus ihrem Einfallwinkel abzulenken. Je stärker die Ablenkung, desto größer ist die Brechzahl und damit das Deckvermögen eines Pigmentes. Luft hat die Brechzahl 1.

Wichtige Pigmenttypen (Fortsetzung)

Name	Zusammensetzung	Eigenschaften	Verwendung
Lithopone DIN EN ISO 473:2020-12	• Gemeinsame Fällung von Bariumsulfat und Zinksulfid (ZnS) • Unterscheidung je ZnS-Gehalt in Rotsiegel (30 %), Grünsiegel (40 %) und Silbersiegel (60 %)	• Mit Zinksulfidanteil steigen auch die qualitativen Eigenschaften • Gutes Deck- und Aufhellvermögen (Brechzahl Zinksulfid 2,37) • Durch Zusatz von Cobalt wird ausreichende Lichtstabilität erreicht • Gute Benetzbarkeit • Sehr gute Alkalibeständigkeit • Neigt zum Kreiden	• Einsatz in Grundierungen, Füllern und Spachtelmassen • Wand- und Fußbodenbeschichtungen • Für Beschichtungen im Außenbereich Kombination mit ZnO
Zinkoxide DIN 55908: 1998-07	• Brennen von metallischem Zink • Zinkweiß hat eine Reinheit von 99 % (bleifrei)	• Gutes Deck- und Aufhellvermögen (Brechzahl 2,03) • Sehr gute Lichtbeständigkeit • Gute Wetterbeständigkeit	• Bedeutung liegt in der Verwendung als Korrosionsschutzpigment
Eisenoxidpigment DIN EN ISO 1248:2008-06	• Werden überwiegend durch Fällung erzeugt • Eisenoxidgelb geht beim Glühen durch Wasserabspaltung in Eisenoxidrot über	• Hohe Licht- und Wetterbeständigkeit • Hohes Deck- und Färbevermögen • Hohe Alkalibeständigkeit • Verträglichkeit mit allen Weiß- und Buntpigmenten und in allen Bindemitteln einsetzbar	• Herstellung von Metalleffektlacken im Kfz-Bereich u. a. • Korrosionsschutzgrundierungen • Holzlasuren • Dispersions- und Silikatfarben

Füllstoffe

Nach DIN EN ISO 18451-1:2019-09 ist ein Füllstoff eine aus Teilchen bestehende pulverförmige Substanz, die im Anwendungsmedium **unlöslich** ist und zur Verbesserung der technischen und optischen Eigenschaften des Beschichtungsstoffes beitragen soll. Die Bezeichnung einer Substanz als Pigment oder Füllstoff ist nur von der Verwendung abhängig (siehe auch DIN EN ISO 4618 und DIN EN ISO 3262-1:2020-07).

Siliciumdioxid und Kieselsäuren		
Gruppe	**Zusammensetzung/Eigenschaften**	**Einsatzgebiete (Auswahl)**
Quarzmehl	• Hauptbestandteil Quarz (SiO_2 Siliciumdioxid) • Vermahlen von Quarzsanden und -kiesen • Hohe Wasser-, Hitze-, Licht- und Chemikalienbeständigkeit • Große Härte (Mohs: 7)[1)] (s. S. 72 unten)	• In Spachtelmassen und Schleifpasten • Wandbeschichtung (u. a. in Silikatfarben) • In Beschichtungen mit besonderen Anforderungen an die Abriebfestigkeit • Quarzstaub ist lungengängig und kann Silikose verursachen. Nicht einatmen!
Kieselgur	• Auch Diatomeenerde, Kieselerde genannt • Zusammensetzung und Eigenschaften siehe Quarzmehl	• Preiswertes Mattierungsmittel • Trocknung, Schleifbarkeit und Haftung von Beschichtungen wird verbessert
Pyrogene Kieselsäure	• Koaguliertes Siliciumdioxid • Hohe Feinheit und niedrige Brechzahl • Hohe Transparenz	• Verursachen in einem Beschichtungsstoff die Thixotropie (Aufbau eines dreidimensionalen Gerüstes)

Silikate		
Gruppe	**Zusammensetzung/Eigenschaften**	**Einsatzgebiete (Auswahl)**
Talkum	• Magnesiumsilikathydrat • Plättchenförmige Teilchenstruktur (hohe Barrierewirkung) • Niedrige Härte (Mohs: 1)[1)] (s. S. 72 unten) • Hohe Wetter-, Hitze- und Chemikalienbeständigkeit	• In Spachtelmassen und Füllern (Gute Schleifbarkeit durch geringe Härte und gutes Füllvermögen) • In Grundierungen (Haftungsverbesserung) • In Korrosionsschutzbeschichtungen (Barriereprinzip)

Füllstoffe (Fortsetzung)		
Gruppe	Zusammensetzung/Eigenschaften	Einsatzgebiete (Auswahl)
Kaolin	• Auch China Clay, ASP oder Porzellanerde genannt • Aluminiumsilikathydrat • Plättchenförmige Teilchenstruktur (feinere Korngröße als Talkum) • Härte (Mohs: 2 bis 2,5, calciniert auch 4)[1] • Wetter-, Hitze- und Alkalienbeständigkeit	• Als Verschnittmittel für Weißpigmente • In Grundierungen und Füllern (Haftung wird verbessert) • In Elektrotauchlacken (ohne Schleifen ergeben sich hochwertige Oberflächen) • In Dispersionsfarben (hoher Weißgrad)
Glimmer	• Auch Mica genannt • Kalium-Natrium-Aluminium-Silikate in unterschiedlicher Zusammensetzung (überwiegend als Muskovit) • Transparente, perlmuttglänzende Plättchen mit hoher Elastizität • Hohe Wetter-, Chemikalien-, Hitze- und UV-Beständigkeit	• In Grundierungen und Füllern • In Dispersionsfarben • In Korrosionsbeschichtungen • Als Zusatz in Systemen mit rissüberbrückender Wirkung (gute Armierungseigenschaften, da sehr biegsam) • In Systemen, mit einer erhöhten Anforderung gegenüber Chemikalien u. a.
Sulfate		
Gruppe	Zusammensetzung/Eigenschaften	Einsatzgebiete (Auswahl)
Schwerspat DIN EN ISO 3262-2: 1998-09	• Bariumsulfat • Hohe Wetter-, Hitze- und Chemikalienbeständigkeit • Kompakte Kornform (gröbere Körnung als Blanc-fixe) • Hohe Dichte, setzt sich leicht ab	• In Spachtelmassen (da geringe Helligkeit durch Verunreinigungen) • Als Verschnittmittel, z. B. Bleimennigeverschnitt • Kombination mit plättchenförmigen Füllstoffen (optimale Packungsdichte)
Blanc-fixe DIN EN ISO 3262-3: 1998-09	• Synthetisch gewonnenes (gefälltes) Bariumsulfat • Frei von natürlichem Schwerspat und anderen Zusätzen • Kompakte Kornform mit gleichmäßiger Kornfeinheit (Teilchendurchmesser zwischen 0,5 und 4 µm) • Höchster Weißgrad und Helligkeit • Hohe Wetter-, Hitze- und Chemikalienbeständigkeit	• In Spachtelmassen • In Grundierungen und Vorlacken • In Füllern (Nass-in-nass-Füller) • In Industrielacken, da hohe Chemikalienbeständigkeit • Verschnittmittel zur Verbilligung von hochwertigen Decklacken • Auch mikronisierte Typen (Teilchendurchmesser 0,03 bis 0,06 µm) für hochwertige Decklacke mit hohem Glanzgrad; teuer
Carbonate		
Gruppe	Zusammensetzung/Eigenschaften	Einsatzgebiete (Auswahl)
Kreide DIN EN ISO 3262-4: 1998-09	• Calciumcarbonat • Unbeständigkeit gegenüber Witterung (starke Saugwirkung) und Säuren • Alkalien- und Hitzebeständigkeit • Kompakte Kornform (zahlreiche Korngrößenbereiche und Helligkeiten)	• Empfehlenswert nur im Innenbereich • In Dispersionsfarben (hier auch als Verschnittmittel für Pigmente, da preiswert) • In Leimfarben und Wasserglasfarben als Füllstoff und/oder farbgebender Bestandteil
Gefälltes Calciumcarbonat	• Synthetisches Calciumcarbonat • Kristalline Form • Hohe Helligkeit und geringer Teilchendurchmesser (bis etwa 0,06 µm)	• Verschnittmittel für Weißpigmente • Verminderung der Ablaufneigung

[1] Mohssche Härteskala: Vergleichsgrundlage für den Härtegrad von Stoffen. Mohs stellte 10 Mineralien zusammen, von denen jedes das vorhergehende einritzen kann. Skala: 1 Talkum, 2 Gips, 3 Kalkspat, 4 Flussspat, 5 Apatit, 6 Feldspat, 7 Quarz, 8 Topas, 9 Korund, 10 Diamant

Füllstoffe (Fortsetzung)

Gruppe	Zusammensetzung/Eigenschaften	Einsatzgebiete (Auswahl)
Calcit	• Calciumcarbonat (kristalline Form) • Gute Wetter-, Hitze und Alkalienbeständigkeit • Säureempfindlich	• In Spachtelmassen • In Grundierungen, auch Korrosionsschutz • In Füllern, Dispersionsfarben und Decklacken (seidenglänzend)
Dolomit	• Calcium-Magnesiumcarbonat • Eigenschaften siehe Calcit, aber härter und weniger säureempfindlich	• Ersatz von Calcit in Dispersionsfarben • Verschnittmittel

Herstellung von Beschichtungsstoffen

Bei der Herstellung eines Beschichtungsstoffes wird eine Rezeptur zugrunde gelegt, die neben der quantitativen und qualitativen Aufstellung der zu verwendenden Rohstoffe auch Angaben zu den einzelnen Prozessschritten enthält. Die Reihenfolge der Prozessschritte wird in der Regel beibehalten, je nach Beschichtungsstoff kann aber ein Prozessschritt fehlen, z. B. ist bei Klarlacken keine Dispergierung notwendig. Rezepturen werden kontinuierlich den Wünschen der Kundschaft und den Qualitätsstandards angepasst und optimiert.

Prozessschritt	Beschreibung
Lagerung/ Bereitstellung	In einem Rohstofflager werden die pulverförmigen und flüssigen Rohstoffe sowie Halbfabrikate fachgerecht gelagert und in der benötigten Menge bereitgestellt.
Ansetzen/ Vorlegen/ Vordispergieren	Nach Rezepturangeben wird eineTeil der Bindemittel, Lösemittel und Additive (u. a. Netz- und Dispergiermittel, Entschäumer) in das saubere Dispergiergefäß eingefüllt. Dann wird unter Rühren ein Teil der Pigmente und Füllstoffe in die vorgelegte flüssige Phase eingerührt und zu einer homogenen Masse verarbeitet (Mahlguterstellung). Dieses Vordispergieren erfolgt mit Rührern oder Dissolvern. Leistungsfähige Dissolver werden auch zum Hauptdispergieren eingesetzt.
Haupt-dispergieren	Nach dem Mischen der pulverförmigen und flüssigen Komponenten wird das Mahlgut durch Erhöhung der Drehzahl (21 m/s, max. 10–15 min) am Dissolver in eine rollende turbulenzfreie Bewegung (laminare Strömung) versetzt. Es dürfen keine stehenden Zonen an der Gefäßwand und im Behälter sichtbar sein. Bei optimaler Einstellung des Mahlgutes bildet sich eine Trombe aus, die als Doughnuteffekt bezeichnet wird. Das Fließbild des Doughnuteffektes ist entscheidend für das Dispergierergebnis. Der **Dispergierprozess** hat drei Aufgaben: • die Pigment- und Füllstoffoberflächen mit der flüssigen Phase benetzen • assoziierte Pigment- und Füllstoffteilchen (Agglomerate und Aggregate[1]) durch mechanische Scherkräfte in Primärteilchen zerteilen • die Stabilisierung des Mahlgutes, damit sich die dispergierten Teilchen nicht wieder zusammenballen 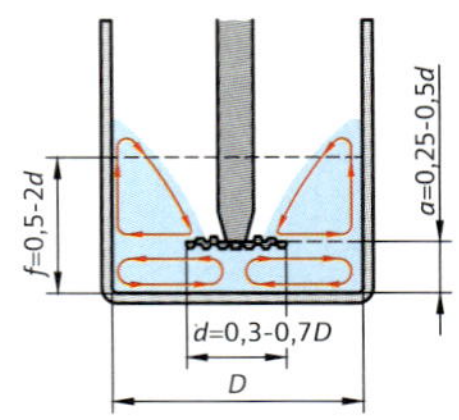 D = Behälterdurchmesser d = Dissolverscheibendurchmesser a = Abstand der Dissolverscheibe zum Behälterboden f = Mahlgutmenge Geometrische Verhältnisse beim Dispergieren Neben den Dissolvern werden für den Dispergiervorgang auch Rührwerksmühlen (Perlmühlen) eingesetzt. Die Dispergierung erfolgt hier durch Reibung, Scherung und Schlag zwischen den im Mahltopf eingefüllten Perlen.
Komplettieren	Ergänzung des Mahlgutes mit noch fehlenden Komponenten aus der Rezeptur.
Nuancieren	Der richtige Farbton wird mit Tönpasten eingestellt. Auch andere Parameter z. B. Viskosität und Glanzgrad werden eingestellt.
Qualitätsprüfung und Freigabe	Die Qualitätskontrolle dient der Qualitätssicherung und der ständigen Produktverbesserung. Nach Erreichen der geforderten Lieferparameter z. B. Haftung wird der Beschichtungsstoff freigegeben.
Abfüllen	Der Beschichtungsstoff wird durch ein Sieb in einen Behälter abgefüllt. Die Sauberkeit steht hier im Vordergrund, z. B. dürfen keine Schmutzpartikel in das abzufüllende Material gelangen.

[1] Agglomeraten sind größere Zusammenballungen von Primärteilchen und Aggregaten, die sich über Ecken und Kanten berühren, nicht jedoch über Flächen. Im Gegensatz zu Aggregaten, die sich über Flächen berühren und fest verbunden sind, können Agglomerate beim Dispergieren in die Primärteilchen zerkleinert werden.

Spachtelmassen

Spachtelmassen (Ausgleichsmassen) sind nach DIN EN 16566:2014-08 stark pigmentierte und gefüllte Beschichtungsstoffe, die zum Ausgleichen von Unebenheiten des Untergrundes sowie zum Füllen von Rissen, Löchern, Lunkern und anderen Beschädigungen im Untergrund eingesetzt werden. Unterschieden werden kann nach Art der Verwendung, z. B. Ausgleichsmasse und Füllspachtel, nach dem Bindemittel, z. B. Ölspachtel und Kunstharzspachtel, nach dem Auftragsverfahren, z. B. Zieh- und Spritzspachtel, oder nach dem Untergrund, z. B. Holzspachtel und Metallspachtel.

Wässrige Spachtelmassen

Gruppe	Zusammensetzung	Verwendung/Eigenschaften
Spachtelmakulatur	• Füll- und Faserstoffe (Kaolin, Leichtspat, Papierfasern) • Leim (Methylcellulose) oder Kunststoffdispersion • Spezialfabrikat • Pulverform	• Als Grundierung für nachfolgende Tapezierung (Ersatz für Klebemakulatur; nur leichte Tapeten) • Zur Glättung rauer Untergründe (u. a. Putze) • Als Zusatz zu Spachtelmassen; Erhöhung der Füllkraft und Elastizität z. B. von Leim- und Dispersionsspachtel
Leimspachtel	• Leime auf Eiweiß- oder Kohlenhydratbasis gefüllt mit Kreide, Leicht- und Schwerspat • Pulverform	• Schnell trocknend, wasserlöslich und nicht wetterbeständig • Sehr gute Schleifbarkeit (nur trocken) • Mit allen Beschichtungsstoffen überstreichbar • Verwendung für mineralische Untergründe im Innenraum, Spachtelungen auf Holz
Füllspachtel (Gipsspachtel)	• Gips • Zusatz von Quarz, Kunstfasern und Kunstharzen • Leim- oder Dispersionszusatz zur Erhärtungsverzögerung und Erhöhung der Elastizität	• Schnell trocknend, feuchtigkeitsempfindlich und nicht wetterbeständig • Sehr gute Schleifbarkeit • Mit allen Beschichtungsstoffen überstreichbar • Sehr gutes Füll- und Haftvermögen • Verwendung für mineralische Untergründe im Innenraum, Spachtelung von Wand- und Deckenflächen sowie zum Füllen von Rissen und Löchern • Geeignet zum Verfugen und für Dübellöcher
Zementspachtel	• Zement • Zusatz von Kasein oder Kunststoffdispersion • Pulverform	• Sehr gutes Füll- und Haftvermögen, bei stark saugenden Untergründen ist Vornässen erforderlich • Verarbeitungszeit ist eingeschränkt • Verwendung siehe bei Gipsspachtel, außerdem zur Spachtelung von Sichtbeton geeignet
Kunststoffdispersionsspachtel	• Kreide, Schwerspat, Lithopone • Kunststoffdispersion (z. B. PVAC) • Eventuell Kombination mit hydraulischen Bindemitteln • Fertigspachtel	• Sehr gute Schleifbarkeit (Trocken- und Nassschleifen möglich) • Sehr gutes Haftvermögen (mit Grundierung) • Überstreichbar mit Dispersionsfarben • Nicht wetterbeständig, deshalb Verarbeitung nur im Innenbereich zur Spachtelung großflächiger Holz und Putzflächen (auch ohne Grundierung auf Holz) • Auch auf Gipsbauplatten

Spachtelmassen (Fortsetzung)		
Einkomponenten-Lackspachtel		
Gruppe	Zusammensetzung	Verwendung/Eigenschaften
Ölspachtel	• Kreide und Weißpigmente (Titanweiß, Zinkweiß, Lithophone) • Leinölfirnis (Sikkative)	• Langsam trocknend, Durchtrocknung nur in dünnen Schichten (oxidative Trocknung) • Schleifbar nach etwa 24 Stunden, Glattschliff nur nass (wasserfestes Schleifpapier) • Gute Wasserbeständigkeit, Einsatz auch im Außenbereich möglich • Gutes Haftvermögen (mit Grundierung) • Spachtelungen auf Holz, neutralen mineralischen Untergründen und Metallen
Lackspachtel (Öllackspachtel)	• Kreide, Schiefermehl und Weißpigmente (Zinkweiß, Lithophone und Bleiweiß) • Ölharzgemisch (ölhaltige Alkydharze oder Kopalharze) • Leinöl- und Holzölfirnisse (Sikkative)	• Siehe Ölspachtel • Trocken- und Nassschliff möglich, Feinschliff nur nass mit entsprechendem Schleifpapier • Ölhaltige Spachtelmassen sind mit Öl- und Alkydharzlacken, Dispersionsfarben und -lacken überstreichbar • Beschichtungsstoffe mit lösenden Verdünnungsmitteln, z. B. Nitrolack, nicht verwenden
Alkydharzspachtel (Kunstharzspachtel)	• Füllstoffe wie Öllackspachtel • Alkydharzlack (Kunstharzlack)	• Relativ langsam trocknend; Durchtrocknung nur bei dünnen Schichten gut und ohne Risse (oxidative Trocknung) • Schleifbar nach ca. 12 Stunden (schwer schleifbar) • Gutes Haft- und Füllvermögen (mit Grundierung) • Universell einsetzbar • Überstreichbarkeit siehe Öllackspachtel
Nitrokombinationsspachtel	• Weißpigmente, z. B. Titandioxid, Lithopone • Nitrokombinationslack	• Schnelle Trocknung (physikalische Trocknung; es können sehr schnell mehrere dünne Schichten aufgetragen werden) • Schleifbar nach ca. 12 Stunden (schwer schleifbar) • Gute Wasserbeständigkeit (nass schleifbar) • Gutes Haftvermögen (mit Grundierung) • Verwendung in der Fahrzeuglackierung • Überstreichbar mit Alkydharzlacken, Acrylharzlacken und Nitrokombinationslacken
Zweikomponenten-Lackspachtel (Reaktionsspachtel)		
Gruppe	Zusammensetzung	Verwendung/Eigenschaften
Polyesterharzspachtel	• Stammkomponente: Ungesättigter Polyester (UP) mit Füllstoffen und Pigmenten (siehe Kunstharzspachtel), Styrol • Härterkomponente: Katalysator (Peroxide)	• Sehr schnelle Trocknung durch chemische Reaktion (Polymerisation); begrenzte Topfzeit • Spachtelungen sind in großen Schichtdicken möglich (Lösemittel Styrol wird durch Polymerisation mit eingebaut), kein Schrumpfen oder Rissbildung während der Aushärtung • Genaue Härterzugabe (Peroxide) erforderlich, da ein Überschuss zum „Durchbluten“ oder Verfärben der nachfolgenden Beschichtung führen kann sowie korrosionsfördernd ist • Einsatz in der Fahrzeuglackierung, aber auch auf Holz, Kunststoff und mineralischen Untergründen • Nassschleifen problematisch, da hydrophob • Überstreichbar mit allen Beschichtungssystemen • Verarbeitungshinweise und Gesundheitsschutz besonders beim Umgang mit dem Härter beachten

Spachtelmassen (Fortsetzung)

Gruppe	Zusammensetzung	Verwendung/Eigenschaften
Epoxidharzspachtel	• Stammkomponente: Epoxidharz mit Füllstoffen und Pigmenten, Lösemittel (auch lösemittelfrei möglich) • Härterkomponente: z. B. Polyisocyanate, Polyamine	• Sehr schnelle Trocknung durch chemische Reaktion (Polyaddition); begrenzte Topfzeit • Spachtelungen je nach Lösemittelgehalt in größeren Schichtdicken möglich • Sehr gutes Haft- und Füllvermögen • Sehr gute Wasserbeständigkeit • Verwendung für Spachtelungen auf Beton, Holz, Kunststoff und Metall (auf saugenden Untergründen Grundierung auf Epoxidharzbasis)
Polyurethanharzspachtel	• Stammkomponente: Polyester bzw. Polyether mit Füllstoffen und Pigmenten, Lösemittel • Härterkomponente: Polyisocyanate	• Sehr schnelle Trocknung durch chemische Reaktion (Polyaddition), eingeschränkte Topfzeit • Gutes Füll- und Haftvermögen (Untergrund muss trocken sein, da der Härter auch mit Feuchtigkeit reagiert) • Spachtelungen auf mineralischen Untergründen und Metallen • Überstreichbar mit allen Beschichtungssystemen • Verarbeitungshinweise und Gesundheitsschutz besonders beim Umgang mit dem Härter beachten

Klebstoffe und Leime

Klebstoff ist nach DIN EN 923:2016-03 ein nicht metallischer Werkstoff, mit dem zusammengefügte Teile durch Flächenhaftung (Adhäsion) und innere Festigkeit (Kohäsion) miteinander verbunden werden. Leime sind wasserlösliche Klebstoffe aus tierischen, pflanzlichen und synthetischen Grundstoffen. Synthetisch hergestellte Klebstoffe haben insbesondere die natürlichen organischen Leime auf Eiweiß- und Kohlenhydratbasis zurückgedrängt.

Natürliche Klebstoffe (Leime)

Gruppe	Zusammensetzung/Herstellung	Verwendung/Eigenschaften
Stärkeleime, Dextrin	• Pflanzliche Herkunft (Kohlenhydratbasis) • Aufschluss der Stärke (Kartoffelstärke) durch chemische und/oder thermische Behandlung (Stärkeleime) • Abbau der Stärke durch Salpetersäure und Hitzeeinwirkung (Dextrin)	• Trockenleime nach Vorschrift des Herstellers in Wasser unter ständigem Rühren einstreuen, quellen und lösen lassen, danach verdünnen (warmes Wasser beschleunigt das Lösen) • Dextrinpulver kann in heißem Wasser gelöst werden • Trocknung erfolgt physikalisch durch Verdunsten des Wassers • Leimfilm ist reversibel und wenig elastisch, starke Spannungen können zum Reißen des Films führen • Anhaltende Feuchtigkeitsbelastung führt zur Fäulnis und zum Schimmelpilzbefall • Mit allen Pigmenten verträglich und emulgierbar • Bindemittel für Leimfarben und Klebemittel • Reißlacktechnik (Dextrin)
Methylcelluloseleime (Kleister)	• Behandlung von Cellulose mit Natronlauge und Methylchlorid	• Pulver nach Herstellerangaben unter ständigem Rühren in kaltes Wasser einrühren, quellen lassen und nochmals umrühren • Kalkbeständig, geruchlos und neutral • Trocknung erfolgt physikalisch durch Verdunsten des Wassers • Mit allen Pigmenten verträglich und emulgierbar • Fäulnis- und schimmelpilzbeständig

Klebstoffe und Leime (Fortsetzung)		
Gruppe	Zusammensetzung/Herstellung	Verwendung/Eigenschaften
Methylcelluloseleime (Kleister)	(Fortsetzung von Seite 76)	• Leimfilm ist reversibel, weist aber eine hohe Elastizität (Faserstruktur) auf • Lösung für mehrere Wochen lagerbeständig • Verwendung als Tapetenkleister, Bindemittel für Leimfarben, Zusatzbindemittel für Kalkfarben
Glutinleime, Gelatine	• Tierischer Herkunft (Eiweißbasis) • Aus tierischen Knochen, Häuten und Knorpeln werden die enthaltenen wasserunlöslichen Kollagene herausgekocht • Erster Extrakt enthält die Gelatine (Extraktion mit Salzsäure) • Bei längerer Behandlung (Herauskochen unter erhöhtem Dampfdruck und Hydrolyse) erhält man Glutin	• Perlleim, Pulverleim oder Tafelleim nach Herstellerangaben in kaltem Wasser quellen lassen und danach durch Erwärmen auflösen • Häufiges Wiedererwärmen und Erhitzen über 65 °C führt zum Verlust der Klebkraft • Mit allen Pigmenten verträglich • Leimfilm ist reversibel (warmwasserlöslich) • Trocknung und Verfestigung erfolgt durch Erkalten (Gelbildung) und Verdunstung des Wassers • Nachteile: schwierige Herstellung und Anfälligkeit gegenüber Mikroorganismen • Verwendung als Bindemittel für Leimfarben • Klebstoff für Holz, Pappe und Papier • Restaurierungsanstriche in der Denkmalpflege • Polimentvergoldung • Gelatine findet hauptsächlich Verwendung bei der Hinterglasvergoldung
Kasein	• Tierischer Herkunft (Eiweißbasis) • Durch Zusatz von Säuren oder Fermenten wird Kasein aus der entfetteten Milch von Säugetieren gewonnen • Mithilfe von Alkalien (z. B. Kalkhydrat oder Ammoniak) wird das wasserunlösliche Kasein in wasserlöslichen Kaseinleim umgewandelt	• Wässrige alkalische Kaseinlösungen (Kaseinleime) kommen meist mit organischen Pigmenten zum Einsatz, wobei Kalkkaseinlösung (hauptsächliche Verwendung) nur mit alkalibeständigen Pigmenten oder Kalkhydrat verträglich ist • Basische Pigmente und der Einsatz von Kalziumhydroxid (Kalkmilch) beschleunigen die Trocknung • Kalkkaseinlösungen (Kalziumcaseinate) verfestigen durch Wasserverdunstung und teilweise durch Karbonatisierung • Kalkkaseinlösungen finden Verwendung als Anstriche auf kalk- und zementgebundenen Putzen, Lehmputzmörtel, Beton und Naturstein in der Denkmalpflege • Nur begrenzte Witterungsbeständigkeit • Fresco-Seccomalerei • Mit Kasein hergestellte Farben müssen vor Mikroorganismen geschützt werden (Konservierungsmittelzusatz)
Synthetische Klebstoffe		
Gruppe	Zusammensetzung/Herstellung	Verwendung/Eigenschaften
Dispersionsklebstoffe	• Kunststoff (z. B. Polyvinylacetat PVAC, synthetischer Kautschuk, Polyvinylether, Polyacrylsäureester) wird in Wasser fein verteilt • Handelsnamen z. B. Ponal, Ovalit, Assil	• Dispersionsklebstoffe werden gebrauchsfertig in Gebinden wie Tuben, Kartuschen, Eimern angeboten • Härten physikalisch durch Verdunsten des Wassers und zum Teil auch chemisch aus • Trocknen transparent auf, werden aber auch eingefärbt (z. B. Korkkleber) • Hohe Anfangshaftung und Klebkraft • Klebstoffe sind je nach verwendeter Kunststoffart leicht wasserempfindlich, werden aber auch wasserfest angeboten

Klebstoffe und Leime (Fortsetzung)

Gruppe	Zusammensetzung/Herstellung	Verwendung/Eigenschaften
Dispersions-klebstoffe	(Fortsetzung von Seite 77)	• Verwendung findet Dispersionskleber u. a. beim Kleben von schweren Wandbelägen und Tapeten, Bordüren, Dekorplatten, Zierprofilen und Bodenbelägen aus verschiedenen Materialien (z. B. Polystyrol, Kork, PVC) im Innen- und Außenbereich
Lösemittel-klebstoffe (Kleblacke)	• Kunststoff wird in organischen Lösemitteln (z. B. Aceton, Tetrachlorkohlenstoff) gelöst • Handelsname z. B. UHU (gelöstes Cellulosenitrat)	• Härten durch Verflüchtigung des Lösemittels und zum Teil auch chemisch aus • Gleichzeitiges Anlösen oder Anquellen der zu klebenden Teile durch das Lösemittel möglich (Tetrahydrofuranklebstoff) • Klebstoffe, die Lösemittel enthalten, sind gekennzeichnet, wenn sie feuergefährlich oder gesundheitsschädlich sind (Hinweise auf den Etiketten beachten) • Für gute Lüftung während der Verarbeitung sorgen
Kontakt-klebstoffe	• Kautschukartige Festkörper (z. B. Polyisobutylen, Polychloropren „Neopren-Kleber") werden in Lösemitteln gelöst • Handelsname z. B. Pattex	• Kontaktklebstoff auf beiden Klebeflächen auftragen und nach Verdunsten des Lösemittels (Klebstoff zieht keine Fäden mehr) mit Druck zusammenfügen • Sind die Klebefugen besonders beansprucht (Feuchtigkeit oder Wärme) kann dem Kontaktklebstoff ein Härter zugegeben werden • Klebefilm ist elastisch, wasserfest und wärmebeständig • Klebstoffe, die Lösemittel enthalten, sind feuergefährlich und die Lösemitteldämpfe sind gesundheitsschädlich (Hinweise auf dem Etikett beachten) • Für gute Lüftung während der Verarbeitung sorgen • Verwendung als Kleber u. a. für Fußbodenbeläge
Reaktions-harzklebstoffe	• Reaktionsklebstoffe sind Klebstoffe, die durch eine chemische Reaktion aushärten • Polykondensationsharze auf Formaldehydbasis • 2-Komponenten-Kleber auf Basis von Polyurethanharz PUR, Epoxidharz EP, ungesättigtem Polyesterharz UP und Acrylharz (Kurzzeichen nach DIN EN ISO 1043-1:2016-09)	• Nach Vermischen der beiden Komponenten (2-K-Kleber) ist der Klebstoff innerhalb einer Topfzeit (0,5 bis mehrere Stunden) verarbeitbar und härtet dann chemisch aus • Lieferform meist flüssig bis pastös, eine Komponente ist häufig pulverisiert • Bei 1-K-Klebern wird die chemische Reaktion erst nach Verdunsten des Lösemittels oder durch Temperatureinwirkung und/oder Druck ausgelöst • Reaktionsklebstoffe werden für Stein-, Beton-, Holz-, Glas-, Kunststoff- und Metallverklebungen eingesetzt • Gute Haftung auf allen fettfreien Untergründen • Nach der Aushärtung wasserfest, chemikalienbeständig und unlöslich • Schwierigkeiten können sich durch Feuchtigkeitseinwirkung bei der Erhärtung ergeben • Enthalten gefährliche Inhaltsstoffe wie Isocyanate (in PUR), Epichlorhydrin und Amine (in EP), Styrol (in UP), Formaldehyd und Lösemittel • Für entsprechende Sicherheitsmaßnahmen sorgen
Schmelz-klebstoffe	• Müssen geschmolzen werden, um ihre Klebkraft zu entwickeln	• Verarbeitung mit der Klebepistole • Enthalten keine Lösemittel

Korrosionsschutz durch Korrosionsschutzpigmente

Nach DIN EN ISO 18451 soll der Einsatz von Korrosionsschutzpigmenten in Grundbeschichtungen die Metallkorrosion verhindern oder zumindest verzögern (siehe auch DIN EN ISO 12944-5:2018-06).
Anforderungen:

- Verhinderung anodischer als auch kathodischer Korrosionsreaktionen
- Ausbildung schwerlöslicher Produkte an der Metalloberfläche
- Wirksamkeit bei einem pH-Wert von 4 bis 10
- Ausbildung einer Inhibierungsschicht zwischen Metalloberfläche und Beschichtung

Pigmente	Eigenschaften	Verwendung
Bleihaltige Pigmente, z. B. Bleimennige (aktiv)	• Wirkt passivierend auf die Stahloberfläche • Bildet mit den fettsauren Bestandteilen des Bindemittels Bleiseifen, die die Beschichtung lamellenartig durchziehen und somit die mechanische Festigkeit, die Wasserbeständigkeit und die Haftung auf dem Substrat verbessern • Einsatz überwiegend in langöligen Alkydharzen	Innerhalb der EU noch eingeschränkt erlaubt. Höchste Vorsicht im Umgang mit Altbeschichtungen! **Giftig!**
Chromathaltige Pigmente, z. B. Zinkchromat, Strontiumchromat, Zinktetraoxichromat (aktiv) DIN 55902	• Weisen durch sich ergänzende chemische und elektrochemische Prozesse eine sehr gute Schutzwirkung auf • Bilden auf der Stahloberfläche eine Passivierungsschicht (Chromatieren) und stellen einen basischen pH-Wert ein • Entstehung schwerlöslicher Mischverbindungen aus Eisen und dreiwertigem Chrom • Aus Umweltgründen und da sie als **krebserregend** eingestuft sind, ist ihr Einsatz aber nicht mehr zu vertreten	Washprimer, Coil-Coating
Phospathaltige Pigmente, z. B. Zinkphosphat (aktiv) DIN ISO 6745: 1996-12	• Sind wichtige Ersatzstoffe für Chromate • Phosphationen verhindern die Auflösung der Stahloberfläche im anodischen Bereich • Zinkphosphat bildet im kathodischen Bereich schwerlösliche Zinkhydroxide, die inhibierend wirken • Wirksamkeit dieser Pigmente wird durch die Kombination verschiedener Phosphate und durch den Zusatz anderer Substanzen verbessert, z. B. erhöht der Zusatz von Zinkoxid in der Anfangsphase der Hydrolysereaktion den Korrosionsschutz	Grundbeschichtung auf Baustahl
Metallische Pigmente, z. B. Zinkstaub (aktiv) DIN EN ISO 3549: 2002-12	• Verwendet wird Zinkstaub mit einer Korngröße zwischen 1 bis 10 µm • Zinkstaubgrundierungen schützen den Stahluntergrund im kathodischen Bereich • Zink fungiert als Opferanode, lässt sich zu Zinkionen oxidieren und geht an Stelle von Eisen in Lösung, dabei entstehende Oxidationsprodukte (Zinkhydroxid) dichten die Beschichtung zusätzlich ab und erschweren die weitere Korrosion • Grundierungen sind hochpigmentiert (etwa 90 bis 95 % Zinkstaub, bezogen auf Trockenschicht), damit die einzelnen Pigmentteilchen ausreichend Kontakt untereinander und zum Substrat haben • Einsatz überwiegend in Epoxidharz und Alkalisilikaten	Zinkstaubgrundierungen für den schweren Korrosionsschutz
Sonstige Pigmente, z. B. Eisenglimmer, plättchenförmige Eisenoxidpigmente	• Wirkungsweise ist rein physikalisch (passiv) • Durch die Ausbildung einer Barriereschicht (lamellare Struktur der Pigmente) wird der Diffusionsweg für korrosionsfördernde Substanzen verlängert	Zwischen- und Deckbeschichtungen

Baulicher und chemischer Holzschutz — DIN 68800-2 bis 4:2019-06[1]

Begriff	Maßnahmen
Baulicher Holzschutz (Konstruktiver Holzschutz)	Konstruktive und bauphysikalische Maßnahmen, die eine unzuträgliche Feuchtebelastung (Holzfeuchte > 20 %, Ansiedlung von pflanzlichen Schädlingen, Vermeidung von Quellen und Schwinden) sowie den unkontrollierten Zugang von holzschädigenden Insekten verhindern. • Auswahl geeigneter Holzarten mit höherer natürlicher Dauerhaftigkeit (DIN EN 350-2) • Vorstehende, waagerechte Flächen sind mit einer Neigung von 15° bis 20° abzuschrägen und mit einer Tropfnase zu versehen • Scharfkantige Holzprofile sind mit einem Radius von mindestens 2 mm abzurunden • Hirnholzflächen müssen oben durch Abdeckungen geschützt werden • Holzbekleidungen im Außenbereich sind durch weite Dachüberstände zu schützen, enden mindestens 30 cm über dem Erdreich und sollten hinterlüftet sein • Angrenzende Bauteile aus Stahl sind vorher mit einem Korrosionsschutz zu beschichten
Chemischer Holzschutz	Einsatz von fungiziden (pilzabtötenden) und insektiziden (insektentötenden) Wirkstoffen und wirkstoffhaltigen Zubereitungen, um dem Befall von Holz durch holzzerstörende und holzverfärbende Organismen vorzubeugen oder einen Befall zu bekämpfen. • Qualität der Holzschutzmaßnahme wird durch die Eindringmenge und Eindringtiefe des Wirkstoffes bestimmt • abhängig von: Tränkbarkeit des Holzes, Einbringverfahren, Schnittrichtung, Oberflächenbeschaffenheit des Holzes, Holzfeuchtigkeit, Temperatur, Lösemittelkonzentration • NP = Neue Penetrationsklassen (nach DIN EN 351-1) (NP 1: keine Eindringanforderung, NP 2: mind. 3 mm seitlich im Splintholz, NP 3: mind. 6 mm seitlich im Splintholz, NP 4: mind. 25 mm an den Seitenflächen, NP 5: gesamtes Splintholz, NP 6: gesamtes Splintholz und mind. 6 mm im freiliegenden Kernholz) • DIN 68800 fordert eine Kennzeichnung des schutzbehandelten verbauten Holzes

Prüfprädikate für Holzschutzmittel (HSM)

Prüfprädikat	Schutzwirkung	Prüfprädikat	Schutzwirkung
P	Gegen Pilze vorbeugend wirksam	Iv	Gegen Insekten vorbeugend wirksam
W	Auch für Holz, das der Witterung ausgesetzt ist; kein ständiger Erd- und Wasserkontakt	E	Auch für Holz mit ständigem Erd- und Wasserkontakt und Rissen (extreme Beanspruchung)
Ib	Gegen Insekten bekämpfend wirksam (alle HSM, auch Iv, einige auch P)	M	Verhindert das Durchwachsen von Hausschwamm durch das Mauerwerk
B	Bläueschutz	S	Zum Streichen, Spritzen, Tauchen

Gebrauchsklassen von Holzbauteilen

Gebrauchsklasse	GK 0	GK 1	GK 2	GK 3.1 und GK 3.2	GK 4
Beanspruchung	• Holz unter Dach, nicht der Bewitterung und Durchfeuchtung ausgesetzt • Bauschäden durch Insekten ausgeschlossen (GK 0) • ständig trocken (< 20 %)		• Holz unter Dach, nicht der Bewitterung ausgesetzt • durch hohe Umgebungsfeuchte gelegentliche Durchfeuchtung • gelegentlich feucht (> 20 %)	• Holz nicht unter Dach, aber ohne ständigen Erd- und/oder Wasserkontakt • Anreicherung von Wasser im Holz – nicht zu erwarten (GK 3.1) – zu erwarten (GK 3.2), häufig feucht (> 20 %)	• Holz in Kontakt mit Erde oder Süßwasser • vorwiegend bis ständig einer Befeuchtung ausgesetzt (> 20 %)

[1] Parallel existiert zum Holzschutz: DIN EN 335:2013-06, DIN EN 350:2016-12, DIN EN 460:1994-10, DIN EN 599-1, DIN 68800-1:2019-06

Gebrauchsklassen von Holz und Anforderungen an Holzschutzmittel (HSM)

DIN 68800-3:2019-06

Gebrauchsklasse	0	1	2	3.1 / 3.2	4
Prüfprädikate	keine HSM	Iv, belüftete Dachräume (nicht kontrollierbar)	Iv, P	Iv, P, W	Iv, P, W, E

Holzschutzmittel zum vorbeugenden Schutz gegen holzzerstörende Pilze und Insekten

Wasserbasierende (wasserlösliche) vorbeugende Holzschutzmittel (Auswahl)

- Durch Auflösen in Wasser gebrauchsfertig gemacht oder gebrauchsfertig als Imprägnierung geliefert
- Geeignet für halbtrockenes (20 bis 30 % Holzfeuchte) bis feuchtes Holz (über 30 % Holzfeuchte)
- Überstreichbar mit allen Anstrichmitteln (Gefahr des Durchschlagens bei Salzen mit Dinitrophenol)
- Gefahrstoffverordnung beachten, bei der Verarbeitung Schutzausrüstung (PSA) tragen

Gruppe	Hauptbestandteile	Eigenschaften/Einsatzbereiche
SF-Salze	Silicofluoride	• Prüfprädikate: Iv, P; Kennzeichnung: gesundheitsschädlich • Im Innenbereich, da auslaugbar (Gefährdungsklasse 1, 2)
B-Salze	Anorganische Borverbindungen	• Prüfprädikate: Iv, P; nicht kennzeichnungspflichtig • Im Innenbereich, da auslaugbar (Gefährdungsklasse 1, 2)
CFB-Salze	Bor- und Fluorverbindungen, Chromate[1]	• Prüfprädikate: Iv, P, W; Kennzeichnung: ätzend • Im Innen- und Außenbereich, geringe bis mittlere Auswaschbeanspruchung (Gefährdungsklasse 1, 2, 3)
CK-Salze (CKA-, CKB-, CKFSalze)	Kupfersalze, Chromate[1] meist mit Zusatz von Arsen-, Bor- oder Fluorverbindungen	• Prüfprädikate: Iv, P, W, E; Kennzeichg.: giftig, gesundheitsschädlich • Im Innen- und Außenbereich, starke Auswaschbeanspruchung (Gefährdungsklasse 1 bis 4) • Arsenhaltige Salze sind sehr giftig, Einschränkung des Anwendungsbereiches (nicht in geschlossenen Räumen)
Quat-Präparate	Quartäre Ammoniumverbindungen	• Prüfprädikate: Iv, P, W; Kennzeichnung: ätzend • Im Innen- und Außenbereich; geringe bis mittlere Auswaschungsbeanspruchung (Gefährdungsklasse 1 bis 3)

Lösemittelhaltige vorbeugende Holzschutzmittel

- Organische Insektizide und/oder Fungizide in organischen Lösemitteln
- Prüfprädikate: Iv, P, W (teilweise mit erhöhter Wirkung); einige Präparate auch Ib
- Einsatz als Imprägnierung, Grundierung (bindemittelhaltig, meist Alkydharz und (pigmentfrei) und Lasur (bindemittel- und pigmenthaltig); Lieferung und Verarbeitung erfolgt gebrauchsfertig
- Geeignet für trockenes (< 20 % Holzfeuchte) bis halbtrockenes Holz
- Gefahrstoffverordnung/Betriebsanweisung beachten, bei der Verarbeitung Schutzausrüstung tragen

Ölige Holzschutzmittel

Gruppe	Hauptbestandteile	Eigenschaften/Einsatzbereiche
Teeröle (Imprägnieröle) DIN EN 1014-1, -2, -3, -4: 2010-11	Destillate aus Steinkohlenteer (Carbolineen)	• Prüfprädikate: Iv (bei mehr als 10 mm Eindringtiefe), P, W, E; einzelne Präparate durch Zusätze auch Ib • Keine Filmbildung; keine oxidative Trocknung • Nicht überstreichbar; schlägt durch • Geeignet für Holz < 30 % Holzfeuchte • Im Außenbereich; Holz mit dauerndem Erdkontakt oder starker Befeuchtung (Gefährdungsklasse 4) • Chemikalienverbotsordnung ist zu beachten
Chlornaphthalin-Präparate	Chlorierte Naphthaline	• Prüfprädikate: Iv, P, W; mit Spezialzusätzen auch Ib • Sind überstreichbar ohne Gefahr des Durchschlagens (Ölfarben) • Verwendung wie Teeröle, jedoch auch im Innenbereich
Bläueschutz DIN EN 152: 2012-02	Chlorierte Phenole	• Alkydharzlösung mit Zusatz von Fungiziden (gering pigmentiert) • Konservierende Grundierung gegen Bläuepilze • Sofort nach der Trocknung überstreichbar

[1] Chromathaltige HSM sind als krebserregend eingestuft, stark ätzend, können Allergien auslösen.

Holzbeizen und ähnliche Oberflächenveredelungsverfahren

Durch das „Beizen“ wird die Holzoberfläche farblich verändert, die Holzmaserung soll dabei sichtbar bleiben und auch deutlicher hervorgehoben werden. Beizen schützen das Holz nicht, Oberflächen müssen mit farblosen Beschichtungen versehen werden.

Gruppe	Zusammensetzung/Eigenschaften
Farbstoffbeizen	• Farbstoffpulver (meist Teerfarbstoffbasis) werden in kochend heißem Wasser, in Spiritus oder Öl aufgelöst • Wird in einem Arbeitsgang kalt aufgetragen; das Beizbild zeigt sich sofort nach dem Auftragen (physikalischer Vorgang) • Es entsteht ein negatives Beizbild, da das Frühholz durch die Farbstoffbeizen stärker eingefärbt wird (größere Zellen ermöglichen besseres Eindringen der Beize) als das Spätholz (geringere Farbstoffaufnahme) • Beizfarbstoffe sind nicht lichtecht (Verwendung im Innenbereich) • Farbstoffbeizen werden je nach Anwendung und Zusammensetzung bezeichnet z. B. als Wasserbeize, Salmiakbeize, Wachsbeize (enthalten emulgiertes Wachs) • Gebeizte Fläche muss durch geeignete Beschichtung oder durch Wachsen geschützt werden (Wasserlacke können die Beize anlösen, Peroxide in Polyesterlacken Verfärbungen hervorrufen)
Chemische Beize oder Doppelbeize (Einfachbeizen bei gerbstoffreichen Holzarten)	• In flüssiger Form oder als Pulver geliefert; Pulver wird in Wasser, Spiritus oder Terpentin angerührt (Wasser-, Spiritus-, Terpentinbeize) • Dürfen nicht mit Farbstoffbeizen vermischt werden • Reagieren mit den Gerbstoffen (natürlich oder zugeführt) im Holz; Farbton entwickelt sich sehr langsam (chemischer Vorgang) • Es entsteht ein positives Beizbild; Spätholz enthält mehr Holzmasse, die sich beim Beizen durch die chemische Reaktion verfärbt (natürliches Holzbild bleibt erhalten) • Es sind zwei Arbeitsgänge notwendig: **Vorbeizen** mit gerbstoffsauren Lösungen (z. B. Tannin), da viele Holzarten zu wenig Gerbstoffe enthalten (bei gerbstoffreichen Holzarten wie Eiche oder Lärche kann das Vorbeizen entfallen) **Nachbeizen** mit Lösungen von Kupfer-, Kalium- und Eisensalzen (z. B. Kupfersulfat, Kaliumbichromat[1]) nachdem die Vorbeize getrocknet ist • Vor- und Nachbeize müssen aufeinander abgestimmt werden; Farbeffekt ist vom verwendeten Metallsalz abhängig, z. B. Kaliumbichromat (dunkelbraun) • Gebeizte Fläche muss durch eine geeignete Beschichtung geschützt werden (Anwendung im Außenbereich möglich)
Kombinationsbeize	• Liegt zwischen der Farbstoffbeize und der chemischen Beize • Wird nur auf gerbstoffreichen Holzarten (vorwiegend Eiche) eingesetzt (Räucherbeize)
Bleichen	• Verfahren zum Aufhellen von Hölzern durch Bleichmittel, z. B. organische Säuren (Oxalsäure[2], Zitronensäure bzw. Kleesalz) oder Wasserstoffsuperoxid • Säure wird in Pulverform geliefert, mit heißem Wasser aufgelöst und auf die Fläche aufgetragen; mit warmem Wasser nachwaschen (gerbstoffreiche Hölzer) • Wasserstoffperoxid wird in 30%iger Lösung geliefert; im Verhältnis 1 : 1 mit Wasser verdünnen, auf die Fläche auftragen, einwirken lassen und mit Wasser nachwaschen

Lasuren

Imprägnierlasuren	Sehr niedriger Festkörpergehalt, dünnflüssig mit besonderem Eindringvermögen, sehr geringe Schichtdicke, insekten- und pilzwidrige Zusätze möglich
Dünnschichtlasuren	Festkörpergehalt bis zu 30 %, Schichtdicke etwa 5 bis 10 µm, Einsatz auf nicht maßhaltigen Bauteilen u. a. Holzverkleidungen
Dickschichtlasuren	Festkörpergehalt zwischen 30 % und 60 %, Schichtdicken etwa 15 µm pro Anstrich, Einsatz auf maßhaltigen Bauteilen (u. a. Fenster, Türen)

[1] Chromathaltige Produkte sind krebserregend.
[2] Oxalsäure ist gesundheitsschädlich.

Mineralische Putze

Die Einteilung in Putzmörtelgruppen PI bis PV (Vornorm DIN V 18550:2005-04) existiert in den Normen DIN 18550-1:2018-01 und DIN 18550-2:2018-01 offiziell nicht mehr. In der Praxis bezieht man sich aber immer noch auf diese Einteilung, da die Eigenschaften des Putzmörtels überwiegend durch Bindemittelart und Zusammensetzung bestimmt werden. Die Normen der Reihe DIN 18550 (Außenputz und Innenputz) ergänzen die Festlegungen und Empfehlungen der Normenreihe DIN EN 13914-1:2016 (Planung, Zubereitung und Ausführung von Außen- und Innenputzen) mit nationalen Regelungen. Die DIN EN 998-1:2017-02 klassiert die Putzmörtel nach Art der Eigenschaften und dem Verwendungszweck.

Putzmörtelgruppen (aus DIN V 18550:2005-04)	
Gruppe	Bindemittel
P I	Luftkalk/Wasserkalk/Hydraulischer Kalk
P II	Hochhydraulischer Kalk/Kalk-Zement-Gemisch
P III	Zement mit oder ohne Zusatz von Kalk
P IV	Gips mit oder ohne Zusatz von Kalk
P V	Anhydrit mit oder ohne Zusatz von Kalk

Putzmörtelbezeichnungen nach DIN EN 998-1:2017-02			
Normal-mörtel	GP	Generel Purpose Rendering/Plastering Mortar	• ohne besondere Eigenschaften • Trockenrohdichte von >1 300 kg/m^3 • Druckfestigkeitsklassen von CS I bis CS IV • Innenputz oder Außenputz bei üblichen Anforderungen und Einsatzgebieten
Leichtputz-mörtel	LW	Leightweight Rendering/Plastering Mortar	• weicher, spannungsarmer Unterputz zum Verputzen wärmedämmender Putzgründe mit geringer Festigkeit • Trockenrohdichte von < 1300 kg/m^3 • Druckfestigkeitsklassen von CS I bis CS III
Edelputz-mörtel	CR	Coloured Rendering Mortar	• mit Pigmenten durchgefärbter, meist wasser-abweisender Oberputz eines mehrlagigen Putzsystems • Druckfestigkeitsklassen von CS I bis CS IV
Einlagen-putzmörtel außen	OC	One Coat Mortar	• einlagig zu verarbeiten • erfüllt die gleichen Aufgaben wie ein entsprechendes mehrlagiges Außenputzsystem • farbiger Eignungsprüfungsmörtel[1)] • Druckfestigkeitsklassen von CS I bis CS IV
Sanier-putzmörtel	R	Renovation Mortar	• besonders hoher Porengehalt, hohe Wasserdampfdurchlässigkeit und verminderte kapillare Leitfähigkeit (s. auch S. 85 f.) • zum Verputzen feuchter, mit bauschädlichen Salzen belasteter Putzgründe
Wärme-dämm-putzmörtel	T	Thermal Insulation Mortar	• wärmedämmender Unterputz eines Putzsystems mit einer Wärmeleitfähigkeit von ≤ 0,2 W/(m · K) • in größeren Schichtdicken (2–10 cm) ein- oder mehrlagig aufgetragen • ein- oder zweilagiger Oberputz als Wetterschutz erforderlich

[1)] Eigenschaften und Verwendungszweck des Putzmörtels müssen aufgrund der Zusammensetzung und Herstellung vom Hersteller durch Eignungsprüfung nachgewiesen werden. Dies gilt auch für Sanierputzmörtel und Wärmedämmputzmörtel.

Klassierung der Eigenschaften von Putzmörtel		DIN EN 998-1:2017-02
Eigenschaften	Kategorien	Wertebereiche
Druckfestigkeit nach 28 Tagen (N/mm²) (Druckfestigkeit beschreibt die Widerstandsfähigkeit eines Baustoffs gegenüber einer Druckkraft, die auf ihn von ein oder mehr Seiten einwirkt.)	CS I CS II CS III CS IV	0,4 bis 2,5 1,5 bis 5,0 3,5 bis 7,5 ≥ 6
Kapillare Wasseraufnahme [kg/(m² · min^{0,5})] (Kapillares Saugen findet in einem Porengrößenbereich zwischen 0,1 µm und 1 mm Durchmesser statt.)	W 0 W 1 W 2	nicht festgelegt c ≤ 0,40 c ≤ 0,20
Wärmeleitfähigkeit [W/(m · K)] (Gibt den Wärmestrom an, der bei einem Temperaturunterschied von 1 Kelvin (K) durch eine 1 m² große und 1 m dicke Schicht eines Stoffs geht.)	T 1 T 2	≤ 0,1 ≤ 0,2

Kunstharzputze

Oberputze aus organischen Kunstharzputzen sind in der DIN 18558 (ehemals als P Org 1 und P Org 2) geregelt.

Zusammensetzung	Eigenschaften	Einsatzbereiche
• 8 bis 10 % organische Bindemittel und Zusätze (Dispersionen) • 80 % mineralische Bestandteile	• Weisen eine höhere Elastizität als mineralische Putze auf • Vielseitige, auch brillante Farbtöne (durch organische Pigmente) möglich	• Endbeschichtung von Wärmedämmverbundsystemen • Grundanstrich erforderlich • Geringere Wasserdampfdurchlässigkeit als mineralische Oberputze (beim Einsatz berücksichtigen)

Silikatputze

Silikatputze sind in keiner Norm geregelt. Kunststoffdispersionsanteil kann deshalb je nach Hersteller schwanken. Silikatputze werden verarbeitungsfertig angeboten.

Zusammensetzung	Eigenschaften	Einsatzbereiche
• Kaliwasserglas und geringe Zusätze an Kunststoffdispersion • Mineralische Bestandteile	• Hohe Wasserdampfdiffusionsfähigkeit • Hohe Alkalität wirkt stark ätzend; empfindliche Oberflächen (z. B. Glas) abdecken • Kaliwasserglas „verkieselt" mit dem Untergrund • Während der Verkieselung entsteht neben unlöslichem Calciumsilikat auch lösliches Kaliumcarbonat (kann zu Ausblühungen führen)	• u. a. in Verbindung mit einer mineralischen Wärmedämmung • Im Bereich des Denkmalschutzes • Als Magnetputz (silikatgebundener pastöser Zwischenputz) www.marmorit.de

Silikonharzputze

Silikonharzputze sind in keiner Norm geregelt. Die Zusammensetzung kann je nach Hersteller schwanken. Silikonharzputze werden verarbeitungsfertig angeboten.

Zusammensetzung	Eigenschaften	Einsatzbereiche
• Unterschiedlich hohe Silikonharz- und Kunststoff-dispersionsanteile • Mineralische Bestandteile	• Sehr gute wasserabweisende Wirkung (Silikonharzanteil) • Hohe Wasserdampfdiffusionsfähigkeit • Kunststoffdispersionszusatz verbessert Adhäsion und Kohäsion des Putzes und verhindert das Kreiden	• Einsatz auf allen mineralischen Untergründen • Einsatzbereiche ähnlich denen des Kunstharzputzes • Auf tragfähigen Beschichtungen

Grundlagen
Werkstoffe, Hilfsstoffe
Werkzeuge, Geräte, Gerüste
Arbeitstechniken
Gestaltung
Arbeitsschutz, Umweltschutz
Aufmaß, Abrechnung
Betriebsführung
Quellen

Lehmputzmörtel (Lehmwerkmörtel) — DIN 18947:2018-12

Lehmputzmörtel sind mit dem Trend zum ökologischen Bauen wieder ins Bewusstsein gerückt. Lehm avanciert zum Nischenprodukt mit sehr interessanten Aussichten. Lehm wird in verschiedensten Handelsformen angeboten und ist zum Verputzen von Wänden und Decken im Innen- und witterungsgeschützten Außenbereich geeignet. Lehmputzmörtel können im Außenbereich u. U. auch als Unterputz von witterungsbeständigem Oberputz eingesetzt werden.

Zusammensetzung	Eigenschaften	Einsatzbereiche
• Besteht im Allgemeinen aus Lehm und Sand (1 : 3) • Evtl. Molke zum Plastifizieren und zur Verbesserung der Haftung • Kann mit Marmormehl, Pflanzenfasern und Stroh vergütet werden • Lehmdekorputze enthalten außerdem Pigmente (Erdfarben), farbige Sande oder Glimmer	• Lehm ist hygroskopisch und sorgt so für ein angenehmes Wohnklima • Hohe Wasserdampfdiffusionsfähigkeit • Wird mit wenig Energieeinsatz gewonnen • Löst keine Allergien aus • Wirkt schall- und wärmedämmend • Lässt sich einfach reparieren • Verschmutzungen können mit einem feuchten Schwamm abgerieben werden	• Im traditionellen Fachwerkbau und bei historischer Bausubstanz (Lehm zieht die Feuchtigkeit aus den Holzbalken und verhindert so besonders in Verbindung mit Kalkbeschichtungen die Fäulnis des Holzes) • Im Innenbereich auf nahezu allen Untergründen (tragfähig und ausreichend rau für die mechanische Haftung) • Verarbeitung ähnlich wie Gips- und Kalkputze mit Putzmaschinen, aber auch mit rostfreien Stahlkellen • Nachdem der Lehmgrundputz aufgetragen und glattgezogen ist, wird der feinere Lehmoberputz aufgetragen, der nach entsprechender Ablüftzeit mit einem Schwammbrett abgerieben wird • Lehmputzmörtel kann mit Leim-, Kasein-, Kalk- und Silikatfarben beschichtet werden

Eine Einteilung der Putze kann nicht nur nach dem **Bindemittel**, sondern auch nach der zu erzielenden **Oberflächenstruktur** erfolgen. Angeboten werden auf dem Markt: u. a. Reibeputze, Kratzputze, Roll- und Kellenputze, Spritz- und Streichputze, Materialien für die Glättetechnik. Ein weiteres Einteilungskriterium ist die spezielle **Funktion** eines Putzes, z. B. Sanierputz (s. hier auch Begriff „Eignungsprüfungsmörtel“).

Sanierputze DIN 18550-1:2018-01, WTA-Merkblatt 2-9-20/D, DIN EN 998-1:2017-02, DIN 18195:2017-07

Eine Klassifizierung der Sanierputze erfolgt durch das WTA-Merkblatt 2-9-20/D „Sanierputzsysteme“.

Zusammensetzung	Eigenschaften	Einsatzbereiche
• Hydraulische und hochhydraulische Bindemittel (z. B. Portlandzement, hochhydraulischer Kalk und Portlandzementtrassmischungen) • Zuschläge sind Kalk, Dolomitbrechsande und Quarzsand	• Hohe Wasserdampfdiffusionsfähigkeit • Reduzierte kapillare Leitfähigkeit • Porenhydrophob • Erhöhtes Porenvolumen • Durch eine spezielle Porengeometrie und -verteilung wandert das Wasser in flüssiger Form zwar aus dem Untergrund in den Sanierputz, kann hier jedoch wegen der Porenhydrophobie kapillar nicht weiter wandern und wird dann ausschließlich durch Diffusion weiter transportiert	• Zur Instandsetzung, Renovierung und Sanierung feuchter Fassaden und Innenwandflächen (auch salzgeschädigte) • Als flankierende Maßnahme zur Mauerwerkstrockenlegung

Sanierputze (Fortsetzung)

Zusammensetzung	Eigenschaften	Einsatzbereiche
• Leichtzuschläge zur Erhöhung des Porenvolumens • Zusätze von Luftporenbildnern, Hydrophobierungsmitteln, Wasserrückhaltemitteln und Acrylaten	• Salze können nicht mehr an die Putzoberfläche transportiert werden, sondern kristallisieren in den Poren des Sanierputzes aus – die Oberfläche bleibt schadensfrei • Sanierputze **reduzieren** den Salz- und den Feuchtigkeitsgehalt des Mauerwerkes, d. h., das Mauerwerk kann nicht trockengelegt und entsalzt werden	• Baudenkmalpflege und historische Bauten, Altbausanierung • Im Sockelbereich, da Salzschäden hier am häufigsten auftreten (Trennschicht zwischen Gehweg und Sanierputz z. B. aus Noppenfolie empfehlenswert) • Sanierputz im Sockelbereich wasserabweisend grundieren, bevor Endbeschichtung aufgebracht wird

Erforderliche Arbeitsgänge bei der Verarbeitung von Sanierputzen

Arbeitsschritt	Besondere Hinweise
Ursache finden	• Ursache für Feuchteschäden und Salzausblühungen feststellen • Schadensbilder untersuchen • WTA-Merkblatt 4-5-99/D „Mauerwerksdiagnose“
Probenentnahme	• Kapillare Wasseraufnahme und Durchfeuchtungsgrad ermitteln • Anteil der bauschädlichen Salze im Labor bestimmen lassen • Art der Feuchteaufnahme kann dadurch bestimmt werden und ein Sanierungskonzept kann ausgearbeitet werden (entsprechende Schulungen notwendig)
Maßnahmen	**Aufsteigende Feuchte aus dem Baugrund** Vertikale und/oder horizontale Abdichtung und danach Trockenlegung des Mauerwerks: • Bitumenbahnen, bituminöse Spachtelmassen, Dichtungsschlämme, wasserdichte Betonschale vor das Mauerwerk und Drainagelegung • Mechanisches Aufsägen des Gebäudes in einer Lagerfuge und Einbringen einer dichten Schicht, z. B. Kunststofffolien. Danach wird die Fuge mit einer Zementsuspension verschlossen • Chemisches Absperren durch das Einbringen eines Injektionsmittels in das Mauerwerk um eine Hydrophobierung der Kapillarwände zu erreichen • Elektrokinetisches Verfahren (Elektroosmose) • Nach erfolgreicher Abdichtung erfolgt Trockenlegung z. B. mit feuchteregulierenden Platten (Feuchtwandsystemen) oder Sanierputzen (siehe hygroskopisch aufgenommene Feuchte) **Hygroskopisch aufgenommene Feuchte** • Geschädigter Putz muss abgeschlagen werden, wenn nötig auch Mauerwerk ersetzen • Abschlagen des salzgeschädigten Putzes 70 bis 80 cm oberhalb des Schadens • Putz dabei sorgfältig vom Mauerwerk entfernen, Reste abbürsten (als Bauschutt entsorgen) • Auf einen geraden Verlauf der Abschlagkante achten, z. B. an Fensterbrüstungen ausrichten (da Alt- und Sanierputz unterschiedliches Verhalten bei Regeneinwirkung zeigen können und die Wand dann ein fleckiges Aussehen zeigt) • Mauerwerksfugen auf mindestens doppelte Fugenbreite auskratzen • Haftbrücke aufbringen (Spritzwurf aus Zementmörtel zum Saniersystem passend) • Eventuell Aufbringen eines Ausgleichsputzes (zum Saniersystem passend) damit der Sanierputz überall die gleiche Schichtstärke auf dem Mauerwerk bekommt • Aufbringen des Sanierputzes (einlagig oder mehrlagig) • Gesamtputzdicke muss mindestens 2 cm betragen und darf 4 cm nicht überschreiten • Nachträgliche Hydrophobierung des Altputzes empfehlenswert, sonst optische Beeinträchtigung durch u. a. unterschiedliche Verschmutzung

Anforderungen an Fassadenbeschichtungen — DIN EN 1062-1:2004-08

Die Norm DIN EN 1062 legt Kriterien für die Einteilung von Beschichtungsstoffen und Beschichtungssystemen für die Erhaltung, die Gestaltung und den Schutz von neuen und alten, beschichteten und unbeschichteten mineralischen Untergründen im Außenbereich fest. Sie ist auf alle Beschichtungsstoffe und -systeme für mineralische Untergründe anwendbar. Eingebunden sind auch Beschichtungsstoffe und -systeme, die zur Anwendung in Verbindung mit Kunstharzputzen und Wärmedämmverbundsystemen vorgesehen sind. Folgende Kriterien werden zum Beurteilen der Eignung für eine bestimmte Anwendung herangezogen: Glanz, Schichtdicke, Korngröße, Wasserdampfdiffusionsstromdichte, Durchlässigkeit für Wasser, Rissüberbrückung und Kohlendioxid-Durchlässigkeit.

Glanz/Reflektormeterwert G

DIN EN ISO 2813:2015-02 (s. auch S. 137)

Klasse G		Messgeometrie	Anforderung in GU
G_1	Glänzend	60°	> 60
G_2	Mittlerer Glanz	60°	< 60
		85°	> 10
G_3	Matt	85°	< 10

Falls der bei 60° gemessene Wert unter 10 liegt, muss die Messung bei 85° wiederholt werden. Der Wert bei 85° bestimmt die Klasse.

Schichtdicke E (in µm)

ISO 3233-1:2019-11

Klasse E	Anforderung in µm
E_1	< 50
E_2	> 50/< 100
E_3	> 100/< 200
E_4	> 200/< 400
E_5	> 400

Angaben über Schichtdicke und/oder Verbrauch in l/m^2 und/oder Ergiebigkeit in m^2/l sind im Da-tenblatt auszuweisen.

Korngröße S

DIN EN ISO 1524:2020-11
DIN EN ISO 787-1:2018-01, -18:1995-10

Klasse S		Anforderung in µm
S_1	Fein	< 100
S_2	Mittel	< 300
S_3	Grob	< 1 500
S_4	Sehr grob	>1 500

Die Kornfeinheit kann durch ein Grindometer, durch Sieben und/oder Sedimentation bestimmt werden.

Wasserdampf-Diffusionsstromdichte V

DIN EN ISO 7783:2019-02
(s_d-Wert = diffusionsäquivalente Luftschichtdicke in m)

Klasse V		Anforderung	
		$g/(m^2 \cdot d)$	s_d-Wert (m)
V_0		Keine Anforderungen	
V_1	Hoch	> 150	< 0,14
V_2	Mittel	= 150 > 15	= 0,14 < 1,4

Bestimmt die Masse Wasserdampf, die innerhalb einer vorgegebenen Zeit durch die Beschichtung (*d* = Schichtdicke) diffundieren kann.

Durchlässigkeit für Wasser W

DIN EN 1062-3:2008-04
(*w*-Wert = Wasseraufnahmekoeffizient)

Klasse W		Anforderung $kg/(m^2 \cdot h^{0,5})$
W_0		keine Anforderung
W_1	hoch	> 0,5
W_2	mittel	= 0,5 > 0,1
W_3	niedrig	= 0,1

Je kleiner der *w*-Wert, desto geringer ist die Wasseraufnahme. Ideal sind Beschichtungen mit einem *w*-Wert < 0,1 $kg/m^2 \cdot h^{0,5}$ und einem s_d-Wert < 0,1 m.

Kohlendioxid-Durchlässigkeit C

DIN EN 1062-6:2002-10

Klasse C	Anforderung	
	$g/(m^2 \cdot d)$	s_d-Wert (m)
C_0	keine Anforderung	
C_1	> 5	> 50

Beschichtungssysteme für Betonoberflächen müssen folgende Anforderungen erfüllen:

- Durchlässigkeit für Wasserdampf: s_d-H_2O < 5 m
- Dichtigkeit gegenüber CO_2, um die Karbonatisierung des Betons zu behindern: s_d-CO_2 > 50 m

Anforderungen an Fassadenbeschichtungen (Fortsetzung)

Rissüberbrückung A
DIN EN 1062-7:2004-08 ‚Verfahren A

Klasse A	Anforderung	
	µm	Bei einer Geschwindigkeit in mm/min von
A_0	Keine Anforderung	
A_2	> 250	0,05
A_3	> 500	0,05
A_4	> 1 250	0,05
A_5	> 2 500	0,05

Beim 3-Punkt-Biegeversuch im statischen Verfahren zur Bestimmung der rissüberbrückenden Eigenschaften des Beschichtungssystems nach DIN EN 1062-7 wird die Rissbreite mit einer definierten Geschwindigkeit kontinuierlich so lange aufgeweitet, bis die Beschichtung einreißt.
Die Prüftemperatur für die Klasse A1 beträgt dabei 23 °C, für die Klassen A_2–A_5 wird −10 °C empfohlen. Andere Prüftemperaturen können zwischen den Vertragspartnern vereinbart werden.

Erklärung bauphysikalischer Begriffe

Die **diffusionsäquivalente Luftschichtdicke** (s_d-Wert) beschreibt die Größe des Diffusionswiderstandes eines Baustoffes gegenüber diffundierendem Wasserdampf oder anderen Gasen (CO_2, SO_2).

Mit der **Diffusionswiderstandszahl** (μ ohne Einheit) und der Schichtdicke (d in m) wird die diffusionsäquivalente Luftschichtdicke errechnet ($s_d = \mu \cdot d$). Je kleiner der s_d-Wert, desto kleiner der Widerstand und desto durchlässiger ist das Material.

Der **Wasseraufnahmekoeffizient** (w-Wert) beschreibt die kapillare Wasseraufnahme (Menge in kg) eines Baustoffs in der ersten Stunde des Saug- und Beregnungsvorgangs.
Die kapillare Wasseraufnahme spielt v. a. in Baustoffen mit Porenradien zwischen 0,1 µm und 1 mm eine wesentliche Rolle. Die Werte sind für die Einteilung der Schlagregenbeanspruchungsgruppen heranzuziehen.

Angaben im Produktdatenblatt (Auswahl)

Jeder Hersteller eines Beschichtungssystems ist dafür zuständig, das System hinsichtlich Anwendung und Aussehen einzuordnen, und sollte sein Produkt in einem Produktdatenblatt eindeutig beschreiben. Anzugeben ist auch die Werkstoffbasis, die maßgeblich die Eigenschaften des Produkts bestimmt (Bindemittel).

Beispiel: **Silicon-Fassadenfarbe**

- Siliconharzemulsion in Kombination mit Acrylat-Copolymer-Dispersion
- **Diffusionsäquivalente Luftschichtdicke:** s_d-H_2O < 0,03 m nach DIN EN ISO 7783, entspricht der Klasse V_1 „hoch wasserdampfdurchlässig" nach DIN EN 1062-1
- **Wasseraufnahmekoeffizient:** w-Wert < 0,05 kg/($m^2 \cdot h^{0,5}$), nach DIN EN 1062-3, entspricht der Klasse W_3 „niedrig wasserdurchlässig"

Fassadenbeschichtungssysteme — DIN EN 1062-1:2004-08, DIN 55945:2016-08

Gruppe	Zusammensetzung/Eigenschaften/Einsatzgebiete
Reinsilikatfarbe (Zweikomponentensystem)	• **Rein anorganisches Bindemittel** (Fixativ): Kaliwasserglas (20- bis 30-prozentige kolloidale, alkalische Lösung in Wasser) • **Pigmente/Füllstoffe** (pulverförmig, frei von Leichtspat): z. B. Eisenoxidpigmente, Titandioxid, Chromoxidgrün, Talkum, Kreide, Schwerspat; Pigmente müssen alkalibeständig sein, sonst besteht Gefahr der Eindickung oder Farbänderung • Trocknung erfolgt durch Verdunsten des Wassers und durch eine chemische Reaktion mit dem Kohlenstoffdioxid der Luft sowie dem silikat- und kalkhaltigen mineralischen Untergrund (Verkieselung); es bilden sich wasserunlösliches Calciumsilikat und wasserlösliches Kaliumcarbonat (kann zu Ausblühungen führen); die Pigmente werden in die Verbindung einbezogen

Fassadenbeschichtungssysteme (Fortsetzung)

Gruppe	Zusammensetzung/Eigenschaften/Einsatzgebiete
Reinsilikat-farbe	• Mineralischer Untergrund wird zusätzlich gefestigt; das kann auch zu einer Überfestigung und Schalenbildung unter dem Silikatanstrich führen (Abplatzungen) • Hohe Wasserdampfdiffusionsfähigkeit (s_d < 0,1 m) • Hohe kapillare Wasseraufnahmefähigkeit (w > 2,0 kg/m^{2}h^{0,5}), bietet dem Untergrund keinerlei Feuchteschutz; bedingt aber auch hohe Austrocknungsgeschwindigkeit (guter Feuchtetransport) • CO_2-Dichtigkeit sehr gering, deshalb kein Betonschutz, aber Einsatz auf Kalkputz • Keine Primäransiedlung von Mikroorganismen (hohe Alkalität) • Fleckiges Aussehen nach Schlagregenbelastung (nachträgliche Hydrophobierung) • Lagerstabilität der angesetzten Silikatfarbe 1 bis 2 Tage • Verarbeitung erfolgt nass in nass, u. U. nach vorheriger Grundierung mit Fixativ (unterschiedliche Saugfähigkeit ausgleichen, um wolkiges Aussehen der Fläche zu vermeiden); keine Ausbesserung möglich • Grundbeschichtung erfolgt mit Streichbürste, nach 12 Stunden Trockung kann die Endbeschichtung mit Bürste oder Rolle erfolgen (Ansätze vermeiden) • Silikatfarbe nicht mit Wasser, sondern nur mit Fixativ verdünnen und öfter umrühren • Persönliche Schutzmassnahmen und Abdecken von Fenstern, Leichtmetall- und Natursteinflächen, da Verätzungsgefahr durch die hohe Alkalität • Werkzeuge sofort mit Wasser (Spülmittelzusatz) reinigen • Einsatz vorwiegend im Denkmalschutz, als lasierender oder deckender Anstrich auf mineralischen Untergründen (auch Zink und Glas); nicht auf Flächen mit alten Beschichtungen (restlos entfernen) und Gips • Keine Rissüberbrückung möglich • Kann mit Dispersionsfarben, Silikatfarben und Silikonharzfarbsystemen überstrichen werden
Dispersions-silikatfarben (Einkomponentensystem)	• Verarbeitungsfertiges Beschichtungssystem, das als Bindemittel Kaliwasserglas in Kombination mit einer Kunststoffdispersion enthält • Der Kunststoffdispersionsanteil darf maximal 5 % bezogen auf die Gesamtmenge betragen • Kunststoffdispersionsanteil stabilisiert das System, erhöht die Lagerfähigkeit und verbessert das „Handling" bei der Verarbeitung • Zum Abtönen nur die vom Hersteller empfohlenen Silikat-Vollton- und Abtönfarben einsetzen • Grundbeschichtung erfolgt mit verdünnter, vorgetönter Dispersionssilikatfarbe (mit Grundiermittel auf Silikatbasis nach Herstellerangaben verdünnen) nach 12 Stunden Trocknung erfolgt Endbeschichtung mit Dispersionssilikatfarbe im entsprechenden Farbton (kann bis zu 10 % mit Grundiermittel verdünnt werden) • Rissüberbrückung bis etwa 0,3 mm möglich, Klasse A 2 nach DIN EN 1062-1 • Die Wasserdampfdurchlässigkeit wird durch den Kunststoffanteil nur unwesentlich behindert, dafür aber die Wasseraufnahmefähigkeit reduziert • Sonstige Eigenschaften und die Trocknung entsprechen der Reinsilikatfarbe • Nicht auf P Ia/Ib
Dispersions-farbe	• Verarbeitungsfertiges Beschichtungssystem, das aus einer Kunststoffdispersion sowie Pigmenten, Füllstoffen und Additiven besteht • Kunststoffdispersion fungiert als Bindemittel und besteht aus in Wasser feinst verteilten Polymeren oder Copolymeren (Kunstharzen), z. B. Vinylacetat-Copolymer, Acrylat-Methacrylat-Copolymer (Reinacrylat-Dispersionsfarbe), Styrol-Butadien-Copolymer (Latex) • Die Zusammensetzung der Dispersion bestimmt maßgeblich die Qualität der Dispersionsfarbe, z. B. sind Reinacrylate besonders wetterbeständig, feuchtigkeitsunempfindlich und verseifungsbeständig • Wichtigstes Weißpigment ist Titandioxid in der Rutilmodifikation; zum Einsatz kommen auch Mischungen von Titandioxid mit Füllstoffen (Titandioxid-Mischpigmente)

Fassadenbeschichtungssysteme (Fortsetzung)

Gruppe	Zusammensetzung/Eigenschaften/Einsatzgebiete
Dispersionsfarbe	• Zum Abtönen sind wetterfest gebundene Pigmente als Volltonfarben oder Abtönfarben nach Herstellerangaben zu verwenden (kalk- und zementechte Pigmente) • Als Füllstoffe kommen u. a. Calcit, Kreide, Kaolin, Dolomit, Quarz, Talkum und Kalziumcarbonat zum Einsatz • Als Additive werden u. a. Verdickungsmittel, Netzmittel, Emulgatoren, Konservierungsmittel, Weichmacher, Entschäumer und Lösemittel zugesetzt • Einsatz von Weichmachern ist kritisch zu sehen, da es bei äußeren Weichmachern zu Auswanderungserscheinungen bis zum Verflüchtigen kommen kann (Migration); Weichmacherwanderungen können zur Versprödung und schnelleren Verschmutzung der Beschichtung führen • Anteil an Lösemitteln (Filmbildungshilfsmitteln), z. B. Glykolether 1) in emissions- und lösemittelfreien Dispersionsfarben weniger als 0,01 % 2) in lösemittelfreien Dispersionsfarben bis zu 0,1 % • Anwendungsbereiche richten sich nach der Pigmentvolumenkonzentration (PVK)[1]; Kunststoffdispersionsfarben für Außenanwendung: zwischen 30 und 55 % • Haben nur begrenzte Lagerfähigkeit, sind frostempfindlich • Hohe Wetter-, Vergilbungs- und Alkalibeständigkeit • Ausreichende Wasserdampfdurchlässigkeit (Probleme ergeben sich erst nach mehrmaliger Beschichtung und hinterwandernder Feuchte) • Hohe CO_2-Dichtigkeit ermöglicht Einsatz als Betonschutz (Betonschutzfarbe, besondere Angaben im Technischen Merkblatt beachten) • Universeller Einsatz auf allen Untergründen möglich (Ausnahme Mörtelgruppe I, da hohe CO_2-Dichtigkeit) • Entfernung vom Untergrund durch Abbeizen möglich • Ausbesserungen möglich • Rissüberbrückende Rezeptierung möglich • Erhärtung erfolgt physikalisch nach dem Verdunsten des Wassers durch den „kalten Fluss“[2] • Dürfen nicht unter einer Mindestfilmbildungstemperatur (MFT)[3] von 5 °C verarbeitet werden; die MFT muss in der Dispersionsfarbe, in der Umgebungsluft und auf dem Untergrund erreicht werden • Ebenfalls zu vermeiden sind hohe Temperaturen, da hier das Wasser zu schnell verdunstet und der „kalte Fluss“ behindert wird
Silikonharzfarbe	• Verarbeitungsfertiges Beschichtungssystem, das aus einer Silikonharzemulsion, Kunststoffdispersion, Pigmenten, Füllstoffen und Additiven besteht • Der Kunststoffdispersionsanteil fungiert als „Hilfsbindemittel“ zur Verbesserung der Haftung und des Kreidungsverhaltens; sollte den Anteil an Silikonharzemulsion nicht überschreiten (keine Normung über die mengenmäßige Verteilung der beiden Komponenten)

[1] Nach DIN EN ISO 4618 ist die Pigmentvolumenkonzentration PVK das Verhältnis des Volumens von Pigmenten und anderen Feststoffteilchen zum Gesamtvolumen an nichtflüchtigen Bestandteilen. Mit erreichen der kritischen Pigmentvolumenkonzentration (KPVK), hier sind Hohlräume zwischen den Feststoffteilchen gerade noch mit Bindemittel gefüllt, ändern sich wichtige Eigenschaften einer Beschichtung negativ.

[2] Bei der Trocknung von Dispersionsfarben verdunstet das Wasser, die darin verteilten Kunststoffteilchen verkleben miteinander, fließen zusammen („kalter Fluss“) und bilden einen zusammenhängenden Beschichtungsfilm.

[3] Die Mindestfilmbildungstemperatur MFT ist die Temperatur bei der Dispersionsfarben gerade noch einen homogenen Beschichtungsfilm bilden können. Wird die Temperatur unterschritten, können die Kunststoffteilchen nicht mehr zusammenfließen und würden aufgrund der Lichtbrechung als kreidigweiße Schicht erscheinen („Weißpunkt“). Die MFT der Dispersion lässt sich durch den Zusatz von Filmbildungshilfsmitteln, Weichmachern und Lösemitteln senken.

Fassadenbeschichtungssysteme (Fortsetzung)

Gruppe	Zusammensetzung/Eigenschaften/Einsatzgebiete
Silikonharzfarbe	• Der Kunststoffdispersionsanteil liegt zwischen 30 und 50 % und der Anteil der Silikonharzemulsion zwischen 50 und 70 % • Vorsicht bei „preiswerten“ Silikonharzfarben; hier sind häufig nur Hydrophobierungsmittel (Siloxane) zugegeben, die anfänglich die wasserabweisende Wirkung einer Silikonharzfarbe zeigen. Hydrophobierung lässt jedoch mit der Zeit nach • Hohe Wasserdampfdiffusionsfähigkeit (s_d < 0,1 m) • Geringe kapillare Wasseraufnahme, durch die hydrophobierende Wirkung des Silikonharzes (w < 0,1 kg/m^2 · h^{0,5}) • Geringe CO_2-Dichtigkeit; verhindert nicht ausreichend die Carbonatisierung von Beton • Universeller Einsatz auf allen Untergründen möglich (auch Mörtelgruppe I, da gute CO_2-Diffusionsfähigkeit) • Geringe Verschmutzungsneigung Dieser Effekt soll durch die Oberflächenstruktur einer nach Lotus- oder Teflontechnologie formulierten Silikonharzfarbe noch verstärkt werden, dabei ist die Kontaktfläche für die Schmutzpartikel so gering, dass sie durch abperlende Wassertropfen „mitgerissen“ werden • Zeigen praktisch kein thermoplastisches Verhalten • Anfälligkeit gegen Bewuchs ist gering • Bindemittelsystem ist pH-neutral • Ausbesserungen möglich • Formulierung rissüberbrückender Systeme möglich (Silikonharzemulsion mit Zusatz von elastifizierten Reinacrylaten) • Bevorzugter Einsatz auf Sand- und Naturstein, Mineralputz, Kalksandstein, alten Kalkanstrichen, alten Dispersionsfarbenbeschichtungen, Kunstharzputzen, auf Fassaden aus Baustoffen mit ungleicher Wasseraufnahme • Stark saugende Untergründe mit einer Spezialgrundierung auf Silikonharzbasis vorbehandeln • Erhärtung des Dispersionsanteils erfolgt rein physikalisch durch den „kalten Fluss“. Die Erhärtung der Silikonharzemulsion erfolgt zunächst auch physikalisch durch Verdunstung des Wasser, die hydrophobierende Wirkung kommt dabei schon voll zur Wirkung. Danach erfolgt eine Molekülvergrößerung durch verschiedene chemische Vernetzungsreaktionen, es entsteht ein „Silikonharznetzwerk“ • Dürfen nicht unter einer Mindestfilmbildungstemperatur von 5 °C verarbeitet werden (siehe auch Dispersionsfarben)
Polymerisatharzfarben	• Das Beschichtungssystem besteht aus in Lösemitteln gelösten Polymerisatharzen (z. B. Reinacrylate oder Copolymerisate), Pigmenten, Füllstoffen und Additiven • Werden als „Problemlöser“ überall dort eingesetzt, wo die Eigenschaften der wasserverdünnbaren Systeme nicht mehr ausreichen • Bevorzugter Einsatz auf Sichtbeton, Mineralputz, Kunstharzputz, Ziegel und Kalksandstein • Gutes Eindringvermögen in den Untergrund, da Polymerisatharz in Lösemitteln (z. B. Testbenzin) gelöst ist • Sehr gute Haftung auch auf glatten, dichten Untergründen • Kein Durchschlagen von wasserlöslichen Verschmutzungen oder Nikotinablagerungen (in Innenräumen) • Einsatz auch auf durch Ruß und Industrieabgase verschmutzten Flächen • Einsatz auf Flächen mit Salzausblühungen • Können bei Temperaturen unter 5 °C verarbeitet werden, da die Lösemittel auch unter 0 °C verdunsten, ohne zu gefrieren • Hohe CO_2-Dichtigkeit (s_d-CO_2 > 50 m); Schutz des Stahlbetons vor Carbonatisierung • Wasserdampfbremsend (s_d-H_2O = 0,5 m bis 2,0 m); bei Betonschutz s_d-H_2O < 4 m

Fassadenbeschichtungssysteme (Fortsetzung)	
Gruppe	Zusammensetzung/Eigenschaften/Einsatzgebiete
Polymerisatharzfarben	• Geringe kapillare Wasseraufnahme ($w < 0{,}1\ kg/m^2 \cdot h^{0{,}5}$) • Gute Dehnbarkeit und Rissüberbrückung nach DIN EN 1062-7 • Erhärtung der Polymerisatharzfarben erfolgt physikalisch durch Verdunsten des Lösemittels

Erkennung der vorhandenen Altbeschichtung auf Fassaden				
Beschichtungssystem	Ritztest	Löseprobe	Benetzungsprobe mit Wasser	Abbeizprobe
Reinsilikatfarbe	Spröde	Keine Anlösung durch Testbenzin und Nitroverdünnung	Dunkelfärbung der benetzten Stelle	Werden von Abbeizern nicht angegriffen
Dispersionssilikatfarbe	Spröde	Nitroverdünnung löst an; Betropfen mit Salzsäure zeigt schwaches Aufschäumen	Schwache Dunkelfärbung der benetzten Stelle	Werden von Abbeizern nur schwach angelöst (weich)
Dispersionsfarbe	Span	Nitroverdünnung löst an	Keine Dunkelfärbung der benetzten Stelle	Werden von Abbeizern stark angelöst (kräuseln)
Silikonharzfarbe	Span	Nitroverdünnung löst leicht an	Wasser perlt stark ab	Werden von Abbeizern angelöst (kräuseln)
Polymerisatharzfarbe	Span	Testbenzin und Nitroverdünnung lösen stark an	Wasser perlt ab	Werden durch Abbeizer sofort weich

Wärmedämmstoffe — **DIN 4108-10:**2021-11, **DIN EN 13501-1:**2019-05, **DIN 4102-16:**2021-01, **DIN EN ISO 9229:**2020-10			
Ökologische Wärmedämmstoffe			
Dämmstoff	Herstellung/Entsorgung/Schadstoffe	Einsatzbereiche	Eigenschaften
Kork DIN EN 13170: 2015-04	• Rinde der Korkeiche • Recycling-Kork einsetzbar, z. B. aus Korken • Nachwachsender Rohstoff, aber nicht unbeschränkt verfügbar (Bäume können alle 8 bis 12 Jahre abgeerntet werden) • Relativ lange Transportwege (Hauptanbaugebiet ist Portugal) • Vollständig wiederverwertbar • Imprägnierte Korkplatten nicht im Innenraum verwenden, je nach Bindemittel können verschiedene Schadstoffe entweichen	• Schüttfähig als Naturkorkgranulat oder Blähkork, expandierte Backkorkplatten • Platten für Innenwände, Böden, hinterlüftete Fassaden und im Dachgeschoss • Granulat wird in Hohlräume von Böden, Decken und Wänden geschüttet	• Bei Durchfeuchtung verrottungs- und fäulnisfest, aber Pilzbefall möglich • Wärmeleitfähigkeit $\lambda = 0{,}045$ bis $0{,}050\ W/(m \cdot K)$ • Wasserdampfdiffusionswiderstand $\mu = 5/10$
Schafwolle	• 100 % reine Schafschurwolle als Schafwoll-Vliesbahnen • 50 % Schafschurwolle und 50 % recycelte Altwolle als Schafwoll-Filze • Schafwoll-Vliesbahnen sind wiederverwertbar • Sehr leicht verarbeitbar und einpassbar	Einsatzbereich der Vliesbahnen vergleichbar mit konventionellen Mineralfasermatten (geforderte Baustoffklasse beachten)	• Borax (Zusatzstoff) ist insekten- und schimmelpilzfeindlich • Nicht sehr anfällig für Feuchtigkeit und Nässe

Wärmedämmstoffe (Fortsetzung) **DIN 4108-10:**2021-11, **DIN EN 13501-1:**2019-05, **DIN 4102-16:**2021-01, **DIN EN ISO 9229:**2020-10

Ökologische Wärmedämmstoffe

Dämmstoff	Herstellung/Entsorgung/Schadstoffe	Einsatzbereiche	Eigenschaften
Schafwolle	• Entsorgung muss über Müllverbrennungsanlagen erfolgen (Imprägnierung mit Borax und Harnstoffderivaten) • Schafwolle ist nachwachsend, aber begrenzt vorhanden	Filzmatten sind auch als Ersatz für PUROrtschaumstoffe an Fenster- und Türanschlüssen geeignet	• Wärmeleitfähigkeit $\lambda = 0{,}040$ bis 0,045 W/(m · K) • Wasserdampfdiffusionswiderstand $\mu = 1/2$
Baumwolle	• Rohmaterial ist langfaserige Rohbaumwolle (besteht überwiegend aus Cellulose) • Auf Pestizidrückstände achten (Pestizideinsatz ist ökologisches Problem in Anbauländern) • Baumwolle gibt es als Vliesbahn und flockenförmig als Blaswolle • Baumwolldämmstoff ist wiederverwertbar • Entsorgung muss in Müllverbrennungsanlagen erfolgen (Borsalze)	• Baumwollbahnen bieten sich wie Schafwolle besonders zur Dämmung in Leichtbaukonstruktionen an • Auch zur Trittschall-Dämmung geeignet • Baumwolle flockenförmig als Blaswolle (rüttelfest) in Konkurrenz zu Isofloc (Zellulose)	• Aufgrund der natürlichen Wachsschicht sehr beständig • Da Baumwolle mit Borax besprüht wird, ist ein Insekten- und Schimmelpilzbefall nicht zu befürchten • Wärmeleitfähigkeit $\lambda = 0{,}040$ W/(m · K) • Wasserdampfdiffusionswiderstand $\mu = 1/2$
Zellulose DIN EN 15101-1, -2:2013-12	• Altpapier wird durch Mahlen und Zerfasern zerkleinert und nach Zugabe von Borsalzen leicht verdichtet (wegen Borgehalt nicht auf Bauschuttdeponien ablagern) • Verarbeitung von Fachfirmen (Aufblas-, Einblas- und Sprühverfahren) • Keine Kontrolle beim Einblasverfahren, ob alle Hohlräume ausgefüllt sind	• Kann in Form von Flocken, Papierschnipseln oder Zellulosewolle verarbeitet werden • Kann in allen üblichen Hüllflächen eingesetzt werden, die nicht an das Erdreich grenzen	• Besonders auf Wind- und Wasserdichtigkeit achten (Borsalze dürfen nicht ausgewaschen werden) • Wärmeleitfähigkeit $\lambda = 0{,}040$ bis 0,045 W/(m · K) • Wasserdampfdiffusionswiderstand $\mu = 1/2$
Blähperlit	• Vulkanisches Gestein Perlit wird zerkleinert und erhitzt, dabei bläht es sich auf und vergrößert sein Volumen (Korngrößen bis 6 mm) • Das entstandene weiße Granulat wird Perlite genannt • Perlite kann hydrophobiert (Hyperlite) und staubgebunden (Superlite Staubex) werden • Perlite-Schüttungen sind wiederverwertbar	• Als Schüttmaterial in Säcken • Zum Ausfüllen von waagerechten Hohlräumen (Decken und Fussböden) • Kerndämmung in zweischaligem Mauerwerk • Ausgleichsschüttungen unter Estrich	• Hydrophobierte Perlite kann Wasser nicht kapillar transportieren • Baustoffklasse A1 • Wärmeleitfähigkeit $\lambda = 0{,}050$ W/(m · K) • Wasserdampfdiffusionswiderstand $\mu = 2/3$
Hanffasern (Thermohanf)	• Besteht aus Hanffasern (80–85 %) und Stützfasern (10–15 %) und 3–5 % Soda als Brandschutz • Volldeklaration aller Inhaltsstoffe	• Dämmung der Aussen- und Innenwände in Holzrahmen- und Holzständerbauweise, Metallständerwänden • Zwischensparrendämmung	• kein Schimmelwachstum feststellbar • Baustoffklasse B2 • Wärmeleitfähigkeit $\lambda = 0{,}040$ W/(m · K) • Wasserdampfdiffusionswiderstand $\mu = 1/2$

Wärmedämmstoffe (Fortsetzung) **DIN 4108-10:**2021-11, **DIN EN 13501-1:**2019-05, **DIN 4102-16:**2021-01, **DIN EN ISO 9229:**2020-10

Dämmstoff	Herstellung/Entsorgung/Schadstoffe	Einsatzbereiche	Eigenschaften
Ökologische Wärmedämmstoffe			
Schaumglas DIN EN 13167: 2015-04	• Aus Quarzsand, Kalifeldspat, Kalk, Soda und Eisenoxid wird Glas hergestellt und gemahlen • Zusammen mit Kohlenstoff wird das Glaspulver auf Temperaturen bis 1 000 °C erhitzt • Bei diesem Prozess entsteht u. a. CO_2 und das Material wird aufgeschäumt (geschlossene Zellstruktur ohne kapillare Verbindungen) • Schaumglasblock kann u. a. in Platten geschnitten werden	• Perimeterdämmung für erdreichberührende Außenwände (mit schützender Beschichtung versehen) • Verklebung mit Heißbitumen (Gesundheitsschutz beachten) • Im Außenbereich einzusetzen • Wärmedämmung u. a. für Flachdächer	• Praktisch dampfdicht • Wärmeleitfähigkeit $\lambda = 0{,}040$ bis $0{,}055$ W/(m · K) • Feuchtigkeitsbeständig, aber nicht gleichzeitig frostunempfindlich • Chemikalienbeständig • Baustoffklasse A1 • Wasserdampfundurchlässig
Mineralschaum	• Quarzmehl, Zement, Kalkhydrat in unterschiedlichen Gewichtsanteilen • Zusatz von Hydrophobierungsmittel auf Wasserbasis < 2 % • Verarbeitungsreste können zerkleinert als Füllmaterial verwendet werden	• WDVS für Alt- und Neubauten mit ebenen, trockenen, tragfähigen Untergründen • Verdübelungsfrei bis 100 m Gebäudehöhe bei tragfähigem Untergrund	• Baustoffklasse A2 • Rein mineralisch und faserfrei • Wärmeleitfähigkeit $\lambda = 0{,}045$ W/(m · K) • Durch Hydrophobierung geringer Wasseraufnahmewert • Wasserdampfdiffusionswiderstand $\mu = 5$
Konventionelle Dämmstoffe			
Dämmstoff	**Herstellung/Entsorgung/Schadstoffe**	**Einsatzbereiche**	**Eigenschaften**
Mineralfaser DIN EN 13162: 2015-04 (auch: Mineralwolle, Glaswolle, Steinwolle)	• Unterteilt in Glasfaser, Steinfaser, Schlackefaser und Keramikfaser • Glasfaserstoffe bestehen aus bis zu 70 % Altglas, Quarzsand, Soda, Dolomit, Kalkstein, Chemikalien und Flussmitteln • Steinfaserstoffe bestehen aus natürlichem Sediment- und Eruptivgestein wie Basalt und Diabas • Rohstoffe werden geschmolzen, dann werden durch Ziehen, Schleudern oder Blasen Fasern mit Dicken zwischen 2 bis 20 µm erzeugt • Fasern werden nach Zugabe von Bindemitteln weiterverarbeitet • Mineralfasern können nicht wiederverwertet werden und sind nicht biologisch abbaubar • Müssen auf Deponien gelagert werden • Entsorgungsunternehmen	• Dämmung von Massivmauerwerk (außen) • Wärme- und Trittschalldämmung von Fußböden • Einsatz im Trockenbau (besonders Steinwolle u. a. Rockwool, wegen günstigem Brandverhalten) • Beim Einbau auf besondere Wind- und Wasserdichtigkeit achten (Dampfbremse) • auf Kanzerogenitätsindex mit wenigstens KI 40 achten	• Besondere Schutzmaßnahmen bei der Verarbeitung (Filtermasken tragen) • Mineralfaserstaub enthält lungengängige Fasern, die möglicherweise krebserregend sind • Freisetzung von Fasern minimieren • Schmelzpunkt der Steinwolle liegt bei über 1 000 °C, somit wird bei einem Brand die Baukonstruktion geschützt • Wärmeleitfähigkeit $\lambda = 0{,}030$ bis $0{,}045$ W/(m · K) • Wasserdampfdiffusionswiderstand $\mu = 1/2$

Wärmedämmstoffe (Fortsetzung) **DIN 4108-10:**2021-11, **DIN EN 13501-1:**2019-05, **DIN 4102-16:**2021-01, **DIN EN ISO 9229:**2020-10

Dämmstoff	Herstellung/Entsorgung/Schadstoffe	Einsatzbereiche	Eigenschaften
Konventionelle Wärmedämmstoffe			
Polyurethan-Hartschaum DIN EN 14320-1: 2013-04	• Rohstoffbasis ist Erdöl • Flüssige Hauptkomponenten Polyol und Polyisocyanat werden zusammen mit Reaktionsbeschleunigern, Flammschutzmitteln, Treibmitteln und Schaumstabilisatoren in Mehrkomponentenmaschinen über Mischköpfe homogen vermischt • Gemisch kann entweder in eine Form (Blockschaum) oder zwischen Träger- und Deckschichten eingebracht werden (Platten) • Umweltbelastung durch Entweichen der Polyisocyanate und Treibmittel und den Transport des Rohöls • Entsorgung auf Sondermülldeponien oder -verbrennung	• PUR-Hartschaumplatten werden eingefärbt und mit Deckschichten (z. B. Gipsbauplatte, Folien, Vlies) angeboten • Einsatz in allen Dachtypen, in Fußböden und für Wände • Fenster- und Türanschlüsse sowie kleinere Hohlräume können mit PUR-Montageschaum abgedichtet werden • Abdichtung von Hohlräumen bei Wärmdämmverbundsystemen	• Hohe Temperatur- und Feuchtigkeitsbeständigkeit (nicht UV-beständig) • Schimmel- und fäulnisfest • Bei der Verarbeitung können gesundheitsschädliche Stäube entstehen (Filtermasken tragen) • Beim Brand entstehen toxische Gase • Baustoffklasse B1 • Wärmeleitfähigkeit $\lambda = 0{,}020$ bis 0,035 W/(m · K) • Wasserdampfdiffusionswiderstand $\mu = 30/100$
Polystyrol DIN EN 13163: 2017-02 DIN EN 13164: 2022-02 DIN 55699: 2017-08	• Aus Rohöl wird durch Destillation Styrol gewonnen und durch Polymerisation weiterverarbeitet • Expandierten Partikelschaum (EPS) erhält man aus blähfähigen Polystyrolpartikeln, die bei 100 °C mit Pentan vorgeschäumt werden, danach erfolgt eine Behandlung bei 110 bis 120 °C mit Wasserdampf, die Partikel blähen weiter auf und werden zu einem homogenen Gefüge verschweißt • Extruderschaum (XPS) erhält man aus flüssigem Polystyrol (aufgeschmolzen im Extruder), das mit Treibmitteln aufgeschäumt und durch Düsen in die gewünschte Dicke gepresst wird • Polystyrolmaterial ist nicht verrottbar (fachgerecht entsorgen)	• Dämmstoffe aus Polystyrol werden als Platten in unterschiedlichen Abmessungen geliefert • u. a. Einsatz als Dachmantelsystem für die Dämmung über und zwischen den Sparren • Einsatz als Wärmedämm-Verbundsystem • Einsatz zur Dämmung der Kellerdecke und als vertikale Perimeterdämmung für die Kelleraußenwand • Trittschalldämmung unter schwimmendem Estrich	• Gegen Durchfeuchtung ist Polystyrol unempfindlich • Im Brandfall entstehen giftige Gase • Baustoffklasse B1 • Wärmeleitfähigkeit EPS $\lambda = 0{,}035$ bis 0,040 W/(m · K) XPS $\lambda = 0{,}030$ bis 0,035 W/(m · K) • Wasserdampfdiffusionsfähigkeit EPS $\mu = 20/100$ XPS $\mu = 80/250$
Innovative Wärmedämmstoffe			
Vakuumdämmplatte (VIP: Vakuum-Isolations-Paneel)	• Kern + Folienummantelung • Kern besteht aus einem gepressten Pulver, Hauptbestandteil mikroporöse Kieselsäure • Kern wird mit einer gas- und wasserdampfdichten, metallisierten Kunststoffverbundfolie umhüllt (Vakuum)	• Platten und Massanfertigungen (Verlegepläne) • nachträgliches Schneiden oder Sägen nicht möglich • Fußboden-, Dach- und Wanddämmung	• Plattenstärken ab 10 mm • Kern ist nicht brennbar (Brandschutzklasse A1) • Wärmeleitfähigkeit: ca. $\lambda = 0{,}005$ W/(m · K) (abhängig vom Plattenaufbau) • bauaufsichtliche Zulassungen beachten

Umweltproduktdeklaration — **DIN EN ISO 14025:**2011-10, **DIN EN 15804:**2020-03

Grundlagen	• Die beiden Wärmedämmverbundsystemen (WDVS) verwendeten Dämmplatten und Materialien werden in diesem Dokument bilanziert. • Die Umweltdaten des jeweiligen WDVS werden genau betrachtet. • Berücksichtigt werden z. B. die Energieeinträge, um die Dämmplatte herzustellen, zu transportieren und zu montieren.
Besonderheiten	• Bei der Umwelterklärung geht es um das Verhalten der Materialien in der Umwelt. • Diese Erklärung ist nicht zu verwechseln mit der Energieeinsparverordnung und dem Beitrag des WDVS zu einem geringeren Energieverbrauch des Hauses.

Betrachtung des Lebensweges eines WDVS

1	Produktstadium	Rohstoffherstellung, Transportwege
2	Montage des WDVS	Transport vom Lager zur Baustelle, Montage vor Ort
3	Nutzung des WDVS	Instandhaltung, Reparatur, Energieverbrauch trotz WDVS
4	Entsorgungsstadium	Abriss, Transport zur Abfallbehandlung, Verwertung

Hinweis: Bei der Errechnung der Auswirkungen eines WDVS auf die Umwelt werden standardisierte Daten verwendet. Die Ermittlung von Daten für ein einzelnes Haus ist nicht möglich.

Vereinfachte Darstellung einer Umweltbilanz
für ein Einfamilienhaus mit einer Fassadenfläche von 300 m² und 16 cm Dämmung

Betrachteter Wert	Einheit	Mineralwoll-System	Polystyrol-System	Hanf-System
Verbrauch an Primärenergie „PEI" (Öl, Gas, Stom)	kWh	34 240	20 800	13 100
Treibhauspotenzial	kg CO_2	11 100	3 200	3 400
Bodenversauerung	kg SO_2	81	11	10
Sommersmog	kg C_2H_4 (Ethen)	24	5	3
Überdüngung	kg PO_4 (Phosphat)	18	2	2,2
Ergebnis	Das Mineralwollplattendämmsystem schneidet bei der Umweltbilanz schlechter ab als das extrudierte Polystyrol-System (EPS) und das Hanf-System.			

Ökologischer Vergleich der Dämmstoffe in einer Grafik

Das Mineralwoll-System ist mit 100 % gleichgesetzt worden.

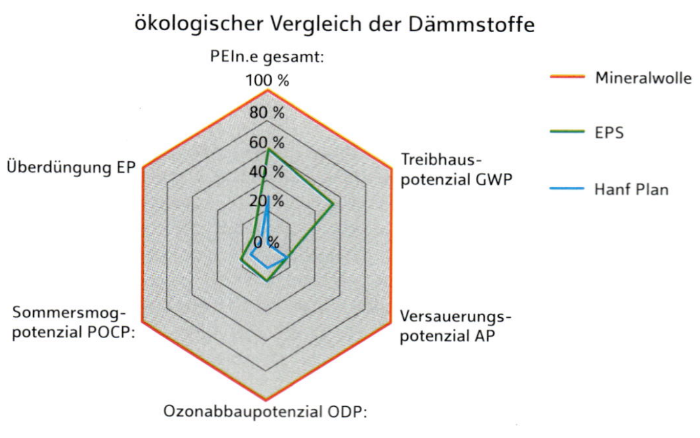

Fugendichtstoffe

Fugendichtstoffe sind Werkstoffe zum Abdichten von Fugen. Hier wird unterschieden zwischen Dichtstoffmassen und Fugenbändern. Nach DIN 52460:2015-12 „Prüfung von Materialien für Fugen- und Glasabdichtungen im Hochbau, Begriffe" werden die Dichtstoffe in drei Gruppen unterteilt.

Harte (härtbare) **Dichtstoffe** werden im plastischen Zustand verarbeitet und erhärten durch den Trocknungsprozess.

Bezeichnung	Zusammensetzung	Eigenschaften	Einsatzbereiche
Leinölkitt	Leinöl, Trockenstoffe und Kreide	• Erhärten durch chemische Verbindung mit Sauerstoff • Versprödet nach längerer Zeit	• Für gering beanspruchte Fensterverglasung • Gute Überstreichbarkeit (nach ½ Jahr)
Bitumenmasse	Bitumen und Füllstoffe	• Erhärtet durch Erkalten • Reagiert thermoplastisch Nicht lösemittelbeständig	• Für gering belastete Fußbodenfugen • Nicht überstreichbar

Plastische Dichtstoffe bleiben auch nach dem Trocknungsprozess plastisch, geben der Bewegung nach und bleiben in der Form bis eine neue Verformung stattfindet.

Bezeichnung	Zusammensetzung	Eigenschaften	Einsatzbereiche
Polyacrylat-Dispersion	In Wasser dispergiertes oder in Lösemitteln gelöstes Polyacrylat mit Pigmenten, Füllstoffen, Weichmachern, Viskositätskorrigentien und Haftmitteln	• Verfestigung erfolgt durch Verdunsten des Wassers oder Lösemittels bei normalen Temperaturen und „verschmelzen" der Kunststoffteilchen (kalter Fluss) • Alterungsbeständig • Reagiert thermoplastisch • Regeneinfluss vor der Hautbildung problematisch	• Für Bauwerksfugen, die nur geringen Bewegungskräften ausgesetzt sind • Bei starker Belastung der Fugenflanken besteht Abrissgefahr • Nicht geeignet für Dauerbelastung durch Wasser • Nach Herstellerangaben überstreichbar
Butylkitte	Butylkautschuk mit Lösemitteln, Ölen, Weichmachern, Pigmenten und Füllstoffen	• Verfestigung erfolgt durch Verdunsten des Lösemittels • Reagiert thermoplastisch • Geringe Alterungsbeständigkeit	Abdichtungen im Innenbereich mit geringer Beanspruchung

Elastische Dichtstoffe werden plastisch geliefert und gehen durch einen chemischen Trocknungsprozess in den dauerelastischen Zustand über; dadurch werden Bewegungskräfte in Rissen und Fugen besonders gut aufgefangen.

Bezeichnung	Zusammensetzung	Eigenschaften	Einsatzbereiche
Silikonkautschuk	Silikonharz, Weichmacher, Katalysatoren, Pigmente und Füllstoffe; Unterscheidung nach Vernetzungscharakter in alkalisch (Amin-System), sauer (Acetat-System) und neutral reagierende Systeme	• Übergang in den dauerelastischen Zustand durch Reaktion mit der Luftfeuchtigkeit • Temperaturbeständig • Hohe Alterungsbeständigkeit • Gute Lösemittel- und Chemikalienbeständigkeit • Sehr hohe Elastizität	• Versiegelung bei Verglasungen • Abdichten von Fassadenelementen mit größeren Dehnungen • Anschlussfugen im Sanitärbereich • Nicht überstreichbar (bis zu 1 mm auf der Dichtstoffoberfläche beschneiden)
1-K-Polyurethane	Polyurethane, Weichmacher, Katalysatoren, Pigmente und Füllstoffe	• Übergang in den dauerelastischen Zustand durch Reaktion mit der Luftfeuchtigkeit • Gute Lösemittel- und Chemikalienbeständigkeit • Alterungsbeständigkeit	• Abdichtung von Fassadenelementen • Verklebungen

Fugendichtstoffe (Fortsetzung)

Elastische Dichtstoffe (Fortsetzung)

Bezeichnung	Zusammensetzung	Eigenschaften	Verarbeitungshinweise
2-K-Polyurethan	Stammkomponenten: Polyalkohole, Weichmacher, Katalysatoren, Pigmente und Füllstoffe Härter: Polyisocyanate	• Übergang in den dauerelastischen Zustand durch chemische Reaktion der beiden Komponenten • Gute Chemikalien- und Lösemittelbeständigkeit • Gute Alterungsbeständigkeit • Nur bedingt überstreichbar	• Hohe Luftfeuchtigkeit kann den Reaktionsverlauf stören • Lieferform: Zwei Komponenten in getrennten Gebinden; unmittelbar vor der Verarbeitung mischen • Abdichtung von Fassadenelementen und anderen Baustoffen
1-K-Polysulfid	Polysulfide, Weichmacher, Katalysatoren, Haftvermittler, Pigmente und Füllstoffe	• Übergang in den dauerelastischen Zustand durch Reaktion mit der Luftfeuchtigkeit • Gute Chemikalien- und Lösemittelbeständigkeit • Gute Alterungsbeständigkeit	Versiegelung von Fensterscheiben, Fassadenelementen und Sanitärfugen
2-K-Polysulfid	Stammkomponenten: Polysulfide, Weichmacher, Katalysatoren, Pigmente und Füllstoffe Härter: Blei-, Mangandioxid und Peroxide	• Übergang in den dauerelastischen Zustand durch chemische Reaktion der beiden Komponenten • Gute Chemikalien- und Lösemittelbeständigkeit • Gute Alterungsbeständigkeit	• Lieferform: In Kartuschen mit getrennten Komponenten; unmittelbar vor der Verarbeitung mischen • Versiegelung von Fensterscheiben, Fassadenelementen und Sanitärfugen

Unterteilung der Dichtstoffe — DIN EN ISO 11600:2011-11, DIN EN 15651-1 bis 5:2017-07

Plastische Dichtstoffe	Elastische Dichtstoffe
Plastische Dichtstoffe härten nicht vollständig aus und behalten das plastische Verhalten. Das Rückstellvermögen der plastischen Dichtstoffe ist gering. Verformungen sind dauerhaft. Der Einsatz ist deshalb nur eingeschränkt möglich.	Das Rückstellvermögen der elastischen Dichtstoffe ist gut. Nach der Vernetzung zeigen sie ein gummielastisches Verhalten (große Bruchdehnung und kleines E-Modul[1]). Verformungen bilden sich zurück, solange die maximale Dehnung/Stauchung das Höchstmaß nicht überschreitet.

	Ausgangslage	
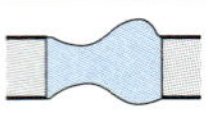	Stauchung	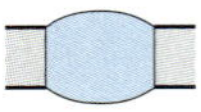
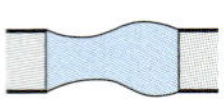	Rückgang in Ausgangslage	
	Dehnung	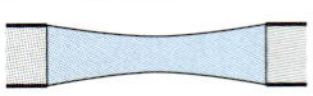
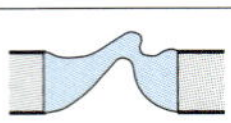	Rückgang in Ausgangslage	
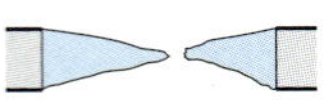	Dehnung	

1) Nach dem hookeschen Gesetz ist das Verhältnis von flächenbezogener Kraft (Spannung) und der relativen Verlängerung (Dehnung) eine Konstante. Diese wird als Elastizitätsmodul (E-Modul) bezeichnet. Je kleiner das E-Modul, umso elastischer verhält sich das Material.

Unterteilung der Dichtstoffe (Fortsetzung)

Rückstellvermögen und Beschichtung

Einteilung nach IVD-Merkblatt 2	Gesamt-verformung	Rückstell-vermögen	Dichtstoffsystem	Beschichtung
Elastisch	20 bis 25 %	≥ 70 %	Silikone, Polyurethane, Polysulfide, Acryldispersion, MS-Polymer	max. 1 mm im Randbereich
Plasto-elastisch	15 bis 20 %	≥ 40 % < 70 %	Acryldispersion	max. 1 mm im Randbereich
Elasto-plastisch	5 bis 10 %	≥ 20 % < 40 %	Acryldispersion	Vollflächige Beschichtung möglich
Plastisch	0 bis 5 %	< 20 %	Acryllösemittel	Vollflächige Beschichtung möglich

Beschichtungsverträglichkeit und Überstreichbarkeit von Dichtstoffen **DIN 52460:**2015-12, **DIN 52452-4:**2015-12

Beschichtungsverträglich ist ein Fugendichtstoff, der zur Abdichtung von mit Beschichtungsstoffen beschichteten Bauteilen verwendet werden kann, ohne dass sich schädigende Wechselwirkungen zwischen dem Dichtstoff, der Beschichtung und dem angrenzenden Bauteil ergeben (DIN 52460).
Überstreichbar ist ein Fugendichtstoff, der ganzflächig überdeckend mit einem oder mehreren Anstrichen beschichtet werden kann, ohne dass sich schädigende Wechselwirkungen ergeben (DIN 52460).

Fugenbänder

Fugenbänder sind Bandmaterialien zur Überdeckung von Fugen. Sie werden in unterschiedlicher Dicke und Breite als plastische, selbstklebende oder elastische, nicht selbstklebende Meterware angeboten.

Plastische Fugenbänder	Butylkautschuk	• Vorkomprimiert • Selbstklebend (Haftung auf fast allen Untergründen)	• Preiswerte Alternative zu Dichtstoffmassen, wenn Fugen sehr breit sind
Elastische Fugenbänder	Polyurethan, Polysulfid oder Silikon	• Werden mit zum System gehörenden Klebstoffen aufgeklebt	• Anwendung auch auf alten aufgerissenen Fugen über Altdichtstoff

Grundsätze für das Abdichten von Fugen **DIN 18540:**2014-09, **DIN 18545:**2022-01, **DIN 4108-3:**2018-10, **DIN EN 15651-1 bis -5:**2017-07, **DIN EN ISO 11600:**2011-11, **BFS-Merkblätter Nr. 18, 23**

Zur funktionsfähigen Abdichtung mit Dichtstoffen müssen konstruktive und verarbeitungstechnische Voraussetzungen gegeben sein bzw. beachtet werden. Die Auswahl des Dichtstoffes richtet sich nach besonderen Beanspruchungen bzw. den Forderungen des Wärmeschutzes (GEG, DIN 4108), Schallschutzes (DIN 4109), Feuchteschutzes (DIN 4108) und Brandschutzes (DIN 4102).

Belastungen, die der Dichtstoff dauerhaft, ohne zu reißen aufnehmen muss (Auswahl):

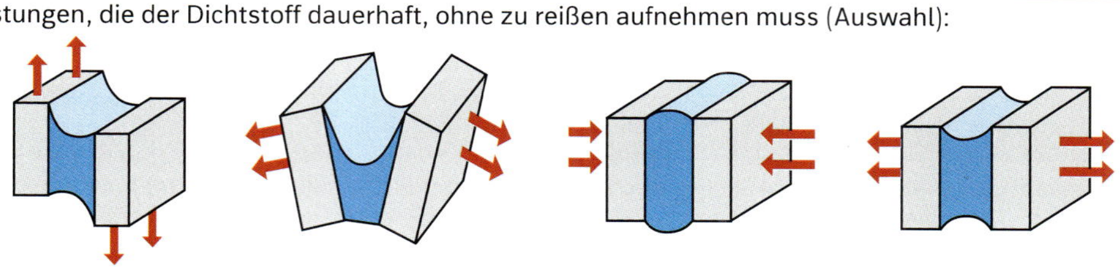

An den vorhandenen Haftflächen darf die Haftung des Dichtstoffes nicht durch z. B. Verschmutzungen oder Imprägnierungen beeinträchtigt sein. Der Dichtstoff kann die auftretenden Scher-, Dehn- und Stauchbewegungen sonst nicht aufnehmen und verliert seine abdichtende Funktion. Die Funktionstüchtigkeit des Dichtstoffes muss über Jahre erhalten bleiben (Alterungsbeständigkeit unter üblichen klimatischen Bedingungen und Umwelteinflüssen).

Konstruktion der Fugen

Die Bewegungsmöglichkeit des Dichtstoffes in der Fuge darf nicht beeinträchtigt werden. Der Dichtstoff darf nur an zwei Fugeninnenflächen (Fugenflanken) haften. Die Fugenflanken sollten sich nahezu gegenüberliegen, damit der Dichtstoff die Bewegungen des Bauteils auch aufnehmen kann. Die Nichtbeachtung führt zum Reißen oder zum Ablösen des Dichtstoffes von den Fugenflanken.

Dreiflankenhaftung vermeiden (Hinterfüllung mit Schaumprofil oder Trennfolie benutzen)

Richtig	Falsch	Richtig	Falsch
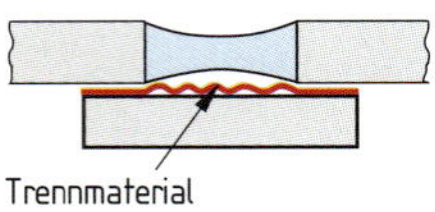	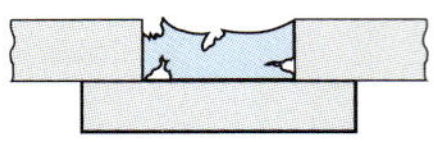	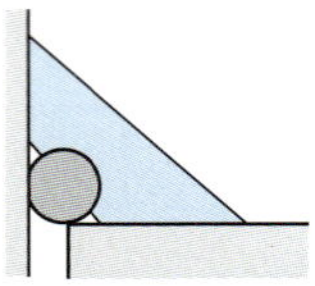	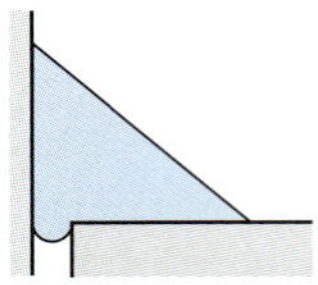

Fugendimensionierung — DIN 18540:2014-09 (Abdichten von Außenwandfugen)

In der DIN 18540 sind die Fugenmaße für Betonbauteile in Abhängigkeit der auftretenden Bewegungen und bei Verwendung eines Dichtstoffes mit einer zulässigen Gesamtverformung von 25 % angegeben. Die Fugenflanken müssen doppelt so tief wie breit sein und mindestens 30 mm parallel verlaufen, damit das Hinterfüllmaterial genügend Halt bekommt.

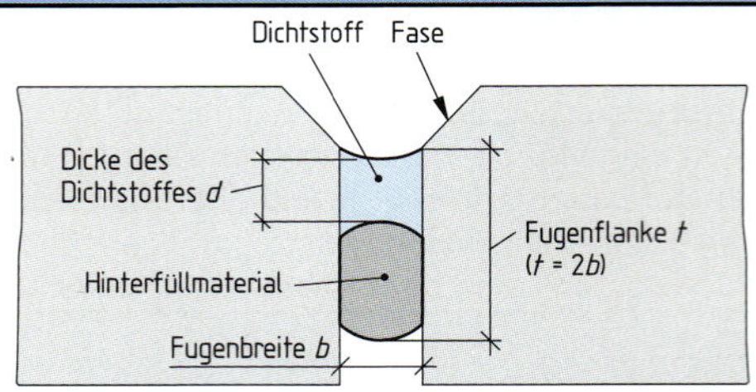

Maße der Fugen und Fugenabdichtung

Abstand zwischen den Fugen in m	bis 2,00	bis 3,50	bis 5,00	bis 6,50	bis 8,00
Fugenbreite Nennmaß für die Planung in mm Mindestmaß zum Zeitpunkt der Fugenabdichtung in mm	15 10	20 15	25 20	30 25	35 30
Dicke des Fugendichtstoffes einschließlich Volumenschwund in mm zulässige Abweichung in mm	8 ± 2	10 ± 2	12 ± 2	15 ± 3	15 ± 3

Verarbeitung von Fugenbändern — DIN 18197:2018-01, DIN 7865-1, -2:2022-08, -3:2020-08

Unter bestimmten Voraussetzungen kann es sinnvoll sein, Fugenbänder einzusetzen, u. a wenn durch mangelnde Festigkeit und Oberflächenbeschaffenheit der Baustoffe im Fugenbereich eine ausreichende Haftung von spritzbaren Dichtstoffen nicht gewährleistet werden kann, bei starkem Fugenversatz und stark schwankenden Fugenbreiten oder Gebäudetrennfugen.

Zu verklebende Elastomer-Fugenbänder z. B. auf die Bauteiloberfläche	Vorkomprimierte imprägnierte Dichtbänder (selbstklebend)
• Die Auswahl des Bandes richtet sich nach der Fugenbreite, der Fugenkonstruktion und der zu erwartenden Belastung in der Fuge und der Profilierung des Fugenbandes (IVD-Merkblatt Nr. 4) • Das Verhältnis Klebefläche zu Bandbreite ist den Herstellerangaben zu entnehmen • Klebeflächen gründlich von Verschmutzung reinigen	• Die Banddicke sollte der Fugenbreite entsprechen bzw. diese nur geringfügig unterschreiten • Der Anpressdruck erfolgt über das Rückstellvermögen (bis zum 5-Fachen der ursprünglichen Dicke, vorkomprimiert) • Bei direkter Bewitterung mit Profil abdecken (Herstellerangaben) • Nur bedingt überstreichbar (Herstellerangaben)

Brandverhalten von Baustoffen und Bauteilen

Nach DIN 4102 – **Brandverhalten von Baustoffen und Bauteilen** – und nach DIN EN 13501 – Klassifizierung von Bauprodukten und Bauarten zu ihrem Brandverhalten – werden alle Baustoffe in Baustoffklassen unterteilt. Zusätzlich zum Brandverhalten werden die Branderscheinungen wie Rauchentwicklung (smoke s1-s3) und brennendes Abtropfen/Abfallen (droplets d0-d2) in Klassen eingeteilt.

Baustoff-klasse	Benennung	Beispiele
A	**nicht brennbare Baustoffe**	
A 1	100 % anorganischer Bestandteil	Beton, Kalkstein, Ziegel, Metalle
A 2	geringer Anteil organischer Bestandteile	Steinwolle, Gipsbauplatte nach DIN 18180 Mineralfaserplatten mit Prüfzeichen
B	**brennbare Baustoffe**	
B, C	schwer entflammbare Baustoffe	mineralisch gebundene Holzwolle, Leichtbauplatten
D, E	normal entflammbare Baustoffe	Holz und Holzwerkstoffe > 2 mm Dicke
F	leicht entflammbare Baustoffe	Holz < 2 mm Dicke

Feuerwiderstandsklassen — **DIN EN 1363-1:**2020-05, **-2:**1999-10, **DIN 4102**

Feuerwiderstandsdauer: Zeitdauer von der Einwirkung der Hitze bis zum Versagen des Bauteils.

Feuerwiderstandsklassen	Feuerwiderstandsdauer	Benennung
F 30	> 30 Minuten	feuerhemmend
F 60	> 60 Minuten	feuerhemmend
F 90	> 90 Minuten	feuerbeständig
F 120	> 120 Minuten	feuerbeständig
F 180	> 180 Minuten	hoch feuerbeständig

Dämmschichtbildende Brandschutzbeschichtung (Intumeszenz-Flammschutzsysteme)

Brandschutzbeschichtungen müssen generell durch das Deutsche Institut für Bautechnik (DIBt) bauaufsichtlich zugelassen sein (gültiger Prüfbescheid muss vorliegen). Die Zulassung erfordert eine Prüfung des Brandverhaltens des Beschichtungsmaterials nach DIN 4102-1 bis 18 in Kombination mit entsprechenden Bauteilen (Systemprüfung). Dämmschichtbildende Brandschutzbeschichtungen entwickeln bei Einwirkung von Feuer und hohen Temperaturen (ab 150 °C) eine mikroporöse und nicht brennbare Kohledämmschicht. Ausgehend von 200 bis 300 µm Trockenschichtdicke schäumt die Brandschutzbeschichtung auf die 50- bis 100-fache Dicke auf; wirkt wärmeisolierend und schützt die darunterliegenden Bauteile vor weiterer Aufheizung.

Brandschutz von Stahlbauteilen

- Durch Brandschutzbeschichtungen kann bei Stahlbauteilen die Feuerwiderstandsklasse „feuerhemmend F 30" nach DIN 4102 erreicht werden
- **Direkter** Brandschutz durch die Verwendung von Brandschutzbeschichtungen und **indirekter** Brandschutz durch Abschirmung (z. B. durch Unterdecken möglich)
- Unterschieden werden müssen Beschichtungen für **normale** Luftfeuchtigkeit und für **erhöhte** Luftfeuchtigkeit; ausgenommen sind jeweils die Anwendungsbereiche, bei denen die Bauteile ständiger sehr hoher Luftfeuchtigkeit, Nässe und stark aggressiven Gasen ausgesetzt sind

Brandschutz von Holzbauteilen

- Brandschutzbeschichtungen auf Holzbauteilen haben die Aufgabe, aus Holz, einen schwerentflammbaren Baustoff der Klasse B1 zu machen
- Einsatz auf Vollholz sowie auf Holzwerkstoffen mit einer Dicke > oder gleich 12 mm
- Auch transparente Beschichtung möglich, wenn die Holzmaserung erhalten bleiben soll
- Ausschließlich in trockenen Innenräumen anzuwenden

Dämmschichtbildende Brandschutzbeschichtung (Fortsetzung)

Brandschutz bei Stahlbauteilen	Brandschutz von Holzbauteilen
• Die Missachtung der Einschränkungen kann zur Minderung der Brandschutzwirkung führen, das kann auch durch einen auf das System abgestimmten Schutzlack nicht ausgeschlossen werden • Brandschutzsystem besteht aus 1) **Korrosionsschutzbeschichtung**, die mit den nachfolgenden Schichten verträglich und hitzebeständig sein muss (Verträglichkeit prüfen lassen, falls Korrosionsanstrich vorhanden); Korrosionsschutz VOB, Teil C, DIN 18364 2) **Schaumschichtbildende Zwischenbeschichtung**; Angabe der Nassauftragsmengen in g/m² unbedingt einhalten und Auftragsverluste einrechnen 3) **Schlussbeschichtung**, die gegen mechanische und atmosphärische Einflüsse schützen soll • Verarbeitung des Systems erfolgt mit Pinsel, Rolle oder Spritzgerät unter strenger Beachtung der Angaben in technischen Merkblättern und dem Zulassungsbescheid (muss für Träger und Stützen gelten) • Gesamtschichtdicke (Trockenschichtdicke) der Brandschutzbeschichtung muss den Angaben im Zulassungsbescheid entsprechen, hierfür müssen kontinuierliche Schichtdickenmessungen an relevanten Stellen erfolgen (BFS-Merkblatt Nr. 15)	• Wirkung der Brandschutzbeschichtung wird durch ständig hohe Luftfeuchte (zwischen 70 und 80 %) beeinträchtigt; hier ist ein auf das System abgestimmter zusätzlicher Schutzlack aufzutragen • Bei über 80 % Luftfeuchte ist der Einsatz von Brandschutzbeschichtungen ungeeignet • Brandschutzsystem besteht aus 1) **Schaumschichtbildendem Beschichtungsstoff**; Angabe der Nassauftragsmengen in g/m² unbedingt einhalten und Auftragsverluste einrechnen 2) **Schutzlack**, der gegen mechanische und atmosphärische Einflüsse schützen soll • Soll das Holz gleichzeitig vorbeugend gegen Pilze und Insekten geschützt werden, muss diese Maßnahme **vor** der Brandschutzbeschichtung nach Angaben des Herstellers erfolgen (Verträglichkeit prüfen lassen) • Verarbeitung des Systems erfolgt mit Pinsel, Rolle oder Spritzgerät unter strenger Beachtung der Angaben in technischen Merkblättern und dem Zulassungsbescheid (muss an der Verarbeitungsstätte mindestens als Kopie vorliegen) • Auftragsmengen und erforderliche Anzahl der Schichten sind dem Prüfbescheid zu entnehmen • Die Beschichtung muss allseitig erfolgen, außer das Holzbauteil ist vollflächig auf massivem mineralischen Untergrund befestigt

Allgemeine Hinweise zur Verarbeitung (siehe auch BFS-Merkblatt Nr. 15)

- Der Untergrund muss sauber, trocken, staubfrei und frei von fett- und wachshaltigen Schichten sein
- Alle losen, blätternden, unterrosteten Beschichtungen sowie unverträgliche Grundbeschichtungen sind restlos zu entfernen (Entrostungsgrad 2,5 bei Stahlbauteilen, Haftzugwerte beachten)
- Vor Auftragen der Brandschutzbeschichtung ist die Haftfähigkeit auf dem Untergrund zu prüfen
- Stark saugende Untergründe sind nach Angaben des Herstellers zu grundieren
- Brandschutzbeschichtete Konstruktionen (insbesondere Stahlbauteile) müssen gekennzeichnet werden. Auf den witterungsbeständigen Schildern muss Folgendes angegeben werden: Hersteller, Bezeichnung des Produktes, Datum und Zulassungsnummer des DIBt, Anzahl der aufgebrachten Schichten, Name und Anschrift der ausführenden Firma, Bezeichnung der Schlussbeschichtung, Datum der nächsten Überprüfung; Vermerk, dass keine Beschichtungen aus einem anderen System verwendet werden dürfen
- Für die Erhaltung der Brandschutzbeschichtung ist der Inhaber oder die Inhaberin bzw. die nutzende Person des Gebäudes zuständig. Die verarbeitende Person muss das auftraggebende Unternehmen schriftlich darauf hinweisen, dass die Brandschutzbeschichtung fachgerecht instandgehalten werden muss und welche Beschichtungsstoffe dafür verwendet werden dürfen
- Ausführung von Brandschutzbeschichtungen **nur** durch Fachkräfte, die an Schulungen über die Wirkungsweise und Verarbeitung der Brandschutzmaterialien durch den Hersteller teilgenommen haben
- Verantwortlich für die Brandschutzwirkung des verwendeten Materials ist der Hersteller, deshalb sind Brandschutzbeschichtungen nur nach Angaben des Herstellers auszuführen
- Maler und Malerinnen haften für die fachgerechte Ausführung und Einhaltung der vorgeschriebenen Schichtstärke (werden Beratungen durch den technischen Berater des Herstellers in Anspruch genommen, sind die Aussagen schriftlich festzuhalten, wenn sie von den Angaben im Zulassungsbescheid abweichen)

Pulverlacke — DIN 55633:2021-03

Pulverlacke bestehen aus dem Bindemittelsystem und enthalten meist nur noch Verlaufsmittel, Entgasungsmittel und Pigmente. Die einzelnen Komponenten werden gemischt und in einem Extruder zu einer homogenen Masse verarbeitet. Nach der Verfestigung der Masse auf einem Kühlband erfolgt das Brechen, Mahlen und Sieben bis zur gewünschten Korngröße des Pulvers. Von der Korngröße des Pulvers ist u. a. die Schichtdicke der Pulverlackschicht abhängig.

Harztyp	Eigenschaften	Verwendung/Einsatzgebiete
Duroplastische Pulverlacksysteme		
Polyester-Epoxid (SP-EP) bzw. Epoxid-Polyester (EP-SP)	• Je nach Mischungsverhältnis (70 : 30 oder 50 : 50) • Nicht bis gering wetterbeständig • Weisen aber bessere Farbhaltung und UV-Beständigkeit als EP-Systeme auf • Bis hochglänzend	• Im Innenbereich • Heizkörperlackierungen, Haushaltsgeräte, Gartenmöbel • Grundierpulver • Türzargen
Polyester (SP) (gesättigter Polyester)	• Gute Wetterbeständigkeit • Gute Glanzhaltung	Fassadenelemente (Aluminium) (häufig noch TGIC-vernetzte Polyester, giftig!, siehe S. 104)
Epoxid (EP)	• Nicht wetterbeständig, kreidungsanfällig • Aber hoch chemikalienbeständig • Sehr guter Verlauf, hochglänzende Oberflächen möglich	• Im Innenbereich • Maschinenteile, Behälter • Stahlregale- und -schränke • Rohre
Acrylat (AY)	Sehr guter Verlauf (Klarlack)	Kfz-Lackierung
Polyurethan (PUR)	Wetterbeständig	Fassadenbeschichtungen
Thermoplastische Pulverlacksysteme		
Polyethylen, Polyvinylchlorid, Polyamid u. a.	• Auftrag überwiegend im Wirbelsinterverfahren • Abrieb- und Wetterbeständigkeit	• Für kleine Teile, Gestelle, Drahtwaren • Elastische Korrosionsschutzbeschichtung
Polyvinylidenfluorid (PVDF)	• Hohe Wetterbeständigkeit • Gute Glanzhaltung	• Fassadenbauteile • Schwer benetzbares Antihaftpolymer

Beschichtung von pulverbeschichteten Bauteilen (Hinweise) — BFS-Merkblatt Nr. 24

In der Regel ist die Pulverlackierung eine Schlussbeschichtung und muss nicht weiter behandelt werden. Soll trotzdem eine Beschichtung ausgeführt werden (z. B. das Bauteil ist mit Pulverlack grundiert oder ein Überholungsanstrich ist notwendig), sind folgende Hinweise zu berücksichtigen:

Haftungsprobleme	• Pulverlacke bilden dicht vernetzte Oberflächen (z. B. duroplastische Pulver) oder enthalten Zusätze (z. B. Wachse), die eine Beschichtung erschweren • Nicht alle Pulverlacktypen können beschichtet werden (Pulverlackierungen aus PVDF)
Untergrundprüfung	• Verschmutzungen, Verwitterungsprodukte, Haftung der Pulverbeschichtung • Bindemitteltyp der Pulverbeschichtung feststellen, u. a.: **Lösemittelquellbarkeit mit Nitroverdünnung** (polyesterreiche Harztypen lassen sich eher anquellen als epoxidreiche Harztypen; gibt nur Anhaltspunkte) **Laboruntersuchungen** (da baustellenübliche Prüfungen zu unsicher) **Hersteller befragen** (eventuell sind Aufkleber an den Bauteilen angebracht) • Tragfähigkeit und Haftung der Pulverbeschichtung lassen sich durch Kratzprobe oder Gitterschnitt überprüfen
Untergrundvorbehandlung	• Aufwendige Vorbereitung der pulverbeschichteten Oberfläche empfehlenswert • Verschmutzungen und Verwitterungsprodukte lassen sich u. a. durch eine Netzmittelwäsche und Schleifen entfernen • Gründliches Anschleifen der Oberfläche mit Scotch-Brite-Schwamm, Schleifvlies oder Schleifpapier (Nassschleifen)

Beschichtung von pulverbeschichteten Bauteilen (Fortsetzung)	
Untergrundbeschichtung	• Der eingesetzte Beschichtungsstoff sollte vom Hersteller ausdrücklich für diese Verwendung empfohlen werden (tritt in die Haftung mit ein). Trifft das nicht zu, sind schriftlich Bedenken bei der auftraggebenden Person einzureichen. • Das Anlegen von Probeflächen, zur Prüfung der Haftfestigkeit mit Kratzprobe oder Gitterschnitt der ausgehärteten Beschichtung, ist zu empfehlen. Verhalten nach der Bewitterung ist damit schwer zu beurteilen (Laborprüfung!).
Beschichtungsstoffe	• Zweikomponenten-Epoxidharzlacke sind als Grundbeschichtung geeignet und müssen danach noch überstrichen werden, da Epoxidharzlacke stark zum Kreiden neigen • Zweikomponenten-Polyurethanlacke (Acryl-Polyurethan) sind als Schlussbeschichtung geeignet

Materialentwicklungen bei Pulverlacken (Auswahl)

Pulverlacksysteme unterliegen einem kontinuierlichen Verbesserungsprozess und können heute, je nach ihrer chemischen Zusammensetzung, hohe Ansprüche an Chemikalien- und Wetterbeständigkeit, Oberflächenbeschaffenheit bzw. Oberflächenstruktur und Widerstandsfähigkeit gegenüber mechanischen Beanspruchungen erfüllen.

Pulverlacksystem	Harztyp	Eigenschaften	Einsatzbereiche
Acryl-Pulverlacke Acrylic-Polyester-Hybrids	Acrylat	• Hohe Chemikalien- und Witterungsbeständigkeit • Verarbeitung von Acrylat-Pulverlacken im Wechsel mit konventionellen Pulverlacken möglich	Breite Einsatzmöglichkeiten
TGIC-freie Pulverlacke	Polyester	• Seit 1998 in Europa überwiegend TGIC-freie Systeme • Angebote an alternativen Härtern verspricht eine gleichwertige Qualität	Fassadenelemente
Hochwetterbeständige Pulverlacke	Polyester, Acrylat	• Verlängerte Lebensdauer u. a. in der Glanzhaltung • TGIC-freie Polyestersysteme	Fassadenelemente
Dünnschichtpulver Thin-Film-Powder	Epoxid, Acrylat, Epoxid-Polyester	• Schichtdicke von < 30 µm • Pulverbeschichtungen wirtschaftlicher durchführbar • Bindemittel mit hoher Pigmentaufnahmefähigkeit erforderlich	Coil-Coating (Stahl und Aluminium)
Niedrigtemperaturhärtende Pulverlacke, NT-Pulver, Low-Brake-Powder	Epoxid, Acrylat	• Härtungstemperatur sinkt < 140 °C • Beschichtung wärmeempfindlicher Substrate möglich	• Kunststoff • Holzwerkstoffe (MDF) • Coil-Coating
NIR-härtende Pulverlacke (Nah-Infra-Rot)	Epoxid, Epoxid-Polyester, Acrylat	• Schmelz- und Härtungszeiten sinken (< 5 s möglich) • Wirtschaftlich bei einfachen geometrischen Formen	• Coil-Coating • Wärmeempfindliche Substrate
UV-härtende Pulverlacke	Acrylat, Urethan-Acrylat, ungesättigter Polyester	• Hohe Härte- und Lösemittelresistenz • Guter Verlauf und hoher Glanz	• Kunststoff • Holzwerkstoffe (MDF)
Pulverklarlacke	Polyester, Acrylat, Polyurethan	• Hohe Wetterbeständigkeit • Guter Verlauf und Glanz	Automobildecklack

Materialentwicklungen bei Pulverlacken (Fortsetzung)			
Matte Pulverlacke	Epoxid, Polyester-Epoxid, Polyester, Polyurethan, Acrylat	• Reflektometerwert (60 °): < 5 für reine Epoxidharzsysteme und > 10 für wetterbeständige Polyesterharze	Fassadenbau
Metallic Pulverlacke	Epoxid-Polyester, Polyester, Acrylat	• Witterungsbeständig • Verschiedene Oberflächenbeschaffenheiten und Glanzgrade möglich	• Fassadenbau • Profile im Innenbereich

Fassadenimprägnierungen — **BFS-Merkblätter 3 und 13, DIN 18363:**2019-09

Dringen ohne Filmbildung in einen porösen, kapillar saugenden Untergrund ein. Aufgaben sind:
- das Saugvermögen eines mineralischen Untergrundes zu egalisieren und zu verringern (hydrophobieren)[1],
- den mineralischen Untergrund zu festigen (mürbe und mehlende Schichten).

Imprägniermittel	Wirkstoff	Eigenschaften	Einsatzbereiche
Silikonharze in Kohlenwasserstoffen	Methylpolysiloxan (5%ige Lösung)	• Beständig bis pH-Wert 9 bis 10 • Wirkung unmittelbar nach Verdunstung des Lösemittels	Auf allen saugfähigen, trockenen, mineralischen Untergründen
Siloxane in Kohlenwasserstoffen, Alkoholen	Niedermolekulare, höheralkylierte Polysiloxane (8 bis 10%ige Lösung)	• Beständig bis pH-Wert 13 bis 14 • Nach 4 bis 5 Stunden wasserbelastbar • Häufigster Einsatz bei der Fassadenimprägnierung	• Auf allen saugfähigen, mineralischen Untergründen • Feucht, nicht nass
Silane in Alkoholen, Kohlenwasserstoffen	u. a. Iso-Buthyltrimethoxysilan (40%ige Lösung)	• Beständig bis pH-Wert 13 bis 14 • Hohe Flüchtigkeit ist nachteilig • Alkalität des Untergrundes wirkt als Vernetzungskatalysator	• Besonders auf Betonoberflächen • Mineralputz, Ziegel • Feucht, nicht nass
Kieselsäureester in Alkoholen, Ketonen	Tetraethylsilikat/Silan (60 bis 75%ige Lösung)	• Beständig bis pH-Wert 9 bis 10 • Reagieren mit Luftfeuchtigkeit, Kieselsäuregel lagert sich in Poren ab, dadurch Festigung des Untergrundes	• Besonders für silikatische Untergründe • Kalk- und Sandstein • Trocken

Nanotechnologie (Nano- und Hybridlacke) — **DIN CEN ISO/TS 80004-12:**2017-09, **DIN SPEC 52400-12:**2017-09

Die Nanotechnologie befasst sich mit der Erzeugung, Erforschung und Nutzung von Strukturen und Prozessen auf der Nanometerskala. „Nano“ leitet sich aus dem Griechischen ab und bedeutet „Zwerg“. Ein Nanometer (nm = ein milliardstel Meter = 10^{-9} m) ist ein millionstel Millimeter und entspricht ca. einem Zehntausendstel der Stärke eines menschlichen Haares. Entspricht 4 bis 6 Atomen nebeneinander.

Zusammensetzung	Eigenschaften	Einsatzbereiche
• Bestehen aus Partikeln, die Durchmesser von wenigen Nanometern aufweisen • Gelöste Hydrolysate und Teilkondensate von vorwiegend Siliciumalkoxid • Beim Aushärten entsteht eine anorganisch – organische Hybridverbindung • Verwendet werden auch nanoskalierte Silber- und TiO_2-Partikel	• Haften sehr gut auf verschiedenen Untergründen • Hohe mechanische Härte • Sind häufig stark hydrophob (u. a. Lotuseffekt) • Leichte Reinigung („Easy-to-clean“) • Hohe dreidimensionale Vernetzung ergibt diffusionsdichte Schichten • Trockenschichtdicken von wenigen Mikrometern	• Schutzlacke, Korrosionsschutz für Metalle, Autolacke, Kratzfestbeschichtungen von Kunststoffen • UV-Absorber (Lichtschutz) • „hygienische Wandbeschichtungen“ (nanoskalierte Silberpartikel) • Selbstreinigende Beschichtungen (fotokatalytisch aktiv)

[1] Hydrophobierung ist ein Imprägniervorgang, durch den die kapillare Saugwirkung des Untergrundes aufgehoben wird. Die Wasseraufnahmefähigkeit wird stark herabgesetzt.

Fotokatalytische Beschichtungen für den Innen- und Außenbereich

Der fotokatalytische Effekt entsteht bei Oberflächen mit Beschichtungsstoffen, die speziell entwickeltes Titandioxid (TiO_2) als Fotokatalysator enthalten. Durch Bestrahlung mit Licht (UV-Licht, diffuses Tageslicht, künstliche Lichtquellen) werden Schadstoff- bzw. Schmutzpartikel auf der Oberfläche der Farbschicht mithilfe von Sauerstoff zersetzt und in unbedenkliche Stoffe (Wasser und Kohlendioxid) umgewandelt. Die Oberflächen bleiben sauber, wirken antimikrobiell und die Geruchsbelastung sinkt. Eine weitere wichtige Eigenschaft von Titandioxid-Oberflächen ist die Superhydrophilie: Durch Änderung des Kontaktwinkels kommt es zu einer vollständigen Benetzung der Oberfläche mit Wasser und damit zu einem Selbstreinigungseffekt.

Zusammensetzung	Eigenschaften	Einsatzbereiche
• Bindemittel auf Dispersions- oder Silikatbasis • Titandioxid als Pigment und Fotokatalysator • Füllstoffe • Wasser • Additive	• Titandioxid als Fotokatalysator baut Schmutz- bzw. Schadstoffpartikel und Gerüche in der Raumluft ab • Katalysator wird aktiviert durch UV-Licht und Sauerstoff • Diffuses Tageslicht und künstliche Lichtquellen sind ausreichend, dann aber speziell aufgebautes Pigment (z. B. VLC = Visible Light Catalyst)	• Innen- und Außenbereich • Schadstoffbelastete Innenräume, z. B. Ausdünstungen aus Möbeln und Teppichen oder Zigarettenrauch • Schadstoffbelastungen und Verschmutzungen durch Autos/Industrie • Fettartige Verschmutzungen • Reduzierung von Bakterien und Schimmelpilzen

Qualitätskriterien für wasserhaltige Beschichtungsstoffe im Innenbereich

DIN EN 13300:2002-11

Ermittlung	Einteilung	Bezeichnung
Nassabriebbeständigkeit		
• Mit einem Scheuerprüfgerät (s. S. 137) • Abtrag der Beschichtung im Verhältnis zur Anzahl der Hübe	• Klasse 1 < 5 µm bei 200 Hüben • Klasse 2 > 5 µm und < 20 µm bei 200 Hüben • Klasse 3 > 20 µm und < 70 µm bei 200 Hüben • Klasse 4 < 70 µm bei 40 Hüben • Klasse 5 > 70 µm bei 40 Hüben	Alte Bezeichnungen: hochscheuerbeständig scheuerbeständig waschbeständig wasch-/wischfest wischfest
Deckvermögen (Kontrastverhältnis)		
• Mit Kontrastkarton und Aufziehrakel bzw. Filmaufziehgerät (s. S. 133) • Kontrastverhältnis in Prozent (Grad der Abdeckung der schwarzen Felder)	• Klasse 1 ≥ 99,5 % • Klasse 2 ≥ 98 % und < 99,5 % • Klasse 3 ≥ 95 % und < 98 % • Klasse 4 < 95 % Gibt auch Aufschluss über die Ergiebigkeit, da die vom Hersteller angegebenen Verbrauchsmengen (m^2/l) zur Abdeckung des schwarz-weißen Kontrastkartons angenommen werden.	hochdeckend gut deckend Klasse 1 und Klasse 2 gelten als Profiqualität, Klasse 3 und Klasse 4 sind in der Qualität minderwertig.
Glanzgrad		
• Mit einem Glanzmessgerät (s. S. 137) • Gibt den Reflexionsgrad bei einem bestimmten Messwinkel an	• Reflexionsgrad 60 (Messwinkel 60°) • Reflexionsgrad > 60 (Messwinkel 60°) • Reflexionsgrad = 10 (Messwinkel 85°) • Reflexionsgrad < 10 (Messwinkel 85°) • Reflexionsgrad < 5 (Messwinkel 85°)	glänzend mittlerer Glanz mittlerer Glanz matt stumpfmatt (seidenglänzend/seidenmatt dürfen weiter benutzt werden)
Maximale Korngröße		
• Mit einem Grindometer (Kornfeinheit) • Wichtig für Düsengröße bei Spritzverarbeitung • Es wird das größte Teilchen der Innendispersion ermittelt	• Innenwandfarben ≤ 100 µm • Streichputze ≤ 300 µm • Feine Strukturputze ≤ 1 500 µm • Grobe Streichputze > 1 500 µm Die strukturlosen Beschichtungsstoffe für Wände und Decken besitzen in der Regel eine Korngröße bis max. 100 µm und sind somit „fein".	fein mittel grob sehr grob

Klimaschutz und nachhaltige Produktentwicklung

Der Klimawandel wirkt sich auf der Erde je nach Region bereits in unterschiedlicher Form aus. Er führt zum Verlust der biologischen Vielfalt, zu Extremwetterereignissen, zu sinkenden Ernteerträgen und höheren Temperaturen. Bereits jetzt ist die mittlere Temperatur seit Beginn der Industrialisierung im Durchschnitt um rund 1 °C gestiegen. Es ist also dringend notwendig, eine nachhaltige und emissionsarme Lebens- und Wirtschaftsweise anzustreben. Die Optimierungspotenziale im gesamten Produktentwicklungsprozess müssen erfasst werden, um ökologischer und ökonomischer zu produzieren und steigenden Qualitätsansprüchen gerecht zu werden.[1)]

Folgende Aspekte stehen hinter der nachhaltigen Produktentwicklung:

Prozessoptimierung durch Ökobilanz DIN EN ISO 14040:2021-02	**Pariser Klimaabkommen vom 12.12.2015**
Eine Ökobilanz bietet Anhaltspunkte für die nachhaltige Entwicklung und Produktion von Produkten. Sie erfasst den Verbrauch von Energie und Rohstoffen sowie die Belastung der Umwelt über den gesamten Lebenszyklus eines Produktes. Die Norm DIN EN ISO 14040:2021-02 beschreibt Grundsätze und Rahmenbedingungen der Ökobilanz.	195 Staaten der Weltgemeinschaft verpflichten sich, den Klimawandel einzudämmen und die Weltwirtschaft klimafreundlich umzugestalten. Der Temperaturanstieg soll möglichst auf 1,5 °C bzw. deutlich unter 2 °C im Vergleich zum vorindustriellen Zeitalter beschränkt werden. Dafür ist eine „Treibhausgasneutralität“ anzustreben.[2)]

UN-Nachhaltigkeitsziele (Agenda 2030) Sustainable Development Goals (SDGs)
2015 verabschiedet

In der Agenda 2030 sind 17 Nachhaltigkeitsziele festgeschrieben, durch die dauerhaft weltweit ein menschenwürdiges Leben ermöglicht und die natürlichen Lebensgrundlagen bewahren werden sollen. Diese Ziele umfassen ökonomische, ökologische und soziale Aspekte. Die Regierungen und Unternehmen der unterzeichnenden Staaten sind aufgefordert, ihr Tun und Handeln danach auszurichten.[3)] Beispielsweise hat sich der Verband der deutschen Lack- und Druckfarbenindustrie u. a. auf folgende Nachhaltigkeitsziele geeinigt[4)]:

- Ziel 3: Gesundheit- und Wohlergehen
- Ziel 4: Hochwertige Bildung
- Ziel 8: Menschenwürdige Arbeit und Wirtschaftswachstum
- Ziel 12: Nachhaltige/r Konsum und Produktion
- Ziel 13: Maßnahmen zum Klimaschutz

Alle Ziele für eine nachhaltige Entwicklung sind zu finden unter: www.bundesregierung.de/breg-de/themen/nachhaltigkeitspolitik/nachhaltigkeitsziele-erklaert-232174 (Abrufdatum 09.09.2022)

Beispiele für nachhaltige Produktentwicklung

Nachhaltige, nachwachsende, nicht fossile und/oder recycelte Rohstoffe nutzen, z. B.: • Pflanzeninhaltsstoffe (z. B. Leinöl, Stärke) zur Herstellung von Beschichtungsstoffen • Pflanzenfasern (z. B. Hanf) zur Produktion von Dämmplatten • Kunststoff-Recyclaten als Rohstoff	Gesamtbetrag von Kohlenstoffdioxid-Emissionen senken (CO_2-Reduzierung [CO_2-Fußabdruck/Carbon Footprint/Netto-Null-CO_2-Emissionen], DIN EN ISO 14067), z. B. durch: • innovative Lackhärtung, z. B. UV-Beschichtungssysteme • Carbon Capture and Storage (CCS) in der Zementindustrie (CO_2 filtern, speichern und lagern) • VOC-Konformität

Vgl.: [1)] u. [3)] www.bundesregierung.de/breg-de/themen/nachhaltigkeitspolitik/nachhaltigkeitsziele-erklaert-232174;
[2)] www.bmz.de/de/service/lexikon/klimaabkommen-von-paris-14602;
[4)] www.wirsindfarbe.de/ziele-fuer-nachhaltige-entwicklung (Stand: 09.09.2022)

Streichwerkzeuge: Borsten, Haare, Ringpinsel, Pinsel

Besteckmaterialien

Borsten

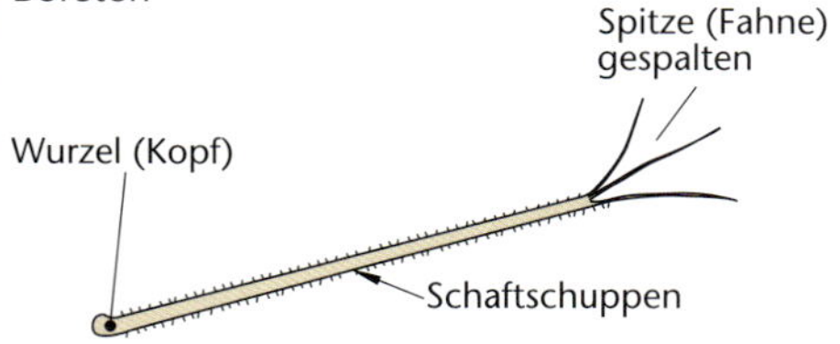

Beispielhafter Pinselaufbau

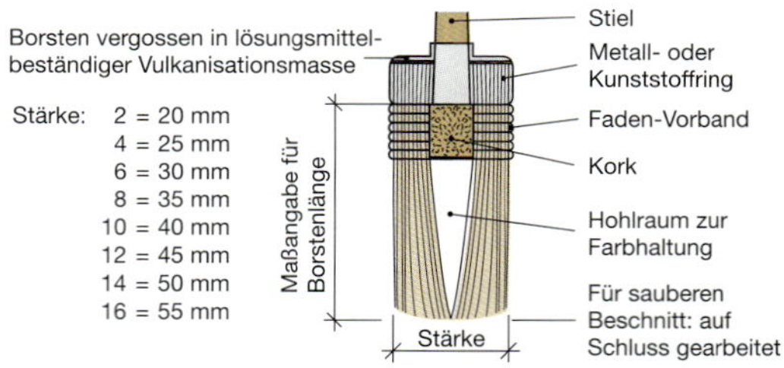

Borsten

Naturborsten vom Haus- oder Wildschwein;
Wasserfest, elastisch aber nicht säurebeständig;
hohe Farbaufnahme durch die „Fahne“

Kunstborsten

Aus PVC, Perlon, Nylon, Orel; unempfindlich gegen alkalische Einwirkung und einige Lösemittel, beständig gegen aggressive Bestandteile von Beschichtungsstoffen, quellen nicht in Wasser; Fahne gespleißt

Fibre/Fiber

Aus Agaven- oder Kokosfasern; grobe, steife Fasern für billige Bürsten

Haare

- Rindshaar für Malpinsel, Schlepper
- Ziegenhaar als Ersatz für Dachshaar
- Fehhaar für Mal- und Vergolderpinsel aus Eichhörnchenhaar
- Rosshaar für Abstauber
- Rotmarderhaar für Mal- und Aquarellpinsel
- Dachshaar für Vertreiber und Schlepper
- Bärenhaar für Einkehrpinsel

Ringpinsel/Fensterpinsel

Gebräuchlichste Pinselform zum Lackieren von Fenstern; gebunden mit Metall- oder Kunststoffring, Faden- oder Kunststoffvorband, Kork für den Hohlraum zur Farbhaltung

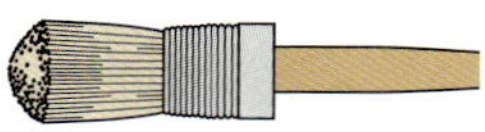

Ringpinsel/Lackierpinsel

Zum Lackieren von Flächen; Stärken:
2 (20 mm), 4 (25 mm),
6 (30 mm), 8 (35 mm),
10 (40 mm), 12 (45 mm),
14 (50 mm), 16 (55 mm)

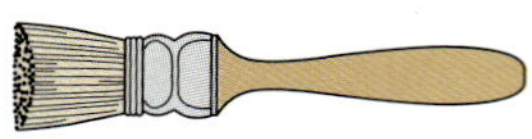

Kluppenpinsel

Borsten in Hohlraum des Holzgriffes (Kluppe) gepresst, Schnurvorband, für Öl- und Lackfarben

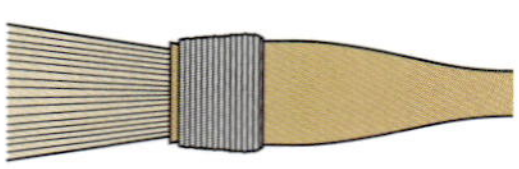

Kapselpinsel

Ohne Vorbund, Borsten werden durch eine Metallkapsel gehalten; Form: rund oder oval; für Lackierarbeiten

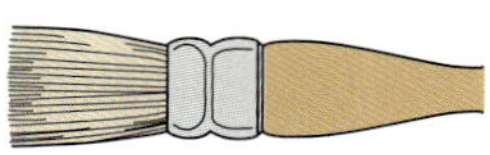

Ovalpinsel

Siehe Kapselpinsel

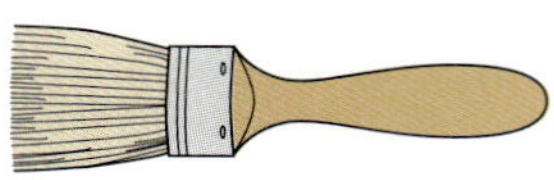

Flachpinsel

Breite, in Bleche gefasste Haar- oder Borstenpinsel zum Lackieren von Flächen

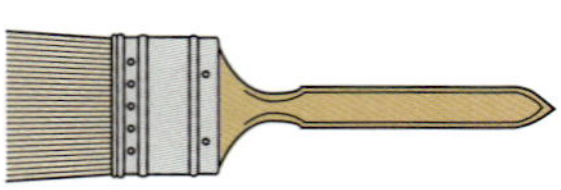

Flächenstreicher

Flachpinsel (vgl. Modler) mit 6,5 bis 7,5 cm langen Borsten, auch in ovaler oder rechteckiger Form; für großflächige Lackierarbeiten

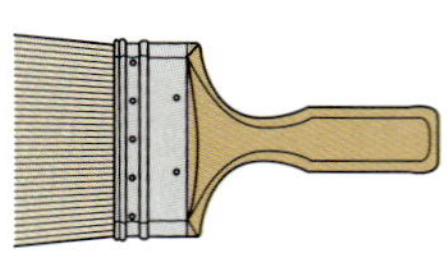

Heizkörperpinsel

Flachpinsel, an der Blechzwinge gebogen für schwer zugängliche Stellen (z. B. Heizkörperrippen usw.)

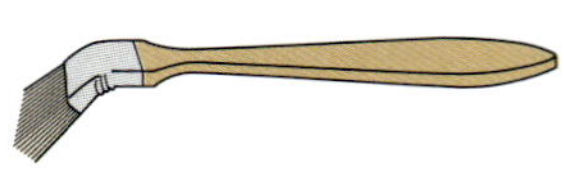

Streichwerkzeuge: Strichzieher, Modler, Farbwalzen		
Knollenpinsel/Winkelpinsel/ Spantenpinsel	Fassadenpinsel	Schrägstrichzieher
Abgewinkelter Ringpinsel; für Korrosionsschutzanstriche von z. B. Stahlkonstruktionen an schlecht zugänglichen Stellen 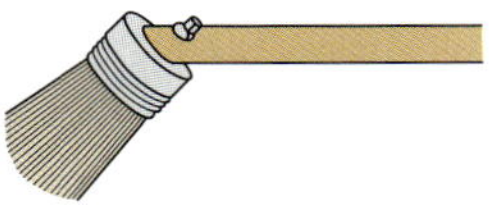	Siehe Heizkörperpinsel, meist mit Chinaborste 	Zum Beschneiden von Flächen (Konturieren), Ziehen von Strichen usw.; flach, mit kurzen, einseitig schräg gestaffelten Borsten in flachen Blechen und mit flachem Holzstiel 
Berliner Strichzieher	Greizer Strichzieher	Ringstrichzieher
Zum Ziehen von Strichen und für Beschneidearbeiten; mit relativ langen Borsten 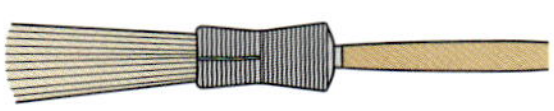	Zum Ziehen von Strichen, siehe Berliner Strichzieher 	Zum Ziehen von Strichen, speziell für Leim- und Dispersionsfarben, relativ lange Chinaborsten, auf Schuss mit Fadenvorband 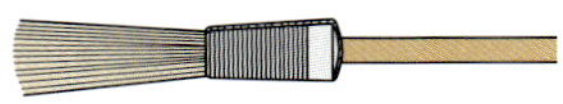
Flächenstreicher[1] (Streichbürste/Deckenbürste)	Fußbodenstreicher	Modler
Großes, langborstiges Streichwerkzeug; Kunst- oder Naturborsten entweder in Bündel oder Reihe gesetzt in einer Holz-, Aluminium- oder Kunststoffplatte 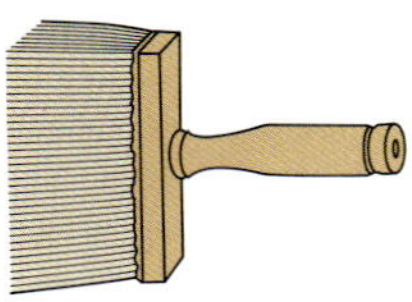	Oder Versiegelungsbürste für Fußbodenanstriche; Bürste mit Stielhalter zum Einstecken eines Besenstiels 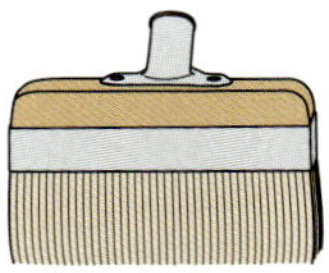	Flacher Borstenpinsel in vernickelten Blechzwingen gefasst mit kurzen Borsten; zum Streichen, Begrenzen von Flächen, Verarbeitung von Lasurfarben und sonstigen dekorativen Techniken 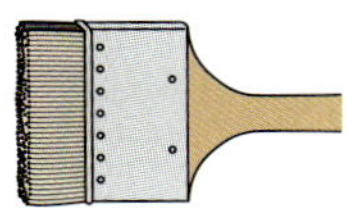
Schleifmodler	Rollen mit Nylon-, Perlon- oder Lammfellbezug	Lackierroller (Heizkörperroller, Kleinroller)
Doppelt so dick und kurzborstiger als der Modler; für die Bearbeitung von lackierten Flächen mit Wasser und Bimssteinmehl um den „Schleiflackeffekt" (Mattlack) zu erzielen 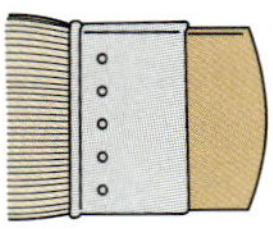	Für schnelle, rationelle Beschichtungen von Leim-, Dispersions- oder Lackfarben auf großen Flächen; Bezugsmaterialien in Langfell- oder Kurzfellausführung 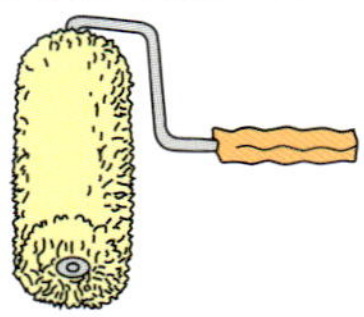	Zum Lackieren von Flächen; je nach gewünschtem Aussehen der zu lackierenden Oberfläche mit Ersatzwalzen aus Lammfell, Perlon, Moltopren, Mohair oder Goldflor 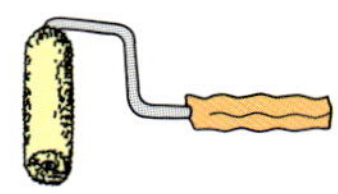

[1] Auch als Abwaschbürsten (Leimfarben, Abbeizen), Binderbürsten (Verarbeitung von Dispersionsfarben) sowie Tapezierbürsten eingesetzt (Normgröße 7 x 16,5 x 17,5 oder 8,5 x 18,5 cm)

Spezialpinsel, Spezialwalzen, Malen, Abbeizen, Rollen, Schneiden

Künstlermalpinsel, spitz und flach		**Haarschlepper**
Allgemeine Bezeichnung für Pinsel, die in der Kunst- und Dekorationsmalerei sowie für Ausbesserungsarbeiten eingesetzt werden; sie sind mit Haaren oder Borsten feiner Qualität versehen, die in vernickelten oder versilberten Blechzwingen gefasst sind 		Ein in Federkielen gefasster langhaariger Pinsel zum Ziehen dünnster Linien 
Schattenfugenpinsel (Linierbürste)	**Dreikant-Beschneidepinsel**	**Weißquast oder Mauerpinsel („Kölner")**
Pinsel mit breitem, abgewinkeltem Blech, für Schattenfugen (z. B. bei einer Bossierung) und für schwer zugängliche Stellen 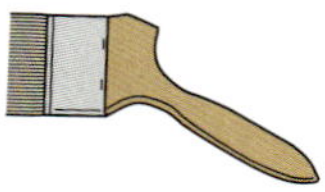	Beschneidepinsel in einem dreieckigen Blech gefasst für schwer zugängliche Stellen, besonders für Fenster geeignet 	Pinsel meist mit gebündeltem Fibre zum Schlämmen von Kalk und Zement 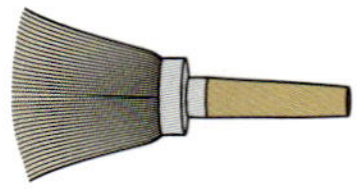
Kaltleim- und Abbeizpinsel	**Abbeiz-, Flach- und Rundpinsel**	**Abrollgeräte (Dekorationsapparate)**
Pinsel aus hellem Fibre zum Abbeizen, mit Vorband 	Pinsel zum Abbeizen mit Nylonborste und lösemittelfestem Kunststoffstiel 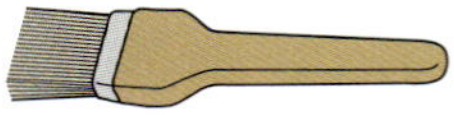	Zum endlosen Drucken von tapetenähnlichen Mustern auf Untergründen (Auftragwalze und Speisewalze, evtl. angehängter Blechbehälter) 
Strukturroller und Walzen (Relief-Musterwalzen)	**Inneneckenroller, Rohrroller**	**Staubbesen („Abstauber")**
Walzen zur Bearbeitung und zum Strukturieren von plastischen Beschichtungsstoffen 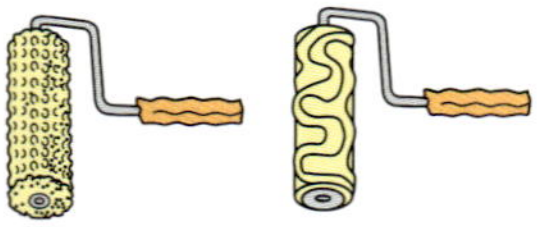	Zum Beschichten von Raumecken bzw. Rohren 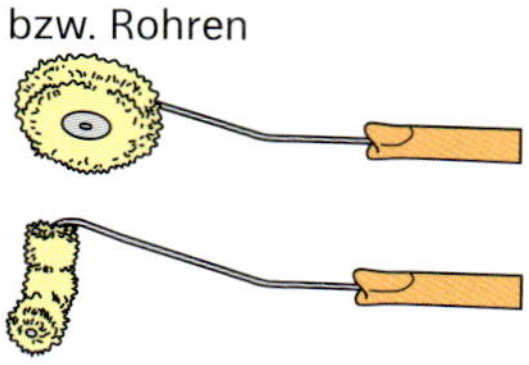	Zum Entfernen von Staub (z. B. Schleifstaub) von Fenstern, Türen o. Ä. vor der Beschichtung; Besteckmaterial: reines Rosshaar oder reine helle PVC-Borsten 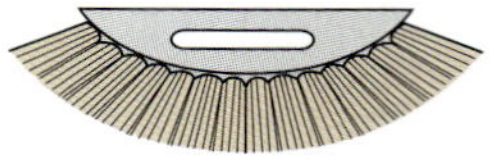

Schablonieren

Schablonenmesser, fest	**Schablonenmesser, Klinge beweglich**	**Pausrädchen**
Messer zum Schneiden von Schablonen mit starrer Klinge 	Messer zum Schneiden von Schablonen mit beweglicher Klinge, um Ansätze bei z. B. Rundungen zu vermeiden 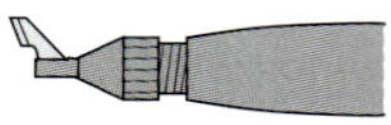	Zur Herstellung einer Lochpause, dessen Motiv mittels Kohlenstaub auf den Untergrund übertragen wird 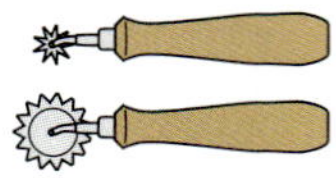

Grundlagen
Werkstoffe, Hilfsstoffe
Werkzeuge, Geräte, Gerüste
Arbeitstechniken
Gestaltung
Arbeitsschutz, Umweltschutz
Aufmaß, Abrechnung
Betriebsführung
Quellen

Schablonieren (Fortsetzung)

Schablonensatz „A bis Z“, „a bis z“, „1 bis 0“

Vorgefertigter Schablonensatz aus Zinkblech zur Beschriftung eines Untergrundes

Schablonierpinsel

Zum Aufbringen des zu schablonierenden Motivs durch Auftupfen durch die offenen Stellen der Schablone; meist mit gebleichter China-Borste; in einer Weißblechzwinge gefasst

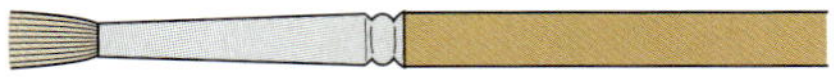

Vergolden

Anschießer

Meist Fehhaar in einem Kartongriff gefasst; zur Aufnahme von losem Blattgold durch elektrostatische Aufladung des Besteckmaterials

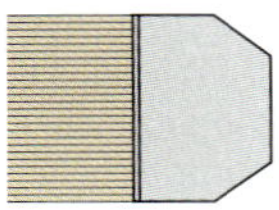

Vergolderpinsel/Doppelkielpinsel

Aus blauem Fehhaar, besonders weich, um Verletzungen des angeschossenen Blattgoldes zu vermeiden, zum Einkehren des überschüssigen Blattgoldes geeignet

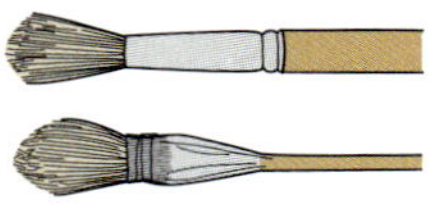

Achate

Zum abschließenden Polieren von Polimentvergoldungen; Material: Halbedelstein; in verschiedenen Größen erhältlich

Graviereisen

Zum Eingravieren von feineren Zierschnitten, Gravurschnitten und Schraffuren usw.

Ornamentwalzen

Zum Eingravieren von Ornamentbändern

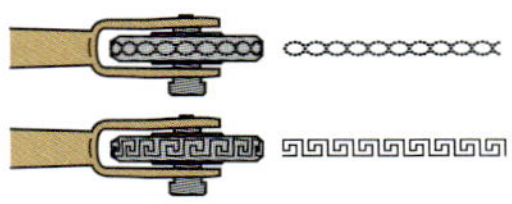

Polimentsieb

Tellersieb für die Polimentvergoldung

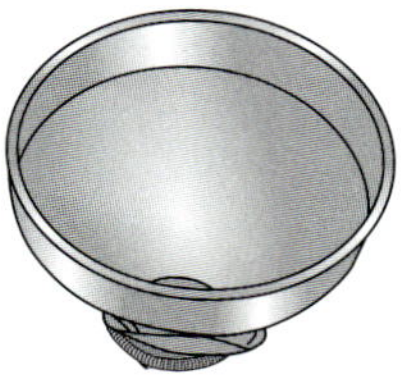

Kreidesieb

Zum Sieben der Kreide für die Polimentvergoldung

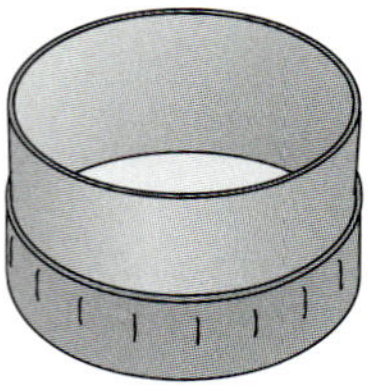

Grundierpinsel

Zum Schellackieren und Grundieren von zu vergoldenden Flächen

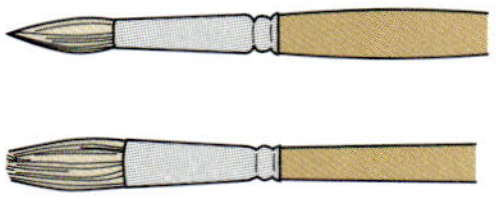

Vergoldermesser

Zum Zuschneiden von losem Blattgold auf dem Vergolderkissen

Vergolderkissen

Zum Zuschneiden und Abnehmen mittels des Anschießers von losem Blattgold; Bezug meist aus Wildleder, mit/ohne Windschutz

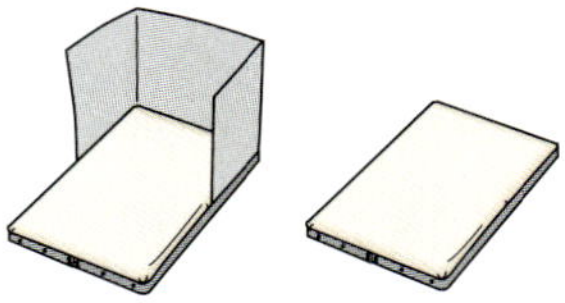

Vergolden (Fortsetzung)

Polimentpinsel

Zum Abreiben des aufgetragenen Poliments bei der Polimentvergoldung

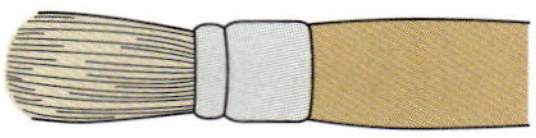

Polimentbürste

Siehe Polimentpinsel

Netzpinsel

Aus Kunsthaar, zum Auftragen der Netze z. B. für die Hochglanzvergoldung

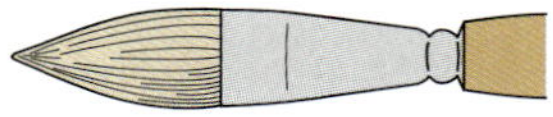

Lasieren, Imitieren, Stupfen

Maser-Viertelstab („Maserboy")

Zur schnellen Imitation von Holzmaserung durch Ziehen und Abdruck des Viertelkreisstempels durch eine noch nicht angetrocknete Beschichtung, z. B. Bierlasur

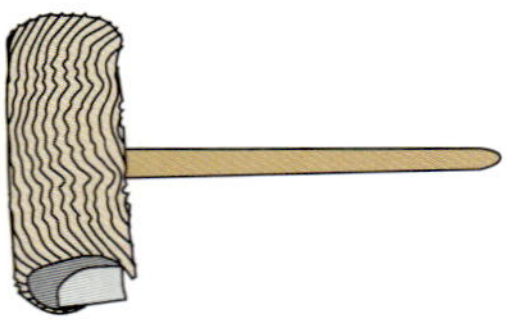

Dachshaarvertreiber

Zum Feinstvertreiben von Lasuren bei Holz- und Lackmalarbeiten

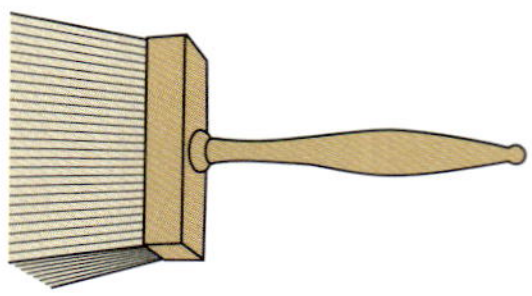

Schläger

Flacher Pinsel dient zur Imitation von Hölzern (z. B. Bierlasuren); China- oder Wildschweinborsten bis zu 20 cm lang, in Blechzwinge gefasst

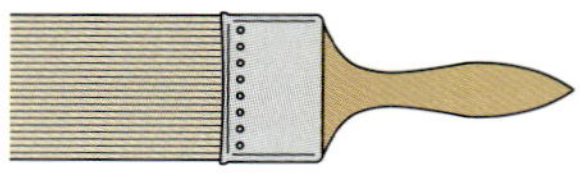

Stupfbürste

Zum Strukturieren von hochviskosen Dispersionsbeschichtungsmitteln, Leimfarbe o. Ä.; für dekorative Techniken wie Bierlasuren

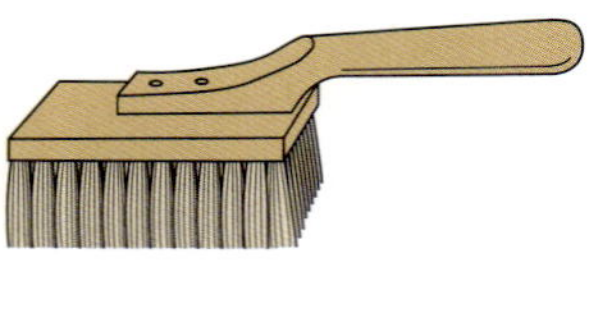

Gummitupfer

Auf Holzplatten befestigte Hartgummistücke; zu dekorativer Belebung von Wandflächen

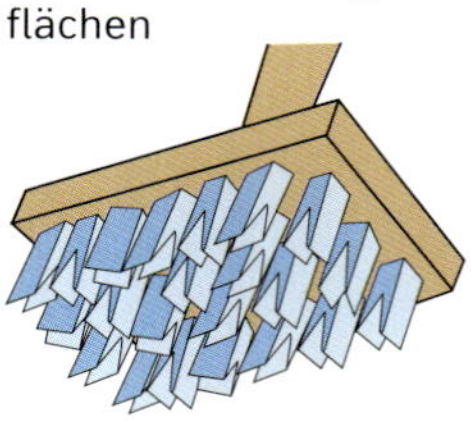

Langer Modler (Lasurmodler)

Zum Auftragen von Lasuren, z. B. von Silikatfarbenlasuren

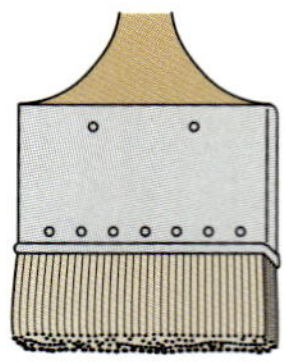

Zackenpinsel (Durchzieher, Fingerpinsel)

Bündelweise in Blech gefasste Borsten an einem Holzgriff für besondere Strukturen

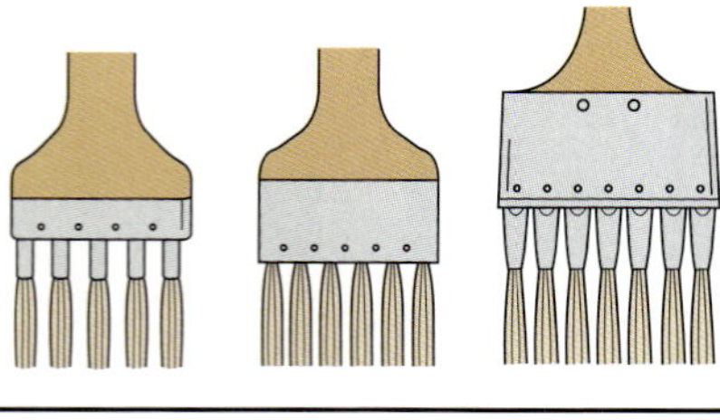

Stahlkämme

Zum Durchkämmen von Lasuren (Kammzugtechnik); verschiedenste Kammzugmuster sind möglich (z. B. bei Holzimitationen)

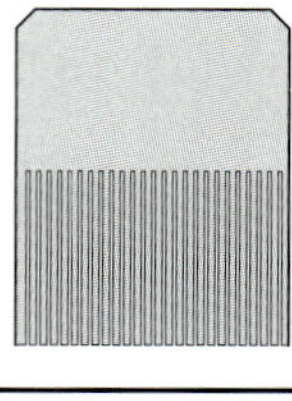

Spachteln, Glätten

Japanspachtel	Edelstahl-Eckenkellen	Venezianische Glättekelle
Dienen zum nahtlosen, gleichmäßigen Auftrag von Spachtelmassen; flexibles Blech mit einem schmalen Handschutz aus Kunststoff 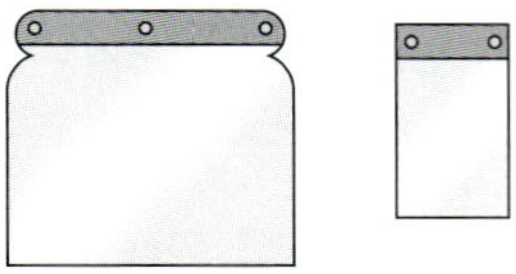	Zum Modellieren plastischer Spachtelmassen an Wandecken 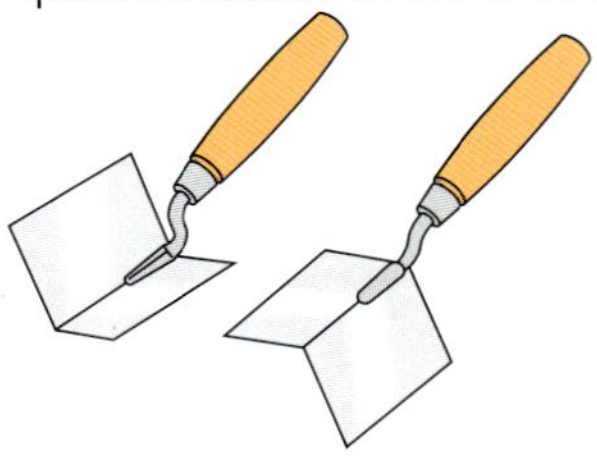	Glättekelle aus besonders gehärtetem Stahl zur Verdichtung spezieller, dekorativer Kalkspachteltechniken 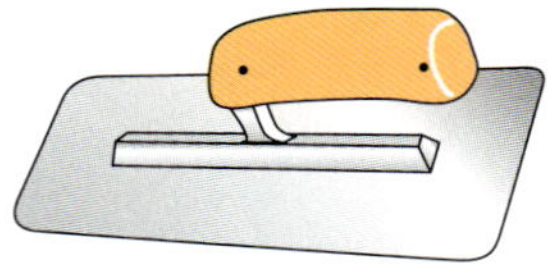

Griffspachtel („Malerspachtel")	Traufel	Doppel-Flächenspachtel	Reibebrett mit/ohne Schwammgummibelag
Trapezförmige Klinge in einem Holzgriff gefasst; zum Verspachteln von Löchern aber auch zum Abstoßen von Verunreinigungen usw. geeignet 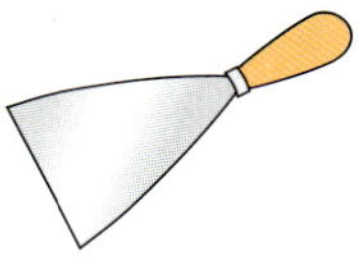	Dieses auch als Glättkelle bezeichnete Werkzeug dient zum großflächigen Auftragen von Spachtelmassen und Putzen 	Ein mit einem zweiten, kürzeren Blech[1] versehener Spachtel; zum Spachteln größerer Flächen wie Türblätter geeignet 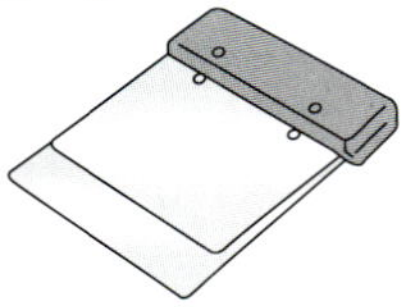	Zum Schlämmen und Glätten von Putzen; ohne Schwammgummibelag für Kratzputze 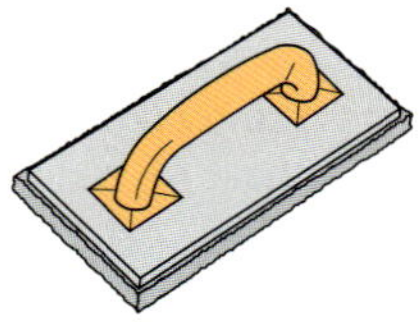

[1] Das zweite Blech übt einen Gegendruck beim Spachteln aus, um ein Durchbiegen zu vermeiden.

Tapezierwerkzeuge und -geräte — **DIN 18366:**2016-09

Igelwalze/Tapetentiger	Cutterkant/Beschneideschiene	Kleisterbürste
Zum Perforieren alter Wandbekleidungen vor deren Entfernen 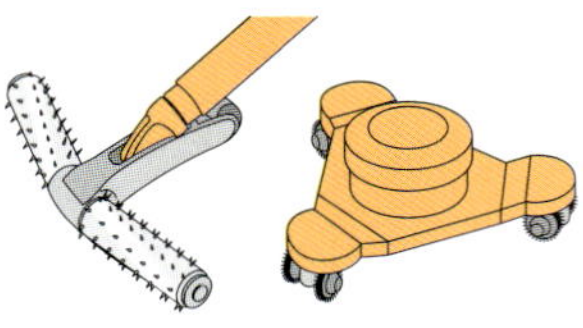	Zum genauen, rationellen Beschneiden von Tapeten an der oberen und unteren Kante mit einem Tapezierbeschneidemesser (Cuttermesser) 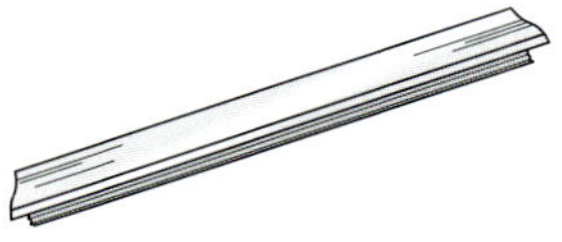	Zum Einkleistern der Wandbekleidung oder des Untergrundes 

Tapezierspachtel „Ruck-Zuck"	Beschneideschiene	Senklot
Komplett aus Kunststoff, flexibel; Verwendung siehe Tapezierspachtel; insbesondere für Makulaturpapier 	Zum Zuschneiden von Tapeten auf die richtige Breite oder als Unterlage für den Doppelnahtschnitt mit einem normalen Cuttermesser (Länge 2,50 m) 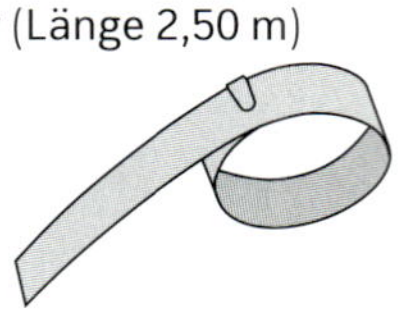	Zum lotgerechten Ausrichten der ersten Bahn 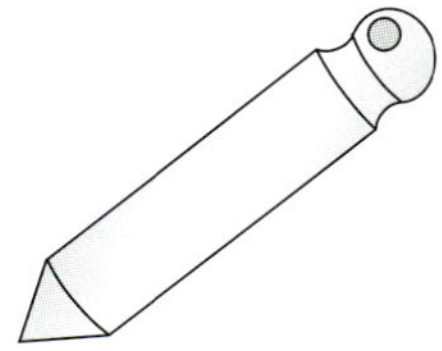

Tapezierwerkzeuge und -geräte (Fortsetzung) **DIN 18366:**2019-09

Schlagschnurfärber	Tapetenlineal (Beschneidelineal)	Tapetenmesser
Zum Einfärben der Schlagschnur, dient zum Markieren langer, gerader Linien auf Decken und Wänden 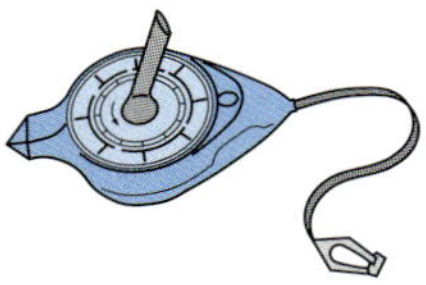	Stahlschiene mit Holzgriff; zum genauen Zuschneiden von Tapeten und Belägen 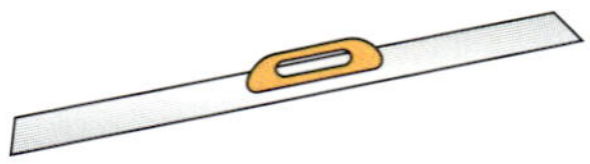	Zum Zuschneiden von Tapeten und Belägen auf Länge 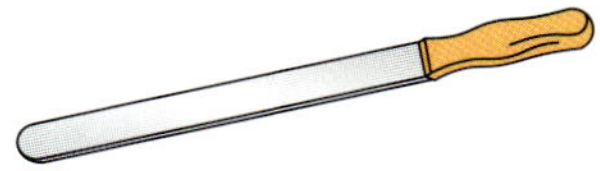
Tapetenabreißer	**„Schwedenblech"**	**Tapezierspachtel**
Zum Abreißen von Tapeten auf die richtige Länge 	s. Tapetenabreißer 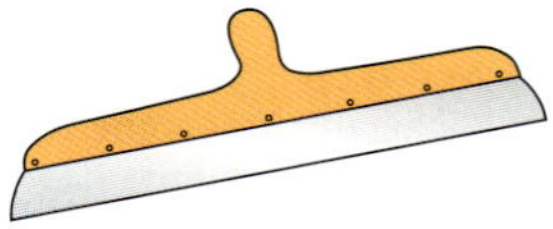	Holzgriff mit Kunststoffblatt; zum Andrücken von diversen Tapeten 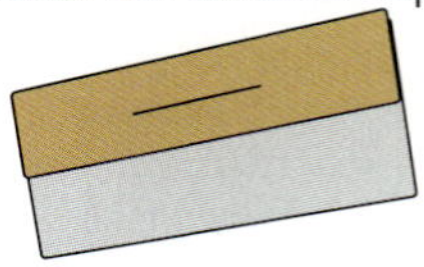
Tapezierbürste	**Tapezierwischer**	**Nahtroller**
Rosshaar in einem Holzbrett befestigt; zum Andrücken von Tapeten 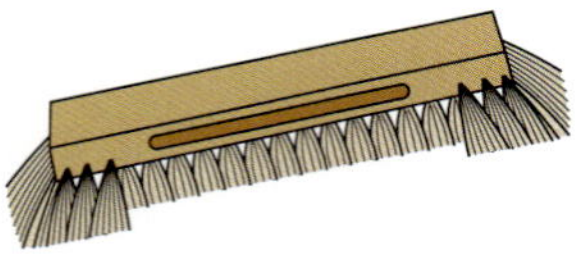	Wie Tapezierbürste, nur schmaler, mit Holzgriff und China- oder Nylonborsten; vulkanisiert 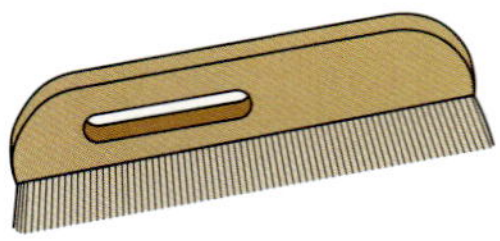	Konische oder zylindrische Kunststoffwalze mit einem Stahlbügel zum Andrücken der Nähte 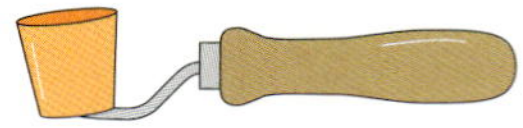
Kanten-Winkel-Andrückroller	**Gleitfußmesser für den Doppelnahtschnitt**	**Tapezierwalze**
Spezialwerkzeug zum Andrücken von Wandbekleidungen in Ecken und Winkeln 	Zum Schneiden von überlappenden Wandbelägen; der Gleitfuß verhindert die Beschädigung des Untergrundes 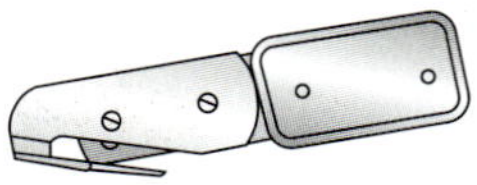	Moosgummiwalze zum Andrücken von Tapeten 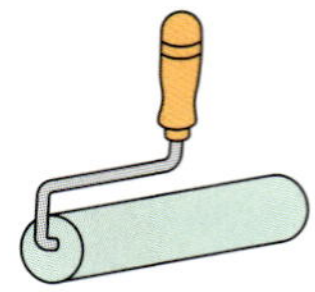
Heißdampfgerät		**Elektrisches Sprühgerät**
Gerät zum Ablösen von Wandbekleidungen mit sehr fester Verklebung. Wasser wird im Gerät erhitzt und der entstandene Wasserdampf über einen flexiblen Schlauch in die rechteckige Abdampfplatte geleitet. Diese wird an die Tapete gehalten, um so ein Erweichen thermoplastischer Kunststoffbestandteile von Spezialkleistern und Dispersionsklebern zu erwirken.	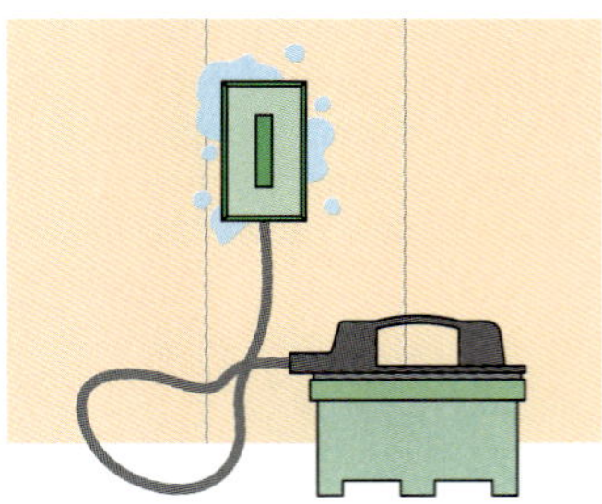	Zum rationellen Befeuchten von alten Tapeten bei größeren Renovierungsprojekten 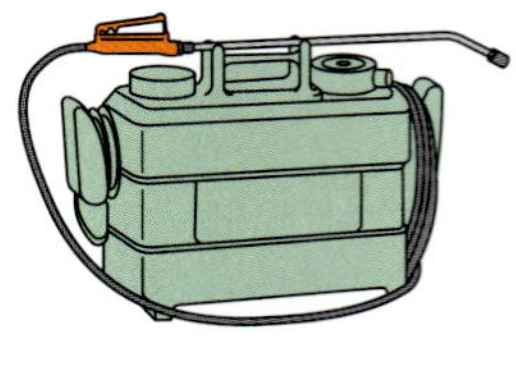

Anstrichentfernung, Entrostung, Schleifen, Kratzen

Ziehklingen	Dreikantschaber	Zugschaber
Zum Entfernen von schlecht haftenden Beschichtungen 	Siehe Ziehklingen; insbesondere für Ecken und Winkel 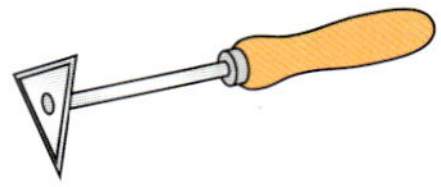	Siehe Ziehklingen 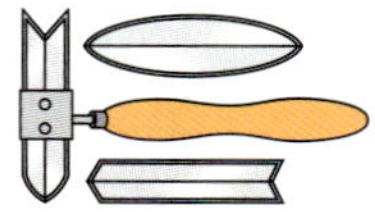
„Schleifgiraffe“	**Winkelschleifer**	**Schwingschleifer („Rutscher“)**
Zum rationellen und schnellen Schleifen von Wänden, auch an unzugänglichen, höher gelegenen Stellen 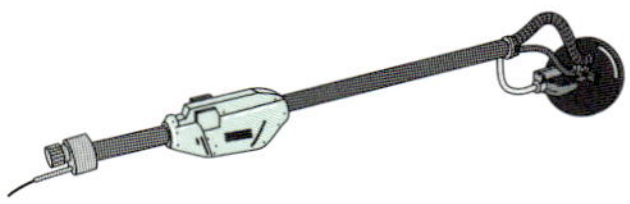	Siehe Rundschleifer, jedoch abgewinkelt und dadurch handlicher 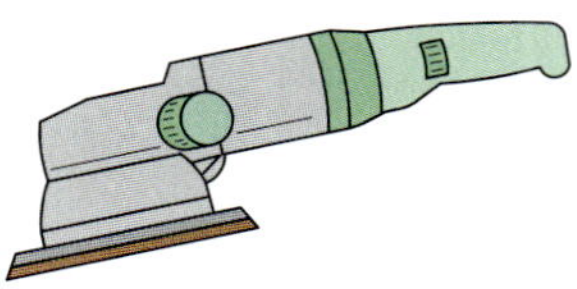	Pneumatisch oder elektrisch betriebenes Schleifgerät zum Schleifen großer, ebener Flächen[1] 
Exzenterschleifer/Rundschleifer	**Schleifklotz**	**Delta-Schleifer**
Zum Feinschliff auf kleinen bis mittleren auch gewölbten Flächen geeignet[2] 	Zum Schleifen von Hand 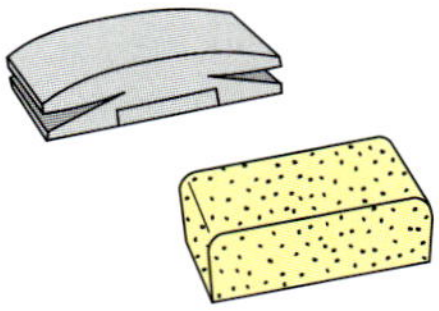	Dieser Dreieckschleifer ist insbesondere für Ecken, Kanten und Profile geeignet 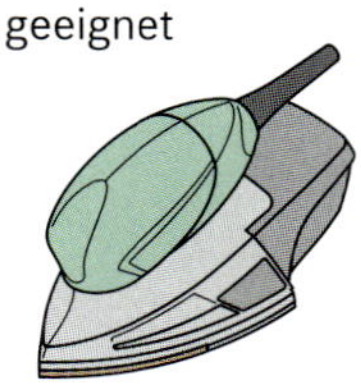
Bandschleifmaschinen	**Drahtnadel-Druckluftpistole (Nadelpistole)**	**Putz- und Farbfräse**
Hier läuft ein Schleifband über zwei quer liegende, rotierende Walzen; Bandschleifmaschinen eigenen sich insbesondere zum Anschleifen von Altbeschichtungen, Holz und Metall 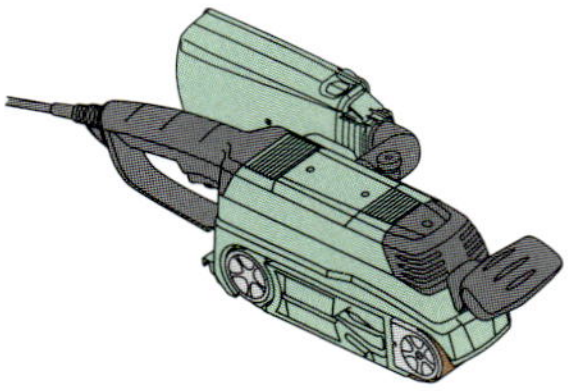	Zum Entrosten kleiner, profilierter Flächen[3]; bei diesem Gerät wird durch Druckluft ein Nadelbündel aus Stahl vor und zurück geschleudert; dabei passen sich die Nadeln (2 bis 4 mm dick) jeder unebenen Oberfläche an 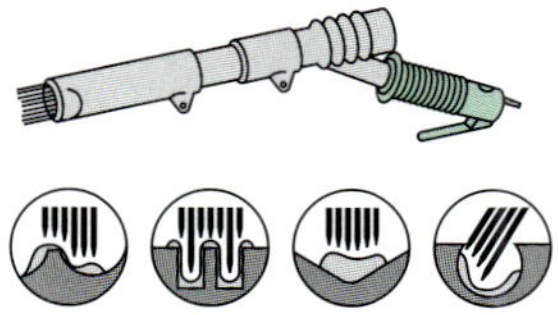	Aufsatz für starke Bohrmaschine (2500 bis 3500/min); für Flächenreinigung von Ablagerungen, Farb- und Putzresten; umweltfreundliche Alternative zu Abbeizfluiden 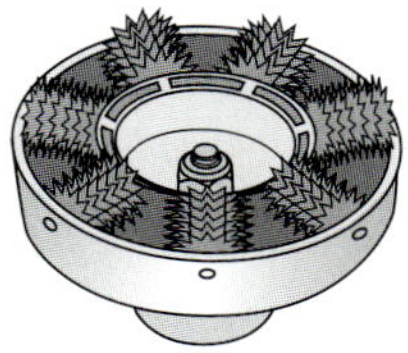

1) Pneumatisch betriebene Schwingschleifer sind leichter, in explosionsgefährdeten Räumen und zum Nassschleifen einsetzbar.
2) Der Schleifteller dreht sich nicht nur um die eigene Achse, sondern darüber hinaus exzentrisch um die Antriebsachse. Dies ermöglicht im Kantenbereich gute Ergebnisse (Explosionsgefahr, ATEX beachten).
3) Entrostungsgrad 1 DIN 18364; Reinheitsgrad St 2, St 3

Anstrichentfernung, Entrostung (Fortsetzung), **Abbrennen, Strahlen**

Heißluftabbrenngerät

Elektrisch betriebenes Heißluftgerät zur Entfernung von alten Öl- oder Alkydharzanstrichen

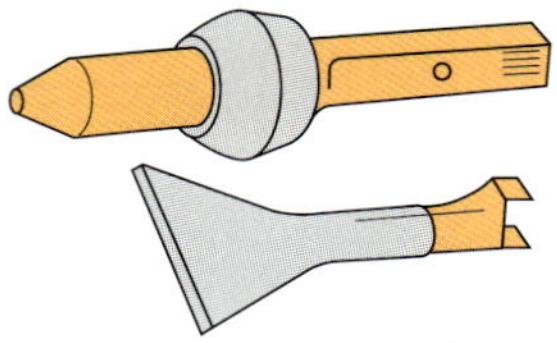

Propangas-Abbrenngerät

Mit Propangas betriebenes Gerät zur Entfernung von alten Öl- oder Alkydharzanstrichen

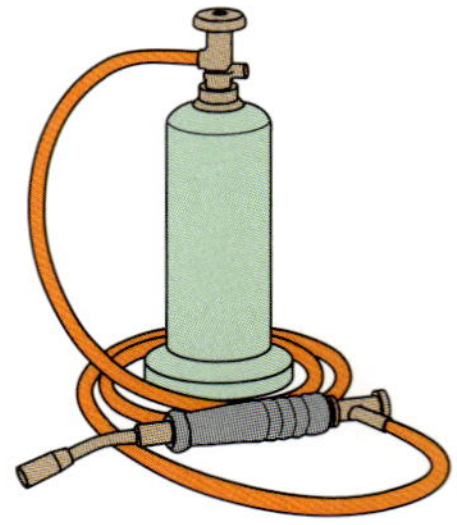

Flammstrahlgerät

Nur zur Entrostung von mindestens 5 mm dickem Stahl geeignet. Eine Sauerstoff-Acetylen-Gasflamme erzeugt eine etwa 2000 °C heiße Flamme, die eine Temperatur von 100 bis 300 °C am Objekt erzeugt. Rost und Zunder werden aufgrund verschiedener thermischer Ausdehnung abgesprengt. Entrostungsgrad 2 DIN 18363

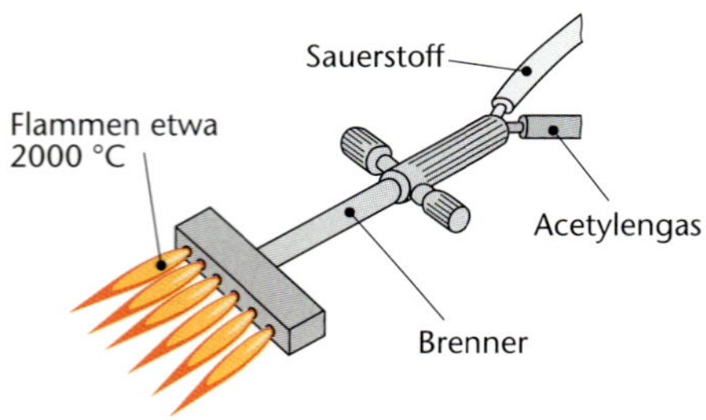

Saugluftstrahlpistole

Zum Entrosten von kleineren Flächen (z. B. Felgen usw.). Durch Anschluss an einen Kompressor wird Druckluft durch den Pistolenkörper geführt (etwa 5 bis 10 bar); das Strahlmittel wird aus dem Becher oder auch Vorratsbehälter gesaugt und auf die Oberfläche geschossen.

Hochdruckreiniger

Zum Spritzen von Wasser unter hohem Druck (150 bar) für Reinigungszwecke (z. B. Fassaden usw.). Reinigungsmittel im Wasser; chemische Reinigungsmittel, aber auch Abbeizmittel können verspritzt werden (die Umweltschutzbedingungen sind zu beachten). Antrieb: elektrisch oder Benzinmotor

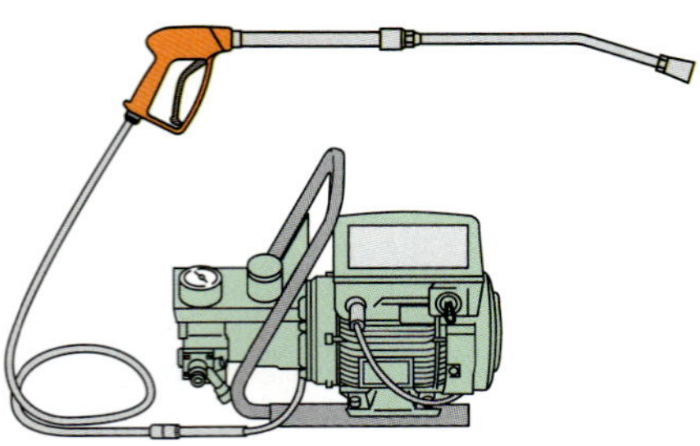

Dampfstrahlreiniger

Elektrisch betriebenes Gerät. Ein Heißwasseraggregat sorgt für eine Wassertemperatur von 130 °C; eine Elektropumpe sorgt für einen Wasserdruck von bis zu 180 bar. Das Gerät wird zur intensiven Reinigung von Flächen wie abgebeizten oder chemisch gereinigten Flächen genutzt. Ein Reinigungsmittelbehälter ist integriert.

Anstrichentfernung, Entrostung (Fortsetzung), Strahlen, Abbeizen

Freistrahl-Druckgebläse

Zur rationellen Entrostung von großflächigen Objekten. Ein Freistrahl-Druckgebläse schießt das Strahlmittel auf die zu entrostende Oberfläche. Handlochverschlüsse oder Totmannschaltung am Strahlschlauchende sorgen für eine sofortige Unterbrechung der Strahlarbeiten im Notfall.

Hochdruckkrake

Für umweltschonende Abbeiz- und Reinigungsarbeiten. Die Reinigungshaube saugt sich (Unterdruck) an die Fläche an. Dort wird im geschlossenen System mit Abbeizer oder Wasser bei Leimfarben (bis zu 80 °C Aufheizung möglich) die Fläche behandelt und das Abwasser abgeführt. Eine Vorrichtung für die Behandlung von Fußböden ist lieferbar.

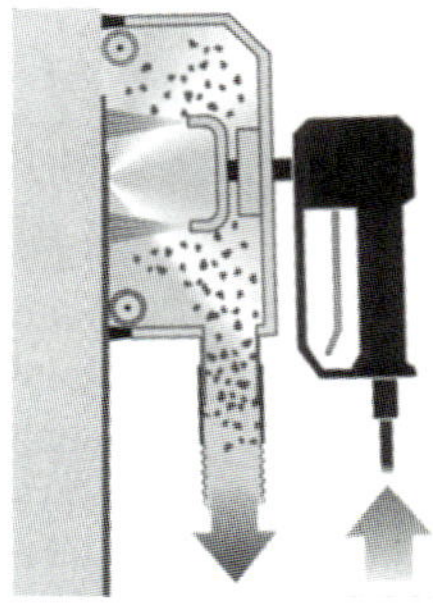

Industriesauger

Staubbeseitigende Maschinen wie Entstauber, Industriestaubsauger und Kehrsaugmaschinen beseitigen gesundheitsgefährdende Stäube und führen die gereinigte Luft in den Arbeitsraum zurück.

Staubklasse	Eignung für Stäube mit Expositionsgrenzwerten	Durchlassgrad
L (leicht)	> 1 mg/m³	max. 1 %
M (mittel)	> 0,1 mg/m³	max. 0,1 %
H (hoch)	Alle Stäube (einschließlich krebserzeugende)	max. 0,005 %

Die bisherigen Kategorien sind wie folgt zuzuordnen:
- H2 (für Holzstäube) und C (für Mineralfaser-, Holz- und Schleifstäube) entspricht der Staubklasse M
- K1 (vorwiegend für Asbest) entspricht der Staubklasse H

Werkzeuge und Geräte für Wärmedämmarbeiten

Dämmplatten-Standschneidegerät

Zum passgenauen Zuschneiden von Wärmedämmplatten auf Stoß; auch für Nut- und Federschnitte geeignet

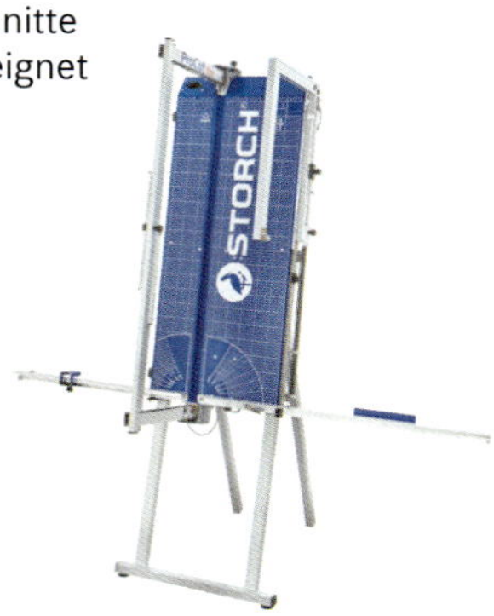

Eckschneider zum Dämmplattenschneidegerät

Für Spezialschnitte wie Eckschnitte bei Fensterbänken, Stürzen, Dachsparren usw.

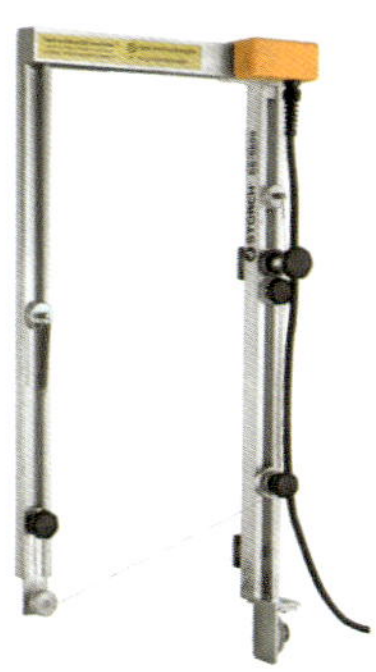

Dämmplatten-Handschneidegerät

Zum passgenauen Zuschneiden von Winkeln bei der Montage

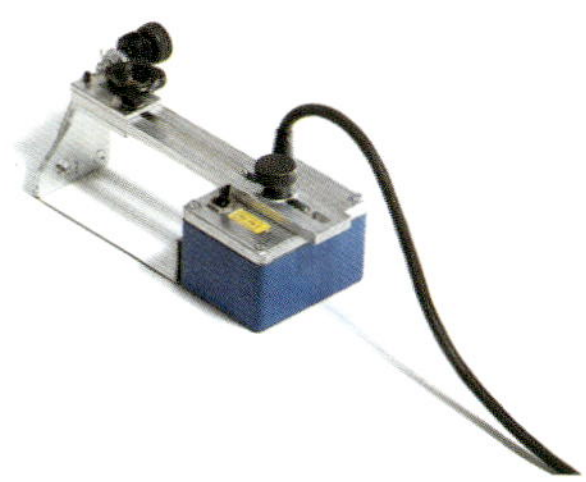

Werkzeuge und Geräte für Wärmedämmarbeiten (Fortsetzung)

Schleifbrett	Styropor-Hobel	Styroporschneider
Holzbrett mit selbsthaftenden Schleifblättern zum Schleifen von Vollwärmeschutz-Polystyrolplatten 	Zum Hobeln der Kanten von Vollwärmeschutz-Polystyrolplatten 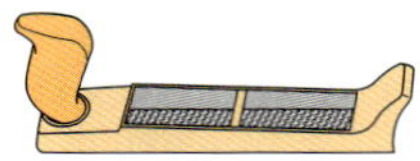	Zum schnellen Zuschneiden von Vollwärmeschutz-Polystyrolplatten 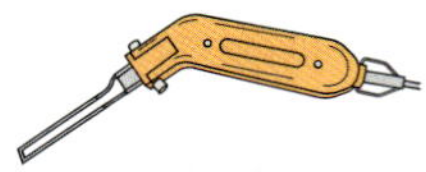
Dämmstoffmesser mit doppelter Schneide	**Schaumpistole**	**„Schweizer Aufziehkelle"**
„Sägeschliff" für hartes, dickes Material, „Wellenschliff" für weiches Material 	Zum Injizieren von PU-Schaum 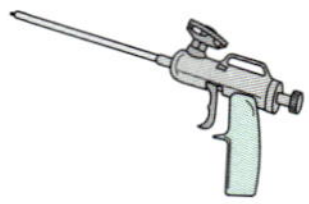	Zum Auftragen des Klebers 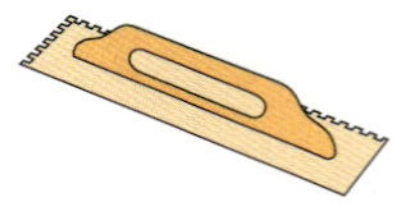
Furnier-Allzwecksäge	**Hartschaumsäge**	**Gehrungswinkellade**
Zum Zusägen von Wärmedämmplatten 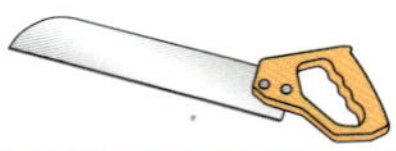	Zum Zusägen von PS Hartfaserdämmplatten 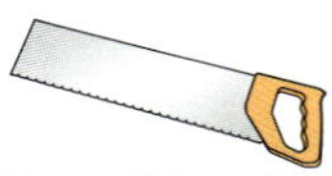	Für den Zuschnitt von Gehrungswinkeln 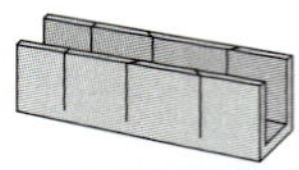

Werkzeuge und Geräte für Bodenbelagsarbeiten

Fußbodenstripper	Handschaber	Nadelrolle	Gummischaber
Zum Entfernen/Lösen alter Fußbodenbeläge durch Führen der elektrischen Stripperklinge am Unterboden (Alternative: Bodenfräsmaschine) 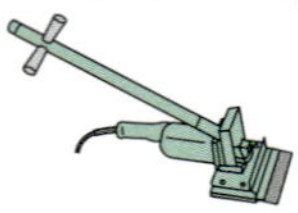	Alternative für den Fußbodenstripper für kleinere Flächen 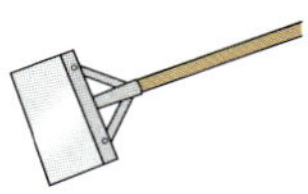	Zur Beseitigung von Lufteinschlüssen und Blasen nicht durchgehärteter Bodenbeschichtungen 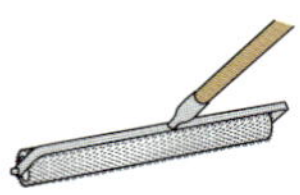	Zum großflächigen Auftrag von Beschichtungsmitteln auf Fußböden 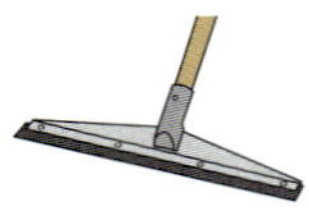

Viertelmondmesser	Schweißnahtschlitten
Zur PVC-Bodenverlegung 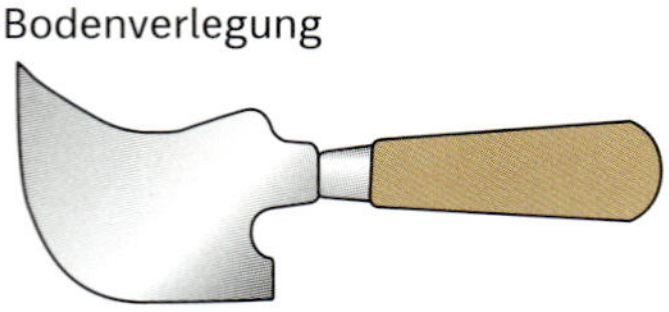	Für planebene Schweißnähte; Einsetzbar mit Viertelmondmesser 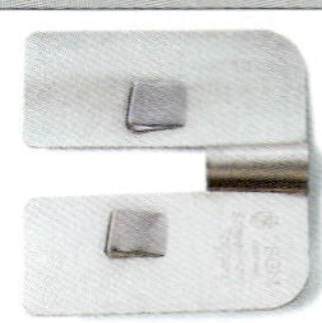

Werkzeuge und Geräte für Trockenbauarbeiten

Kantenhobel	Plattenmesser	Surformhobel
Zum Anfasen von Plattenkanten 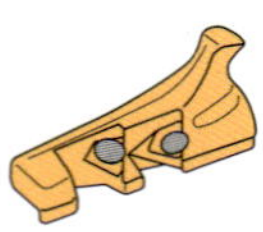	Zum Durchtrennen des Kartons der Gipskartonplatte 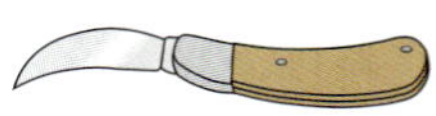	Zum Ebnen von Schnittstellen an Gipskartonplatten 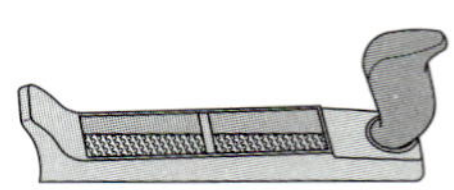

Werkzeuge und Geräte für Trockenbauarbeiten (Fortsetzung)

Eckensetzer	Hohlraumdosenfräser	Profil-Verbindungszange
Zur Unterstützung beim Befestigen der Eckschutzschienen in der Beplankung 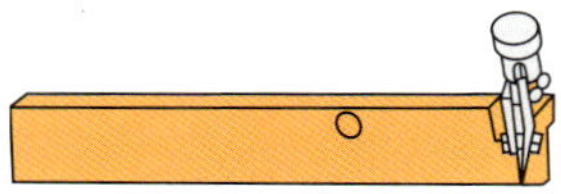	Zum Herstellen von Öffnungen in der Beplankung, z. B. für Steckdosen 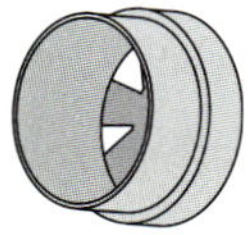	Zum Verbinden von Blechprofilen bis zu 0,8 mm Materialdicke 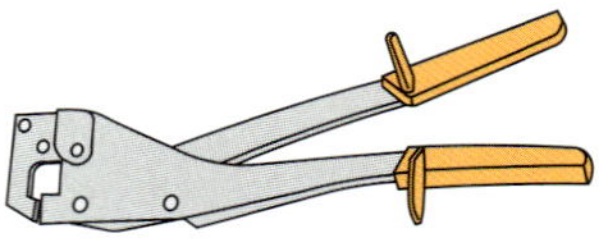
Plattenheber	Streifenschneider/-trenner	Kammschlitten
Montagehilfe bei der Befestigung der Beplankung an der Unterseite 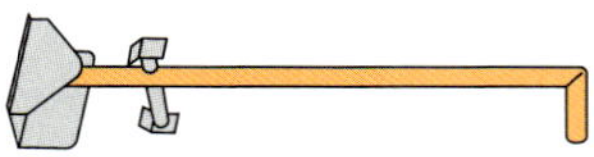	Zum Schneiden von bis zu 12 cm breiten Streifen von Gipskartonplatten; Messer ritzen Gipskartonplatten beidseitig an 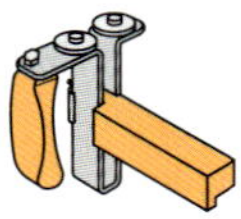	Zum Auftragen des Ansetzbinders 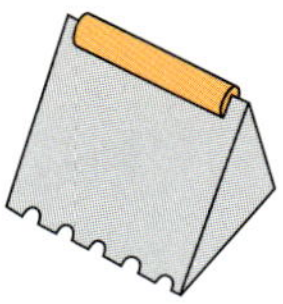
Einhand-Montagestütze	Bohrsäge	Knabber
Zum Abstützen und Fixieren bei Über-Kopf-Montagearbeiten an Decken 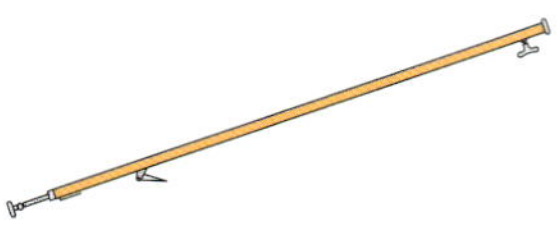	Zum Heraussägen beliebiger Formen aus der Gipskartonplatte 	Zum verformungsfreien Zuschneiden von Blechen bzw. Profilen 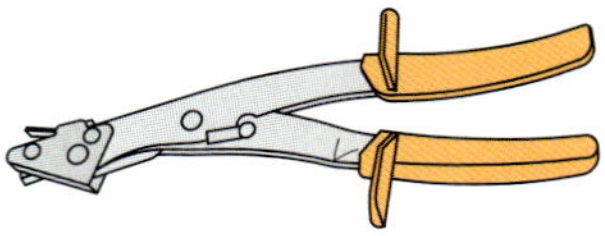

Maschinen und Anlagen: Tauchen

Elektrophorese	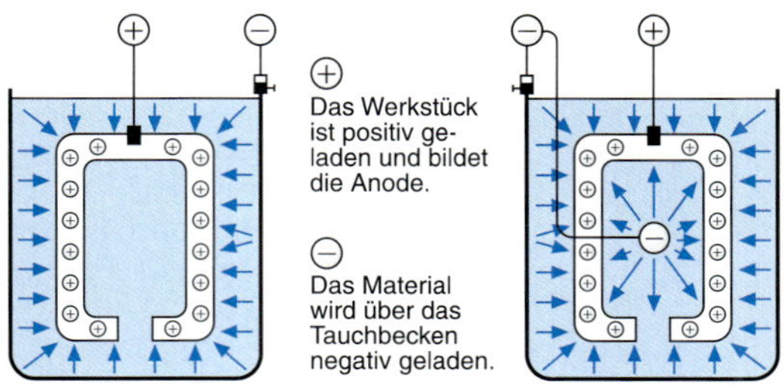	Industrielles Beschichtungsverfahren, bei dem wasserverdünnbare Lacke (auf Melamin-, Harnstoff-, Epoxid-Acrylharzbasis) je nach Verfahren positiv oder negativ geladen werden. Das einzutauchende Werkstück wird dazu gegenpolig geladen. Die Lackfarbenpartikel lagern sich gleichmäßig bis zu einer gewissen Schichtdicke ab.
Tauchen	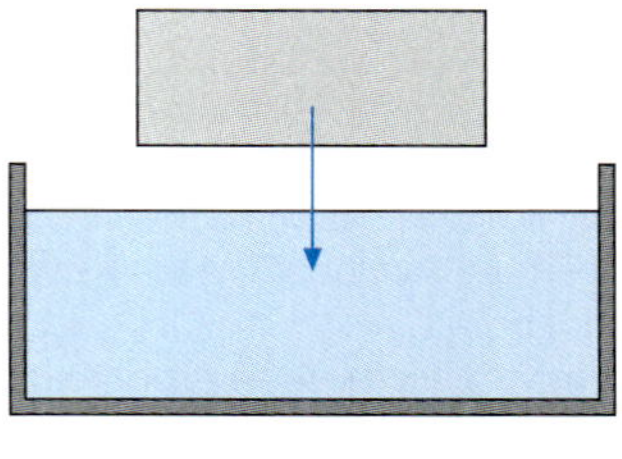	Dieses Verfahren eignet sich nur für transportable Werkstücke (z. B. demontierte Heizkörper): Das Werkstück wird in ein Tauchbecken gesenkt, bis es völlig mit Beschichtungsmittel überzogen ist. Die Werkstücke sollten so beschaffen sein, dass sie ein vollständiges Ablaufen von überschüssigem Beschichtungsmittel erlauben (z. B. keine Vertiefungen und Hohlräume).

Fluten

Flutwanne und Materialrückführung

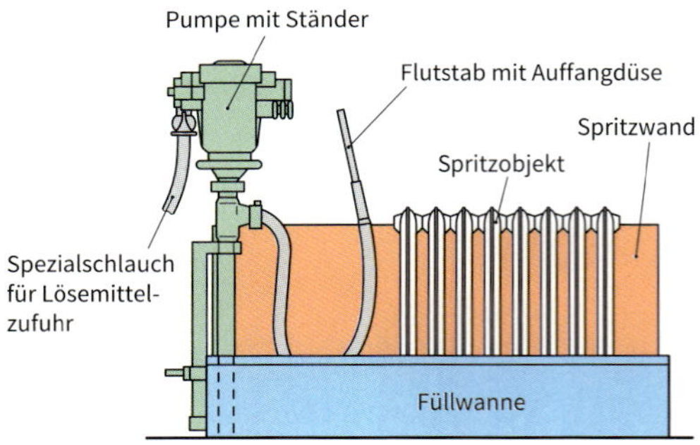

Das Werkstück wird bei diesem Verfahren mit Lack übergossen; in einer Auffangwanne wird dieser gesammelt, dann durch einen Filter geführt und mit Druck wieder über einen Schlauch zum Werkstück geleitet. Da die Verdunstung des Lösemittels während des Flutvorgangs erheblich ist, muss die Viskosität ständig überprüft werden. Gegenüber dem Tauchen ist beim Fluten der Materialbedarf geringer, da die Flutwanne nicht vollständig gefüllt werden muss.

Lackdusche (mobil)

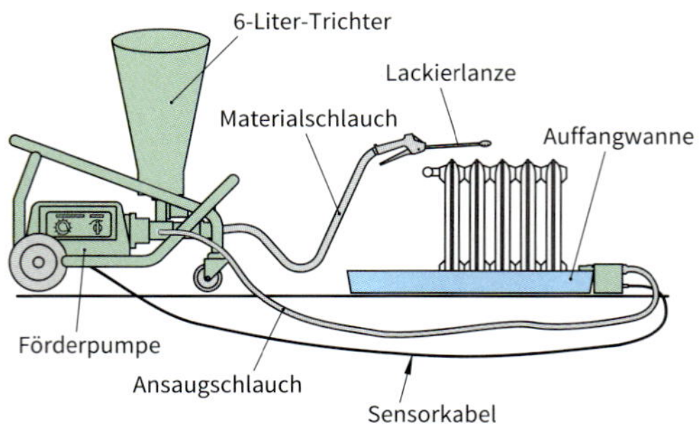

Dieses Gerät ist eine mobile Form des Flutverfahrens. Es ermöglicht die Anwendung dieses Verfahrens auf der Baustelle. Ein Trichter bevorratet den Beschichtungsstoff. Mit der Lackierlanze ist eine gleichmäßige Beschichtung ohne Läufer möglich. Im Gegensatz zum herkömmlichen Flutverfahren ist eine Demontage von eingebauten Werkstücken nicht immer zwingend.

Niederdruck-Spritzverfahren

Niederdruckanlage

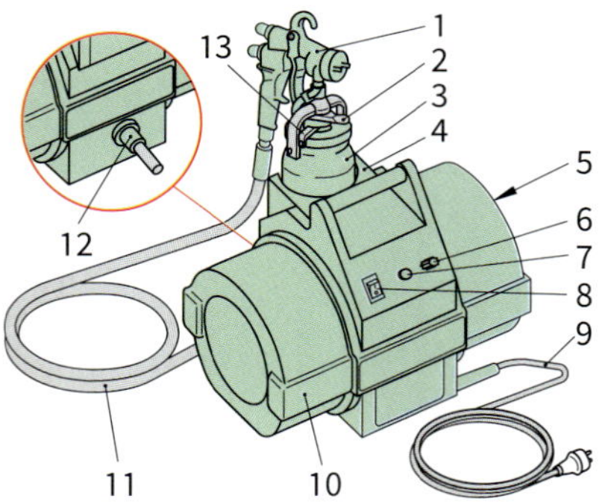

1. Farbspritzpistole (Saugbechersystem)
2. Schließhebel für Farbbehälter
3. Farbbehälter
4. Spritzpistolenablage
5. Luftfilter
6. Feinsicherung
7. Kontrollleuchte (Filterverschmutzung)
8. EIN/AUS-Schalter
9. Netzkabel
10. Turbine
11. Luftschlauch
12. Luftschlauchanschluss
13. Drehhebel für Steigrohr

Funktionsbeschreibung: Eine Turbine (ähnlich wie ein Staubsaugermotor) erzeugt Druckluft (0,1 bis 0,99 bar), die über den Druckluftschlauch in den Pistolenkörper geleitet wird. Ein Teil der Druckluft wird in den Farbbehälter geleitet. Von dort gelangt das Material über das Steigrohr zur Farbdüse, wo es vom Luftstrom erfasst und zerstäubt wird.

Verwendung findet das Niederdruckspritzgerät bei vergleichsweise kleinen Flächen wie Türen, Heizkörpern, Garagentoren, Sockelflächen usw. sowie bei dekorativen Techniken.

Vorteile der Niederdruckanlage sind deren einfache, wartungsarme Handhabung, die Mobilität, ein vergleichsweise niedriger Anschaffungspreis und der geringe Farbnebel, was wiederum eine größere Umweltverträglichkeit und geringere Abdeckarbeiten mit sich bringt.

Nachteile des Niederdruckspritzens liegen in seinem vergleichsweise groben Spritzbild und in der Tatsache, dass lediglich kleine Flächen wirtschaftlich beschichtet werden können, da ein häufiges Nachfüllen des Farbbechers erforderlich ist.

Spritzverfahren (HVLP, RP)

Spritzpistole

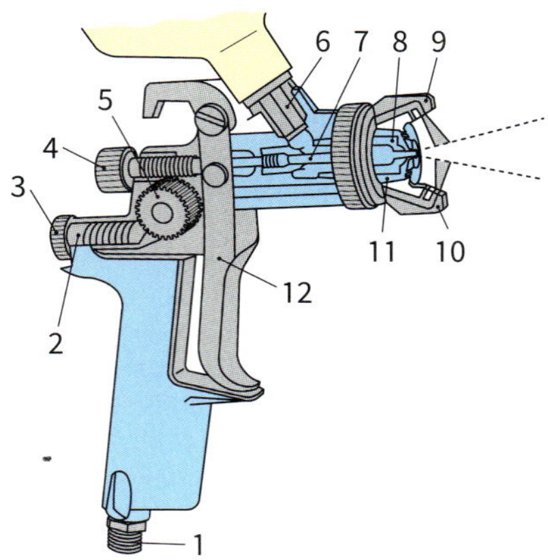

1. Lufteingang
2. Luftabsperrventil
3. Pressluftmikrometer
4. Materialmengenregulierung
5. Stufenlose Breit-Rundstrahl-regulierung
6. Lacksieb
7. Farbnadel
8. Farbdüse
9. Luftdüse
10. Luft für Breitstrahl
11. Luft für Rundstrahl
12. Abzugsbügel

Kompressor

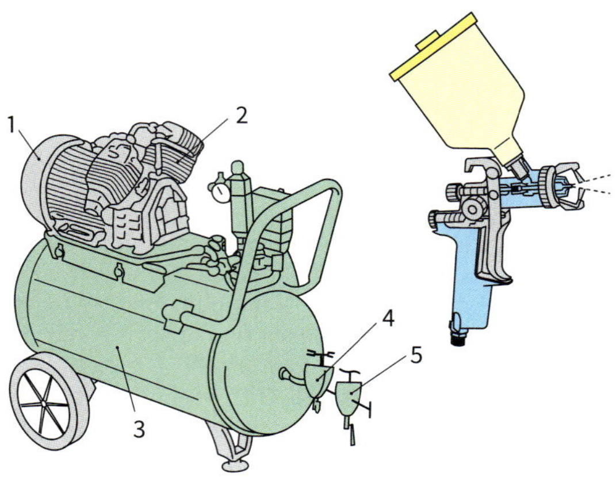

1. Elektroantriebsmotor
2. Kompressor
3. Druckluftkessel
4. Wasserabscheider
5. Ölabscheider

Funktionsweise: Der Kompressor erzeugt Druckluft (1 bis 14 bar), die über den Wasser- und Ölabscheider sowie durch den Druckluftschlauch über den Lufteingang zum Luftabsperrventil der Spritzpistole geleitet wird. Durch leichten Druck auf den Abzugsbügel wird die „Vorluft" durch den Pistolenkörper geleitet. Bei stärkerem Druck auf den Abzugsbügel wird die Farbnadel zurückgezogen, dadurch das Spritzmaterial freigegeben, welches daraufhin vom Luftstrom erfasst und zerstäubt wird. Bei waagerechter Luftdüsenstellung ergibt sich ein senkrechter Breitstrahl, bei senkrechter Luftdüsenstellung ein waagerechter Breitstrahl und bei diagonaler Luftdüsenstellung ein Rundstrahl.

Verwendung: Wegen der relativ hohen Zerstäubung des Materials ergibt sich ein sehr feines Spritzbild. Daher findet das „HVLP/RP-Spritzverfahren" vor allem in der Fahrzeuglackierung seine Verwendung. Ansonsten ist sein Einsatz dort angebracht, wo qualitativ hohe Anforderungen an eine Lackierung gestellt werden, z. B. bei Möbeln, Türen, z. T. auch bei Wänden und Decken, bei Kleinteilen, profilierten Flächen und Schildern usw.

HVLP (High Volume Low Pressure)-Spritzverfahren

HVLP-Spritzpistole

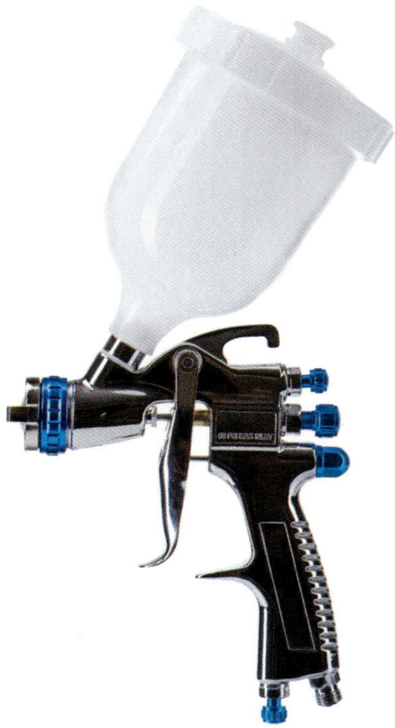

„High Volume Low Pressure“ bedeutet hohes Luftvolumen mit geringem Druck. Das HVLP-System vereinigt so die positiven Eigenschaften des Niederdrucks mit denen des Hochdruckspritzverfahrens, d. h., geringer Farbnebel und eine feine Zerstäubung bedingen einen geringen Materialverlust, einen umweltfreundlichen Spritzvorgang sowie ein feines Spritzbild. Da der tatsächliche Luftdruck an der Luftdüse bei modernen HVLP-Spritzpistolen 0,7 bis 0,8 bar beträgt, wird das HVLP-Spritzverfahren dem Niederdruck zugeordnet. Tatsächlich ist aber die Technologie der HVLP-Spritzpistole von der des Hochdrucks abgeleitet: Der von einem Kompressor bzw. einem stationären Luftdrucksystem erzeugte Luftdruck gelangt mit einem Eingangsdruck von 2 bis 3 bar in den Pistolenkörper. Dort wird das Luftvolumen auf ein fein verzweigtes Luftkanalsystem verteilt, sodass der Druck beim Verlassen der Luftdüse erheblich reduziert wird. Daraus ergibt sich einerseits eine feine Zerstäubung für höchste Ansprüche an eine Lackierung, andererseits werden durch den geringen Druck der Farbnebelrückprall und ein Abströmen der Materialpartikel erheblich reduziert. Dies hat eine Materialeinsparung von bis zu 30 % zur Folge.

Hinweise zu neuen Euronormen

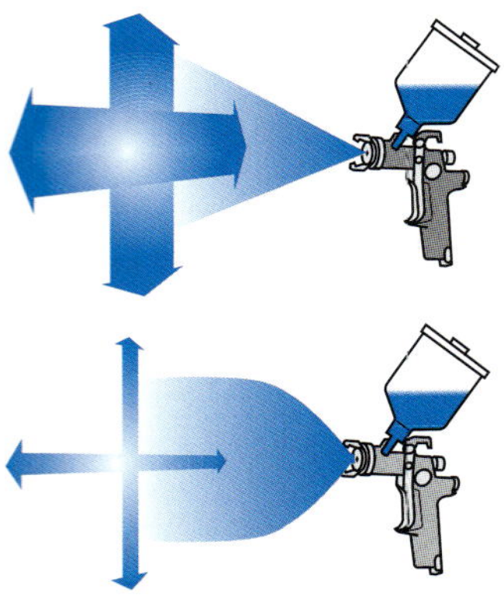

Mit der Einführung der VOC-Richtlinien (Verordnung 1999/13/EG BImSchV[1]) wird die Immission von flüchtigen organischen Verbindungen (= VOC = **v**olatile **o**rganic **c**ompound), sprich Lösemitteln, für das Lackiererhandwerk beschränkt. Diese schreibt u. a. vor, dass Spritzpistolen entweder einen maximalen Luftdruck von 0,7 bar an der Luftdüse oder ein Erfüllungskriterium (Compliant-Criterion) von 65 % Materialübertragungsrate aufweisen müssen. Diese Kriterien werden von modernen HVLP-Pistolen oder sog. RP-Hochdruckpistolen (RP = reduced pressure, Luftausgangsdruck ca. 1,8 bar) erfüllt. Konventionelle Hochdruckspritzpistolen erfüllen diese Kriterien nicht und so darf man davon ausgehen, dass das Hochdruckspritzverfahren in einigen Jahren durch das HVLP-Spritzverfahren abgelöst wird.

Höchstdruck-Spritzverfahren (Airless)

Das Airless- („luftlos“) oder Höchstdruck-Spritzverfahren ist ein luftloses Spritzverfahren, das mit einem Materialdruck von etwa 150 bis 300 bar funktioniert. Mit diesen Spritzgeräten ist es möglich, innerhalb kürzester Zeit sehr große Flächen zu beschichten. Da mit dieser Spritztechnologie umfangreiche Abdeckarbeiten verbunden sind und die Wartung der Geräte vergleichsweise aufwendig ist, lohnt sich ein wirtschaftlicher Einsatz einer Airlessanlage nur für große Flächen. Die Arbeitsleistung dieser Geräte ist im Vergleich zu den herkömmlichen Hoch- und Niederdruckspritzverfahren höher. Das Material wird durch Kolben- oder Membranpumpen unter hohem Druck durch einen speziell armierten Höchstdruckschlauch zur Pistole und durch eine Hartmetalldüse gedrückt, wo das Spritzgut durch den eigenen Materialdruck beim Verlassen der Pistole zerstäubt wird.

[1] Gültig seit 25.08.2001.

Höchstdruck-Spritzverfahren (Airless) (Fortsetzung)

Membranpumpen	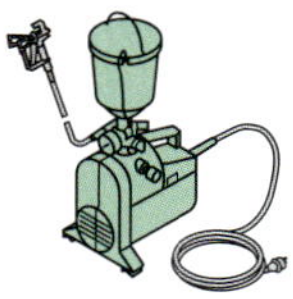	In der Membranpumpe betätigt eine Exzenterwelle einen Kolben, der Hydrauliköl in eine pulsierende Bewegung versetzt, was wiederum eine Membran in Bewegung bringt, die dann das Material verdichtet. Ein Druckregelventil regelt die Hydraulikölmenge und damit das Fördervolumen der Pumpe.
Kolbenpumpen		Der Druck wird hier durch eine Kolbenhubpumpe erzeugt. Die Kolben werden entweder durch Elektro- oder Benzinmotoren angetrieben oder aber durch starken Luftdruck mittels eines Kompressors in Bewegung versetzt. Dabei vervielfacht sich der Luftdruck als Materialdruck. Um ein Pulsieren bei der Applikation von Spritzmaterialien zu vermeiden, sind die Kolbenpumpen doppelhubig ausgelegt, sodass sie einen permanenten und konstanten Druck bei der Arbeit aufrechterhalten.
Airlesspistole	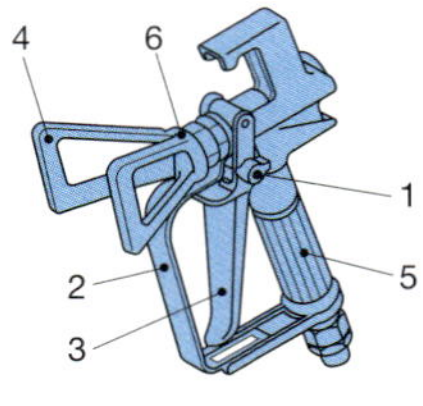	Der hohe Materialdruck beim Airless-Spritzverfahren sollte die Nutzenden vor allem zur Vorsicht im Umgang mit der Airlesspistole mahnen. Daher sind eine Abzugssicherung (1), ein Schutzbügel (2) für den Abzugsbügel (3) und ein Fingerschutz (4) notwendig. Je nach Spritzmaterial ist ein mit einer Kennfarbe bezeichneter Filter (5) vorhanden, der das Material von Verunreinigungen befreit. Ablenkrillen in der Düse (6) legen den Spritzwinkel und damit die Strahlbreite fest. Die Bohrungen der Düse werden in Inch (Zoll) und mm angegeben.

Zubehör	Injektionsvorsätze	Auslegerpistole	Ansaugsystem für Membrananlagen	Farbgespeister Roller
		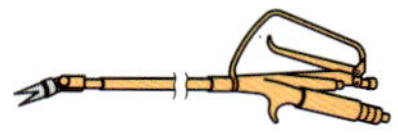	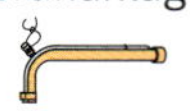	

Vorteile des Airless-Spritzverfahrens:
- Sehr hohe Arbeitsleistung
- Auch für hochviskose Materialien geeignet
- Vergleichsweise geringe Spritznebelbildung
- Hohe Schichtdicken, großes Deckvermögen, da eine Verdünnung des Spritzmaterials entfällt oder sehr gering ist

Nachteile des Airless-Spritzverfahrens:
- Aufwendige Abdeckarbeiten
- Geringere Qualität des Spritzbildes als bei Hochdruck- oder HVLP-Spritzverfahren
- Hohe Anschaffungskosten
- Vorwiegend für ebene, nicht für profilierte Flächen geeignet

Airmix-Spritzverfahren

Airmix-Spritzanlage

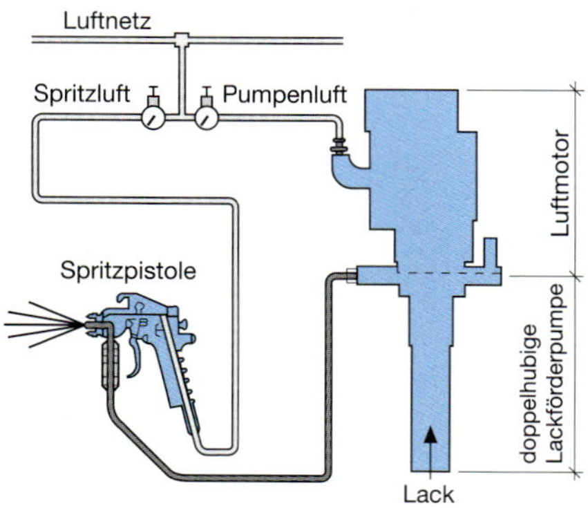

Das Airmix-Spritzverfahren kombiniert das Höchstdruckverfahren (siehe Airless/Höchstdruck) mit dem Druckluftverfahren. Eine hydraulische Pumpe verdichtet das Material mit einem Druck zwischen 40 und 70 bar, welches wie beim Airlessverfahren über eine Hartmetalldüse vorzerstäubt wird. Durch Bohrungen an der Luftdüse wird dem vorzerstäubten Material ein zusätzlicher Luftdruck von 2 bis 4 bar hinzugegeben, was zu einer noch feineren Zerstäubung der Partikel führt. Das Airmix-Spritzverfahren findet **Verwendung** bei großen Flächen, wo Qualitätslackierungen gefordert sind. Die **Vorteile** liegen bei der nebelarmen und der gerade auf großen Flächen hohen Leistungsfähigkeit dieses Systems, was jedoch mit einem großen Geräteaufwand (Kompressoranschluss usw.) verbunden ist. Dieses kombinierte Höchstdruck-Luftdruck-Spritzen wird unter den Bezeichnungen Airmix, Aircoat oder Spraymix im Handel geführt.

Elektrostatisches Spritzen

Handspritzpistole mit Steuergerät

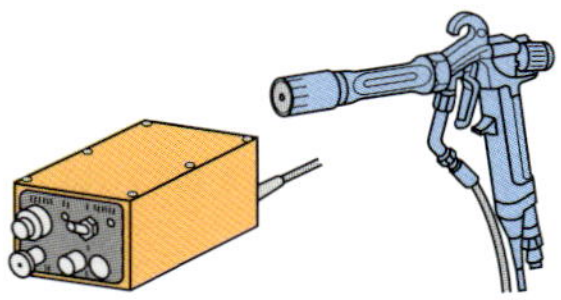

Elektrische Feldlinien beim Spritzen

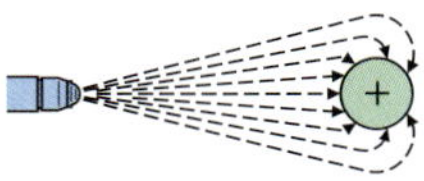

Bei diesem Applikationverfahren wird zwischen Spritzmaterial und zu beschichtendem Objekt ein elektrostatisches Feld aufgebaut. Dies geschieht, indem eine Gleichspannung bis zu 70 000 Volt durch ein Steuergerät aufgebaut wird, wobei das Werkstück geerdet ist. Beim Verlassen der Anlage wird das Material negativ geladen. Es strebt dann entlang des elektrischen Feldes auf das gegenpolige Werkstück zu und lagert sich dort gleichmäßig ab. Das Objekt wird auch dann allseitig beschichtet, wenn von einer Seite aus gespritzt wird („elektrostatischer Umgriff"). Zudem gibt es aufgrund der gegenpoligen Anziehung kaum Spritznebel und Materialverlust. Dieses Verfahren wird mit dem Air-Coat-, dem Hochdruck- oder mit dem Airless-Spritzverfahren kombiniert angewendet.

Pulverbeschichtung

Die Pulverbeschichtung ist ein Prinzip, bei dem auf ein Werkstück (z. B. Heizkörper) mittels elektrischer Aufladung das Material (Bindemittel und Pigmentanteil) aufgesprüht wird, welches dann in einem Trockentunnel unter Wärmeeinwirkung zerfließt und so einen widerstandsfähigen Beschichtungsfilm erzeugt. Durch das elektrostatische Spritzverfahren gelangt das Pulver auf das vorgeheizte Werkstück. Lackpulver auf Acrylat-, Epoxid-, Polyester- oder Polyurethanharz gehen beim Einbrennprozess in einen duroplastischen, d. h. nicht mehr nachformbaren Zustand über. Da keine Lösemittel notwendig sind, wird das Material voll ausgenutzt. Die Abgase des Einbrennprozesses enthalten keine schädlichen Bestandteile und eine Läuferbildung ist bei diesem Applikationsverfahren ausgeschlossen.

Farbnebelabsaugung bei Spritzanlagen (Trockenabscheidung)

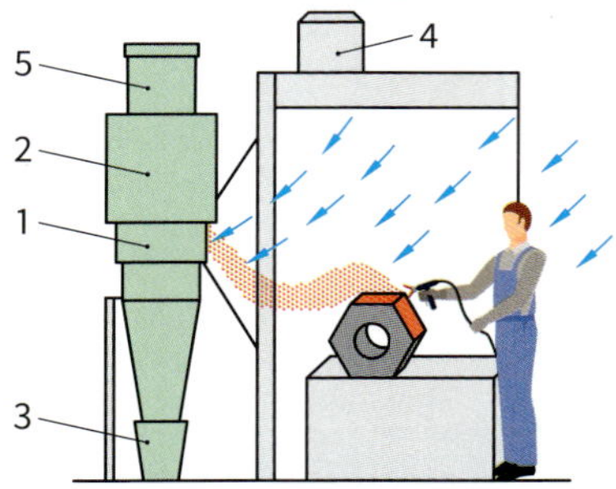

1. Ansaugöffnung
2. Filtereinheit
3. Auffangbehälter
4. Zuluft
5. Abluft

Silotechnik

Mit moderner Silotechnik ist es möglich, pastöse Kleber, Spachtel oder Putze bis auf eine Höhe von 30 m zu fördern und rationell zu applizieren (innen und außen).

Edelstahlsilos	Schneckenpumpe (elektrisch)	Schlauch für Fließestrich	Applikation Putzspritzgerät am Schlauchende

Atemschutzsysteme

DIN 58620:2007-02, **DIN 58621:**2011-10, **DIN EN ISO 16972:**2020-12, **DIN EN 137:**2007-01, **DIN EN 138:**1994-12, **DIN EN 149:**2009-08, **DIN EN 405:**2009-08, **DIN EN 12941:**2009-02, **DIN EN 12942:**2009-02, **DIN EN 14593-1:**2018-07, **DIN EN 14594:**2018-07

Partikelfilter

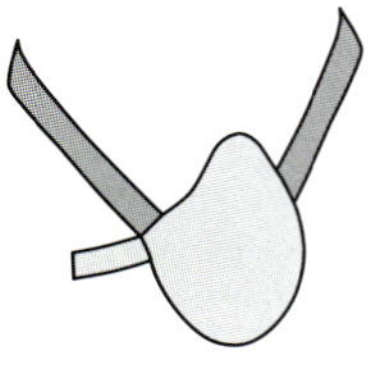

Feinstaubmasken (Partikelfilter). Diese Masken sind in drei Gruppen unterteilt:
P1 Schutz gegen Schwebstoffe (Feinstäube, Schleifstäube, Rost, Spachtelmassen);
P2 Schutz vor festen und flüssigen, mindergiftigen Stäuben (beim Schleifen von Lack, Putz, Eisen);
P3 zum Schutz vor krebserregenden Feinstäuben.

Kombinierter Gas-, Partikelfilter

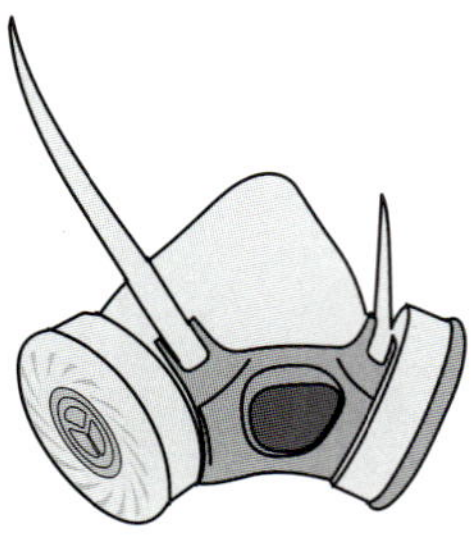

Gasfiltertypen für Farbspritzmasken. Diese Gasmaskenfilter bieten Schutz vor unterschiedlichen Gasen. Dabei werden die Schadstoffe durch Aktivkohle im Gasfilter physikalisch und z. T. auch chemisch gebunden:
A (Kennfarbe Braun) schützt gegen organische Gase und Dämpfe,
B (Kennfarbe Grau) schützt gegen anorganische Gase und Dämpfe,
K (Kennfarbe Grün) schützt gegen Ammoniak.
Moderne Filtertypen sind zudem mit Partikelfiltern der Gruppen P2 und P3 kombiniert. Wenn Schadstoffe unbekannt sind, sind **Kombinationsfilter ABK** („Allroundfilter") zu empfehlen.

Halbmasken werden mit Gasfiltern bestückt. Die Lebensdauer dieser Filter liegt bei wenigen Stunden, dann müssen sie ausgewechselt werden. Halbmasken bieten den Vorteil, mobil einsetzbar zu sein. Sie sind bequem zu tragen, sofern zwei Filter seitlich, wie bei modernen Maskentypen üblich, angebracht sind. Vorteil: kein vorgelagerter Schwerpunkt, gutes Sichtfeld.

Vollmaske

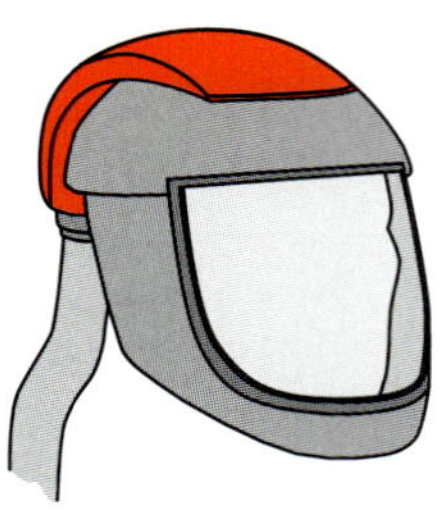

Vollmasken werden ebenfalls mit Gasfiltern bestückt, aber auch an stationäre Druckluftanlagen angeschlossen. Letzteres hat den Vorteil, dass keine Gasfilter eingesetzt werden müssen. Darüber hinaus sind bei Vollmasken insbesondere die Augen geschützt. Ein Eindringen von Schadstoffen über die Schleimhäute wird so verhindert.

Atemschutz-Set (DIN EN ISO 16972, Regelung über schadstofffreie Kompressorluft)

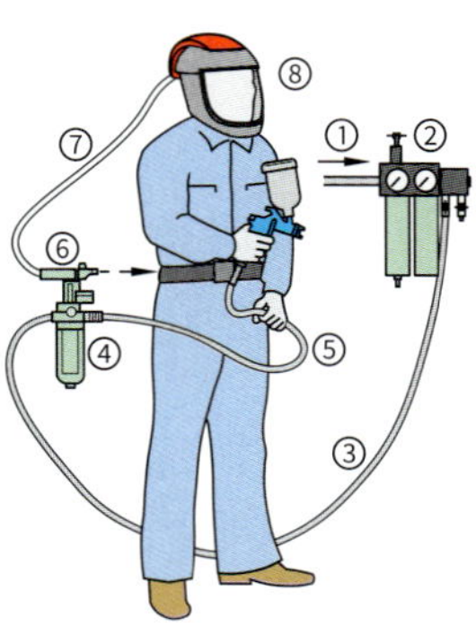

Beim Anschluss einer Vollmaske an ein stationäres Druckluftsystem ist ein **Atemschutz-Set** (DIN EN ISO 16972) erforderlich:
1. Kompressorluft
2. Feinfilter zur Druckluftaufbereitung
3. Druckluftschlauch (knick- und trittsicher)
4. Aktivkohlefilter
5. Spritzluft-Schlauchverbindung
6. Atemlufterwärmer
7. Atemluft-Schlauchverbindung
8. Kopfhaube

Leitern: Standsicherung, Arten

Standsicherung von Anlegeleitern

Gleitschutz für glatte, rutschige Standflächen

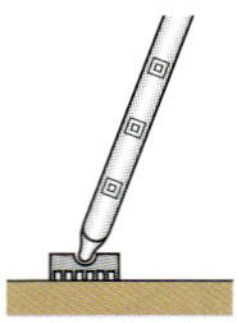

Brettunterlage für weiche Standflächen

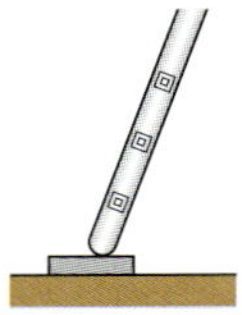

Anbinden der Holme, für feste Standflächen bei längeren Arbeiten

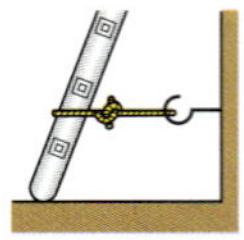

Stahldorn für weiche, aber tragfähige Standflächen

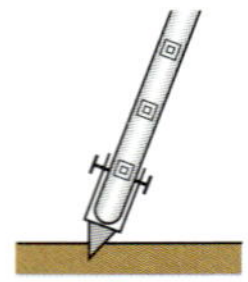

Widerlager für feste, nicht versiegelte Standflächen

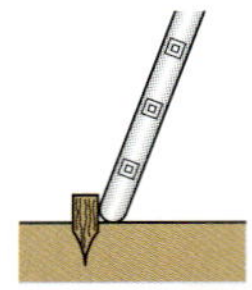

Zweite Person für kurze Arbeiten auf festen Standflächen

Anlegeleitern

Bestehen aus Holmen und Wangen und sind aus Holz oder Metall gefertigt. UVV (Unfallverhütungsvorschriften) sind zu beachten.

Standleitern (Stehleitern)

Sind Doppelleitern, die an gerundeten Holmenden von je einem Gelenk zusammengehalten werden. Eine Spreizsicherung sichert die Standfestigkeit. Standleitern dürfen nicht als Anlegeleitern benutzt werden.

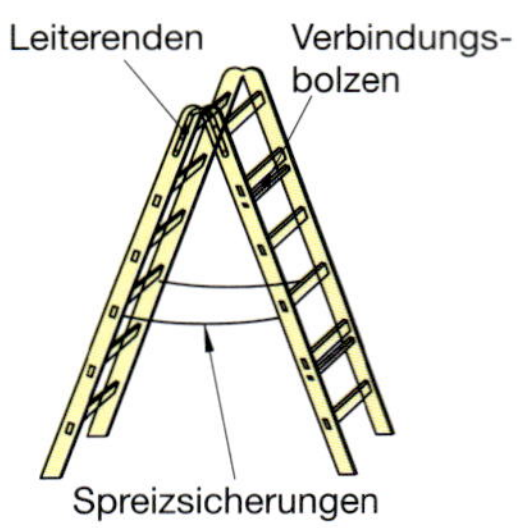

Anlegewinkel

Der sichere Stand erfordert einen Winkel von etwa 65° bis 75° (Ellenbogenprobe). Die Leiter 1 m über die Austrittstelle hinausragen lassen.

Anlegeabstand

Alternative Methode (Ellenbogenmethode): Abstand zur Wand max. 1/3 bzw. min. 1/4 der Länge der Leiter.

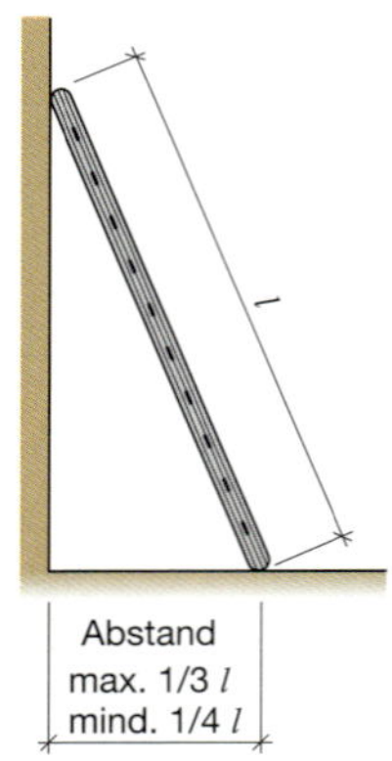

Mehrzweckleitern

Als Anlegeleiter, als Standleiter, als Behelfsgerüst

Multifunktionsgerüst

Multifunktionsgerüste ersetzen Behelfsgerüste[1]. Sie können als Gerüst mit einer Aluminiumauflage, als Stand- oder Anlegeleiter benutzt werden.

[1] Laut „Betriebssicherheitsverordnung" 2015 dürfen die Betriebsinhaber/-innen bzw. Maler/-innen und Lackierer/-innen nur noch Behelfsgerüste aufstellen, wenn sie die „Aufbau- und Verwendungsanleitung" der jeweiligen Hersteller beachten. Ansonsten gelten Behelfsgerüste nicht mehr als Stand der Technik, da sicherere Alternativen zur Verfügung stehen.

Gerüstarten

Fassadengerüst für senkrecht Fassaden	**Fahrgerüst** für flexibles Arbeiten im Außen- und Innenbereich	**Raumgerüst** für Arbeiten an Wänden und Decken (Hallen, Kirchen)	**Schutzgerüst**, zum Schutz von Personen, Fahrzeugen usw.	**Hängegerüst** für Arbeiten an Hochhäusern, Dächern, Türmen, Kuppeln
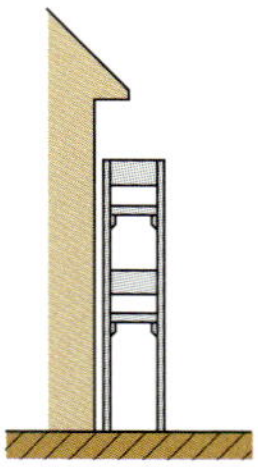	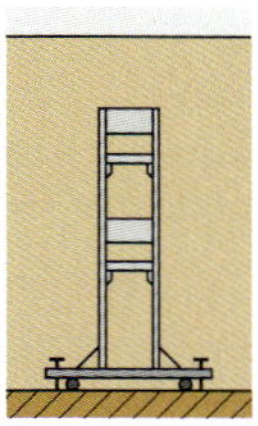	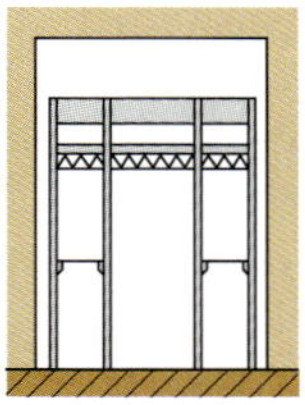		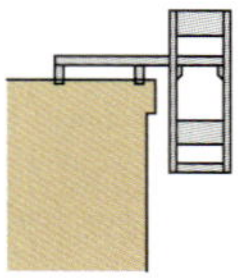

Arbeits- und Schutzgerüste **DIN 4420-1:**2004-03, **DIN 4420-3:**2006-01

- Die DIN 4420 beschreibt die Regelausführungen und sicherheitstechnischen Anforderungen für „Arbeits- und Schutzgerüste".
- Für den Aufbau und für die Verwendung von Gerüsten sind die DIN 4420, ein Zulassungsbescheid des Gerüstherstellers und die UVV (Unfallverhütungsvorschriften) der Berufsgenossenschaft zu beachten.
- Für den ordnungsgemäßen Auf- und Abbau ist der Gerüstbauer bzw. die Gerüstbauerin, für die ordnungsgemäße Benutzung und Instandhaltung der Gerüstnutzer oder die Gerüstnutzerin (Unternehmer/-in) verantwortlich.

Gerüstgruppe	Mindestbreite der Belagfläche in m	Flächenbezogenes Nutzgewicht in kg/m²	Belastung
1	0,50	–	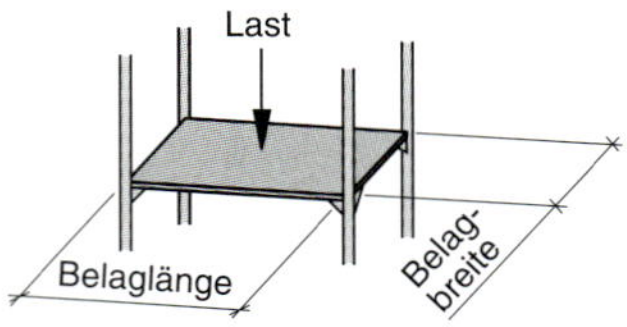
2	0,60	150	
3	**0,60**	**200**	
4	0,90	300	
5	0,90	450	
6	0,90	600	

Im Handwerk der Malerinnen und Maler wird vorwiegend die **Gerüstgruppe 3** verwendet.

Verstrebungen

Sie sind zur Sicherung des Gerüstes gegen seitliches Abkippen vorgeschrieben. Die Verstrebungen müssen feste Knotenpunkte aufweisen.

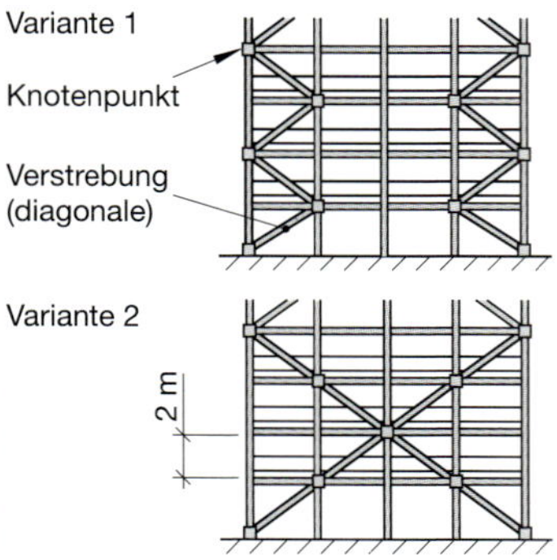

Fußpunkte

Sie müssen unverrückbar und gegen ein Einsinken auf weichen Böden durch eine geeignete Unterlage (Fußplatten, Bohlen) gesichert sein.

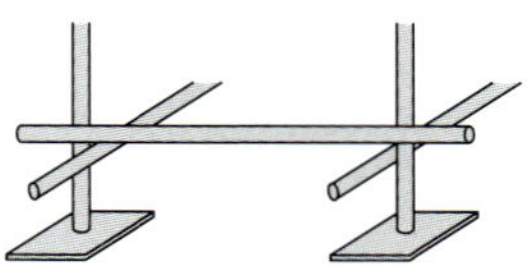

Gerüstbeläge

Sie sind über volle Breite auszulegen und so zu verlegen, dass ein Wippen oder Verschieben der Bohlen ausgeschlossen werden kann.

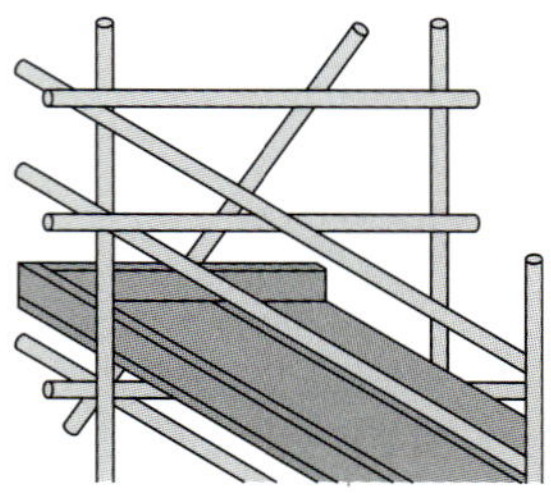

Arbeits- und Schutzgerüste (Fortsetzung) — **DIN 4420-1:**2004-03, **DIN 4420-3:**2006-01

Seitenschutz

Ab einer Belaghöhe von 2 m ist ein dreiteiliger Seitenschutz erforderlich. Er besteht aus Geländerholm, Zwischenholm und Bordbrett. Der Abstand zur Wand darf max. 30 cm betragen. Wird dieser Abstand überschritten, ist auch zur Wand hin ein dreiteiliger Seitenschutz erforderlich. Das Bild zeigt die nach DIN 4420 vorgeschriebene Bemaßung des dreiteiligen Seitenschutzes.

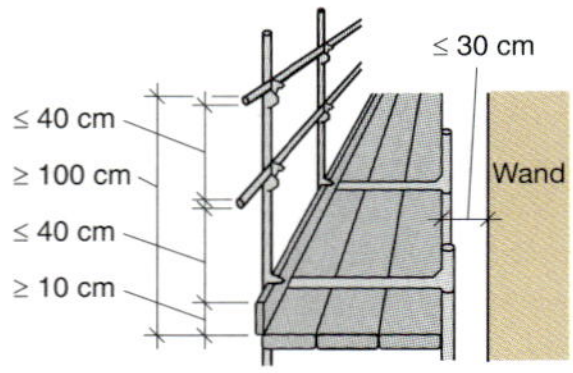

Verankerungen

Das Gerüst ist mit der Wand fest zu verankern. Befestigungen an Fensterrahmen, Dächern usw. sind unzulässig. Die Anzahl der Verankerungen ist im Zulassungsbescheid des Gerüstes angegeben. Verankerungen müssen die in der DIN 4420 und der UVV vorgeschriebenen Kräfte aufnehmen können:

- parallel zum Bauwerk = 1,0 kN
- rechtwinklig zum Bauwerk = 1,5 kN
- rechtwinklig zum offenen Bauwerk = 3,0 kN (d. h., mehr als 33 % der Ansichtsfläche sind Öffnungen)

Gerüstanker mit Ringschraube und Dübel

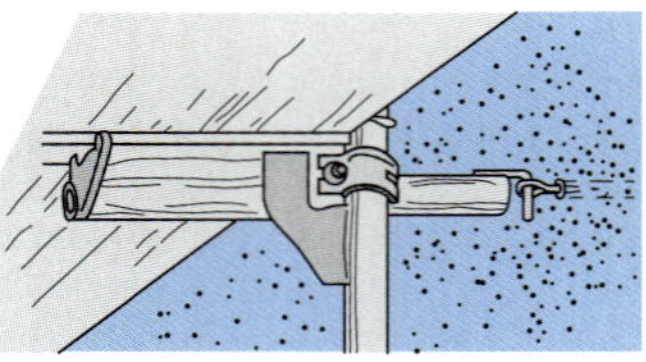

Verankerungen

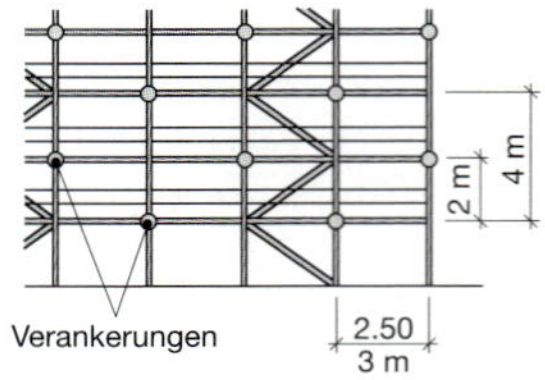

Aufstiege, Leitern

Bei innen liegenden Aufstiegen müssen die Leitern versetzt angeordnet sein, Luken sind nach dem Durchstieg zu schließen. Bei außen liegenden Aufstiegen gilt: Leiterholme sind über die ganze Gerüstlänge zu befestigen, wenn möglich durch ein Geländer zu sichern.

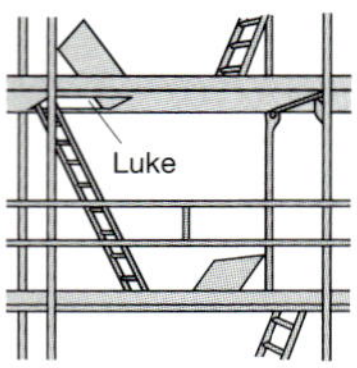

Standgerüste: Rahmengerüst als Systemgerüst

Systemgerüst mit Diagonalführung und Verankerungspunkten

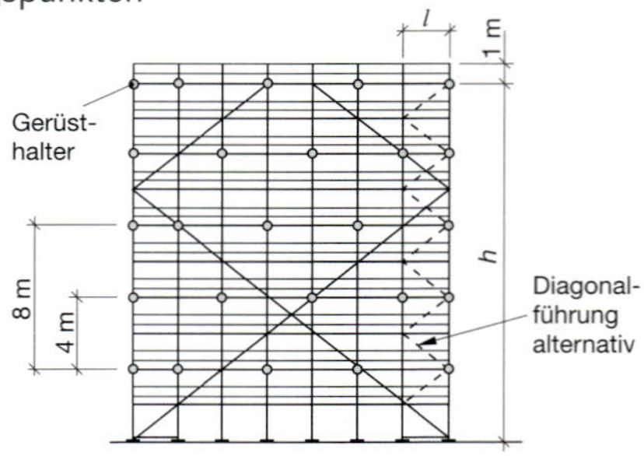

Fahrgerüste

Fahrgerüst mit Leiteraufstieg außen

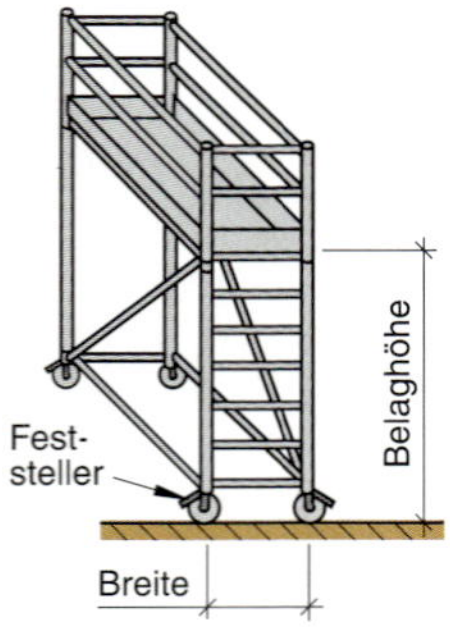

Fahrgerüst mit Innenaufstieg

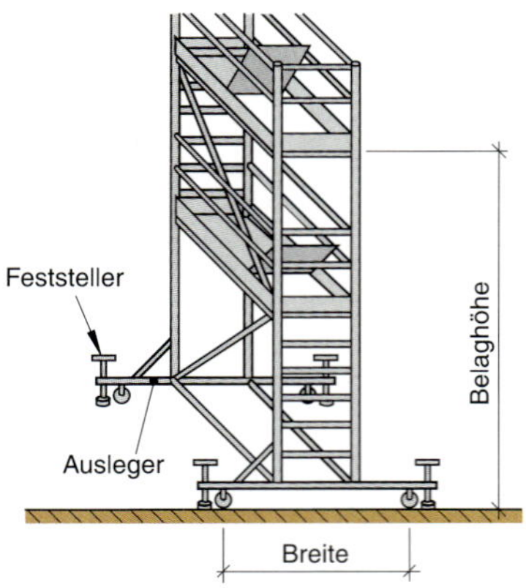

Fahrgerüste sind für Arbeiten an höher gelegenen Flächen insbesondere Decken geeignet. Die Leiteraufstiege liegen innen oder außen. Das Verhältnis **Breite : Belaghöhe** darf in geschlossenen Räumen max. 1 : 4 und in offenen Räumen oder im Freien max. 1 : 3 betragen. Fahrgerüste dürfen nur auf ebenen, festen Untergründen langsam über Eck oder in Längsrichtung verschoben werden; es dürfen sich beim Verfahren keine Personen auf dem Gerüst befinden. Beim Aufstieg (außen) immer nur die schmale Seite verwenden.

Arbeits- und Schutzgerüste (Fortsetzung) — DIN 4420-1:2004-03, DIN 4420-3:2006-01

Hubarbeitsbühnen

Selbstfahrende Scherenarbeitsbühne

Fahrbare Hubarbeitsbühnen ersetzten häufig die Aufstellung von Gerüsten für Arbeiten an höher gelegenen Flächen. Es sind folgende Unfallverhütungsvorschriften zu beachten:

- Arbeitsbühnen sind entsprechend der Betriebsanweisung standsicher aufzustellen.
- Der Bereich unter seitlich abgeschwenkten Arbeitsbühnen ist zu sichern, wenn sie im Verkehrsbereich niedriger als 4,50 m abgesenkt werden.
- Gelbe Blinkleuchte bei Arbeiten im öffentlichen Verkehr einschalten.
- Arbeitsbühnen sind nur von Personen zu bedienen, die zuverlässig, mindestens 18 Jahre alt, in die Bedienung der Hubarbeitsbühnen speziell eingewiesen und vom Unternehmer schriftlich mit der Führung beauftragt sind.
- Nur Arbeitsbühnen mit Prüfbescheinigung benutzen.
- Hubarbeitsbühnen sind mindestens einmal im Jahr von einem/-er Sachverständigen zu prüfen. Es sind arbeitstäglich Funktionskontrollen durchzuführen.

Prüfgeräte für Oberflächen: Feuchtigkeitsmessung

Holzfeuchtemessgerät, zerstörungsfrei (TQC)

Holzfeuchtemessgerät

Messgerät zur zerstörungsfreien Messung der Holzfeuchtigkeit bis zu einer Tiefe von 20 mm. Vorprogrammiert sind Kalibrationslinien für 75 Holzsorten, die eine hohe Genauigkeit gewährleisten. Zur Messung wird die flache Messspule an der Vorderseite des Gerätes an die zu prüfende Fläche gehalten. Der Messbereich liegt bei 1 bis 30 % (Gewichtsprozentfeuchte) mit einer Auflösung von 0,1 %.

Darr-Methode

Bei dieser Prüfmethode wird eine Probe (z. B. Putz) dem Baukörper entnommen und luftdicht verpackt. Im Labor wird die Probe mittels Analysewaage gewogen und anschließend in einem Ofen bei konstanter Temperatur (398 K/105 °C) bis zur Trockengewichtskonstanz getrocknet. Die Massedifferenz zwischen Feucht- und Trockengewicht ergibt die Feuchtigkeit des Baustoffes:

$$\text{Feuchtigkeitsgehalt} = \frac{\text{Baustoffgewicht feucht} - \text{Baustoffgewicht trocken}}{\text{Baustoffgewicht trocken}} \cdot 100\ \%$$

CM-Messgerät (Calciumcarbid-Methode)

Es besteht aus einer Stahlflasche, an dessen Verschluss ein Druckmesser (Manometer) befestigt ist. In diese Flasche wird eine zuvor gewogene Probe des zu prüfenden Stoffes (etwa 5 bis 20 g) in fein zermahlenem Zustand zusammen mit einer Calciumcarbidampulle hineingegeben und der Deckel fest verschlossen. Durch kräftiges Schütteln wird die Ampulle zertrümmert. Durch eine chemische Reaktion mit dem Wasser (Feuchtigkeit) der Probe entsteht Calciumhydroxid und Acethylen. Dies bewirkt einen Druckanstieg in der Flasche, der am Manometer abgelesen werden kann. Dieser Wert wird anhand einer Umrechnungstabelle als Feuchtigkeitsgehalt ermittelt. Die hohe Messgenauigkeit und die hohe Mobilität machen das Gerät auf Baustellen, insbesondere bei mineralischen Untergründen attraktiv.

Messgeräte für die Betoninstandsetzung

Betonprüfhammer
Dieses Messgerät dient zur Ermittlung der Festigkeit von Beton und anderen mineralischen Untergründen. Dabei wird ein Bolzen durch Aufdrücken auf den Untergrund gespannt und gelöst. Der Rückprall des Bolzens kann an einer Skala an der Seite des Gerätes in N/cm^2 abgelesen werden.

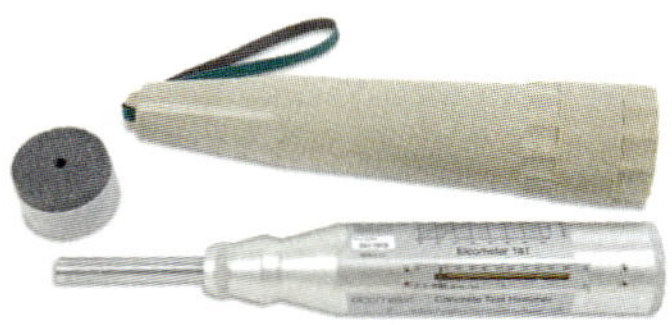

Mechanischer Betonprüfhammer (Schmidt-Hammer)

Betondeckungsmessgerät
Das Messgerät wird zur Ermittlung der Betondeckung über einem Bewehrungsstahl eingesetzt.

Betondeckungsmessgerät

Karstensches Röhrchen
Zur Bestimmung der Feuchtigkeitsaufnahme von Beton oder eines anderen mineralischen Untergrundes (beschichtet/unbeschichtet). Hierfür wird das karstensche Röhrchen mittels einer Dichtungsmasse an der Fläche angebracht und mit Wasser befüllt. Die Wasseraufnahme lässt Rückschlüsse auf den Grad der Hydrophobierung von Testflächen zu.

Schichtdickenmessung

Trockenschichtdickenmessung (unmagnetisch)

Trockenfilm-Dickenmessgerät nach Rossmann

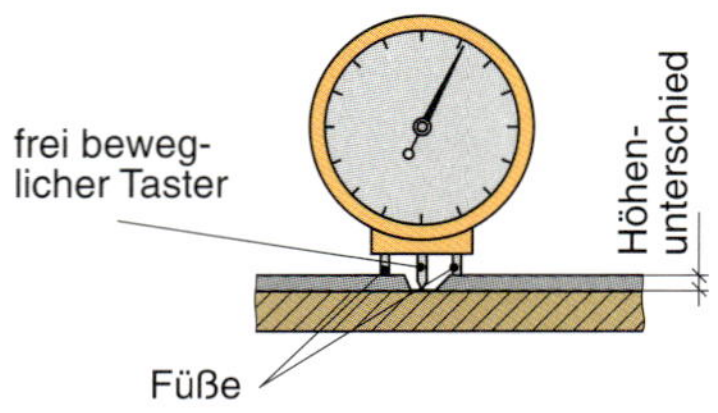

Schichtdickenmessgerät P.I.G. 455 (Fa. Erichsen)

Profil des Keilschnittes P.I.G. 455

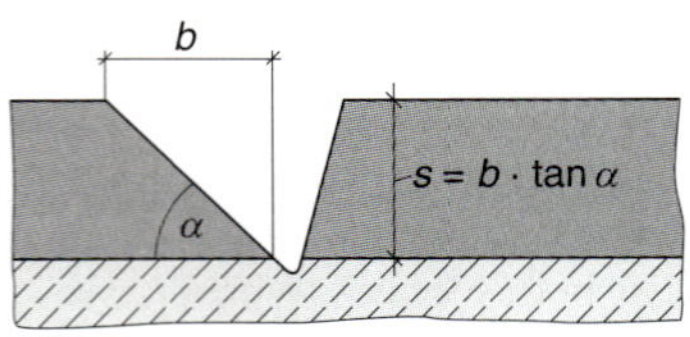

Die Trockenschichtdickenmessung dient zur Kontrolle bereits durchgeführter Beschichtungen. Bei dieser Prüfung wird im Prinzip die Höhendifferenz zwischen Beschichtung und Untergrund gemessen.

Beim **Trockenfilm-Dickenmessgerät** nach Rossmann (Normierung: ISO 2808) für ebene Flächen wird der Höhenunterschied mit drei Tastern ermittelt. Zwei der Taster liegen auf der Beschichtung auf, der dritte, freibewegliche Taster liegt auf einer freigelegten Stelle des Untergrundes auf. Der Höhenunterschied bzw. die Schichtdicke wird auf der Uhr angezeigt.
Messbereich: 0 bis 1 000 µm

Ein weiteres Prinzip der unmagnetischen Trockenschichtdickenmessung ist das des genormten **Keilschnittverfahrens:** Man durchritzt die Beschichtung unter festgelegten Winkeln bis in den Untergrund. Die Schichtdicke wird mit dem integrierten Messmikroskop abgelesen. Die Messskala des Mikroskops berechnet die Schichtdicke s aus der Schnittflankenprojektion b und dem Schnittwinkel α ($s = b \cdot \tan \alpha$).
Es können auch die einzelnen Schichtdicken bei Mehrschichtsystemen ermittelt werden (Normierung: DIN 50986; DIN EN ISO 2808).
Messbereich: je nach Schneide 200 µm, 500 µm, 1 000 µm oder 2 000 µm

Schichtdickenmessung (Fortsetzung)

Trockenschichtdickenmessung (magnetisch)

MikroTest-Schichtdickenmessgerät

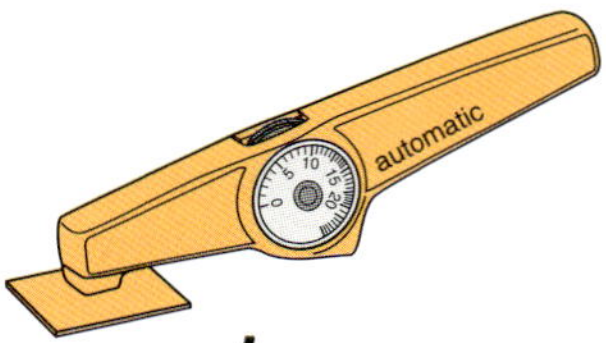

Magnetisches Schichtdickenmessgerät

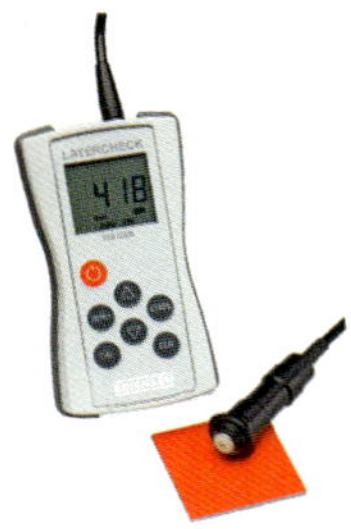

Feldlinienverlauf und deren Beeinflussung

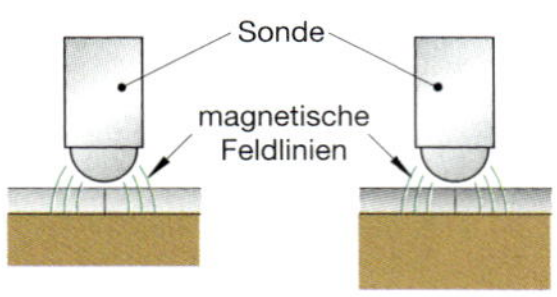

Die magnetische Schichtdickenmessung ist für Stahluntergründe geeignet. Dabei muss der Untergrund nicht freigelegt werden. Die Messung beruht auf einer magnetischen Haftkraftmessung. Die Haftkraft ist abhängig vom Abstand eines Dauermagneten zur Stahlunterlage, die durch eine Beschichtung festgelegt ist.
Das MikroTest-Schichtdickenmessgerät (Volksmund: „Banane") ist ein einfach handhabbares Gerät: Über eine Messfeder, die eine Gegenkraft zur magnetischen Haftkraft ausübt, wird der Magnet zum Abheben gebracht. Dabei wird die aufgewendete Kraft gemessen und als Wert für die Schichtdicke (µm) in der Anzeige abgelesen.
Daneben gibt es auch Schichtdickenmessgeräte, die für die schnelle und genaue, zerstörungsfreie Schichtdickenmessung auf metallischen Untergründen eingesetzt werden. Typische Einsatzbereiche sind z. B. industrieller Korrosionsschutz, Gutachter-, Galvanisier- und Lackierbetriebe, chemische Industrie, Automobil-, Schiffs-, Flugzeug-, Apparate- und Maschinenbau.
Die batteriebetriebenen Schichtdickenmessgeräte arbeiten je nach Gerätetyp und Sonde nach dem magnetisch-induktiven Verfahren (F) oder zusätzlich auch (Kombinationssonde – FN) nach dem Wirbelstrom-Verfahren.
Messbereich: 0 bis 3 000 µm
(Normierung: DIN EN ISO 2178, ISO 2361)

Nassschichtdickenmessung

Nassschichtdickenmessgerät nach Rossmann

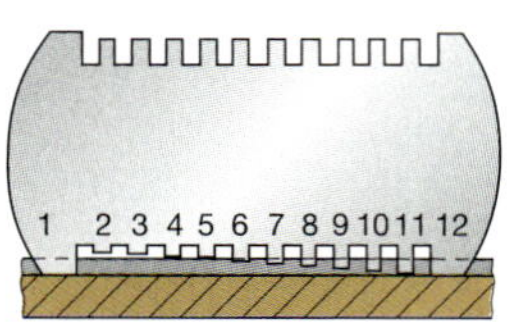

Nassschichtdickenmessgerät Modell 433

Nassschichtdickenmessgerät Modell 234

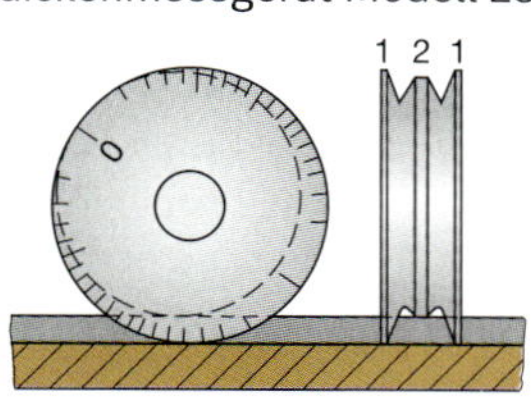

Nassschichtdickenmessgeräte dienen zur Überprüfung der Schichtdicke während der Applikation der Beschichtung. Die Kontrolle der frisch aufgetragenen Beschichtung gestattet eine Berechnung der Trockenfilmdicke. So kann eine Korrektur während der Applikation durchgeführt werden.
Nassschichtdickenmessgeräte nach Rossmann (oder Modell 433, Fa. Erichsen) besitzen in einer Ebene Zähne, die in die nasse Beschichtung eindringen. Die Zähne dieser „kammartigen" Messgeräte haben mit zunehmender Zahl einen immer größeren Abstand zur Aufsatzebene (Untergrund). Der Messwert wird von den nicht vom Anstrich berührten Zähnen bestimmt. Messbereich: 0 bis 1 200 µm (Gerät nach Rossmann); 0 bis1 500 µm (Gerät Modell 433).
Das scheibenförmige Nassschichtdickenmessgerät Modell 234 (Fa. Erichsen) wird auf einem Nassfilm abgerollt. Es besteht aus zwei konzentrischen Rollfelgen (1) und einer dazu exzentrisch ausgerichteten Messrippe (2). Die Messrippe wird erst dort vom Anstrich berührt, wo ihr Abstand von den Rollfelgen der zu messenden Nassfilmschichtdicke entspricht. Messbereich: je nach Modell zwischen 0 und 1 500 µm (Normierung: ISO 2808).

Viskositäts- und Konsistenzprüfung

Auslaufbecher

DIN-Auslaufbecher 4

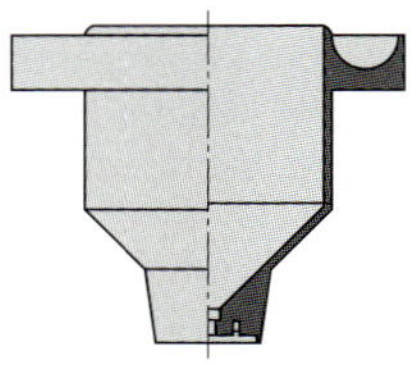

ISO-Auslaufbecher A

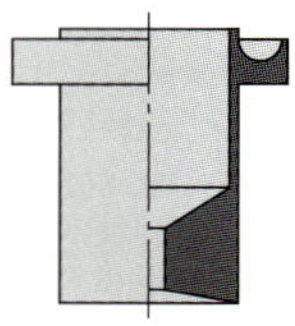

Zur Bestimmung der Viskosität wird der Auslaufbecher (Hohlzylinder mit genormter Auslaufdüse) mit Flüssigkeit gefüllt; die Düse ist dabei geschlossen. Mit der Freigabe der Düse beginnt die Messung mittels Stoppuhr. Reißt der Flüssigkeitsstrahl ab, stoppt man die Zeit. Um genaue Messergebnisse zu erzielen, sollten Messbecher und Flüssigkeit bezüglich ihrer Temperatur gemessen werden (20 °C). Angaben zur Viskosität für eine bestimmte Applikation eines Werkstoffes sind deren technischen Merkblättern zu entnehmen.
Um die Messung exakt durchführen zu können, sind zu nivellierende Stative und geeichte Stoppuhren zu empfehlen. Ferner verfügen die zwei wichtigsten Auslaufbecher, der DIN-Auslaufbecher und der ISO-Auslaufbecher, über eine Überlaufrinne, um eine exakte Menge von Flüssigkeit zu gewährleisten.
Normen:
DIN-Auslaufbecher: DIN EN ISO 2431; SNV 37110; SIS 184115
ISO-Auslaufbecher: ISO 2431; DIN EN ISO 2431

Viskotauchbecher

Die Funktionsweise der Viskotauchbecher entspricht der der Auslaufbecher. Die Tauchbecher sind insbesondere für eine schnelle Prüfung der Viskosität von z. B. Lackmaterialien geeignet. Hierbei wird der Becher in die zu messende Substanz getaucht, bis er sich vollständig füllt. Dann wird er schnell herausgezogen und die Zeit gemessen, bis der Becher sich vollständig entleert hat und die Düsenöffnung von oben zu sehen ist. Während der Messung ist der Becher senkrecht zu halten.
Normen: „DIN-Auslaufbecher“, „ISO-Tauchauslaufbecher“ in Anlehnung an DIN EN ISO 2431, „Zahn-Tauchauslaufbecher“ ASTM D 4212

Viskospatel

Der Viskospatel nach Rossmann dient zur einfachen und schnellen Abschätzung der Viskosität. Mit ihm wird der Anstrichstoff durchgerührt und nach dem Herausziehen bestimmt man die Ablaufzeit vom Spatel. Die Oberflächenspannung ist bei diesem Spatel gering, sodass der Endpunkt des Fließens leicht zu erkennen ist.

Rotationsviskosimeter

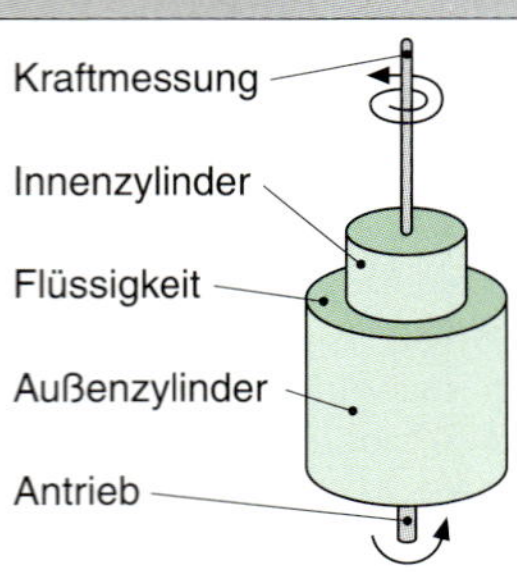

Dieses Messinstrument eignet sich insbesondere zur Viskositätsmessung von thixotropen Beschichtungsmitteln. Da sich diese Anstrichmittel wegen ihres unterschiedlichen Fließverhaltens bei Bewegung bzw. Ruhe (Sol- und Gelform) für die Viskositätsmessung mittels Auslaufbecher nicht eignen, wird hier die Kraft gemessen, die aufgewendet werden muss, um einen zylindrischen Messkörper in einem Lack in Rotation zu bringen. Ein Motor bringt den Messkörper in Bewegung.
Normen: DIN 53019-1; DIN 53019-2

Viskositäts- und Konsistenzprüfung (Fortsetzung)

Kugelfallviskosimeter — DIN 53015

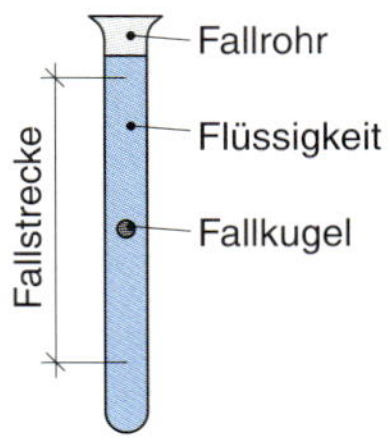

Eine Kugel fällt bei diesem Messgerät durch eine Flüssigkeit in einem Fallrohr. Dabei wird die Zeit für das Durchfallen der Kugel gemessen.

Kapillarviskosimeter — DIN 53177

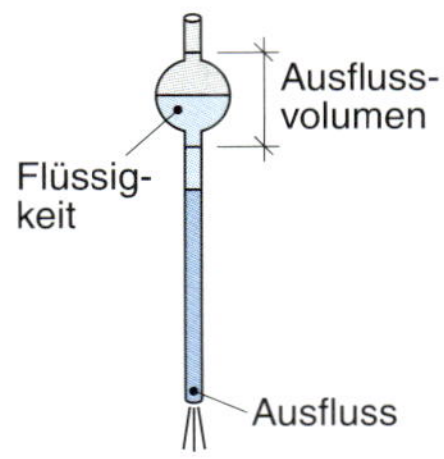

Es wird die Zeit gemessen, in der eine Flüssigkeit mit einem definierten Volumen eine Kapillare durchfließt. Eine Schubspannung entsteht beim Fließen, durch die eigene Schwere verursacht, sodass ein Geschwindigkeitsgefälle entsteht.

Bestimmung des Deckvermögens

Filmziehrahmen und Rakel

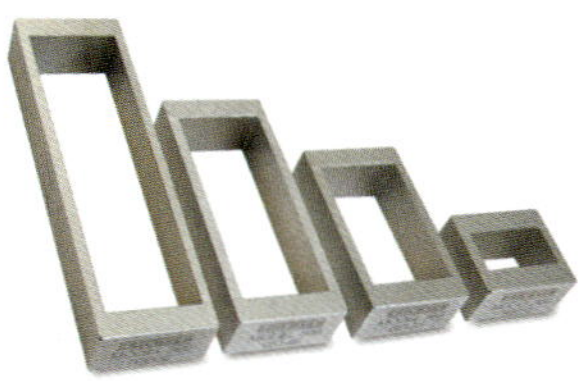

Prüfkarten

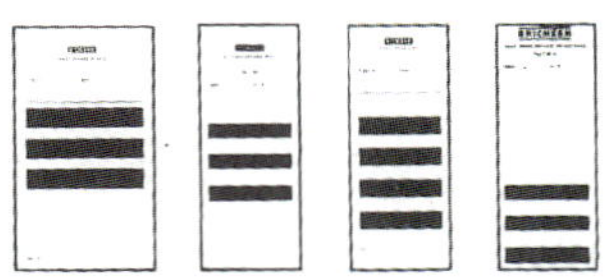

Zur Feststellung des Deckvermögens von Anstrichstoffen verwendet man das Filmziehgerät, welches aus einer Grundplatte mit seitlichen Führungsleisten, einem Rakelbalken mit eingefräster Vorratskammer und einem höhenverstellbaren Abschluss (Rakel) besteht. Eine Prüfkarte wird vor der Abschlussleiste angelegt, die auf eine bestimmte Beschichtungsdicke eingestellt ist. Die Vorratskammer wird dann mit Anstrichmittel gefüllt und die Prüfkarten werden mit gleichmäßiger Geschwindigkeit unter den Vorratskammern herausgezogen. Die Betrachtung der Prüfkarten lässt Vergleiche des Deckvermögens am nassen Film bzw. eine Beurteilung des Glanzes und des Deckvermögens nach der Trocknung zu.

Prüfung des Trocknungsvermögens mit Stempeldruckprüfgerät

Trockengrad-Prüfgerät (Modell 415, Fa. Erichsen)

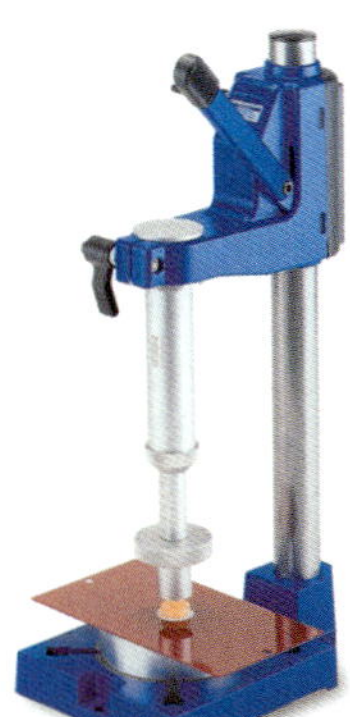

Durchtrocknungs-Prüfgerät (Modell 416, Fa. Erichsen)

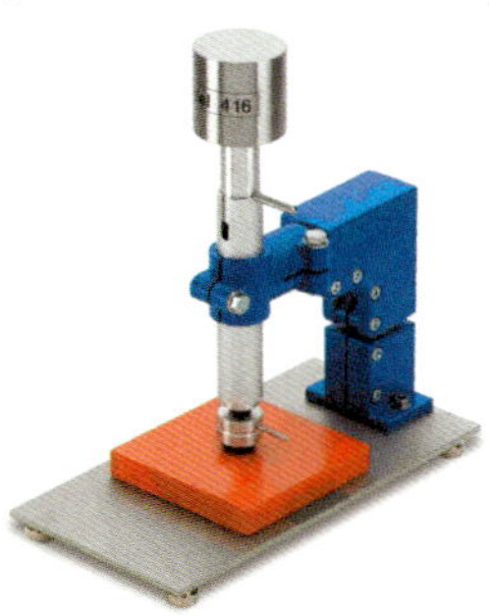

Mit diesem Gerät wird die Trocknungsgeschwindigkeit sowie der zu erreichende Trockengrad eines Anstrichstoffes geprüft. Das Trockengrad-Prüfgerät besteht aus einem Leichtmetallzylinder, einer darin integrierten Druckfeder und einem Stativ, mit dem man eine genau definierte mechanische Belastung (bis zu 250 N) senkrecht auf ein Probeblech aufbringen kann. Am Ende des Zylinders befinden sich ein Weichgummistempel und eine Papierscheibe.
Gemäß DIN 53150 werden 7 Trockengrade geprüft:
Trockengrad 1: Die Anstrichsoberfläche wird mit Glasperlen bestreut, die sich leicht und restlos wieder mit einem Haarpinsel entfernen lassen;
Trockengrad 2 und 3: Belastung durch das Prüfgerät auf 20 g bzw. 200 g;
Trockengrad 4 bis 7: Belastung von 2 kg bis 20 kg.
Normen: DIN EN ISO 9117
Ein ähnliches Gerät mit gleichem Verfahrensprinzip (jedoch andere Stempel und Messnormierung) ist das Durchtrocknungs-Prüfgerät.
Normen: DIN EN ISO 9117

Prüfung auf Haftfestigkeit	
Gitterschnittgerät 	Die Gitterschnittprüfung ist eine einfache Prüfung der Haftfestigkeit von Beschichtungen. Dabei wird die Beschichtung mit definierten, rechtwinkligen und sich kreuzenden Schnitten durchzogen. Das Gitterschnittgerät führt diese Schnitte aus. Die Beurteilung des Schadensbildes ergibt sich durch die visuelle Beurteilung des Ausbrechens von Schnittkanten und dem Abplatzen von Teilstücken. Dabei werden Gitterschnittkennwerte Gt 0 (Schnittränder sind glatt) bis Gt 5 (abgeplatzte Fläche größer 65 %) ermittelt. Diese Werte sind durch die DIN EN ISO 2409 definiert. (s. BFS-Merkblatt Nr. 20)
Abreißprüfgerät 	Bei der Abreißprüfung wird ein mit einem Kleber versehener Prüfstempel (Dolly) auf eine Prüfschicht fixiert und unter definierten Randbedingungen abgerissen. Im Gegensatz zum Gitterschnitt, wo Scherkräfte wirken, wirkt hier die angreifende Kraft senkrecht zur Fläche. Die gesteuerten Geräte eignen sich zur Durchführung von Abreißversuchen an Anstrichstoffen und ähnlichen Beschichtungen sowie zu Haftzugprüfungen nach DIN 1048-2, an Bauelementen aus Beton, Kunststoff und Verbundmaterialien.

Elastizitätsprüfung mit Dornbiege-Prüfgeräten	
Zylindrischer Dornbiegeprüfer (Modell 266 S, Fa. Erichsen)  Konisches Dornbiege-Prüfgerät 	Die Dornbiegeprüfung beurteilt die Dehnbarkeit und die Haftfestigkeit von Beschichtungen bei Biegebeanspruchung. Beim zylindrischen Dornbiege-Prüfgerät wird der größte Zylinderdurchmesser bestimmt, bei dem nach dem Biegen die Beschichtung Risse aufweist oder ihre Haftung verliert (abblättert). Norm: DIN EN ISO 1519; DIN EN 13523-7; ASTM D 522 Beim konischen Dornbiege-Prüfgerät wird der größte Konusdurchmesser bestimmt, bei dem die Beschichtung die oben genannten Schäden aufweist. Dabei wird die Probeplatte mit der beschichteten Seite nach außen zwischen Konus und Gegenrolle hindurch in die Einspannvorrichtung gesteckt und bis zum Anschlag am dünnen Ende des Konus verschoben. Normen: ISO 6860; DIN EN ISO 6860

Härteprüfung	
Bleistifthärteprüfer (Modell: TriForcePencil 293, Fa. Erichsen) 	Der Bleistifthärteprüfer bestimmt in sehr einfacher Weise die Oberflächenhärte in Hinblick auf kratzende, scharfkantige Beanspruchung von Oberflächen. Hierzu werden Bleistifte unterschiedlicher Härte in einem Halterklotz unter einem Winkel von 45° und einer wahlweisen Belastung von 5 N, 7.5 N oder 10 N über die Anstrichsfläche geschoben. Als Bleistifthärte gilt die Bezeichnung der beiden Bleistifthärtegrade, von denen der weichere eine kaum merkliche Schreibspur und der nächsthärtere eine ertastbare Kerbe hinterlässt. Norm: ISO 15184

Härteprüfung (Fortsetzung)

Eindruck-Härteprüfer nach Bucholz
(Modell 263, Fa. Erichsen)

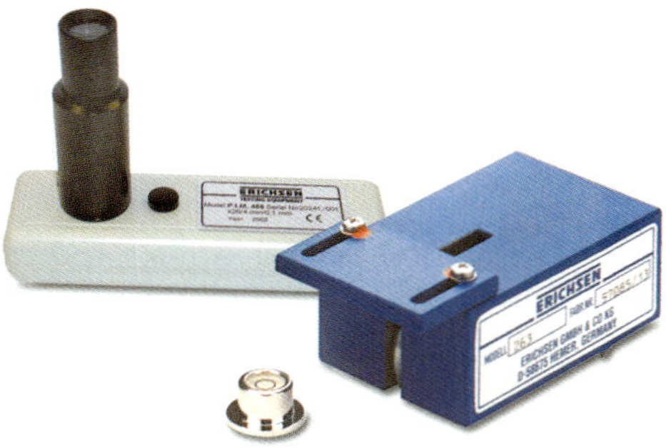

Bei diesem Eindruckprüfverfahren wirkt ein definierter Eindringkörper mit einer definierten Prüflast über eine vorgeschriebene Zeitspanne auf die Probe ein. Nach einer ebenfalls festgelegten Erholungszeit wird die Länge l des Eindrucks mikroskopisch gemessen, aus der man Folgendes berechnen kann:

- Eindruckwiderstand nach Bucholz = $100/l$
- Eindrucktiefe (µm, genähert) = $8 \cdot l^2$

Normen: DIN EN ISO 2815 (ISO 15184)

Ritzhärteprüfung
(Modell 249, Fa. Erichsen)

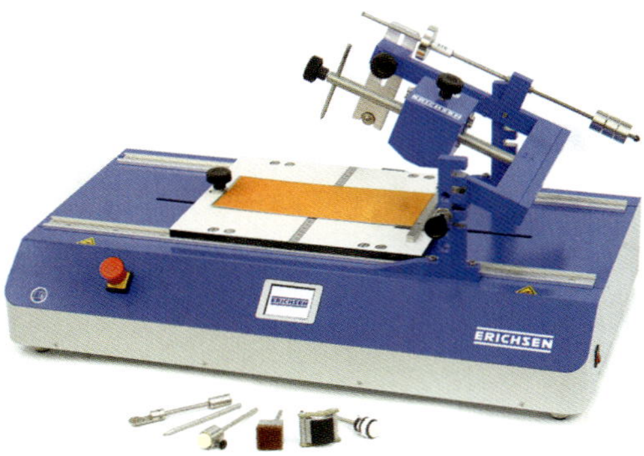

Die Ritzhärteprüfung dient zur Bestimmung des Widerstandes von Oberflächen gegen Ritzbeanspruchung. Weiterhin einsetzbar ist dieses Ritzhärteprüfgerät für Ritz-/Kratzprüfungen, Doppelhub-Abriebprüfungen, Crockmeter-Tests, MEK-Tests, Lösemittelbeständigkeitstests im Allgemeinen bzw. Wischtests. Bei der Ritzhärteprüfung wird eine Probetafel mithilfe von Spannleisten auf einen beweglichen Schlitten montiert. Über diesem Schlitten befindet sich, leichtgängig gelagert auf zwei Metallsäulen montiert, ein Pendelbalken mit dem entsprechenden Prüfwerkzeug und einem Gewichtsblock. Die gewünschte Prüfkraft (0,5–20 N) wird durch Verschieben des Gewichtsblocks auf der Skala des Pendelbalkens eingestellt. Eine elektrische Durchritzerkennung bietet bei der Prüfung isolierender Beschichtungen auf leitenden Substraten noch zusätzliche Sicherheit bei der Ritzkrafteinstellung. Es ist eine Vielzahl verschiedenster Prüfwerkzeuge erhältlich (z. B. Ritzspitze nach Clemen, van Laar, IHD, ISO, VW, Sikkens usw.).

Schlagfestigkeitsprüfung

Kugelschlagprüfgerät
(Modell 304, Fa. Erichsen)

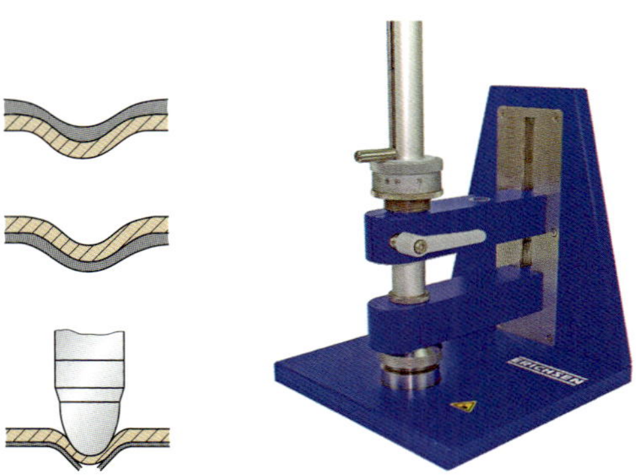

Kugelschlagprüfgeräte zur Prüfung der Widerstandsfähigkeit, Verformbarkeit und Dehnbarkeit von Beschichtungen und Substraten sowie der Haftfestigkeit von Beschichtungen. Um diese Art der Probenbeanspruchung auf Oberflächen zu simulieren, lässt man ein definiertes Gewicht aus verabredeter oder variabler Höhe auf die Probefläche fallen. Dieses Gewicht ist an seinem probeseitigen Ende kugelförmig (bei ASTM und ISO-1) oder als Patrizenstößel (bei ISO-2) ausgebildet und fällt in einem Führungsrohr frei auf die Probe. Nach dem Schlag wird die Probenoberfläche im deformiertem Bereich auf Rissbildung und Schichtablösung untersucht.

Normen: ASTM D 2794; ISO 6272-1 (direkte Schlagprüfung); ISO 6272-2 (indirekte Schlagprüfung)

Abriebprüfung

Abriebprüfgerät

Aufbau eines Abriebgerätes (von oben gesehen)

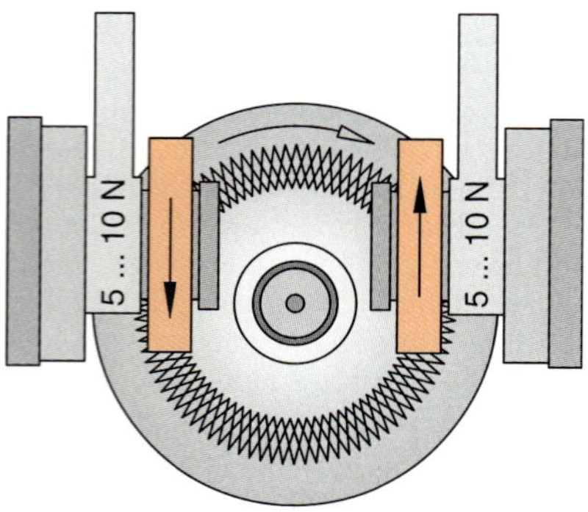

Die Beanspruchungen von Oberflächen durch Abrieb werden mit dem Abriebprüfgerät simuliert. Prinzip dieses Prüfverfahrens ist, dass zwei Reibrollen mit einer definierten Kraft auf den rotierenden Probenhalter wirken. Typisch ist für dieses Prüfverfahren das x-förmige Raster. Die Vorgaben für diese Prüfung sind:

- Art der Reibrollen
- Andruckkraft
- Abriebzyklenzahl

Daraus wird das Abriebverhalten bestimmt:

- Gewichtsverlust (Differenzwägung)
- visuelle Endprüfung (Anzahl der Zyklen bis der Untergrund sichtbar wird)
- Abriebtiefenbestimmung (nach einer vorgegebenen
- Zyklenzahl, Messung mit einem Mikrometer)

Normen: DIN EN 438-2; ISO 4586-2;
DIN 53799+B365; DIN 68861-2

Verschmutzungsprüfung

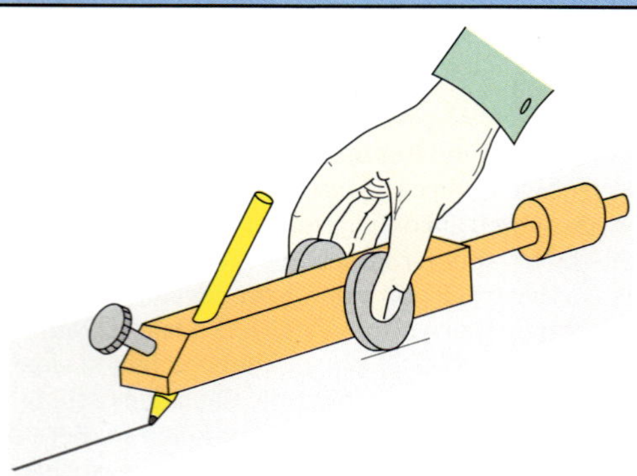

Um die Reinigungsfähigkeit von Oberflächen zu prüfen, wird mit dem Verschmutzungsprüfsatz eine definierte Verschmutzung mit diesem Prüfgerät aufgebracht. Dabei wird wahlweise ein im 45° abgestumpfter Bleistift (Härte HB 100), ein Stück Zeichenkohle (ca. 10 mm) oder rote Wachs-Signierkreide in das Gerät eingesetzt, bis der Stahlkörper parallel zur Fläche des Untergrundes steht. Das Gewicht wird so justiert, dass eine Kraft von 0,5 N wirkt. Dann wird das Gerät mit einer Geschwindigkeit von 1 cm/s in Zugrichtung gefahren.

Prüfung der Nassabriebsbeständigkeit

Waschbarkeits- und Scheuerprüfgerät (Modell 494 MC, Fa. Erichsen)

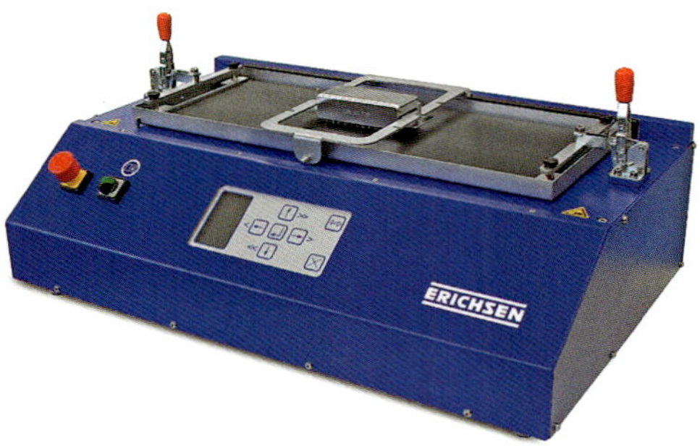

Das Waschbarkeits- und Scheuerprüfgerät dient zur Beurteilung der Wasch- und Scheuerbeständigkeit sowie der Reinigungsfähigkeit von Beschichtungen (speziell Dispersionsfarben/„Wandfarben“). Durch die in einem weiten Bereich einstellbaren Parameter sind zusätzlich auch individuelle, bedarfsgerecht spezifizierbare Prüfthemen (z. B. zur Prüfung von Reinigungslösungen, etc.) möglich.
Bei den o. g. Standardanwendungen wird eine mattschwarze PVC-Folie beschichtet und ggf. definiert verunreinigt, in das Prüfgerät eingespannt und unter Einwirkung einer Waschflüssigkeit (Zuführung über eine Dosierpumpe) der Beanspruchung durch den bewegten Scheuerkörper ausgesetzt.
Nach einer bestimmten Scheuerzyklenzahl wird beurteilt, ob aufgebrachte Verunreinigungen entfernt bzw. der Anstrich durchgescheuert wurde.
Ab Mai 2001 gilt die DIN EN 13300. Die in der alten DIN 53778 verwendeten Klassen Scheuer- und Waschbeständigkeit werden durch fünf Nassabriebsklassen ersetzt. Bei der Nassabriebbeständigkeit wird die Beständigkeit der Beschichtung gegen wiederholtes Reinigen geprüft.

Klasse 1: 5 µm Nassabrieb bei 200 Hüben
Klasse 2: 5 µm bis 20 µm Nassabrieb bei 200 Hüben
Klasse 3: 30 µm bis 70 µm Nassabrieb bei 300 Hüben
Klasse 4: < 70 µm Nassabrieb bei 40 Hüben
Klasse 5: > 70 µm Nassabrieb bei 40 Hüben

Dabei entspricht die Klasse 2 ungefähr dem bisherigen „Scheuerbeständig“ und die Klasse 3 ungefähr dem bisherigen „Waschbeständig“.
Die ISO 11998 verwendet ein Schleifvlies, getränkt mit 4 g Waschflüssigkeit. Dabei wird die Vlieshalterplatte mit 135 g Gewichtsbelastung mit 200 Doppelhüben über den Anstrich gezogen.

Glanzmessung

Klein-Glanzmessgerät (Modell PICOGLOSS 560 MCX (20°/60°) und Modell PICOGLOSS 503 (20°/60°/85°), Fa. Erichsen)

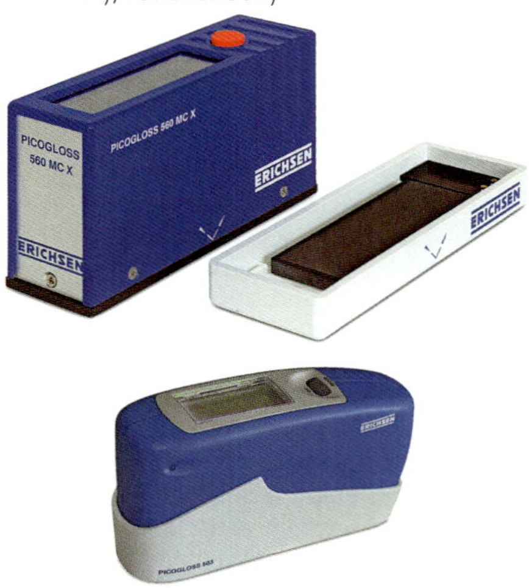

Das Erscheinungsbild einer lackierten Fläche hängt von seiner Oberflächenstruktur ab. Bei der Glanzmessung wird ein Lichtstrahl in einem bestimmten Winkel auf die zu messende plane Oberfläche gerichtet. Ein Teil des Lichtes wird reflektiert, ein Teil wird gestreut, ein anderer absorbiert. Der reflektierte Strahl wird quantifiziert in Glanzeinheiten (GE) angegeben. Für jede der drei Glanzkategorien „Hochglanz“, „Mittelglanz“ und „Mattglanz“ ist jeweils ein individueller Messwinkel (Messgeometrie) festgelegt:
Hochglanz: 20°/Mittelglanz: 60°/Mattglanz: 85°
Die Kategorien werden wie folgt ermittelt (Zur Ermittlung des richtigen Messwinkels wird der Glanz mit dem 60°-Winkel gemessen.):

Bei 60° → > 70 GE	= Hochglanz	→	mit 20° zu messen
Bei 60° → < 30 GE	= Mattglanz	→	mit 85° zu messen
Bei 60° → 30–70 GE	= Mittelglanz	→	60° ist korrekt

Normen: DIN EN ISO 2813, ISO 7668, ASTM D 523

Farb- und Glanzmessung

Spektromaster

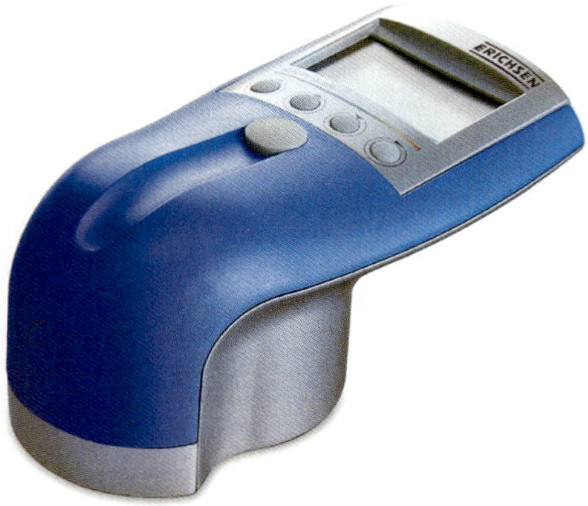

Farbe und Glanz prägen das Erscheinungsbild eines Gegenstandes. Zwei Proben mit gleicher Farbe, aber unterschiedlichem Glanz sehen visuell nicht gleich aus: die glänzende Oberfläche wird als dunkler und gesättigter empfunden. Um ein einheitliches Erscheinungsbild zu erzielen, müssen beide Effekte kontrolliert werden. Mit diesem Gerät werden Farbe und Glanz gleichzeitig gemessen. Der Grund für eine Abweichung kann in jeder Situation eindeutig bestimmt werden.
Für die Farbmessung haben sich zwei verschiedene Messgeometrien durchgesetzt, die, auf bestimmte Messaufgaben bezogen, von den anwendenden Personen entsprechend bevorzugt werden:

- 45°/0°: Für den visuellen Eindruck entsprechende Messung. Auch in der Automobilindustrie sowie generell häufig bei der Endkontrolle eingesetzt.
- 8°/d: (Ulbrichtsche Kugel) Für Color Matching/Farbrezeptierungsthemen, Pigmentprüfung, Farbveränderung nach Bewitterungsprüfung, generell auch häufig bei der Materialeingangskontrolle eingesetzt.

Korrosions- und Bewitterungsprüfung

Ritzstichel (Sikkens)

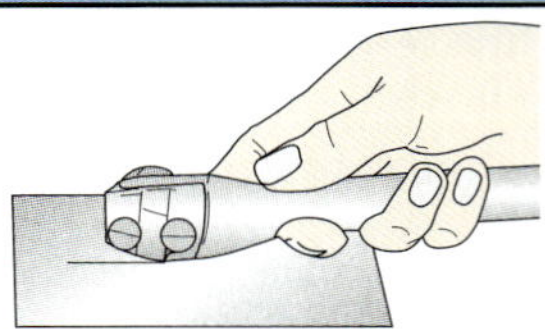

Handgerät mit Hartmetallschneide zur Erzeugung einer Schnittspur von 0,5 mm/1 mm Breite mit einem rechtwinkeligen Rand. Das Gerät ist für exakt definierte Ritzspuren auf Probebeschichtungen bei Korrosionsprüfungen gedacht.

Ritzstift (van Laar)

Kleines Werkzeug mit einer kugelförmigen Hartmetallspitze (⌀ 0,5 mm) zum definierten Anritzen von Probebeschichtungen bei Korrosionsprüfungen.

Dewcheck (TQC)

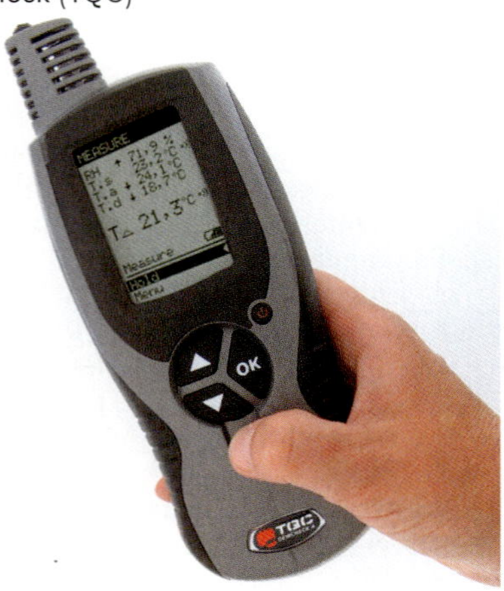

Messen der Luft-, Oberflächentemperatur und Feuchte mit Taupunktbestimmung
Das Risiko von Kondensatbildung an der zu bearbeitenden Oberfläche kann ohne geeignete Messgeräte nur schwer erkannt werden. Insbesondere auf gestrahlten Oberflächen wird leichte Kondensation ohne geeignete Messgeräte nur sehr selten wahrgenommen.
Digitales Messgerät für Luft-, Oberflächentemperatur und Feuchte mit Taupunktbestimmung
Das digitale Taupunktmeter ermöglicht genaue und stabile Messungen selbst in der Arbeitsumgebung des schweren Korrosionsschutzes und erfüllt die ISO 8502-4. Es misst und berechnet relative Luftfeuchte, Lufttemperatur, Oberflächen-/Stahltemperatur, Taupunkt-Temperatur ΔT (Differenz von Oberflächen- und Taupunkttemperatur).

Entschichtungsverfahren – Vorbehandlungsverfahren			
Arbeitsverfahren	**Werkzeuge**	**Anwendung**	**Bemerkungen**
Abkratzen, Abstoßen	Kratzeisen, Zugschaber, Ziehklinge, Spachtel	• Einfache Handhabung • Für verwitterte, blätternde, unterrostete Anstriche	• Lose Schichten werden schnell entfernt • Nicht für fest haftende Anstriche
Abschleifen, Schleifen	Schleifmittel, Schleifmaschinen, Staubbesen	Verwitterte, dünne, nur noch wenig haftende Anstriche	• Riefen • Staubentwicklung
Abstrahlen	Strahlgeräte	Entfernen aller Beschichtungen	• Wirtschaftliches Verfahren • Große Staubentwicklung • Angegriffener Untergrund
Flammstrahlen	Flammstrahlgeräte, Acetylen-Sauerstoff-Flamme, Winkelschleifer mit Topfbürste	• Nicht für dünne Teile; dickwandige Bauteile > 5 mm • Unterschiedliche Ausdehnung von Stahl und Zunder bewirkt Abplatzen • Nachreinigen, wenn keine Abstrahlmöglichkeit besteht • Grundanstrich auf noch warme Strahlfläche auftragen	• Bei Stahl lassen sich gleichzeitig Rost und Zunder entfernen • Bei Beton platzen schlecht haftende Schlämmschichten ab • Rückstände locker aufliegender Schichten werden abgebürstet
Abbrennen	Abbrenngerät, Heißluftgerät, Propangasbrenner	• Schnelle Entfernung aller organischen Beschichtungen • Nicht für farblose Holzbeschichtungen geeignet	• Nicht für dünne Metallbleche • Feuergefährlich • Kunststoffuntergründe können schmelzen • Explosionsgefährlich
	Arbeitsschritte: 1. Heizgerät vorwärmen (UVV beachten) 2. Altanstrich erhitzen (Blasenbildung abwarten) 3. Lack abschieben (mittels Abbrennspachtel, Schutzhandschuhe tragen) 4. Lackreste abschleifen (mit Schleifpapier und Schleifklotz) 5. Glatt schleifen (Ziehklinge, feines Schleifpapier)		
Abwaschen	Wasser, Streichbürste, Spachtel	Entfernen von Leimfarben, Kleister	• Untergrund wird nicht angegriffen • Ungefährlich
Abbeizen		UVV und Umweltbelastungen beachten	
Alkalisches Abbeizen, chemisch	Pinsel, Spachtel, Ablaugmittel	Geschlossene Anstrichschichten	Nur für Anstriche mit verseifbaren Bindemitteln (z. B. Öle, Ölfarben, Alkydharzanstriche)
Lösendes Abbeizen, physikalisch	Pinsel, Spachtel, Abbeizfluid	Wirtschaftliche Entfernung von KD-Farben	• Nachwaschen nötig • Trocknen lassen
Anlaugen	Ammoniumhydroxid, verdünnt (Salmiakgeist)	Haftfähigkeit bei Überholungsbeschichtungen verbessern	Reinigen und Aufrauen alter Öllack- und Lackfarbenanstriche
Nebelstrahlverfahren	Hochdruckreinigen	Nassreinigen von Fassaden	• Aufwendig • Entsorgung teuer

Entschichten von Fassadenflächen — BFS-Merkblatt Nr. 9

Nicht tragfähige Altbeschichtungen sowie lose und mürbe Putzteile müssen bei Neubeschichtung der Fassaden vollständig entfernt werden. Bei empfindlichen und unsicheren Untergründen sollte zunächst eine Probefläche entschichtet werden.

Entschichtungsverfahren	Anwendung/Wirkung	Bemerkungen
Hochdruckwasserstrahlen, kaltes oder warmes Wasser, Heißdampf	• Zum Abstrahlen loser Bestandteile • Alle nicht tragfähigen Schichten werden entfernt	Ablaufendes Wasser muss aufgefangen werden
Sanierungsfräse	Zum vollständigen Entfernen aller Beschichtungen	• Trockenverfahren • sehr schwer zu halten • mit Absaugung
Hochdruckwasserstrahlen	Zum vollständigen Entfernen aller Beschichtungen	• Geringe Staubentwicklung • Hohe Abtragsleistung
Niederdruck-Feuchtstrahlen oder Nebelstrahlen	Für empfindliche Untergründe, wie Natursteine, mürbe Putzschichten	Behutsame Entschichtungs- und Reinigungsmethode
Entschichten mit chemischen Abbeizmitteln	Abbeizer auf Methylenchloridbasis und CKW-freie Abbeizer	Siehe chemisches Entschichten

Entschichten und Reinigen von Kunststoffoberflächen — BFS-Merkblatt Nr. 22

Auf Kunststoffoberflächen befinden sich oft Stoffe, die bei nachfolgender Beschichtung Haftstörungen hervorrufen können. Diese Stoffe sind sorgfältig zu entfernen.

Arbeitsverfahren	Anwendung/Wirkung	Bemerkungen
Vorbereiten der Oberfläche mit ammoniakalischer Netzmittelwäsche (mit Korund-Kunststoffvlies gut verreiben)	• Zum Entfernen der Reste von Pflegemitteln • Zum Entfernen entstandener Abbauprodukte alter, unansehnlicher Kunststoffflächen • Es bildet sich ein grauer Schaum • Schaum 15 Minuten einwirken lassen	• Rezeptur: 0,5 Liter Ammoniaklösung (25 %-Lösung) auf 10 Liter Wasser und 2 Kronkorken Netzmittel (Spülmittel) hinzugeben. • Schutzhandschuhe tragen • Gründlich mit klarem Wasser nachwaschen • Schutzbrille tragen
Reinigen der Oberfläche mit milden Lösemitteln	• Reinigen neuer Kunststoffflächen • Zum Entfernen von Silikon, Wachs, Öl, Formtrennmittelrückständen	• Silikonentferner • Falsches LM bewirkt Anquellen der Oberfläche (Probefläche anlegen)
Kunststoffoberfläche schleifen	• Kunststoffteil wird elektrostatisch aufgeladen • Staub wird angezogen	• Mit Antistatiktuch abwischen • Feines Schleifvlies • Schleifpapier mit offener Streuung • Feine Stahlwolle • Auch Schleifpads möglich • Auf Duroplasten Schleifpapier mit hartem 180er oder feiner
Oberfläche säubern	• Gründlich alle Schleifrückstände entfernen • Abstauben	• Staubbesen • Mit Netzmittel getränktem Lappen • Antistatisches Staubbindetuch
Reinigen der Oberfläche mit Spiritus	• Zum gründlichen Reinigen alter und neuer Kunststoffoberflächen • Geeignet für Polystyrol (auch geschäumt), Acrylharze und Polycarbonate	• Persönliche Schutzausrüstung beim Umgang tragen • Ethylglykol gekennzeichnet als Flasche mit der Aufschrift Spiritus

Entrostungsverfahren		**DIN EN ISO 12944-4:**2018-04
Arbeitsverfahren	Entrostungsverfahren	Wirksamkeit
Mechanisch	Handentrostung mit Pickhammer, Schaber, Drahtbürste, Schleifmittel, Schwedenhammer	Sehr gering, nur für kleine Flächen, fest haftender Zunder lässt sich nicht damit entfernen. Nachreinigen durch Abbürsten notwendig, auch Abblasen mit Druckluft ist möglich.
Maschinell	Rotierende Drahtbürsten und Schleifscheiben, Nadelpistole	Mäßig, nur für kleine Flächen
	Abstrahlen, Freistrahlen, Schleuderstrahlen	Sehr gut, nicht überall einsetzbar (Unfallgefahr), persönliche Schutzausrüstungen notwendig
Thermisch	Flammstrahlen mit Acetylen-Sauerstoff-Flamme	Gut, nicht überall einsetzbar (Brandgefahr durch Funkenflug, abplatzendes Material), PSA tragen
Chemisch	Beizen mit Säuren, mit Alkalien	Groß, nur industrielles Verfahren

Oberflächenvorbereitungsgrade von Eisenmetalloberflächen	**DIN EN ISO 12944-4:**2018-04
Für Strahlverfahren	
Sa 1	Lediglich loser Zunder, loser Rost und lose Beschichtungen werden entfernt.
Sa 2	Zunder, Rost und alle Beschichtungen werden nahezu entfernt.
Sa 2½	**Zunder, Rost und Beschichtungen werden soweit entfernt, dass nur leichte Schattierungen infolge der Tönung von Poren sichtbar bleiben.**
Sa 3	Zunder, Rost und Beschichtungen werden vollständig entfernt.
Für Handentrostung oder maschinelle Entrostung	
St 2	Loser Zunder und lose Beschichtungen werden entfernt; Rost wird soweit entfernt, dass die Oberfläche nach der Nachreinigung einen schwachen Metallglanz aufweist.
St 3	Loser Zunder und lose Beschichtungen werden entfernt; Rost wird soweit entfernt, dass die Oberfläche nach der Nachreinigung einen deutlichen Metallglanz aufweist.
Für thermische Entrostung	
Fl	Zunder, Rost und Beschichtungen werden soweit entfernt, dass lediglich Schattierungen in verschiedenen Farbtönen verbleiben (maschinelles Nachbürsten stets erforderlich).
Für chemische Entrostung (Beizen mit Säuren)	
–	Beschichtungen, Zunder und Rost werden vollständig entfernt.
Entfetten von Eisenmetallen (Schmieröle, Korrosionsschutzöle, Fettreste aus dem Fertigungsprozess)	
–	Wässrige Lösemittel (Tenside, Kaltreiniger), Testbenzin und Lösemittelgemische (Nitroverdünnung)

Rostgrade **ISO 4628-3:**2016-01**, ISO 8501-1 bis 4:**2020-10

Bei beschichteten Stahlflächen (ISO 4628-3)	
Rostgrad	Zustand der rostbedeckten Flächen
Ri 0	rostfrei
Ri 1	< 0,05 % rostbedeckte Fläche
Ri 2	< 0,5 % rostbedeckte Fläche
Ri 3	< 1 % rostbedeckte Fläche
Ri 4	< 8 % rostbedeckte Fläche
Ri 5	> 50 % rostbedeckte Fläche

Bei unbeschichteten Stahlflächen (ISO 8501-1 bis 4)	
Rostgrad	Zustand der rostbedeckten Flächen
A	ganze Fläche mit festhaftendem Zunder bedeckt, keine Rostbildung
B	beginnender Rostangriff, beginnende Zunderabblätterung
C	weggerosteter oder abschabbarer Zunder, wenig sichtbare Rostnarben
D	abgerosteter Zunder, zahlreiche, sichtbare Rostnarben

Entfernung von Graffitischichten — ASTM D 7089:2006

Graffiti heute: Auf Mauern und Fassaden widerrechtlich in Mustern aufgesprühte Lackfarbe.

100%ige Entfernung nicht immer möglich. Nur mit wirtschaftlich vertretbarem Aufwand durchführen. Die Gütegemeinschaft Anti-Graffiti e. V. hat ein Regelwerk zur Entfernung entwickelt (ReGG).

Arbeitsverfahren	Erläuterungen
Manuelles Verfahren	Bürste, Schwamm, alkalische Mittel nachträglich neutralisieren
Maschinengebundene Verfahren • Heißwasser-Hochdruckreiniger • Dampfreinigungsgerät	Für größere Flächen wirtschaftlich. Für anfallendes Schmutzwasser gilt: Folienwanne + Filtervlies + Abwasserbehandlungsgeräte. Zusatz von alkalischen Entfernungsmitteln möglich.
Hochdruckkrake	Gelöste Sprühlacke werden entfernt und das anfallende Schmutzwasser wird gleichzeitig aufgesaugt. Sprüh-Saugverfahren
Sandstrahlen	Gesamte Sichtfläche behandeln, Material wird porentief abgetragen.

Werkstoffe zum Entfernen der Graffitischicht

Anti-Graffiti-Spezialsysteme („Graffiti-ex“ Testbox) sind auf verschiedene Untergründe und jeweils geeignete Werkstoffe abgestimmt. Sie enthalten ebenso Hinweise zur technischen Anwendung.

Vorsorge: Graffitischutzbeschichtung

Sichtflächen mit Graffitischutzsystemen gegen nachfolgende „Spray-Verunreinigungen“ behandeln. Eindringen der Farbmittel in den Baustoff behindern. Trennschicht zwischen Fassade und Graffiti bilden. Graffitimaterial kann nicht haften. Zu einer wirksamen Prophylaxe gehört eine abgestimmte Reinigungstechnologie. Anschließende Graffitientfernung wird leichter, schonender und preiswerter.

Beschichtungen als Anti-Graffitischutz	
Imprägnierung	Poren mit Graffitischutzmittel benetzen oder auskleiden.
Schutzfilm, Ausbildung einer Trennschicht	Aufbau eines hydrophoben, oleophoben und/oder quellfähigen Schutzfilms auf der Oberfläche, der durch Graffiti selbst nicht penetrierbar ist

Temporärer Schutz

Acrylate, Biopolymere, Wachse, erneuter Auftrag nach jeder Entfernung nötig, hohe Wartungskosten

Transparentes, semipermanentes Anti-Graffitischutzsystem	
Anwendung	Unsichtbarer Schutzfilm für Sichtbeton, Klinkerflächen, mineralische Putze, KS-Stein, Naturstein
Eigenschaften	Opferschicht, reversibel, farbneutral, wasserdampfdiffusionsoffen, ökologisch
Zusammensetzung	Farblose lösemittelfreie Emulsion auf Silikonbasis mit organischen Wachsen, organische Silikate, Einkomponentensystem
Bemerkungen	Problemlose Entfernung (da geringer Zeit- und Materialaufwand), amortisiert nach 1. Reinigung, Grundsubstanz bleibt bei Reinigung teilweise erhalten, Schutz vor Graffiti, effektiver Schutz gegen Bewitterung, Schutz gegen Verschmutzung

Permanentes, farbiges Anti-Graffitischutzsystem	
Anwendung	Betonoberflächen, glatte Oberflächen (Metalle), auch auf WDVS
Eigenschaften	Permanentschutz, durchgehender Film (verschließt sicher alle Poren), glatte Oberfläche, ergibt keine Haftungsgrundlage, witterungsbeständig, chemisch beständig, dauerhafter Fassadenschutz, auch nach Reinigung funktionstüchtig, irreversibel, teuer, diffusionsdicht
Zusammensetzung	Farbiges 2-K-PUR-System, 2-K-EP-System, vernetzte Siloxane, modifizierte Acrylate, 1-K-PUR
Arbeitsverfahren	1. Untergrund völlig eben spachteln 2. Farblose Grundierung applizieren 3. Helle, einfarbige Deckschicht applizieren 4. Fläche farbig gestalten 5. Versiegeln mit einer transparenten Beschichtung

Entschichten mit Abbeizmitteln, Abbeizfluiden — DIN EN ISO 4618 :2015-01, VOB DIN 18363:2019-09

- Abbeizfluide Lösemittel: Toluol, Xylol, Spiritus u. a.
- Unbrennbare LM: Chlorierte HKW (halogenisierte Kohlenwasserstoffe) wie Methylenclorid u. a.

Verarbeitungsfertige Mittel: Mischung verschiedener Lösemittel + Verdickungsmittel, Cellulose, Wachse + Verdunstungsverzögerer, Paraffin (verzögern schnelle Verdunstung der leichtflüchtigen Lösemittel durch Hautbildung) + Emulgatoren (ermöglichen ein Nachwaschen mit Wasser)

Eigenschaften: neutral, Lösemittelgeruch, greift Holz, Metall und mineralische Untergründe nicht an, bei Kunststoffen Löseprobe erforderlich, auch zum Erweichen eingetrockneter Pinsel

Arbeitsschritte, Werkzeuge	UVV	Anwendung/Wirkung
Gebinde vorsichtig öffnen, Deckel mit Malerspachtel langsam anheben und Druck entweichen lassen	Spritzgefahr, Gebinde kann unter Druck stehen	Intensive Tiefenwirkung, schnelle Durchdringung auch mehrerer Anstrichschichten
Abbeizfluid satt auftragen (etwa 300 g/m²), Besteckmaterial der Pinsel und Bürsten: Naturborsten, keine Kunststoffborsten	Schutzkleidung tragen, Schutzhandschuhe, Schutzbrille	Entfernen von Alkydharzlack, Ölfarbe, CN-Lack, CK-Lack, KD-Farbe, plastische KH-Putze
Einwirken lassen (10 bis 20 min), mit Folie abdecken, hochziehen, Kräuselbildung der Anstrichschicht abwarten, evtl. zweiter Auftrag	Rauchverbot, Feuerverbot, Räume gut durchlüften, kann Krebs erregen, ab 2011 in der direkten Anwendung verboten	Abbeizwirkung: physikalisch, starke Lösemittel erweichen und lösen Altanstriche, volle Wirksamkeit nur bei feuchtem Abbeizer
Holz-/Metalluntergründe: Erweichte Schicht mit Spachtel abschieben und mit Lösemitteln (Terpentinersatz, Spiritus) nachwaschen	C = ätzend Xn = gesundheitsschädlich VbF Gefahrenklasse A I, A II	Wachshaltige Abbeizer: Wachsreste im Untergrund bewirken eine Trocknungsverzögerung des neuen Anstrichs
Mineralische Untergründe mit Bürsten und Wasser nachwaschen	Nicht ins Grundwasser gelangen lassen	Abbeizmittel mit Emulgatoren: mit Wasser nachwaschen

Ablaugen mit alkalischen Abbeizmitteln — DIN EN ISO 4618 :2015-01, VOB DIN 18363:2019-09

- Ablaugmittel: Mischung verschiedener Laugen wie Kalilauge, Natronlauge, Salmiakgeist, Soda
- Alkalische Abbeizpasten: Ätznatron
- Kalkbrei
- Verdickungsmittel, Sägemehl, Kieselgur, Kleister verhindern Ablaufen an senkrechten Flächen

Eigenschaften: ätzend, alkalisch (pH-Wert > 7), verseift ölige Fettsäuren (Öle und Harze werden wasserlöslich), greift Leichtmetalle an, tierische Naturborsten werden zerfressen, gerbstoffhaltige Hölzer (z. B. Eiche) werden stark gebräunt, Probeflächen anlegen

Arbeitsschritte, Werkzeuge	UVV	Anwendung/Wirkung
Abbeizmittel satt auftragen, Spachtel, Pinsel, Bürsten, Besteckmaterial: Fiberborsten, alkalibeständige Kunststoffe	Schutzkleidung, Schutzhandschuhe, Schutzbrille	Entfernen von Ölfarbe, lufttrocknenden Alkydharzlacken
Einwirkzeit: 1 bis 2 Stunden einwirken lassen bis Runzelbildung und leichte Braunverfärbung auftritt, evtl. zweiter Auftrag Runzelige Masse mit Abbeizspachtel abschieben	C = ätzend, Gewebe, Kleidung, Pinsel und Haut werden angegriffen	Abbeizwirkung chemisch: ölige Fettsäuren werden durch Laugen verseift, Seife ist wasserlöslich
Mit heißem Wasser und Wurzelbürste nachwaschen	Laugengefäße verschlossen aufbewahren	Verseifte ölige Anstrichreste mit Wasser abwaschen
Eventuell Hölzer durch Nachwaschen mit verdünnter Säure (Schwefelsäure, Essigsäure, Kleesalz, Oxalsäure) neutralisieren und so wieder aufhellen	Kennzeichnung C = ätzend Schutzkleidung tragen	Nur notwendig bei durch Alkalien gebräunten gerbstoffhaltigen Hölzern

Schleifen, Arbeitsverfahren, Schleifmittel — VOB DIN 18363:2019-09, DIN 18366:2019-09

- Handschliff: Das Papier mit der Hand führen oder um einen Schleifklotz legen
- Maschinenschliff: Rundschleifer, Schwingschleifer, Exzenterschleifer
- Für größere Arbeiten gibt es Schleifmaschinen; an deren Schleifplatte wird das Papier durch Einspannen oder Aufkleben befestigt
- Für den beim Trockenschliff auftretenden lästigen Schleifstaub sind angebrachte Absaugöffnungen (Löcher) sehr vorteilhaft; mobiler Staubsauger an das Schleifgerät anschließbar
- Kleinstgeräte (Minischleifer) sind auch für schwer zugängliche Stellen (Kanten, Profile) geeignet
- UVV beachten und PSA tragen, besonders auf Schleifstäube achten

Trockenschleifen

- Besonders bei leicht aufquellenden Untergründen oder bei Metallen
- Schleifwirkung sofort erkennbar
- Einfaches, rationelles Verfahren
- Fläche wird nicht wie beim Nassschleifen mit Schleifschlamm bedeckt, keine Korrosionsgefahr

Nassschleifen

- Manche Arbeiten erfordern Nassschliff; Schleifmittel wird dabei durch die Schleifflüssigkeit gebunden
- Schleifflüssigkeit wirkt auch als Gleitmittel
- Für feinere Schliffe, auch als Schmucktechnik einzusetzen
- Es entsteht kein Staub, der vom Ausführenden eingeatmet wird und zu Vergiftungserscheinungen führen kann
- Führt zu größerer Kornfreiheit

Schleiftechnik

Verfahren	Beispiele/Hinweise
Aufrauen eines glatten Untergrundes	• Anschleifen zur Vorbereitung von Beschichtungen • Die Anhaftfläche/Adhäsion zwischen Untergrund und Beschichtung wird vergrößert • Sichtbare Holzflächen immer in Faserrichtung schleifen
Korngröße und Kornhärte entscheiden über den Wirkungsgrad	Schleifmittel muss immer härter sein als der zu schleifende Untergrund
Glätten und Ebnen eines rauen und unebenen Untergrundes	Schleifen – Abtragen von Erhöhungen (Spachtelmassen)
Immer zuerst mit grober und dann mit feiner Körnung schleifen	• Körnung hängt jeweils vom Verwendungszweck ab • Am Ende des Schleifvorganges sind keine Schleifspuren mehr zu sehen
Entfernen von Schmutz	• Zwischenschliff • Anschleifen von tragfähigen Altanstrichen
Entfernen von losen Teilen und nicht haftenden Beschichtungen	• Entrosten von Stahloberflächen • Abblätternde Lackschichten/Holzfasern abschleifen
Polieren eines rauen Untergrundes	• Aufpolieren einer stumpf gewordenen Fahrzeuglackierung • Schmucktechniken

Material der Schleifkörner

Schleifmittel	Härte	Einsatzbereiche	Besonderheiten
Korund (Aluminiumoxid)	9,0 bis 9,5	Trocken- und Nassschliff, sehr verschleißfest, für harte Werkstoffe wie Metall	Farblose oder bräunlich glitzernde Streuung auf bräunlichem Papier
Siliciumcarbid	etwa 9,8	Trocken- und Nassschliff, für weichere Materialien wie Holz	Grauschwarze Streuung auf braunem Ölpapier
Glas, Flint, Naturkorund	4 bis 6, 7, 8 bis 9	Nur Trockenschliff	Keine Bedeutung mehr, preisgünstige Qualität

Schleifmittel

Benennung	Material/Lieferform	Aufbau	Verwendung
Schleifpapier (Aufdruck auf der Rückseite: Körnung, Streuung, Kornmaterial, Schleifkornträger)	Bogen 23 x 28 cm oder im Format A3/A4, Bänder spezielle Trocken- und wasserfeste Schleifpapiere Je feiner das Korn, desto höher ist die Zahl auf der Rückseite.	Trocken: Schleifmittel ist mit Leim auf Trägerpapier gebunden. Nass: Schleifmittel ist mit Kunststoffkleber auf Trägerpapier gebunden. Bei gleicher Körnung unterschiedliche Schleifwirkung.	Für Trockenschliff auf Holz, Metall, Spachtelmassen, Lacken. Für Nassschliff auf Spachtelmassen, 2-K-Lacken, Alkydharzlacken
Schleifscheibe	Scheiben-Ø 11,5 und 18 cm	Siehe oben	Siehe oben
Schleifleinen	Bogen und Rollen	Sehr flexibler Träger, Schleifmittel mit KH-Kleber wasserfest gebunden	Siehe Nassschliff
Schleifband (endlos)	Umfang variiert	Siehe oben	Siehe oben
Schleifmatte (Pad) Schleifvlies (Scotch-Brite)	Nylonmatten mit Bindemittel getränkt und mit Schleifkörnern durchsetzt. Typ A: Rotbraun, Elektrokorund Typ B: Grauschwarz, Siliciumcarbid	Sehr flexibler Träger, lösemittelbeständig, wasserbeständig, Trocken- und Nassschliff	Für verzinkte Untergründe. Typ A: Mattschleifen von Altlackierungen, Aufrauen von Aluminium Typ B: Endschliff von 2-K-Acrylfüller, Füllprimer, Ausbessern von Zwischenlackierungen
Schleifgitter	Verschiedene Körnungen	Dünne Metallgitter, beidseitig einsetzbar	Grobschliff für Holz und Metall
Schleifpulver	Pulver	Quarzmehl, Bimsmehl	Schleiflackeffekt
Schleifpaste	Tuben, Dosen	Schleifmehl (feine Körnung mit hochviskosen Flüssigkeiten, z. B. Paraffin, Wachse angeteigt)	Schleiflackeffekt, mit Modler oder Filz verarbeitbar
Schleifstein	Natürlicher Bimsstein		Oberflächeneffekte
Stahlwolle	Stahldrähte in loser durchwebter Form (ohne Reinigungsmittel)	Vorsicht bei Hölzern: Rückstände können Rostflecken verursachen (Eiche)	Säubern stark profilierter Bauteile, Polieren hochwertiger Oberflächen

Fehler beim Schleifen

Fehler	Ursachen	Abhilfen
Papier schmiert zu	• Zu dichte Körnung • Zu feine Körnung • Feuchter, weicher Untergrund • Schleifpapier abgenutzt • Zu lange auf einer Stelle geschliffen	• Offene Streuung • Grobere Körnung • Trocknen, durchhärten lassen • Neues Schleifpapier • Verändern der Schleifposition
Untergrund wird zu rau	• Körnung zu grob • Falsche Maschinenart gewählt	• Feinere Körnung • Andere Maschine aussuchen
Kanten durchgeschliffen	• Unsachgemäße Handhabung, besonders bei Schleifmaschinen • Zu lange geschliffen	• Flächen maschinell und Kanten von Hand schleifen • Kanten nochmals vorlackieren und vorsichtig schleifen
Schleifpapier löst sich bei Nassschliff auf	Kein wasserfestes Schleifpapier gewählt	Waterproof-Papier, Leinen usw. verwenden

Schleifmittelaufbau

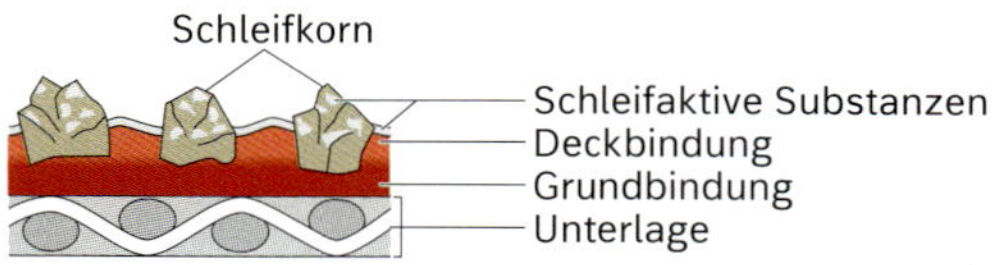

Schleifaktive Substanzen wie Wachse und Stearate verhindern das Zusetzen.
Offene Streuung: wenig Schleifkörner, 50 bis 70 % der Fläche bedeckt, verhindert Heißlaufen und Zusetzen

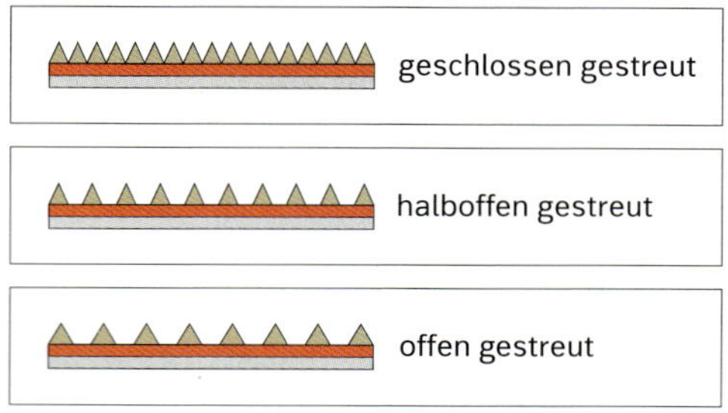

Geschlossene Streuung: viele Schleifkörner, lückenlose Streuung, für harte Untergründe

Körnung, Korngröße P

Die Zahl der Korngröße P gibt die Anzahl der Maschen eines Siebes je Quadratzoll an, bei der die Körner noch durchgelassen werden.

Korngröße für den Trockenschliff		Einsatzbereich
sehr grob	P12; P16; P20; P24; P30; P36; P40	Gröbster Schliff, Entzundern, Entrosten, Entschichten der Altbeschichtung (Winkelschleifer)
grob	P50; P60; P80; P100	Grobschliff, Anrauen, Glätten von Graten (Winkelschleifer, Schwingschleifer)
mittel fein sehr fein	P120; P150; P180 P220; P240; P280 P320; P360; P400; P600	Anschleifen von Grundierungen, Vorlackierungen, Glätten von Spachtelungen (Schwingschleifer, Exzenterschleifer)

Korngröße für den Nassschliff	Einsatzbereich
P240; P280; P320; P360	Anschleifen Grundierungen, Vorlackierungen, Glätten von Spachtelungen (Exzenterschleifer)
P400; P500; P600	Anschleifen von Zwischenanstrichen, Vorlackierungen, Füller
P800; P1000; P1200	Vorschliff bei Decklackierungen, Ausbesserungen von Fehlstellen in der Schlussbeschichtung, Lackiermängel wie Läufer; Nachschliff bei fertigen Zweikomponentenlackierungen

Feinheitsgrade und Körnungen von Pads

Körnung (Anhaltswerte)	Feinheitsgrad	Körnung (Anhaltswerte)	Feinheitsgrad
P60	blending grob	P320	fine
P150	coarse	P400	very fine
P220	medium	P600	super fine

Schleifmittelträger, Trägerwerkstoffe

Papier	dünnes	mittleres	mittleres	schweres	schweres	sehr schweres
Kennbuchstabe	A	B	C	D	E	F
Papiergewicht	75 g/cm²	100 g/cm²	125 g/cm²	180 g/cm²	250 g/cm²	300 g/cm²
Verwendung	Hand- und Maschinenschliff			grober Maschinenschliff, Winkel-, Bandschleifer		

Gewebe	Leinen, Baumwolle, Polyester				
Kennbuchstabe	F	J	T	X	Y
Eigenschaften, Verwendung	extrem flexibel, für Profilschliff geeignet		robust, flexibel	robust bis sehr robust, für Bandschleifer	

Spachteln

Prinzip

Das Spachteln dient in der Regel nur zur Glättung des Untergrundes. Dazu werden gut füllende, pastöse Werkstoffe mit dünnen Blech- oder Kunststoffwerkzeugen gleichmäßig aufgezogen. In den meisten Fällen folgen auf die Spachtelungen noch Beschichtungen.
Raue und unebene Untergründe werden von den Maler/-innen und Lackierer/-innen vollflächig gespachtelt und geglättet. Poröse Untergründe werden durch Abporen geschlossen und kleine Löcher und Risse mit Spachtelmasse ausgefüllt.
Für Spachtelarbeiten werden Spachtelwerkzeuge aus flexiblem Stahl, Kunststoff oder Gummi verwendet.

Werkzeug	Beschreibung	Verwendung
Malerspachtel Stahlspachtel	• Griffspachtel mit langem, elastischen, trapezförmigen Stahlblatt • Mit flachrundem, ovalen Holzgriff • Blattbreiten von 2 bis 12 cm	• Verspachteln von kleinen Rissen und Löchern • Öffnen von Gebinden • Abstoßen alter Farbschichten und Tapeten • Zum Auskratzen von Putzrissen • Zum Vergipsen, Ausfüllen, Ausfugen
Japanspachtel 5; 8; 10½; 12; 16; 20; 30; 40; 50; 90	• Dünne rechteckige Stahlblechklingen mit Kunststoff- oder Aluminiumgriff • Ein Satz besteht aus verschiedenen Breiten • Es gibt auch unterschiedliche Blatthärten	• Spachteln von kleinen Flächen, z. B. Türen und Türzargen • Verschließen von kleinen Rissen und Löchern • Gleichmäßige, ebene Flächen • Fleckspachtelung, Flächenspachtelung • Glättetechniken
Doppelblatt-Flächenspachtel, Quadratspachtel	• Rechteckiges Stahlblatt mit Holzgriff • Zweites kürzeres Blatt schützt vor dem Durchbiegen, ermöglicht so ein gleichmäßiges Spachteln auf der ganzen Blattbreite	• Gleichmäßiges Spachteln • Für größere Flächen (in einem Arbeitsgang können einwandfrei glatte Flächen erreicht werden) • Überziehen von Flächen oder Flächenteilen mit Spachtelmassen durch Aufziehen
Glättkelle (Traufel)	Auf dem rechteckigen Stahl- oder Kunststoffblatt ist eine Metallstütze mit Holzgriff befestigt	• Zum Auftragen von KD-Spachtelmassen auf größere Flächen • Aufziehen von Kunststoffreibeputz mit einer Kunststoffglättkelle
Kittmesser, Kittspachtel	Abgerundete, spitze Klingen verschiedener Formen im Holzgriff	• Anbringen von Kittfalzen an Fenstern • Ausfüllen von Fugen, Rissen, Nagellöchern • Verarbeiten von Kitten und Spachtelmassen

Glätten

Unebene und raue Untergründe können durch Glättungsmittel egalisiert und geglättet werden. **Unebenheiten** werden verursacht durch **Vertiefungen** oder **Erhöhungen**.

Unebenheiten	Arbeitsverfahren	Materialien
Vertiefungen wie Astlöcher, Schraubenlöcher, Holzfugen, Putzrisse, Lackrisse, abgeplatzte Farbschichten	Ausfüllen der Vertiefungen **Spachteln**	Kitte, Fugenmassen, Spachtelmassen
Erhöhungen wie Spachtelgrate, Putzkörner, Holzfasern, schlecht verlaufende Lackierungen	Abtragen der Erhöhungen **Schleifen**	Schleifmittel aller Art, besonders Schleifpapier und Bimsstein
Größere Vertiefungen: Kitten und Spachteln Spitzen und Spachtelgrate: Schleifen	Kombination beider Verfahren Spachteln und Schleifen	Glanz- und Glättungsmittel Schleifpoliermittel Hochglanzpoliermittel

Spachtelfehler

Verarbeitungsmangel/Fehler	Ursache	Abhilfen
Wellen	Unregelmäßiges Ziehen	Gleichmäßige Spachtelführung
Riefen	Unsauberer Spachtel, Spachtelmasse verschmutzt	Nur saubere Materialien und Werkzeuge benutzen
Zu geringer Spachtelauftrag	Zu steile Spachtelhaltung	Spachtel flach halten
Oberfläche nur abgeport	Spachtelmasse nur in die Poren gedrückt	Mehr Spachtelmasse, dicker auftragen
Zu dicker Spachtelauftrag	Zu flache Spachtelhaltung	Spachtel steiler halten
Gerissene Oberfläche	Zu dicker Spachtelauftrag	Spachtelmasse dünn auftragen
Unebene Oberfläche, eingefallene Spachtelmasse	Zu wenig oder ungenügend füllende Spachtelmasse aufgetragen	Untergrund vollflächig in ausreichender Schichtdicke überziehen

Mischungsverhältnis, Wasser-Pulver-Faktor

Die Wasserzugabe richtet sich nach Außentemperatur, Schichtdicke, Saugfähigkeit des Untergrundes.

Weniger Wasser zugeben	bei abnehmender Temperatur, für zunehmende Schichtdicke, auf schwach bis wenig saugenden Untergründen
Mehr Wasser zugeben	bei steigender Temperatur, für abnehmende Schichtdicke, auf stark saugenden Untergründen
Zu viel Wasser zugegeben	deutlich erkennbare Schlieren, wenig feste Oberfläche, Masse setzt sich dann ab
Warmes Wasser zugegeben	Verkürzung der Abbindezeit, inhomogene Masse bildet sich, Spachtelmasse ist zäh, schwer ausziehbar

Spachteln auf Holz

- Das Herstellen deckender Anstriche mit hoher Oberflächenglätte erfordert das Abdecken der Holzstruktur und Ausgleichen der Unebenheiten in der Oberfläche von Holz und Holzwerkstoffen durch Spachteln.
- Pastöse Spachtelmasse mit biegsamen Japanspachtel gleichmäßig und glatt aufziehen.
- Die tieferen Löcher werden vor dem Spachteln verschlossen.
- Ein Spachtelvorlack oder Ziehgrund kann mit dem Pinsel aufgetragen werden und erleichtert durch seinen Verlauf die Arbeit.

Materialien

- Ölspachtel
- CN-, PVAC-, Latex-, UP-, PVB-Spachtel als Zieh- und Streichspachtel

Werkzeuge

- Stahlspachtel unterschiedlicher Breite
- Japanspachtel
- Großflächenspachtel
- Gummispachtel

Handwerkliche Spachtelausführung auf Holzflächen

- Viskosität der Spachtelmasse zum Ziehen so einstellen, dass die Masse nicht vom Blech abläuft
- Flächen vorzugsweise mit Ziehspachtelmasse beschichten
- Rundungen und Profile vorzugsweise mit Streichspachtelmasse beschichten
- Streichspachtelmassen mit Pinseln auftragen, dann mit Gummispachtel/Lederspachtel glätten
- Ziehspachtelmasse mit Japanspachtel oder Großflächenspachtel auftragen und glattziehen
- Spachtelschicht zwischentrocknen lassen
- Je nach Erfordernis weitere Spachtelschichten auftragen
- Schleifen der trockenen Spachtelschichten
- Zum Glätten und Porenfüllen kann ein letzter dünner Spachtelmassenauftrag erfolgen, der nicht mehr geschliffen wird

Spachteln auf Metall — VOB DIN 18363:2019-09

- Spachteln einer grundierten Fläche ist notwendig, wenn vor dem weiteren Lackieren das Auftragen von Füller als Zwischenschicht zum Ausgleichen der Unebenheiten des Untergrundes nicht ausreicht.
- Das Spachteln und die Dicke der Spachtelschichten sind wegen der auftretenden Spannungen auf das notwendige Mindestmaß zu beschränken. Zu dicker Auftrag führt zu Qualitätsminderungen.
- Sind höhere Schichtdicken erforderlich, müssen mehrere dünne Schichten aufgezogen werden.

Materialien

- Für entfettete und korrosionsfreie Untergründe: Polyester-Spachtelmase (UP-Spachtel)
- Für grundierte oder beschichtete Untergründe: Alkydharz-, Epoxidharz-, Polyurethan-Spachtelmasse

Arbeitsschritte	Bemerkungen
Spachtelverflecken der tieferen Stellen vom Rand der Vertiefung zur Mitte in dünner Schicht; Vertiefungen in mehreren dünnen Schichten ausspachteln	Stahlspachtel (bei Ziehspachtel) oder Pinsel (bei Streichspachtel); trocknen lassen
Spachtelziehen von oben nach unten unter leichtem Druck	Stahlspachtel, Gummispachtel
Rundungen, Dellen und Beulen spachteln	Flexibler Kunststoffspachtel
Abstoßen des Spachtelüberschusses von Kanten und Löchern	Spachtelmesser
Bei kleineren Teilen Spachtelmasse mit Pinsel verstreichen	Pinselriefen vermeiden
Erste Spachtelschicht zwischentrocknen lassen	–
Zweite Spachtelschicht im Kreuzgang auftragen	Wie oben
Größere Ansätze können nach dem Anziehen des Spachtels leicht verwischt werden	Mit Verdünnungsmittel (Bei Ölspachtel 30 bis 50 min)
Spachtelschicht durchtrocknen lassen	2-K-UP-Spachtel nur trocken schleifen

Spachtelspritzen:
Wird bei grundierten, verhältnismäßig glatten Flächen und Kleinteilen in gleicher Weise durchgeführt.

Spachteln auf mineralischem Untergrund

Materialien

- Hydratspachtelmasse (Gipsspachtelmasse)
- Zementspachtelmasse
- Dispersionsspachtelmasse

Werkzeuge	Bemerkungen
Saubere, schmale Eimer; Rührgeräte (stufenlos regelbar, < 900 U/min)	Reste beeinflussen das Abbindeverhalten negativ, erhärtete Teile stören beim Auszug

Arbeitsschritte	Bemerkungen
Erst das Wasser in Ansetzgefäß geben, dann Pulver einstreuen	Mischungsverhältnis nach Herstellerangaben
Pulver im Wasser einsumpfen lassen	Klumpenfrei anrühren
Sofort nach Anrühren verarbeitbar, trockene Untergründe vornässen	Offene Zeit beachten, nicht unter 5 °C verarbeiten
Gleichmäßiger Verlauf bei flächiger Anwendung	Kein Nachspachteln, kein nachteiliges Schleifen
Feste Verbindung mit dem Untergrund schaffen	Keine Lufteinschlüsse produzieren
Konsistenz auf Verwendungszweck einstellen	Für Fußböden: selbstverlaufende Konsistenz

Anstrich

Allgemeine Begriffe	
Erstanstrich oder Neuanstrich	Erster Anstrichaufbau auf einem unbehandelten Untergrund.
Überholungsanstrich	Anstrich auf einem überholungsbedürftigen Altanstrich, von dem nur die nicht mehr tragfähigen, alten Farbteile entfernt wurden.
Erneuerungsanstrich, Renovierungsanstrich	Neuer Anstrichaufbau auf einem nicht mehr tragfähigen Anstrichuntergrund, von dem die alten Anstrichschichten restlos entfernt werden müssen.
Anstrichaufbau	Folglich aufeinander abgestimmte Anstrichschichten. Der Aufbau ist beim Erstanstrich und beim Renovierungsanstrich gleich. Die Vorarbeiten sind unterschiedlich.
Begriffe nach DIN 55945:2016-08	
Beschichtungsstoff	Alle nicht vorgeformten Teile zur Herstellung von Beschichtungen, z. B. Folien, Bahnen, Anstrichstoffe.
Anstrichstoff, Anstrichmittel	Flüssige bis pastenförmige oder auch pulverförmige Beschichtungsstoffe. Sie passen sich in flüssiger Form der Oberfläche des Untergrundes an.
Beschichtung, Anstrich	Beschichtung ist ein Sammelbegriff für eine oder mehrere in sich zusammenhängende, aus Beschichtungsstoffen hergestellte Schichten auf einem Untergrund. Nach DIN 55945 ist der Begriff Anstrich dem Begriff Beschichtung untergeordnet. Durch Streichen, Spritzen, Rollen, Tauchen, Fluten usw. aufgetragene Anstrichstoffe bezeichnet man als Anstrich.
Anstrichfilm	Bildet der Anstrich nach der Trocknung eine fest zusammenhängende Haut, so nennt man diese einen Anstrichfilm.
Applikationen	Für den Begriff „Auftragen von Anstrich- und Beschichtungsstoffen“ verwendet man den Fachausdruck „Applikation“. Applikationen können durch Streichen, Spritzen, Tauchen, Pulverlackieren oder Bekleben ausgeführt werden.
Deckender Anstrich	Lacke, Anstrichstoffe und ähnliche Beschichtungsstoffe
Imprägnierung	Das Tränken saugfähiger Untergründe mit nichtfilmbildenden Imprägnierschichten, um diese gegen schädliche Einflüsse (Insekten, Pilzbefall), gegen leichtes Entflammen oder Einwirken von Wasser zu schützen.

Beschichtungsverfahren

Handwerklich

Streichen, Rollen, Spritzen, Spachteln, Fluten, Tauchen

Industriell

Walzen, Coil-Coating-Verfahren, Elektrotauchlackierung, Elektrophorese, Sprühen, Aerosol-Sprayen, Trommellackieren/Rommeln, Wirbelsintern, Gießen, Pulverlackieren

Merkmale für die Auswahl des Beschichtungsverfahrens/Auftragsverfahrens/Applikationsverfahrens

- Art des Beschichtungsobjekts
- Form des Beschichtungsobjekts
- Anzahl der Beschichtungsobjekte
- Anforderungen an die Beschichtung
- Eventuell gesetzlichen Bestimmungen/gesetzlichen Vorschriften
- Standort des Beschichtungsobjekts
- Größe des Beschichtungsobjekts
- Technisch-fachliche Anforderungen
- Anforderungen an den Beschichtungsstoff
- Wirtschaftliche (ökonomische) Gesichtspunkte

Streichen

Arbeitsschritte	Bemerkungen
• Eintauchen und satt auftragen • Verteilen • Im Kreuzgang gut verschlichten • Nicht scheuern	• Mittels Streichwerkzeug flüssige Beschichtungsmittel auf Anstrichobjekt aufbringen • Durch Bewegung und Druck wird das Beschichtungsmittel von den Borsten auf den zu streichenden Untergrund übertragen

Werkzeuge

- Pinsel, Ringpinsel, Flächenstreicher, Heizkörperpinsel, Bürsten
- Vielseitiges Angebot an speziellen Sonderformen für jeden Zweck

Anwendung	Vorteile	Nachteile
• Zum Aufbringen von Grundanstrichen, wie Korrosionsschutzanstrich • Auf porigen Untergründen • Anstrichausführung bei Baustellenbedingungen • Renovierungsanstriche auf Fenster und Türen (wenn Abdecken zu aufwendig ist) • Bei Teilanstrichen (manche konstruktiven Teile werden nicht bearbeitet) • Zum Beschneiden bei Decken-, Wand- und Fassadenanstrich	• Einfaches, preisgünstiges Verfahren • Vielseitig einsetzbar • Abstimmbar auf jedes Anstrichobjekt • Abstimmbar auf fast alle Anstrichstoffe (KD-, Lacke usw.) • Anwendbar auf fast allen Untergründen • Auch für kleine schwer zugängliche Stellen • Einfache Handhabung • Geringe Werkzeugkosten	• Zeitintensives Verfahren • Geringe Flächenleistung • Nicht für schnelltrocknende Anstrichstoffe • Beim Handlackieren: Gefahr von Verlaufsstörungen (Läufer, Streifen, Nester) • Bei zu geringem Auftrag Gefahr des Scheuerns (zu wenig Farbe auf der Fläche)

Rollen

Arbeitsschritte	Bemerkung
• Auftragen und gleichmäßig verteilen • Verschlichten, einmal rauf und runter • Streichrolle um 45° drehen, Kreuzgang rollen • Wieder drehen, rauf und runter verschlichten	Mittels Streichrollern werden flüssige bis mittelviskose Anstrichstoffe auf den Anstrichuntergrund aufgetragen

Werkzeuge

Rollwerkzeuge jeder Art	Bezüge
• Je nach Untergrund und Anstrichmittel • Farbroller, Lackierroller, Heizkörperroller • Abstreifgitter, Farbwanne, Waschrohr	• Schaumgummi, Schaumstoff (Moltopren) • Lammfell, Perlon und Nylon • Mohair und Velour

Anwendung	Vorteile	Nachteile
• Fassadenanstriche • Im Innenbereich Decken, Wände und Fußböden • Zum Lackieren von Türen, Heizkörpern usw. • Dekorative Flächengestaltung (plastische Strukturen) • Teleskopstange zur Verlängerung der Reichweite beim Deckenanstrich in Griff einpassbar	• Rationelles handwerkliches Verfahren • Einfache Handhabung • Größere Flächenleistung als beim Streichen • Gleichmäßiger, ansatzloser, leicht strukturierter Anstrichmittelauftrag • Auch auf rauen Flächen einsetzbar • Struktur bleibt voll erhalten	• Leichte Spritzer beim Drehen der Rollen • Nicht zu beschichtende Teile gut abdecken Tipp: Rollwerkzeuge sofort nach Gebrauch reinigen und trocknen • Tipp: Aufbewahren in der Rollenbox spart Zeit und Geld

Untergrundprüfung auf Stahlflächen — **DIN EN ISO 12944-1 bis 8:**2019-01

Prüfung auf	Prüfmethode	Erkennung und Schadensbeseitigung
Konstruktiver Stahlschutz	Sichtprüfung	Die Sichtprüfung der Konstruktion der Stahlbauteile erfolgt am gesamten Stahlbauteil. Das Wasser muss schnell ablaufen können, um nicht mit dem Stahl korrodieren zu können. Weiterhin muss die Stahlkonstruktion so beschaffen sein, dass keine wasserschöpfenden Teile entstehen. Das stehende Wasser schädigt den Lack und anschließend den Stahl. Beispiele: 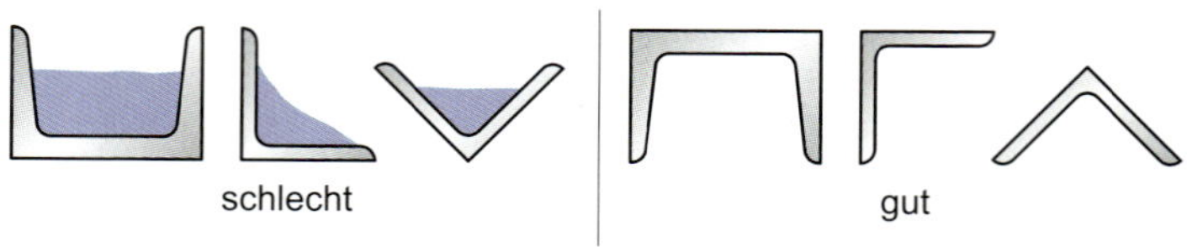
Schweißnähte	Sichtprüfung	Im Regelfall ist bei einem Stahlbauteil davon auszugehen, dass die Stahlbauer fachgerecht und somit mit einer Schweißerausbildung die Schweißnähte gezogen haben. Schweißnähte dürfen keine Pickel und keine scharfen Grate (mit Winkelschleifer entgraten) haben. Beispiele: 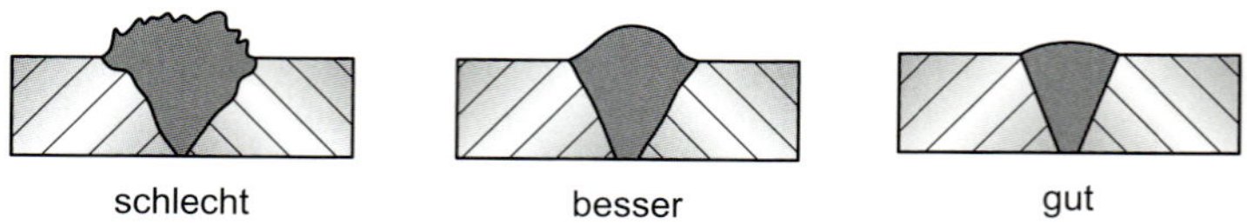
Bleimennige auch: Blei(II,IV)-oxid auch: Blei(II)-orthoplumbat genannt	Sichtprüfung	Nach dem Entfernen der Deckbeschichtung bzw. bei Beschädigungen ist der orangerote Bleimennige-Anstrich zu sehen. Bleimennige ist schwermetallhaltig und als Anstrich nur noch von Fachbetrieben verwendet. Es ist giftig und umweltgefährlich. Beim Abschleifen, Abbürsten oder Abschaben entsteht giftiger bleihaltiger Staub. Technische Regel Gefahrstoffe TRGS 505 (Mai 2021) beachten: • niemals den Staub fegen, immer saugen • Hände usw. vor dem Essen waschen • Arbeitskleidung eventuell täglich waschen • Unterweisung der Beschäftigten • Rauchverbot am Arbeitsplatz • Filtermaske P 2 tragen • sachgerechte Entsorgung mit stofflicher Verwertung 
Kantenflucht	Sichtprüfung Daumenprüfung	Die Kanten zur Vermeidung von Kantenflucht 2 mm runden. 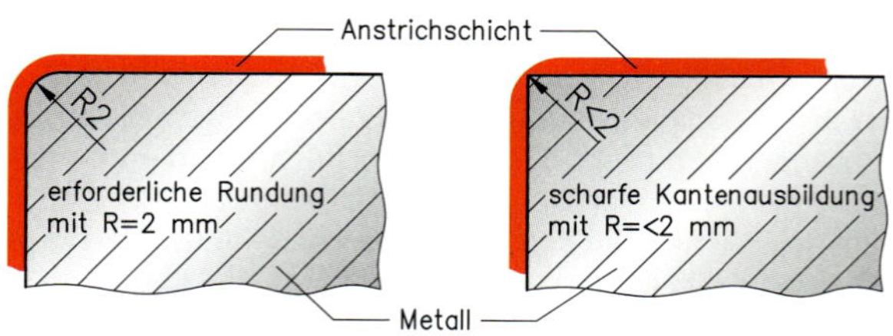

Untergrundprüfung auf Stahlflächen (Fortsetzung) **DIN EN ISO 12944-1 bis 8:**2019-01

Prüfung auf	Prüfmethode	Erkennung und Schadensbeseitigung
Rost auf Stahl	Sichtprüfung, Kratzprobe mit festem Gegenstand, Vergleich der Abbildungen der DIN 55634:2018-03	Rotbrauner Belag auf der Oberfläche. Die Struktur des Rostes kann sehr unterschiedlich sein: fest, schichtförmig, locker sitzend, rissig, fadenförmig, punktförmig, schuppig abblätternd. Bei geringem Druck splittern bereits Beschichtungsteile ab. Zackenförmiger Kratzspurenverlauf. Klebeband fest andrücken und ruckartig entfernen. Lose Beschichtungsteile bleiben am Klebeband haften. Je nach Zustand der zu beschichtenden Fläche Entfernung durch Entrostung (siehe unten Einteilung der Rostgrade).
Walzhaut, Zunder, Schweißrückstände	Sichtprüfung, Kratzprobe mit festem Gegenstand, Abklopfen mit Hammer	Zunder und Walzhaut sind spröde und haben nicht die gleiche Wärmeausdehnung des darunter liegenden Stahls (Verfärbungen von dunkelblau-grau bis schwarz). Dadurch kommt es zur Rissbildung, Unterrostung und Abplatzen der Walzhaut bzw. der Zunderschicht. Vor der Beschichtung muss die Walzhaut und Zunderschicht entfernt werden. Dieses ist nur maschinell hinreichend möglich.
Hinweis: Pulverlacke (DIN 55633) dürfen verwendet werden.		
Tragfähigkeit der Grundbeschichtung	Sichtprüfung, Kratzprobe mit festem Gegenstand, Abklopfen mit Hammer, Klebebandtest, Gitterschnittverfahren	Bei geringem Druck splittern bereits Beschichtungsteile ab. Zackenförmiger Kratzspurenverlauf. Klebeband fest andrücken und ruckartig entfernen. Lose Beschichtungsteile bleiben am Klebeband haften. Aus Beweisgründen sollten die Klebebandabrisse aufbewahrt werden. Grundierung ist zu entfernen, und ein sorgfältiger neuer Anstrichaufbau ist auszuführen.
Tragfähigkeit alter Beschichtungen	Wie vorher 	Wie vorher. Unterrostete Beschichtungen müssen entfernt und freigelegt werden. Die Altbeschichtung ist zu entfernen. Ein neuer Anstrichaufbau ist auszuführen.

Unbeschichtete Stahlflächen und ihre Rostgrade **ISO 8501-1:**2021-05

Rostgrad	Rostbedeckte Fläche und deren Zustand
A	Fest haftender Zunder auf der ganzen Fläche, keine Rostbildung
B	Anfänglicher Rostbeginn, Zunderabblätterung
C	Abschabbarer oder weggerosteter Zunder, Rostnarben wenig sichtbar
D	Abgerosteter Zunder, Rostnarben zahlreich sichtbar

Beschichtete Stahlflächen und ihre Rostgrade **ISO 4628-3:**2016-07

Rostgrad	Rostbedeckte Fläche und deren Zustand	Rostgrad	Rostbedeckte Fäche und deren Zustand
Ri 0	rostfrei	Ri 3	etwa 1 % rostbedeckte Fläche
Ri 1	etwa 0,05 % rostbedeckte Fläche	Ri 4	etwa 8 % rostbedeckte Fläche
Ri 2	etwa 0,5 % rostbedeckte Fläche	Ri 5	etwa 40 bis 50 % rostbedeckt und mehr

Korrosionsbelastung — DIN EN 1090-4:2020-06

Alle korrosionsfördernden Einflüsse durch chemische, physikalische, elektrische und mechanische Belastung führen nach DIN EN ISO 12944-1 bis 8 zu Korrosionsbelastungen. So unterscheidet man Korrosion als

- Atmosphärische Korrosion (mechanische Belastungen in der Atmosphäre, wie Abrieb durch von Wind mitgerissene Teile, z. B. Sand; chemischen Belastungen, Verunreinigungen der Luft, Immissionen durch Fabriken, saurer Regen, erhöhte Temperaturen, Feuchtbelastung, wie Kondenswasserbelastung)
- Boden-Korrosion (Erdreich) und
- Korrosion im Wasser (mechanische Belastungen im Wasser durch Geschiebe aus Kies und Geröll, Sandabrieb, Wellenschlag, tierischer oder pflanzlicher Bewuchs)
- Durch eine Kombination der Sonderbelastungen kann eine verstärkte Korrosion eintreten.

Anwendungsbereich der DIN EN ISO 12944-1 bis 8

Angaben zum Objekt

Art des Bauwerks:
Bauwerke, von mind. 3 mm Wanddicke, aus un- oder niedriglegiertem Stahl, ausgelegt entspr. einem Sicherheitsnachweis; nicht für Stahlbeton

Art der zu beschichtenden Oberfläche und der Oberflächenvorbereitung:

- Unbeschichtete Oberflächen
- Oberflächen mit thermisch gespritztem Überzug aus Zink, Aluminium oder deren Legierungen
- Feuerverzinkte, galvanisch verzinkte Oberflächen
- Sheradisierte Oberflächen
- Oberflächen mit Fertigungsbeschichtungen
- Andere beschichtete Oberflächen

Art der Umgebungsbedingungen:
6 Korrosivitätskategorien (siehe Seite 156)
3 Kategorien für Bauwerke im Wasser/Erdreich (s. u.)

Art des Beschichtungssystems:
NUR unter Umgebungsbedingungen härtende Beschichtungen

- Physikalisch trocknende Beschichtungsstoffe einschließlich Dispersionen
- Oxidativ härtende Beschichtungsstoffe Reaktionsbeschichtungsstoffe
- Wärmehärtende Lacke, wie Einbrennlacke u. Ä. sind ausgeschlossen

Hinweis: Pulverlacke sind freigegeben (DIN 55633).

Art der Maßnahme:
Erstschutz und Instandsetzung

Schutzdauer des Beschichtungssystems:
3 Zeitspannen für die Schutzdauer:
kurz: 2–5 J., mittel: 5–15 J., lang: über 15 Jahre

Beispiele

Walzhaut

Zinkblumen

3 Kategorien der Belastung im Wasser und im Erdreich

Kategorie	Umgebung	Beispiele
Im 1	Süßwasser	Wasserkraftwerke, Flussbauten
Im 2	Meer- oder Brackwasser	Staustufen, Schleusentore im Hafenbereich, Sperrwerke Offshore-Anlagen, Bohrinseln
Im 3	Erdreich	Stahlrohre, Stahlspundwände, Erdreichsbehälter

Möglichkeiten des Korrosionsschutzes	DIN EN ISO 12944-1 bis 8
Maßnahmen am zu schützenden Werkstoff	Trennung des Werkstoffs vom angreifenden Medium
• Maßnahmen durch Planung und Konstruktion • Kathodischer Korrosionsschutz	• Metallische Überzüge • Nichtmetallische Überzüge • **Beschichtungssysteme**
Vor der Ausführung von Erstschutzarbeiten ist ein Planungsablaufschema zu erstellen (siehe DIN EN ISO12944-8).	
1. Korrosionsbelastung und Art der Oberflächen ermitteln	5. Ausschreibungsunterlagen erstellen, Vergabe durchführen
2. Oberflächenvorbereitungsgrad festlegen	6. Arbeiten ausführen, Kontrollflächen anlegen
3. Zeitplan aufstellen	7. Überwachen und Dokumentieren der Arbeiten
4. Mögliche Beeinträchtigungsfaktoren der Korrosionsschutzarbeiten berücksichtigen	8. Abnahme, Abrechnung und Kontrollprüfung vor Ablauf der Gewährungsfrist, regelmäßige Kontrollüberwachungen
Art zu beschichtender Oberflächen	Bemerkungen
Unbeschichtete Oberflächen	Stahloberflächen, bedeckt mit Zunder, Rost oder anderen Verunreinigungen; der Rostgrad ist nach ISO 8501-1 zu bewerten; (siehe Seite 153)
Thermisch gespritzte Oberflächen	Überzüge aus Zink, Aluminium oder deren Legierungen, die durch Flamm- oder Lichtbogenspritzen nach ISO 2063 aufgebracht sind; bedeckt mit Korrosionsprodukten von Zink und/oder Aluminium und anderen Verunreinigungen
Feuerverzinkte Oberflächen	Überzüge aus Zink oder Zink-Legierungen, die durch Schmelztauchen nach ISO 1461 aufgebracht sind; bedeckt mit Korrosionsprodukten von Zink u. a. Verunreinigungen
Fertigungsbeschichtete Oberflächen	Gestrahlter Stahl mit Fertigungsbeschichtungen
Beschichtete Oberflächen	Stahloberflächen bzw. Oberflächen von metallischen Überzügen mit Resten von Beschichtungsstoffen einschließlich Rost und anderen Verunreinigungen

Auswahl von Beschichtungssystemen für die Kategorien Im 1, Im 2 und Im 3

Oberflächenvorbereitungsgrad P Sa 2½ oder Sa 2½

Grundbeschichtung			Deckbeschichtung			Beschichtungssystem		
Bindemittel	Schicht Anzahl	NDFT*	Bindemittel	Schichten Anzahl	NDFT*	Schicht Anzahl	Gesamtschichtdicke µm	Schutzdauer, erwartet
EP/Zn(R)	1	50 µm	EP	2–3	450 µm	3–4	500	lang
PUR/Zn(R)	1	50 µm	PUR	3–4	450 µm	4–5	500	lang
EP/diverse	1	80 µm	EP	2–3	420 µm	3–4	500	lang
EP/CTE	1	1 000 µm	–	–	–	1	1 000	lang

*Sollschichtdicke NDFT: nominal dry film thickness — Trockenschichtdicke DFT: dry film thickness

Beschichten von Stahl, Korrosionsschutz BFS-Merkblatt Nr. 4, Nr. 5, VOB — DIN 18363:2019-09, DIN 18364:2019-09

Bei der Planung und Ausführung von Korrosionsschutzmaßnahmen sind die gesetzlichen und behördlichen Bestimmungen zum Umweltschutz und Arbeitsschutz zu beachten.

Korrosivitätskategorien und Schichtdicken gemäß DIN EN ISO 12944

Korrosionsbelastung	Schichtdicke in μm	Korrosionsbelastung	Schichtdicke in μm
C1: Innenräume trocken	80 bis 100	C5-M: Meeresluft	200 bis 300
C2: Landluft	120 bis 160	C5-I: Aggressive Industrieluft	250 bis 500
C3: Stadtluft	160 bis 200	Unterwasser	500 bis 1 000
C4: Industrieluft	200 bis 250	–	

Die erforderliche Schichtdicke ist abhängig von der Korrosionsbelastung.

Normalbelastung	Aggressive Belastung
C2: ohne besondere Umweltbelastung, UV-Strahlen und Temperaturbelastung C3: Bewitterungsbelastung durch Feuchtigkeit	C4/C5: Einwirkung von aggressiven, angreifenden Stoffen wie Schwefel- und Chlorgase, Dauerfeuchtigkeit und Salze

Beschichtungssysteme

- Erhöhen Widerstandsfähigkeit gegen atmosphärische, chemische oder thermische Einflüsse
- Ergeben langfristig wirksamen Schutz

Grundbeschichtungsstoffe

- Bindemittel: Alkydharz, Bitumen-Öl-Kombinationen, Vinylchloridharz, Epoxidharz, Chlorkautschuk
- Pigmente: Eisenoxide, Zinkchromat, Zinkphosphate, Zinkstaub
- Aktive Zinkpigmente reagieren chemisch mit dem Untergrund
- Passive Pigmente mit reiner Abschirmwirkung gegen Wasser und Luftfeuchtigkeit
- Haftgrundanstrich auf EP-Basis Wash-Primer, Eintopf-Primer

Beschichtungsstoffe

- Polymerisatharzlacke
- Bitumenlackfarbe
- Polyurethanharzlacke (PUR-Lacke)
- Acrylharzlacke
- Epoxidharzlacke (EP-Lacke)
- Chlorkautschuklacke
- Reaktionslacke
- Pulverlacke nach DIN 55633

Arbeitsschritte	Bemerkungen
Reinigen der Flächen, Entrosten, Entfetten, Schleifen	• Rost bis zum blanken Metall Norm Sa 2½ entfernen • Herstellen einer haftfähigen Beschichtungsfläche
Herstellen von Haftvermittlungsschichten und Korrosionsschutzschichten, Auftragen durch Streichen oder Rollen	• Unmittelbar nach Reinigung auftragen • Ausreichende Schichtdicke, vor allem Kantenschutz beachten, 35 bis 40 µm/Schicht
Beschichtungsaufbau fortsetzen	Auswählen je nach Beanspruchung, innen oder außen

Beschichtungsaufbau auf Stahlteilen und Stahlblech

normalschichtig, außen	normalschichtig, innen	dickschichtig	Dickschichtsysteme
2 Grundbeschichtungen 2 Deckbeschichtungen	1 Grundbeschichtung 1 Zwischenbeschichtung 1 Schlussbeschichtung	1 Grundbeschichtung 1 Deckbeschichtung	• Auch an senkrechten Flächen dick auftragen • Laufen nicht, guter Kantenschutz

Heizkörperbeschichtung — DIN 55900-1, -2:2018-11

- Nicht grundierte Heizflächen entrosten, reinigen
- Mit Pulverlacken grundbeschichtete Heizkörper nach DIN 55900-1-GW gründlich aufrauen
- Ausbessern beschädigter Grundbeschichtung
- Aufbringen einer Grundbeschichtung aus Beschichtungsstoff nach DIN 55900-1-G
- Schlussbeschichtung aus Beschichtungsstoff nach DIN 55900-2-F

Untergrundprüfung auf Zinkflächen		BFS-Merkblatt Nr. 5
Prüfung auf	**Prüfmethode**	**Erkennung und Schadensbeseitigung**
Verzinkungs- und Oxidations- rückstände	Sichtprüfung 	Zink korrodiert zu Zinkoxid und Zinkcarbonat. Die Korrosionsprodukte des Zinks in reiner Atmosphäre schützen das Metall vor Zerstörung. Die Oberfläche sieht matt und grau aus, die Korrosionsprodukte sind weißlich-grau. Die Beschichtungsfläche muss gründlich von Korrosionsprodukten gereinigt werden. Ammoniakalische Netzmittelwäsche: Die Reinigungsflüssigkeit besteht aus 10 Litern Wasser, 0,5 Litern Ammoniak (Salmiakgeist 25 %) und etwas Spülmittel. Alternativ: Zugelassene Kaltreiniger einsetzen. Gründlich mit Vlies schleifen, mit Wasser abspülen.
Verschmutzungen	Sichtprüfung, Abreiben mit sauberem Tuch	Reinigen der Oberfläche je nach Verschmutzung von Hand durch mehrfaches Abwaschen mit Kaltreiniger oder durch Dampf-Hochdruckreinigung. Nachreiben mit sauberem Lappen.
Fette und Öle	Sichtprüfung, Benetzungsprobe mit Wasser	Durch die Benetzung mit Wasser wird ein Abperlen auf der Oberfläche sichtbar. Des Weiteren findet eine sogenannte „Inselbildung“ statt.
Tragfähigkeit der Grund- beschichtung	Sichtprüfung, Kratzprobe mit festem Gegenstand, Klebebandtest, Gitterschnittverfahren 	Bei geringem Druck splittern bereits Beschichtungsteile ab. Zackenförmiger Kratzspurenverlauf. Klebeband fest andrücken und ruckartig entfernen. Lose Beschichtungsteile bleiben am Klebeband haften. Aus Beweisgründen sollten die Klebebandabrisse aufbewahrt werden. Beschichtungen auf Zink, die trocknende Öle oder mit trocknenden Ölen modifizierte Alkydharze enthalten, verspröden frühzeitig und verlieren ihre Haftung (siehe Foto). Die Enthaftung kann hier insbesondere durch Zinkseifenbildung am Untergrund verursacht werden, wenn z. B. Fettsäuren oder andere Spaltprodukte des Bindemittels direkt oder über durchlässige Grundbeschichtungen mit der Zinkoberfläche reagieren. Daher ist die Anwendung von sogenannten Universal-Primern auf Alkydharzbasis ausgeschlossen. Grundierung ist zu entfernen, und ein sorgfältiger neuer Anstrichaufbau ist auszuführen.
Haftfestigkeit vorhandener Altbeschich- tungen	Sichtprüfung, Kratzprobe mit festem Gegenstand, Abklopfen mit Hammer, Klebebandtest, Gitterschnittverfahren	Bei geringem Druck splittern bereits Beschichtungsteile ab. Zackenförmiger Kratzspurenverlauf. Klebeband fest andrücken und ruckartig entfernen. Lose Beschichtungsteile bleiben am Klebeband haften. Aus Beweisgründen sollten die Klebebandabrisse aufbewahrt werden. Die Altbeschichtung ist zu entfernen, und ein sorgfältiger neuer Anstrichaufbau ist auszuführen. Es dürfen nur spezielle für Zinkuntergründe ausgewiesene Beschichtungsstoffe eingesetzt werden: Dispersionsbeschichtungssysteme oder Zweikomponentensysteme (2-K).

Beschichtungssysteme Zinkoberflächen — BFS-Merkblatt Nr. 5, VOB DIN 18364:2019-09

Grundbeschichtungsmittel (nur vom Hersteller zugelassene Produkte verwenden):
- Einkomponenten-Zinkhaftfarben
- Epoxid- und Polyurethangrundfarben

Beschichtungsmittel	Verwendung
Kunstharz-Kombination (Zinkhaftfarben)	Türen, Zargen, Treppengeländer, Dachrinnen
KD-Farben und KD-Lackfarben für Zink	Träger, Stützen, Teile ohne Beanspruchungen
Polymerisatharzfarben für Zink • PVC-Copolymere • Acrylharze	Türen, Zargen, Treppengeländer, Dachrinnen, Tore
2-K-Beschichtungsstoffe für Zink • 2-K-Epoxid-Beschichtungsstoffe • 2-K-PUR-Beschichtungsstoffe	Türen, Tore, Fenster, Zargen, Treppengeländer, Treppenstufen, Dachrinnen, Geländer, Zäune
Spezialbeschichtungsstoffe für Zink	Abdeckungen, Dachaufsichten, Masten, Lüftungskanäle, Kabelschächte, kondenswasserbelastete Teile

Untergrundprüfung auf Aluminiumflächen — BFS-Merkblatt Nr. 6

Prüfung auf	Prüfmethode	Erkennung und Schadensbeseitigung
Korrosions-mulden	Sichtprüfung	Auf der Aluminiumoberfläche sind kleine Aufwölbungen sichtbar. Sorgfältiges Ausschleifen mit Nylon- oder Perlonvlies (z. B. Scotch Britt der Firma 3M-Company). Schleifstaub ist mit Lösemittel getränktem Lappen zu entfernen.
Verschmutzungen	Sichtprüfung	Reinigen der Oberfläche von Hand durch mehrfaches Abwaschen mit Kaltreiniger, phosphorsaurem Spezialreiniger oder Dampf-Hochdruckreiniger. Nachreiben mit sauberem Lappen, ggf. Vorgang wiederholen.
Fette und Öle	Sichtprüfung, Benetzungsprobe mit Wasser	Durch die Benetzung mit Wasser wird ein Abperlen auf der Oberfläche sichtbar. Des Weiteren findet eine sogenannte „Inselbildung“ statt.
Haftfestigkeit der Grund-beschichtung	Sichtprüfung, Kratzprobe mit festem Gegenstand, Klebebandtest, Gitter-schnittverfahren	Bei geringem Druck splittern Beschichtungsteile ab. Zackenförmiger Kratzspurenverlauf. Klebeband fest andrücken und ruckartig entfernen. Lose Beschichtungsteile bleiben am Klebeband haften. Aus Beweisgründen Klebebandabrisse aufbewahren.
Haftfestigkeit vorhandener Altbeschich-tungen	Sichtprüfung, Kratzprobe, Hammerklopfprobe, Klebebandtest, Gitterschnittverfahren	Bei geringem Druck splittern Beschichtungsteile ab. Zackenförmiger Kratzspurenverlauf. Altbeschichtung entfernen und neuen Anstrichaufbau ausführen. Es dürfen nur spezielle für Aluminiumuntergründe ausgewiesene Beschichtungsstoffe eingesetzt werden.

Beschichtungstechnische Hinweise

- Um das Haften von Beschichtungen auf Aluminiumflächen zu gewährleisten, sind nach einer speziellen Vorbehandlung des Untergrundes Grundbeschichtungen mit haftungsvermittelnden Eigenschaften erforderlich.
- Unter +5 °C dürfen Anstricharbeiten nicht ausgeführt werden.
- Auf Flächen, die unter Einwirkung von Regen, Nebel, Feuchtigkeit oder Kondenswasserbildung stehen, dürfen Anstricharbeiten nicht ausgeführt werden. Begonnene Arbeiten dürfen an solchen Flächen erst fortgesetzt werden, wenn die zu streichenden Flächen vollständig trocken sind (s. VOB, Teil C, DIN 18364, Abschnitt 3.11).

Untergrundprüfung auf Aluminiumflächen (Fortsetzung) — **BFS-Merkblatt Nr. 6**

Beschichtungstechnische Hinweise (Fortsetzung)	
Grundbeschichtung	Für Aluminiumflächen, von denen der Altanstrich ganz oder stellenweise entfernt worden ist, eignen sich dünnschichtbildende, metallreaktive Anstrichstoffe.
Spachtelarbeiten	Spachtelarbeiten sind möglichst zu vermeiden, da die Haftung des Beschichtungssystems fast immer darunter leidet. Nur vom Hersteller empfohlene Spachtelmassen für das entsprechende Beschichtungssystem verwenden.
Zwischen- und Schlussbeschichtungen	Die Zwischen- und Schlussbeschichtungen müssen auf die Grundbeschichtung sowie auf die zu erwartende Beanspruchung abgestimmt sein. Die Empfehlungen des Herstellers sind zu beachten.
Hinweise für Leistungsbeschreibungen	Bei allen Beschichtungen sind die Angaben des Herstellers zu beachten. Im Zweifelsfalle ist zu empfehlen, sich die Eigenschaften und Eignung der Werkstoffe vom Hersteller schriftlich und verbindlich zusichern zu lassen. Auskünfte und Beratung durch die „Technische Beratungsstelle des Maler- und Lackiererhandwerks".

Beschichtungssysteme auf Aluminium — **BFS-Merkblatt Nr. 6, VOB DIN 18363:**2016-09

Grundbeschichtungsstoffe (dünnschichtbildende, metallreaktive Haftgrundanstrichstoffe):

- 2-K-Wash-Primer: dünne Schicht von 4 bis 8 µm Dicke aufspritzen, Topfzeit beachten, Vorsicht bei der Verarbeitung, Herstellerangaben beachten
- Eintopf-Primer: 6 Monate lagerfähig, müssen Chrom- oder Phosphorsäure enthalten, Streichen bis 15 µm Schichtdicke

Innenbeschichtungen

Arbeitsschritt	Deckende Innenbeschichtungen		Mit Feuchtraumbeanspruchung
Grundbeschichtung	Grundbeschichtungsstoff (siehe oben)	Alternativ: Polymerisatharz-Lackfarbe	Epoxidharzgrundbeschichtungsstoff
Zwischenbeschichtung			Epoxidharzlackfarbe
Schlussbeschichtung	Alkydharzlackfarbe	Polymerisatharz, Acryldispersionslackfarbe	Epoxidharzlackfarbe; Anwendung in Sanitärräumen, Kühlräumen, ungeheizten Hallen

Hinweis: Nach VOB sind nur eine Grundbeschichtung und eine Schlussbeschichtung vorgesehen, nach BFS-Merkblatt jedoch mindestens 3 Anstriche. Bei höherer Beanspruchung Anzahl der Beschichtungen erhöhen.

Außenbeschichtungen

Arbeitsschritt	Auf metallblanken und anodisch oxidierten Aluminiumflächen wie Fenstern, Außentüren, Fassadenverkleidungen, bei normaler Beanspruchung und normaler Bewitterung		
Grundbeschichtung	2-K-Epoxidharzlack	Metallaktiver Haftgrund vor Grundbeschichtung	
Zwischenbeschichtung	Alkydharzlack	Spezialhaftgrund auf Alkydharzbasis	
Schlussbeschichtung	Alkydharzlack	Alkydharzlack	
Arbeitsschritt	**Industrieatmosphäre**	**Für farblose Außenbeschichtungen**	
Grundbeschichtung	1-K-Polymerisatharz-Grundlackfarbe	Acrylharz	Polyurethanlack
Zwischenbeschichtung	Polymerisatharzlackfarbe	Acrylharz	Polyurethanlack
Schlussbeschichtung	Polymerisatharzlackfarbe	Acrylharz	Polyurethanlack
Arbeitsschritt	**Für besonders wetterbeständige Außenbeschichtungen Für chemikalienbeständige Innen- und Außenbeschichtungen**		
Grundbeschichtung	Zweikomponenten-Epoxidharz-Grundlackfarbe		
Zwischenbeschichtung	Polyurethan-Lackfarbe		
Schlussbeschichtung	Lichtechte, kreidungsbeständige Polyurethanlackfarbe		

Prüfung von Kunststoffuntergründen — BFS-Merkblatt Nr. 22

Vorbemerkungen	
Kunststoffart erkennen	• Für die Auswahl des Beschichtungssystems muss die Art des Kunststoffes bekannt sein, da sich Kunststoffe anstrichtechnisch unterschiedlich verhalten. Mit baustellenüblichen Mitteln ist es nicht möglich, die Art des Kunststoffes festzustellen. • Die Bestimmung des Kunststoffes kann durch die angebrachte Kennzeichnung (z. B. PVC, PS usw.) oder durch Rückfrage beim auftraggebenden Unternehmen, der Montagefirma oder der Herstellerfirma erfolgen. • Ist die Art des Kunststoffes festgestellt worden, beim Hersteller des Beschichtungsstoffes das für diesen Kunststoff geeignete Beschichtungssystem erfragen.
Beispiele für Bauteile aus Kunststoff	• Es wird auf der Baustelle vorwiegend PVC (Polyvinylchlorid) verarbeitet, das von seiner Eigenschaft her sehr hart ist. Beispiele: Türen, Rollläden, Fenster, Balkonbrüstungen, usw. • Bauteile aus Methylmethacrylat, Polyurethan sowie aus glasfaserverstärktem Polyester sind ebenfalls oft anzutreffende Beschichtungsflächen. • An Autokarosserien, die die Fahrzeuglackierer/-innen beschichten, werden viele Kunststoffsorten verwendet. Beispiele: Glasfaserverstärkte Polyester, Polyurethan-Elastomere (Integralschaum), Polyamid, ABS-Kunststoffe und Polycarbonat.

Prüfung

Die Kunststoffoberflächen sind vor ihrer Beschichtung auf deren Eigenschaften hin zu prüfen, um eventuelle Vorbehandlungsmaßnahmen festzustellen und einzuleiten.

Prüfung auf	Prüfmethode	Erkennung und Schadensbeseitigung
Verschmutzungen	Sichtprüfung 	Durch Augenschein ist die Verschmutzung (z. B. Schmutzspuren, Algen, Moos usw.) wahrnehmbar. Die Oberfläche ist mit einem Wassernetzmittelgemisch zu reinigen (bei Bedarf mit Zusatz von Salmiakgeist). Bei Verwendung von Lösemitteln ist Vorsicht geboten, da der Kunststoff angelöst werden kann.
Öle und Trennmittel	Sichtprüfung, Benetzungsprobe mit Wasser	Durch die Benetzung mit Wasser wird ein Abperlen auf der Oberfläche sichtbar. Des Weiteren findet eine sogenannte „Inselbildung“ statt. Für die Vorbereitung hat sich die ammoniakalische Netzmittelwäsche bewährt. Möglich sind auch für Kunststoff zugelassene Reiniger.
Verwitterungsprodukte	Produkte mit der Hand abreibbar	Verwitterungsprodukte lassen sich mit der Hand abreiben. Unter Einsatz von Kunststoffschleifvlies die Oberfläche schleifen. Gründlich nachwaschen!
Tragfähigkeit alter Beschichtungen	Kratzprobe, Klebebandtest, Gitterschnittverfahren	Altbeschichtung bei unzureichender Haftung entfernen. Bei Verwendung von Abbeizmitteln kann der Kunststoff angelöst werden. Vorher Probeflächen anlegen.

Untergrundvorbehandlung von Kunststoffuntergründen — BFS-Merkblatt Nr. 22

Arbeitsverfahren	Werkzeug, Material	Bemerkungen
Ammoniakalische Netzmittelwäsche	Die Reinigungsflüssigkeit besteht aus 10 Litern Wasser, 0,5 Litern Ammoniak (25 % Salmiakgeist) und etwas Spülmittel. Handschuhe, Schutzbrille, Abdeckmaterial, Schleifpad, Wasser zum Abspülen	Ammoniak ist ätzend und entwickelt einen beißenden Geruch. Betriebsanweisung beachten, Handschuhe und Schutzbrille tragen sowie gut lüften. Vorhandene Anstriche anderer Bauteile wie Fassaden abdecken.
Kaltreiniger	Kaltreiniger sind fertig erstellte Gemische und können Laugen, Säuren und Lösemittel wie Alkohole enthalten; Handschuhe, Schutzbrille, Abdeckmaterial, Schleifpad, Wasser zum Abspülen	Der Kaltreiniger muss für den betreffenden Kunststoff zugelassen sein (weitere Hinweise siehe oben).
Lösemittel	z. B. Spiritus (Ethanol) – ein milder vergällter Industriealkohol; z. B. Nitroverdünnung; Handschuhe, Lappen, Schleifpad	Kunststoffhersteller fragen, Lösemittel können die Oberfläche anquellen und Spannungsrisse entstehen lassen. Probeflächen anlegen und Ergebnis beobachten (weitere Hinweise siehe oben).

Bei unbekannten Kunststoffuntergründen Probeflächen anlegen. Nach der Bearbeitung sollte der Kunststoff leicht matt aussehen, aufgespritztes Wasser sollte nicht abperlen, sondern eine große Wasserfläche ergeben (Spreiten).

Die alte Beschichtung auf dem Kunststofffensterrahmen kreidet:

Der grüne Lack zeigt ohne Vorbehandlung keine Haftung auf dem PVC: Er lässt sich ohne Rückstände mit dem Fingernagel wieder abschieben:

Beschichtungssysteme auf Kunststoffuntergründen — BFS-Merkblatt Nr. 22

Kunststoff			Bindemittelbasis des verwendeten Lacksystems[1]						
Name	Zeichen	z. B. Bauteile	Alkydkombin.	Polymerisatharz	Polyurethan	2-K-Epoxid	2-K-Polyacrylat	KD-Lackfarbe	KD-Farbe
Polyvinylchlorid	Hart-PVC	Fallrohre, Fenster	grün	grün	grün	grün	grün	grün	grün
Polystyrol-Hartschaum	PS	Deckenplatten	rot	rot	rot	rot	rot	rot	grün
Polystyrol	PS	Gitter, Spülkästen	rot	rot	rot	rot	rot	grün	grün
Polymethylmetacrylat	PMMA	Plexiglas	grün	grün	grün	grün	grün	grün	grün
Melaminharze	PF/UF/MF	kunststoffbeschichtete Platten	grün	rot	grün	grün	grün	grün	grün
Polyester	UP	Gitter	grün	rot	rot	rot	rot	rot	rot
Epoxidharz	EP	Kabelkanäle	grün	grün	grün	grün	grün	grün	grün
Polyurethan	PUR	Fenster	grün	grün	grün	grün	grün	grün	grün

Andere Kunststoffe wie Weich-PVC (Bauteile wie Handläufe, Falttüren, Fußleisten) oder PE (Polyethylen, Bauteile wie Rohre, Platten) gelten als nicht überstreichbar, der Lack haftet nicht. Dichtprofile, z. B. an Fenstern, werden nicht gestrichen. Bei maßhaltigen Bauteilen wie Fenstern sind helle Farben zu bevorzugen, um Verformungen infolge von Aufheizungen durch dunkle Farben zu vermeiden.

[1] Grün: zugelassen, rot: beschichtungsunverträglich.

Prüfung von Holz- und Holzwerkstoffuntergründen **BFS-Merkblatt Nr. 18, 23**

Prüfung auf	Prüfmethode	Erkennung und Schadensbeseitigung
Holzinhaltsstoffe	Sichtprüfung	Auf der Oberfläche sind Veränderungen durch Inhaltsstoffe sichtbar, z. B. Terpene, Balsame, Fette, Öle, Gerb-, Farb- und Bitterstoffe. Dadurch: Verfärbungen, Ablösung der Beschichtungen, Versprödung. Abwaschen mit Lösemittel und/oder mit Polyurethanlack absperren.
Feuchtigkeit	Sichtprüfung; Messen mit Holzfeuchtemessgerät vor Anstrichausführung	Holzfeuchtigkeit mit dem Holzfeuchtemesser in 5 mm Tiefe messen. Messwert bei begrenzt maßhaltigem und nicht maßhaltigem Holz: unter 18 %; bei maßhaltigem Holz: 13 % +/– 2 % HF Anstrichbeginn: Die Holzfeuchtigkeit muss auf zulässige Werte abgesunken sein, evtl. ein diffusionsoffeneres Beschichtungssystem vereinbaren.
Risse	Sichtprüfung 	Sichtbare Risse, je nach Art und Umfang der Schäden Holzteile auswechseln. Im Innenbereich werden Zweikomponentenprodukte (2-K) auf Polyurethanbasis verwendet. Im Außenbereich finden plastisch bleibende Fugenfüller ihre Verwendung.
Fäulnis und/oder Insektenbefall	Sichtprüfung; die Festigkeit des Holzes mit Messer oder Ähnlichem prüfen	Auf Oberfläche sind Verfärbungen, Pilze, Schwämme ggf. Feuchtkörper sowie Insektenschlupflöcher sichtbar. Schadhaftes Holz entfernen und verbrennen, nicht befallenes Holz muss mit amtlichem, bekämpfenden Holzschutzmittel (Kurzzeichen Ib) behandelt werden. Ursachenforschung betreiben, z. B. Feuchtigkeit usw. erkennen und beseitigen.
Harzausfluss und Harzgallen	Sichtprüfung nach DIN EN 942: 2007-06	An der Holzoberfläche treten klebrige Tropfen von Harzausscheidungen aus. Die Harzgallen müssen ausgebrannt werden, ggf. ausdübeln. Anstrichtechnische Maßnahmen lassen keine zuverlässige Beseitigung zu. Aufgrund der Aufheizung des Holzes, helle Farbtöne verwenden.
Ausgedübelte Äste und Kettendübelung	Sichtprüfung	Im Astbereich sind einzelne oder mehrere verleimte Holzdübel sichtbar. Bei lasiertem Bauteil sind nur einzelne Dübel zulässig. Bedenken anmelden – Rissgefahr. Nach DIN EN 942 sind mehr als zwei nebeneinanderliegende Dübel bei deckender Beschichtung nicht zulässig.
Abgewittertes, graues Holz	Sichtprüfung	Durch Sonneneinstrahlung (UV-Licht) vergraute Holzoberfläche. Gründliches Schleifen der Oberfläche runter bis auf das feste Holz, neuen Anstrichaufbau ausführen.
Bläuepilzbefall	Sichtprüfung	Je nach Schadensgröße bläuliche bis schwarze Verfärbungen. Schleifen bis auf das rohe Holz. Bläueschutzgrundierung vorsehen, um weiterem Wachstum vorzubeugen.
Lose und faule Äste	Sichtprüfung; Festigkeitsprüfung mit Messer oder Ähnlichem	Äste (lose und beweglich) brechen bei leichtem Druck aus und sind auszudübeln. Schadhafte Holzteile entfernen/auswechseln oder mit 2-K-Holzfüllmasse schließen; isolieren.
Keilzinkungen	Sichtprüfung	Keilzinkungen sind zwei Holzteile, die mit einer zackenförmigen Verbindung verbunden werden. Offene Leimfugen werden mit Holzfüllmasse geschlossen. Deckende Beschichtungen empfehlenswert.

Prüfung von Holz- und Holzwerkstoffuntergründen (Fortsetzung) **BFS-Merkblatt Nr. 18, 23**		
Prüfung auf	Prüfmethode	Erkennung und Schadensbeseitigung
Scharfe Kanten und Profile	Sichtprüfung	Konstruktionsfehler, keine ausreichende Haftfläche, Kantenradius < 2 mm nicht zulässig; Kanten müssen zur Vermeidung von Kantenflucht abgerundet werden, dadurch Vergrößerung der Anstrichfläche und gleichmäßige Anstrichdicke.
Offene Holzverbindungen	Sichtprüfung	An den Verbindungsstellen von zwei Holzteilen sind offene Abrisse in Eckverbindungen zu erkennen (Schwindbewegungen). Bei schmalen Rissen ggf. nachverleimen. Breitere Risse müssen aufgenutet werden. Diese mit Holzfüllmasse bzw. lösemittelhaltigem Dichtstoff ausfüllen. Füllungen an Türen dürfen nicht verleimt weden.
Bei Arbeiten am Fensterglas gilt die VOB DIN 18361:2019-09 Verglasungsarbeiten und das BFS-Merkblatt Nr. 23.		
Schadhafte Glasabdichtung	Sichtprüfung; die Haftung des Kittes mit scharfem Gegenstand prüfen	Das Eindringen von Wasser zwischen Holz, Kitt und Glas ist möglich. Schadhaften Kitt entfernen und Kittfalz durch geeigneten Dichtstoff ersetzen. Siehe DIN 18545:2022-01. Falls der Kitt bleiben soll: Kittarbeiten nach dem ersten Zwischenanstrich ausführen und Aushärtungszeiten beachten.
Außenliegende Glashalteleiste	Sichtprüfung	Die Glashalteleisten dürfen nur innen angebracht werden (sonst Einbruchgefahr); Bedenken anmelden
Mangelhafte Versiegelung	Sichtprüfung; Benetzungsprobe, (Tabelle der Beanspruchungsgruppen zur Verglasung beachten) BFS Nr. 23	Abperlen des Wassers bei wachshaltigem oder silikonverseuchtem Untergrund. Dadurch können Verlaufsstörungen (Inselbildung) in der Neubeschichtung entstehen. Die Oberfläche reinigen durch Abwaschen, Abbürsten und/oder Abschleifen. Ggf. Chemikalien zum Einsatz bringen (Silikonentferner). Durch Nachversiegelung evtl. die Beanspruchungsgruppe erhöhen (mindestens Beanspruchungsgruppe III bei einem Lasuranstrich).
Fehlende Bauteilabdichtung	Sichtprüfung	Dichtstoffe weisen Spalten, Risse und/oder Ausbrüche auf. Im Bereich des Fensters zwischen Mauerwerk und Fensterbank ist bei einer Abdichtung erhöhte Aufmerksamkeit geboten. Zur Anwendung kommen Dichtstoffe für Anschlussfugen unter Beachtung der Anstrichverträglichkeit.
Dichtprofile	Sichtprüfung	Dichtprofile sind rissig, versprödet, abgerissen oder farbverschmutzt. Diese sind zu entfernen und durch geeignete Dichtprofile zu ersetzen. (DIN 18545:2022-01)

Unterscheidung von nicht maßhaltigem, bedingt maßhaltigem und maßhaltigem Bauteil

Nicht maßhaltiges Bauteil, z. B. Lattenzaun: muss keine Maße einhalten.

Bedingt maßhaltiges Bauteil, z. B. Nebentür: muss annähernd Maß halten, um gut zu schließen.

Maßhaltiges Bauteil Fenster: muss genau das Maß halten, um zu schließen.

Deckende Beschichtungen auf Holzfenstern und -türen BFS-Merkblatt Nr. 18, VOB DIN 18363:2019-09		
Arbeitsschritt	Wässriges Beschichtungssystem, Acryldispersionslack	Lösemittelhaltiges System, Alkydharzlack
Grund-beschichtung	Holzschutzimprägnierung auf rohem Holz nach DIN 68800-3:2020-03: Bläueschutz-Grundbeschichtungsstoff (fungizid) (nur Hölzer Resistenzgruppe 3 bis 5; Nadelhölzer: Fichte, Kiefer, Lärche, Pitch-Pine); bei dunkleren Farbtönen Beeinträchtigung der Oberfläche durch Harzaustritt möglich.	
1. Zwischenbe-schichtung	Polyacrylatbasis, überstreichbar nach 4 Stunden; mindestens 8 °C Untergrund-temperatur, Acrylpinsel; Holzarten mit wasserlöslichen Holzinhaltstoffen (Eiche, Afzelia, Mahagoni) können sich verfärben: Absperrbeschichtungsstoff	Langöliges Alkydharz, überstreichbar nach 24 Stunden, geringe Quellbarkeit
Beide Arbeitsschritte müssen bei neu eingebauten Fenstern und Türen vor dem Einbau erfolgen.		
2. Zwischenbe-schichtung	Polyacrylatbasis, wasserdicht, sehr was-serdampfdurchlässig, überstreichbar nach fünf Stunden	Alkydharzlack, überstreichbar nach 12 Stunden, Zwischenbeschichtung mit ventilierendem Lack bis zum Absinken der Holzfeuchte auf 15 % stehen lassen
Schlussbe-schichtung	Wie vorher; Trocknung fünf Stunden, hoch- oder seidenglänzend	Wie vorher; Trocknung fünf Stunden, hoch- oder seidenglänzend
Hinweis: Ergibt die Untergrundprüfung einen Überholungsanstrich, so ist anzuschleifen. Bei einem Erneue-rungsanstrich ist die chemische oder mechanische Entfernung des Altanstriches nötig.		
Bei High-Solid-Systemen entfällt die 2. Zwischenbeschichtung.		

Lasierende Beschichtungen auf Holzfenstern und -türen, maßhaltig BFS-Merkblatt Nr. 18		
Arbeitsschritt	Wässriges Beschichtungssystem, Acryldispersionen	Lösemittelhaltiges System, Alkydharzlasuren
Grundbeschichtung siehe deckende Beschichtungen.		
1. Zwischenbe-schichtung	Dünnschichtlasur, z. B. auf Acryldispersi-onslackbasis, auch als Holzschutzlasur, offenporig, geringe Eindringtiefe, Acrylpin-sel, überstreichbar nach zehn Stunden	Dünnschichtlasur auf Alkydharzbasis, auch als Holzschutzlasur, offenporig, gute Ein-dringtiefe, überstreichbar nach 18 Stunden
Beide Arbeitsschritte müssen bei neu eingebauten Fenstern und Türen vor dem Einbau erfolgen.		
2. Zwischenbe-schichtung	Dickschichtlasur, z. B. auf Polyacrylatbasis, wasserdampfdurchlässig, wasserabwei-send, überstreichbar nach vier Stunden	Dickschichtlasur auf Alkydharzbasis, was-serdampfdurchlässig, wasserabweisend, überstreichbar nach 18 Stunden
Schlussbesch.	Dickschichtlasur wie vorher	Dickschichtlasur wie vorher

Beschichtungssysteme auf nicht maßhaltigen Holzuntergründen BFS-Merkblatt Nr. 18		
Arbeitsschritte	Lasierende Systeme	Deckende Systeme
Grundbeschichtung wie deckende Systeme, maßhaltig; Zustimmung der auftraggebenden Person einholen.		
1. Zwischenbe-schichtung	Dünnschichtlasur auf Acryldispersions- oder Alkydharzbasis, auch Alkydharz-Acryldispersionskombinationen, dunkle Lasurtöne bevorzugen	Diffusionsfähige Acryldispersionsholzfarbe, nicht abblätternd, dünnschichtig, diffusi-onsfähiger Alkydharzvorlack
Beide Arbeitsschritte sind vor der Montage von Profilholzverbretterungen durchzuführen.		
2. Zwischenbe-schichtung	Wie zuvor	Wie zuvor
Schluss-beschichtung	Wie zuvor	Wie zuvor

Prüfung von Betonuntergründen		BFS-Merkblatt Nr. 1, 8, 11
• Die Betonoberfläche ist zu prüfen, ob sie für die Beschichtungsarbeit geeignet ist. • Bedenken nach VOB Teil B, DIN 1961, § 4 Nr. 3, sind der auftraggebenden Person schriftlich mitzuteilen. • Bei Gefährdung der Standsicherheit: Architekturbüro bzw. Statiker/-in hinzuziehen, VOB/C DIN 18349 • Für den Maler oder die Malerin nicht erkennbare Mängel im Beschichtungsuntergrund werden als verdeckte Mängel bezeichnet. Der Unternehmensleitung können Beschichtungsschäden dieser Art nicht angelastet werden. • Die hier beschriebenen Maßnahmen stellen im Sinne der VOB besondere Leistungen dar, die vom Auftraggeber oder der Auftraggeberin gesondert vergütet werden.		
Prüfung auf	**Prüfmethode**	**Erkennung und Schadensbeseitigung**
Oberflächenfestigkeit	Sichtprüfung, Kratzprobe, mit der Handfläche abreiben, Benetzungsprobe	Durch mäßigen Druck wird die Beschichtungsfläche beschädigt oder platzt aus. Wesentlicher Abrieb durch die Handfläche. Beschichtungsfläche erweicht durch Benetzungsprobe. Durch Maschineneinsatz lose, lockere und mürbe Teile entfernen, z. B. Heißwasserstrahlen, Höchstdruckwasserstrahlen, Strahlen mit festem Strahlmittel.
Oberflächenzugfestigkeit	Haftzugprüfgerät (siehe Abreißprüfgerät)	Je nach Beschichtungaufbau entsprechende Oberflächenfestigkeit. Werte bei der Haftzugprüfung: Bei Beton > C 20/25 im Regelfall mindestens 1,5 N/mm^2, bei geringerer Nennfestigkeit des Betons mindestens 1,1 N/mm^2. Kleinster Einzelwert bei OS 5 > 0,8 N/mm^2
Prüfen auf Hohlstellen	Mit dem Hammer abklopfen	Bei Hohlstellen ertönt beim Abklopfen ein hohler Klang. Die Hohlstelle aufstemmen und ggf. Armierungseisen freilegen.
Risse, Rostflecken und Verfärbungen	Sichtprüfung 	Risse, meist tief in den Beton gehend; Trennrisse oder oberflächennahe Risse, Ermittlung der Rissursache notwendig. Der Beton weist einzelne Roststellen und Verfärbungen auf. Die schadhaften Stellen sind von Kleineisenteilen oder Ähnlichem zu entfernen. Bei nicht ausreichender Betonüberdeckung (3 bis 4 cm) der Bewehrung sind Instandsetzungsmaßnahmen erforderlich.
Sinterschichten	Sichtprüfung, anschleifen bzw. kratzen, Benetzungsprobe mit Wasser	Im trockenen Zustand ist an der Oberfläche ein leichter Glanz zu sehen. Bei einer Benetzung mit Wasser ist eine geringe Saugfähigkeit und Dunkelfärbung im Bereich der Kratzspur zu erkennen. Die Sinterschicht ist durch Strahlen mit festem Strahlmittel bzw. Höchstdruckwasserstrahlen zu entfernen.
Feuchtigkeit	Sichtprüfung, Feuchtigkeitsmessung (siehe CM-Messgerät)	An der Oberfläche sind feuchte Flächen, Wasserränder und Verfärbungen zu sehen. Die Ursache beseitigen und austrocknen lassen. Bei aufsteigender und rückseitig einwirkender Feuchtigkeit sind besondere Maßnahmen erforderlich. Der bei der Feuchtigkeitsmessung ermittelte Wert darf max. 4 % CM betragen. Evtl. Ursache beseitigen und austrocknen lassen.

Prüfung von Betonuntergründen bei Betonschutzbeschichtung BFS-Merkblatt Nr. 1, 8, 11

Prüfung auf	Prüfmethode	Erkennung und Schadensbeseitigung
Poren, Lunker, Kiesnester	Sichtprüfung	Poren, Lunker und Kiesnester müssen vor einer Schutzbeschichtung auf Stahlbeton (z. B. Karbonatisierungsbremse) mit Spachtelmassen gefüllt werden.
Schaden an Fugen und Anschlüssen	Sichtprüfung	Zu erkennen an den Flankenabrissen des Dichtstoffes. Schadhafte Abdichtungen müssen erneuert werden, Hinweise in DIN 18540:2014-09, Teil 1, Abschnitt 5 sowie BFS-Merkblatt 23.
Tragfähigkeit alter Beschichtungen	Kratzprobe mit spitzem Gegenstand, Gitterschnittprüfung in Anlehnung an DIN EN ISO 2409: 2020-12	Bei mäßigem Druck auf die Oberfläche splittern bereits Beschichtungsteile ab. Die Kratzspur zeigt einen abgezackten Randbereich auf. An den Schnittstellen sind Ausbrüche zu erkennen. Von der Altbeschichtung bleiben Teile durch ihre Haftungsschwäche am Klebeband hängen. Nicht tragfähige Beschichtungen müssen entfernt werden. Haftzugprüfung durchführen.

Prüfung von Beton bei Instandsetzungsarbeiten BFS-Merkblatt Nr. 1, 8, 11

Für die Beurteilung des Betons bei Instandsetzungsarbeiten reichen die vorher genannten Prüfungen nicht aus. Nachfolgend genannte Prüfungen und Maßnahmen sind keine Nebenleistungen nach VOB/C ATV DIN 18299, Abschnitt 4.1. Sie sind gesondert auszuschreiben und zu vergüten.
Diese Diagnose ist Voraussetzung für die Erstellung des Leistungsverzeichnisses und dient der Beurteilung der Gefährdung der Standsicherheit von Betonteilen.

Prüfung auf	Prüfmethode	Erkennung und Schadensbeseitigung
Betonüberdeckung der Bewehrung	Messung der Betondeckung	Das Messergebnis gibt die Betonüberdeckung der Bewehrung an. Die Überdeckung beträgt nach DIN 1045-1 bis 4 3 bis 4 cm. Erforderliche Mindestüberdeckung wiederherstellen bzw. Betonüberdeckung erhöhen und/oder Betonschutzbeschichtungen aufbringen.
Druckfestigkeit	Betonprüfhammer nach Schmidt DIN EN 12504-2: 2021-10	Aus den Rückprallwerten lässt sich die Betonfestigkeit (Druckfestigkeit in N/mm^2) ermitteln (z. B. C 20/25, C 30/37). Die Betonfestigkeit ist nachträglich nicht mehr änderbar. Erhöhung nur durch Neubetonierung.
Carbonatisierung, Alkalität	Frische Betonbruchstellen mit Phenolphthalein 0,1 % besprühen	Beton verfärbt sich ab pH 9 rötlich-pink (ausreichend alkalisch). Findet keine Verfärbung statt, dann nicht ausreichend alkalisch. Der Alkalitätsverlust ist abhängig von der Betonfestigkeit und der Standzeit des Bauwerkes.
Korrosion der Bewehrung	Sichtprüfung, Chloridprüfung	Voluminöser, lockerer Rost am Bewehrungsstahl. Lochfraßkorrosion (durch Chloride). Entrostung und Korrosionsschutzmaßnahmen nach DIN 55634, Teil 4 durch Strahlen zu entrosten. Bei Querschnittsverlust statische Belange beachten. Bei Lochfraß Chloridprüfung.
Schädigende Salze (z. B. Chlor)	Baustellen- und Laboruntersuchungen	Ausblühungen, wechselnd nasse Bereiche, zersetzte Betonoberfläche, Lochfraß am Betonstahl (besonders bei streusalzbelasteten Flächen und nach PVC-Bränden).

Über die Tabelle hinausgehende Prüfungen sind vom Auftragnehmer oder der Auftragnehmerin in der Regel nicht mit handwerksüblichen Mitteln durchzuführen und daher in Zusammenarbeit mit qualifizierten Betonlabors/Bausachverständigen zu erbringen.

Betoninstandsetzung — **BFS-Merkblatt Nr.1, VOB DIN 18363:**2019-09

Untergrundprüfung

 Betonschäden: Poren, Lunker, Kiesnester	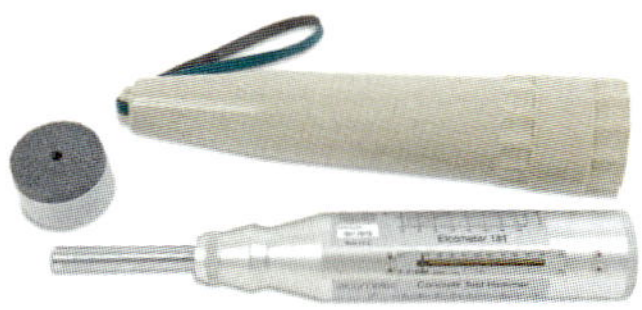 Die Betonfestigkeit lässt sich mit dem Betonprüfhammer (Schmidt-Hammer) prüfen.	 Die Betondeckung über der Bewehrung wird mit einem Betondeckungsmessgerät ermittelt.

Untergrundvorbehandlung

Arbeitsverfahren	Werkzeug, Material	Bemerkungen
Gründliches Reinigen	Trocken abbürsten mit Drahtbürste, Besen; Sandstrahlgeräte; Wasserstrahlen: Dampfstrahlgeräte (12 bar), Hochdruck (400 bar)	Alle losen Teile, allen Schmutz, Zementschlämme, Kalksinterschichten, nicht tragfähige Altanstriche entfernen; Wasser auffangen; Umweltschutz beachten
Schadstellen, angerostete Armierungsstähle freilegen	Hammer und Meißel, Drahtbürsten, Druckluftmeißel, Nadelpistole	Großzügig ausstemmen (45° Absprengwinkel); Armierungsstähle rundum freilegen.
Entrosten	Drahtbürste, rotierende, Drahtbürste, Sandstrahlen	Normreinheitsgrad Sa 2½ nach DIN 12944 muss erreicht werden.

Neuaufbau des Betons – Standardverfahren

Systeme von **einem** Hersteller einsetzen. Eignungsnachweis mit amtlicher Prüfung/Zulassung.

Korrosionsschutzbeschichtung	Plattpinsel; EP-Mennige; Zinkchromatbeschichtung; wasserverdünnbare Acrylpolymerisate; rein mineralisch kunststoffvergütete Grundbeschichtung (alkalischer Rostschutz)	**Sofort** gegen neue Rostbildung schützen: 2 mal dickschichtig in 2 Farbtönen auftragen; evtl. in die letzte Beschichtung Quarzsand als Haftvermittler einstreuen; Trockenzeiten einhalten
Haftbrücken herstellen	Haftdispersionen PCC-Mörtel (KS-vergütete Zementmörtel-Haftschlämme); EP-Mörtel (EP-Harze)	Haftbrücken mit kurzborstigem Pinsel satt auftragen und gut einarbeiten, bei hoher Beanspruchung
Ausbessern und Glätten der Ausbruchstellen	Putzkellen, Flächenspachtel, Abziehplatte, Kartätsche; Oberflächenstruktur den Sichtbetonflächen anpassen	Grobmörtel gut verdichtet, hohlraumfrei in Ausbruchstelle drücken; Feinspachtelung mit Feinmörtel
Nahezu mängelfreie Oberfläche	Eventuell nur Imprägnierung	Grundieren; zweimal streichen; Betonstruktur bleibt erhalten
Feine Haufwerkporen, einzelne Grobporen und feine Netzrisse	„Beton-Füll-Coat“	Anstrichschicht verschlämmt Betonstruktur etwas, Sanierungsstellen treten optisch zurück
Gröbere Poren, Netzrisse	Faserspachtel wirkt stark füllend und rissüberbrückend	Sanierungsstellen werden kaschiert
Sehr grobe Mängel, tiefe Lunker; mürber Oberflächenbeton	Vollflächige Anwendung von Feinputzen verschiedener Hersteller	Nach der Instandsetzung: gleichmäßig strukturierte, sandpapierraue Oberfläche

Betoninstandsetzung (Fortsetzung)		
Beschichtungssysteme		
Arbeitsverfahren	Werkzeug, Material	Bemerkungen
Grundanstrich (lösemittelhaltiger Beton-Imprägniergrund)	Silikon-Imprägnierung auf Siloxan-Basis, Streichbürste	Satt und gleichmäßig auftragen
Zwischenanstrich (elastische Zwischenbeschichtung)	Acrylat-Dispersionsfarbe, Einbetten elastischen Gewebes, Bürste, Rolle, Spritzgerät	Keine Risse: rissüberbrückendes System
Schlussanstrich	Streichbürste, Rolle, Spritzgerät, elastische Acrylat-Dispersionsfarbe, Acrylat-Polymer-Dispersion	Anforderungen: schlagregendicht, diffusionsfähig, CO_2-bremsend; s_{dCO_2} > 50; Hellbezugswert < 50; Strukturbeschichtung
Neuaufbau mit dem Beton-Schnellsystem – viele Arbeitsschritte entfallen, da der Korrosionsschutz des Stahls durch den Betonmörtel erfolgt.		

Oberflächenschutzsysteme		**DIN EN 1504-2:**2015-03, **-9:**2015-03
Die Auswahl eines Oberflächenschutzsystems OS 1 bis OS 12 ist von der späteren Nutzung und Belastung der Betonoberfläche abhängig.		
OS 1: Hydrophobierende Imprägnierung	**OS 2:** Versiegelung für nicht befahrbare Flächen	**OS 3:** Versiegelung für befahrbare Flächen
Feuchteschutz bei vertikalen und freibewitterten Betonflächen	Vorbeugender Schutz von freibewitterten Betonflächen, im Neubau für senkrechte Flächen, Unterseiten	Fußböden und Fahrbahnen bei geringer mechanischer Belastung
Mindestschichtdicke: – HauptBM: Silan, Siloxan, Silikon	50 µm AY	50 µm EP, AY, PUR
OS 4: Beschichtung für nicht befahrbare Flächen	**OS 5:** Beschichtung für nicht befahrbare Flächen mit mindestens sehr geringer Rissüberbrückung	**OS 6:** Chemisch widerstandsfähige Beschichtung für mechanisch gering beanspruchte Flächen
Mechanisch nicht belastete freibewitterte Betonflächen, taumittelbelastete Betonflächen	Siehe OS 4; Instandsetzungsmaßnahme, wenn mindestens sehr geringe Rissüberbrückung gefordert	Decken, Wände (mech. gering beansprucht), flüssigkeits- und chemikalienbelastete Böden; Instandsetzungsmaßnahme durch Beschichtung der Bewehrung
80 µm AY, PUR-AY	300 µm AY-Dispersion, 2 mm Dispersion-Zementschlämme	500 µm EP, PUR
OS 7: Beschichtung unter bituminösen Dichtungsschichten bei Brücken und ähnlichen Bauwerken	**OS 8:** Chemisch widerstandsfähige Beschichtung für befahrbare, mechanisch stark belastete Flächen	**OS 9:** Beschichtung für nicht befahrbare Flächen mit mindestens erhöhter Rissüberbrückung
Grundierungen, Versiegelungen, Kratzspachtelungen unter bituminösen Belägen auf Beton	Fahrbahnen, Industrieböden (nicht für BG I, schwer); Behälter- und Rohr-Innenwandungen	Siehe OS 4, spritzwasserbelastete Flächen; bei Fassaden Begrenzung auf den Rissbereich
1 mm EP	1 mm EP	1 mm PUR
OS 10: Dichtungsschicht unter bituminösen oder anderen Schutz- und Deckbeschichtungen mit sehr hoher Rissüberbrückung	**OS 11:** Beschichtung für befahrbare Flächen mit mindestens erhöhter Rissüberbrückung	**OS 12:** Beschichtung mit Reaktionsharzbeton bzw. -mörtel für befahrbare, mechanisch stark belastete Flächen
Abdichtung unter befahrbaren Deckschichten bei Brücken, Tunnelsohlen, Parkhäusern	Rissgefährdete Betonflächen wie Schrammborde, Brückenkappen, Parkdecks, Brückenfahrbahnen	Industriefußböden, Betonfahrbahnen
2 mm PUR	3 bis 5 mm EP-PUR	5 mm EP

Prüfung von Untergründen bei Anstrich- und Tapezierarbeiten

Nach VOB Teil C, DIN 18363 (Anstricharbeiten) und VOB Teil C, DIN 18366 (Tapezierarbeiten) müssen Untergründe auf ihre Tauglichkeit geprüft und für die zur Durchführung kommenden Leistungen geeignet sein. Der Umfang der Prüfung kann sich nur auf sichtbare oder anderweitige, erkennbare Mängel durch baustellenübliche Prüfmethoden beschränken. Für den Maler oder die Malerin nicht erkennbare Mängel im Beschichtungsuntergrund werden als verdeckte Mängel bezeichnet. Der Unternehmensleitung können Beschichtungsschäden dieser Art nicht angelastet werden. Bestehen aufgrund der Untergrundprüfung Bedenken gegen die vorgesehene Art der Beschichtung oder Tapezierung, ist dies dem Auftraggeber oder der Auftraggeberin sofort (möglichst vor Beginn der Arbeiten) schriftlich mitzuteilen (siehe VOB Teil B § 4, Nr. 3).

Prüfung von Putz, Porenbeton, Faserzementplatten — BFS-Merkblatt Nr. 8, 9, 10, 11, 14

Prüfung auf	Prüfmethode	Erkennung und Schadensbeseitigung TRGS 519:2015-01 beachten
Risse (fein), Rissgruppe 1	Benetzen mit Wasser, Sichtprüfung	Zeichnen sich durch eine Dunkelfärbung ab; zum Einsatz kommen rissüberbrückende Beschichtungssysteme, gefüllte Kunststoffdispersionsfarbe, Dispersionssilikat oder Silikonharzemulsion.
Risse an Stoß- und Lagerfugen, Rissgruppe 2	Wie zuvor	Durch die gesamte Putzschichtdicke verlaufen diese Risse. Sie gehen bis in die Mauerwerksfuge. Der Rissverlauf ist weitgehend identisch mit der Mauerwerksfuge. Die Risse werden gespachtelt, z. B. mit faserarmierter Spachtelmasse.
Baudynamische Risse, Rissgruppe 3	Sichtprüfung 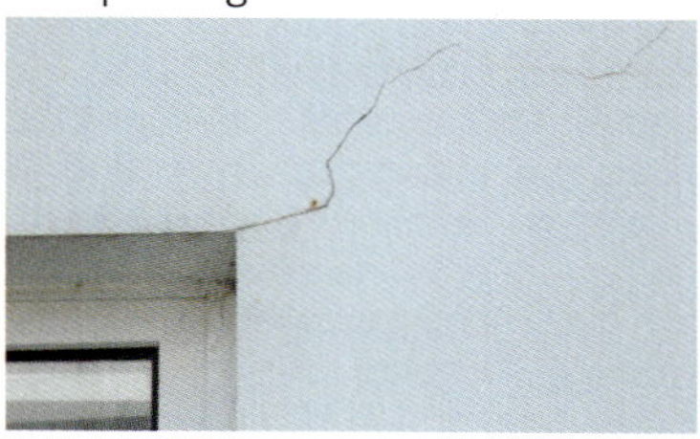	Risse verlaufen gerade, vertikal oder horizontal. Sie treten z. B. am Deckenanschluss, in Höhe von Etagendecken und Ecken von Öffnungen (Fenster und Türen) auf. Je nach Umfang und Größe des Schadens finden überbrückende plastoelastische Armierungssysteme auf Kunststoffdispersionsbasis oder kunststoffvergütete mineralische Spachtelmassen Verwendung.
Ausblühungen	Sichtprüfung 	Bei Kalkausblühungen, die durch Wassereinwirkungen entstehen, werden nicht erhärtende Calciumhydroxide gelöst und treten als helle Flecken an der Oberfläche auf. Je nach Umfang Fläche fluatieren, absperren mit wasserfreien Isoliermitteln. Salzausblühungen können durch die Inhaltstoffe der verwendeten Baustoffe oder durch Umwelteinflüsse gebildet werden. Diese Salze sind wasserlöslich. Daher ist der Feuchtigkeitseinfluss zu beseitigen. Nach sorgfältiger Trocknung Salze trocken abfegen.
Schad- und Ausbesserungsstellen	Sichtprüfung, Klopfen mit dem Hammer	Stellen, die hohl klingen, abklopfen und ausbessern. Oberflächenstruktur angleichen. Bei nachfolgenden Beschichtungen gegebenenfalls fluatieren.
Flächen kreiden – Mehlkornschichten	Wischprobe mit der trockenen Hand	Die Handfläche ist mit einem mehligen/feinstsandigen Belag bedeckt. Die Fläche ist trocken zu säubern und mit lösemittelfreiem bzw. lösemittelhaltigem Grundanstrich zu festigen.
Verschmutzungen	Sichtprüfung	Durch Ablagerung von Kohlenstoffdioxid, Verschmutzung der Oberfläche. Diese ist abzufegen/abzusaugen. Unter Einsatz von Hochdruck- oder Dampfstrahlreinigungsgeräten reinigen, Schmutzwasser auffangen und entsorgen.
Feuchtigkeit	Sichtprüfung, Kratzprobe	Durch Feuchtigkeitseinwirkung entstehen Verfärbungen und Wasserränder zeichnen sich ab. Ursachen beheben, abtrocknen lassen, Wasserflecke absperren und geeigneten Beschichtungsaufbau ausführen.

Prüfung von Putz, Porenbeton, Faserzementplatten (Forts.) **BFS-Merkblatt Nr. 1, 8–11, 14**

Prüfung auf	Prüfmethode	Erkennung und Schadensbeseitigung TRGS 519:2019-10 beachten
Bauteilabdichtung	Sichtprüfung	Durch Defekte der Bauabschlüsse (offene Fugen, abgerissene Abdichtungen) kann Feuchtigkeit (Wasser) eindringen. Mangelhafte Abdichtungen erneuern.
Moos, Algen, Pilzbefall (s. Foto unten)	Sichtprüfung	Die außen zu behandelnde Fläche ist mit einem grünen bzw. dunklen Bewuchs bedeckt. Die Hauptursache für den Bewuchs ist die Feuchtigkeit in Verbindung mit Schmutzablagerungen. Chemisch, mechanisch oder durch Dampfstrahlen entfernen und chemisch nachbehandeln. Ursache beseitigen, z. B. Fensterbänke und Abdeckungen verbreitern. Für Schimmelpilzbefall im Innenbereich ist meist ein zu feuchtes Raumklima verantwortlich. Lüftungseigenschaften verbessern, ggf. Außendämmung anbringen.
Saugfähigkeit	Benetzungsprobe mit Wasser, Sichtprüfung	Wasser bleibt auf der Oberfläche stehen (perlt ab). Die Oberfläche nimmt Wasser langsam auf und färbt sich dunkler. Unterschiedliche Saugfähigkeit lässt sich durch Grundanstrich ausgleichen. Im Bedarfsfall sind Trennmittelrückstände/Sinterschichten zu beseitigen.
Trennmittelrückstände	Benetzungsprobe, Kratzprobe bzw. anschleifen	Wasser bleibt auf der Oberfläche stehen (perlt ab). Die Oberfläche nimmt Wasser langsam auf und färbt sich dunkler. Manuell oder maschinell entfernen; ggf. durch eine Fluatwäsche unter Zusatz eines Netzmittels (Spülmittel) entfernen.
Alkalität	Indikatorpapier	Die Oberfläche wird mit neutralem Wasser (destilliertem) benetzt und das Indikatorpapier wird aufgelegt. Durch Farbveränderung lässt sich der pH-Wert ermitteln (Farbvergleich). Auf mineralischen Untergründen kann man die Alkalität nicht beseitigen. Durch die Feuchtigkeit (Kleister) wird die Alkalität wirksam. Auf alkalibeständige Produkte achten. Für den Beschichtungsaufbau sind die Angaben der Beschichtungsstoffhersteller zu beachten.
Tragfähigkeit vorhandener Altbeschichtungen	Sichtprüfung, Gitterschnittprüfung in Anlehnung an DIN EN ISO 2409: 2020-12	Bei mäßigem Druck auf die Oberfläche splittern bereits Anstrichteile ab. Die Kratzspur zeigt einen abgezackten Randbereich auf. An den Schnittstellen sind Ausbrüche zu erkennen. Von der Altbeschichtung bleiben Teile durch ihre Haftungsschwäche am Klebeband hängen. Nicht tragfähige Beschichtungen müssen entfernt werden.
Sinterschichten	Benetzungsprobe, Kratzprobe bzw. anschleifen, Sichtprüfung	An der Oberfläche ist im trockenem Zustand ein Oberflächenglanz sichtbar. Die Saugfähigkeit ist gering. Bei Benetzung: Dunkelfärbung der Kratzspur bzw. Schleifspur. Maschinell oder manuell entfernen, im Bedarfsfall fluatieren (auf Gipsmörtel und Gipssandmörtelputze nicht fluatieren).
Oberflächenfestigkeit	Abreiben mit der Hand, Kratzprobe mit festem Gegenstand, Sichtprüfung	Bei mäßigem Druck wird die Oberfläche beschädigt, geringer bis mittlerer Abrieb auf der Handfläche. Lose, lockere oder mürbe Teile manuell oder maschinell entfernen. Bei geringem Abrieb an der Beschichtungsoberfläche mit Tiefengrund (putzfestigend) behandeln.

Schaden durch Bewuchs

Schaden durch selbsthaftende Kletterpflanze

Anstrichaufbau auf Putzuntergründen	**BFS-Merkblatt Nr. 9, VOB DIN 18363:**2019-09
• Erstanstriche • Erneuerungs- oder Renovierungsanstriche	• Überholungsanstriche
Erstanstrich auf verputzten Außenwandflächen mit KD-Farben	
Grundanstrich mit Tiefgrund (lösemittelhaltig, wasserverdünnbar, je nach Saugfähigkeit des Untergrundes verdünnt)	Sattes Einarbeiten mit Pinsel und Bürste, Verarbeitung mit Airlessgerät möglich, bei extremen Untergründen nass in nass arbeiten
Zwischenanstrich, 5 bis 15 % verdünnt	Mit wetterfester KD-Farbe, Wasser, Streichrollen
Schlussanstrich, maximal 5 % verdünnt	Mit wetterfester KD-Farbe, Wasser, Streichrollen
Überholungsanstrich auf gestrichenen, verputzten Außenwandflächen mit KD-Farben	
Prüfen und Vorbereiten des Untergrundes	Prüfprotokoll erstellen, Vorarbeiten ausführen
Zwischenanstrich, je nach Saugfähigkeit des Untergrundes verdünnen	Mit wetterfester KD-Farbe, Wasser
Schlussanstrich, maximal 5 % verdünnt	Mit wetterfester KD-Farbe
Erstanstrich auf verputzten Innenwandflächen	DIN EN 13300:2002-11
Grundanstrich mit Putzfestiger	Streichbürste
Zwischenanstrich, verarbeitungsfähig verdünnen	Mit KD-Farbe, Klasse 3 (waschbeständig), Wasser oder KD-Farbe, Klasse 2 (scheuerbeständig), Wasser (siehe Tabelle Klassen)
Schlussanstrich	
Überholungsanstrich auf gestrichenen verputzten Innenwandflächen Überholungsanstrich auf Raufaser, Präge- oder Relieftapeten	
Prüfen und Vorbereiten des Untergrundes	Prüfprotokoll erstellen, Vorarbeiten ausführen
Zwischenanstrich, verarbeitungsfähig einstellen	Mit KD-F, Klasse 3 (waschbeständig), < 15 % verdünnen oder KD-Farbe, Klasse 2 (scheuerbeständig)
Schlussanstrich, maximal 5 % verdünnt	
Neuanstrich mit Silikatfarben auf neuen Putzen	
Haut und Augen schützen, Umgebung abdecken; ätzt Glas, Keramik, Natursteine	
Prüfen und Vorbereiten des Untergrundes	Prüfprotokoll erstellen; Vorarbeiten ausführen
Stark saugende Putze grundieren, Grundanstrich mit Silikatfarbe	Grundierkonzentrat (unpigmentierte Silikatfarbe), 1 : 1 bis 1 : 3 mit Wasser verdünnt; Streichbürste
Trockenzeiten abwarten	12 bis 24 Stunden Trockenzeit
Schlussanstrich mit Silikatfarbe, eventuell bis zu drei Anstrichen	Mit Wasser oder Fixativ maximal 10 % verdünnen, nicht zu dick streichen, nicht bei Sonne und Regen, immer wieder gut aufrühren, nass in nass arbeiten
Renovierungsanstrich mit Silikatfarben auf Alt-Silikatanstrichen, ungestrichenen Kalksandstein	
Alten Putz trocken reinigen	Sorgfältig trocken abbürsten, abstauben
Nachputzstellen fluatieren, nachwaschen	Fluate, Wasser
Grundieren	Grundierkonzentrat (unpigmentierte Silikatfarbe), 1 : 1 bis 1 : 3 mit Wasser verdünnt, Streichbürste
Schlussanstrich zweimal	Nass in nass arbeiten
Erstbeschichtung mit Kunstharzputz	
Prüfen und Vorbereiten des Untergrundes	Prüfprotokoll, kleinere Putzschäden ausbessern
Zu schützende Teile abdecken	Abdeckmaterial, vor Durchweichen sichern
Grundieren nach Herstellerangaben	Mit Streichputz, schafft Haftbrücke
Kunstharzputz auftragen und Fläche strukturieren	Verschiedene Putzsorten, Strukturwerkzeuge

Prüfung von Kalksandstein- und Ziegelsichtmauerwerk		BFS-Merkblatt Nr. 2, 13, 19
Prüfung auf	Prüfmethode	Erkennung und Schadensbeseitigung
Feine Risse	Sichtprüfung, Benetzungsprobe mit Wasser	Durch Wegschlagen des Wassers zeichnen sich die Risse im Stein ab. Der Untergrund ist so für Anstriche weitgehend nicht geeignet. Haarrisse in der Oberfläche werden durch geeignete Anstrichstoffe überbrückt (entsprechend BFS-Merkblatt Nr. 19).
Ausblühungen	Sichtprüfung 	Verfärbungen sind meist weiß, salzig oder bitter schmeckend, in Wasser leicht oder schwer löslich. Dies sind Anzeichen für ungewöhnliche Feuchtigkeitsbeanspruchung (Durchfeuchtung). Trocken entfernen, evt. mechanisch oder im Dampfstrahlverfahren bearbeiten (wenig Feuchtigkeitseinwirkung).
Absprengungen		Bei Ziegel- oder Kalksandstein entstehen durch Frosteinwirkung oder Kalktreiber (die sog. Kalkmännchen) Absprengungen von Steinoberflächenschichten. Für Beschichtungsarbeiten ist der Untergrund nicht geeignet.
Vanadinausblühungen (das Metall wird bei der Ziegelherstellung eingesetzt)	Sichtprüfung	Vanadinausblühungen sehen gelbgrün bis olivfarben aus, treten häufig an hellfarbigen Verblendern auf. Bewährt hat sich zur Entfernung der Flecken ein basischer (alkalischer) Spezialreiniger. Unter Umständen im Wechsel mit einer Säurebehandlung. Die mit Säure behandelten Flächen müssen unbedingt neutralisiert werden. Evt. Fachberater/-in hinzuziehen.
Feuchtigkeit	Sichtprüfung	Es zeichnen sich dunklere Verfärbungen an der Oberfläche ab. Die Oberfläche abtrocknen lassen (lüften), ggf. bautechnische Ursachen (z. B. undichte Rinnen oder Horizontalabdichtung) beseitigen lassen.
Moos, Algen, Pilzbefall	Sichtprüfung	Die Oberfläche ist mit sichtbarem Bewuchs befallen. Den Befall mechanisch durch Schleifen, Abflammen, Abkratzen oder durch Dampfstrahlen entfernen. Evt. mit geeigneten Mitteln chemisch nachbehandeln.
Saugfähigkeit	Sichtprüfung, Benetzungsprobe mit Wasser	An der Oberfläche perlt das Wasser ab. Geringes oder kein Aufsaugen des Wassers in die Oberfläche, ungleichmäßiges Aufsaugen. Der Beschichtungsaufbau richtet sich nach der Saugfähigkeit des Untergrundes. Vom Grundanstrich bis zum Schlussanstrich dürfen nur die Werkstoffe eines Anstrichsystems desselben Herstellers verwendet werden.
Tragfähigkeit alter Beschichtungen	Kratzprobe, Sichtprüfung, Klebebandtest	Durch geringen Druck splittern bereits Beschichtungsteile ab. Zackenförmiger Kratzspurenverlauf. Klebeband fest andrücken und ruckartig entfernen. Lose Beschichtungsteile bleiben am Klebeband haften. Je nach Umfang: Nicht tragfähige Beschichtungen entfernen.

Beschichten von Ziegelsichtmauerwerk — BFS-Merkblatt Nr. 13, VOB DIN 18363:2019-09

- Klinker: dichte Oberfläche, wasserabweisende Wirkung, keinerlei Beschichtung notwendig
- Beschichtungen und Imprägnierungen haben
- ästhetische Wirkung
- zusätzliche Schutzwirkung

Die Auswahl der alkalibeständigen Beschichtungssysteme richtet sich vorwiegend nach den Beanspruchungen, der Beschaffenheit des Untergrundes und nach den gestalterischen Anforderungen.

Arbeitsschritte	
Mauerwerk und Klinker	Frei von treibenden Einflüssen und schädlichen Stoffen, die evtl. später Abblättern oder Ausblühen der Beschichtung verursachen
Vorbehandlung des Untergrundes	Abtrocknen lassen, ggf. bautechnische Ursachen beseitigen
Grundieren	Spritzen, Streichen, Rollen
Zwischenanstrich	Spritzen, Streichen, Rollen
Schlussanstrich	Spritzen, Streichen, Rollen

Deckende Beschichtungssysteme		Farblose Beschichtungssysteme
• Kalk-Weißzementfarben • Silikatfarben • Dispersions-Silikatfarben • KD-Farben • Dispersionslackfarben • Polymerisatharzfarben • Silikonharz-Emulsionsfarben	• Silikon-Mikroemulsionen • Plastoelastische KD-Farben, zum Beschichten von Flächen mit Haarrissen • Plastoelastische KD-Farben, zum Beschichten von Flächen mit Einzelrissen • Kunstharzputze	• Silan-, Siloxan-, Silikon-Imprägniermittel • Silikon-Mikroemulsionen • Polymerisatharzlösungen • Kunststoffdispersionen • Die Angaben der Hersteller sind zu beachten

Beschichten von KS-Sichtmauerwerk — BFS-Merkblatt Nr. 2, VOB DIN 18363:2019-09

Deckende Beschichtungen und Imprägnierungen auf KS-Sichtmauerwerk

- Haben gestalterische Wirkung
- Verhindern Feuchtigkeitsaufnahme bei Schlagregen
- Bieten zusätzlichen Wetterschutz
- Wirken der Verschmutzung entgegen

Anforderungen an Beschichtungen

- Deckende Beschichtungen: hohe Haftfestigkeit
- Wasserdampfdurchlässigkeit s_d-Wert ≤ 0,4 m
- Beschichtungen und Imprägnierungen: kälteelastisch, alkalibeständig

Arbeitsschritte	
Imprägnierung	• Nur auf genügend trockenem Untergrund • Frisches Mauerwerk frühestens nach vier Wochen streichen • Untergrund muss vom Hersteller vorgeschriebene Mindestmenge aufnehmen
Deckender Anstrich	• Genügende Durchtrocknung des Mauerwerks etwa nach 3 Monaten • Nur als ausdrücklich geeignet bezeichnete Systeme von einem Hersteller verwenden • Witterung: trocken, niederschlagsfrei, 5 °C
Überholen der Beschichtung	• Eignungsprüfung durchführen • Haftungsprüfung anwenden • Gleiches Beschichtungssystem wie bei Erstbeschichtung einsetzen

Außenbeschichtung, wetterbeständig, deckend	Innenbeschichtungen
Dispersions-Silikatfarbe	Wie außen
Silikonharz-Emulsionsfarbe	Kunststoff-Dispersionsfarben nach DIN EN 13300
Kunststoff-Dispersionsfarbe	Farblose Imprägnierungen
Siloxanfarben	Kieselsäure-Imprägniermittel
Vom Hersteller zugelassene, geeignete Systeme	Silikon-Imprägniermittel

Wärmedämmverbundsysteme		**DIN EN ISO 9229:**2020-10, **BFS-Merkblatt Nr. 21**
Wärmedämmverbundsystem (WDVS): kombiniertes Klebe- und Beschichtungsverfahren		
Anwendung: Wärmedämmung, Gestaltung von Oberflächen, Überbrückung von Rissen		**Materialien:** Klebemassen, Dämmstoffe, Armierungsgewebe, Armierungsmassen, Beschichtungssysteme
Untergrundvorbereitung, Eignungsprüfung		
• Örtliche Voraussetzungen für die Anbringung eines WDVS auf Eignung überprüfen und ggf. abändern • Horizontalabdeckungen wie Fensterbänke zuvor montieren, Überstand 3 bis 4 cm	Bei Neubauten Detailpunkte bereits bei Planung berücksichtigen: • Dachüberstände • Fensterrahmenbreiten • Fensterbanküberstände • Brüstungen, Geländer • Horizontalabdeckungen • Fallrohre, Balkonentwässerung, Markisen, Rollos	• Elektroinstallationen • Lüftersteine, Gitter • Öltankstutzen • Heizungsfühler • Wasserhähne, Schilder • Pflanzenbewuchs • Offene durchgehende Fugen • Innenputze und Estriche vor Arbeitsbeginn austrocknen
Untergründe auf Eignung prüfen	• Tragfähig; trocken; frei von Verschmutzungen, Staub, Fett, trennend wirkenden Substanzen • Vom Systemhersteller empfohlene Grundierungen oder Haftbrücken anbringen	
Ebenheitsprüfung nach DIN 18202	• Augenschein • Richtscheit • Wasserwaage/Laser • Unebenheiten < 10 mm: Kleben nach Kammbettmethode 10 bis 20 mm: Plattenkleben nach Wulst-Punkt-Methode > 20 mm: Ausgleichsputz (Faustregel)	
Mörtelreste entfernen	–	
Dämmplattenbefestigung		
Arbeitsverfahren	Werkzeuge	Bemerkungen
Sockelleiste waagerecht ausrichten	• Wasserwaage • Richtscheit	• Auf optimalen Sitz achten • Mit Schrauben verdübeln
Dämmplattenzuschnitte passgenau durchführen	• Cuttermesser, feinzahnige Säge, Hartschaumsäge • Thermosäge	Spezialschneidegerät auch direkt auf der Gerüstlage einsetzbar
Klebemassen nach Herstellervorschrift auf Plattenrückseite aufbringen	• „Wulst-Punkt-Methode" oder • „Kammbettmethode" • Plattenränder unbedingt am Untergrund fixieren	• Dämmplattenstöße müssen frei von Kleber sein • Auftretende Fugen mit Dämmstoff schließen
Dämmplatten ansetzen	Wasserwaage, Richtscheit	Flucht- und lotrecht ausrichten
Stoßversätze einebnen	Hobel, Schleifbrett	Stöße beischleifen/abhobeln
Unter der Dämmung liegende Leitungen markieren	Markierstifte	Anbohren wird verhindert
Bei zusätzlicher Verdübelung: Platten dübeln	• Schlagbohrmaschine • Hammer, Spezialdübel mit Befestigung • Bolzensetzgerät	• Dübel setzen: oberflächenbündig • Alle Eckpunkte und zweimal auf die Platte • Acht Dübel je m^2
Verziehen der Platten ausschließen	• Mineralfaser-Dämmplatten grundsätzlich dübeln • Ab 8 m Gebäudehöhe: DIBt-Standsicherheitsnachweis	• Herstellervorschriften beachten • DIBt-Veröffentlichungen beachten

Wärmedämmverbundsysteme (Fortsetzung)		
Arbeitsverfahren	Material, Werkzeuge	Bemerkungen
Schienenbefestigung (alternativ zur Verklebung, Befestigung der Dämmplatten mittels Schienen)		
• Halteleisten horizontal anordnen • Verwindungsfrei in der tragfähigen Wand befestigen	• Spezialdübel und Schrauben • Hammer	• Ab 8,00 m erforderlich: Nachweis der Schwerentflammbarkeit bei mehr als zwei Vollgeschossen • Dämmplatten zusätzlich verkleben oder verdübeln
Dämmplatten mit umlaufender Nut passgenau in die Schienen einstellen	In die vertikalen Stöße sogenannte Verbindungsstücke einführen	Herstellervorschriften und Vorgaben des produktbezogenen PA-III-Prüfbescheides beachten
Armierungsbeschichtung		
Armierungsmasse vollflächig aufbringen	• Spachtel • Streichbürste	Armierungsmasse nach Herstellerangaben verarbeiten
Gewebe-Eckschutzschienen setzen	• Eckenspachtel • Wasserwaage	Schienen lotrecht einsetzen
• Armierungsgewebe sofort nass-in-nass einbetten • Stöße 5 bis 10 cm überlappen • Nicht direkt auf Dämmstoff legen • Andrücken bis Masse durchquillt • Vollständig mit Armierungsmasse abdecken • Planspachteln	• An Außenecken: Gewebe von beiden Seiten 10 cm überlappen • Erforderliche Einschnitte durch zusätzliche Gewebestücke überdecken • An Fassadenöffnungsecken (z. B. Fenster) zusätzliche Gewebestreifen (30 cm x 20 cm) diagonal einarbeiten	• Übermäßiges Glätten der Armierungsschicht unterlassen • Armierungsschicht durch Kellenschnitt von angrenzenden Bauteilen trennen, wenn keine spezielle Fugenausbildung (siehe Hersteller) erfolgt
Grundieren		
Grundbeschichtungsstoffe auftragen	• Putzgrund • Streichbürste, Farbroller	Beschichtungssystem eines Herstellers auswählen
Schlussbeschichtung		
• Nach dem Grundieren können beliebige Schlussbeschichtungen aufgebracht werden • Die Schlussbeschichtung ist durch Kellenschlag vom angrenzenden Bauteil zu trennen		
Strukturbeschichtung	Strukturputze mit unterschiedlichen Bindemitteln gebunden: • Kunstharzputze • Silikatputze • Silikonharzputze • Mineral-Leichtputz	Alle Verarbeitungstechniken, wie reiben, kratzen, abscheiben usw. möglich
Flachverblender	–	Verarbeitung nach Herstellervorschriften
Fugenausbildung		
• Bei Anschlüssen an andere Bauteile Fugen ausbilden • Die konstruktive Ausbildung der Fugen ist abhängig von der Art der Fugenmasse und den zu erwartenden Bewegungen • Die Armierungsschicht sowie die Schlussbeschichtung durch Kellenschnitt vom angrenzenden Bauteil trennen		• Elastische und plastische Fugenmassen: Verträglichkeit mit den Werkstoffen des WDVS beachten • Komprimierte und selbstständig expandierende Schaumstoff-Fugenbänder oberflächenbündig einkleben

Systemaufbau, Arbeitsschritte

1. Zuerst sind Sockelschienen auszurichten und anzudübeln.

2. Meist müssen neue Fensterbänke montiert werden, um einen Überstand von mind. 4 cm zu erhalten.

3. Der Plattenkleber kann so wie hier gezeigt oder vollflächig mit einer Zahnkelle aufgetragen werden.

4. Platten im Verbund kleben und an den Gebäudeecken verzahnen.

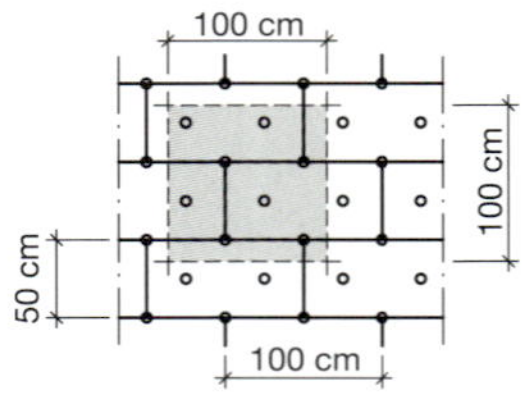

5. Die Anzahl der zu setzenden Dübel richtet sich nach den Herstellervorgaben, z. B. 8 Dübel je m^2.

6. Auf der Wand liegende Leitungen markieren, damit sie nicht angebohrt werden.

7. Die Dübelart richtet sich nach dem Untergrund. Hier wird ein Tellerdübel aus Kunststoff eingeschlagen.

8. Zur Vermeidung von Wärmebrücken wird bei versenkten Dübeln ein Stopfen aus Wärmedämmstoff in die Aussparung eingesetzt.

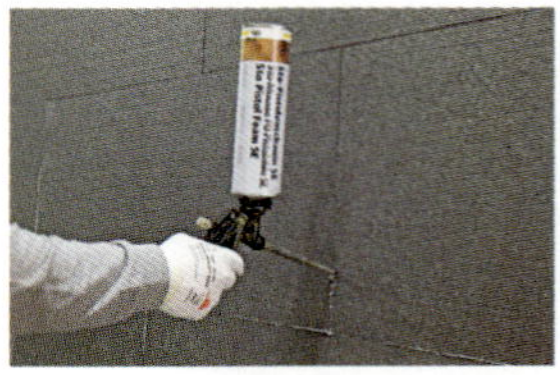

9. Offene Fugen (2–4 mm) mit Füllschaum, breitere Fugen mit Dämmstoffstreifen verschließen, um Wärmebrücken zu vermeiden.

10. Versätze zwischen den Dämmplatten und vorstehende Dübelstopfen abschleifen, Schleifstaub von der Fassade entfernen.

11. Auf die Dämmplatten wird der Unterputz von Hand oder maschinell in einer Schichtdicke von ca. 3–5 mm aufgetragen.

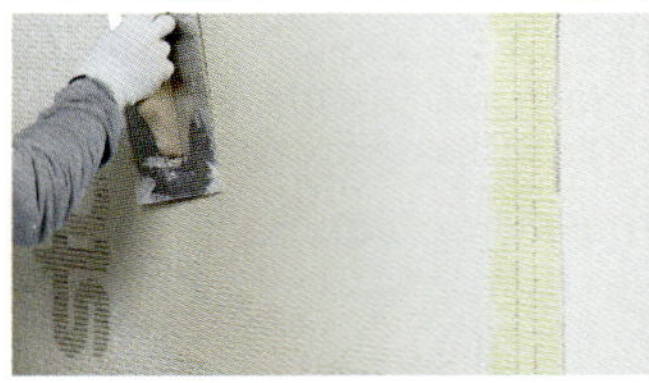

12. Armierungsgewebe mit 10 cm Überlappung in den feuchten Unterputz einbetten und mit mindestens 1 mm Unterputz überdecken.

13. Anschluss an Fenster- und Türöffnungen mittels Anputzleisten. Spezielle Dichtbänder gleichen Dehnungsbewegungen der verschiedenen Materialien aus.

14. An Tür- und Fensterausschnitten Diagonalarmierung (ca. 40 x 20 cm) unter 45° in den Unterputz einbetten.

15. Als Oberputz werden in der Regel mineralische Edelputze, Kunstharz- oder Silikonharz-/Silikatputze verwendet. Flachverblender vermitteln das Aussehen einer Klinkerfassade.

Gebäudeenergiegesetz (GEG) 2020-08

Das „GEG Gebäudeenergiegesetz“ gilt ab dem 01.November 2020 und führt das „Energieeinsparungsgesetz (EnGE)“, die „Energieeinsparverordnung (EnEV)“ sowie das „Erneuerbare-Energien-Wärmegesetz“ (EEWärmeG)“ zusammen. Daraus ergibt sich ein Anforderungsniveau, das gleichermaßen für Neubauten und Sanierungen berücksichtigt werden muss. Außerdem werden erneuerbare Energien zur Wärme- und Kälteversorgung berücksichtigt.

§ 48 Anforderungen an ein bestehendes Gebäude bei Änderung

Soweit bei beheizten oder gekühlten Räumen eines Gebäudes Außenbauteile im Sinne der Anlage 7 erneuert, ersetzt oder erstmalig eingebaut werden, sind diese Maßnahmen so auszuführen, dass die betroffenen Flächen des Außenbauteils die Wärmedurchgangskoeffizienten der Anlage 7 nicht überschreiten. Ausgenommen sind Änderungen von Außenbauteilen, die nicht mehr als 10 % der gesamten Fläche der jeweiligen Bauteilgruppe des Gebäudes betreffen. Nimmt der Eigentümer oder die Eigentümerin eines Wohngebäudes mit nicht mehr als zwei Wohnungen Änderungen im Sinne der Sätze 1 und 2 an dem Gebäude vor und werden unter Anwendung des § 50 Absatz 1 und 2 für das gesamte Gebäude Berechnungen nach § 50 Absatz 3 durchgeführt, hat der Eigentümer oder die Eigentümerin vor Beauftragung der Planungsleistungen ein informatorisches Beratungsgespräch mit einer nach § 88 zur Ausstellung von Energieausweisen berechtigten Person zu führen, wenn ein solches als einzelne Leistung unentgeltlich angeboten wird. Wer geschäftsmäßig an oder in einem Gebäude Arbeiten im Sinne des Satzes 3 für den Eigentümer oder die Eigentümerin durchführen will, hat bei Abgabe eines Angebots auf die Pflicht zur Führung eines Beratungsgesprächs schriftlich hinzuweisen.

Anlage 7 (zu § 48) Höchstwerte der Wärmedurchgangskoeffizienten von Außenbauteilen bei Änderung an bestehenden Gebäuden

Nummer	Erneuerung, Ersatz oder erstmaliger Einbau von Außenbauteilen	Wohngebäude und Zonen von Nichtwohngebäuden mit Raum-Solltemperatur ≥ 19 °C	Zonen von Nichtwohngebäuden mit Raum-Solltemperatur von 12 bis < 19 °C
		Höchstwerte der Wärmedurchgangskoeffizienten U_{max}	
Bauteilgruppe: Außenwände			
1a[1]	Außenwände: • Ersatz oder • Erstmaliger Einbau	$U = 0{,}24$ W/(m² · K)	$U = 0{,}35$ W/(m² · K)
1b[1,2]	Außenwände: • Anbringen von Bekleidungen (Platten oder plattenartige Bauteile), Verschalungen, Mauervorsatzschalen oder Dämmschichten auf der Außenseite einer bestehenden Wand oder • Erneuerung des Außenputzes einer bestehenden Wand	$U = 0{,}24$ W/(m² · K)	$U = 0{,}35$ W/(m² · K)

Für die folgenden Bauteilgruppen: Fenster, Fenstertüren, Dachflächenfenster, Glasdächer, Außentüren und Vorhangfassaden (Punkt 2a–4), Dachflächen sowie Decken und Wände gegen unbeheizte Dachräume (5a–5c), können Sie die Werte unter folgendem Link abrufen: www.gesetze-im-internet.de/geg/index.html, Anlage 7 (zu § 48) Höchstwerte der Wärmedurchgangskoeffizienten von Außenbauteilen bei Änderung an bestehenden Gebäuden (Stand: 15.09.2022)

Gebäudeenergiegesetz (Fortsetzung) **(GEG) 2020-08**

Bauteilgruppe: Wände gegen Erdreich oder unbeheizte Räume (mit Ausnahme von Dachräumen) sowie Decken nach unten gegen Erdreich, Außenluft oder unbeheizte Räume			
6a[1]	Wände, die an Erdreich oder an unbeheizte Räume (mit Ausnahme von Dachräumen) grenzen, und Decken, die beheizte Räume nach unten zum Erdreich oder zu unbeheizten Räumen abgrenzen: • Ersatz oder • Erstmaliger Einbau	$U = 0{,}30\ W/(m^2 \cdot K)$	Keine Anforderung
6b[1, 5]	Wände, die an Erdreich oder an unbeheizte Räume (mit Ausnahme von Dachräumen) grenzen, und Decken, die beheizte Räume nach unten zum Erdreich oder zu unbeheizten Räumen abgrenzen: • Anbringen oder Erneuern von außenseitigen Bekleidungen oder Verschalungen, Feuchtigkeitssperren oder Drainagen oder • Anbringen von Deckenbekleidungen auf der Kaltseite	$U = 0{,}30\ W/(m^2 \cdot K)$	Keine Anforderung
6c[1, 5]	Decken, die beheizte Räume nach unten zum Erdreich, zur Außenluft oder zu unbeheizten Räumen abgrenzen: Aufbau oder Erneuerung von Fußbodenaufbauten auf der beheizten Seite	$U = 0{,}50\ W/(m^2 \cdot K)$	Keine Anforderung
6d[1]	Decken, die beheizte Räume nach unten zur Außenluft abgrenzen: • Ersatz oder • Erstmaliger Einbau	$U = 0{,}24\ W/(m^2 \cdot K)$	$U = 0{,}35\ W/(m^2 \cdot K)$
6e[1, 5]	Decken, die beheizte Räume nach unten zur Außenluft abgrenzen: • Anbringen oder Erneuern von außenseitigen Bekleidungen oder Verschalungen, Feuchtigkeitssperren oder Drainagen oder • Anbringen von Deckenbekleidungen auf der Kaltseite	$U = 0{,}24\ W/(m^2 \cdot K)$	$U = 0{,}35\ W/(m^2 \cdot K)$

[1)] Werden Maßnahmen nach 1a, 1b, 6a, 6b, 6c, 6d oder 6e ausgeführt und ist die Dämmschichtdicke aus technischen Gründen begrenzt, so gelten die Anforderungen als erfüllt, wenn die nach anerkannten Regeln der Technik höchstmögliche Dämmschichtdicke eingebaut wird, wobei ein Bemessungswert der Wärmeleitfähigkeit von $\lambda = 0{,}035\ W/(m \cdot K)$ einzuhalten ist. Abweichend von Satz 1 ist ein Bemessungswert von $\lambda = 0{,}045\ W/(m \cdot K)$ einzuhalten, soweit Dämmmaterialien in Hohlräume eingeblasen oder aus nachwachsenden Rohstoffen verwendet werden.

[2)] Werden Maßnahmen nach Nummer 1b ausgeführt, müssen die dort genannten Anforderungen nicht eingehalten werden, wenn die Außenwand nach dem 31. Dezember 1983 unter Einhaltung energiesparrechtlicher Vorschriften errichtet oder erneuert worden ist.

[5)] Werden Maßnahmen nach den Nummern 6b, 6c oder 6e ausgeführt, müssen die dort genannten Anforderungen nicht eingehalten werden, wenn die Bauteilfläche nach dem 31. Dezember 1983 unter Einhaltung energiesparrechtlicher Vorschriften errichtet oder erneuert worden ist.

Fachwerkinstandsetzung	**WTA-Merkblätter, BFS-Merkblätter Nr. 18 und 9**
Grundlagen	• TRL für Beschichtungen auf nicht maßhaltigen Untergründen beachten • TRL für Beschichtungen auf Putzen beachten
Besonderheiten	• Schlagregen kann zu Auffeuchtungen in der Fuge Gefach/Holz führen • Durch ungünstigen Taupunkt kann Kondenswasser in der Wand bzw. Holz entstehen

Planungsabfolge bei der Instandsetzung (historischer) Fachwerkbauten

1. Nutzungsanalyse, Zielsetzung
2. Aufnahme des Fachwerkbestands
3. Erfassung des Bauzustandes
4. Neufassung der Nutzung, Planung
5. Erstellung der Leistungsbeschreibungen, Vergabe
6. Ausführung (Protokollierung) Unterhaltung, Dokumentation

Hinweise: Der ausführende Maler oder die ausführende Malerin wird ab Schritt 6 mit der Arbeit vertraut. Er bzw. sie sollte die vorhandenen, vorher erstellten Unterlagen einsehen. Oft werden der Restaurator oder die Restauratorin im Handwerk und Malermeister/-innen mit diesen Arbeiten beauftragt.

Untergrundprüfung (über die in den o. g. Tabellen genannten Punkte hinaus)

Prüfung	Prüfmethode	Prüforte	Maßnahmen
Auf Holzrisse, Schädlinge (Foto Mitte)	Augenschein	Überall, auch die Verbindungen (Zapfenlöcher) und innen	Eventuell mit artgleichem Holz ausspänen, Risse auf keinen Fall mit Dichtstoffen abdichten, nicht ganzflächig spachteln (Foto links)
Holzfeuchte	Holzfeuchtemessgerät	Überall, auch innen	Ursachen klären, auf Schädlingsbefall achten, ggf. Holz austauschen (Foto Mitte)
Auf Fuge, Holz, Gefach	Augenschein		Holzfeuchte und Durchfeuchtung Gefach beachten (Foto rechts), auf keinen Fall mit elastischen Anschlussverfugungen arbeiten
Auf Gefach	Feuchtemessgerät, Augenschein		Bei Durchfeuchtung Gefach: Neuaufbau, vorstehende Putzkanten schräg ausbilden

Beispiele für nicht fachgerechte Fugen beim Fachwerk

Materialanforderungen

- s_d-Wert der Holzbeschichtung kleiner als 0,5 m; für Fachwerk zugelassenes Material verwenden, Material mit geringer Versprödung wählen
- s_d-Wert der Putzbeschichtung kleiner als 0,1 m; Schlagregenbeanspruchung beachten

Ausführungshinweise

- Um für das Holz den s_d-Wert zu erreichen, sind in der Regel alte Anstriche zu entfernen: Hochdruckreiniger meiden, da hoher Wassereintrag erfolgt. Niederdruckverfahren mit weichem Strahlgut bevorzugen (JOS-Verfahren); Auswahl durch Versuche.
- Alle sichtbaren Seiten (also auch zum Gefach zeigende Seiten) der Hölzer mit Holzschutzgrund und einem Anstrich lackieren, um Wasserbefall zu vermeiden.
- Stehendes Wasser (wie Verbindungen) vermeiden und entsprechend abschrägen. Auswahl des Anstrichsystems für den Putz in Abhängigkeit von Schlagregenbeanspruchung und bauphysikalischen Berechnungen wie Taupunkt und Bindemittel des Putzes auswählen.
- Probefläche für Glanzgrad und Farbgebung anlegen (Denkmalpflege, Bauherr/-in hinzuziehen).
- Sorgfältige Dokumentation der Arbeiten erforderlich.

Denkmalpflege	**Denkmalschutzgesetze**
Einordnung	Die Denkmalpflege erfasst, erforscht und schützt Kulturdenkmale mit der Zielsetzung, unwiederbringliches Kulturgut zu erhalten. Weiterhin betreibt die D. ein umfangreiches Dokumentationswesen. Die Denkmalschutzbehörden, die Landeskirchen, die Staatshochbauämter, die Eigentümer/-innen und Besitzer/-innen von Kulturdenkmalen werden fachlich beraten und unterstützt.
Rechtliche Grundlage	In allen Bundesländern gibt es Denkmalschutzgesetze, die den rechtlichen Rahmen für die Durchführung der Denkmalpflege schaffen.
Begriffe	Kulturdenkmale sind Baudenkmale, Bodendenkmale und bewegliche Denkmale. Baudenkmale stellen die Hauptgruppe der für die im Baubereich tätigen Maler/-innen. Bodendenkmale sind z. B. Spuren frühgeschichtlicher Besiedlung. Bewegliche Denkmale wie Gemälde sind für den Maler oder die Malerin nicht wesentlich.
Gesetzliche Forderungen (Auszüge)	
Führung einer Denkmalliste	Diese Liste ist in der unteren Denkmalbehörde (z. B. Landkreis) und in der Stadt bzw. Gemeinde einsehbar. Das bedeutet aber nicht, dass jegliche bauliche Änderung verboten ist. Eine Abwägung wirtschaftlicher Interessen der Eigentümer/-innen und der Belange der D. hat zu erfolgen.
Genehmigungspflichtige Maßnahmen	Die D. legt fest, welche Teile am Baukörper unter Schutz stehen (z. B. die Fassade) und welche nicht (z. B. die Innenräume). Der Eigentümer oder die Eigentümerin hat die Pflicht zur Anzeige von Veränderungen im Bereich der geschützten Bauteile.
Auskunftspflicht	Den Mitarbeitenden der D. ist Auskunft über die Maßnahmen am Objekt zu erteilen. Besichtigungen sind zu gestatten.
Entschädigungen	Die Denkmalschutzbehörde hat mit dem Eigentümer oder der Eigentümerin über die wirtschaftlichen Auswirkungen zu beraten und soll über weitere Finanzierungsmöglichkeiten, z. B. über Stiftungen für die Denkmalpflege beraten.
Arbeitsweise am Beispiel Fassadenrenovierung eines denkmalgeschützten Gebäudes	
Bauzustandsanalyse	Einsicht der vorhandenen Unterlagen aus Archiven und Dokumentationen durch Quellenstudium. Neuerstellung der Planunterlagen. Erfassung der verbauten Werkstoffe und deren Kartierung im Plan. Befunduntersuchungen hinsichtlich der originalen und jüngeren Farbfassungen und Anstrichtechniken vor Ort durch Freilegungen und auch durch Laboruntersuchungen. Genaue Dokumentationen.
Instandsetzungskonzept	Zusammenfassung der Untersuchungen und Erarbeitung eines Plans unter denkmalpflegerischen und materialtechnischen Gesichtspunkten.
Leistungsbeschreibung	Erstellung der Leistungsbeschreibungen für die jeweiligen Gewerke auf der Grundlage der Planungsgrundlagen.
Ausführung	Durch den Betrieb der Malerin oder des Malers
Dokumentation und Wartungskonzept	Die Ausführung wird durch eine Dokumentationsarbeit begleitet. Sie umfasst z. B. die Dokumentation durch Materiallisten, Beschreibung der Arbeitstechniken, Fotos und Zeichnungen. Ein Wartungskonzept wird erstellt.
Hinweis: Die Wissenschaftlich-Technische Arbeitsgemeinschaft für Bauwerkserhaltung und Denkmalpflege e. V. stellt umfangreiches und anerkanntes Material (WTA-Merkblätter) zur Verfügung (www.wta-international.org).	
Bildungsmöglichkeiten	
Studiengänge	Einige Hochschulen bieten Studiengänge z. B. im Bereich Restaurierung an. Empfohlen wird, vor Aufnahme eines Studiums eine Ausbildung in einem verwandten Ausbildungsberuf durchzuführen.
Fortbildungen	Für Meister/-innen und Techniker/-innen werden zahlreiche Kurse im Bereich Denkmalpflege angeboten, z. B. Restaurator/-in im Handwerk (in diesem Tabellenbuch).
Messen	Die Messe Leipzig veranstaltet die Denkmalmesse mit einem Kongressprogramm.

Trockenbau — VOB DIN 18340:2019-09, BFS-Merkblatt Nr. 12

Der Trockenbau wird auch vom Handwerk für Maler/-innen und Lackierer/-innen durchgeführt und umfasst
- Trockenputzarbeiten auf Rohbauwänden durch Vorsatzschalen
- Montagewände
- Deckenkonstruktionen
- Trockenestriche auf Rohbaudecken

Vorteile des Trockenbaus	Leichte Konstruktion, schnell entfernbar, kein Eintrag von Feuchte
Nachteil	Wände im Normalfall nicht statisch belastbar
Regelwerke	DIN 4102 ff., EnEV, BFS-Merkblatt Nr. 12, VOB DIN 18340

Mineralische Trockenbauplatten

Name	Norm	Abkürzung	Name	Norm	Abkürzung
Gipsplatten (s. unten)	DIN EN 520	Neu, z. B.: A, H, D (s. unten)	Gipsfaserplatten (s. S. 182)	DIN EN 15283-2	GF
Gipsvliesplatten	DIN EN 15283	GM	Akustikdecken-platte	–	z. B. aus Mineral-faser
Gipsplatten	DIN EN 520	Schlitz- und Lochplatten	Holzwolleleicht-bauplatten	DIN EN 13168	WW
Fibersilikat-platten	–	FS-L, FS-H	Gipswand-bauplatten	DIN EN 12859	mR und hR

Organische Holzwerkstoffplatten

Name	Norm	Abkürzung	Name	Norm	Abkürzung
Flachpressplat-ten für allgem. Zwecke	DIN EN 309	P1 bis P3	Flachpressplat-ten für Bauwe-sen	DIN EN 309, 13986	P4 bis P7
Flachpressplat-ten kunststoff-besch.	DIN EN 14322	MFB	Oriented Strand Board	DIN EN 300	OSB-3 OSB-4
Strangpress-röhrenplatten, Vollplatte	DIN EN 309, 312, 14755	ES, ESL	Strangpress-röhrenplatten, durchbrochen	DIN EN 309, 312, 14755	ET, ETL
Baufurniersperr-holz	DIN EN 313	BFU 20, BFU 100, BFU 100G	Baufurniersperr-holz Buche	DIN EN 636, 13986	BFU-BU 100, BFU-BU 100G
Furniersperrholz	DIN EN 636, 13986	FU-IF, FU-AW	Stabsperrholz		ST-IF, ST-AW
Stäbchensperr-holz		STAE-IF, STAE-AW	Baustäbchen-sperrholz		BSTAE 20, BS-TAE 100
Baustabsperr-holz		BST 20, BST 100	Faserplatten	DIN EN 316	z. B. HB, MBL, MDF

Gipsplatten — DIN EN 520:2009-12

Länge in mm	Breite in mm	Typ A Gipsplatte (Grau, Blau)	Typ H2 imprägniert (Grün, Blau)	Putzträgerplatte (Grau, Blau)	Typ DF Feuerschutzplatte (Grau, Rot)	DFH2 Feuer, imprägniert (Grün, Rot)
		(1. Nennung Kartonfarbe, 2. Nennung Stempelfarbe) Dicke in mm				
2000 bis 4000, in 250er-Stufen	1250	9,5; 12,5; 15	12,5; 15	–	9,5; 12,5; 15	12,5; 15
1500	1000	10; 12,5	–	–	–	–
2000 bis 3000	625	18	18	–	12,5; 20; 25	25
2000 bis 3500	1250; 600	Über 18			Über 18	
1500; 2000	400	–	–	9,5	–	–

Hinweis: Weitere Maße je nach Hersteller möglich. Anfragen zu Sondermaßen an den Hersteller richten.

Gipsfaserplatten (Vorzugsmaße)

Länge in mm	Breite in mm	Dicke in mm
2000; 2500; 2540; 2750; 3000	1245	10; 12,5; 15; 18
1500	1000	10; 12,5; 15; 18

Kantenausbildungen

Kantentyp	Abkürzung	Abbildung	Hinweise zur Verspachtelung
Abgeflachte Kante	AK	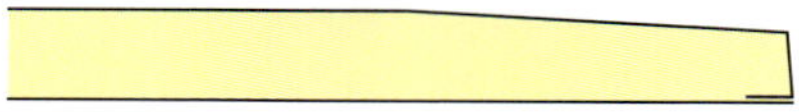	Verspachtelung der GKB mit Fugendeckstreifen
Runde Kante	RK	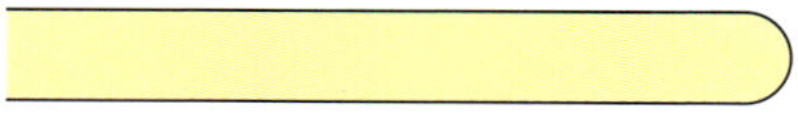	Verspachtelung der GKB ohne Fugendeckstreifen
Halbrunde abgeflachte Kante	HRAK	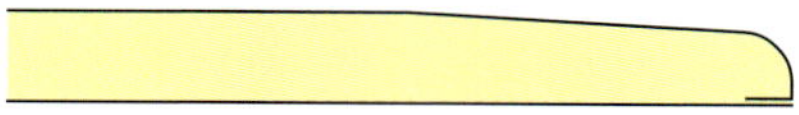	Verspachtelung GKB mit und ohne Fugendeckstreifen
Volle Kante	VK		Gipsfaserplatten ohne, aber GKB mit Fugendeckstreifen
Halbrunde Kante	HRK	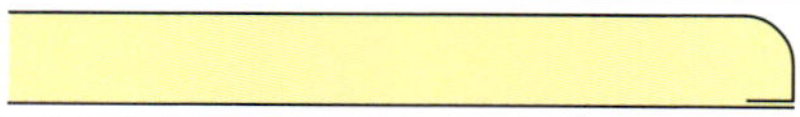	Verspachtelung GKB ohne Fugendeckstreifen

Geschnittene, scharfe Kanten müssen mit Kantenhobel vor der Befestigung angeschrägt werden; gilt nicht bei Gipsfaserplatten; Fugenspachtel (faserverstärkt): auch Verspachteln von GKB ohne Bewehrungsstreifen

Spachtelarbeiten bei Trockenbau VOB DIN 18340:2019-09 (3.2), Bundesverband Gipsindustrie

Spachtelarbeiten müssen der DIN 18202 Toleranzen entsprechen. Bei Streiflicht sichtbar werdende Unebenheiten sind zulässig, wenn die DIN 18202 eingehalten wird. Höhere Anforderungen sind im Leistungsverzeichnis zu vereinbaren, z. B. Sonderverspachtelung nach Zeile 7 der DIN 18202 oder z. B. Q 4. Gipsplatten sind vor der Beschichtung ganzflächig mit einem Vlies zu armieren (siehe VOB 18363, 3.2.1.2).

Q	Beschreibung	Einsatz für
1	Grundverspachtelung der Plattenfugen, Überziehen der Befestigungsmittel	Fliesen
2	Q 1 plus stufenloses Feinspachteln der Fugen (Standardverspachtelung)	Raufasertapete, Putze mit Korngrößen > 1 mm, matte Anstriche
3	Q 2 plus scharfes Überziehen der gesamten Fläche (Sonderverspachtelung)	Feinere Tapeten, hochwertige Anstriche, Putze mit Korngrößen < 1 mm
4	Q 2 plus ca. 3 mm Spachtelauftrag durch zweimaliges Überziehen der Fläche	Hochwertige Beschichtungen und Tapeten wie Metalltapeten

Spachtelmassen für Trockenbauarbeiten DIN EN 13963:2014-09

Name	Produktbeschreibung	Anwendung
Fugengips nach DIN EN 13963	Erhärtung nach ca. 15 Minuten, Standardprodukt	Zum Vorspachteln, Verfugen mit Bewehrungsstreifen
Faserbewehrter Fugengips	Lange Offenzeit, Glasfasern erhöhen Festigkeit	Zum Nachspachteln ohne Bewehrungsstreifen für HRK und HRAK Kanten
Fugenfinish	Gute Ausziehbarkeit	Zum vollflächigen Spachteln, zum Nachspachteln
Dispersionsspachtel	gebrauchsfertig	Zum Nachspachteln und vollflächigen Spachteln
Jointfiller	Organischer Spachtel, maschinell verarbeitbar, faserbewehrt	Im Ames Spachtelgerät verarbeitbar, lange Verarbeitungszeiten
Ansetzbinder	Gips nach DIN EN 13963	Zum Ansetzen von Platten auf Wandflächen

Vorbereitende Arbeiten beim Trockenbau		VOB DIN 18340:2019-09
Arbeit	Maßnahmen	Hinweise
Material-bestellungen	• Plattenauswahl nach Leistungsbeschreibung • Prüfzeugnisse bei besonderen Schallschutz- und Brandschutzauflagen beachten	Die Hersteller halten Handbücher über durchschnittlichen Materialbedarf je m² bereit.
Lagerung	• Trockene Lagerung horizontal auf Hölzern • Profile horizontal lagern • Platten vor Lichteinwirkung schützen	Es empfiehlt sich, bei großen Materialmengen Plattenlifte zu mieten.
Prüfung auf	• Baufeuchte, Risse • Verunreinigungen • Ebenheit nach DIN 18202 • Dachaufbau gemäß den Richtlinien des Dachdeckergewerkes (Unterspannbahn usw.) • Lot- und fluchtgerechte Konstruktion der Trockenbauarbeit	• Feuchte mit Messgeräten messen • Protokolle anfertigen • Bedenken nach VOB anmelden • Da häufig Rohbauzustand: Maße überprüfen

Trockenputzarbeiten

- Trockenputzarbeiten werden auf Rohbauwand durchgeführt. Die Wand muss trocken, sauber und fest sein.
- Die Schlagregendichtigkeit der Außenwand muss überprüft werden.
- Beim Einsatz von Verbundplatten (Bauplatten mit aufkaschierter Polystyrolschicht/Mineralfaserschicht) kann der Einbau einer Dampfsperre erforderlich sein. Es sollte eine Aufforderung an die planende Person erfolgen den Einbau einer Sperre zu prüfen; eventuell sind dafür Verbundplatten mit eingebauter Dampfsperre zu wählen.
- Für die Schallschutzverbesserung sollten ausschließlich Mineralfaserverbundplatten eingesetzt werden.

Arbeitshinweise für Wandtrockenputz

- Glatte, wenig saugende Flächen wie Beton mit Haftbrücke grundieren
- Stark saugende Untergründe wie Porenbeton sind zu grundieren
- Verteilung des Ansetzbinders nach Herstellervorschrift
- Verspachtelung nach völligem Aushärten des Binders

Arbeitshinweise für Wandtrockenputz auf Unterkonstruktion (Vorsatzschalen)

- Holzlattung 50/30 mm bzw. Metallprofile lot- und fluchtrecht aufdübeln
- Bei Konterlattung höhere Dämmdicken möglich
- Verspachtelung
- Dampfsperren-Einbau beachten

Arbeitshinweise für freistehende Vorsatzschalen

- Erforderlich bei unebenem Mauerwerk bzw. wenn Installationen eingebaut werden sollen
- Befestigung mit UW-Profilen an der Decke und am Boden
- Schall-, Brand- und Wärmeschutzverbesserung durch Einbau von Mineralfaserdämmung
- Verspachtelung
- Dampfsperren-Einbau beachten

Montagewände im Trockenbau — DIN 4103-1:2015-06

- Diese nichttragenden inneren Trennwände im Trockenbauverfahren unterliegen der DIN 4103-1
- Errichtung nur nach Herstellerangaben, da diese Aufbauten hinsichtlich Montagehöhen, Brandschutz, Schallschutz und stoßartigen Belastungen geprüft sind
- Einbaubereiche (Anwendungsbereiche) nach DIN 4103-1 beachten:
  - Bereich I für Räume wie Wohnungen, Hotel- und Büroräume;
  - Bereich II für Räume mit großen Menschenansammlungen wie Hörsäle, Schulen, Kaufhäuser
- Die Statik muss angesichts des Wandgewichts und der daran anhängenden Lasten geprüft sein

Arbeitshinweise

- Wandachsen mittels Schnurschlag bzw. Rotationslaser anzeichnen
- Unter den UW-Profilen Mineralfaser-Dämmstreifen verwenden und bei erhöhtem Schallschutz ist Trennung des Estrichs erforderlich
- UW-Anschlussprofile fluchtrecht montieren, bauaufsichtlich zugelassenes Befestigungsmaterial verwenden, CW-Profile mit Dämmstreifen an der Wand lotrecht befestigen
- Die senkrechten CW-Ständerprofile in die UW-Profile einführen, nicht verbinden!
- Ausstanzungen der Profile für Elektroinstallationen öffnen, Kabel VDE-gerecht verlegen
- Sanitärinstallationen können darin ebenfalls fachgerecht verlegt werden
- Mineralfaser-Dämmplatten mit vorgeschriebener Dichte und Dicke einbauen
- Beplankung mit Schnellbauschrauben ohne Vorbohren nur in CW-Ständer, Einsatz von Maschinen sinnvoll
- Verspachtelung

Richtwerte für Montagewände (mit Gipsfaserplatten mit Stahlprofilen)

Beschreibung	Wanddicke in mm	Beplankung in mm je Seite	Mineralwolle		Brandschutz	Schalldämmung R'_w	Gewicht in kg/m²	Max. Höhe in cm Anwendungsbereich	
			Dicke in mm	Gewicht in kg/m³				I	II
Beidseitige Beplankung ohne Dämmung	125	12,5	–	–	F 30-A	42 dB	33	550	500
	140	2 x 10,0 1 x 12,5	–	–	F 90-A	58 dB	79	550	500
Beidseitige Beplankung mit Dämmung	75	12,5	40	40	F 30-A	46 dB	33	350	325
	125	12,5	40	40	F 30-A	50 dB	33	550	500
	150	12,5	100	40	F 30-A	53 dB	35	600	550
	125	12,5	60	50	F 60-A	52 dB	35	550	500
Beidseitige doppelte Beplankung	125	2 x 12,5	50	50	F 90-A	55 dB	58	600	550
Beidseitige doppelte Beplankung, mit Spezial-CW-Ständerprofil	125	2 x 12,5	60	50	F 90-A	57 dB	58	300	250

Hinweise:
- R'_w ist das bewertete Luftschalldämmmaß von Wänden und Decken einschließlich bauüblicher Nebenwege über flankierende Bauteile.
- Je größer der Wert, desto besser die Luftschalldämmung.
- Diese Werte sind für Gipskartonbauplatten wegen der geringeren Dichte kleiner.
- Der R'_w-Normwert beträgt für Wohnungstrennwände 53 dB.
- Der Wärmeschutz ist nach der aktuellen EnEV zu berechnen.
- Der Schallschutz ist abhängig von der Dicke der Beplankung, der Dichte und Dicke der Mineralfaser-Dämmplatten und der technischen Sorgfalt bei der Montage. Hierzu zählen vor allem Schallbrücken über Nebenwege.

Montagewände im Trockenbau (Fortsetzung) **VOB DIN 18340:**2019-09**, DIN 18181:**2019-04

Die Montage der Trockenbauwände erfolgt in folgenden Schritten:
- Montieren der Profile
- Beplanken
- Spachteln (siehe Stichwort Q1 bis Q4)
- Oberflächenfinish (siehe z. B. Stichwort Tapezieren)

Montieren der Profile

UW-Profil dübeln

Anschluss der Montagewand an eine Massivwand

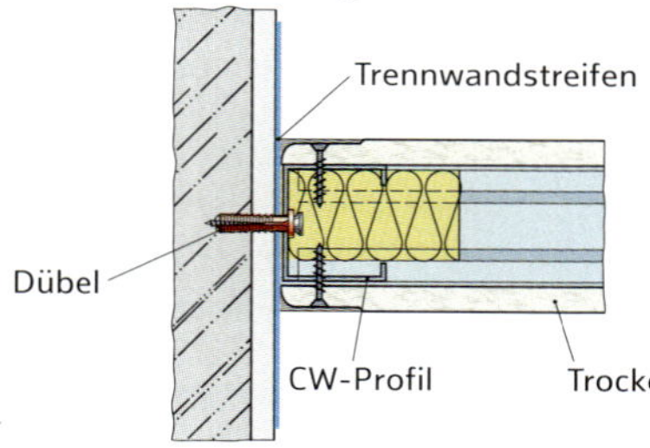

Einstellen der CW-Profile

Achsabstände der CW-Profile

Plattenart	Anwendungsbereich	Multiplikator der Plattendicke	Max. Achsabstände der Unterkonstruktion bei Dicken der Platten			
			10 mm	12,5 mm	15 mm	18 mm
GF	Vertikale Flächen	50 x *d*	500	625	750	900

Beplanken

Die versetzte Anordnung

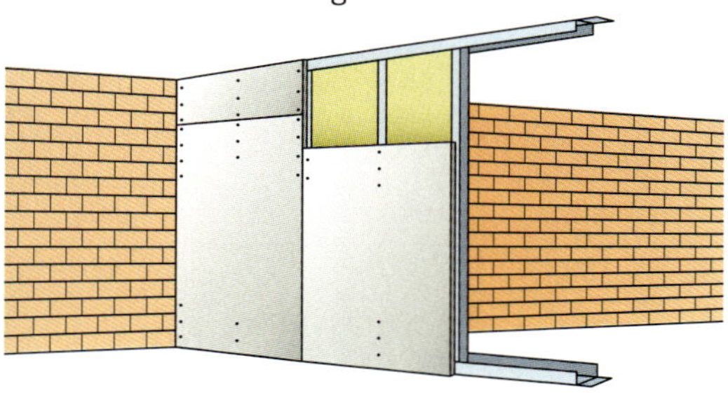

Ausrichtung der Platten bei der Tür

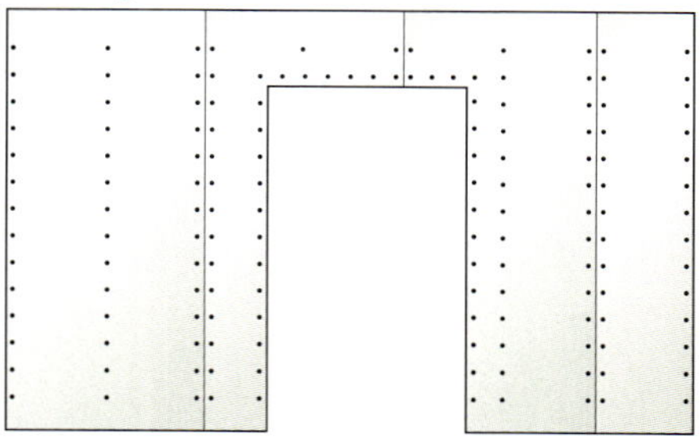

Versetzte Anordnung der Platten an der Vorder- und Rückseite

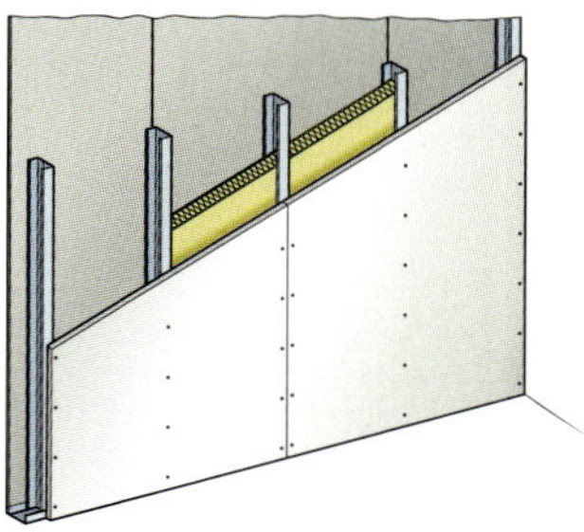

Deckenkonstruktionen im Trockenbau — DIN EN 13964:2014-08

Begriffe	Kurzvorstellung
Fugenlose Deckensysteme	Ohne sichtbare Fugen, in vielen Designs lieferbar (regelmäßig gelocht, versetzt gelocht, Streulochung, geschlitzt oder mit Akustikputzen), Montage der Platten auf Deckenprofilen, Verfugung in Spachtelfugentechnik oder Klebefugentechnik
Demontierbare Deckensysteme	Deckenhohlraum (z. B. für Veränderungen in Lüftungsführung oder in der elektrischen Versorgung) bleibt erreichbar, Sichtschienenmontage (breiter Rahmenstreifen als Auflager der Platten sichtbar) oder auch verdeckte Montage
Bauliche Voraussetzungen	Deckensysteme mit dem Baustoff Gips dürfen nur in Bereichen mit einer durchschnittlichen rel. Luftfeuchte von 70–80 % (Herstellerangaben beachten) montiert werden. Alle montierten Platten dürfen niemals direkt an die begrenzenden Wände bzw. Pfeiler stoßen und nicht mit den Wandwinkeln verschraubt werden. Bauwerksdehnfugen müssen mit den gleichen Dehnungsmöglichkeiten in die Deckenkonstruktion übernommen werden.
Oberflächenbehandlung	Üblichen Aufbau (Grundierung, Beschichtung) einhalten, auf Gipsplatten: Dispersionsfarben, nicht mit Kalk- und Silikatfarben arbeiten, gelochte Platten werden nur gerollt bearbeitet (keine Pinselarbeit, keine Spritzlackierung)
Brandschutz	Die Anforderungen an den Brandschutz nach DIN 4102-1 sind von dem Deckensystem zu erfüllen. Abweichungen von dem durch ein Brandschutzlabor geprüften Montageaufbau sind nicht möglich.
Akustik (Regulierung der Nachhallzeit)	Der Schallabsorptionsgrad wird zwischen den beiden Extremen vollständige Schallreflexion und vollständige Schallabsorption in einer bestimmten Frequenz bei der vorhandenen Decke gemessen. Ein Schallabsorptionsgrad von 1,0 bedeutet, dass der Schall einer bestimmten Frequenz vollständig absorbiert wird. Der Wert 0,0 bedeutet eine vollständige Reflexion. Wesentliche Faktoren für die Steuerung des Halles sind die Lochungsgrößen der Platten, der Lochflächenanteil, die Abhängehöhe zur Rohbaudecke und die Auflage von Mineralwollplatten.

Montagebeispiel einer abgehängten fugenlosen Decke mit doppelter Profillage

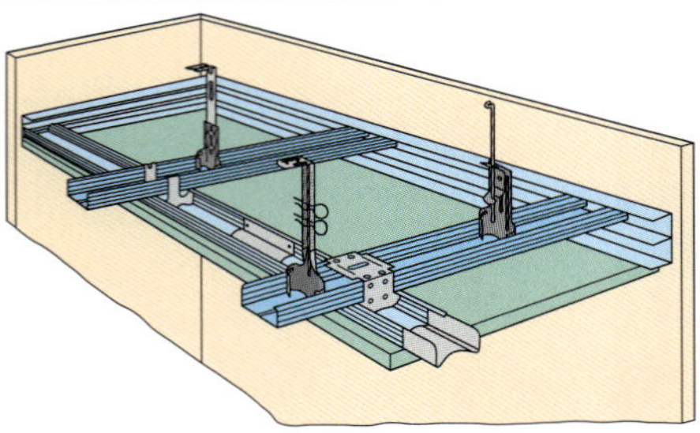

Metall-UK zum Abhängen von Gipskartonplatten

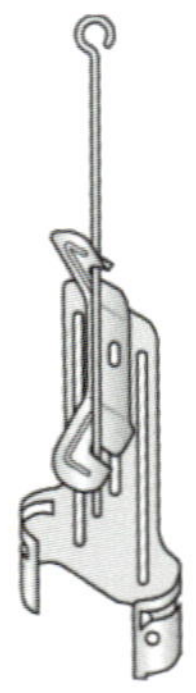

Ankerschnellabhänger

Noniusabhänger

Zulässige Achsabstände der Unterkonstruktion gemäß DIN EN 13964 in mm

Beplankung, Dicke mm	Stützweite *x*	Stützweite *y*	Spannweite, Platten quer zur Platte	Spannweite, Platten längs zur Platte
Ohne Zusatzlast				
12,5	900	1 000	500	400
2 x 12,5	750	1 000	500	420
Lochplatten	900	1 000	320	–
Mit Zusatzlast in kg/m² an der Unterkonstruktion				
12,5 (17 kg)	750	1 000	500	420
12,5 (37 kg)	600	750	500	420
20 (9 kg)	750	1 000	750	625
20 (29 kg)	600	750	750	625

Hinweis: Unmittelbar an der Beplankung befestigte Einzellasten dürfen 6 kg je Plattenspannweite und Meter nicht überschreiten.

Deckenkonstruktionen im Trockenbau (Fortsetzung) — DIN EN 13964:2014-08

Die Montage von Trockenbaudecken kann an der Rohbaudecke und an Trägern erfolgen.
An der Wand wird zunächst ein UD-28-Randprofil (siehe Nr. 8 unten) gesetzt. An den Flanschen der Stahlträger werden Halteklammern geschraubt. Der Ankerschnellabhänger (siehe Nr. 7 unten) nimmt das Grundprofil auf. Die weiteren Bauteile werden in der Zeichnung unten geklärt.
Die Abstände x, y, l sind zu beachten.

Montage an Trägern

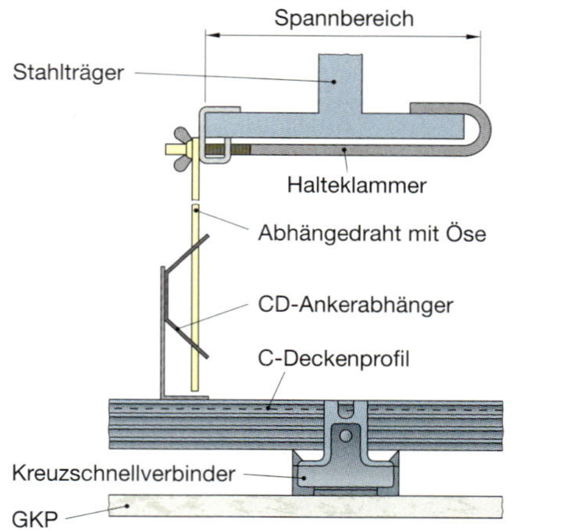

Montage an der Rohbaudecke durch Abhänger

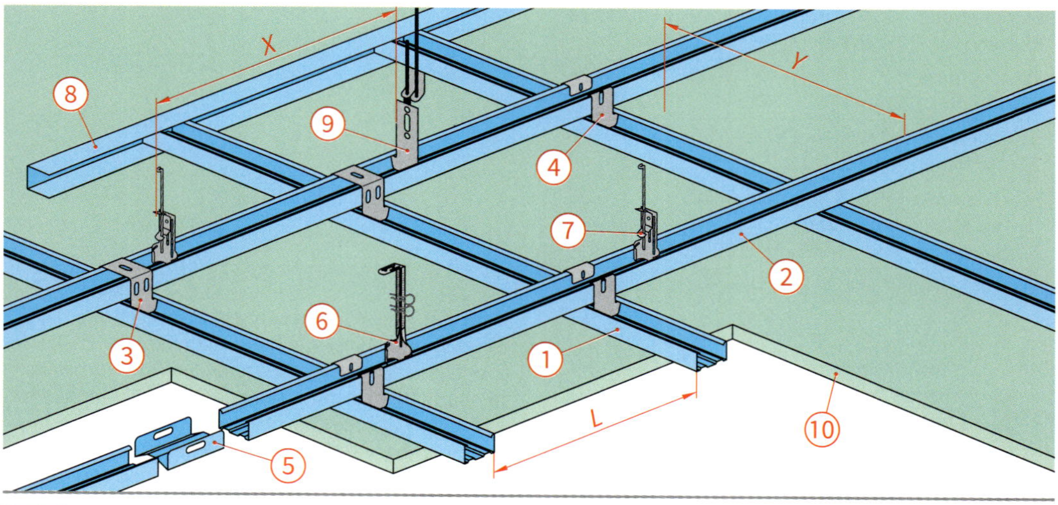

Erläuterungen zu den Positionen der Systemelemente aus Metall

① Tragprofil CD 60/27
② Grundprofil CD 60/17
③ Kreuzverbinder
④ Ankerwinkel
⑤ Längsverbinder
⑥ Noniusabhänger mit Unter- und Oberteil sowie Sicherungsstiften
⑦ Ankerschnellspannabhänger mit Ösen- bzw. Hakendraht
⑧ UD-28-Randprofil
⑨ Ankerschlitzbandabhänger mit Doppelfeder und zwei Drähten
⑩ Beplankung

Die oben gezeichnete Decke soll laut Herstellervorschrift mit nebenstehenden Maßen montiert werden.

zu UK-Systemen	Gipskartonbauplatten			
Dicke/Abstände mm	**9,5**	**12,5**	**15**	**18**
Flächenlast kN/m² →	≤ 0,15	≥ 0,15 ≤ 0,30		
Abhängerabstand X	900	750		
Grundprofilabstand Y	1 100	1 000		
Tragprofilabstand L	mm	mm	mm	mm
– Querbefestigung	420	500	550	625
– Längsbefestigung	320	420	420	420
min. Abstandshöhe	165	165	165	170
Schraubenabstand	170	170	150	150
Schraubenlänge	25	25	35	35

Prinzip Querbefestigung

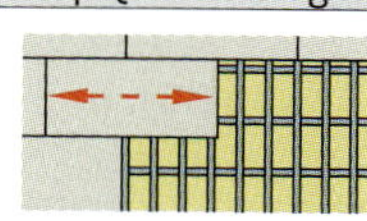

Prinzip Längsbefestigung

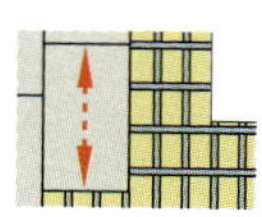

Trockenestriche

Begriff	Trockenestriche werden durch tragbare Estrichelemente gebildet und auf der Rohbaudecke (z. B. auf Beton, auf Holzbalkendecke) verlegt.
Normungen	Die Konstruktionen unterliegen genauso wie gegossene Nassestriche den Auflagen der Landesbauordnungen hinsichtlich z. B. Trittschall-, Brand-, Wärme- und Feuchteschutz.
Arten	Trockenestrichelemente in versch. Ausführungen, auch mit Ausgleichsschüttungen bzw. Ausgleichsschüttungen in Waben und als Hohlraumboden (Estrichelemente auf Ständern).

Trockenestrichelemente

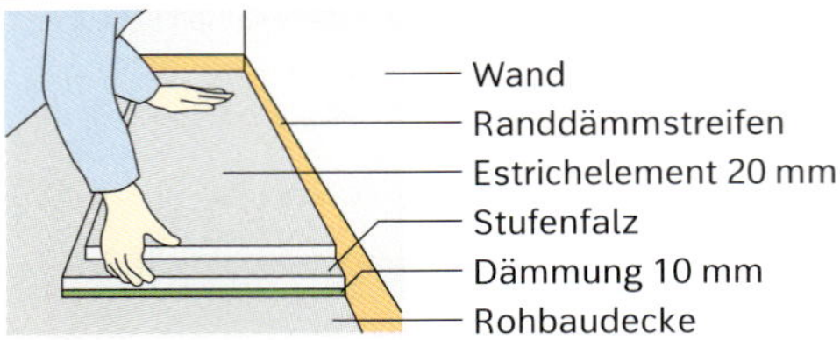

Aufbau: Massivdecke bzw. Holzbalkendecke mit einer Ebenheitstoleranz nach DIN 18202 Zeile 2, Dampfsperre mit mindestens 20 cm Überlappung der Stöße verlegen, Estrichelement schwimmend mit Randdämmstreifen im schleppenden Verband verlegen, Überfalzungen verkleben und verschrauben, sofort spachtelbar, anschließend direkt z. B. mit Fliesen, Teppichboden belegbar

Aufbau (1 kN entspricht ca. 100 kg)	Dicke in mm	Last Estrichelemente kN/m²	Punktbelastung kN/m²	Wärmedurchlasswiderstand m² · K/W	Feuerwiderstandsklasse (Befl. von oben)
Estrichelement 2 x 10 mm Platten plus 20 mm Polystyrol	40	0,24	1,5	0,56	F 30
Estrichelement 2 x 10 mm Platten plus 60 mm PS	80	0,26	1,5	2,06	F 30
Estrichelement 2 x 10 mm plus 10 mm Mineralwolle	30	0,26	1	0,31	F 90
Estrichelement 2 x 10 mm plus 10 mm Mineralwolle und 20 mm Ausgleichsschüttung	50	0,33	1	1,0	F 90

Trockenestrichelemente auf einer Ausgleichsschüttung

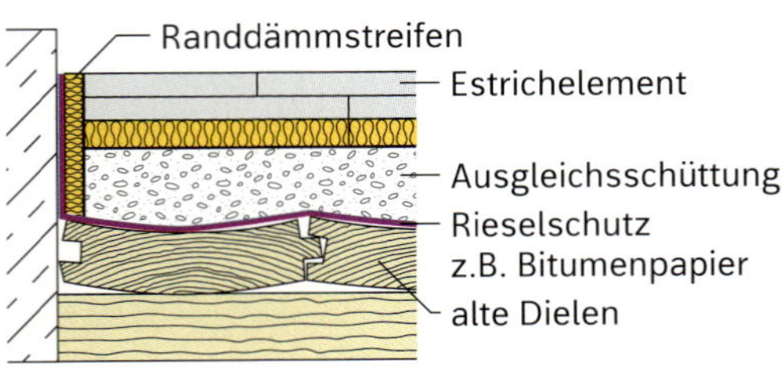

Aufbau: Massivdecke bzw. Holzbalkendecke mit einer Ebenheitstoleranz, die nicht der DIN 18202 Zeile 2 entspricht, schadhafte Stellen im Holz vorher ausbessern, Rieselschutz auslegen, Randdämmstreifen aufstellen, Ausgleichsschüttung bis 60 mm ausbringen und über Abziehlehrenset glatt ziehen, Lehren rausnehmen und Estrichelemente schwimmend am Randdämmstreifen im schleppenden Verband verlegen, Überfalzungen verkleben und verschrauben, sofort spachtelbar, anschließend direkt z. B. mit Fliesen, Teppichboden belegbar. Techn. Werte siehe Tab.

Hohlraumboden

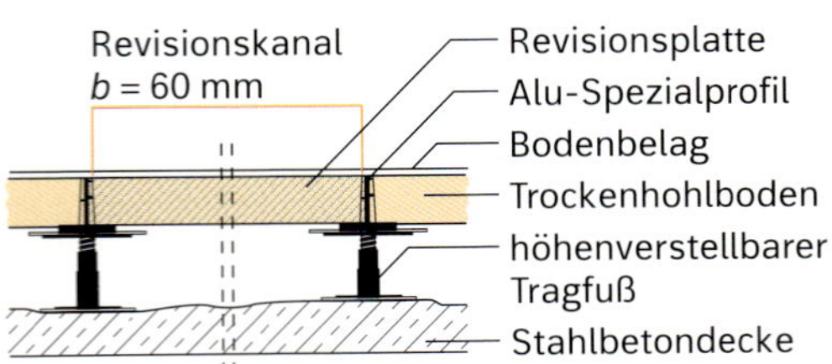

Aufbau: Randdämmstreifen aufstellen, Stützen mit Kleber auf Boden kleben, Platten auf die Stützen legen, Höheneinstellung der Stützen zwischen 70 und 300 mm mit Laser, weitere Platten verlegen und mit Kleber in der Nut verkleben, Revisionsklappen einplanen, anschließend direkt mit Bodenbelägen belegbar. Wasserleitungsrohre usw. und Leitungen werden in der Regel vorher verlegt. Nachträgliche Montagen erfolgen durch die Revisionsklappen in kurzer Zeit.

Trockenestriche (Fortsetzung) — **VOB DIN 18340:**2019-09

Die Montage der Ausgleichsschüttung kann auf Massivdecken wie Stahlbetondecken, aber auch auf Holzbalkendecken erfolgen.
Im Folgenden wird der Trockenestricheinbau auf einer Massivdecke gezeigt. Beim Einbau auf einer Holzbalkendecke gibt es folgende Unterschiede: Der Untergrund Holzbalkendecke ist genau zu prüfen auf Schädlinge, Stabilität und Ebenheit nach DIN 18202. Statt Dampfsperre wie bei der Massivdecke soll ein Rieselschutz verwendet werden, um Feuchteschäden durch Kondensatbildung zu vermeiden. Der offenporige Rieselschutz verhindert das Durchsacken der Ausgleichsschüttung in das tiefere Stockwerk.

Verlegung von Trockenestrich auf einer Massivdecke

1. Ebenheit prüfen, Niveau festlegen

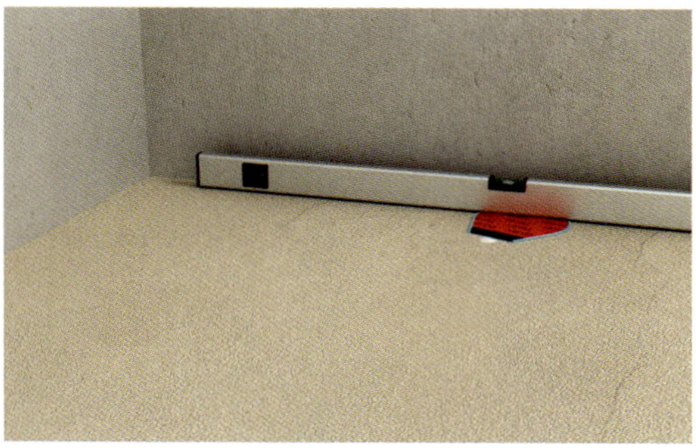

2. Aufbringen der Dampfsperre, der Randdämmstreifen wird aufgestellt

3. Aufschütten der Dämme

4. Ausrichten der Abziehlehre, Einbau der Ausgleichsschüttung

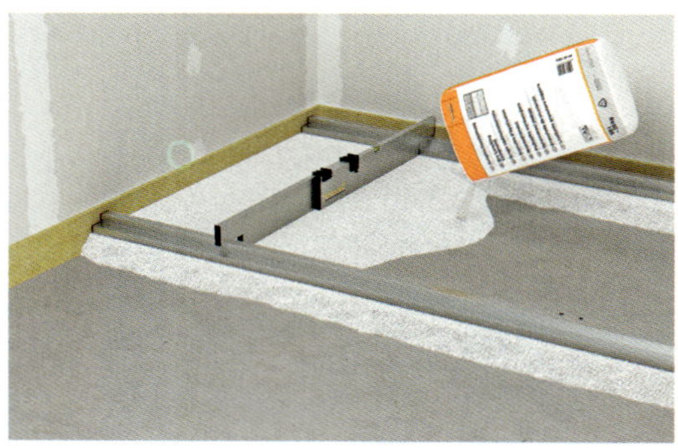

5. Einbau der Trockenplatten; das Begehen erfolgt auf Laufinseln

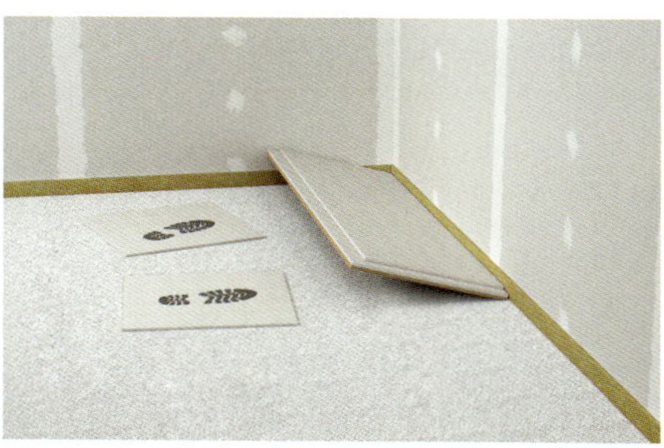

6. Die Falze werden mit einem Kleber bestrichen, die nächste Platte wird verlegt

Schallschutz im Trockenbau — DIN 4109-1:2018-01

Begriffe

Im Trockenbau spielt der Schallschutz in den Bereichen Luftschalldämmung zwischen zwei Räumen, Trittschallreduzierung zwischen zwei Geschossen und Schallabsorption (Aufsaugen) in einem Raum eine Rolle. (Grundlagen siehe unter dem Stichwort Schalldruck.)

Luftschall

Der Luftschall des linken Raumes breitet sich zunächst über die Montagewand, die in der Mitte der Skizze dargestellt ist, aus. Dabei wird der Luftschall gedämmt. Außerdem wird über die beiden Wände der Luftschall aus dem linken Raum in den rechten Raum weitergeleitet. Diese flankierenden Bauteile stellen einen Nebenweg dar.

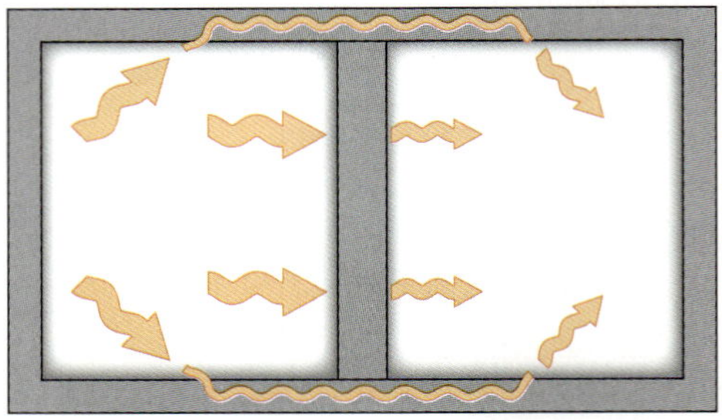

Das Luftschalldämmmaß *R* gibt an, um wie viel dB(A) der Schalldruck zwischen zwei Räumen verringert wird. Je höher der Wert in dB(A) ist, umso besser dämmt die Wand den Schall. Vorgeschrieben ist für Wohnungstrennwände in Deutschland nach DIN 4109 der Wert 53 dB(A).

Weitere Maßeinheiten sind:
R_w: Das Luftschalldämmmaß wird bei diesem Wert so berechnet, dass es das menschliche Hörempfinden mit einbezieht.
R'_w: (gesprochen: R Strich w): Dieser praxisnahe Wert bezieht das menschliche Hörempfinden und die Flankenübertragung eines Standardraumes mit ein.
$R_{w,R}$: Der Wert bezieht das menschliche Hörempfinden mit ein und wird als Rechenwert *R* vor allem für Bauanträge genommen.

Luftschalldämmmaße: Beispiele für verschiedene Wände (KMF bedeutet künstliche Mineralfaser)

Bezeichnung	Zeichnung	UK	Beplankung insgesamt mm	KMF-Dicke mm/ Dichte kg/m³	$R_{w,R}$-Wert dB
1 S 11	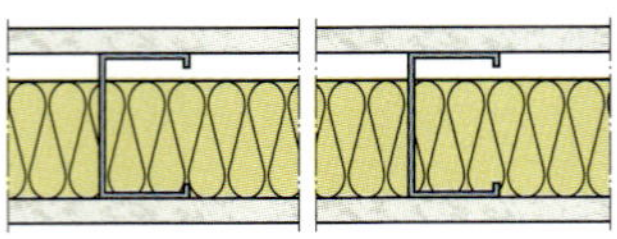	75 x 06	2 x 12,5	60/20	50
		75 x 06	2 x 12,5	60/30	52
1 S 31	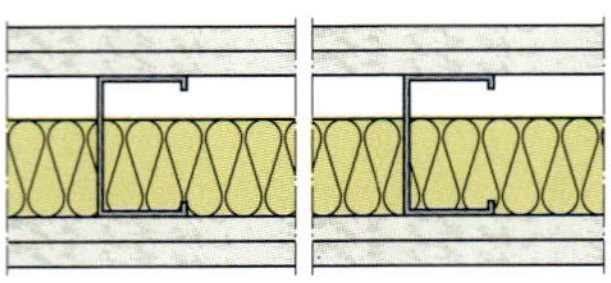	50 x 06	4 x 12,5	50/50	57
		75 x 06	4 x 12,5	60/30	60
1 S 15	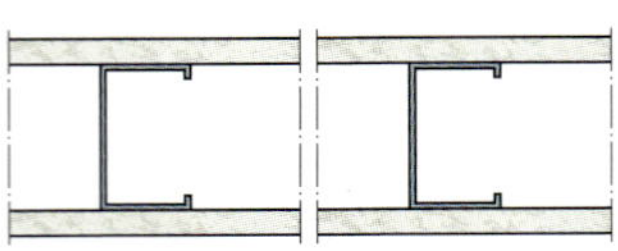	75 x 06	2 x 12,5	ohne	41

Schallschutz im Trockenbau (Fortsetzung) — **DIN 4109-1:**2018-01

Trittschall

Gehen Menschen über den Fußboden, wird der Schall als Trittschall über die Decke nach unten übertragen. An der Unterseite tritt er als Luftschall hörbar wieder aus. Das Hammerwerk ahmt den Trittschall nach, die kleinen Hammer auf der Unterseite des Werkes sind zu erkennen. Diese schlagen mit einer genormten Energie auf den Boden, unten wird der Pegel gemessen.

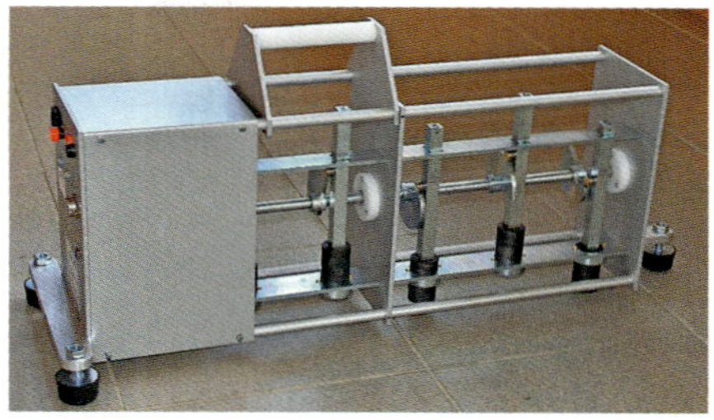

Der Trittschallpegel *L* gibt an, wie viel dB(A) im darunter liegenden Raum gemessen werden. Je höher der Wert in dB(A) ist, umso schlechter dämmt die Decke den Schall. Vorgeschrieben ist für Wohnungsdecken in Deutschland nach DIN 4109 der Wert *L* = 53 dB(A).
Der Trittschall kann verbessert werden, indem unter dem Bodenbelag Trittschallmatten verlegt werden.

Schallabsorptionsgrad

Die Zeichnung zeigt, dass die Schallwellen von der Lehrerin direkt zu den Schülern und Schülerinnen übertragen werden. Einige Schallwellen werden an der Decke reflektiert, hierbei wird auch ein Teil absorbiert (aufgesaugt). Je mehr absorbiert wird, um so weniger stört der Hall das Gespräch.

Der Schallabsorptionsgrad *a* misst den Anteil der absorbierten Schallwellen. Ein Wert von 1,0 bedeutet, dass alle Schallwellen von einer Trockenbaudecke absorbiert werden. Ein Wert von 0,0 bedeutet, dass alle Schallwellen reflektiert werden, was z. B. bei einer Glaswand der Fall ist. Der Raum ist dann sehr hallig.

Schallabsorptionsgrad: Beispiel einer gelochten Gipsplattendecke

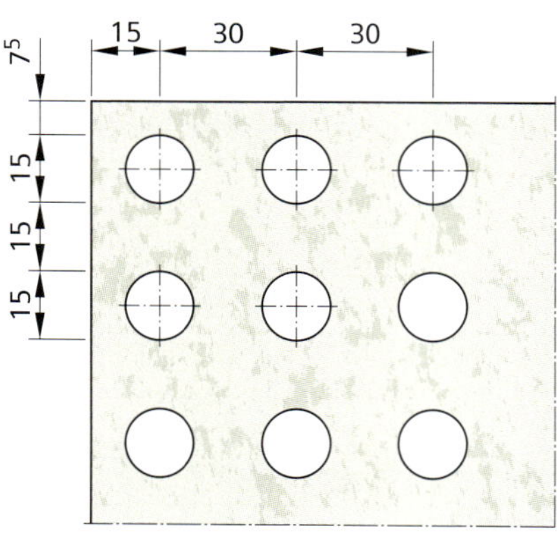

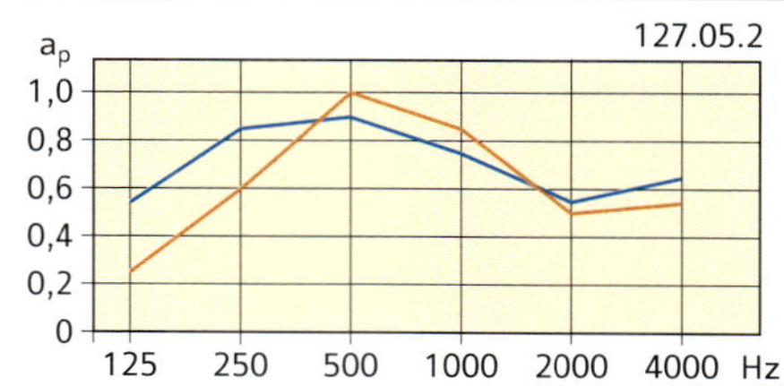

Abstand 60 mm (orange Linie)

a_p	0,25	0,6	1	0,85	0,5	0,55

a_w = **0,60 (M)** Klasse: **C** (hoch absorbierend)

Abstand 200 mm (blaue Linie)

a_p	0,55	0,85	0,9	0,75	0,55	0,65

a_w = **0,65 mm (LM)** Klasse: **C** (hoch absorbierend)

Messdiagramm eines Absorbers, wie eine Akustikdecke auch genannt wird. α_p bedeutet: praktischer Absorptionsgrad im jeweiligen Frequenzbereich. α_w bedeutet: bewertet. Klasse C: Angabe nach DIN EN ISO 11654. Es handelt sich um die Knauf Cleaneo Decke 127.05.2 mit Vlies und Mineralwollauflage 20 mm.

Dübel und Schrauben — ETA (Europäische Technische Bewertung)

Rechtliche Grundlagen

Dübel und Schrauben werden im Trockenbaubereich, aber auch im Bereich Wärmedämmverbundsysteme für gewöhnlich als Einheit geliefert und montiert. Sie werden als Einheit vom Deutschen Institut für Bautechnik und den Materialprüfanstalten MPA nach den Leitlinien für die Europäische Technische Bewertung (ETA) abgeprüft und erhalten eine Z-Nummer (Zulassungsnummer). Die CC-Zulassung wird für Dübel und Schrauben verliehen, die in gerissenem Beton z. B. für die Befestigung von Deckenabhängern zugelassen sind. Werden Dübel im Bereich von Brandschutzwänden usw. eingesetzt, wird auf Brandschutz geprüft und die Feuerwiderstandsklasse R wie z. B. 120 Minuten verliehen.

ETA CE
ETA-02/0022
ETAG 001-5
Option 1 für gerissenen Beton

Mit allgemeiner bauaufsichtlicher Zulassung
Institut für Massivbau Technische Universität Darmstadt

Feuerwiderstandsklasse R 120
Dübelgrößen siehe Prüfbericht

Die drei Wirkungsmöglichkeiten der Dübel

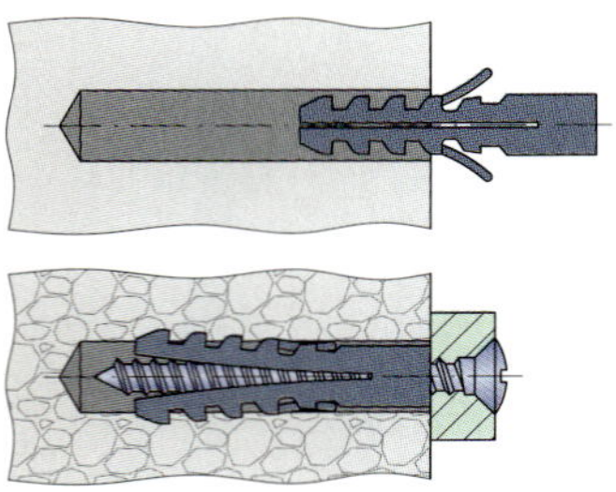

Reibschluss: Das Spreizteil des Dübels wird von der Schraube an die Bohrlochwandung des Ankergrundes gepresst.

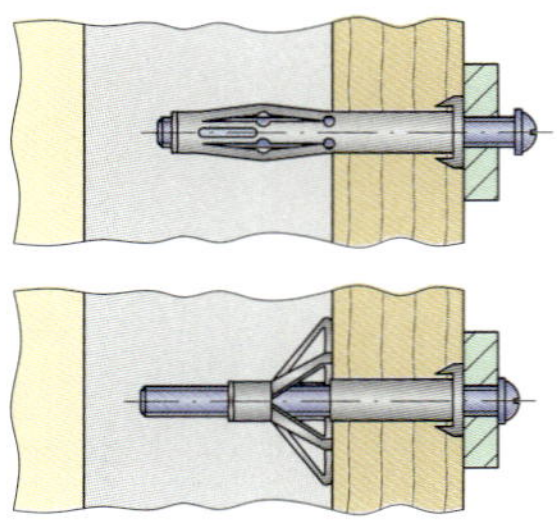

Formschluss: Der Dübel passt sich der Form des Untergrundes an, z. B. verankert sich der Hohlraumdübel formschlüssig.

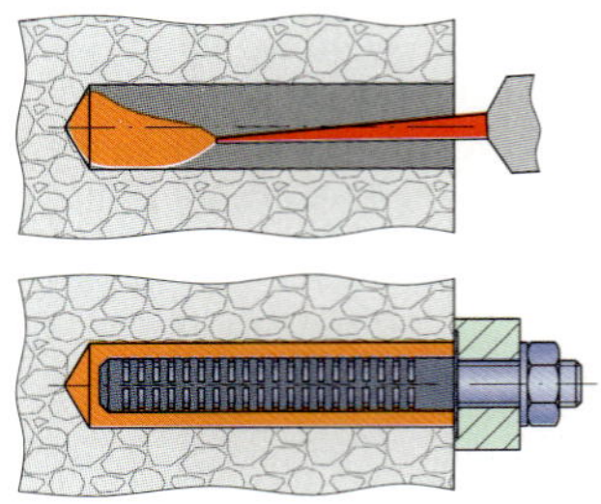

Stoffschluss: Ein Injektionsmörtel verbindet den Dübel mit dem Ankergrund. Die Bohrlochreinigung ist hier von großer Bedeutung. Die Verankerung erzeugt bei der Montage keinen Spreizdruck.

Technische Merkmale am Beispiel eines Ankerbolzens für schwere Lasten wie z. B. Markisen und Geländer

Erklärung der Angaben des Technischen Merkblatts:

d_0: Bohrernenndurchmesser 8 mm
t_d: Bohrlochtiefe 75 mm
h_{ef}: Verankerungstiefe 45 mm
l: Dübellänge 77 mm
t_{Nutz}: Nutzlänge 10 mm
Gewinde M: 8 mm

Bei diesem Dübel darf das Anbauteil maximal 10 mm dick sein. Bei einem Stahlprofil ist das möglich, nicht aber bei einer Holzunterkonstruktion. Dabei ist ein Dübel mit einem höheren Wert bei t_{Nutz} zu wählen.

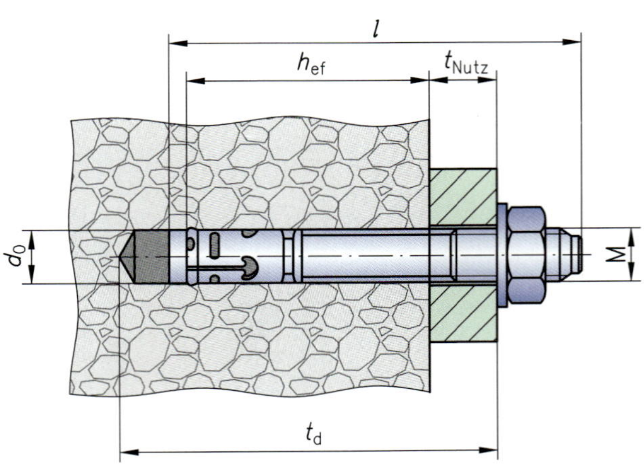

Grundlagen
Werkstoffe, Hilfsstoffe
Werkzeuge, Geräte, Gerüste
Arbeitstechniken
Gestaltung
Arbeitsschutz, Umweltschutz
Aufmaß, Abrechnung
Betriebsführung
Quellen

Beläge

Bodenarten
- Holzfußboden, Holzdielenfußboden; Spanplatten; neue Estriche (Zementestrich, Anhydritfließestrich, Magnesitestrich, Gussasphalt); Trockenestriche; Betonböden; Steinböden; Keramikfliesen
- Böden mit alten und verbrauchten Bodenbelägen
- Böden mit Fußbodenheizung

Estriche (Vorbehandeln nach VOB DIN 18365)
- Anforderungen: eben, sauber, dauertrocken, rissfrei, zugfest, druckfest, tragfähig, fest
- Mit hydraulisch abbindender Ausgleichsmasse egalisieren

Untergrundprüfung Fußboden

Beschaffenheit, Mangel	Prüfmethode, Geräte	Bemerkungen
Unebenheit und Rauigkeit	Augenschein; Richtscheit, Wasserwaage	• Spachtel, Spachtelmassen • Ausgleichs- und Füllmassen
Festigkeit	Gitterritzprobe; Gitterritzprüfgerät (zur Prüfung der Oberflächenfestigkeit)	• Bei mangelnder Festigkeit: Schleifen, Bürsten, Saugen, Epoxidharzgrundierung • Einwandfrei: Oberfläche nicht ritzbar
Feuchtigkeit	CM-Feuchtemessgerät, elektrischer Feuchtigkeits-Universalmesser	Feuchtigkeit unter Berücksichtigung der zulässigen Eigenfeuchtigkeit (Haushaltsfeuchte, 0 bis 3 %)
Schäden durch Risse	Augenschein	Reparaturmasse, Füllmasse, Gießharz
Verhältnis der Höhenlage zu anschließenden Fußböden	Augenschein; Richtscheit, Wasserwaage	• Fließestrich • Ausgleichs- und Füllmassen
Verunreinigungen durch Öle, Wachse, Lacke, Farben	Augenschein	• Entfernen • Isolieren

Entschichten/Beseitigen/Entfernen/Ablösen der vorhandenen Bodenbeläge

Arbeitsschritte	Werkzeuge	Bemerkungen
Von Hand	Spachtel, mechanischer Schaber, Handschaber, Cuttermesser	Zur Entfernung von Bodenbelägen und Kleberresten
Maschinell	Fußbodenstripper	• Bei festsitzenden Bodenbelägen • Zum Entfernen von Neoprene-Kleber
Chemisch/physikalisch mit Wasser	Wasserlöslicher WA-Kleber	Bei textilen Bodenbelägen mit Schaumrücken

Entsorgung der Bodenbelagsreste und der ausgehärteten Kleberreste als hausmüllähnlicher Abfall auf der Deponie (vereinfachter Entsorgungsnachweis ratsam).

Reinigen des Untergrundes/Bodens

- Größere Belagsreste entfernen
- Zementstaub aufsaugen (Staubsauger-Saugmaschinen nach § 35 GfVO BIA-C-Prüfung)

Schleifen des Untergrundes

Handmaschinen	Tellerschleifer	Entfernen von Graten und Sinterschichten
Schleifmaschinen	• Feinstaubbelastung • Asbesthaltige Trägerschicht	Zum vollflächigen Glätten des Untergrundes TRGS 519 beachten

Nach DIN 18365 VOB Bodenbelagsarbeiten ist Neuverlegung nur auf trockenen, festen, sauberen und mit dem Deckenbildner (z. B. Betondecken) fest haftende Unterböden (Estriche, Spanplatten) zulässig.

Befestigungsmittel und Befestigungstechniken für Bodenbeläge	
Aufgaben der Befestigung	Möglichkeiten der Befestigung
• Bodenbelag festhalten • Vor Verschiebungen sichern • Öffnen von Nähten verhindern • Verhindern von Beulen und Falten • Ränder und Nähte am Boden halten • Ausbeulen und Schüsseln verhindern	• Vollflächige Verklebung • Vollflächige Verklebung mit Sprüh- oder Rollkleber • Fixierung von Teppichboden und CV-Belägen • Lose Verlegung von Bodenbelägen auf Klebeband • Verlegung auf Klebenetz oder Klebevlies • Verspannen von textilen Bodenbelägen
Merkmale für die Wahl der Befestigungsart	
• Eigenarten des Belagmaterials • Zu erwartende Beanspruchungen • Besondere Wünsche des Auftraggebers • Bodenbelagsqualität • Ableitfähigkeit der Verlegung	• Verschmutzungsgefahr und Reinigungsnotwendigkeit • Trittschalldämmung • Wärmedämmung • Unterbodenschonung, Wiederaufnahmemöglichkeit • Beanspruchung des Belages durch Begehen, Stuhlrollen
Die richtige Befestigung hat erhebliche Auswirkungen auf Begehbarkeit, Aussehen und Verschleiß sowie Pflege- und Reinigungsmöglichkeiten. **Nur so fest wie nötig soll die Befestigung sein.**	
Befestigungstechnik	Eignung und Anwendung
Spannverlegung: Befestigung an Rändern auf Nagelleisten	Nur für hochwertige Teppichböden mit Zweitrücken und für gewebte Teppiche
Lose Verlegung mit doppelseitigem Klebeband: Befestigung an den Rändern und Nähten	• In kleinen, weniger benutzten Räumen möglich • Bei Möbelrollenbelastung nicht geeignet (Wulstbildung) • Sprühextraktreinigung nicht möglich
Klebesystem, elektrisch leitfähig: zur vollflächigen Klebung von elektrisch leitfähigen textilen Bodenbelägen	• Kunststoffdispersion mit klebeverstärkten Harzen • Auftrag mit Zahnspachtel • Ablüfte- und Einlegezeit beachten
Klebstoff-Rollsystem: zur Klebung von textilen Bodenbelägen mit/ohne Schaumrücken, Nadelvliese	• Spezial-Dispersionskleber zum Auftrag mit der Rolle • Ergibt klebstarke Verbindungen, stuhlrollengeeignet • Sprühextraktion möglich
Bodenbelag-Fixierung: Anhaften des Bodenbelages ohne feste Kleberverbindung	• Für Teppichböden mit Schaumrücken und CV-Beläge • Ergibt ausreichend haltbare, wiederaufnehmbare Befestigungen für Böden mit relativ geringer Beanspruchung • Auftrag mit der Rolle
Haftvlies und Haftgitter: beidseitig klebende Vliese oder Gitternetze, mit denen der Belag auf dem Unterboden wiederaufnehmbar befestigt wird	• Trockene Klebetechnik mit guter Verhaftung • Wiederaufnahme möglich, wenn Rückenbeschichtung des Teppichs ausreichend beständig • Haftgitter auch für Neuverlegung von Teppichen auf alten Teppichböden und Nadelvlies
Kunstharz-Dispersionskleber: Einseitkleber, Einseit-Schnellkleber, leitfähiger Einseitkleber	• Vollflächige Klebungen für stuhlrollengeeignete Befestigung; Klebung auf Fußbodenheizungen • Auftrag mit Zahnspachtel • Ablüftezeit und offene Zeit des Klebers beachten
Neoprene-Kleber: lösemittelhaltige Kleber für PVC- und Gummibeläge, Kork- und Linoleumfliesen; Gebindekennzeichnung beachten!	• Sofort belastbare, hochfeste Klebung • Auftrag auf beiden Seiten mit glattem Spachtel oder Zahnspachtel (bei Belägen mit stark geprägter Rückseite) • Feuer- und explosionsgefährlich
Polyurethankleber (2-K): Epoxidharzkleber (nicht für PVC-Rücken)	• Klebung von textilen Outdoor-Belägen • Hochfeste Verlegungen von Gumminoppenbelägen im Strapazier- und Nassbereich
Beim Kleberauftrag mit Zahnspachtel oder Zahnkelle den vom Klebstoffhersteller vorgeschriebenen Zahnungssatz benutzen (Der Zahnspachtel darf nicht abgenutzt oder verklebt sein.): • Grobe Zahnungen B1, B2, B3 • Feine Zahnungen A1, A2, A3, A4, A5	

Vollflächiges Verkleben (verbesserte Bodenhaftung, vermeidet Wellen- und Blasenbildung)

- Linoleum
- PVC grundsätzlich
- In Arbeitsräumen, Verkaufsräumen
- In Räumen mit starker Beanspruchung
- Stuhlrollenbeanspruchung
- Bei Fußbodenheizungen
- Bei starker Verschmutzungsgefahr
- Beim Einsatz intensiver Reinigungsverfahren

Arbeitsschritte	Werkzeuge, Bemerkungen
Einpassen des Bodenbelags, Belagbahnen etwa zur Hälfte zurückschlagen	Teppichmesser mit Klingen, Lineal, Schiene, Bodenleger-Stahllineal, Winkel, Kreuzwinkel
Kleber laut Verarbeitungsanleitung auftragen, Rollkleber + spezieller Bodenroller, Sprühkleber + Airlessgerät	Zahnspachtel + Kleber (Klebstoff), aus Moltoprenschaum, parallel zur Wand rollen, Spritzschutz, in Ecken mit Pinsel arbeiten
Ablüftezeit abwarten	Fixierung (wieder anlösbare Anhaftung)
Belag in die richtige Position einschieben	Reibehammer, Anreiberolle
Belag andrücken	Reibehammer, Anreiberolle

Lose Verlegung von Teppichböden und CV-Belägen (bis 15 m²) auf Klebeband

Arbeitsschritte	Bemerkungen
Doppelseitiges Klebeband auf sauberen Boden an den Rändern, im Nahtbereich, an und um Türschwellen fixieren	Schutzabdeckpapier nach oben, Klebebandeigenschaften: hohe Haftfestigkeit, 6 cm breit
Belag auslegen	Staubfreier, sauberer Boden
Belag sorgfältig einpassen	Saubere Schnitte ausführen
Ausspannen des Belages mit dem Reibebrett von der Mitte in diagonaler Richtung zu den Rändern	Ohne Beulen und Wellen
Belag an den Rändern leicht anheben	Belag nicht verschieben
Schutzpapier abziehen	Nicht auf Klebefläche greifen
Festkleben der Ränder auf dem Klebeband	Gut andrücken
Belag sauber machen, z. B. saugen	Staubsauger

Festverlegung von PVC-Belägen und Gummibelägen, Bahnen

Klebstoffe: Neoprene-Kleber (Kunstkautschukkleber) oder KH-Dispersions-Kleber als Einseitkleber. Industrie-Gummi-Beläge mit PUR-Kleber oder Epoxidharzkleber als 2-K-Kleber verwenden.

Arbeitsschritte	Bemerkungen
Verlegeskizze anfertigen	Nur wenn erforderlich
Bahnen auslegen	Nähte 2 cm überlappen
Dehnungsraum an den Wänden lassen	Etwa 3 mm
Kleber beidseitig auf den Untergrund und auf die zurückgerollte Bahnhälfte auftragen	Bei Neoprene-Kleber mit glattem Spachtel
Ablüftzeit beachten	10 bis 15 min, Fingerprobe
Schmale Folienstreifen schneiden (15 bis 20 cm), in der Mitte der Nähte einlegen	Spätere Kleberansätze vermeiden
Halbe Bahn ohne Lufteinschlüsse einschieben, mit den Händen oder Andrückwalze anreiben; mit mittlerer Bahn beginnen, nach außen arbeiten	Ein genaues Arbeiten ist unbedingt erforderlich; bei Neoprene-Kleber sind nachträgliche Korrekturen nicht mehr möglich
Verwendung von KH-Dispersionskleber (Einseitkleber)	Verarbeiten wie bei der Festverlegung von textilen Belägen

Nachträglichen Nahtschnitt ausführen: Obere Bahn mit Stahllineal anschneiden, untere Bahn genau senkrecht an der oben abgetrennten Bahn entlang einritzen und den Streifen nach hinten abziehen.

Klassifizierung von elastischen Bodenbelägen — DIN EN ISO 10874:2021-04

Klasse	Symbol	Nutzung	Verwendungsbereich
21		Wohnen, mäßig	Geringe oder zeitweise Nutzung, Schlafzimmer
22		Wohnen, normal	Mittlere Nutzung, Eingangsbereiche
23		Wohnen, stark	Intensive Nutzung, Wohnräume
31		Gewerblich, mäßig	Hotelzimmer, Einzelbüros, Konferenzräume
32		Gewerblich, normal	Einzelbüros, Boutiquen
33		Gewerblich, stark	Klassenzimmer, Korridore, Kaufhäuser, Mehrzweckhallen, Großraumbüros, Schulen,
34		Gewerblich, sehr stark	Flughäfen, Mehrzweckhallen, Schalterhallen, Kaufhäuser
41		Industriell, gering	Arbeit wird im Sitzen ausgeführt, gelegentlich leichte Fahrzeuge im Einsatz, Elektronikwerkstätten
42		Industriell, normal	Arbeit wird im Stehen ausgeführt, Fahrzeugverkehr, Lagerräume
43		Industriell, stark	Andere industrielle Bereiche, Produktionshallen

Zusatzeignungen

Ableitfähig	Antistatisch	Für Fußbodenheizung	Mineralöl- und fettbeständig	Stuhlrollengeeignet	Zigarettenglutbeständig

Kennzeichnung der textilen Bodenbeläge

Teppichsiegel der Europäischen Teppichgemeinschaft (ETG)							
ETG-Strapazierwert				ETG-Komfortwert			
extrem	stark	normal	gering	einfach	gut	hoch	luxuriös

Strapazierwert (nach DIN EN 1307) und Komfortwert werden durch Balkendiagramme angegeben. Die entsprechenden Felder werden jeweils schräg schraffiert.

Beispiel einer Teppichboden-Kennzeichnung für einen Büroraum

ETG-Strapazierwert				ETG-Komfortwert			
extrem	stark	normal	gering	einfach	gut	hoch	luxuriös

Wert	Erläuterung
Strapazierwert „gering“	Für wenig begangene Räume: Schlafzimmer, Gästezimmer
Strapazierwert „normal“	Für normal beanspruchte Räume: Wohnzimmer
Strapazierwert „stark“	Stark beanspruchte Wohn- und Aufenthaltsräume: Dielen, Büroräume, Spielzimmer
Strapazierwert „extrem“	Für Bereiche mit starkem Publikumsverkehr und extremen Belastungen: Kaufhäuser, Schulen, Großraumbüros
Komfortwert „einfach“	Bei geringen Ansprüchen an Ausstattung und Repräsentationsbedarf
Komfortwert „gut“	Es wird auch Wert auf Behaglichkeit gelegt
Komfortwert „hoch“	Hoher Anspruch an Komfort und Gemütlichkeit
Komfortwert „luxuriös“	Besonders exklusive Komfortansprüche

Kennzeichen		Zusatzeigenschaften
Antistatisch		Die Beläge sind dauerhaft antistatisch ausgerüstet. Auch bei trockener Raumluft und Berührung eines leitfähigen Gegenstandes ist kein elektrischer Schlag spürbar.
Für Fußbodenheizung		Beläge mit Eignung für Fußbodenheizung sind so aufgebaut, dass sie dem Wärmedurchgang von unten nach oben keinen großen Widerstand entgegensetzen, sodass der Effekt der Fußbodenheizung erhalten bleibt. Der Belag besitzt eine normgetreue Maßbeständigkeit.
Stuhlrollengeeignet		Für Beläge, auf denen Büro-Arbeitsstühle oder Sessel mit Rollen stehen oder bewegt werden.
Für Feuchtraum	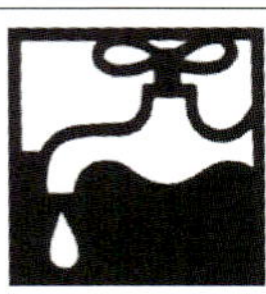	Für Räume, in denen der Boden des öfteren durch Wasser benetzt wird. Beläge verlieren durch Nässe und anschließende Trocknung nicht die Form und sind besonders farbecht (z. B. Badezimmer, Duschraum).
Treppengeeignet	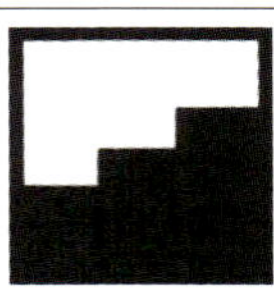	Beläge können ohne Treppenkantenprofile auf Treppenstufen verlegt werden. Beläge mit hoher Elastizität und Festigkeit, die den besonderen Belastungen auf Treppenstufen und Kanten widerstehen können, sofern sie fachgerecht verlegt sind.

ESD-Systeme – Ableitfähige Bodensysteme I DIN IEC 61340-1:2014-06, DIN EN 1081:2017-04

ESD	Electrostatical Discharge – Elektrostatische Entladung
ESD-Boden-systeme	Bodensysteme, die elektrostatische Aufladungen, verursacht z. B. durch das Gehen auf Böden, so über den Potenzialausgleich („Erdung") ableiten, dass keine Beeinträchtigungen (wie Zuckungen beim Berühren von Türklinken), keine Gefahren (wie Entzündungen durch Funken) und keine Schädigungen (wie Zerstörung elektronischer Bauteile) mehr vorhanden sind.
Normen	**Inhalte**
DIN EN 1081	Prüfung der Ableitfähigkeit bei Bodenbelägen
DIN IEC 61340-5-1	Schutz von elektronischen Bauelementen gegen elektrostatische Phänomene – Allgemeine Anforderungen
DIN IEC 61340-4-1	Elektrostatisches Verhalten von Bodenbelägen und verlegten Fußböden, Messnorm
STM 97.2 – 1999	Bodenmaterial- und Schuhwerkmessung in Kombination mit einer Person, Walking Test, US Norm: Der Normnachweis kann von Firmen verlangt werden, die mit amerikanischen Geräten bzw. Unternehmen arbeiten.
DIN VDE 0100	Definiert untere Grenzwerte der geforderten Widerstände. Nur die Elektrofachkraft darf ein Bodensystem an den Potenzialausgleich anschließen.

Messen von Oberflächen- und Erdableitwiderständen

Das verarbeitete bzw. verlegte Bodensystem soll die elektrostatische Aufladung über den Potenzialausgleich in die „Erde" ableiten. Um die Wirkung und die richtige Verlegung aller Teile eines ableitfähigen Bodensystems zu überprüfen, sind vielfältige Messmethoden entwickelt worden. Dem Auftragnehmer oder der Auftragnehmerin ist nahezulegen, die geforderten Widerstandswerte in Ω (Ohm) vor Auftragsbeginn mit den Auftraggebenden genau abzustimmen und hierbei die Prüfmethoden und die dazugehörige Prüfnorm festzulegen.

Oberflächenwiderstand R_o

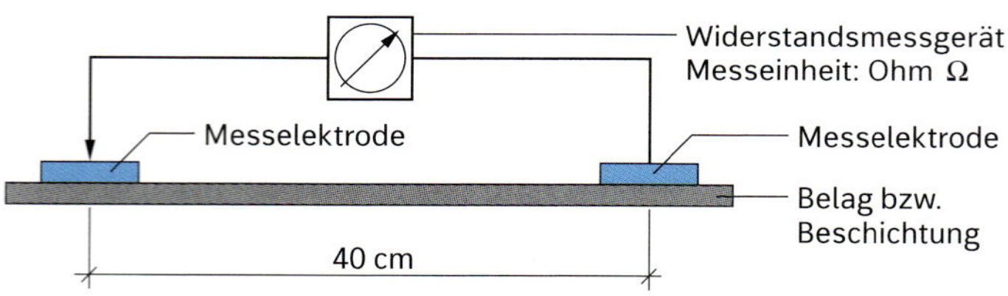

Nach DIN IEC 61340-1 ist der Oberflächenwiderstand der Widerstand, den die Oberfläche eines Bodensystems der Ausbreitung von Elektrizität entgegensetzt.

Volumenwiderstand R_v

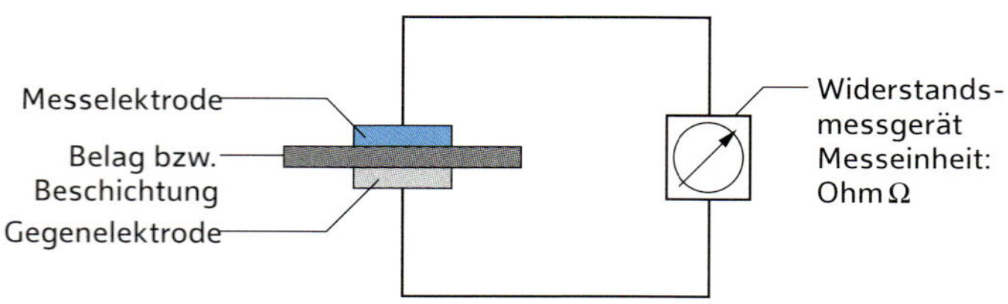

Nach DIN IEC 61340-1 gibt der Volumenwiderstand an, welchen Widerstand ein Bodensystem dem Durchgang von Elektrizität entgegensetzt (auch Durchgangswiderstand genannt).

Erdableitwiderstand R_e

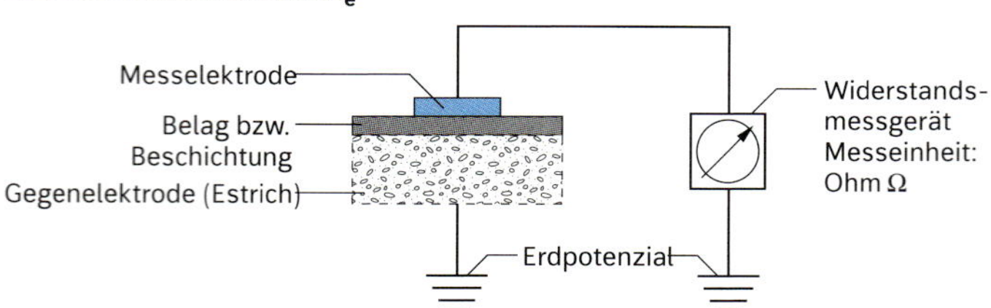

Nach DIN IEC 61340-1 gibt dieses wichtige Messverfahren an, welchen Widerstand das Bodensystem der Ableitung von Elektrizität in die Erde entgegensetzt. Es wird somit auch die richtige Verbindung aller Kabelleitungen mit gemessen.

ESD-Systeme – Ableitfähige Bodensysteme II DIN IEC 61340-1:2014-06, DIN EN 1081:2017-04

In der Praxis finden sich folgende Einordnungen von ableitfähigen Bodensystemen:

Bezeichnung	Werte
Elektrostatisch leitender Boden	Dieser Boden erfüllt den R_e-Wert (Messmethode siehe vorherige Seite) von < 10^6 Ω (Ohm). Damit erfüllt dieser Boden hohe Anforderungen der Computerindustrie bzw. der Betriebe, die mit elektrostatisch gefährdeten Bauelementen wie Computerchips (EGB) umgehen.
Ableitfähiger Boden	Dieser Boden erfüllt den R_e-Wert mit Widerständen zwischen 10^6 und 10^9 Ω.
Astatischer Boden	Ein Fußboden, der die Ladungserzeugung durch seine Werkstoffeigenschaften herabsetzt. Er ist somit so beschaffen, dass sich durch das Begehen keine wesentliche elektrostatische Aufladung entwickelt. Der vormals gebrauchte Ausdruck „antistatisch" ist zu vermeiden.

Aufbaubeispiel eines ECF-Bodenbeschichtungssystems

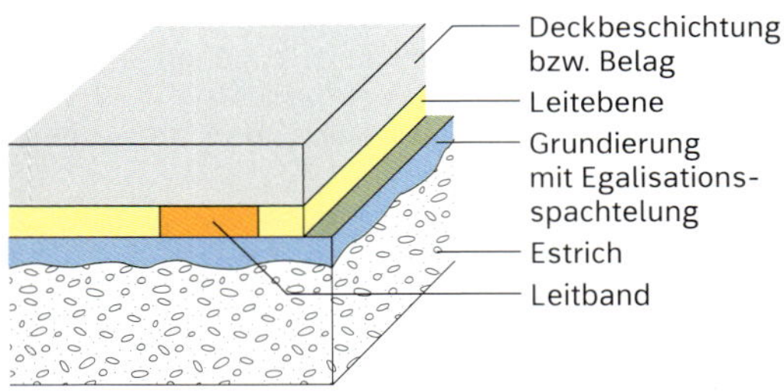

Anwendungsbereich:
explosionsgefährdete Lagerhallen, Labore, Räume mit hochempfindlichen elektronischen Geräten, Produktionshallen mit EGB (elektrostatisch gefährdeten Bauelementen)

Untergründe:
zementgebundene Untergründe wie Beton oder Zementestriche, Magnesia- und Anhydritestriche

Ausführung:
Mit eingelegten Kupferbändern in der Leitschicht, die mit dem Erdpotenzial verbunden werden; rutschfeste Einstellung durch Abstreuung mit Granulat

Hinweis: Der Anschluss der Leitbänder an die Ringleitung („Erdung", „Potenzialausgleich") darf nur von einer Elektrofachkraft nach DIN VDE 0100 (Elektroinstallateur) ausgeführt werden. Anschlüsse der Leitbänder an die Heizungsrohre sind verboten, da eine dauerhafte Erdung nicht sichergestellt ist.

Die Egalisationsspachtelung

Der Erdableitwiderstand R_e ergibt sich im Wesentlichen aus der Deckbeschichtung, die die elektrischen Ströme an die Leitschicht weitergibt.

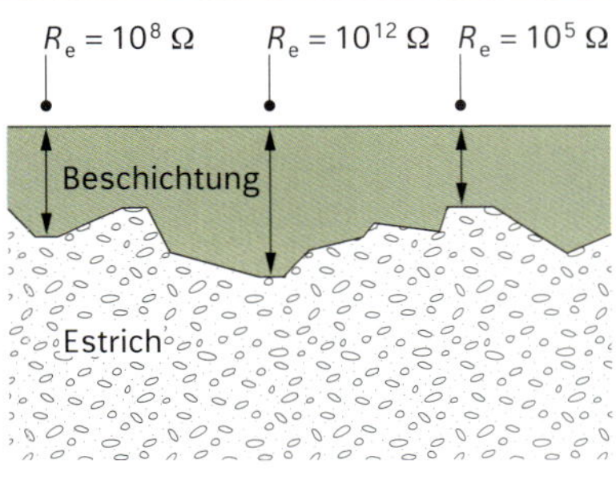

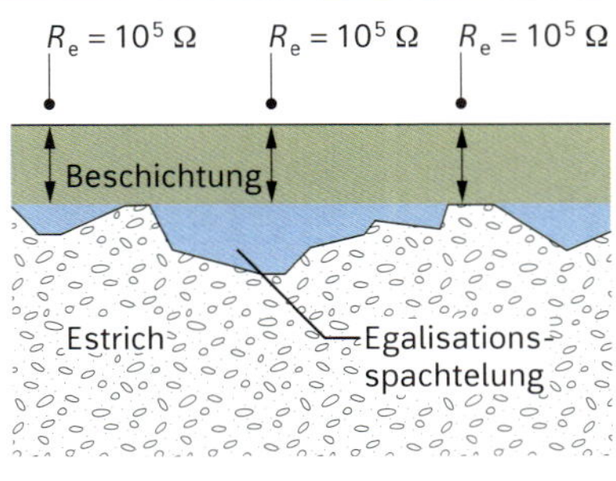

Um über der gesamten Fläche einen einheitlichen Widerstand zu erhalten, muss die Schichtdicke der Deckbeschichtung gleichmäßig sein. Um das bei rauem und unebenem Untergrund zu erreichen, muss eine Ausgleichsspachtelung erfolgen.

Hinweis: Bei Bodenbelägen kann statt der Leitschicht auch ein leitender Kleber verwendet werden. Hierdurch wird ein Arbeitsgang gespart. In diesem Kleber werden die Kupferbänder eingelegt. Die Egalisationsspachtelung ist bei unebenen Untergründen erforderlich.

Untergrundprüfung vor dem Tapezieren			BFS-Merkblatt Nr. 20/2016-10
Prüfung	Prüfmethode	Erkennung	Beseitigung
Trocken	• Feuchtemessgerät • Optische Prüfung • Folienprobe	• Dunkle Flecken • Messwerte • Ausblühungen • Wasserränder • Kondenswasser	• Ursachen der Feuchtigkeit beseitigen • Flächen austrocknen lassen • Eventuell lüften oder heizen • Ausblühungen trocken abreiben
Schimmelpilze	Augenschein	Weißer Belag	• Abbürsten • Pilze austrocknen, ggf. mit Heizlüfter • Mit fungizider Lösung streichen • Räume gut lüften
Tragfähig und fest	• Kratzprobe • Abreiben mit der Hand • Klebebandtest • Gitterschnitttest	• Mürbe, sandende Putzoberfläche • Putzrückstände auf Klebeband	• Untergrund mit wässerigem oder lösemittelhaltigem Grundanstrichmittel festigen • Lösemittel problematisch im Innenraum • Untergründe nicht absperren • Bei unsicheren, ungleich saugenden Untergründen Rollenmakulatur kleben • Alttapeten restlos entfernen • Nicht tragfähige, abplatzende, abblätternde Anstriche entfernen • Festhaftende Altanstriche anlaugen, anrauen oder abbeizen
Sauber	Augenschein	Verstaubte Oberflächen	Oberflächen durch Abfegen säubern
Fleckenbildung	Augenschein	Öl-, Nikotin- und Wasserflecken	Flecken isolieren
Gelbverfärbung	Augenschein	• Zu langsames Verdunsten des Anmachwassers • Zu langes Nassstehen der Papiertapete	• Raue und ungleichmäßige Putzoberflächen ein- bis zweimal mit gipshaltiger, hydraulisch erhärtender Spachtelmasse überziehen • Im Untergrund vorhandene zur Verfärbung der Tapete führende Stoffe vom Klebstoff und den Tapeten fernhalten
Saugfähigkeit	Benetzungsprobe	• Wasser perlt ab: dichte Oberfläche • Dunkle Flecken: stark saugend	• Untergrund anrauen, anschleifen • Rollenmakulatur kleben • Saugfähigkeit durch Grundierungen oder Rollenmakulatur mindern und egalisieren
Glatt	Augenschein	• Raue Putzoberfläche • Im Streiflicht, Gegenlicht	• Mit Tapetenschaber abreiben • Streichmakulatur auftragen • Fläche mit gipshaltiger Spachtelmasse vollflächig überziehen

Tapezierfehler		
Fehler	Ursache	Beseitigung, Vermeidung, Abhilfe
Ablösen vom Tapezieruntergrund	• Auf ungeeigneten, nicht vorbereiteten Untergründen tapeziert, z. B. auf alten porösen Kalkfarben- oder auf Leimfarbenanstrichen, auf rauen oder mürben Putz • Altanstrich wird durch Spannung der Tapezierung abgerissen	• Untergründe richtig vorbereiten • Raue Flächen glätten • Makulatur streichen • Mürben Putz mit geeignetem Mittel festigen
Ungenügende Anhaftung der Tapeten	Falsches Einkleistern	• Kleister fachgerecht ansetzen • Bahnen fachgemäß einkleistern
Faltenbildung in den Raumwinkeln	Es wurde ohne Schnitt im Winkel durch die Ecke geklebt	• Tapeten nur 2 cm durchkleben • In den Raumecken schneiden und getrennt aufkleben
Blasenbildung (Lufteinschlüsse)	Beim Ankleben falsch angebürstete Tapetenbahn	Luft mit der Bürste nach den Seiten herausstreichen
Kunststoffbeschichtete Tapeten auf feuchten Untergrund geklebt	Durch das verdampfende Wasser wird die Tapete unter Wärmeeinwirkung angehoben	Tapeten mit nur unzureichender Wasserdampfdiffusion nicht auf feuchten Untergrund kleben
Durchschlagen des Kleisters	• Zu dick eingekleistert • Zu lange Weichzeit • Auf feuchte Makulatur tapeziert	• Dünner einkleistern • Nur kurz weichen lassen • Nur auf trockenen Untergrund tapezieren
Faltenbildung	• Tapetenbahn schief angelegt • Tapete verzogen angebürstet • Ungenügend geweichte Tapete angeklebt	• Bahn ablösen, gerade anlegen • Senkrecht aushängen lassen • Erst in der Mitte andrücken • Luft durch Bürstenstriche tannenbaumartig zu den Seiten herausdrücken • Weichzeit beachten: schwere Tapeten länger weichen lassen als leichte Sorten • Falten nicht festschlagen
Knicke	Eingekleisterte Bahn beim Zusammenlegen scharf geknickt	Bahnen in Schlaufen zusammenlegen und groß aufrollen
Sichtbare Nähte	• Falsch angeklebte Tapete • Überkantete Nähte nicht gegen Lichteinfall gerichtet • Tapeten nicht auf Stoß geklebt	• Am Fenster beginnend, stets in Richtung des Lichteinfalls tapezieren • Dicke Tapeten auf Stoß kleben
Offene Nähte, Nähte platzen auf	• Untergrund zu mürbe • Nahtroller beschädigt Putz oder drückt Kleister weg • Durch zu schnelles und starkes Trocknen entstehen Spannungen • Kleister an der Kante getrocknet • Tapete zu lange geweicht • Kleister zu dünn • Kleister nicht klebekräftig genug	• Untergrund festigen • Keinen tonnenförmigen Nahtroller verwenden • Frisch tapezierten Raum nicht beheizen • Zugluft vermeiden • Tapetenbahn zum Weichen einrollen • Weichzeit beachten • Empfohlenen Kleister fachgerecht ansetzen

Tapezierfehler (Fortsetzung)

Fehler	Ursache	Beseitigung, Vermeidung, Abhilfe
„Alte Nähte" zeichnen sich unter der neuen Tapezierung ab	Alte Tapeten ungenügend vorbehandelt	• Alte Tapetennähte anschleifen und beispachteln • Am besten vorher Alttapeten ganzflächig entfernen
Glanzstellen und Bürstenspuren	Tapetenbahn mit Bürste oder Nahtroller zu kräftig angerieben	• Gummirolle verwenden • Nicht direkt auf der Tapete bürsten, Schutzschicht (Papier) unterlegen
Prägetapeten verlieren ihre Prägung	• Papierbahn zu lange geweicht • Papierbahn zu stark ausgedehnt • Prägung zu schnell getrocknet	• Bei Prägetapeten mit wenig Kleister nur kurz weichen lassen • Weiche, langhaarige Bürste
Tapetenoberfläche wirkt rau	• Körniger Untergrund • Nicht ganz aufgelösten, verunreinigten Kleister verarbeitet	• Putzflächen mit Schaberspachtel oder Holzstück abreiben • Leicht abschleifen • Streichmakulatur auftragen • Kleister gründlich durchrühren und quellen lassen
Falscher Musteransatz	• Tapetenbahnen fehlerhaft zugeschnitten • Musterabweichungen durch unterschiedliche Weichzeit der eingekleisterten Tapetenbahnen	• Tapeten unter Berücksichtigung des Rapports zuschneiden • Tapetenbahnen gleichmäßig lange weichen lassen • Bahnen abziehen und neu kleben
Reißen	• Wandrisse, die sich durch Erschütterung des Gebäudes wieder öffnen • Tapete trocknet zu schnell • Luftzug im Raum • Vorgeklebtes Makulaturpapier war noch zu feucht	• Risse vor dem Tapezieren fachgerecht armieren • Ränder anspachteln • Frisch tapezierte Räume nicht zu stark heizen • Zugluft vermeiden • Trockenzeit abwarten
Auf arbeitendes Holz oder Holzkanten tapeziert (z. B. Fußleisten)	Durch „Arbeiten" reißt die Tapete	„Arbeitende" Holzflächen vor dem Tapezieren mit Gewebe überkleben, armieren
Verfärbungen	• Durchschlagende Stoffe, z. B. Alkalisalze von Ausblühungen, bewirken Gelbverfärbung • Tapetendruckfarben reagieren mit alkalischem Putz • Fettflecke • Farbstiftflecke, -markierungen • Rostflecken, Teerflecken • Versotteter Kamin	• Ursache entfernen • Tapezieruntergründe absperren • Untergrund vor der Tapezierung fluatieren • Absperrfolie kleben • Flecken isolieren • Isolieruntertapete kleben
Tapetenbahnen weisen Schattierungen auf	• Bahnen haben verschieden lange geweicht • Unitapeten, Kleinmuster und Effekte nicht gestürzt geklebt • Kein Seitenvergleich durchgeführt	• Auf gleichmäßige Weichzeit achten • Hinweiszettel beachten; wenn empfohlen, gestürzt kleben • Seitenvergleichsprüfung, besonders bei geprägten Tapeten
Tapetenbahnen zeigen Farbunterschiede	• Tapeten aus verschiedenen Anfertigungen • Bahnen gleichzeitig von mehreren Rollen zugeschnitten	• Anfertigungsnummer beachten • Rollenvergleich vorm Zuschneiden • Rolle für Rolle ablängen

Tapetenunterlagsstoffe — VOB DIN 18366:2019-09

Auf den Untergrund ist eine streichbare Unterlage wie Streichmakulatur oder flüssiger Tapetenwechselgrund aufzubringen, wenn nichts anderes vorgeschrieben ist.

Aufbringen von Unterlagsstoffen

- Unterlage für hochwertige Tapeten
- Unterlage für Tapeten, die beim Trocknen an der Wand größere Spannungen verursachen
- Streichbare Unterlage auf den Untergrund aufbringen, wenn nichts anderes vorgeschrieben ist
- Für das Tapezieren von Tapeten auf Tapetenwechselgrund oder auf Unterlagspapier mit Abzieheffekt ist zur Erhaltung des Abzieheffektes wasserlöslicher Tapetenkleister zu verwenden.
- Tapetenunterlagen aus Rohpapier und Unterlagspapier mit Abzieheffekt sind mindestens mit Spezialkleister auf Stoß zu tapezieren.
- Ist für das Kleben der nachfolgenden Tapete ein Dispersionskleber vorgeschrieben, muss auch der Unterlagsstoff mit ihm tapeziert werden.
- Unterlagsstoffe aus extrudiertem Polystyrol mit gefüllten Dispersionsklebern verarbeiten.
- Vor der Tapezierung ist ein Zwischenanstrich (Haftbrücke) mit verdünntem Klebstoff notwendig.
- Unterlagsstoffe aus Papier werden wie Tapeten verarbeitet.

Unterlagsstoffe zum Absperren und Dämmen

- Hartschaum
- Hartschaum mit Kartonoberfläche
- Polyurethanplatten
- Latexschaum mit spezieller Vliesoberfläche
- Extrudiertes Polystyrol
- Metallfolien

Die Verarbeitung erfolgt gemäß den Richtlinien für die entsprechenden Materialien. Nach guter Trocknung (48 Stunden) Haftbrücke (z. B. Stripmakulatur) aufbringen.

Unterlagsstoff	Materialbeschreibung	Verarbeitung, Anwendung
Tapetenwechselgrund	Flüssig, enthält Acrylat- und Wachsdispersion, zwölf Stunden Trocknungszeit; Glanzbildung vermeiden	Mit Bürsten auftragen, Zusätze von KD-Kleber bei der dann folgenden Tapezierung können die Wirkung aufheben
Tapetengrund, pigmentiert	• Egalisiert farbliche Ungleichheiten des Untergrundes • Erhalten erforderliche Saugfähigkeit des Untergrundes	• Streichen oder Rollen • Untergrund für durchscheinende Tapeten, dünne Gras-, Seiden-, Textiltapeten, Vliesträgermaterialien
Rollenmakulatur, einfaches Grundpapier (auch spaltbar)	• Schafft gleichmäßig hellen und saugfähigen Untergrund • Zum Ausgleichen von Trocknungsspannungen beim Tapezieren auf Stoß • Für schwere Stoßtapeten (deren hohe Trocknungsspannung wird aufgefangen und ein Öffnen der Nähte verhindert) • Mehrere Qualitäten erhältlich	• Grundpapier ist kein Ersatz für Grundanstriche, sie sind nach VOB Tapezierarbeiten • Standard für fertige Wandbekleidungen • Tapezierung auf Stoß • Mindestens gleichen Kleister wie für die Tapete verwenden • Weichzeit etwa fünf Minuten • Unter allen höherwertigen durchscheinenden Tapeten (Gras-, Seidentapete)
Vlies	• Glattes Vlies ab 120 g/m^2 • Besteht aus Zellstoff, Kunstfasern, Bindemittel	• Mit Dispersionskleber • Auch auf gespachtelter Glasfaser • Gut für rissige Wände

Kennzeichen für besondere Anfertigungs- und Verarbeitungsmerkmale **DIN EN 235:**2020-08				
Wasserbeständigkeit	Waschbarkeit			

zum Zeitpunkt der Verarbeitung	waschbeständig	hoch waschbeständig	scheuerbeständig	hoch scheuerbeständig
Farbbeständigkeit gegen Licht				
		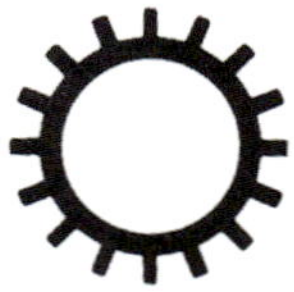		
ausreichend lichtbeständig	befriedigend lichtbeständig	gut lichtbeständig	sehr gut lichtbeständig	ausgezeichnet lichtbeständig
Ansatz des Musters				

ansatzfrei	gerader Ansatz	versetzter Ansatz	in Pfeilrichtung tapezieren	gestürzt kleben
Verarbeitung				
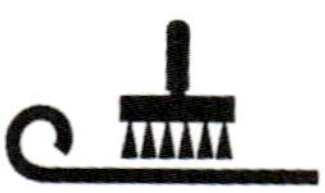	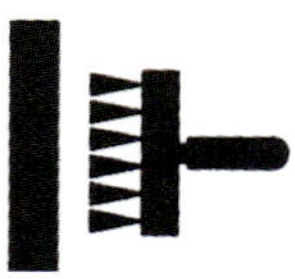		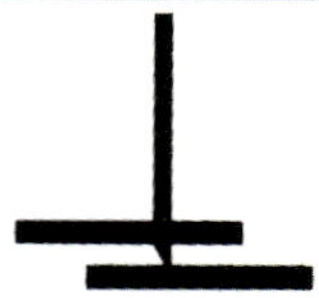	
Klebstoff auf die Wandbekleidung auftragen	Klebstoff auf den zu tapezierenden Untergrund auf-tragen	vorgekleisterte Wandbekleidung	Überlappung und Doppelschnitt	
Verfahren für das Entfernen			Eigenschaft	
			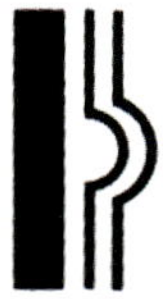	
restlos abziehbar	spaltbar	nass zu entfernen	dupliert	Stoßfestigkeit

Grundlagen
Werkstoffe, Hilfsstoffe
Werkzeuge, Geräte, Gerüste
Arbeits-techniken
Gestaltung
Arbeitsschutz, Umweltschutz
Aufmaß, Abrechnung
Betriebs-führung
Quellen

Schwammstupfen

Das Schwammstupfen ist eine Maltechnik. Der Schwamm wird in Farbe getaucht, ausgedrückt und locker auf die Wand gestupft. Es hat einen lasierenden Charakter, da der Untergrund immer durchschimmert. Vornehmste Gestaltungsmöglichkeit Ton in Ton des Untergrundes mit den aufgetupften Farben.

Arbeitsschritte	Werkzeug/Material	Bemerkungen
• Naturschwamm in Farbe tauchen, ausdrücken, ganz zart an die Wand stupfen • Schwamm immer wieder drehen • Naturschwamm nach der Arbeit sofort mit viel Wasser auswaschen	• Naturschwamm • Palette • Eimerdeckel	• Kräftiger Druck erzeugt Kleckse • Drehen, um ein eintöniges Bild zu vermeiden

Wickeltechnik

Das Erscheinungsbild wird von der Farbigkeit und von der Lappenstruktur geprägt: ob fein oder grob, ob glatt oder knittrig, ob Leder oder Trikot, ob Ton in Ton oder kontrastreich. Es kann sogar Ähnlichkeiten mit Marmor oder Stein haben. Zweimal wickeln ergibt ein ruhiges, gleichmäßiges Bild.

Arbeitsschritte	Werkzeuge	Bemerkungen
• Lappen in Farbe tauchen, ausdrücken, zu einer länglichen Wurst formen • In unterschiedlichen Richtungen und mit ungleichmäßigem Druck über die Fläche wickeln • Bei jedem neuen Benetzen mit Farbe den Lappen neu und anders formen	• Fusselfreie Stoffe • Leinentücher, Trikotstoffe • Leder • Gummihandschuhe • Farbmischgefäße	• Unterschiedlicher Druck und wechselnde Richtungen vermeiden gleichmäßige tapetenartige Oberfläche • Lappenumwickelte Rolle erleichtert das Arbeiten an der Decke

Schablonierung auf gewickelten Untergrund setzen oder „überwickeln" ergibt eine feine Kombination.

Effektlackbeschichtungen

Hammerschlageffekt

Nach dem Auftragen des Hammerschlaglackes entsteht selbsttätig ein ebenmäßiges Muster, das so aussieht, als sei eine Metallfläche gleichmäßig gehämmert worden. Es sieht nach einer Kraterlandschaft aus. Das aluminiumpigmenthaltige Anstrichmittel unter Zusatz von Silikonen als Verteiler ist in verschiedenen Farben erhältlich. Beim „Verteilen" entmischen sich die Aluminiumpigmente.

Weitere besondere Effektlacke

- Nach Art des Lackes (Kräusellacke, Runzellacke, Eisblumenlacke, Narbenlacke), Perlglanzlacke (mit Perlglanzpigmenten), Strukturlacke, Metalleffektlacke, Kristalllacke (enthalten besondere Zusätze)
- Leichte Ungleichmäßigkeiten des Untergrundes werden überdeckt
- Je nach Herstellerangaben verarbeiten (hauptsächlich im Spritzverfahren)

Sandsteinimitation

Soll die Imitation einem Originalstein entsprechen, muss die Farbigkeit genau nachgemischt werden. Es sind aber auch farblich andere Interpretationen möglich. Die Fläche wird mit zwei Farben dargestellt und die Flecken, wie sie auch im natürlichen Stein vorkommen, mit ein bis zu zwei Farben.

Arbeitsschritte	Werkzeuge	Bemerkungen
• Gesamte Fläche mit der hellen Farbe deckend streichen • Trocknen lassen • Zweite, dunklere Farbe unruhig anlegen • Mit farbigen Flecken versehen • Struktur in die noch nasse Farbe mit der Stupfbürste stupfen	• Großer Flächenstreicher • Streichbürste • Viereckige Tupfbürste • Borstenpinsel • Malerlineal • Strichzieher	Paararbeit bei zwei Farben: Eine Person legt die Farbe vor, die andere stupft in die nasse Farbe. Oder: Farbe und Flecken nur in kleinen Flächen vorlegen, noch im nassen Zustand stupfen. So entsteht eine steinartige, typische Sandsteinoberfläche.

Für die Quaderung werden nach dem Trocknen die Linien für Licht und Schatten gezogen.
Lichtfarbe: die Sandsteinfarbe und Weiß, lasierend aufgetragen.
Schattenfarbe: die Sandsteinfarbe und Schwarz, lasierend (unter Wasserzugabe) gemalt.

Marmorieren

Von lat. „marmorare“ (mit Marmor überziehen), marmorartig bemalen, ädern. Farbigkeit und Struktur des geschnittenen und polierten Steins durch malerische Oberflächengestaltung auf Wänden und Gegenständen wiedergeben. Beliebtes Stilmittel der illusionistischen Architekturmalerei.

Marmorierung in Kaseintechnik

Natürlichen Marmor genau studieren und entsprechend der Marmorart arbeiten.

Arbeitsschritte	Werkzeuge/Material	Bemerkungen
Kreidegrund aufbauen, Kreidegrund löschen	Knochenleim und Kreide, Zugabe von Terpentin als Spannungsausgleich	Entspricht der Polimentvergoldung, Champagnerkreide, Chinaclay
Grundton in mehreren Farbabstufungen, nass in nass verlaufend, diagonal auftragen	Fertiges Kaseinpulver oder flüssiges Kaseinbindemittel; erdfarbene Pigmente mit Wasser mindestens 24 Stunden vorher anteigen, dann mit Bindemittel vermischen. Historisch: 60 g Magerquark auf 20 g Ammoniaklösung (25 %).	Angesetzte Bindemittel ausreichend quellen lassen. Durch entsprechende Verdünnung lässt sich die Kaseinfarbe lasierend, halbdeckend oder deckend einstellen.
Auflegen von Lasuren auf die angetrocknete Grundbemalung, Lasurüberzug leicht vertrieben	Abgetönte Lasuren, große Temperapalette, Vertreiber	Ergibt reizvolle Schattierungen und Bruchstellen. Transparenz der Marmormalerei wird erhöht.
Feine Aderungen oder fein verlaufende Schichtungen einziehen und entsprechend verwischen	Verschiedene Spitzpinsel, Geflügelfedern, Modler, Vertreiber, Textilfetzen	Feinarbeit nach Naturvorbild: Echten Marmorstein genau ansehen. Wichtig sind eine lockere Pinselführung und geschickte Ausnutzung des Farbverlaufs.
Konglomerate in unterschiedlichen Farben anlegen	Zackenpinsel oder andere Werkzeuge	
Drusen und Hohlräume im Marmor herstellen	Zusammengewickeltes Fensterleder, Schwamm	
Marmorierte Fläche polieren	Achat	Gleichmäßigen Druck ausüben

Marmorierung in Sprenkeltechnik

Arbeitsschritte	Werkzeuge	Bemerkungen
Mehrere Farbtöne streifenförmig nebeneinander aufstreichen	Farbpalette aufeinander abgestimmter Farbtöne, Ringpinsel	Gleichmäßig über die zu bewältigende Fläche fortsetzen
Nach Trocknen leicht schleifen	Feines Nassschleifpapier	In eine Richtung schleifen
Verdünnte KD-Farbe in Richtung der Streifen locker aufsprenkeln	Großer Ringpinsel	Kontrastfarbton verwenden
Strukturierte Fläche abziehen	Doppelblatt-Spachtel	Lebendige, streifenartige Struktur
Wachsüberzug und polieren	Wachse, Poliermittel, Stoffballen, Japanspachtel	Als Schlussbehandlung für alle strukturierten Flächen

Arbeitsweise bei Art des Trompe-I‘œil

Wände oder Sockel können durch eine Quadereinteilung nach Art des Trompe-I‘œil gestaltet werden. Schützender Klarlack (z. B. 2-Komponenten-Lackierung) macht Oberflächen sehr strapazierfähig.

1. Fläche mit mittlerem Grau streichen
2. Ganz helles Grau mit dem Naturschwamm stupfen
3. Braungrauen Ton stupfen
4. Schwarz stupfen

Farben für den hellen Granit	Farben für den dunklen Granit
Licht: die Hintergrundfarbe, lasierend aufgetragen Schatten: Grauton des Granits, lasierend ausgemalt	Licht: der hellste gestupfte Ton, lasierend liniert Schatten: schwarz, lasierend gemalt

Spachteltechniken

Beim Schmuckspachteln wird mit einem Spachtel eine feine Spachtelmasse aufgetragen und gleichzeitig geglättet. Das Durcheinander und Übereinander der Spachtelschläge bleibt zu sehen. So ergibt sich eine faszinierende, elegante, transparente Oberflächengestaltung, die aber auch ziemlich aufwendig und kostenintensiv ist. Es gibt heute viele Interpretationen, aber nur der edelste Klassiker wird beschrieben.

Werkzeuge

Kleine Glättekelle mit abgerundeten Ecken, Stilspachtel, Japanspachtel (alle rostfrei), Kunststoffspachtel

Arbeitsmethode	Werkzeuge/Material	Bemerkungen
Vorbehandlung und Grundierung	Mit flüssigem Haftgrund	Nach Untergrund auswählen
Schleifen	Schleifmittel für Feinschliff	Untergrund muss glatt sein
Vorspachteln, ein- bis zweimal, Fleckspachtelmethode	Japanspachtel (30 cm), Glättekelle	Fläche in dichten Flecken spachteln; Spachtelgrate, Spachtelrinnen stehen lassen
Mehrere Spachtelschichten, zwei- bis fünfmal spachteln, Trockenzeiten abwarten, immer mit Zwischenschliff	Spachtelmassen in verschiedenen Farbtönen, kleine Japanspachtel, immer wieder mit einem zweiten Spachtel von Materialresten säubern	Kurze Spachtelschläge mit variierender Winkelhaltung setzen, Lücken schließen, Glätten (nicht schaben), glatte und porenfreie Oberfläche, gleichmäßige Struktur erzielen
Wachsen, zweimal kreuzweise auftragen	Wachspolitur, Japanspachtel	Glanz entsteht durch Druck der Spachtel von selbst, wird durch eine Wachspolitur noch gesteigert
Polieren	Rundschleifmaschine, Lammfellschwabbel	Hochglänzende, halbtransparente Fläche mit sehr viel Tiefenwirkung

Reißlacktechnik

Beim Anwenden der Reißlacktechnik wird das Reißen der Lackoberfläche bewusst gesteuert.

Arbeitsschritte	Werkzeug/Material	Bemerkungen
Grundieren der Oberfläche	Grundiermittel	Auf Untergrund abstimmen
Spachtelung der Oberfläche	Spachtelmasse, Japanspachtel	Sorgfältig glätten
Vorlackierung	Alkydharzlack spritzen	–
Schlusslackierung, Trockenzeit abwarten	Hellgetönter Seidenglanzlack, selbst hergestellte Lasuren	Probe-Brettchen anlegen
Fläche mit Dextrinaufstrich einstreichen und stupfen	Dextrin (Stärkeprodukt aus der Drogerie) klumpenfrei in heißem Wasser zu lackartiger Konsistenz auflösen	Temperatur, Schichtdicke und Konsistenz des Dextrin beeinflussen die Rissbildung, Trockenzeit: ein bis zwei Stunden
Rissbildung abwarten	–	Starke Trocknungsspannung lässt Lackschicht craqueleartig reißen
Gesamte mit Dextrin beschichtete Fläche einstreichen	Nicht zu dünne, magere, dunkel abgetönte Ölfarbe	Risse gut mit Farbe ausfüllen, damit sie sich deutlich abheben
Überschüssige Farbe abreiben	Trockene Lappen	Auffangbehälter bereithalten
Dextrin sofort danach abwaschen	Schwamm und Wasser	Lasur in Rillen nicht verwaschen
Gesamte Fläche nachschleifen	Mit Bimsmehl und Schleifmodler	Nur wenn notwendig
Schutzbeschichtung auftragen	Seidenmatter Klarlack	Spritzverfahren

Grundlagen
Werkstoffe, Hilfsstoffe
Werkzeuge, Geräte, Gerüste
Arbeitstechniken
Gestaltung
Arbeitsschutz, Umweltschutz
Aufmaß, Abrechnung
Betriebsführung
Quellen

Lasieren

Lasieren ist ein Farbauftrag, bei dem der Untergrund durchschimmert. Die Lasur kann ganz zart sein und wie ein fast durchsichtiger Schleier die Wand überziehen. Oder sie ist so intensiv, dass der darunter liegende, deckende Anstrich gerade noch zu erkennen ist. Je saugender der Untergrund, umso dunkler erscheint die Lasur, weil die Farbe dort rasch stehen bleibt und nicht ausreichend vertrieben/verteilt werden kann. Der Reiz der Lasur liegt in ihrer belebenden Tiefenwirkung, die den Wandanstrich reizvoll fast dreidimensional wirken lässt.

Arbeitsschritte	Werkzeuge	Bemerkungen
Unregelmäßige, glatte bis körnige Oberflächenstrukturen einheitlich glätten	Glättekellen, Spachtelmassen	Unterschiedliche Materialien mit ungleichmäßigem Saugverhalten ergeben scheckiges Lasurbild
Untergründe sorgsam grundieren	Streichbürste, Grundiermittel	Gleichmäßiges, geringes Saugverhalten des Untergrundes herstellen
Gleichmäßiger Anstrich	Breite Flächenstreicher, Ovalbürste, lange offene (langsam trocknende) Lasurfarbe verwenden	In regelmäßigen, kurzen Schlägen „im Kreuzschlag" über den trockenen Grundanstrich
Lasuren mehrfach auftragen	Mehrere übereinander liegende Lasuren	Tiefenwirkung wird gesteigert, Gesamtbild muss aber gleichmäßig, nicht gescheckt, ausfallen
Alternative I: Borstenstrich ist nach dem Trocknen noch zu erkennen		
Lasurfarbe in kurzen, regelmäßigen Kreuzschlägen auftragen	Ovalbürste nur an den Borstenspitzen leicht benetzen	Ab zwei Meter Entfernung verschwimmen die Borstenstriche zu einer gleichmäßigen Lasur
Alternative II: „Gewolkte" (nicht immer völlig ebenmäßige) Textur		
Lasurfarbe auftragen	Naturschwamm, Lasurfarbe nicht so intensiv vertreiben	Der getränkte und leicht ausgedrückte Schwamm wird mit kleinen, kreisenden Bewegungen über die Wand gerieben
Lasurauftrag abbinden lassen, nach Trocknung zweiter Auftrag	Lasurfarbe	Ergibt einen farbintensiveren, regelmäßigeren Auftrag

Weitere Beispiele für Lasurvariationen

- Mehrere, gleiche Lasuren übereinander; die Lasur wird farbintensiver, gleichmäßiger und deckender
- Helle Lasur auf dunklem Grund oder dunkle Lasur auf hellem Grund
- Zwei verschiedenfarbige Lasuren, nass in nass verlaufend, z. B. Komplementärfarben
- Zwei oder mehrere verschiedene Lasurfarben übereinander, Ton in Ton
- Granieren: Wischen einer Lasur- oder Deckfarbe mit modlerartigem Pinsel (sehr platter Flachpinsel) über eine möglichst grobkörnige Fläche, nur die erhabenen Stellen des Untergrundes werden erfasst

Holzimitation

Untergrund anstrichtechnisch einwandfrei vorbereiten. Gewünschte Holzart nach Naturvorlage imitieren.

Trockene Lasurpigmente (z. B. Terra di Siena, Kasselerbraun) entsprechend der Technik mit Öl, abgestandenem Bier (am besten Tröppelbier Pilsener-Art), Milch oder Essig anteigen. Ein paar Tropfen Benetzungsmittel zugeben, anschließend auf Verarbeitungsfähigkeit verdünnen.

- Fertige Lasur mit breitem Modler auftragen
- Die helleren Teile nur mit Spitzen des Dachsvertreiber seitwärts und senkrecht vertreiben
- Nach Anziehen der Lasur, z. B. mit feinem Maserpinsel, Stahlkamm oder Gummikamm (mit unterschiedlichen Kerben), Sackleinen, Wellenmodler, die Maserung der Holzart dünn nachziehen
- Bierlasur kann auch mit dem Schläger durchgeschlagen oder im Kernholzbereich getupft werden
- Nach Durchtrocknung unbedingt schützenden Überzug applizieren

Modlerarbeiten

Beleben von Flächen durch einfache Werkzeuge

Modler sind in flache Blechzwingen gefasste Pinsel verschiedener Breiten (1 bis 4 Zoll). Wanddurchzieher bestehen aus mehreren kleinen, nebeneinanderliegenden Einzelpinseln (Zackenpinsel). Modlerarbeitstechniken sind auch hervorragend als Arbeitsschritte zur Holzimitation einsetzbar. Spezielle Schleifmodlerwerkzeuge leisten gute Dienste bei Schleiflacktechniken mit Bimsmehlpulver.

Arbeitsschritte	Werkzeuge/Material	Bemerkungen
Streifenlasuren auf einen Lackgrund auftragen	Modler und Zackenpinsel in verschiedenen Breiten	Auf ein harmonisches Ineinanderspielen der lasierenden Farbtöne achten
Lasur verreiben	Vertreiber	Zufälligkeiten der Werkzeuge nutzen
Beleben der Fläche durch senkrechtes und waagerechtes Aufteilen	Mit dem Modler, Ziehfarbe muss dünn und lasierend sein	Abwägen der gebündelten Bänder mit dem freistehenden Grund, begleitende Linien oder Bänder steigern Wirkung

Möbel-Holzoberflächen

Ölen

Nur für Möbel, die gering strapaziert werden. Nur geringer Schutz vor äußeren Einflüssen.

Arbeitsschritte	Bemerkungen
Leinöl in heißem Zustand mit einem Wolllappen in das gut trockene Holz einlassen	Vorhergehende Anstriche mehrere Tage durchtrocknen, Anstrichschichten werden sonst klebrig
Ein- oder mehrmalig wiederholen, bis das Holz kein Öl mehr aufnimmt	Widerstandsfähiger Überzug; schöner, warmer Ton, aber glanzlos
Überschüssiges Öl mit Lappen aufnehmen	Sonst entstehen klebrige und runzlige Glanzflecken
Bei Verwendung von Firnis wiederholen	Bis leichter Glanz entsteht

Wachsen

Ergibt einen stumpfen, vornehm wirkenden Mattglanz.

Arbeitsschritte	Bemerkungen
Wachslösung mit Bürste oder Pinsel gleichmäßig auftragen und verteilen	Wachslösung: 2 Teile reines Bienenwachs + 1 Teil Terpentinöl
Nach 4 bis 6 Stunden bearbeiten	Mit scharfem Spachtel abziehen
Überflüssiges Wachs entfernen und Poren füllen	Bei profilierten Flächen: Bürste statt Spachtel
Wachs trocknen und erhärten lassen	Trockenzeit: bis zu einer Woche
Nachreiben bis schwacher Glanz entsteht	Mit Bürste oder weichem Lappen

Polieren

Beim Polieren werden die Flächen eines Materials durch Schleifen glänzend oder hochglänzend, d. h., durch wiederholtes Schleifen werden die Flächen geebnet und geglättet.

Güte und Haltbarkeit der Politurfläche wird durch den zur Politur benutzten Schellack bedingt; je feiner und reiner das Material, um so klarer und haltbarer wird die damit aufgetragene Schellackschicht sein.

Arbeitsschritte	Bemerkungen
Stoff (Schellackmasse) auftragen	Poren füllen und zugleich die Holzoberfläche mit einem harten, polierfähigen Film bedecken
Schicht auf Schicht mit dem Ballen auftragen und verarbeiten	Polierballen, Füllstoffe + Schleifmittel: Bimsstein, Rötel (Ton mit rotem Eisenoxid), Ziegelmehl
Gleichzeitig Material auftragen und schleifen in einem Arbeitsgang, bis feiner Hochglanz entsteht	Politur (Schellack und Spiritus) auftragen, durch fortwährende Zugabe kleiner Mengen von Bimsmehl Oberfläche schleifen
Nass in nass schleifen	Nicht trocknende Öle zugeben

Wandgestaltung mit Zierprofilen, Zierornamenten, Stuck (Fertigelemente)	
Werkstoffe	Eigenschaften
• Zementgebundener Stuck, Stuckgips • PS-Hartschaum- oder PUR-Schaum-Kern mit mineralischer Ummantelung • Vollmineralisches Blähglasgranulat • Bossensteinfassaden • Echter Zementstuck wird durch Stuckateure direkt an der denkmalgeschützten Fassade erstellt.	• In allen Abmessungen • In allen Stilformen • Stoßfest, kratzfest • Wetterbeständig • Geringes Gewicht 
Stilelement	Anwendung
Ornamente	Dekorationen in Verbindung mit Stiltapeten/-einrichtungen
Profile, Spezialprofile	Zur Einfassung von Flächen, Raumrundungen, Türen
Zierleisten	Für Abschlüsse an Decken, Wänden, Sockeln
Gesimse und Hohlkehlen	Für Wand- und Deckenübergänge
Supraporten, Pilaster	Zur Einfassung von Türen, Fenstern
Konsolen = Zierwerk, Bauglied	Dient als Auflager für Konstruktionen, Bilder, Skulpturen
Rosetten	Für Deckenmittelpunkt in verschiedenen Größen
Stuckleuchten	Direkte und indirekte Beleuchtungen
Abdeckprofile	Für Vorhänge und indirekte Beleuchtungen

Arbeitsschritte bei der Montage von Fertigelementen	
Arbeitsschritt	Bemerkungen
Dekorprofile auswählen	• Kataloge der Hersteller • Dekor auf Baustil des Gebäudes abstimmen
• Verlegeplan erstellen • Abschnüren zur Markierung der Position des Stuckgesimses	• Skizzenblock, weicher Bleistift • Meterstab; Schlagschnur • genaues Ausmessen der Längen
„Anbeilen“ des Untergrundes	• Beil für Putz; Besen zum Abfegen • zur besseren Verankerung des Ansetzmörtels
• Zuschneiden der Profile • Zuschneiden des Gehrungswinkels	• Feinsäge, Fuchsschwanz, Gehrungssäge • Gehrungslade, Gliedermaßstab
Klebemörtel vollflächig auftragen	Klebemörtel nach Herstellerangaben ansetzen
• Ansetzen der Gesimsteile • Ausrichten des Kropfwinkels • Teile leicht schiebend an den Untergrund drücken, bis der Klebemörtel herausquillt	• Wasserwaage, Gliedermaßstab, • Stuckateurkelle, Malerspachtel
Hineindrücken/Abstreifen des herausquillenden Mörtels zum Verschließen der Fugen	Stuckateurkelle, Fugenkelle
Profile bis zur Kleber-Erhärtung fixieren	Nägel, Leisten
Profile an Gehrungen und Stoßfugen zusätzlich verkleben	• PUR-Schaum • Ansetzmörtel
Fugen mit Fugendichtstoff bearbeiten	Alle, auch die Fugen zur Putzfläche hin
Nachglätten der Fugen	Feuchter Schwamm
Nach Putzarbeiten Stuckprofile farbig fassen	Geeignete Anstrichsysteme
Alternative für Klinkerfassaden	Flachverblender aus Dispersionsmaterial zur Dämmung

Sgraffito

Putztechnik als Ritz- und Kratztechnik. Figürliches oder ornamentales Gestalten auf weichen Materialien wie Putz durch Ritzen mit harten, spitzen Gegenständen (ital. Sgraffiare = leicht ritzen) wie
- Sgraffitoeisen (sehr schmale, abgewinkelte, spachtelförmige Profile zwischen 5 und 15 mm Breite, beide Enden zum Kratzen und Schaben)
- Nagel

Putze

- Beim Mischen wird erst Kalk mit Wasser vermengt und dann trockener Sand zugegeben.
- Der Abbindevorgang ist abhängig von der Witterung, dem Kalk-Sand-Verhältnis, dem Kohlenstoffdioxidgehalt der Luft und den hydraulischen Zusätzen.

Mischungsverhältnis
- Spritzbewurf: 1 Teil Zement oder hydraulischer Kalk + 1 Teil Puzzolanzusatz + 1,5 bis 2 Teile Sand
- Grundputz, innen: 1 Teil Sumpfkalk + 3 bis 4 Teile scharfer Sand (0,5 bis 2 mm)
- Grundputz, außen: 1 Teil Sumpfkalk + 0,5 bis 1 Teil Puzzolanzusatz + 2,5 Teile Sand

Arbeitsschritte	Bemerkungen
Spritzbewurf netzartig anwerfen	Gute Verbindung der Wand mit dem Bauwerk, um späteres Abplatzen auszuschließen
Angefärbten Grundputz etwa 1,5 cm dick auftragen und abgleichen	Bindemittel und Pigment nicht an die Oberfläche reiben, kalkechte Pigmente, z. B. Kohlenstaub, Marmormehl
Aufgebrachte Sgraffitoschicht noch am gleichen Tag bearbeiten	Putzfläche abgrenzen, Nahtstellen in Band- oder Gesimsmotive legen
Kalkmilch auf frischen feuchten Putz streichen	Zweimalig: 1. Lage horizontal, 2. Lage vertikal
Sofort nach dem Anstrich mit Anlegen der Linien und Flächen beginnen	Vorbereitete Schablonen, Ornamente, Figuren auftragen, Quader oder Zickzacklinien einritzen
Aufkratzen der Linien und Flächen	Kalktünche entfernen, gewünschte Vertiefung aus dem Grundputz abschaben und auskratzen

Fresco

Zur Gliederung von Fassaden in Felder, Denkmalpflege, Heraushebung bestimmter Bauteile.

- Die Malerei erfolgt mit in Kalkwasser angeteigten Farben direkt in den frischen, noch feuchten Kalkputz.
- Während das Wasser verdunstet, nimmt der Kalk im Mörtel durch Aufnahme von Kohlensäure wieder seine chemische Ursprungsform an (kohlensaurer Kalkstein).
- Der frische Kalkmörtel bindet mit der Farbe zusammen ab; an der Putzoberfläche bildet sich die Kalksinterschicht, unter der die Farbe wasserunlöslich mit dem Putzgrund verbunden ist.
- Wesentlich ist also das Malen **vor** Bildung der Sinterschicht in den noch feuchten Putz.

Pigmente Farbenskala: unverschnittene, kalk- und lichtechte Pigmente, Caput mortuum, Neapelgelb, Ocker, Umbra, Englischrot, als Weißpigment: reiner Kalk

Werkzeuge: weiße Blechplatte mit abgeteilten Farbbehälterfächern, langborstige Borstenpinsel, lange Haarpinsel

Arbeitsschritte (3 bis 4 Putzschichten)	Bemerkungen (3 bis 4 cm Gesamtschichtdicke)
1. Spritzbewurf	Mager, 1 Teil Kalk + 3 Teile Sand
2. Ausgleichsbewurf	Dick, grobkörnig und mager, 1 Teil Kalk + 3 Teile Sand
3. Grobe Malschicht	Mittelkörnig, 1 Teil Kalk + 2,5 bis 3 Teile Sand
4. Feinputz/Malschicht	Dünn, feinkörnig, etwas fetter, 1 Teil Kalk + 2 Teile Sand; nur soviel auftragen, wie Malleistung an einem Tag
Kalktünche mit Bürste gleichmäßig auftragen	Macht beim Auftrocknen alle Farben heller
Anziehen des Putzes je nach Putzbeschaffenheit und Witterung	Bevorzugt wird feuchtes Wetter, langsames Abbinden, vor Sonne schützen
Pause übertragen	Leichtes Eindrücken der Konturen mit Pinsel

Fresco (Fortsetzung)

Merkmale, Verfahren	Bemerkungen
Lasierende Malweise • strichelnd • breitflächig	Putzstruktur bleibt sichtbar, gutes Abbinden der Farben, einwandfreie Haltbarkeit
Deckende Malweise	Beimischen von Kalk ergibt hellere Töne
Zu frischer Putz	Aufgetragene Farben versaufen, trocknen hell auf
Angezogener Putz	Lasurtöne verdunkeln
Geeignete Kontur für Tagesgrenze aussuchen	Ausbesserungen in Putz und Malerei vermeiden
Transparente und leuchtende Töne	Lasierende Untermalung mit Komplementärfarbe

Schabloniertechnik

Schablonieren ist ein bewährtes Hilfsmittel bei der gestaltenden Tätigkeit der Maler/-innen, um immer wiederkehrende Muster, Zeichen oder Ornamente schneller als von Hand gemalt anzubringen.

Flächenmuster, die aneinandergezeichnet werden, müssen genau im rechten Winkel gezeichnet sein. Beim Schneiden wird in jede rechtwinklige Ecke der Schablone eine Passmarkierung angebracht, an die man den neuen Rapport ansetzt. Bei Friesschablonen wird in Form eines Rapportes fortgesetzt.

Arbeitsschritte	Werkzeuge, Bemerkungen
Motiv, Muster, Zeichen oder Ornament aussuchen	• Alte Musterbücher • Selbsterstellte Motive
Motiv übertragen	• Transparentpapier • Pauspapier • Schablonenfolie • Beidseitig imprägnierte oder lackierte Pappe
Motiv exakt und sauber ausschneiden	• Schneideunterlage • Cuttermesser, Schneidemesser, Skalpell • Schere • Locheisen
Für jeden einzelnen Farbton eine Schablone schneiden	• Bei einer mehrfarbigen Schabloniertechnik spricht man von „Schlägen“ • Vier verschiedene Farbtöne sind vier Schläge
Passmarkierungen auf allen Schlägen genau übereinander stanzen	• Ermöglicht genaues Anlegen der Schablonen • Locheisen
„Stege“ oder „Halter“ stehen lassen	Innenliegende Teile fallen sonst heraus
Schablone an das Objekt anlegen, Passmarkierung anzeichnen, Schablone fixieren	• Bleistift • Klebestreifen • Nägel • Heftzwecken
Jeweiligen Farbton senkrecht auf die festliegende Schablone auftupfen	• Schablonierpinsel • Schwamm • Kurzborstiger Stupfpinsel
Trockenzeiten einhalten, Schlag auf Schlag vorarbeiten	• Kurze, jedoch nicht zu dicke Farben verwenden • Zu dünnflüssige laufen leicht unter die Schnittkanten und verursachen unsaubere Ränder
Schablonenpapiere sofort säubern	• Wasser oder Lösemittel • Lappen • Schwamm
Gründliche Trocknung	• An Schablonenhaltern aufhängen • Schablone von Zeit zu Zeit reinigen, um die scharfe Form der Schablone zu erhalten

Vergoldearten

Ölvergoldung, Mattvergoldung	Das Blattgold wird auf einen noch klebrigen Anlegeölanstrich angeschossen.
Glanzvergoldung, „Polimentvergoldung“	Das Blattgold wird auf einen stark saugenden Polimentgrund mittels Netze aufgetragen und mit Achatpolierwerkzeug auf Hochglanz poliert.
Hinterglasvergoldung	Das Blattgold wird auf die Rückseite von Glas aufgetragen • mit Anlegeöl: Mattvergoldung, • mit Gelatine/Leim: Glanzvergoldung.
Mordentvergoldung	Blattgold auf Leimfarben- oder Temperafarbengrund auftragen. Fest trocknender Eigelb-Glyzerin-Aufstrich; warme Lösung aus Wachs, Talg und venezianischem Terpentin.
Pudervergoldung	Nachahmung einer echten Vergoldung; feinteilige Messingbronze in Gelatinelösung einrühren, auf Polimentgrund auftragen, mit Achatpolierwerkzeug auf Hochglanz polieren.
Unechte Vergoldungen	Anstelle von Blattgold werden andere Schlagmetalle (Kupfer-Zink-Zinn-Legierungen) aufgetragen. Arbeitstechnik wie beim Vergolden, Schutzbeschichtung mit Klarlack notwendig.

Blattmetalle (Übersicht)

Blattmetalle sind hauchdünn gewalzte oder geschlagene Metalle.

- Echtes Blattgold besteht aus Gold und anderen Metallen (Platin, Silber, Kupfer). Je nach Anteilen der Metalle spricht man von Orange-, Rot- oder Weißgold.
- Die Blätter werden in ein Seidenpapierheft eingelegt (Größe 80 mm × 80 mm, Dicke 1/10000 mm). Ein Heft enthält 25 Blätter Gold, 12 Hefte bilden ein Buch. Lieferung in Heften mit je 25 Blättern oder in Büchern (je Buch mit 12 Heften = 300 Blätter)
- Transfergold, auch Sturmgold genannt, ist auf Seidenpapier kaschiertes Blattgold, das man ohne Anschießer verarbeiten kann.
- Blattsilber besteht aus reinem Silber.
- Blattaluminium wird als Silberersatz verwendet und besteht aus reinem Aluminium.
- Schlagmetalle (Kompositionsgold) sind unedle Blattgoldsorten (Kupfer-Zinn-Legierungen), Größe 16 cm × 16 cm, nur für Innenräume geeignet.

Goldarten (Auswahl)

Art	Karat/Größen	EInsatzbereich
Orangegold	22 Karat/80 mm × 80 mm	innen
Orange-Doppelgold	22½ Karat	innen
Dukaten-Doppelgold	23 Karat	außen und innen
Rotgold	23 Karat	Renovierung alter Vergoldungen
Dreifach-Dukatengold	23½ Karat	außen
Rosenoble-Doppelgold	23¾ Karat, extra	außen
Weißgold	12 Karat	Polimentversilberung
Zitronengold	18 Karat	Hinterglas-Vergoldung
Zwischgold	80 mm × 80 mm; 95 mm × 95 mm	–
Rollengold	etwa 21 m; 3 bis 100 mm	–
Echt Pudergold	23½ Karat	außen in Lack einrührbar
Schlagmetalle	Aluminium 16 cm × 16 cm; Kupfer 16 cm × 16 cm; 95 mm × 95 mm	Ersatzstoff für preiswerte kurzzeitige Beschichtung (Theater)
Ewig-Gold	24 Karat	reines Gold, FF-Feingold

Ölvergoldung

Arbeitsschritte	Material, Werkzeuge, Bemerkungen
Anlegen, Auftragen des Klebemittels	Anlegeöl, Mixtion, feine Haarpinsel
Pfeifen, Feststellen des Trocknungsgrades der Mixtion: Beim Drüberstreichen entsteht ein Pfeifton.	Nicht auf der Fläche testen, Probefläche anlegen
Haarestreichen, Elektrostatische Aufladung des Anschießers bewirkt Anhaften des Blattmetalles	Entfällt bei Sturm- oder Transfergold, Anschießer
Anschießen, Blattmetall aus Heft entnehmen und zuschneiden, Blattmetall lose auflegen, aufgelegtes Blattgold leicht stupfen	Vergoldekissen, Vergoldemesser, Schere Vergoldepinsel, Transfergold mit Papierseite nach oben
Einkehren loser, überschüssiger Blattmetallteilchen	Einkehrpinsel
Polieren, vollständig getrocknete Mixtion nachpolieren	Baumwollwatte nach 1 bis 2 Tagen

Polimentvergoldung

Arbeitsschritte	Werkzeug, Material, Bemerkungen
Leimgrundierung	1 : 10, heiß (50 °C)
Kreidegrund 3-mal bis 7-mal auftragen	Kreide in Glutinlösung
Sorgfältiges Schleifen	Glaspapier, Bimsstein, Schwamm, Waschleder
Ablöschen	Leimwasser 1 : 14, warm 30 °C, Fischpinsel
Polimentgrund 3-mal bis 4-mal auftragen Aufträge in verschiedenen Farbtönen je nach Farbton des Blattmetalles	„Fette" Tonerde/Bolus + Leim (Aluminiumsilikat/Eisenoxid), Fischpinsel
Abreiben	Sauberer, weicher Baumwolllappen
Blattgold zuschneiden	Blattgold, Vergoldemesser, Vergoldekissen
Zu vergoldende Stelle mit Netze befeuchten	Netze: 1 Teil Spiritus + 2 Teile Wasser, Haarpinsel
Blattmetall sofort in feuchte Netze anlegen	Blattgold, Anschießer
Nach zwei bis vier Stunden auf Hochglanz polieren	Verschiedene Achatpolierwerkzeuge, Achat = Halbedelstein

Hinterglasvergoldung, Mattvergoldung

Arbeitsschritte	Werkzeuge, Material
Sorgfältiges Reinigen des Glases	Spiritus, weicher Lappen
Fläche hauchdünn anlegen	Mixtion; sauberer, feiner Leinenlappen
Fläche gleichmäßig abziehen	Lineal
Vergolden	Blattgold, Anschießer, Haarpinsel
Trockenzeit abwarten	Getränke, Tabellenbuch
Polieren des Goldes	Baumwollwatte
Trockenzeit abwarten	6 bis 12 Stunden
Motiv spiegelverkehrt auftragen	Pause
Auslegen des Motivs	Öllack, Alkydharzlack, Haarpinsel
Trockenzeit abwarten	Etwa 48 Stunden
Entfernen des Goldes außerhalb des Motivs	Wattebausch, feine Schlämmkreide, Schwamm, Leder
Walzen oder zweimaliges Stupfen eines Schutzanstriches	Fette Ölfarbe, Alkydharzlack, Streichwerkzeug

Linienarten in technischen Zeichnungen — DIN ISO 128-23:2000-03

Beschreibung, Darstellung	Liniengruppe 0,35	Liniengruppe 0,5	Anwendungen nach DIN ISO 128-23 (auszugsweise) und zusätzliche Anwendungen (mit Spiegelstrich)
Volllinie, schmal	0,18	0,25	2 Schraffuren (DIN 1356, DIN ISO 128-23) 7 Maßhilfslinien 8 Maßlinien und Maßlinienbegrenzungen (DIN 406-10) 9 Hinweislinien 11 Sichtbare Umrisse von Teilen in der Ansicht 12 Vereinfachte Darstellung von Türen, Fenstern, Treppen, Armaturen usw. – Projektionslinien
Volllinie, breit	0,35	0,5	1 Sichtbare Umrisse von Teilen in Schnitten mit Schraffur 3 Sichtbare Umrisse von Teilen in der Ansicht
Volllinie, sehr breit	0,7	1,0	1 Sichtbare Umrisse von Teilen in Schnitten ohne Schraffur 2 Bewehrungsstähle 3 Linien mit besonderer Bedeutung
Strichlinie, breit	0,35	0,5	1 Verdeckte Umrisse
Strichpunktlinie, schmal	0,18	0,25	1 Schnittebenen 2 Mittellinien 3 Symmetrielinien 6 Begrenzungen von teilweisen oder unterbrochenen Ansichten und Schnitten
Strichpunktlinie, breit	0,35	0,5	1 Schnittebenen 2 Umrisse von sichtbaren Teilen vor der Schnittebene
Strich-Zweipunktlinie, schmal	0,18	0,25	1 Alternativ- und Grenzstellungen beweglicher Teile 3 Umrisse angrenzender Teile
Strich-Zweipunktlinie, breit	0,35	0,5	1 Umrisslinien nicht sichtbarer Teile vor der Schnittebene
Punktlinie, schmal	0,18	0,25	1 Umrisse von nicht zum Projekt gehörenden Teilen – Umrisslinien nicht sichtbarer Teile vor der Schnittebene
Freihandlinie, schmal	0,18	0,25	– Schnittflächenschraffur bei Holz und Holzwerkstoffen

Linienbreiten in Bauzeichnungen — DIN 1356-1:1995-02

	Linienart (siehe Seite 215)	Liniengruppe				Anwendungsbereich
		I[1]	II	III	IV[2]	
		Zuordnung zu Maßstab				
		≤ 1:100		≥ 1:50		
1	Volllinie	0,5	**0,5**	**1,0**	1,0	Begrenzung von Schnittflächen
2	Volllinie	0,25	**0,35**	**0,5**	0,7	Sichtbare Kanten/Umrisse von Bauteilen, Begrenzung von Schnittflächen schmaler/kleiner Bauteile
3	Volllinie	0,18	**0,25**	**0,35**	0,5	Maß-, Maßhilfs-, Hinweis-, Lauflinien, Begrenzung v. Ausschnittdarstellungen, vereinfachte Darstellungen
4	Strichlinie	0,25	**0,35**	**0,5**	0,7	Verdeckte Kanten bzw. Umrisse von Bauteilen
5	Strichpunktlinie	0,5	**0,5**	**1,0**	1,0	Kennzeichnung der Lage der Schnittebene
6	Strichpunktlinie	0,18	**0,25**	**0,35**	0,5	Achsen
7	Punktlinie	0,25	**0,35**	**0,5**	0,7	Bauteile vor bzw. über der Schnittebene
8	Maßzahlen	2,5	**3,5**	**5,0**	7,0	Schriftgröße

1) Die Liniengruppe I ist nur dann anzuwenden, wenn eine Zeichnung mit der Liniengruppe III angefertigt, im Verhältnis 2 : 1 verkleinert wurde und die Verkleinerung weiterbearbeitet werden soll. In der Zeichnung mit der Liniengruppe III ist dann die Schriftgröße 5,0 mm zu wählen. Die Liniengruppe I erfüllt nicht die Anforderungen der Mikroverfilmung.

2) Die Liniengruppe IV ist für Ausführungszeichnungen anzuwenden, wenn eine Verkleinerung, z. B. vom Maßstab 1 : 50 in den Maßstab 1 : 100 vorgesehen ist und die Verkleinerung den Anforderungen der Mikroverfilmung zu entsprechen hat. Die Verkleinerung kann dann ggf. mit den Breiten der Liniengruppe II weiterbearbeitet werden.

Verkleinerungsmaßstäbe für Bauzeichnungen — DIN 1356-1:1995-02

Vorentwurfszeichnungen	1 : 500; 1 : 200	Baubestandszeichnungen	1 : 100; 1 : 50
Entwurfszeichnungen	1 : 100; 1 : 200	Schalpläne	1 : 50
Ausführungszeichnungen:		Bewehrungszeichnungen	1 : 50; 1 : 25; 1 : 20
• Werkzeichnungen	1 : 50; 1 : 20	Fertigteilzeichnungen	1 : 25; 1 : 20
• Detail-/Teilzeichnungen	1 : 20; 1 : 10; 1 : 5; 1 :1	Alle Maßstäbe gelten im Regelfall.	

Zeichenblattformate der A-Reihe (Seitenverhältnis $x : y = 1 : \sqrt{2}$) — DIN EN ISO 216:2007-12

Format	beschnitten		unbeschnitten
	Fläche in m²	Maße in mm	Maße in mm
A0	1	841 × 1189	880 × 1230
A1	1/2	594 × 841	625 × 880
A2	1/4	420 × 594	450 × 625
A2.0		420 × 1189	
A2.1		420 × 841	
A3	1/8	297 × 420	330 × 450
A3.0		297 × 1189	
A3.1		297 × 841	
A3.2		297 × 594	
A4	1/16	210 × 297	240 × 330

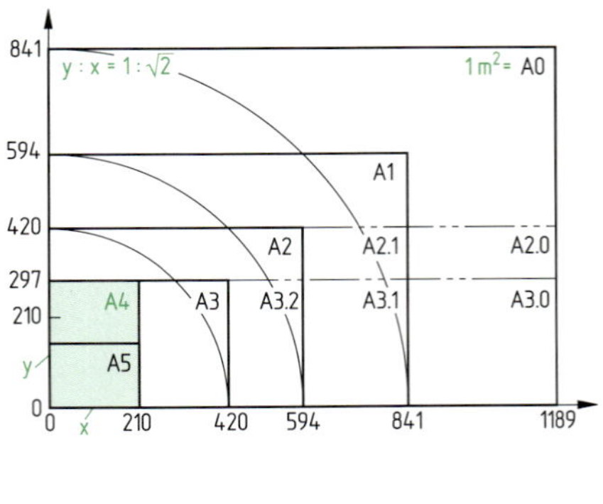

Normschrift für Bauzeichnungen — DIN EN ISO 3098-1:2015-06

Nach dem Verhältnis der Linienbreite *d* und der Höhe *h* der Großbuchstaben werden zwei Schriftformen unterschieden.	Schriftform **A**: → $d = h/14$ Schriftform **B**: → $d = h/10$

Schriftform B ist wegen der breiteren Linien ausdrucksstärker und wird in der Praxis bevorzugt.

Schriftform B, vertikal („senkrechte Mittelschrift")

ABCDEFGHIJKLMNOP

QRSTUVWXYZÄÖÜ

abcdefghijklmnopqr

stuvwxyzäöüß±□

[(!?:;"-=+×·:√‾%&)]ø

12345677890IVX

Maße für Beschriftung

Schriftform B, kursiv

ABCDEFGHIJKLMN

OPQRSTUVWXYZ

aabcdefghijklmno

Schriftform B ($d = h/10$)		Nenngrößen	2,5	3,5	5	7	10	14	20
Beschriftungsmerkmal		Verhältnis	Maße in mm						
Höhe der Großbuchstaben[4]	*h*	(10/10) *h*	2,5	3,5	5	7	10	14	20
Höhe der Kleinbuchstaben[1) 4)]	*c*	(7/10) *h*	–	2,5	3,5	5	7	10	14
Mindestabstand									
zwischen den Schriftzeichen	*a*	(2/10) *h*	0,5	0,7	1	1,4	2	2,8	4
zwischen den Grundlinien[2]	*b*	(14/10) *h*	3,5	5	7	10	14	20	28
zwischen den Grundlinien[3]	*b*	(16/10) *h*	4,0	5,7	8,0	11,4	16,0	22,8	32,0
zwischen den Grundlinien[3]	*b*	(22/10) *h*	3,85	5,5	7,7	11,0	15,4	22,0	30,8
zwischen den Wörtern	*e*	(6/10) *h*	1,5	2,1	3	4,2	6	8,4	12
Linienbreite	*d*	(1/10) *h*	0,25	0,35	0,5	0,7	1	1,4	2

1) Ohne Ober- oder Unterlängen.
2) Bei Buchstaben ohne Ober- oder Unterlängen.
3) Bei Schriftzeichen mit Ober- bzw. Unterlängen sind die angegebenen Maße für *b* entsprechend zu vergrößern.
4) Die Höhen *h* und *c* sollen mindestens 2,5 mm betragen.

Grundschriftfeld für Zeichnungen — DIN EN ISO 7200:2004-05

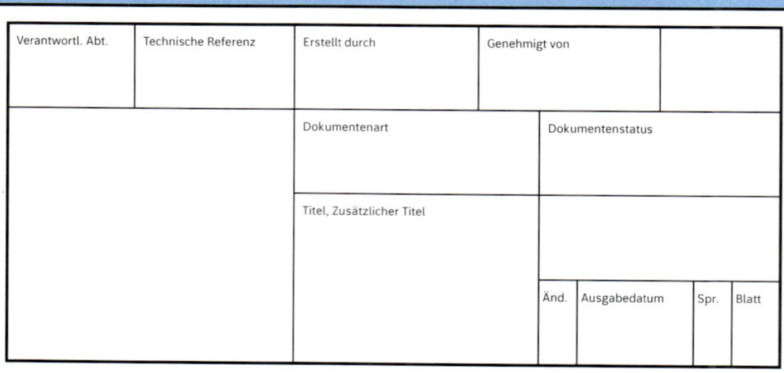

- Das Schriftfeld liegt stets in der unteren rechten Ecke des Zeichenblattes in Querlage (Ausnahme A4) und nach dem Falten auf der Deckseite des Plans.
- Die Leselage einer Zeichnung entspricht grundsätzlich der Leselage des Schriftfeldes.

Bemaßung von Bauzeichnungen — DIN 406-10/11:1992-12, DIN 1356-1:1995-02

Lese- und Schreibrichtung von Maßzahlen — DIN 406-11, DIN 1356-1

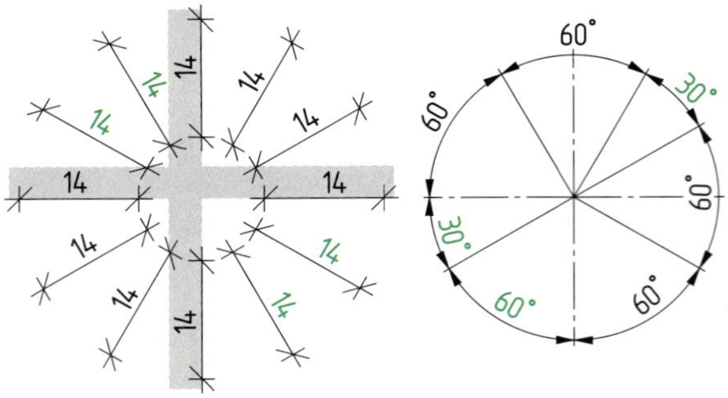

- Maßzahlen sollen hinsichtlich ihrer Lage grundsätzlich gut lesbar sein, nicht auf dem Kopf stehen. Im Hinblick auf gute Lesbarkeit ist der farbig markierte Bereich für das Eintragen von Maßzahlen nach Möglichkeit zu meiden.
- Die Maßzahlen sind im Regelfall so einzutragen, dass sie in Leselage der Zeichnung in den Hauptleserichtungen von unten und von rechts gelesen werden können.

Begriffe — DIN 406-10/11:1992-12

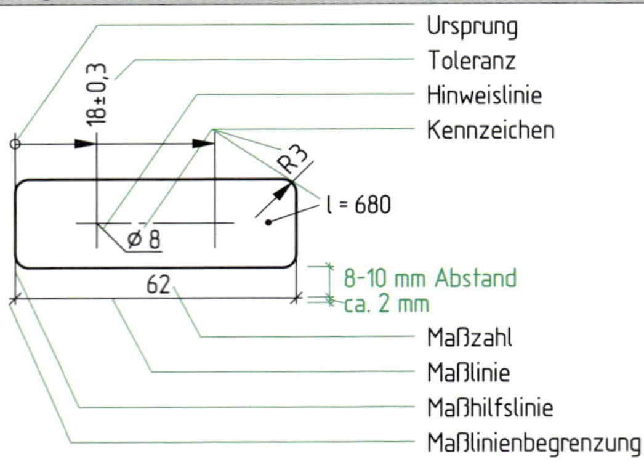

Aus einer technischen Zeichnung müssen alle für den jeweiligen Verwendungszweck erforderlichen Maße ohne Rechnen und Nachmessen ablesbar sein. Daher sind neben den Maßzahlen weitere Elemente der Maßeintragung – vorwiegend sogar international – vereinbart, die je nach Zeichnungsumfang angewendet werden:

- Maßzahlen und Maßbuchstaben
- Maßlinien und Maßhilfslinien
- Maßlinienbegrenzung
- Ursprung der Bemaßung
- Toleranzen
- Hinweislinien
- Besondere Kennzeichen und Symbole

Maßeinheiten — DIN 1356-1:1995-02

Maß-einheit	Maße < 1 m, z. B.		Maße > 1 m, z. B.
cm	24	88.5[1]	388.5[1]
m, cm	24	88^{5}	3.88^{5}[1]
mm	240	885	3885

1) Anstelle des Punktes darf ein Komma gesetzt werden.

- Die Wahl der Maßeinheit richtet sich nach der Bauart oder der Art des Bauwerks. Die angewendeten Maßeinheiten sind in Verbindung mit dem Maßstab zweckmäßigerweise im Schriftfeld anzugeben (z. B. 1 : 50 – m, cm).
- Hiervon abweichende Maßeinheiten müssen direkt vermerkt werden (z. B. bei Maßeinheit m, cm: 50 mm, 30°).

Maßzahlen, Maßkennzeichnung — DIN 406-10/11:1992-12, DIN 1356-1:1995-02

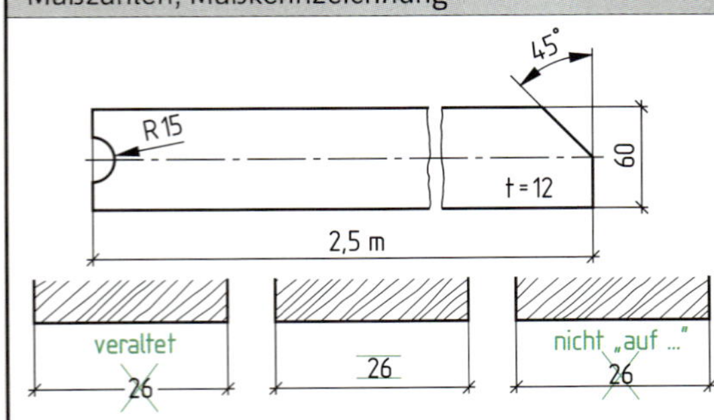

- Maßzahlen sollen möglichst nicht kleiner als 3 mm sein.
- Maßkennzeichen (-buchstaben): z. B.
  t Dicke (thickness), ***l*** Länge, ***b*** Breite, ***h*** Höhe,
  BRH Brüstungshöhe,
  LH lichte Höhe,
  OKFF Oberkante Fertigfußboden.
- Maßzahlen, die Längen angeben, stehen **über** der Maßlinie.
- Maßzahlen, die Höhen angeben (z. B. Fensterhöhen), stehen **unter** der Maßlinie.

Bemaßung von Bauzeichnungen (Fortsetzung) **DIN 406-10/11:**1992-12, **DIN 1356-1:**1995-02

Maßlinien — DIN 406-10/11:1992-12, DIN 1356-1:1995-02

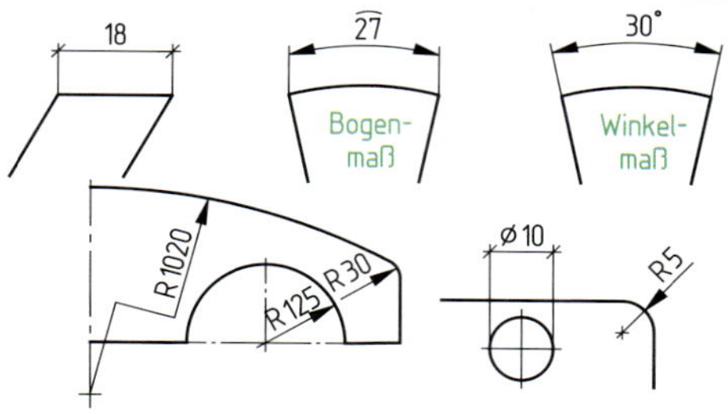

Maßlinien werden zwischen Maßhilfslinien oder Körperkanten von Maßlinienbegrenzung zu Maßlinienbegrenzung durchgezogen, und zwar

- rechtwinklig zu den zugehörenden Körperkanten,
- parallel zu den bemaßenden Strecken, z. B. auch als Bogenmaß (Maß 27),
- als Bogen zwischen den Schenkeln eines Winkels (z. B. Maß 30°) oder
- bei Radien z. B. mit nur einem Pfeil auf den Mittelpunkt des betreffenden Kreises hinweisend.

Maßhilfslinien — DIN 406-10/11:1992-12, DIN 1356-1:1995-02

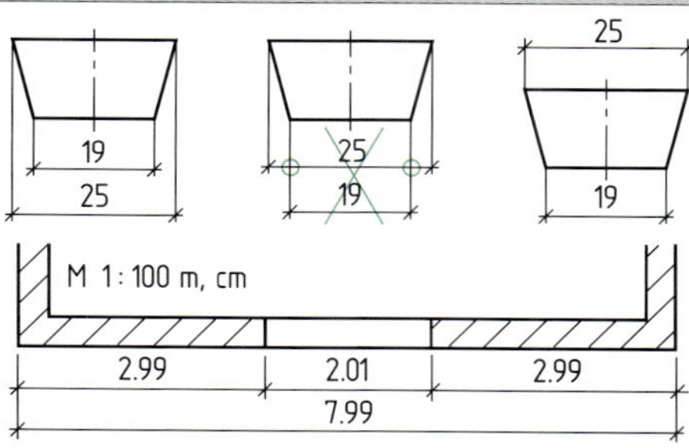

- Maßlinien und Maßhilfslinien sollen sich nach Möglichkeit nicht untereinander oder mit anderen Linien schneiden.
- Maßhilfslinien verbinden die zu bemaßenden Elemente mit den Maßlinien und gehen etwa 2 mm über diese hinaus.
- In Bauzeichnungen ist es üblich, die Maßhilfslinien von der Darstellung abgesetzt zu zeichnen.
- Maßhilfslinien, die sich auf dieselben Körperkanten beziehen und sich auf hintereinander liegenden Maßketten befinden, werden durchgezogen.

Maßlinienbegrenzung — DIN 406-10/11:1992-12, DIN 1356-1:1995-02

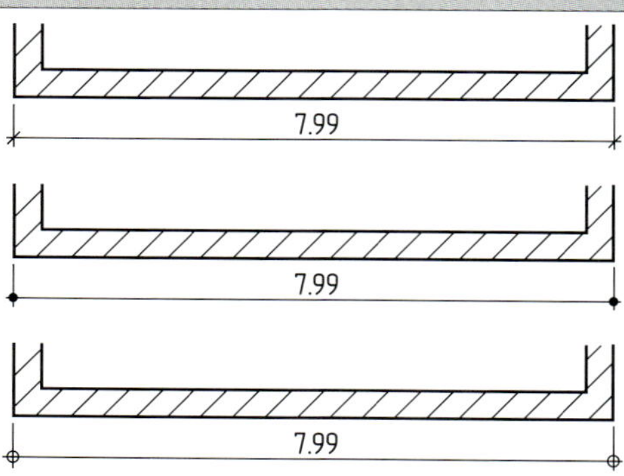

Die Maßlinienbegrenzung kann in Bauzeichnungen folgendermaßen dargestellt werden:

- Schrägstrich. Er verläuft von links unten nach rechts oben unter 45° zur Leselage.
- Punkt. Seine Mitte wird auf den Schnittpunkt von Maßlinie und Maßhilfslinie bzw. Körperkante gesetzt.
- Kreis. Der Punkt als Maßlinienbegrenzung darf als Kreis gezeichnet werden.

Des Weiteren sind möglich:

- Kreis für die Ursprungsangabe
- Pfeile in technischen Zeichnungen der Metall- und Elektrotechnik

Höhenangaben — DIN 1356-1:1995-02

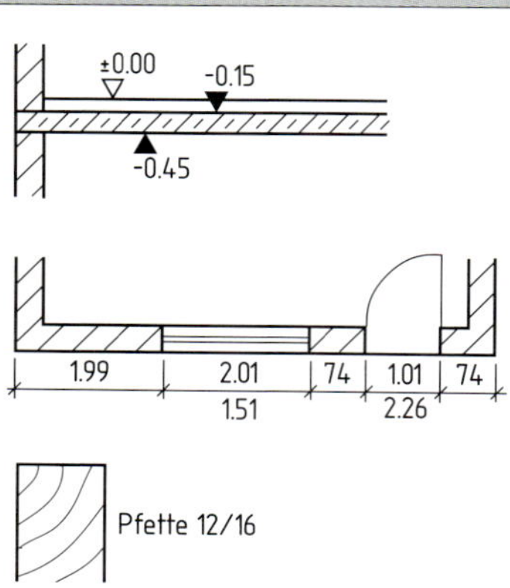

- Höhenangaben sind in Form von Höhenkoten in Schnitte und Grundrisse einzutragen.
- Das Vorzeichen + oder – der Maßzahlen bezieht sich auf die Höhenlage ± 0,00.
- Schwarz ausgefüllte Höhenkoten beziehen sich auf Rohbauteile (z. B. OK Rohdecke).
- Nicht ausgefüllte Höhenkoten beziehen sich auf Fertigbauteile (z. B. Fertigfußboden OKFF).
- Wird in der Grundrissbemaßung zusätzlich zur Breite, z. B. von Türen und Fenstern, auch die Höhe angegeben, so ist die Maßzahl für die Höhe unter der Maßlinie, direkt unter dem Maß, welches die Breite angibt, anzuordnen.
- Rechteckquerschnitte dürfen in Bruchform bemaßt werden, z. B. 12/16 = Breite/Höhe im Schnitt.

Grundlagen
Werkstoffe, Hilfsstoffe
Werkzeuge, Geräte, Gerüste
Arbeitstechniken
Gestaltung
Arbeitsschutz, Umweltschutz
Aufmaß, Abrechnung
Betriebsführung
Quellen

Bemaßung von Bauzeichnungen (Fortsetzung) **DIN 406-10/11:**1992-12**, DIN 1356-1:**1995-02

Maßanordnung — DIN 1356-1:1995-02

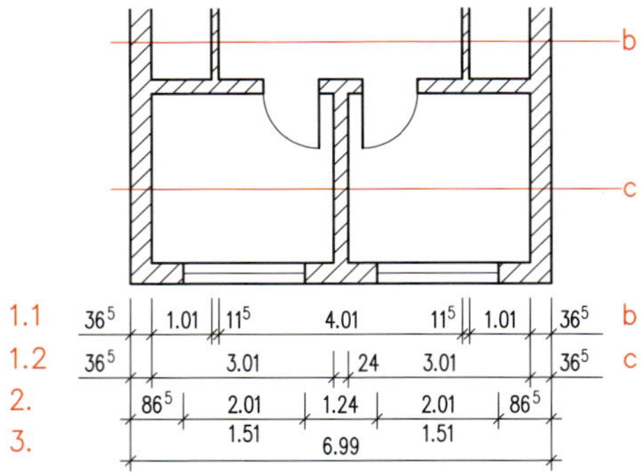

Die Anordnung von Maßketten in Grundrissen sieht, vom Bauteil aus gesehen, folgendermaßen aus:

1. Bemaßung der Räume
2. Bemaßung der Fenster und Außentüren
3. Bemaßung der Gebäudeabmessungen

Dabei sind die Maßketten so anzuordnen, dass sich ihre Reihenfolge im Grundriss wiederfinden lässt. Siehe links: Die Wände, die in Maßkette b bemaßt werden, liegen oberhalb der Wände, die in Maßkette c bemaßt werden. Entsprechend liegt Maßkette b oberhalb von Maßkette c.

Kennzeichnung von Schnittflächen im Bauwesen – Schraffuren **DIN 1356-1:**1995-02

Mauerwerk	Beton, unbewehrt	Beton, bewehrt	Mörtel, Putz
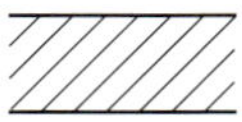	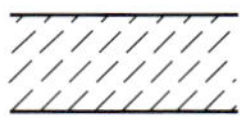		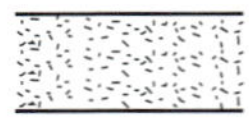
Holz, quer und längs	**Dämmstoffe**	**Abdichtungen**	**Kies / Boden**
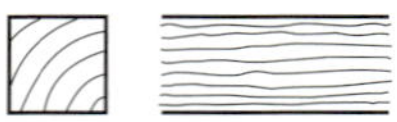			

Symbole in Bauzeichnungen

Schaltzeichen für Installationstechnik — DIN EN 60617-7/11:1997-08

Schalter	Steckdose	Antennenst.	Elektrogerät	Lampe	Elektroherd
	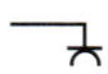				

Sinnbilder für Sanitärgegenstände — DIN 1986-100:2016-12

Badewanne	Duschwanne	Waschtisch	Klosettbecken
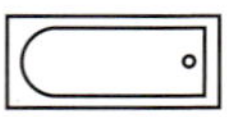	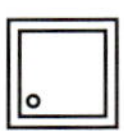	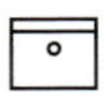	

Sinnbilder für Einrichtungsgegenstände (in Bauzeichnungen üblich)

Bett	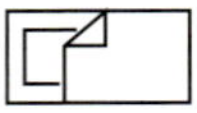	Sessel	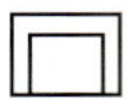	Schrank		Kühlschrank	
Regal, Bett	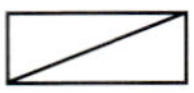	Stuhl/Tisch	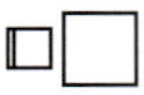	Spüle		Waschmasch.	

Türen

DIN-links angeschlagen	DIN-rechts angeschlagen	
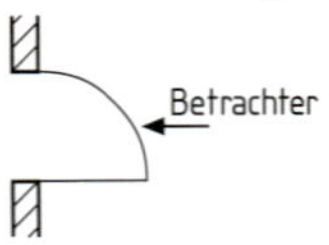	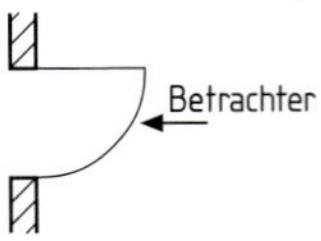	Türmaße = Rechteckquerschnitte, in Werkzeichnungen in Bruchform als Rohbaunennmaß (Breite/Höhe) angegeben. Gängige Rohbaunennbreiten: 0,635 m; 0,76 m; 0,885 m; 1,01 m

Parallele, Streckenteilung, Senkrechte

Parallele ziehen

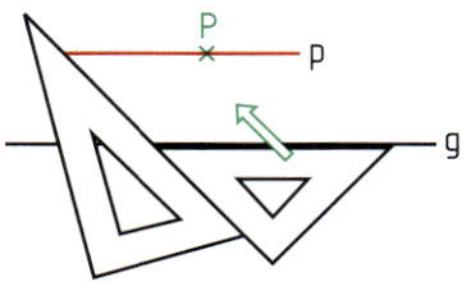

zur Geraden *g* durch Punkt *P*:
1. 45°-Zeichendreieck an ***g*** anlegen.
2. 60°-Zeichendreieck an 45°-Zeichendreieck anlegen.
3. 45°-Zeichendreieck am 60°-Zeichendreieck entlang bis Punkt ***P*** verschieben und die gesuchte Parallele ***p*** zeichnen.

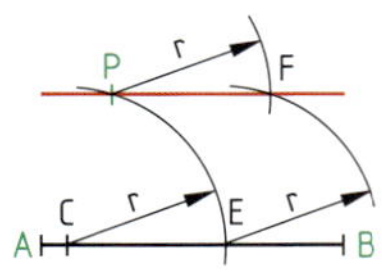

zur Strecke $\overline{AB}$ durch Punkt *P* (Zirkelkonstruktion):
1. Um einen beliebigen Punkt (***C***) auf der Strecke $\overline{AB}$ einen Kreisbogen mit ***r*** = Strecke $\overline{CP}$ schlagen, ergibt Punkt ***E***.
2. Mit gleicher Zirkelöffnung ***r*** je einen Kreisbogen um ***P*** und ***E*** schlagen, ergibt ***F***.
3. Die Gerade durch ***P*** und ***F*** ist die gesuchte Parallele.

Strecke AB in mehrere gleiche Teile teilen

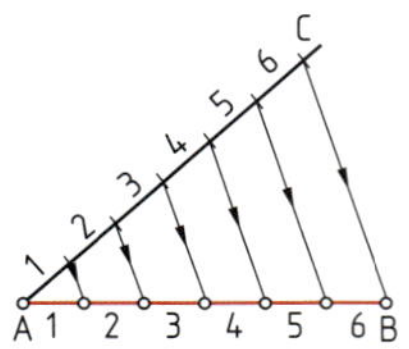

durch Parallelverschiebung:
1. Von ***A*** aus eine Hilfsstrecke zeichnen.
2. Auf der Hilfsstrecke die Anzahl der gewünschten Teilungen (z. B. 6) von ***A*** aus abtragen.
3. Endpunkt ***C*** der aufgeteilten Hilfsstrecke mit ***B*** verbinden.
4. Parallelen zu $\overline{CB}$ durch die Teilungspunkte auf $\overline{AC}$ teilen die Strecke $\overline{AB}$ in gleiche Teile.

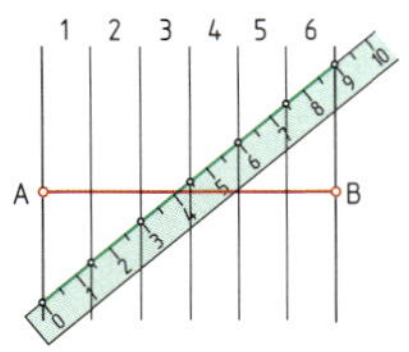

einfache Praxismethode durch Abmessen:
1. Je eine Senkrechte durch ***A*** und ***B*** zeichnen oder vorhandene Körperkanten nutzen.
2. Auf der zu Punkt ***A*** gehörenden Senkrechten eine Messskala bei Null anlegen und die gewünschte Anzahl schräg abmessen (hier z. B. 6 Teile mit je 15 mm = 90 mm).

Senkrechte konstruieren

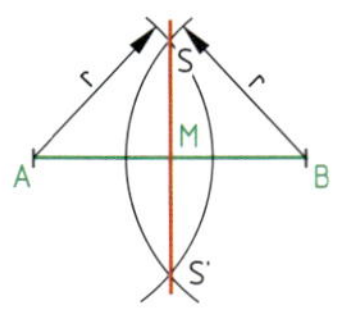

Mittelsenkrechte konstruieren:
1. Je einen Kreisbogen mit gleichem Radius ***r*** um ***A*** und ***B*** schlagen, ergeben die Schnittpunkte ***S*** und ***S'***.
2. Die Verbindungslinie zwischen ***S*** und ***S'*** steht senkrecht auf der Strecke $\overline{AB}$ und halbiert sie im Punkt ***M***.

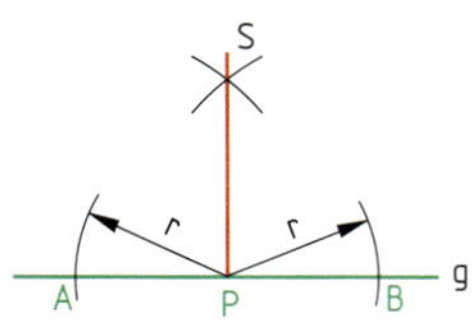

Senkrechte im Punkt *P* errichten:
1. Um ***P*** mit dem Zirkel zwei gleich große Strecken ***r*** auf ***g*** abtragen, ergibt ***A*** und ***B***.
2. Um ***A*** und ***B*** jeweils einen Kreisbogen schlagen, ergibt ***S***.
3. Die Verbindungslinie von ***S*** mit ***P*** ist die gesuchte Senkrechte.

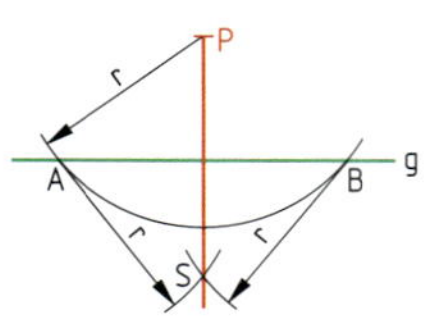

Lot fällen:
1. Kreisbogen um gegebenen Punkt ***P*** ergibt ***A*** und ***B***.
2. Je ein Kreisbogen mit gleichem Radius ***r*** um ***A*** und ***B*** ergibt ***S***.
3. Die Verbindung von ***P*** und ***S*** ergibt in der Verlängerung das Lot von ***P*** auf $\overline{AB}$.

Winkel halbieren, Winkel übertragen, Winkel konstruieren

Winkel halbieren

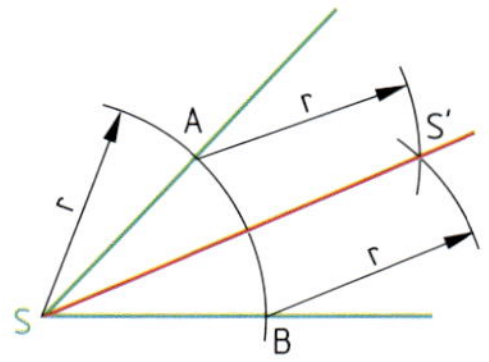

Winkel mit Scheitelpunkt:
1. Kreisbogen mit beliebigem Radius ***r*** um Scheitelpunkt ***S*** schlagen, ergibt ***A*** und ***B***.
2. Je einen Kreisbogen um ***A*** und ***B*** schlagen, ergibt ***S'***.
3. Verbindungslinie von ***S*** mit ***S'*** ist die gesuchte Winkelhalbierende.

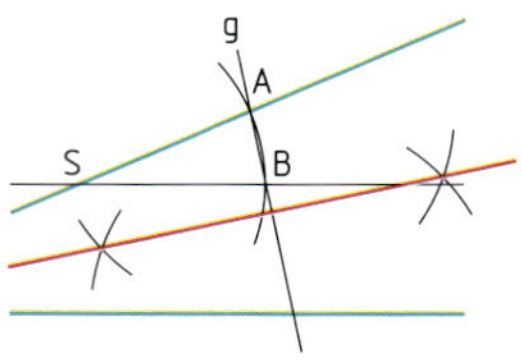

Winkel ohne Scheitelpunkt:
1. Zu einem Schenkel in beliebigem Abstand eine Parallele ziehen, die den anderen Schenkel schneidet, ergibt ***S***.
2. Um den Scheitelpunkt ***S*** mit beliebigem Radius einen Kreisbogen auf die Schenkel von ***S*** schlagen, ergibt ***A*** und ***B***.
3. Durch ***A*** und ***B*** eine Gerade ***g*** ziehen.
4. Die Mittelsenkrechte auf ***g*** halbiert den gegebenen Winkel.

Winkel übertragen

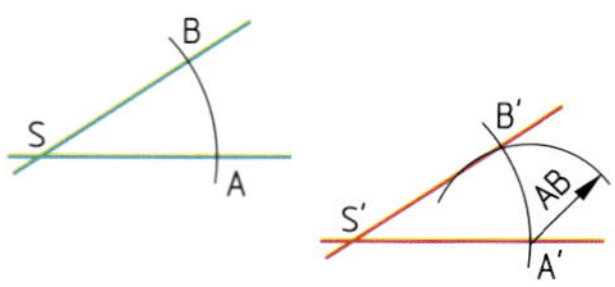

1. Je einen Kreisbogen um ***S*** und um ***S'*** schlagen, ergibt ***A***, ***B*** und ***A'***.
2. Winkelöffnung $\overline{AB}$ mit dem Zirkel abgreifen und von ***A'*** aus auf den Bogen übertragen, ergibt ***B'***.
3. Die Verbindungslinie von ***S'*** durch ***B'*** ist der zweite Schenkel des übertragenen Winkels.

Winkel konstruieren

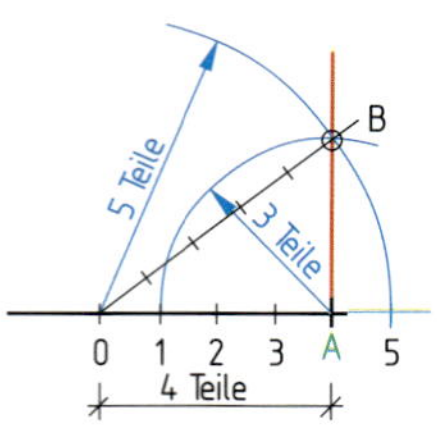

Rechter Winkel im Zahlenverhältnis 3 : 4 : 5:
1. Durch ***A*** eine Waagerechte zeichnen.
2. Von ***A*** aus 4 gleich große Teile nach links und 1 Teil nach rechts abtragen.
3. Je einen Kreisbogen um ***A*** mit ***r*** = 3 Teile und um Anfangspunkt **0** mit ***r*** = 5 Teile schlagen, ergeben Schnittpunkt ***B***.
4. $\overline{AB}$ verläuft senkrecht zur Waagerechten.
   In der Praxis wird oft mit 3 Leisten im Längenverhältnis **3 : 4 : 5** ein rechter Winkel konstruiert.

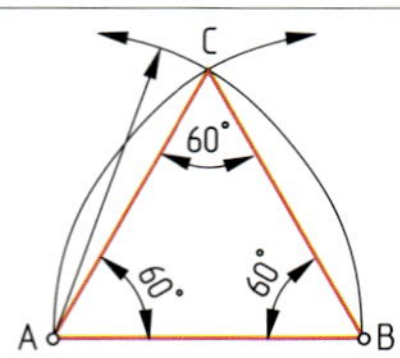

60°-Winkel und gleichseitiges Dreieck konstruieren:
1. Kreisbögen mit ***r*** = $\overline{AB}$ um ***A*** und ***B*** schneiden sich in ***C***.
2. $\overline{AB} = \overline{BC} = \overline{CA}$ bilden ein gleichseitiges Dreieck. In einem gleichseitigen Dreieck haben alle Winkel eine Größe von 60°.

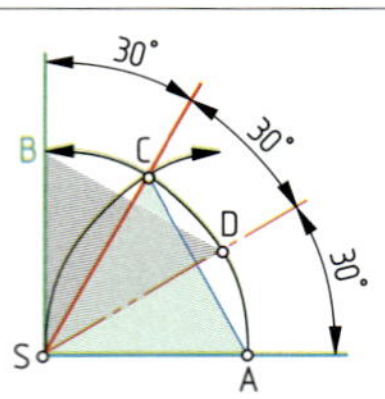

Rechten Winkel dritteln bzw. 30°-Winkel konstruieren:
1. In einem rechten Winkel vom Scheitelpunkt **S** aus ***A*** und ***B*** festlegen.
2. Über $\overline{SA}$ und $\overline{SB}$ 2 gleichseitige Dreiecke konstruieren.
3. Beide Dreiecke überlappen sich um 30° und lassen jeweils auch 30° frei.

Kreismittelpunkt, Umkreis, Inkreis, Tangente konstruieren

Kreismittelpunkt bestimmen

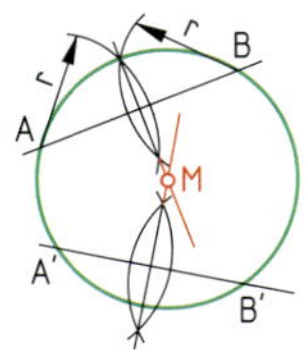

1. Zwei beliebige Sehnen am Kreisbogen antragen.
2. Mittelsenkrechte auf den Sehnen errichten.
3. Im Schnittpunkt der Mittelsenkrechten liegt der gesuchte Kreismittelpunkt.

Umkreis eines Dreiecks konstruieren

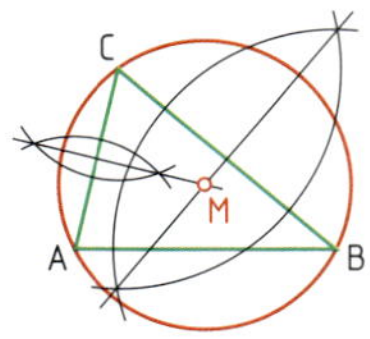

1. Auf zwei beliebigen Dreieckseiten die Mittelsenkrechten errichten.
2. Im Schnittpunkt der Mittelsenkrechten liegt der gesuchte Kreismittelpunkt.

Inkreis eines Dreiecks konstruieren

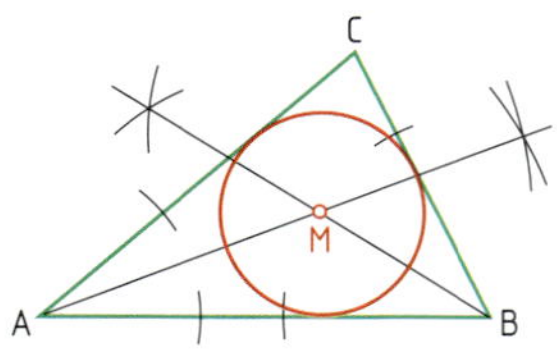

1. Zwei beliebige Winkel des Dreiecks halbieren.
2. Im Schnittpunkt der Winkelhalbierenden liegt der gesuchte Kreismittelpunkt.

Tangente zum Kreis zeichnen

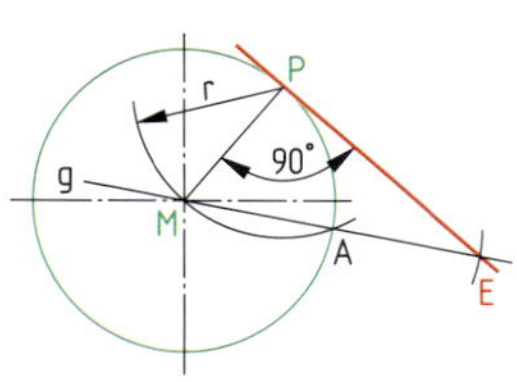

Tangente durch Kreispunkt *P*:

1. Um ***P*** einen Kreisbogen mit ***r*** = $\overline{PM}$ schlagen, ergibt ***A***.
2. Gerade **g** durch die Punkte ***M*** und ***A*** ziehen.
3. Strecke $\overline{AM}$ von ***A*** aus auf ***g*** abtragen, ergibt ***E***.
4. Gerade durch ***E*** und ***P*** ist die gesuchte Tangente.

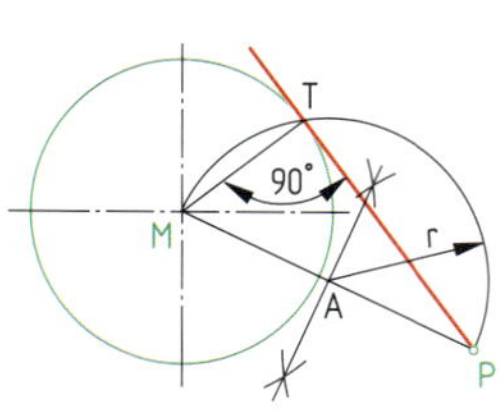

Tangente von einem Punkt *P* an den Kreis:

1. Strecke $\overline{MP}$ halbieren, ergibt ***A***.
2. Um ***A*** einen Kreisbogen mit ***r*** = $\overline{AM}$ schlagen, ergibt ***T***.
3. Gerade durch ***P*** und ***T*** ist die gesuchte Tangente.

Kreisanschlüsse, Kreisverbindungen

Kreisanschlüsse

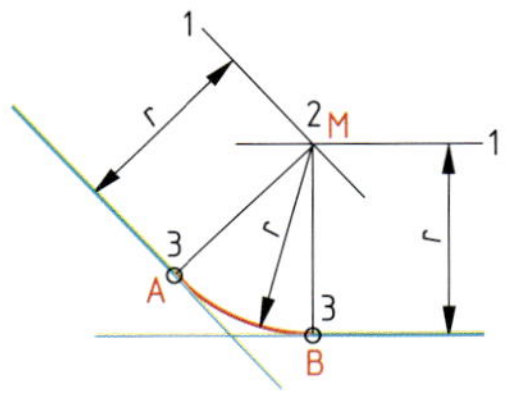

Zwei Geraden durch Kreisanschluss verbinden:

1. Parallelen zu den beiden Geraden im Abstand von ***r*** zeichnen.
2. Schnittpunkt der beiden Parallelen ist der Anschlussbogen-Mittelpunkt ***M***.
3. Senkrechte von Mittelpunkt ***M*** aus auf die zu verbindenden Linien ergeben die Anschlusspunkte ***A*** und ***B***.

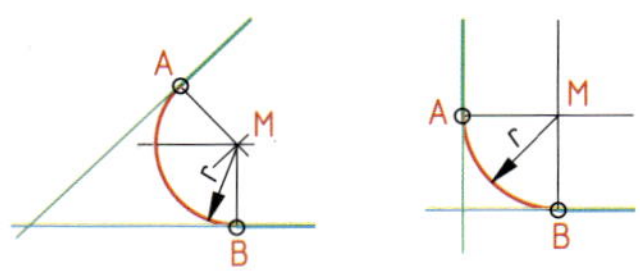

Kreisanschluss im Winkel:

1. Parallelen innerhalb des Winkels zu beiden Schenkeln im Abstand ***r*** zeichnen.
2. Schnittpunkt der beiden Parallelen ist der Anschlussbogen-Mittelpunkt ***M***.
3. Lote von ***M*** aus auf beide Schenkel fällen, ergeben die Anschlusspunkte ***A*** und ***B***.

Kreise verbinden

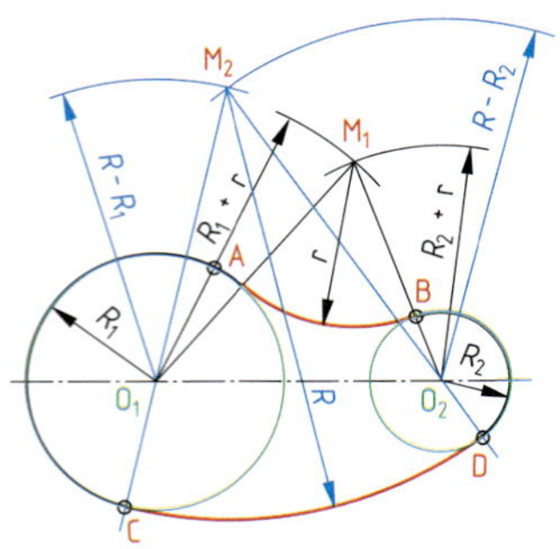

Innenkreis mit Radius *r*:

1. Um beide Kreismittelpunkte je einen Kreisbogen schlagen mit einem Radius von $\boldsymbol{R_1 + r}$ bzw. $\boldsymbol{R_2 + r}$.
2. Der Schnittpunkt der beiden Kreisbögen ist der Anschlussbogen-Mittelpunkt $\boldsymbol{M_1}$.
3. Geraden von $\boldsymbol{M_1}$ aus auf die Kreismittelpunkte $\boldsymbol{O_1}$ und $\boldsymbol{O_2}$ ergeben die Anschlusspunkte ***A*** und ***B***.

Außenkreis mit Radius *R*:

1. Um beide Kreismittelpunkte je einen Kreisbogen schlagen mit einem Radius von $\boldsymbol{R - R_1}$ bzw. $\boldsymbol{R - R_2}$.
2. Der Schnittpunkt der beiden Kreisbögen ist der Anschlussbogen-Mittelpunkt $\boldsymbol{M_2}$.
3. Geraden von $\boldsymbol{M_2}$ aus durch die Kreismittelpunkte $\boldsymbol{O_1}$ und $\boldsymbol{O_2}$ auf die Kreise ergeben die Anschlusspunkte ***C*** und ***D***.

Eine Gerade mit einem Punkt verbinden

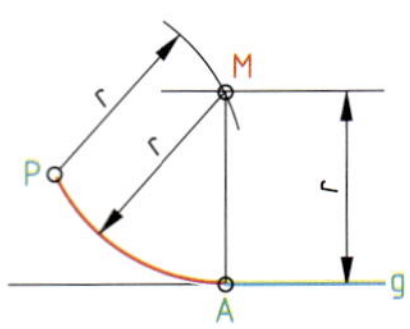

1. Parallele zur Geraden ***g*** im Abstand ***r*** zeichnen.
2. Kreisbogen um ***P*** mit dem Radius ***r*** schlagen.
3. Der Schnittpunkt der Parallelen mit dem Kreisbogen ist der Anschlussbogen-Mittelpunkt ***M***.
4. Lot von ***M*** aus auf ***g*** fällen, ergibt den Anschlusspunkt ***A***.

Einen Kreis mit einem Punkt verbinden

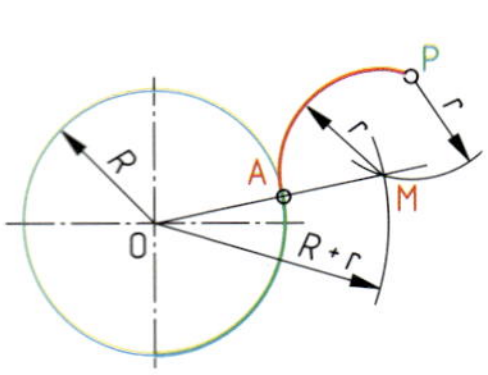

1. Kreisbogen um den Kreismittelpunkt ***O*** schlagen mit dem Radius $\boldsymbol{R + r}$.
2. Kreisbogen um ***P*** schlagen mit dem Radius ***r***.
3. Der Schnittpunkt der beiden Kreisbögen ist der Anschlussbogen-Mittelpunkt ***M***.
4. ***O*** mit ***P*** durch eine Gerade verbinden. Der Schnittpunkt der Geraden mit dem Kreis ist der Anschlusspunkt ***A***.

Bogenkonstruktion, Vieleckkonstruktion

Bogenkonstruktionen

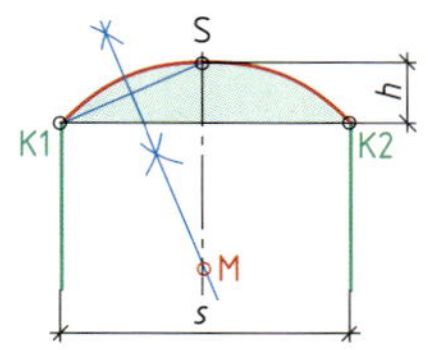

Mittelpunkt eines Segmentbogens bestimmen:
Ein Segmentbogen ist stets ein Teil eines Kreisbogens, für den der Mittelpunkt ***M*** zu ermitteln ist.
Beispiel: Die Spannweite ***s*** mit den Kämpferpunkten ***K1*** und ***K2*** sowie die Stichhöhe ***h*** sind gegeben.

1. Sehne $\overline{K1K2}$ und Mittelsenkrechte zeichnen, ***S*** eintragen.
2. Mittelsenkrechte auf $\overline{K1S}$ oder $\overline{K2S}$ errichten, ergibt ***M***.
3. Um ***M*** einen Segmentbogen mit $r = \overline{MS}$ zeichnen.

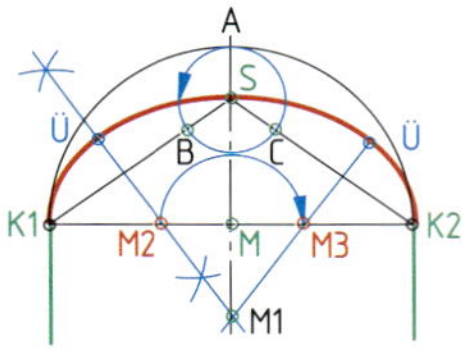

Korbbogen mit drei Mittelpunkten:

1. Spannweite $\overline{K1K2}$ und Stichhöhe $\overline{MS}$ mit Achsen auftragen.
2. Kämpferpunkte ***K1*** und ***K2*** jeweils mit ***S*** verbinden.
3. Um ***M*** einen Halbkreis zeichnen mit $r = \overline{MK1}$, ***A*** eintragen.
4. Kreisbogen um ***S*** mit $r = \overline{SA}$ schlagen, ergibt ***B*** und ***C***.
5. Mittelsenkrechte auf $\overline{K1B}$ und $\overline{K2C}$ errichten.
6. Ihre Schnittpunkte ergeben ***M1***, ***M2*** und ***M3*** sowie die Übergangspunkte (***Ü***) für das Zeichnen des Korbbogens $\overline{K1SK2}$.

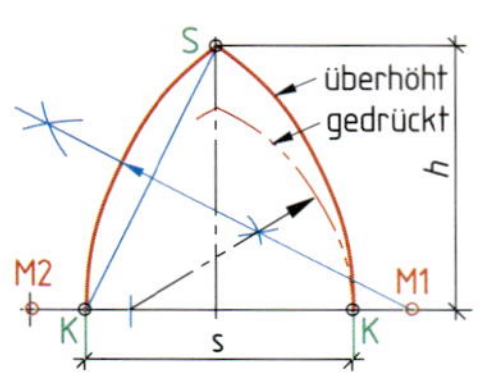

Spitzbogen („Gotischer Bogen"):
Spitzbögen bestehen aus zwei Segmentbögen, deren Mittelpunkt jeweils auf der Mittelsenkrechten der zugehörigen Sehne $\overline{KS}$ und auf der Kämpferlinie (Spannweite, $\overline{KK}$) liegt.
Man unterscheidet folgende Bogenformen:

- **normal:** Mittelpunkte sind die beiden Kämpferpunkte
- **überhöht:** Abstand der Mittelpunkte > $\overline{KK}$
- **gedrückt:** Abstand der Mittelpunkte < $\overline{KK}$

Regelmäßige Vielecke konstruieren

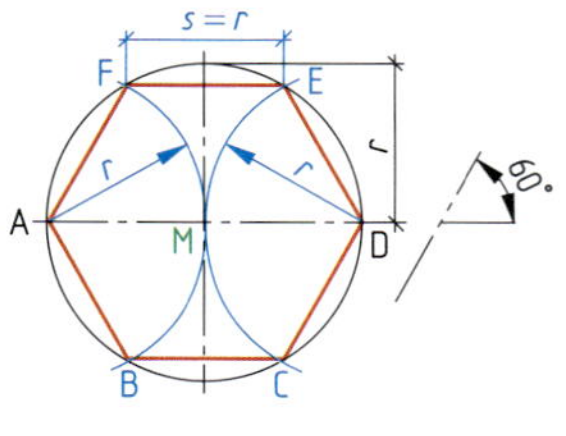

Sechseck im Umkreis:

1. Umkreis mit Radius ***r*** um Mittelpunkt ***M*** zeichnen.
2. Eckpunkte ***A*** und ***D*** festlegen (z. B. in der Waagerechten oder der Senkrechten).
3. Kreisbögen mit ***r*** um ***A*** und ***D*** ergeben die weiteren Eckpunkte ***B***, ***C***, ***E*** und ***F***.
4. Eckpunkte verbinden (60°-Winkel ist hilfreich).

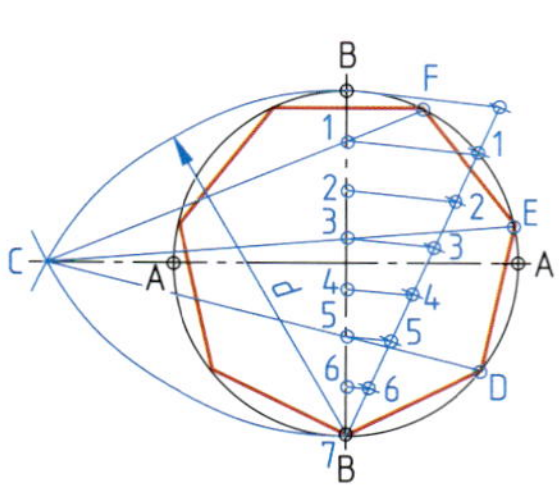

Allgemeine Vieleckkonstruktion (*n*-Eck):

1. Eine Mittellinie (hier $\overline{BB}$) in ***n*** gleiche Teile einteilen (z. B. in 7 Teile für ein Siebeneck).
2. Kreisbögen um die Punkte ***B*** mit $r = \overline{BB}$ ergeben ***C***.
3. Von ***C*** aus Strahlen durch jeden geraden (***n*** = gerade Zahl, z. B. 8) oder ungeraden (***n*** = ungerade Zahl, z. B. 7) Teilungspunkt bis zum gegenüberliegenden Schnittpunkt mit der Umkreislinie ziehen.
4. Diese Schnittpunkte ***D***, ***E*** und ***F*** spiegelbildlich übertragen und die so gefundenen Vieleckpunkte (hier 7) verbinden.

Axonometrische Darstellungen[1) 2)] — DIN ISO 5456-3:1998-04

Isometrische Projektion[3)]

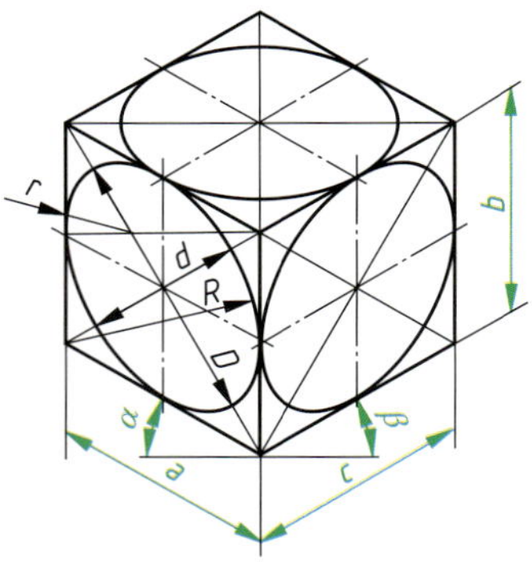

Für Perspektiven, bei denen in allen drei Ansichten Wesentliches gezeigt werden soll.

- ***a*** : ***b*** : ***c*** = 1 : 1 : 1
- $\alpha = 30°$; $\beta = 30°$
- Kreise erscheinen in allen Ansichten als Ellipsen.

Dimetrische Projektion[4)]

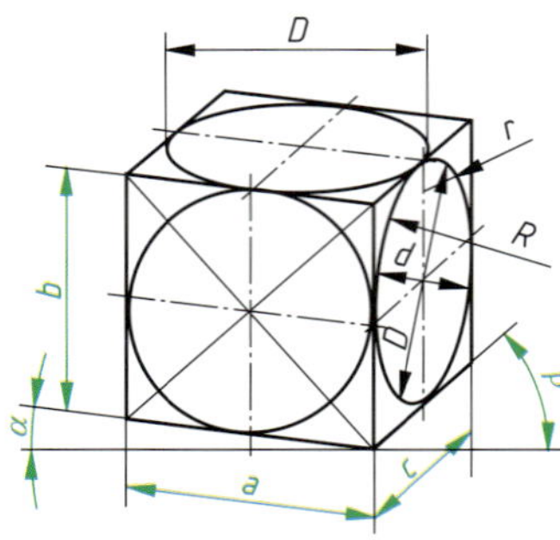

Für Perspektiven, die in der Vorderansicht Wesentliches zeigen und möglichst anschaulich sein sollen.

- ***a*** : ***b*** : ***c*** = 1 : 1 : 0,5
- $\alpha = 7°$; $\beta = 42°$
- Ellipsen in der Vorderansicht können als Kreise gezeichnet werden.

Kavalier-Projektion

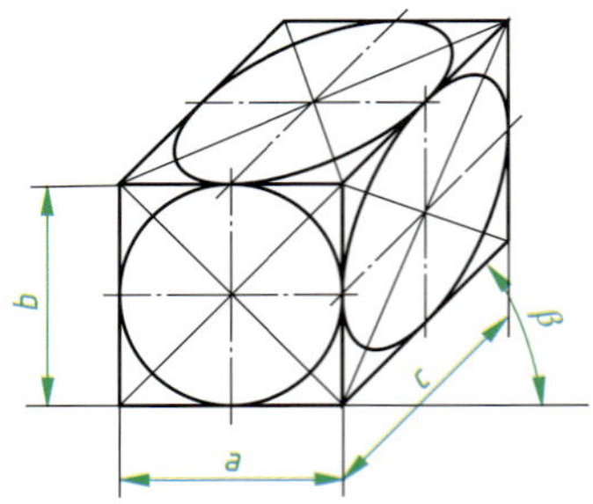

Für Perspektiven, die maßgerechte Vorderansichten und/oder realistische Frontalschnitte ergeben sollen.

- Frontalperspektive
- ***a*** : ***b*** : ***c*** = 1 : 1 : 1
- $\beta = 45°$

[1)] Axonometrie (griechisch) bedeutet „Achsenmessung". [2)] Projektionen werden auch „Perspektiven" genannt.
[3)] Iso (griechisch) bedeutet „gleich". [4)] Di (griechisch) bedeutet „zwei".

Zentralprojektion — DIN EN ISO 5456-4:2002-12

Ein-Punkt-Methode

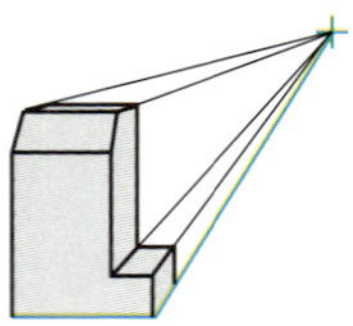

- Alle Linien, die rechtwinklig zur Projektionsebene liegen, laufen im **Fluchtpunkt** zusammen.
- **Horizontale** Linien bleiben horizontal.
- **Vertikale** Linien bleiben vertikal.

Zwei-Punkt-Methode

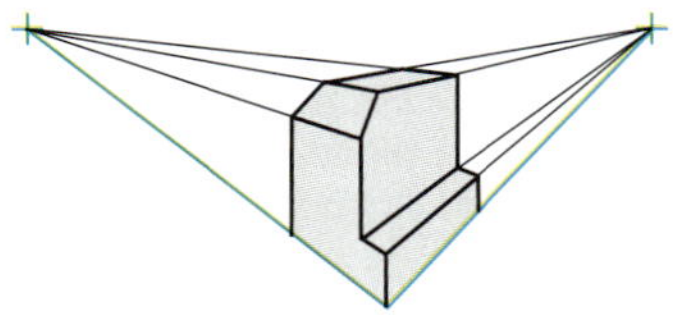

- **Vertikale** Linien und Kanten liegen parallel zur Projektionsebene und bleiben vertikal.
- Alle **horizontalen** Linien laufen im **relativen Fluchtpunkt** auf der Horizontlinie zusammen.

Drei-Punkt-Methode

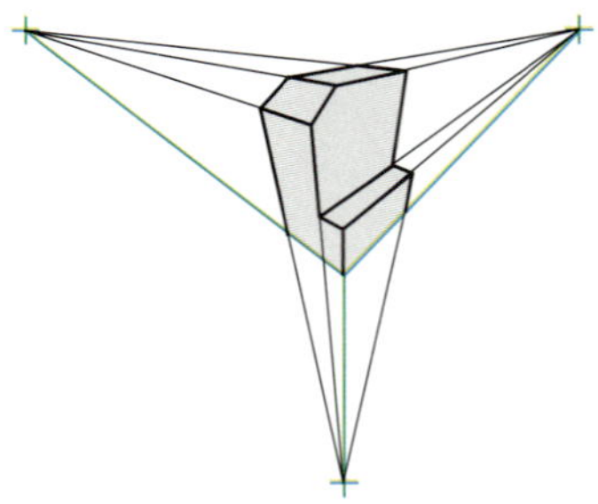

- Alle Flächen des Gegenstandes sind zur Projektionsebene geneigt.
- Alle Umrisse oder Kanten verlaufen nicht parallel zur Projektionsebene in drei **Fluchtpunkte**.

Orthogonale Darstellungen — DIN ISO 5456-2:1998-04

Projektionsmethode 1 („Klappmethode")

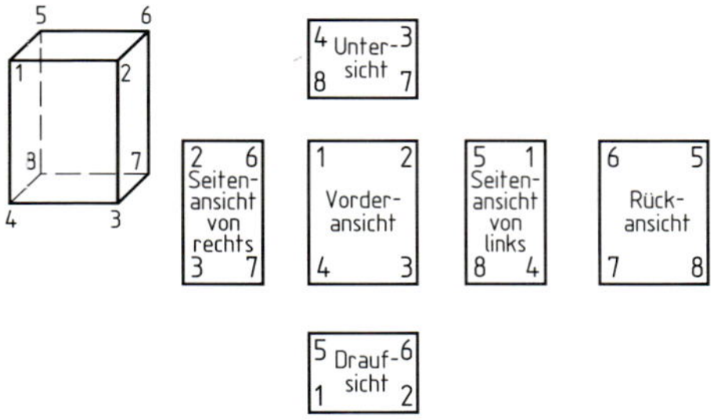

Die Lage der Hauptansichten zueinander ist festgelegt.

Pfeilmethode

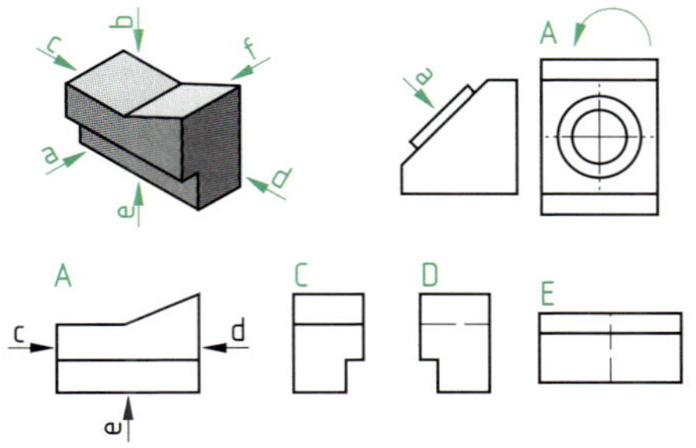

Die Ansichten dürfen beliebig zueinander angeordnet werden. Kennzeichnung durch Pfeile und Großbuchstaben und ggf. durch Angabe der Drehung.

Dreitafelprojektion

Bei der Dreitafelprojektion handelt es sich um die gebräuchlichste Anwendung der „Klappmethode". Ein Körper wird wird in drei Ansichten (i. d. R. Vorderansicht, Draufsicht, Seitenansicht von links) dargestellt. Dabei werden die Ansichten so angeordnet, dass sie durch gerade Hilfslinien miteinander zu verbinden sind. Zur Projektion von der Seitenansicht in die Draufsicht und umgekehrt dient eine Linie im 45°-Winkel. Verdeckte Kanten werden gestrichelt dargestellt.

Beispiel 1: Vorderansicht und Seitenansicht gegeben, Draufsicht wird entwickelt

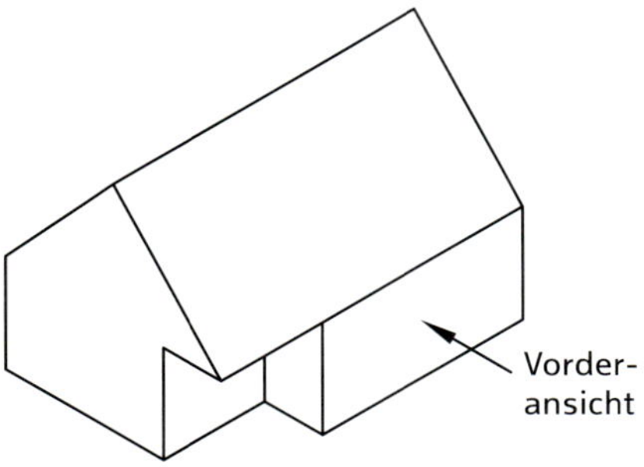

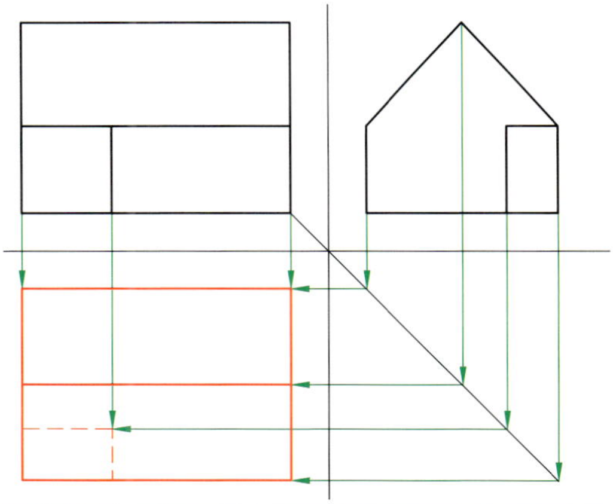

Beispiel 2: Vorderansicht und Draufsicht gegeben, Seitenansicht wird entwickelt

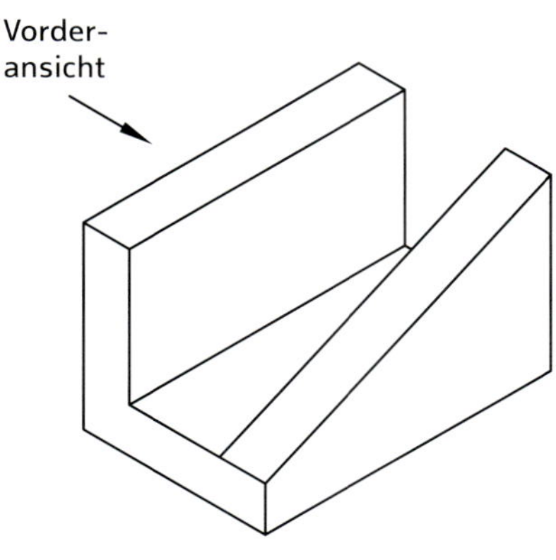

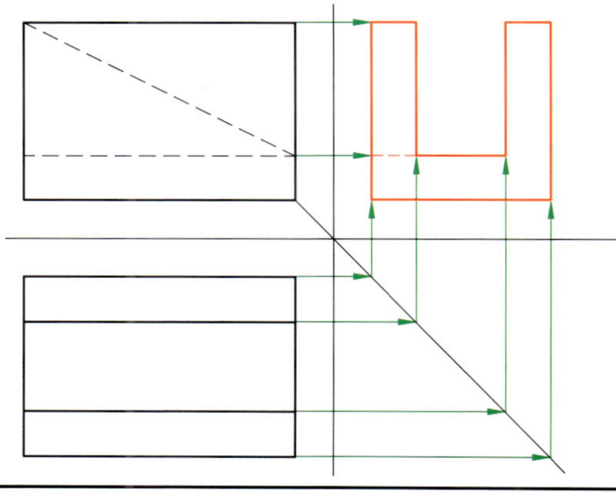

CAD (Computer Aided Design)

CAD-Programme zum rechnerunterstützten Konstruieren unterteilen sich meistens in das Grundmodul, welches branchenunabhängig arbeitet, und das Branchenmodul (z. B. Architektur, Ingenieurbau, Tiefbau/Straßenbau usw.) mit speziellen Symbolen und Konstruktionsmöglichkeiten.
Man unterscheidet zwischen zweidimensionalem (2D) und dreidimensionalem (3D) Konstruieren. Über Schnittstellen, z. B. DXF, DWG, können Dateien von System zu System übertragen werden. Als Beispiel ist das CAD-Programm AutoCAD zu nennen, das neben vielen anderen CAD-Programmen auf dem Markt ist.

Grundelemente (Beispiele):
1. Punkt 2. Linie 3. Polygon 4. Kreis 5. Ellipse 6. *n*-Eck

CAD-Grundbefehle

Festlegen von Punkten:
1. Freies Positionieren: Punkt wird per Mausklick frei festgelegt.
2. Koordinaten: Punkt wird über die Tastatur mit *x*- und *y*-Wert eingegeben.
3. Fangmodus: z. B. End- oder Schnittpunkte bereits vorhandener Elemente werden „eingefangen".

Geometrische Grundkonstruktionen (Beispiele):
1. Parallele ableiten 2. Lot fällen 3. Strecke teilen 4. Ausrunden

Zeichnungsmanipulationen

Die beiden folgenden Beispiele stellen den grundsätzlichen Ablauf der Befehle dar.

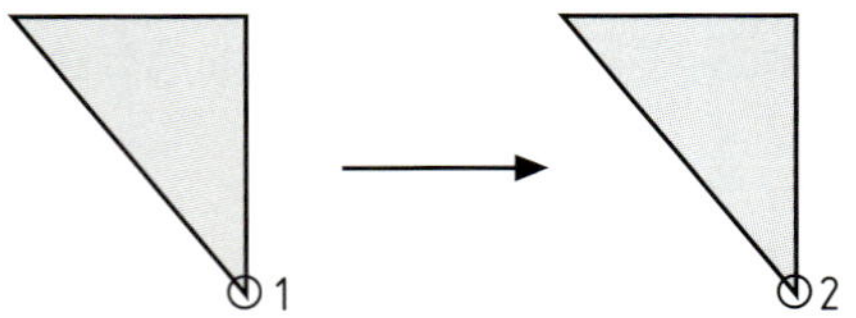

Verschieben (Kopieren):
1. Befehl **Verschieben** (Kopieren) wählen.
2. Zu verschiebendes (kopierendes) **Objekt auswählen**.
3. **Basispunkt 1 zeigen**.
4. **Basispunkt 2 zeigen** / Koordinaten eingeben.

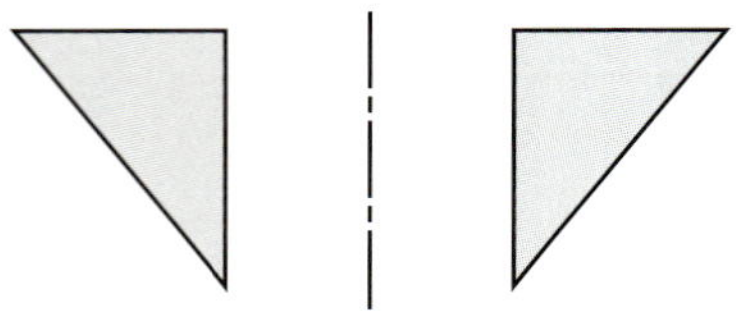

Spiegeln (oder gespiegelte Kopie):
1. Befehl **Spiegeln** wählen.
2. Zu spiegelndes **Objekt auswählen**.
3. Punkte 1 und 2 der **Spiegelachse zeigen** oder eine bereits vorhandene Linie als Spiegelachse identifizieren.

Weitere Manipulationsbefehle: Drehen, Dehnen, Strecken, Stutzen, Trimmen, Verschneiden usw.
Je nach CAD-System können unterschiedliche Begriffe für denselben Befehl verwendet werden.

Software für die EDV-Gestaltung

- **Allgemeine Grafiksoftware:** Bei dieser Software muss zugunsten eines größeren Funktionsumfangs auf die Vielfalt an gängigen Farbtonkarten verzichtet werden.
- **Branchenspezifische Software:** Hierbei handelt es sich meist um pixelbasierende Bildbearbeitungsprogramme, die zum Bearbeiten eine entsprechende Bildvorlage benötigen. Viele Farbtonkarten entsprechender Farbhersteller sind bereits implementiert.

Allgemeine Grafiksoftware (Auswahl)

Bildbearbeitungsprogramme basieren auf Pixeln und sind daher geeignet für die Arbeit mit Fotos, die eingescannt und dann neu eingefärbt werden sollen.

Beispiel: Adobe Photoshop, Corel PHOTO-PAINT, Corel PaintShop Pro, PhotoImpact, PicMaster, SilverFast, Zoner Photo Studio
Freeware: CinePaint, GIMP, Krita, KolourPaint, PaintNet, PhotoFiltre, PhotoLine, PhotoPlus

Zeichen- und Layoutprogramme sind vektororientiert und daher geeignet für das Zeichnen von Objekten nach Vorlage und deren Wiedergabe in Aufriss- und Ansichtszeichnungen.

Beispiel: Adobe Illustrator, Adobe InDesign, CorelDRAW, Corel DESIGNER, ThouVis, Xara Xtreme, Zoner Draw
Freeware: Inkscape, Karbon, PhotoLine, OpenOffice.org-Draw, Skencil, sK1, Xfig

Branchenspezifische Software

In der Regel lassen sich verschiedene Tools der Softwareanbieter miteinander kombinieren, sodass sie eine fotorealistische Farbgestaltung, aber auch ein Bildaufmaß ermöglichen.

Fa'MOS, Mos'aik (Moser)

- Farbgestaltung, Objektdesign anhand von Fotovorlagen
- Neben Fassaden lassen sich auch Straßenzüge, Innenräume, Möbel oder Fahrzeuge darstellen
- Großer Funktionsumfang
- Service im Internet: Fa'MOS online ist eine Online-Plattform für das Gestalten von Objekten und Fassaden.

Color Digital (Kölling Systemlösungen)

- Umfangreiche Farbkataloge
- Farbtonkarten, wie z. B. von NCS, RAL, HKS, Brillux, Caparol, Sikkens, Sto oder Keim enthalten
- Vorhandene Oberflächenstrukturen auf dem Foto bleiben erhalten
- Einzelne Farben oder ganze Farbtonkarten in CAD-Systeme übertragbar, d. h., Farben werden für das CAD-System berechnet und können hieraus direkt gedruckt werden
- Plug-In für Adobe-Photoshop sorgt für fotorealistische Färbung einer Ebene

FARBEplus, Foto-Aufmaß (Bonk)

- Fotorealistische Farbgestaltung von Fassaden und Innenräumen
- Farbpaletten aller namhaften Hersteller vorhanden
- NCS und RAL als Lizenzpaletten erhältlich
- Umfangreiche Bibliothek an Strukturen und Tapetenmustern
- Leistungsfähige Bildbearbeitungswerkzeuge

BILDaufmaß (C.A.T.S.-Soft GmbH)

- Aufmaßerstellung aus digitalen Bildern ebener Objekte, die im Büro stattfinden kann
- Keine weitere CAD-Software nötig
- Liefert Einzelmaße und Gesamtmassen
- Berücksichtigung der VOB
- Integrierte Bildentzerrung (Beseitigung perspektivischer Verzerrungen) und Farbgestaltungssoftware

Caparol-Spectrum

- Umfangreiche Bildbibliothek
- Mit Photoshop, InDesign, Illustrator und CAD /3D-Programmen kombinierbar
- Verschiedene Werkzeuge, die je nach Bedarf nutzbar sind
- Aktuelle Oberflächen-Kollektionen, die regelmäßig erweitert werden

Abrechnungsprogramme für Fahrzeuglackierer/-innen und Maler/-innen

Organisation der Büroarbeit bis hin zur Erstellung von Rechnungen (Stand: 18.09.2022):

Audatex	DAT	Eurotax
https://www.audatex.de	https://www.pixelconcept.de/dat-software/	https://eurotax.at/

Grundlagen
Werkstoffe, Hilfsstoffe
Werkzeuge, Geräte, Gerüste
Arbeitstechniken
Gestaltung
Arbeitsschutz, Umweltschutz
Aufmaß, Abrechnung
Betriebsführung
Quellen

Farbmischung

Additive Farbmischung

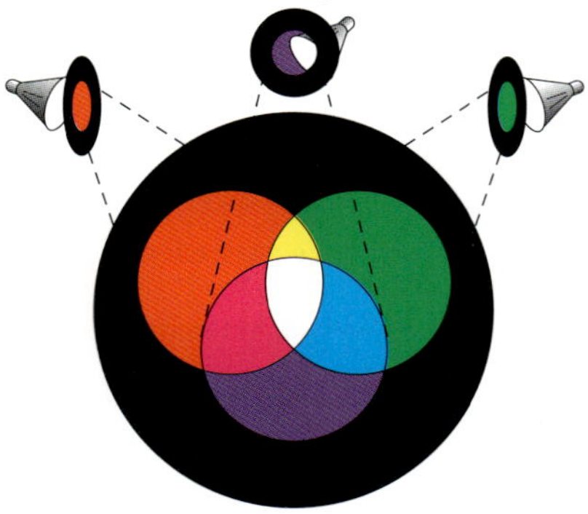

Aus der Brechung weißen Lichts ergeben sich die Spektralfarben im Wellenbereich des sichtbaren Lichts (380 bis 750 nm) und damit die Primärfarben der „additiven Farbmischung" Orange, Violettblau und Grün. Führt man diese wieder in Form von Lichtkegeln auf eine Oberfläche übereinander, **addieren** sich deren Wellenlängen wieder zu weißem Licht. Additive Farbmischung ist also die Addition der Wellenbereiche.
In den Schnittpunkten erhalten wir die Sekundärfarben der additiven Farbmischung:

- Grün + Violett = Cyanblau
- Grün + Orange = Gelb
- Orange + Violettblau = Magentarot

Subtraktive Farbmischung

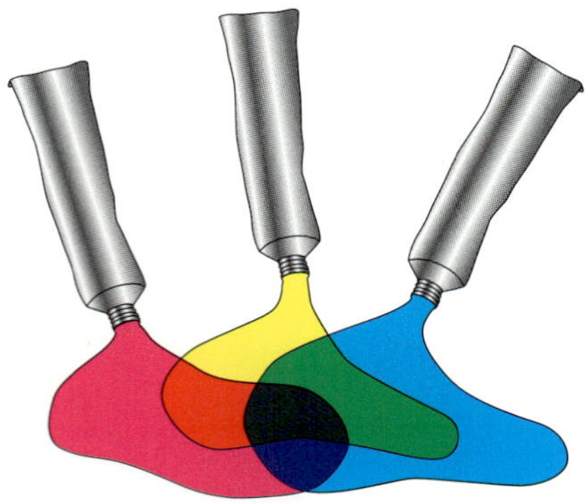

Unter subtraktiver Farbmischung versteht man die Mischung von Körper- bzw. Pigmentfarben. Die Grundfarben bzw. Primärfarben sind mit dem Erscheinungsbild der Sekundärfarben der additiven Farbmischung identisch:

- Gelb
- Magentarot
- Cyanblau

Die Grundfarben subtrahieren bzw. absorbieren gegenseitig ihre jeweiligen Anteile des Spektrums, sodass ihre Mischung (im Idealfall) Schwarz ergibt. Die Mischung der Primärfarben untereinander ergeben die Sekundärfarben der subtraktiven Farbmischung:

- Gelb + Magentarot = Orange
- Magentarot + Cyanblau = Violett
- Blau + Gelb = Grün

Farbordnungen

Sechsteiliger Farbkreis

Primär- und Sekundärfarben bilden in wechselnder Reihenfolge den Farbkreis nach J. Itten. Dabei liegt die ermischte Sekundärfarbe immer zwischen den beiden an dieser Mischung beteiligten Primärfarben (P Primärfarbe, S Sekundärfarbe):
Gelb (P) – Orange (S) – Magentarot (P) – Violett (S) – Cyanblau (P) – Grün (S)
Die sich gegenüberliegenden Farbenpaare (P + S) sind komplementär, d. h. sie subtrahieren sich bei der Mischung zueinander wieder zu Schwarz (meist dunkles Grau), da die jeweilige Sekundärfarbe die Anteile des Spektrums der beiden anderen Primärfarben beinhaltet.

Zwölfteiliger Farbkreis

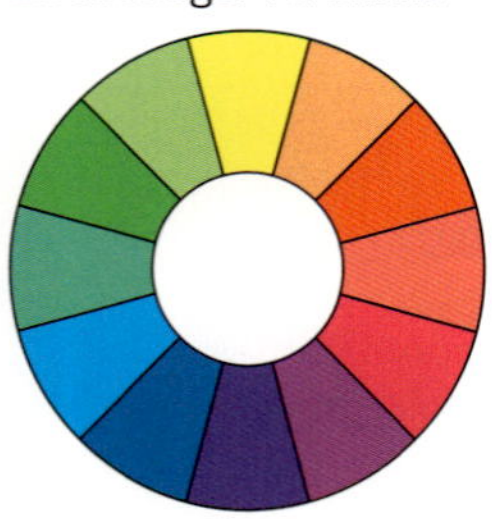

Der zwölfteilige Farbenkreis entwickelt sich aus dem sechsteiligen, indem man empfindungsgemäß gleichabständige Zwischenstufen zwischen Primär- und Sekundärfarben ermischt:
Gelb (P) – **Gelb-Orange** – Orange (S) usw.
Auch der zwölfteilige Farbkreis ist komplementär. Auf die gleiche Weise lassen sich auch 24- oder 48-teilige Farbkreise entwickeln.

Farbordnungen (Fortsetzung)

Farbdreieck nach J. W. v. Goethe

1810 veröffentlichte J. W. von Goethe seine Farbenlehre. Er mischte Erstfarben (Gelb, Rot, Blau), dadurch entstanden die Zweitfarben. Indem er die Zweitfarben miteinander vermischte entstanden die Dritt- oder Tertiärfarben. Diese haben ein erdiges Aussehen, die mit Bezeichnungen wie „Rostbraun", „Ocker" und „Umbra" beschrieben werden können. Diese Farben sind in Farbkreisen nicht zu finden, präsentieren jedoch Farbtöne, die in der Natur häufig anzutreffen sind. Vergleichbare Farbtöne lassen sich nur in komplexeren Farbsystemen bzw. Farbsammlungen wiederfinden.

Farbsammlung RAL Classic (840-HR/841-GL)
Das Institut für Gütesicherung e.V. (RAL: früher Reichsausschuss für Lieferbedingungen) hat für das Hauptregister ca. 200 Farben gesammelt. Die Basissammlung für matte Farbtöne ist das Register RAL 840-HR, für glänzende Farbtöne das RAL 841-GL. Die Register, in denen Farben von wichtigen Institutionen (z. B. Post, Telecom etc.) hinterlegt sind, dienen auch als Farbvorlage zur Gestaltung. Die Farbtöne sind in Farbreihen mit einer vierstelligen Kennziffer versehen:
1 000er-Reihe: gelbe Farbtöne; 2 000er-Reihe: orange Farbtöne; 3 000er-Reihe: rote Farbtöne; 4 000er-Reihe: violette Farbtöne; 5 000er-Reihe: blaue Farbtöne; 6 000er-Reihe: grüne Farbtöne; 7 000er-Reihe: graue Farbtöne; 8 000er-Reihe: braune Farbtöne; 9 000er-Reihe: weiße u. schwarze Farbtöne, Aluminiumfarbtöne
Normen: DIN 4844 Teil 2 Sicherheitsfarben,
DIN EN ISO 7010, DIN EN 13792 Kennzeichnung von Hand- und Ventilgriffen, DIN 30710 Sicherheitskennzeichnung von Fahrzeugen und Geräten, DIN 67510 Teil 1 Leuchtfarben, Anwendungen auf Hinweisschildern und Markierungen.

Farbordnungssysteme

Farbreihen, Parameter dreidimensionaler Farbsysteme

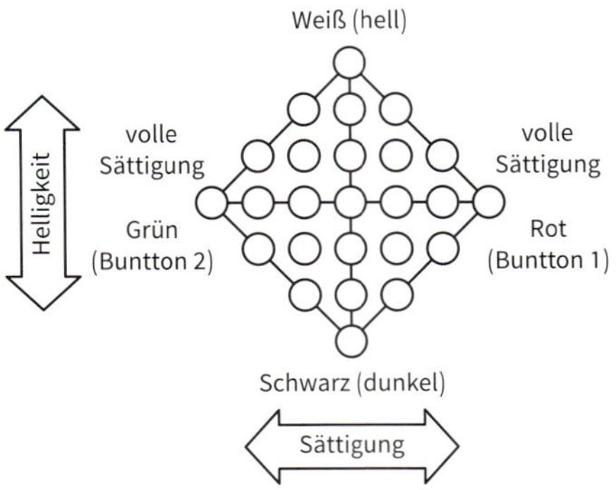

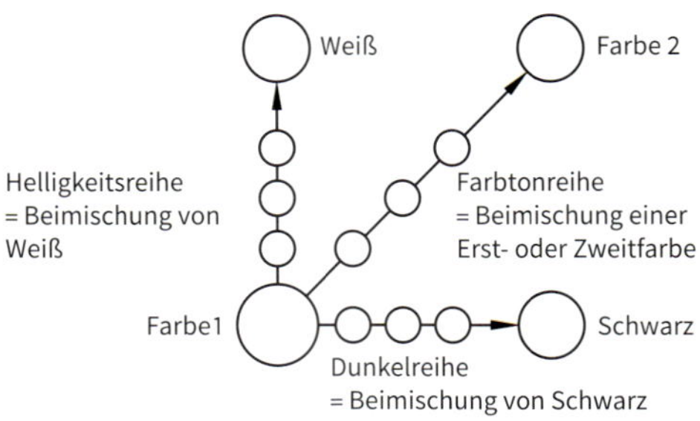

Grundsätzlich kann man Farben durch drei Parameter bestimmen:

- Farbton
- Sättigung
- Helligkeit/Dunkelstufe

Der Farbton selbst legt die farbliche Erscheinung in eine Richtung fest. Wie intensiv bzw. wie blass oder farblos er ist, bestimmt der Grad der Sättigung. Helle oder dunkle Farbnuancen sind durch Beimengungen von Schwarz bzw. Weiß zu bestimmen (Helligkeit/Dunkelstufe, vgl. oberes Bild). Ferner sind Mischungen mit weiteren Farbtönen möglich (vgl. unteres Bild). In den meisten modernen Farbsystemen werden grundsätzlich nach diesen Parametern einzelne Farbtöne festgelegt. Diese Parameter variieren selbst von Farbsystem zu Farbsystem. So ist die Anzahl von Farbtönen im Vollfarbenkreis unterschiedlich, z. B.
NCS = 40-teiliger Farbtonkreis,
RAL-Design = 39-teiliger Farbenkreis,
ACC-Farbsystem = 24-teiliger Farbenkreis
usw.

Moderne Farbsysteme der Praxis

RAL DESIGN SYSTEM *plus*

Farbtonkreis, RAL-Design

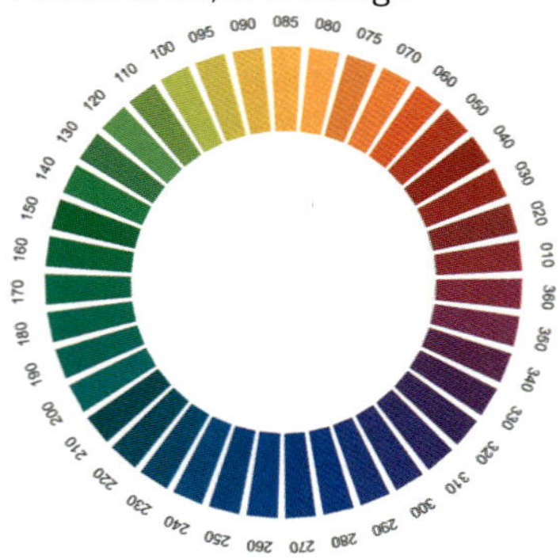

Farbkörperausschnitt mit Unbuntachse

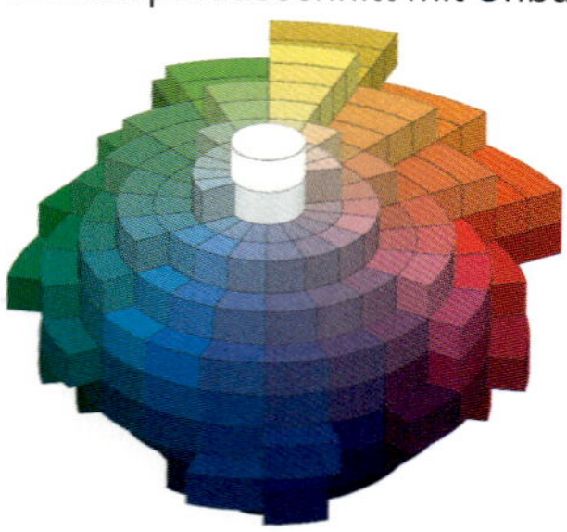

Die Farbabstände der einzelnen Farben des RAL DESIGN SYSTEM *plus* sind durch eine CIELab-Farbabstandformel definiert, die auch in der DIN EN ISO 11664-4:2020-03 verzeichnet ist.
Die Grundlage bildet ein 39-teiliger Farbkreis, bei dem die Bunttöne (engl. Hue) in der Abfolge der Spektralfarben angeordnet sind. Die Benennung erfolgt in Winkelgraden: So liegt Rot bei 0° bzw. 360°, Gelb bei 90°, Grün bei 180° und Blau bei 270°. Der Farbkreis ist also nicht streng komplementär.
Die Unbuntachse verläuft senkrecht durch die Mitte des Farbtonkreises und die darunter- bzw. darüberliegenden Ebenen. Sie beginnt bei Schwarz (Helligkeit: engl. Lightness 0) und endet bei Weiß (Lightness 100).
Die Buntheit (engl. Chroma value) liegt zwischen der Unbuntachse (Chroma 0) und dem Buntton (100).
Beispiel einer Farbtonkodierung für einen „dunkel-blassen Blauton“:
270 30 20
Hue (Buntton) 270;
Lightness (Helligkeit) 30;
Chroma (Buntheit) 20
Das RAL DESIGN SYSTEM *plus* bietet einen übersichtlichen Farbenatlas mit 1825 übersichtlich angeordneten Farbmustern an.
(Die Darstellung der RAL Farben erfolgt mit freundlicher Genehmigung von RAL gGmbH, 53229 Bonn)

Caparol 3D-System PLUS

Farbtonkreis, Caparol-3D-System

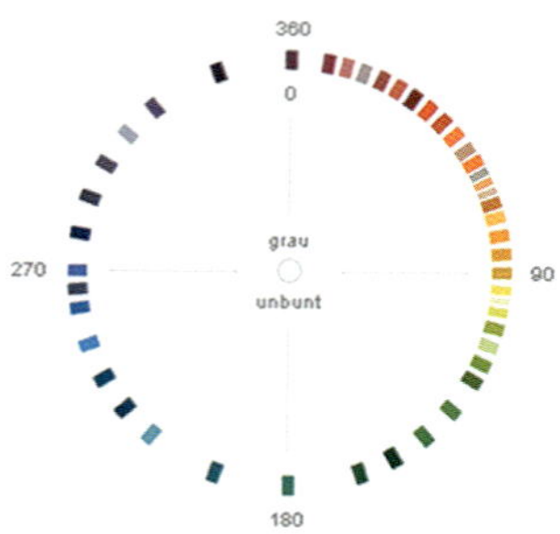

Farbraum, Caparol-3D-System

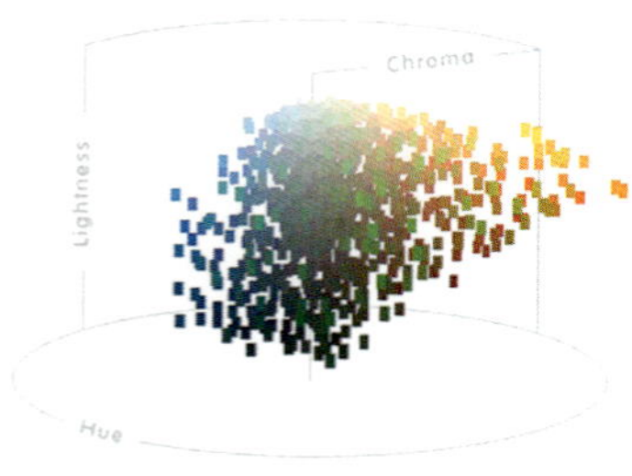

Dem Caparol 3D-System PLUS liegt ein **Farbtonkreis** zugrunde, der auf 360° auf 46 Gradzahlen segmentiert ist. Diese 46 Ausgangsfarben sowie alle Nuancen sind durch den **L-C-H** (Lightness-Chroma-Hue, Helligkeit-Sättigung-Farbton) festgelegt.
Das Caparol-3D-System wendet dies auch konsequent auf den Farbtonkreis mit den Ausgangsfarben an, sodass z. B. die helleren Töne (gelblichen Töne) bei etwa 90° im Farbraum höher angelegt sind als die gegenüberliegende 270°-Seite (bläuliche Töne). Der Farbtonkreis ist also nicht in einer waagerechten, sondern in einer schiefen Ebene im Farbraum positioniert, was der Tatsache Rechnung trägt, dass die Farben unterschiedliche Eigenhelligkeiten haben.
Die Nuancen im Farbenraum werden durch die drei Parameter Helligkeit (L), Sättigung (C) und Farbton (H) definiert.
Theoretisch können die L- und C-Werte jeweils von 0 bis 100 reichen. Die H-Werte gehen von 0 bis 360 Grad. Der Farbton besteht aus der Gradzahl und einem assoziativen Beinamen.
Beispiel: 3D Curry 120
Daraus ergibt sich folgende Kodierung:
L93 C32 H90
(hell-blasser beiger Farbton)
Das Caparol 3D-System PLUS bietet mit diesem Farbsystem 1368 Farbtöne an, die speziell für ihre Verwendbarkeit in der Architektur festgelegt sind.

Moderne Farbsysteme der Praxis (Fortsetzung)

NCS-Farbsystem (Natural Color System)

NCS-Farbkörper

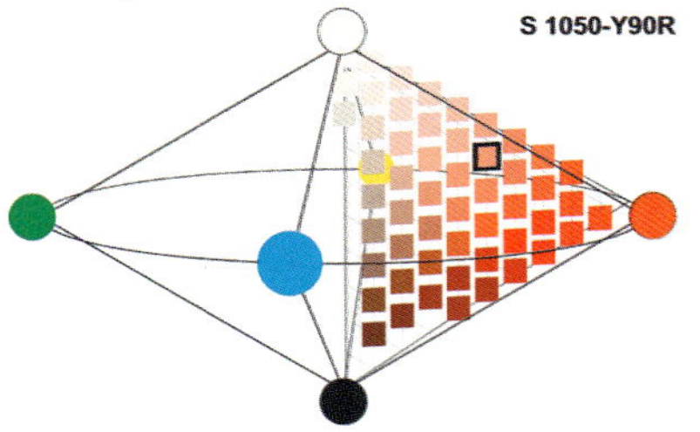

40-teiliger NCS-Farbkreis

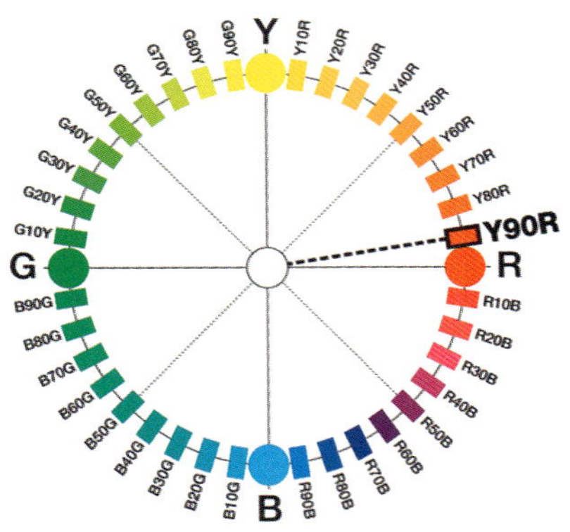

NCS-Farbdreieck

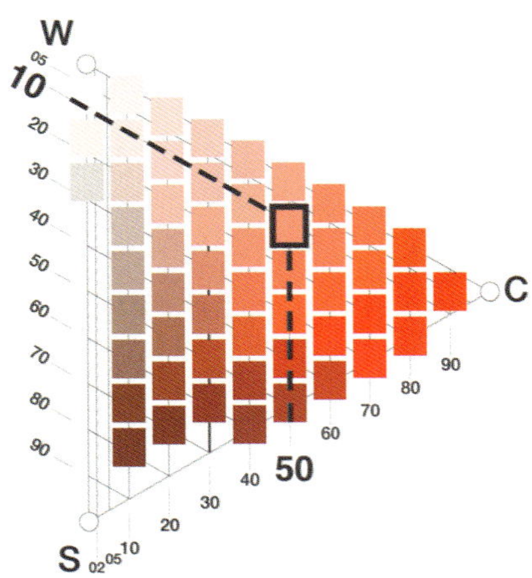

Notation

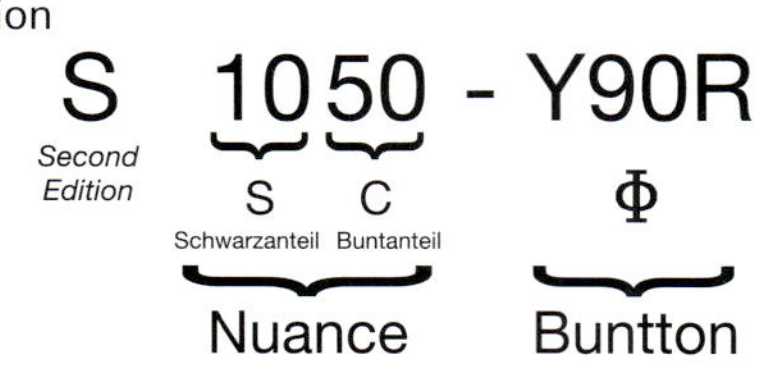

Das wohl weitverbreitetste Farbsystem in Europa, das Natural Color System (NCS), wurde 1979 auf der Basis der schwedischen Norm SS 019102 herausgegeben.

Natural Color System kann als „natürliches Farbsystem" übersetzt werden. Diese Bezeichnung deutet darauf hin, dass das NCS auf der natürlichen Farbempfindung des Menschen basiert. Daher müssen alle Farbanteile nicht als Mischungsanteile, sondern als Empfindungswerte bezüglich der Abstände von Farben untereinander betrachtet werden.

Ein Basiselement des NCS bildet ein 40-teiliger Bunttonkreis, der in vier Quadranten aufgeteilt ist. Y (Gelb), R (Rot), B (Blau) und G (Grün) sind auf dem Äquator des Kreises angeordnet. Zwischen den Elementarfarben befinden sich jeweils 9 Standardbunttöne, die empfindungsgemäßen Anteilen entsprechend zwischen diesen Quadranten platziert sind.

Beispiel: Y90R

Die Farbe besteht aus 10 % Gelb und 90 % Rot (gelbstichiges Rot). Der zwischen den beiden Elementarfarben angegebene Prozentanteil bezieht sich immer auf den letzten Buchstaben, der andere errechnet sich aus der Differenz zu 100 %.

Der NCS-Farbkörper hat die Form eines Doppelkegels (vgl. Bild oben). Schneidet man vertikal entlang der Grauachse durch jede Standardfarbfamilie des NCS-Farbkreises, erhält man 40 Farbendreiecke (vgl. drittes Bild), die im NCS-Farbatlas gesammelt sind.

Die einzelnen Farbtöne sind in diesen Farbendreiecken nach den visuellen Schwarz-, Weiß- und Buntanteilen festgelegt und im NCS kodiert.

Beispiel: Nuance 1050

- 10 % visueller Schwarzanteil S
- 50 % visueller Buntanteil C
- 40 % visueller Weißanteil W; errechnet und in der Kodierung nicht aufgeführt

Summe **= S + C + W = 100 % Nuance**

Buntton Y90R

10 % Gelb und 90 % Rot

Daraus ergibt sich für diesen Ton die Farbkodierung:
NCS S 1050-Y90R
(gelbstichiges Rot)

Die zweite Auflage des NCS zeigt 1950 Farbtöne, die samt Farbkreis und 40 Farbtondreiecken im NCS-Farbatlas gesammelt sind.

Moderne Farbsysteme der Praxis (Fortsetzung)

ACC-Farbsystem

ACC-Farbtonkreis mit Zahlenwerten

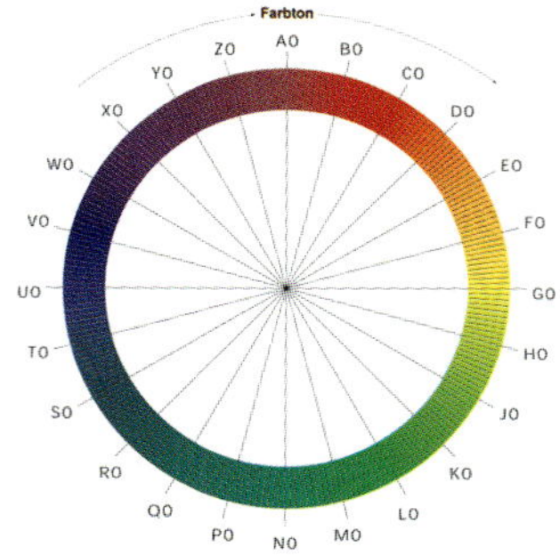

ACC-Farbzylinder

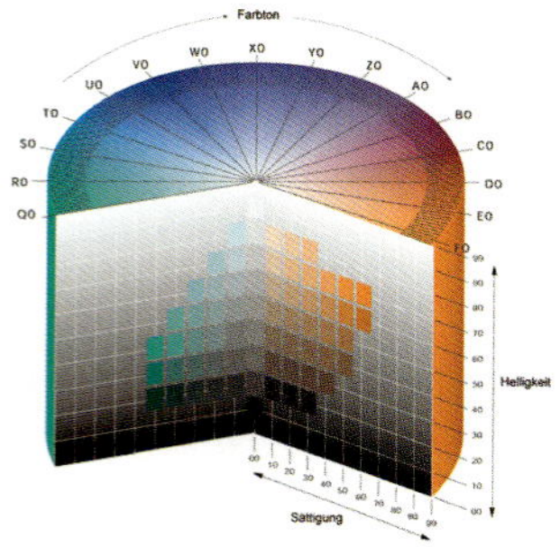

ACC-Farbkarte

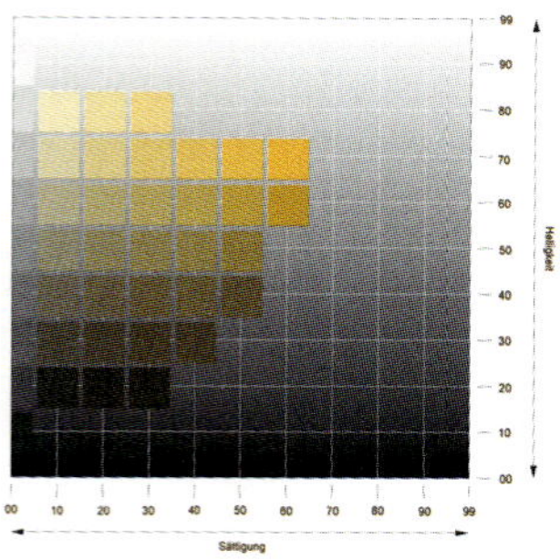

Mit dem AkzoNobel Color Codification System (ACC-System) sind alle Farbnuancen exakt definiert und systematisch gekennzeichnet. Die Farben werden dabei nach Grundeigenschaften, Farbton, Sättigung und Helligkeit geordnet. Dies verdeutlicht der dreidimensionale, zylindrische Farbenraum.

Der Farbton
Die Art der Buntheit einer Farbe (z. B. Rot, Orange, Gelb, Grün, Blau, Violett) ist durch eine Buchstaben-Ziffern-Kombination gekennzeichnet. 24 Buchstaben stehen für 24 Sektoren des Farbtonkreises: Rot und Orange (A–E), Gelb (F, G), Grün (H–P), Blau (Q–U), Blauviolett und Rotviolett (V–Z). Zur genauen Unterscheidung innerhalb der 24 Farbtonsektoren werden diese jeweils in 10 Teile unterteilt, z. B. der Sektor A in A0, A1, A2 usw. bis A9. Die neutralen Farben Weiß, Grau und Schwarz, die keine Buntheit aufweisen, werden anstelle der Buchstaben-Ziffern-Kombination mit ‚ON‘ gekennzeichnet (N steht für neutral).

Die Sättigung
Der Grad der Buntheit einer Farbe (z. B. gelblich, gelb, leuchtend gelb) wird durch Maßzahlen von 00–99 angegeben. Farben, die keine Buntheit und somit auch keine Sättigung aufweisen – das sind die neutralen wie Weiß, Grau, Schwarz –, erhalten die Sättigungskennzeichnung 00. Die Sättigungskennzeichnung 99 steht für Farben höchsten Sättigungsgrades. Beträgt die Sättigung einer Farbe weniger als 03, so wird für die Farbkennzeichnung dieser Farbe der Buchstabe N anstatt der Ziffer angewendet. So kennzeichnet z. B. FN.02.88 eine fast neutrale gelbe Farbe mit sehr geringer Sättigung und hoher Helligkeit.

Die Helligkeit
Der Grad der Lichtwirkung einer Farbe wird ebenfalls durch Maßzahlen von 00–99 angegeben. Schwarz hat die Helligkeitskennzeichnung 00. 99 steht für höchstmögliche Helligkeit. Kennzeichnungsbeispiel der Kollektion C0.10.60: Farbton C0 bedeutet, die Farbe ist rot. Sättigung 10 bedeutet, die Farbe hat eine geringe Sättigung. Helligkeit 60 bedeutet, die Farbe ist von mittlerer Helligkeit.

Munsell-Farbsystem

1905 entwickelte der amerikanische Maler Munsell ein Farbsystem, das noch heute auf dem nordamerikanischen Kontinent die meistverbreitetste Farbordnung darstellt. Munsells System liegt ein 40-teiliger Farbkreis zugrunde, der zwischen Rot (R), Gelb (Y), Blau (B), Grün (G) und Purpur (P) empfindungsgemäß gleichabständig gestaltet ist. Die Nuancen werden durch die Helligkeit V (Value) und Buntheit/Sättigung C (Chroma) jeweils durch Ziffern von 0 bis 10 bestimmt. Etwa 1 000 Farben sind in einem Farbenatlas zusammengefasst.

HKS (Pantone)

Die HKS-Farbmustersammlung umfasst 84 fortlaufend nummerierte Farben. Diese Farbmustersammlung ist vorwiegend im Druck- sowie Kunstdruckbereich zu finden und zudem auf die Bedürfnisse von Grafik-Designern und -Designerinnen zugeschnitten. Viele Farbkarten von Druckfarben und Entwurfsfarben (Designer´s Gouache) mit entsprechenden Mischrezepturen für weitere Farbtöne basieren auf der HKS-Farbmustersammlung.

Moderne Farbsysteme der Praxis (Fortsetzung)	
Sto Color System	
Sechsteiliger Farbkreis 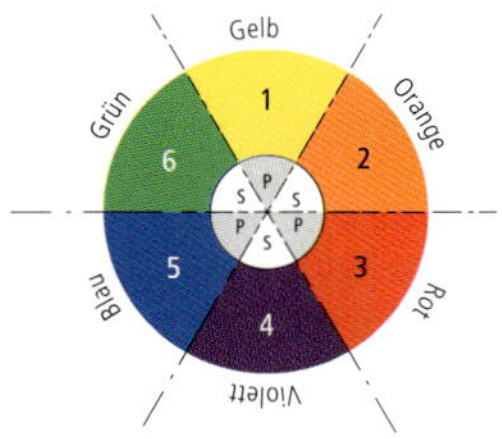 	Ausgangspunkt des Sto Color Systems, welches 800 Farbtöne umfasst, ist ein sechsteiliger Farbkreis in den Farben Gelb, Orange, Rot, Violett, Blau und Grün.
Farbkreis mit 24 Basisfarbtönen 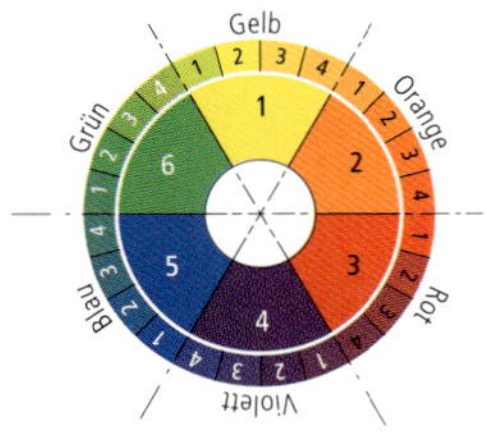 	Die sechs Wahrnehmungsbereiche werden in jeweils vier weiteren Farbtonstufen zu einem 24-teiligen Farbtonkreis ausgemischt, der die Grundlage für das Sto Color System bildet.
Farbton-gleiches Dreieck 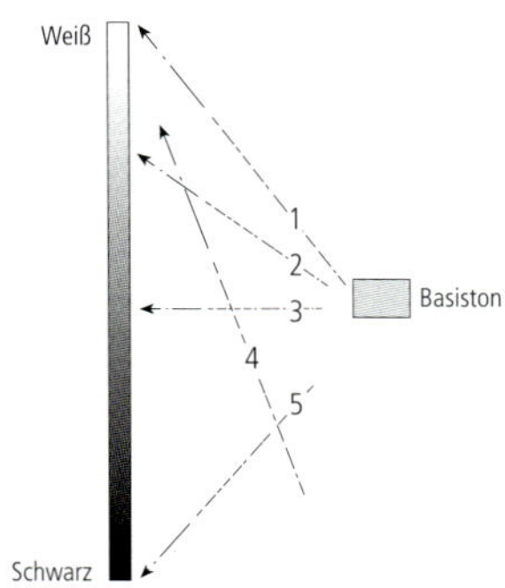 	Jeder der 24 Basisfarbtöne wird nach dem Prinzip des farbtongleichen Dreiecks in fünf Farbtonreihen ausgemischt: 1. Hellklare Farbtonreihe: Basiston gemischt nach Weiß 2. Verhüllungsreihe 1: Basiston gemischt nach einem (helleren) Grau 3. Verhüllungsreihe 2: Basiston gemischt nach Grau 4. Schattenreihe: ein Ton der hellklaren Farbtonreihe gemischt mit einem Farbton der dunkelklaren Reihe 5. Dunkelklare Farbtonreihe: Basiston gemischt nach Schwarz
Farbtonreihen 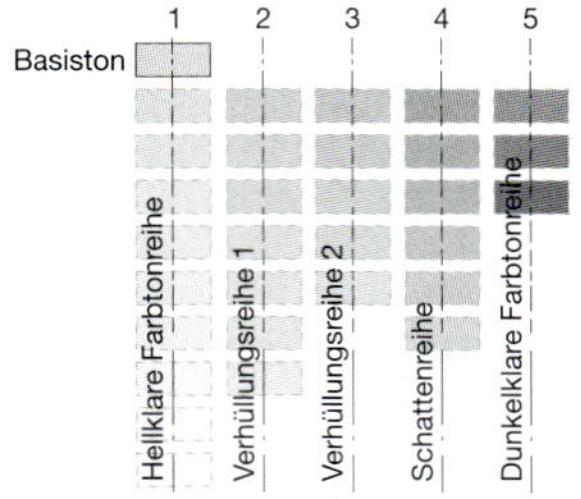 Kennzeichnung 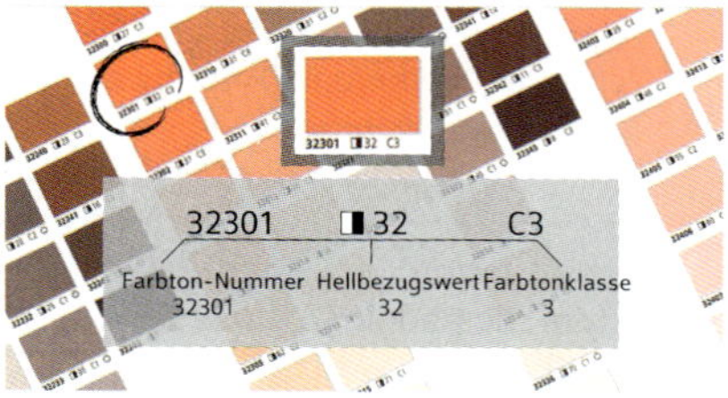 	Die Kennzeichnung besteht aus: 1. Farbcodierung/Bestellnr. 2. Hellbezugswert[1] (Wert der Lichtmenge, die von der Oberfläche reflektiert wird; 100 % = weiß, 0 % = schwarz) 3. Farbtonklasse (Definition des Farbtonzuschlags nach Preisliste) [1] Hellbezugswerte sind wegen der Erwärmung relevant für Beschichtungen auf Holz und Wärmedämmverbundsystemen.

Moderne Farbsysteme der Praxis (Fortsetzung)

Farbmetrik, CIE, CIELAB

CIE-Normfarbtafel, DIN 5033

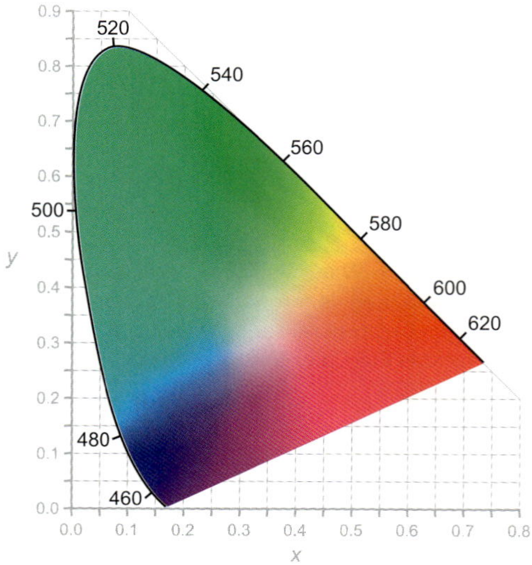

Nach den Gesetzen der additiven Farbmischung ist es möglich aus den drei Grundfarben jeden beliebigen Farbton zu ermischen. Dementsprechend ist das CIE-System der Commission Internationale de l´Eclairage (1931) ein festgelegtes Farbsystem, welches den einzelnen Farbtönen die Anteile der drei Primärfarben der additiven Lichtmischung zuweist (vergleiche Spektralfotometer):

- ***x*** (700 nm) für den Rotbereich
- ***y*** (546,1 nm) für den Grüngehalt
- ***z*** (435,8 nm) für den Blaugehalt
- Y Helligkeitswert

Der Farbton errechnet sich so:
$x + y + z = 1$.
Da sich die Werte immer zu 1 zusammenfügen, genügt die Angabe von zwei Werten.

CIE-Farbraum mit der Kennzeichnung nach Farbton, Sättigung und Helligkeit

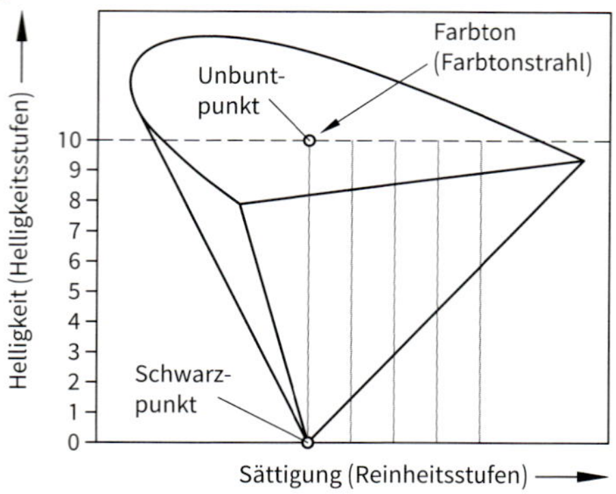

Da die Lichtquellen in ihrer Zusammensetzung des Spektrums sehr unterschiedlich sein können, legt die CIE z. B. einen mittleren Tageslichtwert (D65) und einen Glühlampenwert (Normallicht A) fest, um eine normierte Farbmessung zu erreichen. Nach diesem Prinzip ist die Normfarbtafel nach DIN 5033 abgeleitet worden.

CIELAB-Farbraum

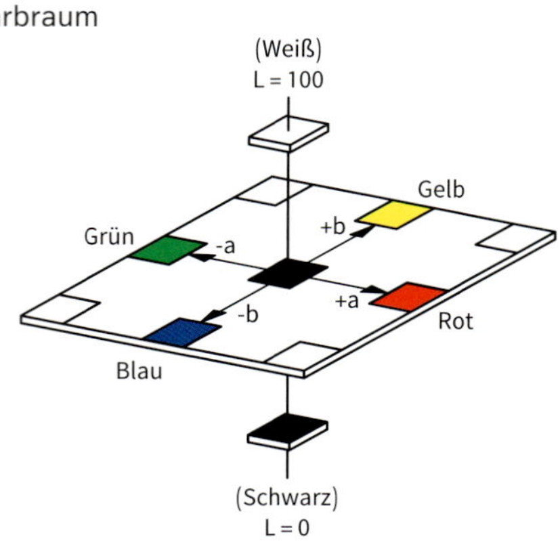

Ein entscheidender Nachteil des CIE-Systems ist, dass die empfindungsgemäßen Abstände zwischen Farben andere geometrische Abstände aufweisen, als die in der CIE-Normfarbtafel. Daher wurde der CIELAB- Farbraum entwickelt.
Hier werden Farbmesszahlen als Parameter in einem Farbraum verwendet:
L Helligkeitsachse
(L = 100 ist Weiß; L = 0 ist Schwarz)
+a Grad des Rotanteils
−a Grad des Grünanteils
+b Grad des Gelbanteils
−b Grad des Blauanteils

Farbwirkungen	
	Die **psychologische Wirkung** von Farbe kann sich in automatischen, unbewussten Reaktionen und Assoziationen äußern. Diese sind in Erfahrungen begründet, die wir so oft gemacht haben, dass wir sie verinnerlicht haben. **Blau:** *fern, kalt, Weite, Treue, Vertrauen, Sehnsucht, Verlorenheit* **Rot:** *nah, heiß, Leidenschaft, Gefahr, Glut, Leben* **Gelb** *(in Kombination zu Schwarz): Gefahr o. Ä.*
	Die **symbolische Wirkung** von Farben entsteht aus der oft Jahrhunderte alten Verallgemeinerung, der Abstraktion von psychologischen Farbwirkung. Auch sie entspringt unseren Erfahrungen und wird darüber hinaus Begriffen zugeordnet. So symbolisiert Grün den Begriff der Hoffnung, da diese Farbe z. B. für ein Wiederaufkeimen der Natur nach einem langen Winter steht. **Grün** *ist die Hoffnung.* **Rot** *ist die Liebe.* **Weiß** *ist die Unschuld.* **Violett:** *Wollust, Sünde und Sexualität o. Ä.*
	Die unterschiedlichen **kulturellen Wirkungen** von Farben sind durch unterschiedliche Kulturen, Lebensumstände, Lebensweisen, Umwelten und Sprachen bedingt. So empfinden Menschen in Nordchina Gelb als Leben spendende Naturkraft, da dieser Landstrich mit lößhaltigem, äußerst fruchtbarem gelbem Staub aus der Wüste Gobi überzogen wird. **Blau:** *„I´m feeling blue", „Ich bin blau" (Sprache als kulturelle Ursache).* **Grün:** *Die Farbe des Paradieses in der Wüste (Umwelt als kulturelle Ursache).* **Weiß:** *Die Farbe der Trauer in Indien.*
	Im **politischen** Bereich haben Farben eine besondere Symbolik. Alte Wappen und Flaggenfarben waren seit jeher Ausdruck politischer Macht oder Überzeugung. Rot repräsentiert die Revolution, die ihren Ursprung in blutigen Auseinandersetzungen hat. Grün in Irlands Nationalflagge symbolisiert den Katholizismus, Orange hingegen den Protestantismus. Orange ist die Dynastiefarbe der protestantischen Oranier/-innen (s. auch das niederländische Königshaus). **Rot:** *Revolution – Blut – Sozialismus – Kommunismus* **Grün:** *Die Grünen (Umweltschutzpartei)* **Braun:** *Nationalsozialismus (SA-Uniformen)* **Schwarz:** *CDU/CSU (Konservatismus) oder Faschismus in Italien*
	Irrational erscheinende **traditionelle Farbwirkungen** sind auf alte Verfahren der Farbgewinnung und der Färberei zurückzuführen. Dies gilt auch für die Färberei, wobei die Herstellung von Scharlachrot (roter Farbstoff aus Blattschildläusen) und die Purpurfärberei (ca. 3 Millionen Purpurschnecken ergaben den Farbstoff für einen Königsmantel) äußerst aufwendig waren. Diese Farbtöne wurden traditionell nur den höchsten Würdenträger/-innen zugebilligt. **Purpurrot:** *Färbestoff für Kleider höchster weltlicher oder klerikaler Würdenträger/-innen (hoher Herstellungsaufwand, extrem teuer)* **Gelb:** *Neid, Ausgrenzung und Diskriminierung in Europa, Judenstern* **Schwarz:** *Farbe der Trauer in Europa o. Ä.*
	Die **kreative Farbwirkung** ist eine farbliche Veränderung, die dem ursprünglichen formalen Kontext widerspricht. Dadurch werden Aufmerksamkeit (z. B. für Werbezwecke) oder nicht erwartete Reaktionen erzeugt.

Farbe

Glatte Fläche — Raue Fläche

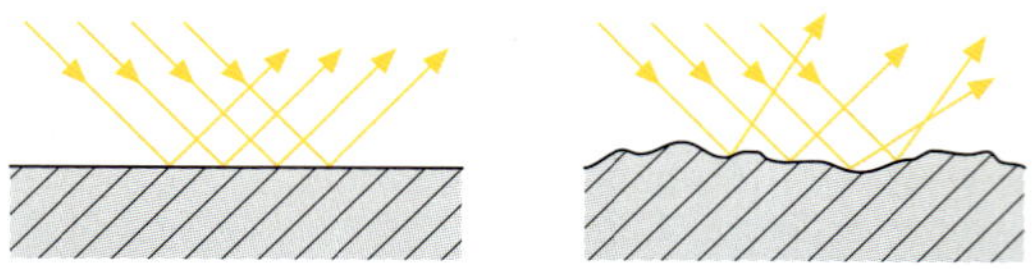

Die Erscheinung einer Oberfläche ist nicht nur von der Lichtquelle abhängig, sondern auch von der Struktur der Oberfläche. Ist z. B. die Oberfläche eines Lackfilms glatt, erscheint die Fläche glänzend. Ist die Oberfläche rau, werden die Lichtstrahlen in verschiedenen Richtungen reflektiert, sodass im menschlichen Auge ein „diffuser", matter Eindruck entsteht.

Farbkontraste

Farbe-an-sich-Kontrast

- Ein Farbe-an-sich Kontrast ist immer sehr auffällig. Hier gilt es, hochgesättigte Farben miteinander zu kombinieren.
- Der Farbe-an-sich-Kontrast eignet sich für Zeichensysteme, Orientierungssysteme, Nationalflaggen usw.

Komplementärkontrast

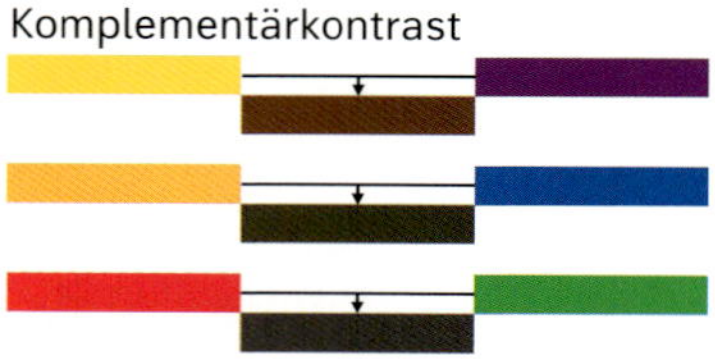

- Der Komplementärkontrast ist die Kombination von Komplementärfarben im z. B. sechsteiligen Farbenkreis.
- Beide Farben eines Komplementärfarbenpaares sind in ihrem Charakter äußerst unterschiedlich, steigern jedoch in ihrer Kombination erheblich ihre Leuchtkraft.
- Komplementärkontraste:
  Gelb : Violett; Rot : Grün; Blau : Orange

Hell-Dunkel-Kontrast

Der Hell-Dunkel-Kontrast bestimmt Gewichtungen, die den Schwerpunkt in einer Farbgestaltung, z. B. an einer Fassade, festlegen.

Kalt-Warm-Kontrast

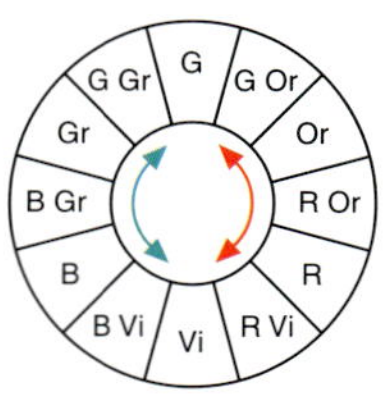

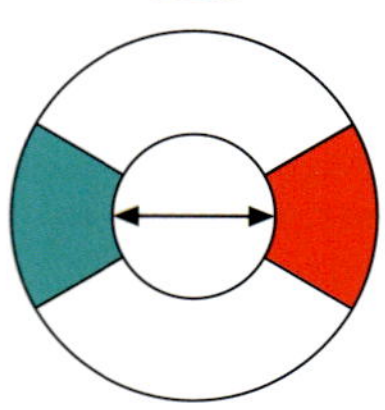

- Beim Kalt-Warm-Kontrast wird der Temperaturzustand mit Farbeindrücken assoziiert.
- Im 12-teiligen Farbenkreis verläuft die Grenze zwischen warmen und kalten Farben auf der Achse Gelb-Violett. Daraus folgt, dass Gelborange, Orange, Rotorange, Rot und Rotviolett zu den warmen und Blauviolett, Blau, Blaugrün, Grün sowie Gelbgrün zu den kalten Farbtönen zählen.
- Dabei gilt Rotorange als der wärmste und Blaugrün als der kälteste Farbton.
- Der Kalt-Warm-Kontrast löst im Menschen Assoziationen wie „nah-fern", „feucht-trocken", „Feuer-Wasser", „anregend-beruhigend" o. Ä. aus.
- Durch die Gegenüberstellung von warmen und kalten Farben kann z. B. in Räumen eine Nah-Fern-Wirkung erzielt werden. Ferner können sich kalte und warme Farben in ihrer Farbigkeit steigern bzw. in einigen Punkten relativieren.

Sättigungskontrast

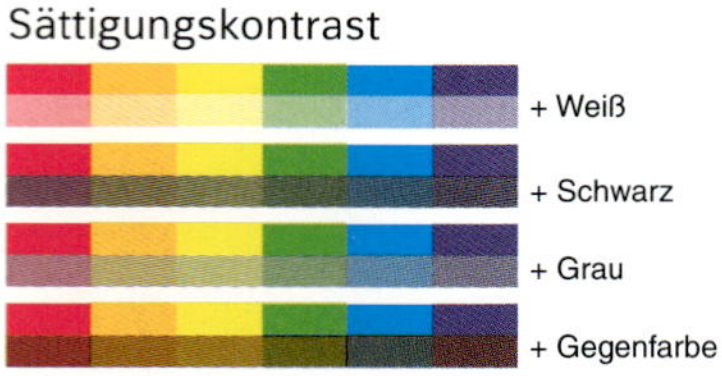

- Der Sättigungs- bzw. der Qualitätskontrast kombiniert stark gesättigte Farben mit weniger stark gesättigten Farben.
- Die gesättigen Farben werden mit Schwarz, Grau oder Weiß gemischt und ergeben getrübte bzw. hellklare Farbtöne, die weniger Brillianz und Leuchtkraft als die Volltöne besitzen.
- Dieser Kontrast wird vor allem in der Innenraum- und Fassadengestaltung angewendet.

Farbkontraste (Fortsetzung)	
Simultankontrast 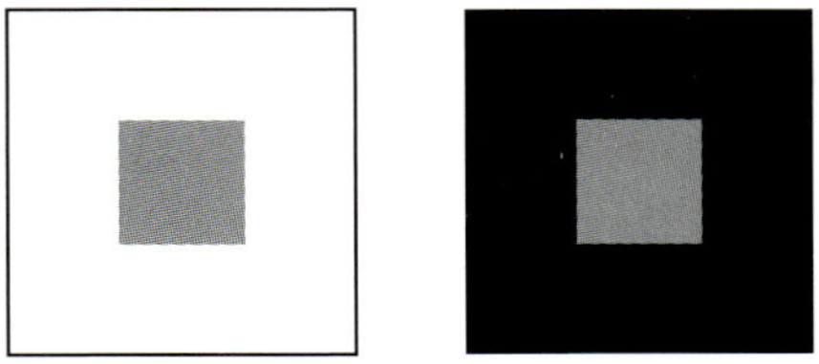	• Der Simultankontrast befasst sich mit der gegenseitigen Beeinflussung von Farben bei deren Kombination. • Ein mittleres Grau auf weißem Grund erscheint wesentlich dunkler als das gleiche Grau in der Kombination zu Schwarz (vgl. Bild). • Gelb und Rot (Primärfarben reagieren normalerweise nicht simultan) ergeben in deren Kombination mit einem blauen oder blaugrünen Hintergrund jeweils einen farblich leicht unterschiedlichen Eindruck.
Proportionskontrast (Quantitätskontrast) 	• Der Quantitätskontrast oder Proportionskontrast bezieht sich auf die flächenmäßige Ausdehnung einer farblichen Fläche zu einer anderen. • Dieser Kontrast ist ein Gestaltungsmittel um Spannungen zu erzeugen. Das farbliche Hervorheben von z. B. Faschen und Gesimsen an Fassaden ist ein Beispiel hierfür. • Je nach Auswahl der Farbtöne und deren Anordnung kann auch der mengenmäßig kleinere Anteil dominierend wirken (z. B. ein leuchtend rotes Gesims auf einer mittelgrauen Fassade).
Form	
Punkt (Rasterdruck) 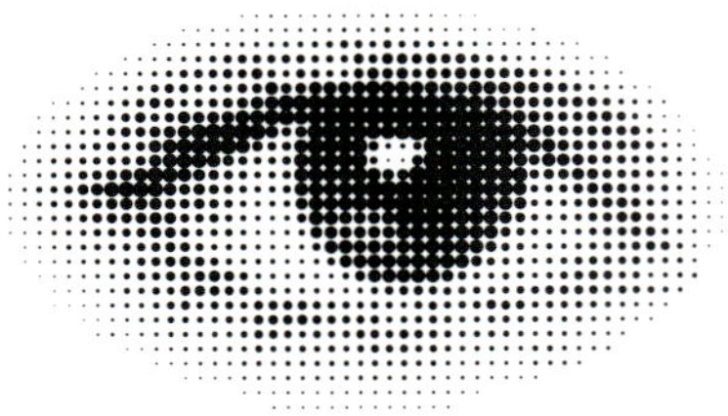	• Der Punkt ist das grundlegende Gestaltungselement. Seine Wirkung hängt von seiner Größe und der Zuordnung zu weiteren Punkten ab. • Punkte können gereiht, strukturiert, gestreut, symmetrisch, asymmetrisch oder fließend geordnet sein. • Sie können sogar die Illusion zusammenhängender Flächen erzeugen, wie es Rasterpunkte auf gedruckten Abbildungen tun (vgl. Bild). • Das Wort Punkt leitet sich aus dem lateinischen pungere (stechen) ab.
Linie 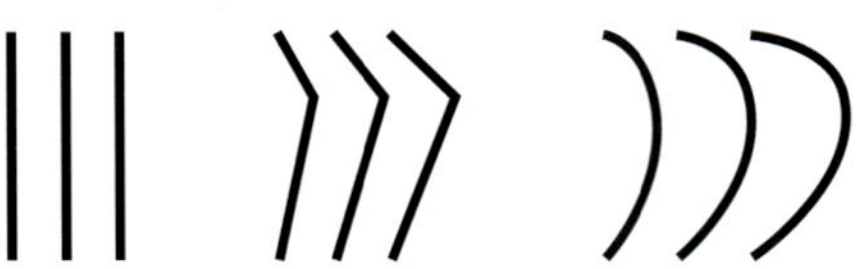	• Linien, lateinisch linea (Spur, Strich), können in gerader, gebrochener, gerundeter, gewellter oder gekrümmter Form auftreten. • Kombiniert man mehrere Linien miteinander, verlieren sie ihre nüchterne Form und ergeben Bänder, Netze, Schraffuren oder Strukturen.
Fläche geometrische Form 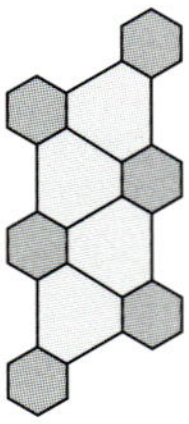 freie Form 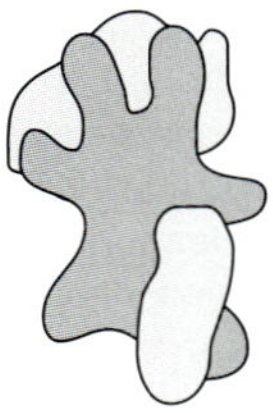	• Eine Fläche hat zwei Ausdehnungen, eine Höhe und eine Breite. • Je nach ihrem Aussehen ist der Ausdrucksgehalt einer Fläche sehr unterschiedlich: Geometrische Flächen wie Quadrat, Dreieck, Kreis, Rechteck, Ellipse usw. sind unterschiedlich dynamisch, jedoch grundsätzlich von anderem Ausdrucksgehalt als freie Formen der Fläche. • Bei der Gestaltung oder Festlegung von Flächen sind diese dynamischen Wirkungen von Einzelflächen zu beachten.

Formanwendung	
Naturformen 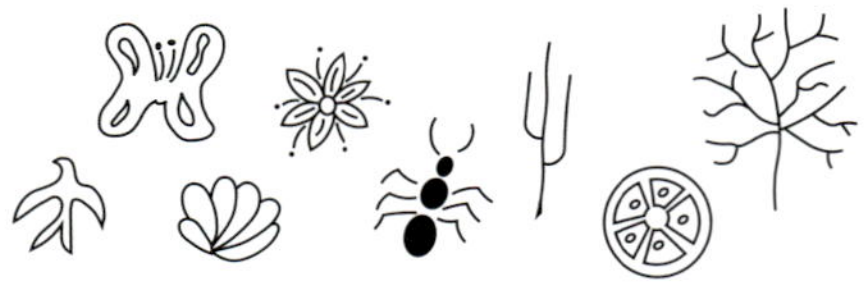	• In der Gestaltung findet man viele Formen, die von Aufbau- oder Wachstumstrukturen in der Natur abgeleitet sind. • Konzentrischer Wuchs, Verzweigungen oder auch fächerartige Formen sind mögliche Gestaltungselemente (z. B. Ornamentbänder).
Stilisierte Formen 	• Bei der Stilisierung werden Vorbilder als Vereinfachung, Umbildungen oder auch als Verfremdung dargestellt. • Eine stilisierte Form weist eine besondere Prägung (Stil) auf, die das Eigentliche und Wesentliche betont; Details werden vernachlässigt bzw. weggelassen, wesentliche Merkmale überhöht oder umgeformt. • Es entsteht ein dekoratives Zeichen mit hohem Informationswert. Die extreme Stilisierung ist das Piktogramm (siehe nächste Zeile).
Piktogramme/Signet 	• Piktogramme sind im höchsten Maße stilisierte Zeichen, die in gleicher oder ähnlicher Größe ein Informations-Zeichen-System bilden. • Sie geben Informationen zur Orientierung, Hinweise für Verhaltensweisen usw. • Das Signet ist ein einprägsames Formzeichen, welches häufig als Firmenzeichen auf Verpackungen oder in der Werbung zu finden ist.
Abstraktion 	• Die Abstraktion enthält nicht nur Formen, die das Gegenständliche bezeichnen, sondern sie ist auch Ausdruck von Vorstellung und Empfindung. • Verliert die Abstraktion den Bezug zum Gegenstand gänzlich, spricht man von einer „gegenstandslosen Darstellung". • Abstrakte Abbildungen sind zunehmend Teil moderner Wandgestaltung, wobei ihr flächenmäßiger Anteil zu neutralen Flächen vergleichsweise klein ist.
Freie Formen 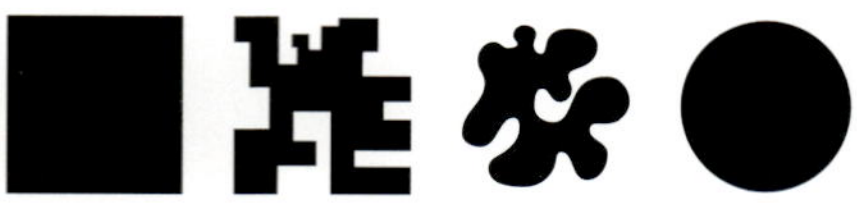	• Freie Formen werden aus den Grundformen (Quadrat, Kreis usw.) entwickelt. • Durch Verzerren, Ziehen, Drehen, Strecken, Deformieren entstehen neue freie Formen.
Zufällige Formen 	• Diese Formen entstehen im Umgang mit (Anstrich-)Farben; deren zufällige Form ist nicht reproduzierbar, sondern nur als Abwandlungen wiederholbar. • In den dekorativen Maltechniken wird diese Art der Formgestaltung häufig verwendet, z. B. der Kammzug, Bierlasurtechnik, Durchschliff, Nass-in-nass-Verfahren, Schwammtupftechnik, Wickeltechnik, Marmoriertechnik usw.

Formanwendung (Fortsetzung)

Konstruierte Formen  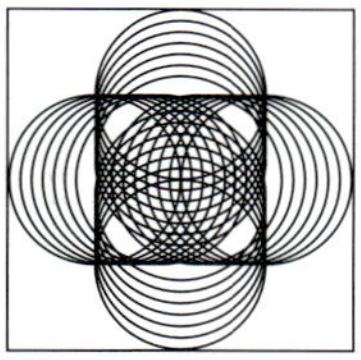	• Konstruierte Formen sind wie die gegenstandslose, abstrakte Abbildung frei von Bezügen zum Gegenständlichen. • Sie sind vielmehr gestalterischer Selbstzweck. Sie entwickeln sich aus geometrischen Ordnungssystemen und geometrischen Formen. • Gliederungsstrukturen entstehen durch die additive oder subtraktive Gliederung. Die additive Gliederung fügt mehrere Formelemente zusammen, die subtraktive trennt Formteile ab.

Formanordnung

Ornament und Muster 	• Eine regelmäßige Wiederholung einer Schmuckform nennt man Ornament. • Alle entwickelten Formen (siehe Formanwendung) lassen sich als Muster wiederholen.
Reihung 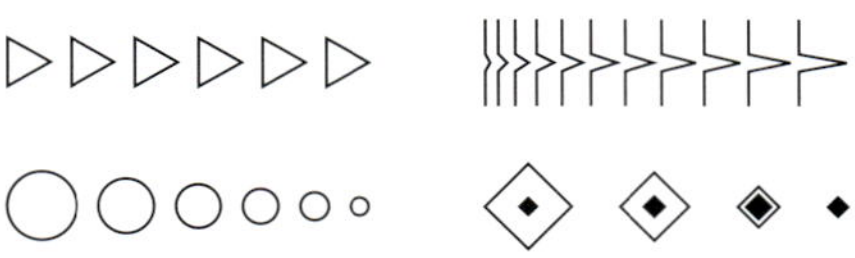	• Die größte Gleichmäßigkeit bei der Formwiederholung finden wir in der **stetigen Reihung**, bei der gleiche Formen gleicher Größe in gleichen Abständen zu finden sind. • Die **rhythmische Reihung** ist ebenfalls gleichmäßig; bei ihr gibt es jedoch Abwandlungen hinsichtlich Formgröße und Abstand.
Streuung, Gruppierung, Häufung 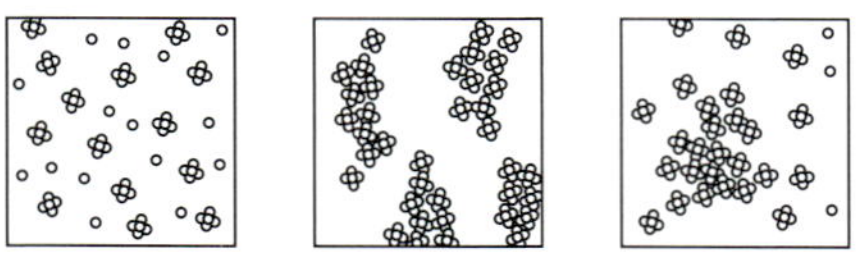	• Bei der **Streuung** liegen Formelemente in etwa gleichmäßig aber unregelmäßig dicht aneinander. Sie bilden aber doch eine regelmäßige Fläche. • Wenn Formen dicht beieinanderliegen und immer wieder Abstände zwischen diesen Anhäufungen liegen, spricht man von einer **Gruppierung**. • Eine **Häufung** entspricht einer Kombination von Gruppierung und Streuung. Sie ist die spannungsreichste dieser Formen.

Formbeziehung

Rhythmus 	• Um die Gleichförmigkeit und Monotonie aber auch die chaotische Unordnung einer Gestaltung zu brechen, ist eine Art der Formbeziehung der Rhythmus. • Er stellt Formelemente so zueinander, dass Gegensatzpaare wie Tag-Nacht, Wasser-Feuer, Sommer-Winter, Regen-Dürre entstehen.
Komposition (Leonardo Da Vincis „Abendmahl“) 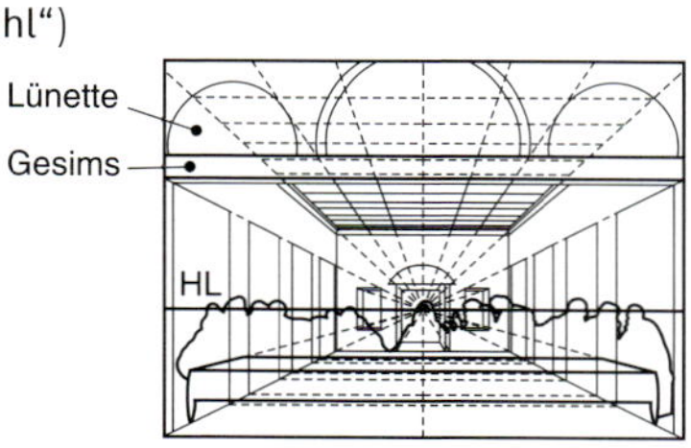	• In der Komposition wird der Aufbau, das Format der Fläche, der Schwerpunkt, die gestalterischen Formelemente und deren Beziehungen zusammengeführt. • Gestaltung, in ihre formale Struktur zerlegt, legt formale Zusammenhänge und Gesetzmäßigkeiten offen, wie eine Umrisszeichnung von Leonardo Da Vincis „Das Abendmahl“ leicht zu erkennen gibt.

Proportion

Gitternetzvergrößerung

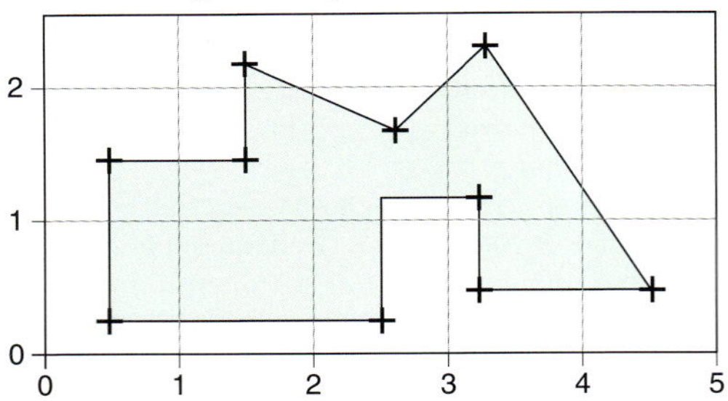

Konstruktion des „Goldenen Schnitts“

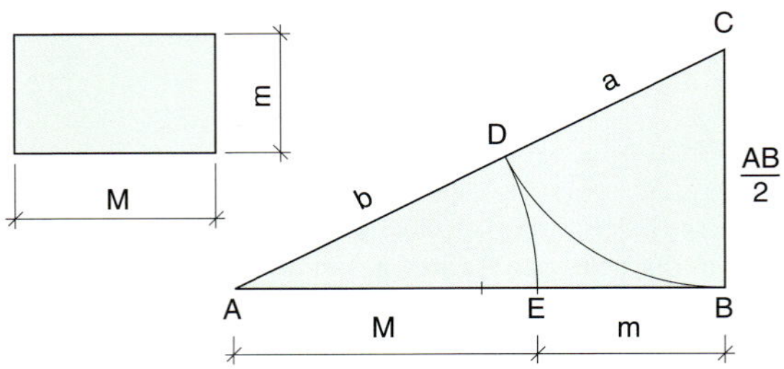

„Modulor“, Le Corbusier

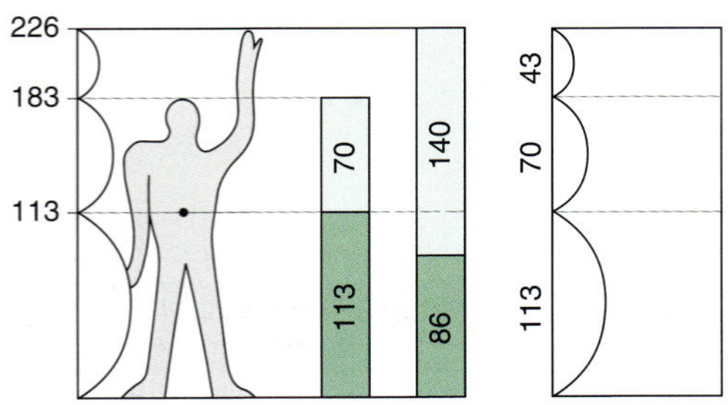

DIN-Formate

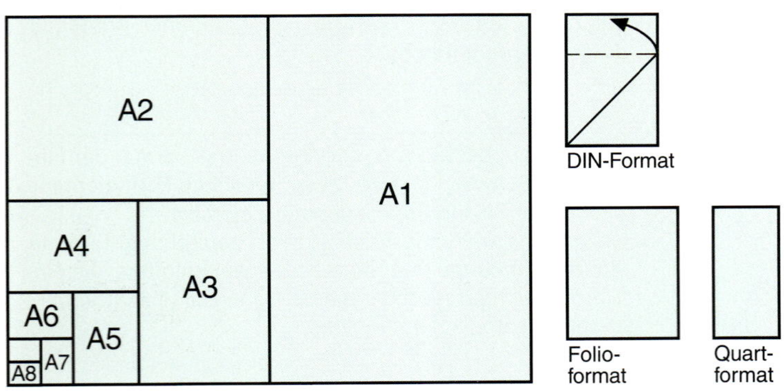

Die Proportion ist ein Maßverhältnis zwischen zwei Größen. Bei einer **Gitternetzvergrößerung** oder einer konstruktiven Vergrößerung/Verkleinerung bestimmt der Grad der Vergrößerung bzw. Verkleinerung dieses Maßverhältnis, z. B. 2 : 1; 3 : 1; 1 : 2; 1 : 25 usw. (Original : Zeichnungsgröße).

Proportionen jedoch, die allgemein als harmonisch empfunden werden, sind festgeschrieben, wie der in der Antike entwickelte und in der Renaissance wiederentdeckte **„Goldene Schnitt“**. In ihm ist ein Maßverhältnis von „Major“ (M) und minor (m) festgelegt: $M : m = a : b = b : (a + b)$
Beispiele für goldene Schnitte: 3 : 5; 5 : 8; 8 : 13; 13 : 21; 21 : 34; 34 : 55 usw.

1946 nähert sich Le Corbusier mit seiner Proportion, dem **„Modulor“**, der sich an die menschliche Gestalt anlehnt, dem „Goldenen Schnitt“.

Das Deutsche Institut für Normung (DIN) entwickelte für das Maßverhältnis von Hochformat und Querformat das sogenannte DIN-Format. Die längere Seite ergibt sich dabei aus der Diagonalen des zugehörigen Quadrats. Daraus ergibt sich folgendes Maßverhältnis der DIN-Format A-Reihe:

$1 : \sqrt{2}$

Auch das DIN-Format kommt dem „Goldenen Schnitt“ sehr nahe.

Schriftstammbaum

Die Geschichte der europäischen Schriftgeschichte lässt sich aus dem **Phönizischen Alphabet** (etwa 1300 v. Chr.) ableiten. Es wurde in Griechenland zur griechischen Schrift (etwa 900 v. Chr.) wie die **Griechische Capitalis** weiterentwickelt, welche wiederum die Basis für die Entwicklung der lateinischen Schriften war. Zunächst entstand hierbei die in Stein gemeißelte **Capitalis Monumentalis**, wobei durch den Gebrauch von Gänsefeder und Papyrus Schriften wie die **Capitalis Quadrata** und die „bäuerliche" **Rustica** entstanden. Etwa 300 Jahre später entwickelte sich eine runde römische Schrift heraus: die **Unziale**. Seit der Krönung Karl des Großen zum Kaiser (800 n. Chr.) wurde in seinem Auftrag die Entwicklung einer Schreibschrift in Kleinbuchstaben (Minuskeln) durchgeführt; es entstand die **Karolingische Minuskel**.
Ab diesem Zeitpunkt verläuft die Schriftentwicklung nördlich und südlich der Alpen getrennt. Aus der Karolingischen Minuskel wurde die **Gotische Minuskel** und die **Humanistische Minuskel** entwickelt. Aus der gotischen Minuskel heraus entstanden die deutschen gebrochenen Schriften wie die **Textur** (15. Jh.), **Schwabacher** (15. Jh.), **Fraktur** (16. Jh.), **Kanzlei** (17. Jh.) und **deutsche Schreibschrift** (18. Jh.). Südlich der Alpen begann die Entwicklung der lateinischen Schriften: **Rotunda** (14. Jh.), **Antiqua** (15. Jh.), **Kursiv-Druckschrift** (16. Jh.), **Grotesk** (19. Jh.), **Egyptienne** sowie die **Lateinische Schreibschrift**.
Alle nach DIN 16518 klassifizierten Druck- und Schreibschriften sind Ableitungen aus dem Schriftstammbaum.

Klassifikation der Schrift — DIN 16518:1964-08 (Übersicht)

Die DIN 16518 klassifiziert rund 1 000 gängige Druck- und Schreibschriften nach ähnlichen oder verwandten Merkmalen.

Gruppe	Beispiele
Gruppe I: Venezianische Renaissance Antiqua Deutsch-Römisch Modesalons	• Deutsch-Römisch • Amalthea • Schneider-Mediäval • Trajanus • Centaur
Gruppe II: Französische Renaissance Antiqua Garamond Rosenstock	• Palatino • Garamond • Post-Mediäval • Trump-Mediäval
Gruppe III: Barock-Antiqua Times Aktienmarkt	• Baskerville • Imprimatur • Times • Caslon
Gruppe IV: Klassizistische Antiqua Janson Farbenharmo	• Bodoni • Didot-Antiqua • Walbaum • Madison • Augustea
Gruppe V: Serifenbetonte Linearantiqua Schadow Nordbahnhof	• Egyptienne • Memphis • Beton • Schadow • Candida
Gruppe VI: Serifenlose Linearantiqua Helvetica Buchladen	• Helvetica • Grotesk • Futura • Akzidenz-Grotesk • Folio
Gruppe VII: Antiqua-Varianten Beton light CITOYEN	• Beton light • Michelangelo • Solemnis • Columna • Largo
Gruppe VIII: Schreibschriften Romantik	• Englische Schreibschrift • Ariston • Legende • Virtuosa • Mistral • Charme

Klassifikation der Schrift (Fortsetzung)	**DIN 16518:**1964-08 (Übersicht)
Gruppe IX: Handschriftliche Antiqua Delphin Handwerkskammer	• Time Script • Post-Antiqua • Delphin • El Greco
Gruppe X: Gebrochene Schriften Gotisch frühmittelalterliche Porträtplastik Rundgotisch Handel und Gewerbe Schwabacher Riemenschneider Frakturvarianten Theodor Fontane	Gotisch • Jessen-Schrift • Gotenburg • Manuskript-Gotisch • Maximilian Rundgotisch • Wallau • Weiß-Gotisch Schwabacher • Alte Schwabacher • Nürnberger Schwabacher • Renata • Lutheran Frakturvarianten • Breitkopf-Fraktur • Unger Fraktur • Frühling • Gilgengart
Gruppe XI: Fremde Schriften اعز الناس يبلى من الخطوب بالاعز، كانت الضرآء Κόσμον τόνδε, τὸν αὐτὸν ἁπάντων, οὔτε הנני מקים מצות עשה של ספי	• Griechisch • Arabisch • Kyrillisch • Hebräisch • Chinesisch

Hinweise zur Schriftgestaltung (Typografische Gestaltung)	
Nichtübereinstimmung Wortinhalt und Schriftwahl Urlaub im Weltall SCHÖNHEITSFARM	Es sollte bei der Auswahl der Schrift darauf geachtet werden, dass das Erscheinungsbild eines Schriftzuges mit dem Wortinhalt übereinstimmt. Daher sollten Begriffe wie „Träumerei“ oder „Fantasie“ nicht mit z. B. serifenlosen Antiquaschriften, sondern vielmehr mit runden, geschwungenen Schriftypen (z. B. Englische Schreibschrift) kombiniert werden.
Übereinstimmung von Wortinhalt und Schriftwahl Bauingenieurwesen Gesundheitsbewusst	
Schrift mit grafischer Funktion SPASS- UND WELLENBAD	Hier steht nicht mehr die Lesbarkeit im Vordergrund, sondern vielmehr die grafische Gestaltung einer Fläche, die aus Buchstaben zusammengesetzt ist.

Hinweise zur Schriftgestaltung (Typografische Gestaltung) (Fortsetzung)

Modifikationen Modifikation Modifikation Modifikation Modifikation	Heute ist es möglich mit diverser Software Schrift zu modifizieren. Solche Modifikationen sind mittels Plotter oder Lochpausen von PC/MAC-Ausdrucken leicht auf Flächen reproduzierbar.
Optischer Schriftausgleich LASTWAGEN 1p 2p 1p 1p 4p 4p LASTWAGEN	Um störende Schwerpunkte wie Verdichtungen oder zu große Negativräume (die wahrgenommenen Räume zwischen den Buchstaben) zu vermeiden, sollte bei großen Schriftzügen auf einen optischen Ausgleich zwischen den Buchstaben geachtet werden („Spationieren").
Schriftwahl bei Bauwerken WESTERNSTORE ASIA SHOP	Bei Beschriftung bzw. Gestaltung von Schildern an Gebäuden ist eine angemessene Schriftart für einen bestimmten Typus von Gebäude auszuwählen. So bietet sich bei einem Berliner Gründerzeithaus oder bei einem (klassisch) postmodernen Bau eine Klassizistische Antiqua an. Im bayerischen Raum nutzt man häufig gebrochene Schriften.

Schriftenmischungen

Richtig: Mischung in der gleichen Schriftfamilie (Hinweis: Nicht mehr als zwei Schrifttypen)

Ein *Buchstabe* bleibt selten *allein*

Richtig: Mischung von Schriften gleichen Duktus

Zierbuchstaben in einer großen Auswahl

Falsch: Mischungen von Renaissance- und Klassizistischer Antiqua

Moderne Bildhauer **im Rundfunk**

Merkmale von Schriften

Dachansatz	Symmetrie-Achse	Grund- und Haarstriche	Schrägstrich „e"
1 1 1 1 1 1 1 1 1 1 1 1 1 1 Serifen	O O O	H H H	e e e e

Wichtige Begriffe und Merkmale zur Schriftkonstruktion (Groteskschrift)

Balkenstärke	Buchstabenhöhe	Buchstabenbreite	Querbalken
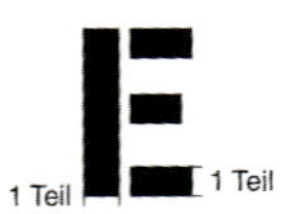	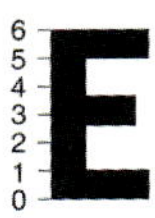		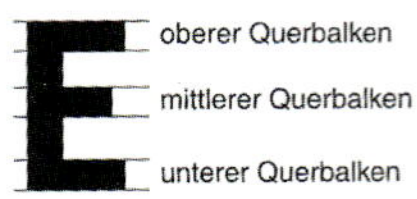
Sie ist die Grundlage für die Konstruktion. 1 Balkenstärke = 1 Teil	6 oder 7 Teile = Schrifthöhe	Angabe in Teilen, nicht in cm!	Waagerechte Schriftbalken der Buchstaben

Wichtige Begriffe und Merkmale zur Schriftkonstruktion (Fortsetzung)

Zeichnerische Mitte

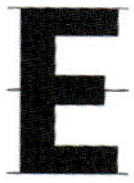

Der Mittelbalken liegt genau zwischen oberem und unterem Querbalken. Optisch erscheint er jedoch weiter unten.

Optische Mitte

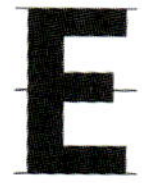

Um dem optischen Phänomen der zeichnerischen Mitte zu entgehen, setzt man die optische Mitte 0,1 Balkenstärke über die zeichnerische Mitte.

Übertritte

Sie vermeiden optische Einschränkungen (zu schmal, zu klein usw.). Seitliche Übertritte bei A, B, K, M, V, W usw. Übertritte nach oben und/oder unten C, G, J, O, Q, S, U usw.

Plotter

Computergesteuertes Druck- und Schneidegerät für Computergrafik, Bauzeichnungen sowie für Schriften auf Plotterfolien in der Werbetechnik

Architekturbegriffe

Architrav

Horizontal liegender Balken über Kapitellen

Attika

Niedriger Mauerstreifen über dem Hauptgesims einer Fassade

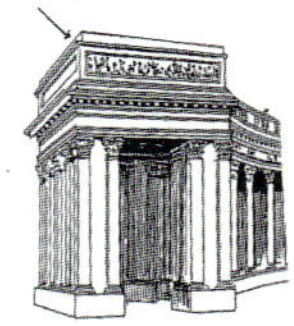

Balkon (Loggia)

Balkon: offener, nach vorne ragender Anbau. Loggia: innerhalb des Gebäudes liegender, vorne offener Raum im Obergeschoss

Balustrade (Brüstung)

Profilierte Brüstung an Fenstern, Terrassen, Geländer an Treppen oder auch als Attika

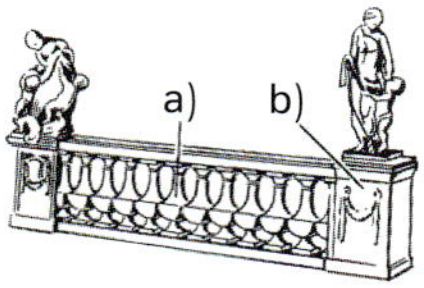

a) Baluster b) Postament

Fase

Abgeschrägte Kante an Bauteilen

Erker

Nach vorne ragender, ein- oder mehrgeschossiger, geschlossener Vorbau

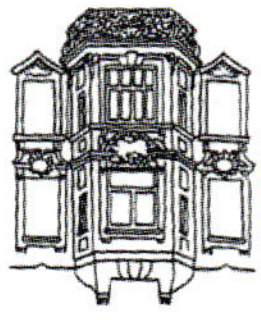

Hohlkehle

Konkaver Abschnitt an Bauteilen

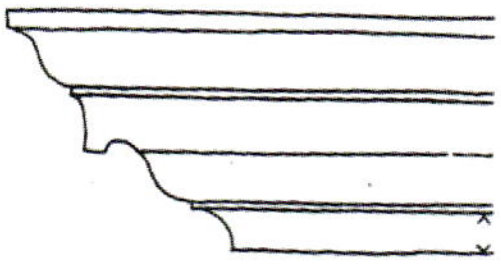

Lisene

Wandflächen gliedernder Mauerstreifen ohne Kapitell und Basis

Medaillon

Plastisches, reliefartiges und rundes Zierelement

Architekturbegriffe (Fortsetzung)

Volute

Schneckenförmiges Zierelement

Wange

Stehende, seitliche Einfassungen von Bauteilen (insbesondere Treppen)

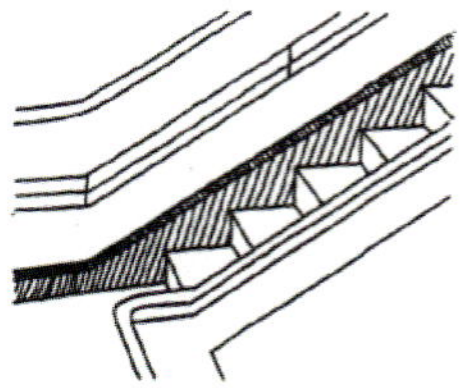

Wassernase

Nach unten stehende, profilierte Tropfkante an Gesimsen sowie an Sohlbänken und Wasserschenkeln an Fenstern

Fries

Glattes oder plastisches, schmales Zierband an Wänden, Decken und Bodenflächen:
(1) Akanthusfries, (2) Anthemion, (3) Laufender Hund, (4) Mäander

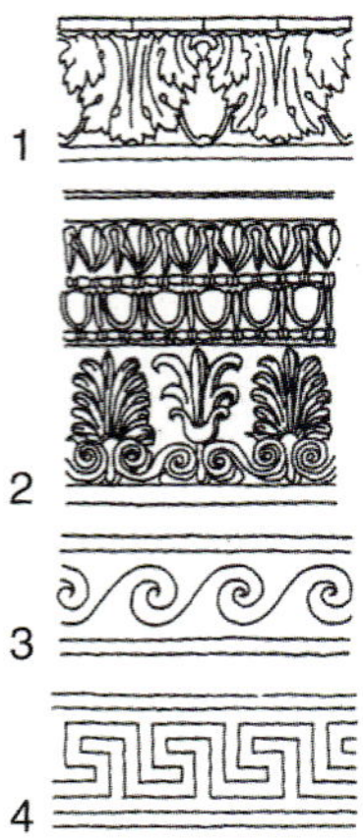

Gesims

Meist horizontales, vorspringendes Bauelement, welches Fassaden zusammen mit Lisenen, Säulen und Pilaster (alle vertikal) gliedert: (1) Sockelgesims, (2) Gurt- oder Stockwerkgesims, (3) Fenstergesims, (4) Kranzgesims, (5) Dachgesims

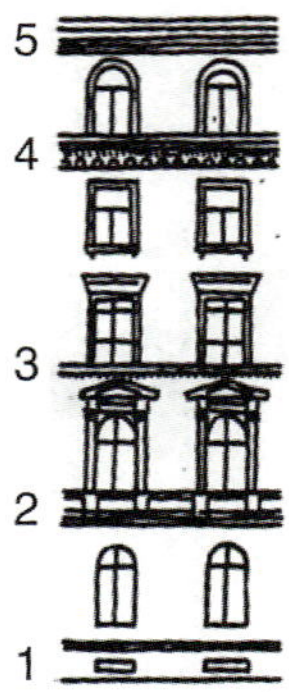

Fassade

Hauptansicht eines Gebäudes. Fassadengliederung: (1) Sockel, (2) Quadrierung, (3) Gesims, (4) Säule, Pilaster, Lisene, (5) Fensteröffnungen, (6) Risalit, (7) Giebel, (8) Dach, (9) Dachfenster

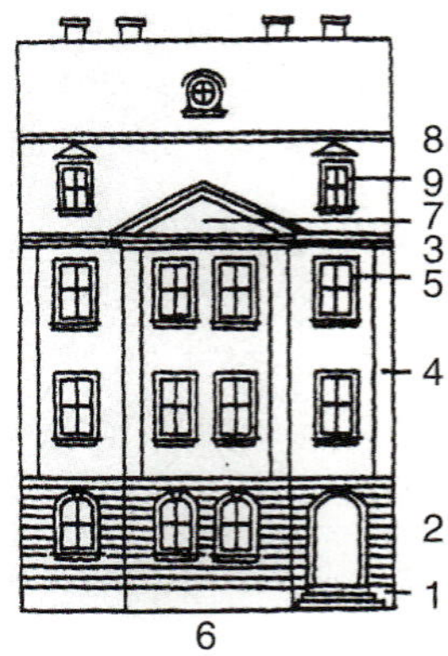

Frontispiz (Giebelfeld)

Frontispiz: Dreieckiges Giebelfeld über Türen, Fenster oder Risalit

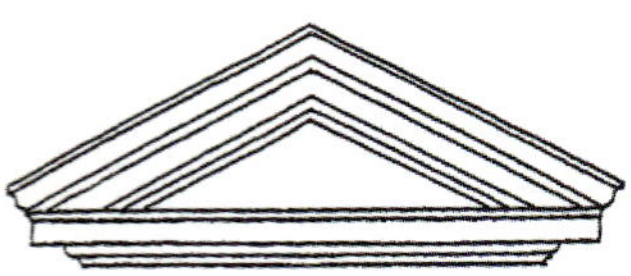

Risalit

Risalit: Bauteil, der in ganzer Höhe vor die Gebäudeflucht tritt und meist mit einem Frontispiz oder Segmentgiebel abschließt

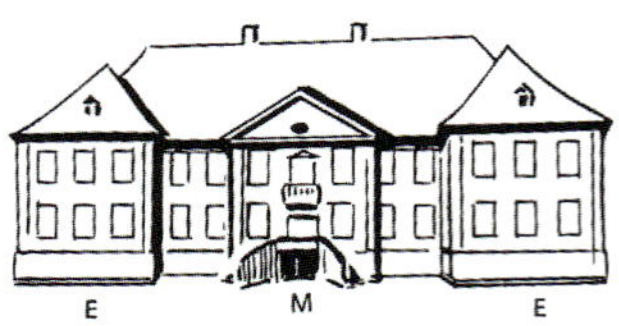

E Eckrisalit
M Mittelrisalit mit Frontispiz

Dachfenster

(1) Liegendes Dachfenster, (2) Schleppgaube, (3) Gaube, (4) Dacherker

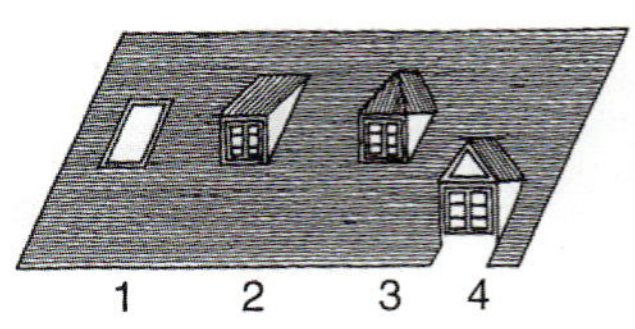

Architekturbegriffe (Fortsetzung)

Ortgang	Postament	Quadrierung
Die Dacheindeckung abdeckendes, schmales Brett 	Unterbau von Säulen, Pfeilern und Statuen: (1) Basis, (2) Schaft, (3) Gesims 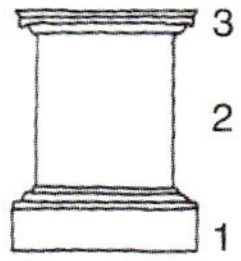	Imitation eines Quadermauerwerks durch malerisches oder plastisches Ausbilden von Steinfugen auf Putz 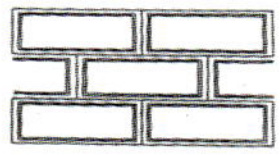
Bossenwerk, Rustika	Schlussstein	Segmentgiebel
Grob behauenes Quader-Mauerwerk, meist im Erdgeschossbereich 	Mittig abschließender, oft vorstehender Stein eines Bogens bei Fenster- und Türöffnungen oder bei Gewölben 	Bogenförmiger Giebel als oberer Abschluss von Fensteröffnungen 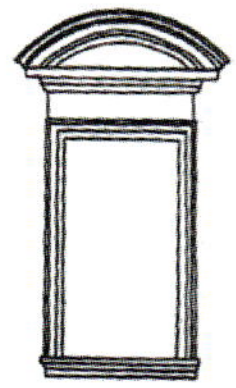
Fasche und Leibung	Dachformen	Gesprengter Giebel
Fasche: Fenster bzw. Türen einfassender Rahmen in der Ebene der Fassade/Innenwand; Leibung: Seitenfläche einer Tür- oder Fensteröffnung 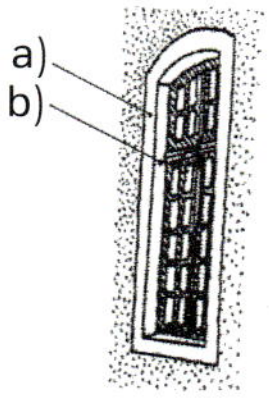 a) Fasche b) Leibung	(1) Mansardgiebeldach, (2) Walmdach, (3) Krüppelwalmdach, (4) Schleppdach, (5) Sheddach, (6) Pultdach, (7) Satteldach, (8) Pyramidendach 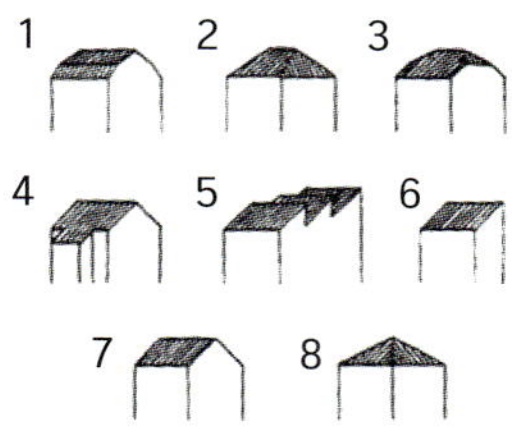	Unterbrochener Giebel, Segmentgiebel oder Frontispiz 
Sockel	Stütze	Pfeiler
Oft leicht vorspringendes, unteres Bauteil eines Bauwerks oder von Bauteilen (z. B. Säulen) 	Freistehendes, stabförmiges und lasttragendes Bauelement: Säule, Pfeiler und Pilaster 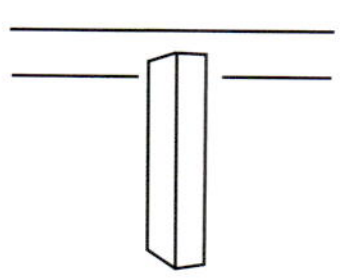	Stütze, welche gleichzeitig Teil eines Wandstückes ist, mit viereckigem oder rundem Querschnitt 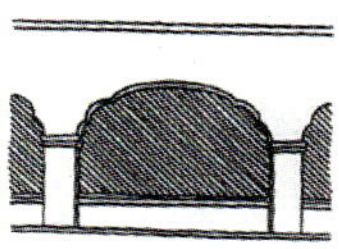

Architekturbegriffe (Fortsetzung)

Säulenformen (klassische)	Säule	Pilaster
(1) Dorische Säule, (2) Ionische Säule und (3) Korinthische Säule 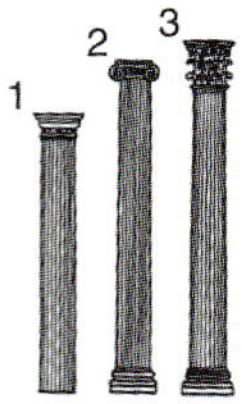	Stütze bestehend aus (1) Basis, (2) Schaft glatt oder mit Kanneluren (streifenförmige, senkrecht verlaufende Verzierungen) und (3) Kapitell („Säulenkopf“) 	Flach aus der Wand hervortretender Pfeiler mit Basis, Schaft und Kapitell 
Sturz	**Türfutter**	**Türzarge**
Horizontales Bauteil über Fenstern und Türen 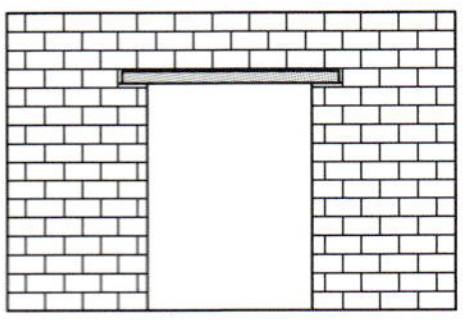	Die Leibung einer Tür abdeckende Verkleidung 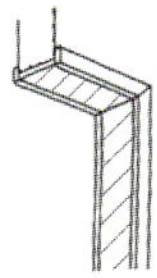	In die Wand eingesetzter Rahmen für die Tür 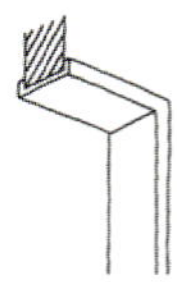
Unterzug	**Verdachung**	
Träger, der Lasten einer Decke (z. B. im Treppenhaus) aufnimmt 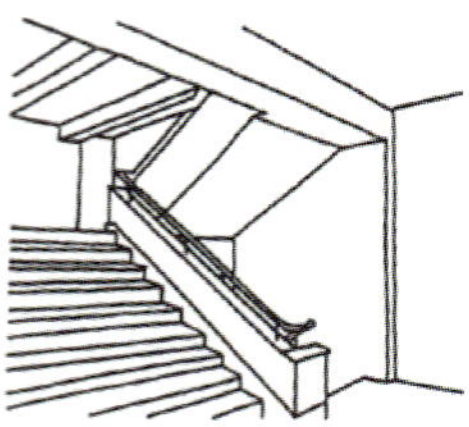	Vorspringender Überbau an Fenstern/Türen 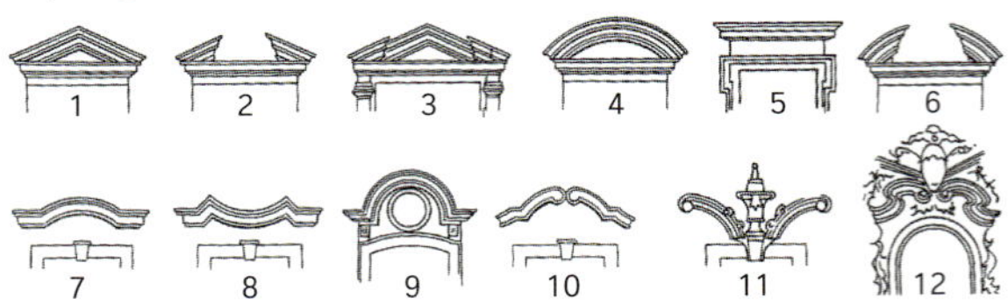 1 Dreiecksgiebel; 2 gesprengter Giebel; 3 verkröpfter Dreiecksgiebel; 4 Segmentgiebel; 5 Ohrenrahmung unter waagerechter Verdachung; 6 gesprengter Segmentgiebel; 7 Wellengiebel; 8 Wellengiebel; 9 Halbkreisbogen-Verdachung; 10 Volutengiebel; 11 Volutengiebel mit Bekrönung; 12 Rokokogiebel mit Dekoration	
Verkröpfung	**Rollwerk**	**Beschlagwerk**
Führung von Gesimsen um vorspringende Bauteile (z. B. Lisenen) herum 	Dekorationsform der deutschen Renaissance mit verschlungenen und aufgerollten, plastisch wirkenden Bandformen, die vor allem bei Wappen und Kartuschen vorkommen. 	Dekorationselement für Räume oder Gebäude. Es ist ein aus dem Rollwerk abgeleitetes, bandartiges Ornament, das in symmetrischer Anordnung aufgenietete metallene Beschläge nachahmt. 

Fassadengestaltung

Beim Beratungsgespräch mit Kundinnen und Kunden sollte man deren Gestaltungswünsche erfragen, um dann unter Berücksichtigung örtlicher und technischer Gegebenheiten sowie anerkannter Regeln der Farbenlehre gemeinsam zu einer optimalen Farbgestaltung zu gelangen.

Bestandsaufnahme der zu gestaltenden Fassade

Beurteilungskriterium	Bemerkungen/Fragestellungen
Historische Einordnung des Gebäudes	Dazu sind eingehende Kenntnisse historischer Baustile (postmodern, Historismus, Jugendstil usw.) und deren Architekturdetails nötig. Man sollte sich an den typischen Farben der Entstehungszeit des Gebäudes orientieren.
Gebäudeform, Fassadengliederung, Nutzung des Gebäudes	• Baumassen (groß, klein, gegliedert, kastenförmig usw.) • Anzahl der Geschosse, Gebäudehöhe, Skelettbau, Putzbau, Dachform • Wohnhaus, Geschäftshaus, Industriegebäude usw.
Standort des Gebäudes	Frei stehend, Doppelhaus/Reihenhaus, Wohnblock, Straßenzeile usw.
Behördliche Vorgaben	Besteht eine Gestaltungssatzung, die die Farbwahl einschränkt/vorschreibt?

Farbplanung

Richtfarben	Hauptfarbton (Generalfarbton)	Nebenfarben (Wechselfarben)
Richtfarben sind vorhandene, nicht veränderbare Farbtöne: • Am **Gebäude** (natürliche Farben der Baustoffe: Natursteine oder Fliesen z. B. am Sockel, Farbe der Dacheindeckung, Naturholzfenster usw.) • In **direkter Umgebung** des Gebäudes (Farben der Nachbarhäuser, Bepflanzung usw.)	Der von der Kundin/vom Kunden ausgewählte Hauptfarbton nimmt den größten Teil der Fassadenfläche ein. Deshalb sollte er in seiner Farbigkeit/Sättigung nicht zu aufdringlich sein (helle, oder aufgehellte Farbtöne). Bei der Festlegung des Hauptfarbtons müssen die Richtfarben unbedingt berücksichtigt werden!	Nebenfarben werden zur Hervorhebung von Fassadenelementen und -details und damit in **kleinerer Flächengröße** eingesetzt, z. B. Fensterrahmen, Leibungen, Faschen, Stuckgesimse, Schmuckelemente, Balkonbrüstungen, Dachgesimse, Dachuntersichten und Ortgänge.

Farbgestaltung

Die folgenden Regeln besitzen keinen Anspruch auf Allgemeingültigkeit, geben aber doch einige Anhaltspunkte für eine systematische Farbgestaltung.

- Eine monochrome (Ton-in-Ton) Farbgebung wird im Allgemeinen als angenehm und zurückhaltend empfunden.
- Die Farbrichtungen Gelb, Orange, Rot lassen eine Fassade freundlich und fröhlich wirken. Sie dürfen aber nicht in zu großer Reinheit und nicht zu großem Flächenanteil auftreten, da sie sonst bunt und „billig“ wirken. Sie können als Nebenfarben zur Akzentuierung bestimmter Bereiche eingesetzt werden.

Was man auch beachten sollte:

- Zurückliegende Flächen, die weniger Licht erhalten (Loggien), bekommen helle Farbtöne.
- Vorspringende Bauteile (Erker usw.) dürfen dunkler als die übrige Fassadenfläche gehalten werden.
- An Außenecken sollte kein Farbtonwechsel stattfinden.
- Stuck sollte immer hell gestrichen werden, damit er seine Licht- und Schattenwirkung entfalten kann.
- Zu geringe Farbtonunterschiede lassen eine Fassade von Ferne „verwaschen“ aussehen.
- Dunkle Farbtöne führen zu einer starken Aufheizung der Fassade und können Spannungen und Risse im Putz zur Folge haben. (Hellbezugswert beachten.)
- Sockelflächen sind dunkler als der Fassadenfarbton, um die Standfestigkeit optisch zu betonen.
- Eng zusammenstehende Gebäude sollten in hellen Farbtönen gestaltet werden, damit sie durch die Fenster mehr Licht in Räume abstrahlen können.
- Aneinandergereihte, formverbundene Gebäude (Doppelhäuser/Reihenhäuser) sollten auch durch die Farbgebung verbunden werden.
- Hohe Gebäude können durch eine nach oben stufenweise zunehmende Helligkeit von blauen und blaugrauen Farbtönen in ihrer Höhe optisch gemildert werden.
- Gebäude innerhalb einer Straßenzeile sollten ein harmonisches Gesamtbild bieten.

Gegenüberstellung unterschiedlicher Farbgebungen

Bei der unten abgebildeten Historismusfassade wurden Stilelemente aus verschiedenen Architekturepochen gemischt, ergänzt, verändert und zu einem neuen Ganzen verarbeitet. Für solche Gebäude gibt es keine typischen Farbgebungen aus ihrer Entstehungszeit. Trotzdem sollte bei der Auswahl der verschiedenen Fassadenfarbtöne behutsam vorgegangen werden. Eine einmal gewählte Farbgebung hat eine Lebensdauer von mindestens 5 bis 10 Jahren und sollte auch nach dieser Zeit noch ansehnlich sein. Nicht zuletzt deshalb sollte man sich bei der Farbwahl nicht zu sehr von gerade vorherrschenden Modetrends leiten lassen.

Damit das Licht- und Schattenspiel des Fassadenstucks zur Geltung kommt, sollten die Wechselfarben nicht zu dunkel gewählt werden.

Der zurückhaltende blaue Fassadenton wird durch die weißen Faschen, Leibungen und den Stuck belebt.

Gelb- und Ockertöne wirken sonnig und erinnern mit den weißen Absetzungen der Fassadenzier an Barockfassaden.

Der reine, aufgehellte Rotton der Fassadenzier gibt der Fassade ein süßliches Aussehen.

Abb.: C.A.T.S.-Soft GmbH

Farb- und Materialplan

Ein Farbgestaltungsvorschlag kann sowohl mithilfe eines PC-Programms als auch in Form einer kolorierten Handzeichnung erstellt werden. Darüber hinaus gibt ein Farb- und Materialplan der Kundin/dem Kunden einen schnellen Überblick über das Zusammenwirken der einzelnen Farbtöne. Beim **Farb- und Materialplan** werden den Bauteilen entsprechend ihrer ungefähren Größe (Proportionen) die geplanten Farbtöne mithilfe von Farbtonkarten oder Aufstrichen zugeordnet. Die Materialangaben informieren über vorhandene Oberflächenstrukturen.

Bauteil, Werkstoff	Hauptfarbe/Richtfarben (Farbtonkarte einkleben)	Nebenfarben
Dach		
Dachrinne		
Fassade		Gesims
		Fenster
		Leibung
		Fasche
Sockel		

Abstimmung der Nebenfarben

Baudetails wie Fenster, Türen, Fensterleibungen und -faschen, Fensterläden, Brüstungen, Lisenen, Stuckgesimse, Dachrinnen, Fallrohre, Geländer u. a. dürfen sich durch kräftigere Farbtöne von der übrigen Fassade deutlich abheben: **Je kleiner die Fläche, desto kräftiger darf der Farbton sein.** Die nach speziellen Farbtonsystemen erstellten Farbtonkarten der Farbenhersteller leisten gute Dienste bei der Auswahl und Abstimmung von Haupt- und Nebenfarben aufeinander (siehe Farbplan, oben).

Historische Farben (Auswahl einiger typischer Farbtöne)

Jahrhundertwende, Jugendstil	Klassizismus	Barock

Fachwerkfarben

Niedersächsisches Fachwerk	Fränkisches Fachwerk	Alemannisches Fachwerk

Raumgestaltung: Checkliste zur Erfassung der Kundenwünsche

Damit Maler/-innen den Kundinnen und Kunden gerecht werden und sie umfassend über Raumgestaltungsmöglichkeiten beraten können, sollten im Beratungsgespräch deren Wünsche erfragt werden. Die folgende Checkliste hilft dabei.

Nutzung des Raumes		**Lage und Belichtung des Raumes/Helligkeit**			
Wohnen, Schlafen, Kochen, Kind, Arbeiten usw.		Norden		Osten	
		Süden		Westen	
Im Raum vorhandene Farben und Materialien, die für die Farbgestaltung bindend sind.		**Gewünschte Raumatmosphäre**			
		Hell, heiter		Warm, dunkel	
Fußboden		Behaglich, ruhig		Natürlich	
Wände		Elegant, kühl		Modisch	
Decke		**Bevorzugte Farben und Farbtöne**			
Möbel		Farben:			
Dekorationen		Dezent		Hell	
		Kraftvoll		Dunkel	
Sonstige Wünsche:		Welche Farben auf keinen Fall:			

Farb- und Werkstoffplan

Mithilfe einer einfachen perspektivischen Raumdarstellung lassen sich schnell aussagefähige Gestaltungsvorschläge für Wohnräume erstellen. Um der Kundschaft ein anschauliches Bild zu vermitteln, können auf die Decken-, Wand- und Bodenflächen Original-Farbtonmuster und Materialproben aufgeklebt werden. Rechts können die Farben der Dekorationen und links die Möbelfarbtöne aufgeklebt oder aufgetragen werden.

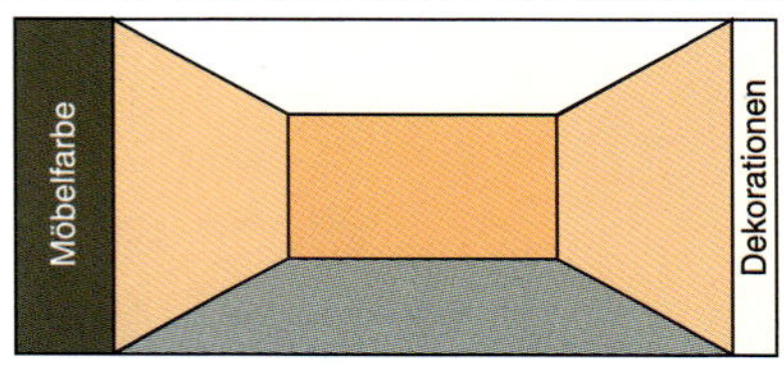

Allgemeine Gestaltungsregeln

Bei der Auswahl von Farbtönen für Wohnräume müssen die Farben der im Raum vorhandenen Einrichtungsgegenstände und deren Stil (Möbel, Dekorationen, ggf. auch Kunstwerke) berücksichtigt werden. Beim Einsatz von sehr modischen Farbtönen muss auf einen farblichen Ausgleich geachtet werden!

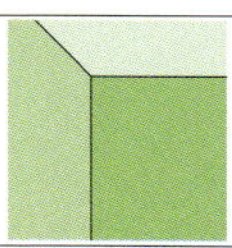

Ton-in-Ton: Die gewünschte Hauptfarbe kann in mehreren unterschiedlichen Helligkeits- und Reinheitsstufen miteinander kombiniert werden. Dabei ist ein ausreichender Hell-Dunkel-Kontrast mit einem flächenmäßigen Ausgleich zwischen größeren hellen und kleineren dunklen Flächen wichtig. **Es entsteht ein ruhiger, ausgeglichener, vornehmer Gesamteindruck.**

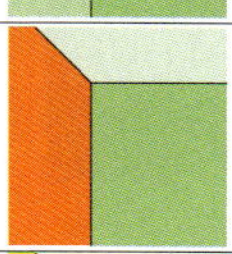

Ton-in-Ton mit komplementärem Akzent: Zum gewählten Hauptfarbton wird die im Farbkreis gegenüberliegende Komplementärfarbe in geringer Flächengröße als Akzent gesetzt. Dadurch erhält die ausgeglichene Ton-in-Ton-Gestaltung mehr Spannung, ohne übertrieben bunt zu wirken. Je größer der Sättigungsgrad der Akzentfarbe, desto aktiver wirkt der Raum.

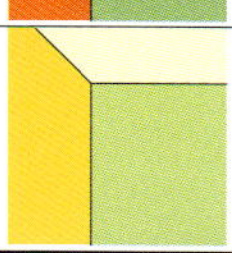

Nachbarfarben: Zwei bis drei im Farbkreis benachbarte Farbtöne zusammen, ergeben eine **spannungsvollere, aber nicht aufdringliche Farbstimmung**. Die verschiedenen Farbtöne sollten sowohl in unterschiedlicher Helligkeit als auch Reinheit eingesetzt werden. Auch hier gilt: Zurückhaltende Farbtöne in größerer, kräftige Farbtöne in geringerer Flächengröße einsetzen.

Beeinflussung der Raumwirkung

In nebenstehendem Beispiel wirkt der rote Raum wärmer und kürzer als derselbe Raum in blauer Farbgebung aus gleichem Blickwinkel. Diese Wirkung lässt sich durch entsprechende Tapetenmuster noch verstärken.

Einfluss von Farben und Mustern auf die Raumatmosphäre

Die Raumatmosphäre lässt sich planen. Im Beratungsgespräch sollten Lebensstil, Charakterzüge und Vorlieben der Bewohner/-innen besprochen und bei der Farbtonwahl berücksichtigt werden. Je nach Einsatz der Farben kann ein Raum freundlich, warm, gemütlich, kühl, sachlich, anregend, heiter, folkloristisch usw. wirken. Bei der Beurteilung von Wandflächen spielen auch die Materialien und Oberflächenstrukturen/Texturen sowie die Beleuchtung eine Rolle.

Naturfarben und dunkle Farbtöne wirken warm, gemütlich, beruhigend und repräsentativ. Die wolkige Gestaltungstechnik unterstützt diesen Eindruck.

Muster in Metallictönen auf dunklem Untergrund wirken repräsentativ und vornehm.

In weißen Räumen lassen sich durch Möbel und Accessoires farbige Akzente setzen.

Weiß, Grautöne und Schwarz sowie geometrische Muster wirken technisch, sachlich, kühl und nüchtern.

Pastelltöne wirken hell, freundlich, leicht, blumig und ergeben eine vornehme Anmutung.

Helle Naturfarbtöne in Verbindung mit reinen Farben ergeben freundliche, anregende Raumeindrücke.

Die Licht- und Schattenwirkung dieses Reliefbelages gibt dem Raum ein repräsentatives Aussehen.

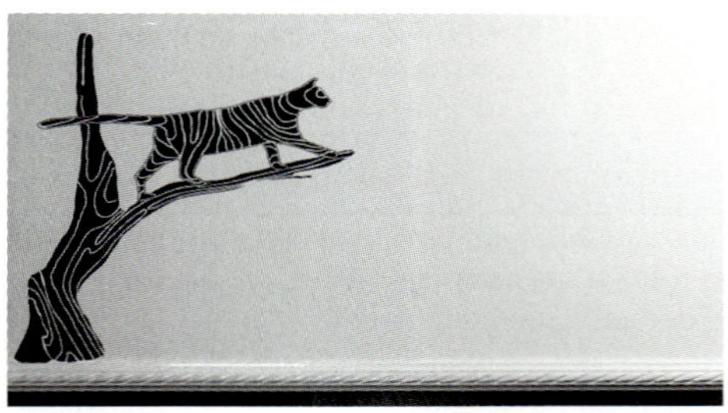

Ein Wandtatoo kann wie ein „Abziehbild" auf einen vorbereiteten Untergrund geklebt werden. Eigene Motive lassen sich ebenfalls realisieren.

Mittelalter

Romanik etwa (800) 1000 bis 1250

Baustil
- Rundbögen an kleinen Fenstern, niedrigen Portalen und Galerien
- Wuchtige, massig u. dunkel wirkende Bauweise
- Einfache, schmucklose Fassaden
- Säulen mit einfachen Würfelkapitellen
- Tonnen- und Kreuzgewölbe
- Strenge, geometrische Gliederung

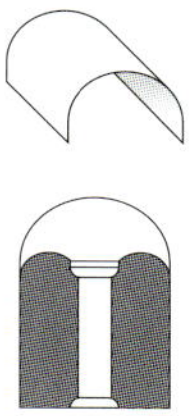

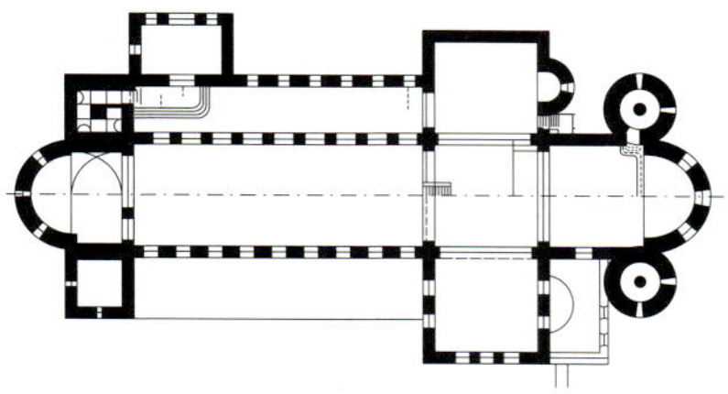

Möbelstil
- Schränke nur in Sakristeien zur Aufbewahrung der Messgewänder, meist giebelförmig
- Sonst nur Truhen
- Derbe Zimmermannskonstruktionen
- Die meisten Holzverbindungen noch unbekannt
- Brettflächen oft durch ausgeschmiedete Bänder zusammengehalten

Gotik etwa 1250 bis 1520

Baustil
- Spitzbogen in Verbindung mit Strebepfeilern (Skelettbauweise)
- Wand wird in einzelne Pfeiler aufgelöst
- Viele hohe Fenster, lichtdurchflutete Räume
- Säulen hoch und schlank
- Kreuzrippen- und Netzgewölbe
- Die Senkrechte stark betonend

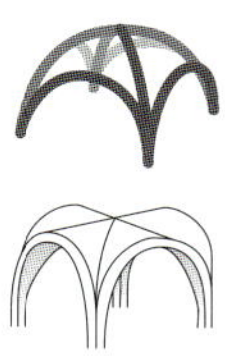

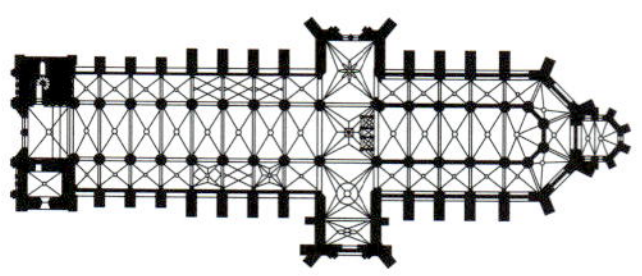

Möbelstil
- Zweigeschossige Schränke (zwei übereinandergestellte Truhen) mit vorspringendem Sockel
- Fast alle Standardholzkonstruktionen und Holzverbindungen
- Maßwerk und Faltwerk als Dekor
- Trapezförmig ausgeschmiedete Schlossplatten und lang ausgezogene Scharnierbänder

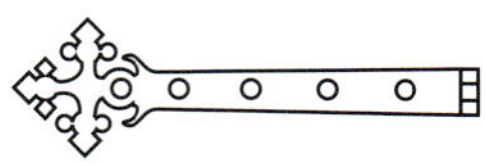

Vorformen **Tapeten:** In der Regel fein gegerbtes Leder bzw. gespannte Teppiche/Stoffe

Neuzeit

Renaissance etwa 1520 bis 1650

Baustil
- Antike als Vorbild (Wiedergeburt)
- Klare, die Waagerechte betonende Fassaden
- Im unteren Schaft geteilte Säulen, die auf einem quaderförmigen Sockel stehen und sich auf das Geschoss beschränken
- Kuppelbauten

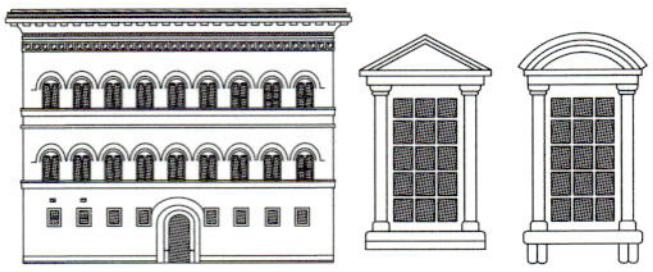

Möbelstil
- Schrank bleibt zweigeschossig
- Front wie Palastfassade gebaut
- Ganze Raumbilder perspektivisch in Intarsien umgesetzt
- Rahmenkonstruktion vorherrschend
- Medaillonschnitzerei beliebt

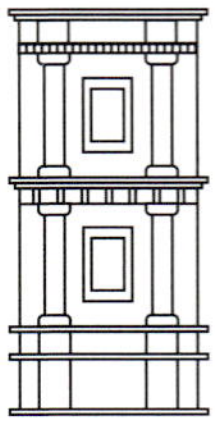

Tapeten/Wandbekleidung
- Wände mit Stoffen und verziertem Leder geschmückt
- Streng symmetrische Ornamente mit floralen Elementen in schweren Farben

Barock etwa 1650 bis 1800 und Rokoko (Spätform des Barock, etwa 1730 bis 1780)

Baustil
- Bewegte, geschwungene Formen
- Säulen reichen über das Geschoss hinaus
- Prunkvolle Fassaden, Repräsentation als wichtigstes Gestaltungsprinzip
- Belebung des Innenraums durch Stuck, Farbe
- Kuppelbauten

Im Rokoko kommen noch schwungvollere Linien, buntere Ornamente und als Verzierung Muschelwerke (Rocaille) hinzu.

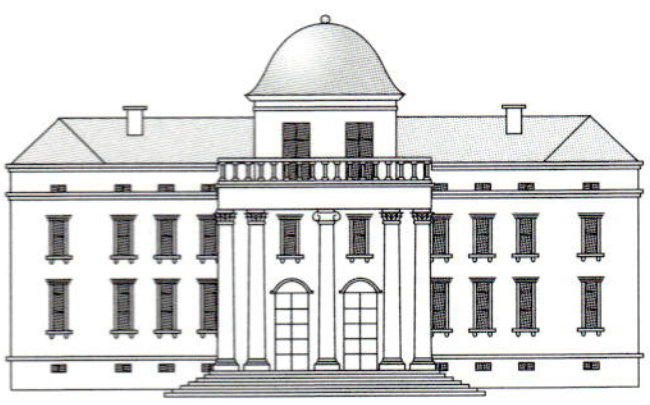

Möbelstil
- Repräsentationsschrank (bis 3 m Höhe), eingeschossig, stark profiliertes Kranzgesims
- Klare Betonung der Symmetrie
- Füße in meist abgeplatteter Kugelform
- Gewundene Säulen

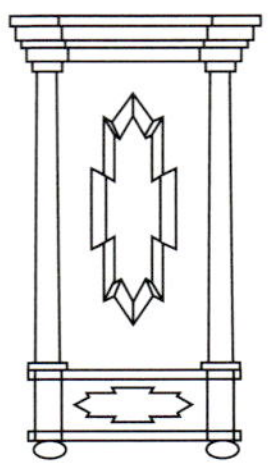

- Im Rokoko überwiegt die geschwungene Form
- Beliebtes, unsymmetrisches Ornament: Muschelwerksdekor

Tapeten/Wandbekleidung

Barock:
- Prunkvolle, lebendige Ornamente
- Geschwungene und gewölbte Dekorelemente

Rokoko:
- Verfeinerter „Salon-Stil"
- Asymmetrisches Muschelmotiv
- Freundliche Pastelltöne

19. Jahrhundert

Klassizismus etwa 1800 bis 1850 (Biedermeier etwa 1816 bis 1848)

Baustil
- Durch Ausgrabungen u. a. der Römerstadt und Pompeji antike Modewelle mit ruhigen, strengen Formen
- Reiche Verwendung von Säulen und Giebeldreiecken, Kuppeln, Kolonaden und Balustraden
- Klassisch, streng gegliedert, klar in der Form

Möbelstil
Man unterscheidet drei Entwicklungsphasen des Dekors:
- Zopfstil (in Frankreich): Girlanden, Eier- und Perlstäbe
- Empire, Regency (England): Palmetten, Lanzen, Rutenbündel (römische Siegeszeichen), Sphinxen
- Biedermeier: Dekoratives Furnierbild, klare Form, bequem und zweckmäßig

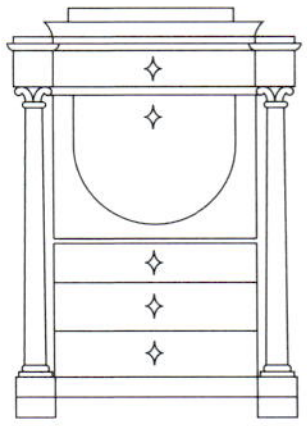

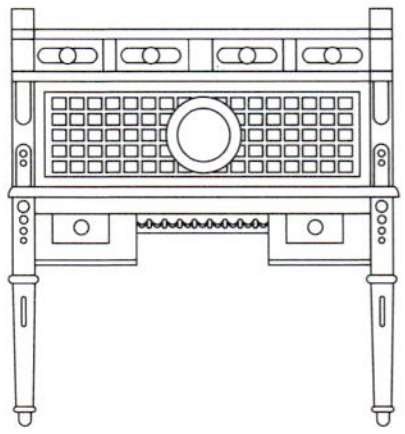

Tapeten/Wandbekleidung
Klassizismus:
- Geradlinige, antike Formen
- Herrschaftssymbole wie Kränze, Fackeln, Säulen

Biedermeier:
- Freundliche Muster, Farben
- Kränze, Schleifen, Streublümchen durch senkrechte Schmuckstreifen gegliedert

Historismus und Eklektizismus etwa 1850 bis 1900

Baustil
- Stilreine Nachahmung verschiedener historischer Baustile (ein Stil durchgängig an einem Gebäude)
- Nach 1871: Gründerzeit
- Neuromanisch und neugotisch meist für Kirchen, Neurenaissance für Rathäuser, Theater, Museen
- Fertigstellung auch unvollendeter gotischer Bauwerke (z. B. der Dom zu Köln und das Münster zu Ulm)
- Eklektizismus: Mischung mehrerer Baustile an einem Gebäude (jedes Baudetail in einer anderen als „passend" empfundenen Stilform)

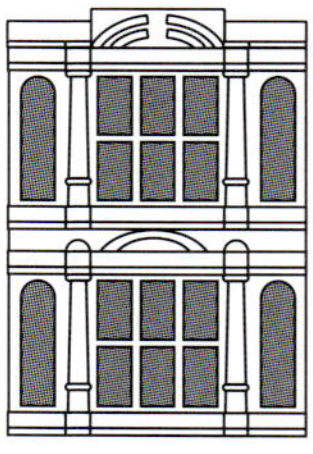

20. Jahrhundert

Jugendstil etwa 1890 bis 1910

Baustil

- Historische Stilformen wurden als unzeitgemäß angesehen; Versuch, Neues zu erfinden
- Unkonventionelle Anordnung heller Räume Dekor: Stilisierte Abb. v. Schwänen, Kranichen, Wasserpflanzen, Lilien, Magnolien, Flammen, usw.
- Geschwungene Linien für Fassaden, Türen, usw.

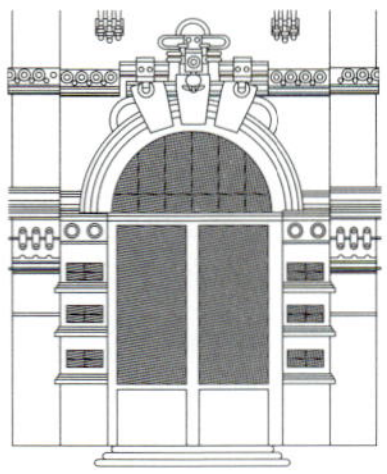

Möbelstil

- Alle Dinge des täglichen Lebens einbezogen, wie Möbel, Tapeten, Besteck, Kleidung
- Frankreich: vegetative Formen; England/Schottland: strenges Design; Deutschland: beides
- Rückbesinnung auf kreative, handwerkliche Fähigkeiten, u. a. auch als Protest gegen Industrialisierung

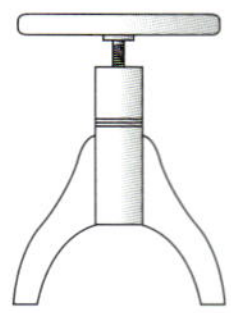

Tapeten/Wandbekleidung

Florale Ornamentik

Moderne (20. Jahrhundert)

- Zweckbauten: Die Funktion bestimmt die Form
- Durch Stahlbeton- und Stahlbau freiere Gestaltungsmöglichkeiten („Wolkenkratzer“ in Skelettbauweise), Betonung des Materials

Bauhaus (1919 durch Walter Gropius in Weimar gegründet, 1924 Dessau)

Baustil

- Synthese aus Funktion, Konstruktion und Werkstoff
- Klare, kubische, rechtwinklige Gebäudeblöcke

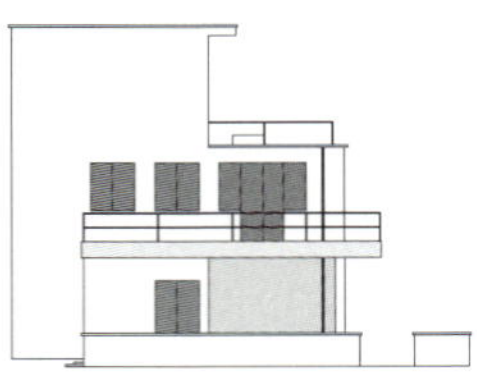

Möbelstil

- Zweckmäßige, klare Formen
- Ähnliche Entwicklungen in anderen Ländern, z. B. Holland „De Stijl“

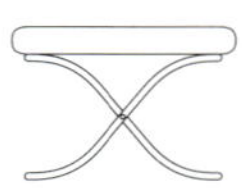

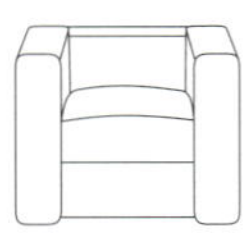

Tapeten/Wandbekleidung

- Industrielles, schlichtes Design
- Funktionelle, geometrische Formen

Postmoderne (letztes Drittel des 20. Jahrhunderts)

Baustil

- Anlehnung an den Klassizismus, Futurismus
- Verzierungen aller Stilepochen

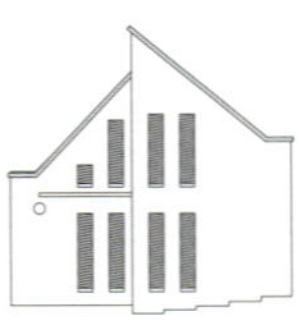

Möbelstil

Weiche Linienführung

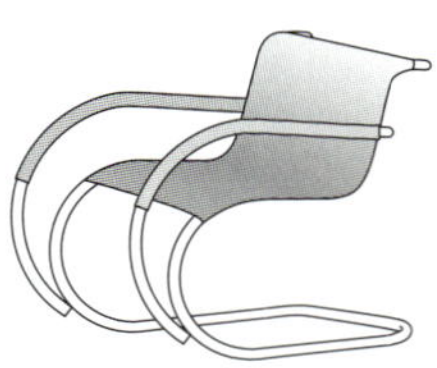

Tapeten/Wandbekleidung

- 60er-/70er-Jahre: knallige Farben, einfache geometrische Formen
- 80er-Jahre: reine Farben, freie Formen
- Ende des 20. Jh.: dezente, unaufdringliche Tapeten, edle Oberflächen

Historische Fachwerkstile

Mittelalter bis 1470 (Fachwerkgefüge durch Sicherheitsmaßnahmen geprägt)	**Übergangszeit 1470 bis 1550**
Niederdeutsch (sächsisch)	
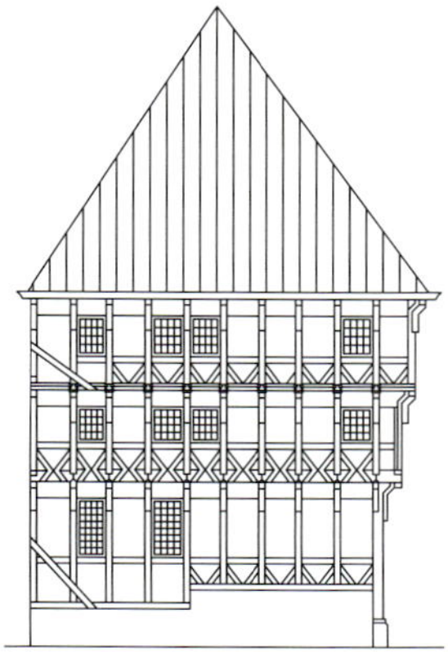 Rathaus Halberstadt, 1461 • Ständerstellung eng • Ordnung senkrecht	 Alte Waage Braunschweig, 1534 • Ordnung senkrecht
Mitteldeutsch (fränkisch)	
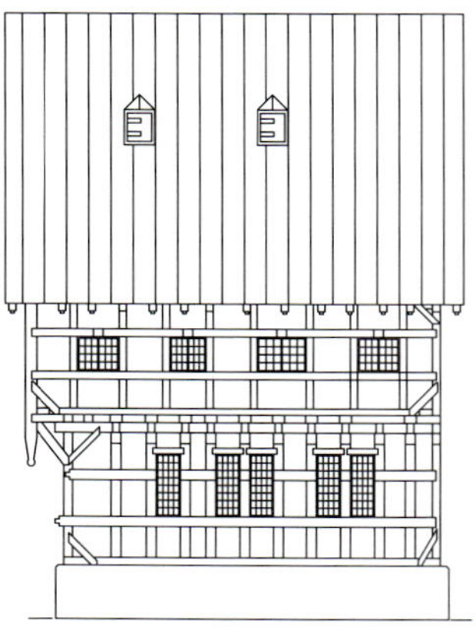 Haus in Kobern, 1320 • Dreiseitig auskragend	 Haus in Büdingen, um 1500 • Charakteristisch: krumme Hölzer
Oberdeutsch (alemannisch)	
 Rathaus Esslingen, 1430 • Ständerstellung weit • Doppeltes Rähm	 Rathaus Markgröningen, 15./16. Jahrhundert • Ständerstellung enger

Historische Fachwerkstile (Fortsetzung)

Renaissance 1550 bis 1650 (Übernahme von Formen des Steinbaus, Benutzung der „Mannfigur“)		**Barock 1650 bis 1750** (Zierhölzer ohne bautechnische Bedeutung, Vereinfachung folgt)	
Niederdeutsch (sächsisch)			
	Stiftsherrenhaus Hameln, 1558 • Große Fensterflächen • Organische Schmuckmotive		„Wehlburg“ im Freilichtmuseum Cloppenburg, 1750 • Ordnung senkrecht
Mitteldeutsch (fränkisch)			
	Haus in Osterspai, 1579 • Mannfigur • „Malerisches“ Fachwerk	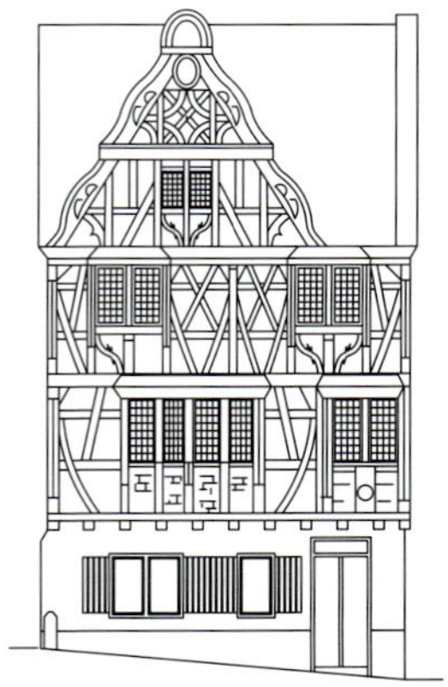	Haus in Vallendar, 1598 • Schalgesimse, Schweifgiebel, Fenstererker
Oberdeutsch (alemannisch)			
	Haus in Moosbach, 1589 • Mannfigur • Fränkischer Einfluss		Haus in Ebermannstadt, Ende des 18. Jahrhunderts • Üppiges Dekor

Ornamentformen

Ornamente[1)] können folgendermaßen hervorgerufen werden:
- Nach den Gesetzen von Rhythmus, Regelmäßigkeit und Symmetrie werden Punkte und Linien gereiht und verbunden, geometrische Figuren gebildet usw.
- Es werden Dinge wiedergegeben, z. B. Tiere, Pflanzen, Wolken usw.

Bänder

Definition, Form:	Verwendung:	Motive:
• Säumende, einfassende, streifenartige Verzierungen • Keine Begrenzung in Längsrichtung	Umrahmungs- und Trennungsglieder von Decken-, Wand- und Bodenfeldern usw.	• Geometrische Formen • Organische Formen • Pflanzliche Formen

Beispiele

Mäander • Spezifisch griechisches Ornament • Rechtwinkliges Abbiegen seiner Linienzüge, Quadratnetz	Blumenbänder, Rosettenbänder Assyrischer und indischer Stil, antike Vasenmalerei, Renaissance usw.	Blatt- und Rankenbänder • Beblätterter Stängel mit Blumen, Früchten usw. • In allen Stilen zahlreich
 Gestreckter Mäander	 Indische Emailbordüre	 Griechische Architekturfriese

Begrenztes Flachornament (Füllungen)

Definition, Form:	Verwendung:	Motive:
• Verzierung, welche eine Fläche (begrenzten Raum) schmückt bzw. überzieht • Quadrat, Kreis, Rechteck usw.	• Malerei • Einlegearbeit • Gravuren • Flachrelief usw.	• Geometrische Formen • Natürliche Formen • Künstliche Formen

Beispiele

 Römisches Flachrelief	 Romanisches Ornament	 Füllungsornament, Deutsche Renaissance

1) Die Bezeichnungen Ornament, Ornamentik, ornamental usw. sind von dem lateinischen Zeitwort „ornare" (schmücken) abgeleitet.

Ornamentformen (Fortsetzung)

Unbegrenztes Flachornament

Definition, Form:	Verwendung:	Motive:
• Auf allen Seiten beliebig ausdehnbare Ornamente • Muster lassen stets eine Wiederholung zu	• Parkettmuster • Mosaikmuster • Wandmalereimuster • Fliesenmuster u. v. a.	• Rein geometrische Formen • Rein organische Formen • Geometrische und organische Formen vereint

Beispiele

Modernes Parkettmuster

Arabische Mosaikarbeit

Stoffmuster, dt. Renaissance

Wandmalerei, Palazzo del Podesta, Florenz, 14. Jh.

Altägyptisches Mäanderflächenschema

Arabische Malerei aus der Moschee Kaitbay

Ornamente der Stilepochen und Hochkulturen

Altertum

1.

2.

3.

4.

1. **Ägyptisch:**
   Papyrusornament auf einer Figurenschale im Britischen Museum
2. **Griechisch:**
   Terrakotten aus Olympia
3. **Römisch:**
   Fragment eines Bronzekandelabers aus Neapel
4. **Keltisch-germanisch:**
   Gürtelschnalle, Museum von Cluny

Ornamente der Stilepochen und Hochkulturen (Fortsetzung)

Mittelalter

1.

2.

3.
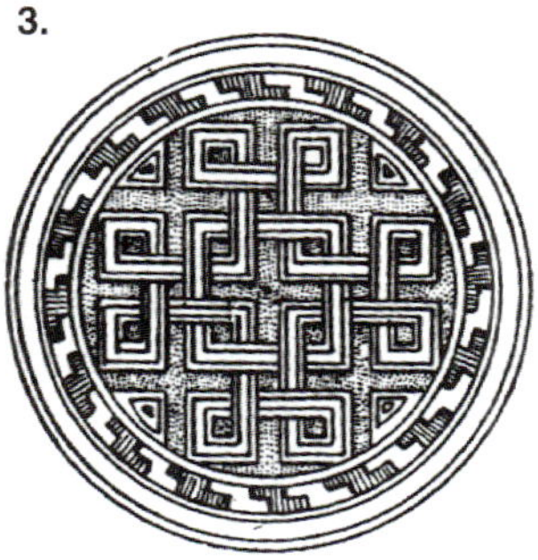

1. **Germanisch-altchristlich:** doppeltes Kreisgeflecht aus Ventimiglia (longobardisch, Italien)
2. **Keltisch:** Ornament vom Sockel eines Kreuzes an der Kirche von St. Vigean, Angusshire
3. **Byzantinisch:** Marmormosaik

Romanik (etwa 9. bis 13. Jahrhundert)

1.

2.

3.

4.
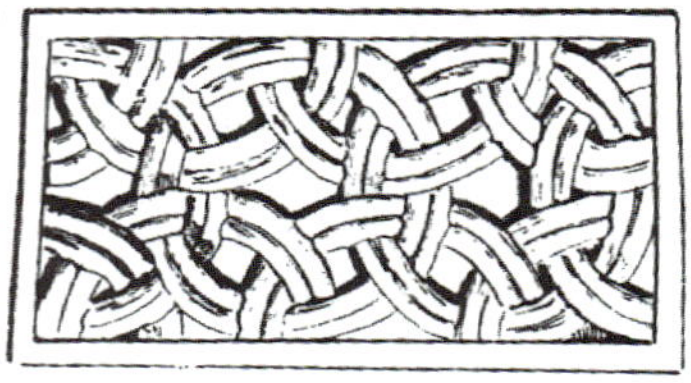

1. **Deutschland:** Schmelztafel vom Ursulaschrein in Köln, Arbeit des Fredericus, 1170
2. **Italien:** Mosaik aus Santa Maria Nuova in Monreale
3. **Frankreich:** Verglasung aus farblosem Glas, Kirche zu Bonlieu
4. **Skandinavien:** Ornament von einem Taufstein, Museum von Stockholm

1.

2.

3.

4.

5.

1. **Russisch:** aus einem Psalterium
2. **Arabisch:** Mosaikmuster, 16. Jahrhundert
3. **Maurisch:** Dekorationsdetail aus der Alhambra
4. **Persisch:** Bordüre einer Wandverkleidung aus Fayence
5. **Indisch:** Verzierung von tauschierten Metallarbeiten

Ornamente der Stilepochen und Hochkulturen (Fortsetzung)

Gotik (etwa 13. bis 16. Jahrhundert)

1. 
3. 
2. 
4. 

1. **Deutschland:**
   Ornament in flachem Holzrelief in Galeriebrüstungen eines Hauses am Hauptmarkt in Nürnberg, Spätgotik
2. **Italien:**
   Mosaikboden aus dem Dom in Florenz
3. **Frankreich:**
   aus der Sakristei der Kathedrale von Clermont
4. **England:**
   Gebrannte Tonfliese, 14. Jahrhundert

1. 
2. 

1. **Chinesisch:**
   Stilisierter Schmetterling von einer antiken Porzellanplatte
2. **Japanisch:**
   Teppichmuster

Neuzeit

Renaissance (etwa 16. bis 17. Jahrhundert)

2. 
1. 
3. 
4. 

1. **Deutschland:**
   Spitzenmuster
2. **Italien:**
   Flachrelief einer Grabplatte in Santa Maria del Popolo
3. **Frankreich:**
   keramische Bodenfliese
4. **Skandinavien:**
   norwegisches Holzornament, 17. Jahrhundert

Barock (etwa 17. bis 18. Jahrhundert)

1. 
2. 
3. 

1. **Deutschland:**
   Stoffmuster, Ende des 17. Jahrhunderts, pfälzisches Gewerbemuseum zu Kaiserslautern
2. **Italien:**
   venezianischer Spitzenkragen
3. **Frankreich:**
   Stoffmuster

Grundlagen
Werkstoffe, Hilfsstoffe
Werkzeuge, Geräte, Gerüste
Arbeitstechniken
Gestaltung
Arbeitsschutz, Umweltschutz
Aufmaß, Abrechnung
Betriebsführung
Quellen

Ornamente der Stilepochen und Hochkulturen (Fortsetzung)

Rokoko (etwa Ende 18. Jahrhundert)

1.

2.

3.

1. **Deutschland:**
   Dose nach J. L. Wüst, Augsburg 1730
2. **Frankreich:**
   Schmuckgegenstand
3. **England:**
   Glastür

Klassizismus (etwa Anfang 19. Jahrhundert)

1.
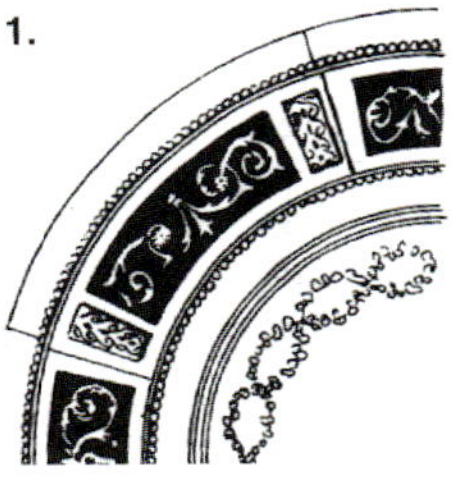

2.
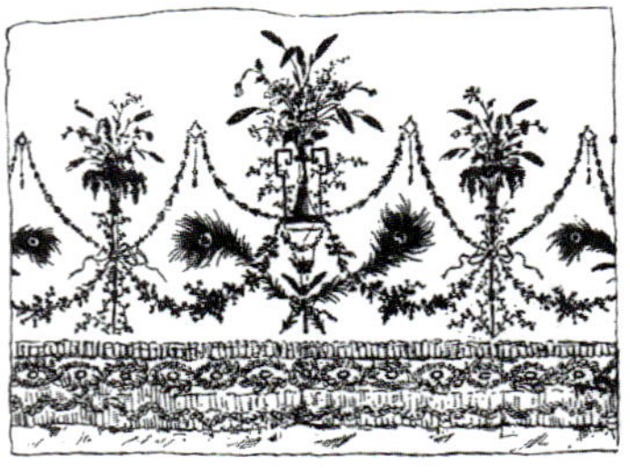

3.

4.

Zopfstilornamente:
1. **Deutschland:**
   Deckenmalerei eines runden Kabinetts
2. **Frankreich:**
   Kleid aus gestickter Seide

Empireornamente:
3. **Deutschland:**
   Diadem und Kamm
4. **Frankreich:**
   Möbelbeschlag

Moderne Ornamente in Deutschland

1.
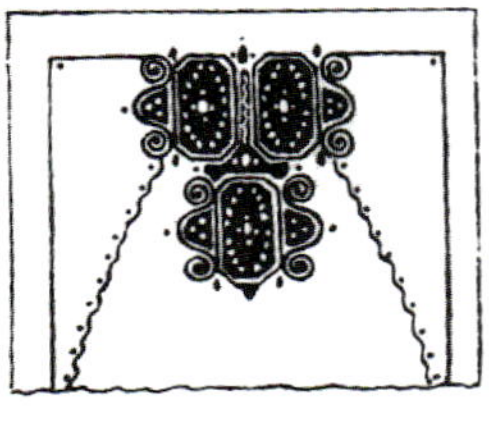

2.

3.

1. **Dekorative Malerei**,
   J. Basseches-Burgwart, Berlin
2. **Glasmalerei**
   der Altarnische des Betsaales im Auguststift von Cottbus, entworfen von Maler Neuhaus in Berlin
3. **Kaffeeservice**,
   vom Architekten von Tettau

Wappenbestandteile, Farbgebung

Heraldik ist die Lehre von den Wappen (Waffen). Das Wort Heraldik leitet sich von „Herold“ ab. Die Herolde des Mittelalters fungierten als Boten und Organisatoren von Zeremonien und Turnieren. Bei der Ausübung ihrer Tätigkeit wurden sie mit der Zeit zu Experten der Wappenkunst, sodass diese nach ihnen „Heraldik“ genannt wurde.

Wichtige Bestandteile eines Familienwappens

1. **Helmzier (Helmkleinod):**
   - Nahm ursprünglich gewünschte Figuren auf, die im Schild keinen Platz mehr hatten
   - In der grafischen Gestaltung wird die Helmzier plastisch, d. h. mit Schatten, gezeichnet
2. **Helmwulst (Helmkrone):**
   - Dient als Übergang zwischen Helm und Helmdecke, nicht zwingend vorhanden
3. **Helmdecke:**
   - Wurde von den Rittern als Sonnenschutz am Helm befestigt
   - Darstellung stark stilisiert, z. B. als Laubwerk
4. **Helm:**
   - Topf- oder Kübelhelm (13. Jahrhundert), Stechhelm (14. Jahrhundert) (bürgerliche Wappen)
   - Spangenhelm, Bügelhelm (adelige Wappen)
5. **Schild:**
   - Enthält die Schildfiguren („gemeine Figuren“, Heroldsstücke)
   - Darstellung von Schild und seinem Inhalt nicht plastisch, d. h. ohne Schatten

Der Wappenschild[1]

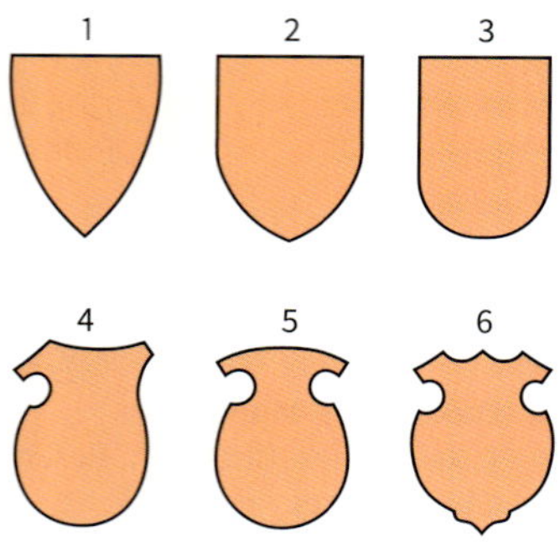

Schilde dienten im Mittelalter als Schutz beim Kampf oder Turnier. Auf ihnen sind Bilder als Erkennungsmerkmal des schildtragenden Kämpfers dargestellt.

Formen

1. Dreiecksschild (12./13. Jahrhundert)
2. Dreiecksschild (15. Jahrhundert)
3. Halbrundschild (15. Jahrhundert)
4. Tartsche (16. Jahrhundert)
5. Renaissanceschild
6. Renaissanceschild

Farbgebung

- Heraldische Farben werden als „Tinkturen“ bezeichnet, enthalten keine Farbnuancen (Mischungen).
- Rot, Blau, Grün und Schwarz, später auch Purpur, Aschgrau, Braun und Eisenfarbe
- Metalle: Gelb steht für Gold, Weiß für Silber.
- Nicht erlaubt: Metall auf Metall oder Farbe auf Farbe (dürfen nicht aneinander grenzen)
- Farbe und Metall sollen im Wechsel zueinander stehen.
- Farben können Wappen unterscheiden (bei sonst identischen Wappen).
- Gemeine Figuren, z. B. Menschen, Tiere, Pflanzen, Werkzeuge, werden auch in anderen Farben (Hautfarbe usw.) dargestellt.

[1] Ausnahmen zu den aufgeführten Regeln sind möglich.

Wappenschild

Heroldsbilder

Aus den Kombinationen von Farben und Metallen resultieren immer neue Variationen.

Beispiele:

1. gespalten
2. geteilt
3. geviert
4. Bord
5. schräglinksgeteilt
6. Sparren
7. Andreaskreuz
8. Schildhaupt
9. Schrägbalken
10. Pfahl

Schildfiguren

„Gemeine Figuren" sind Abbildungen aus dem natürlichen Umfeld, z. B. Menschen, Tiere, Pflanzen, Gegenstände, Bauwerke, Werkzeuge usw., keine modernen Dinge wie Autos o. Ä. Neben dem Adler zählt der Löwe zu den populärsten Wappentieren. Tierfiguren sollten in den heraldischen Grundfarben und Stilisierungen ausgeführt sein. Menschliche Artefakte und Produkte, z. B. Werkzeuge, Bauten, Lebensmittel, charakterisieren z. B. Berufsgruppen.

1. die Schuhmacher/-innen
2. die Brauer/-innen
3. die Bäcker/-innen von Augsburg
4. Eberbach
5. Rudersberg
6. Rüdenhausen

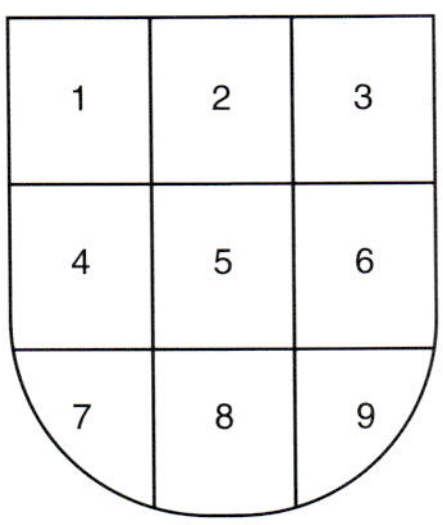

Blasonierung

Das Feld eines Wappenschildes gliedert sich in „Plätze". Dieses Grundraster erlaubt eine wappenkundliche Beschreibung und Klassifizierung (Blasonierung).
Wappen werden aus Trägersicht analysiert, daher sind rechts und links in den Beschreibungen vertauscht.

Lesart A: 1. rechtes Obereck, 2. Ort/Hauptstelle, 3. linkes Obereck, 5. Herzstelle, 7. rechtes Untereck, 9. linkes Untereck.
Lesart B (Plätze in Horizontal- und Vertikalrichtung): 1. bis 3. Schildhaupt, 7. bis 9. Schildfuß, 2. bis 8. Pfahlstelle, 4. bis 6. Balkenstelle, 1. bis 7. rechte Flanke, 3. bis 9. linke Flanke.

Piktogramme/Bildzeichen (Beispiele: Darstellung des Leistungsspektrums des Malerhandwerks)

Tapezierung

Teppichverlegung

Schwerer Korrosionsschutz

Spritzlackierung

Schriftgestaltung

Farbgestaltung

Sicherheitszeichen Auswahl **DIN EN ISO 7010:**2020-07, **DIN ISO 3864-1:**2012-06

Verbotszeichen

 Rauchen verboten	 Keine offene Flamme	 Benutzen von Handschuhen verboten	 Hineinfassen verboten	 Für Flurförder-zeuge verboten
 Berühren verboten	 Abstellen oder Lagern verboten	 Zutritt für Unbefugte verboten	 Mit Wasser löschen verboten	 Verbot, nur mit Zusatz einsetzbar
 Personenbeför-derung (Seilfahrt) verboten	 Essen und Trinken verboten	 Kein Zutritt für Personen mit Implantaten aus Metall	 Mit Wasser spritzen verboten	 Keine schwere Last
 Betreten der Fläche verboten	 Kein Trinkwasser	 Für Fußgänger/-innen verboten	 Schalten verboten	 Verbot für Perso-nen mit Herz-schrittmacher

Gebotszeichen

 Augenschutz benutzen	 Kopfschutz benutzen	 Gehörschutz benutzen	 Atemschutz benutzen	 Hände waschen
 Sicherheitsgurt benutzen	 Handschutz benutzen	 Schutzkleidung benutzen	 Gesichtsschutz benutzen	 Auffanggurt benutzen

Sicherheitszeichen (Fortsetzung) Auswahl **DIN EN ISO 7010**:2020-07, **DIN ISO 3864-1**:2012-06				
Gebotszeichen (Fortsetzung)				
 Vor Arbeiten freischalten	 Übergang benutzen	 Netzstecker ziehen	 Allgemeines Gebotszeichen	 Fußschutz benutzen
Warnzeichen				
 Warnung vor feuergefährlichen Stoffen	 Warnung vor ätzenden Stoffen	 Warnung vor giftigen Stoffen	 Warnung vor Laserstrahl	 Warnung vor explosionsgefährlichen Stoffen
 Allgemeines Warnzeichen	 Warnung vor Flurförderzeugen	 Warnung vor schwebender Last	 Warnung vor Quetschgefahr	 Warnung vor Absturzgefahr
 Warnung vor niedriger Temperatur/Frost	 Warnung vor explosionsfähiger Atmosphäre	 Warnung vor radioaktiven Stoffen oder ionisierenden Strahlen	 Warnung vor Biogefährdung	 Warnung vor Hindernissen am Boden
 Warnung vor Gasflaschen	 Warnung vor Kippgefahr beim Walzen	 Warnung vor Gefahren durch das Aufladen von Batterien	 Warnung vor Hindernissen im Kopfbereich	 Warnung vor automatischem Anlauf
 Warnung vor nicht ionisierender Strahlung	 Warnung vor magnetischem Feld	 Warnung vor Handverletzungen	 Warnung vor Rutschgefahr	 Warnung vor brandfördernden Stoffen

Sicherheitszeichen (Fortsetzung) Auswahl **DIN EN ISO 7010:**2020-07, **DIN ISO 3864-1:**2012-06

Warnzeichen (Fortsetzung)

 Warnung vor gefährlicher elektrischer Spannung	 Warnung vor optischer Strahlung	 Warnung vor heißer Oberfläche

Rettungszeichen

 Erste Hilfe	 Augenspüleinrichtung	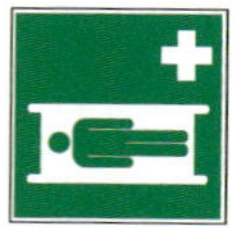 Krankentrage	 Notausstieg mit Fluchtleiter
 Sammelstelle	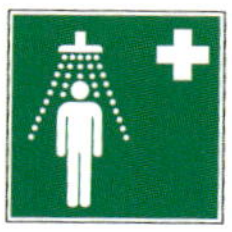 Notdusche	 Notruftelefon	 Arzt/Ärztin
 Rettungsweg		 Notausgang	 Automatisierter externer Defibrillator

Allgemeine Gefahrenkennzeichnung durch Streifen 

Brandschutzzeichen

 Feuerlöscher	 Brandmeldetelefon	 Brandmelder (manuell)
 Mittel und Geräte zur Brandbekämpfung	 Löschschlauch	 Leiter

Gefahrensymbole zur Kennzeichnung gefährlicher Stoffe und Gemische

Symbol	 Explodierende Bombe	 Flamme über einem Kreis	 Flamme	 Ätzwirkung
Kodierung	**GHS 01**	**GHS 03**	**GHS 02**	**GHS 05**
Signalwort	Gefahr	Gefahr	Gefahr	Achtung
Beispiele	Staub-Luft-Gemische, Lösemittelgemische	Wasserstoffperoxid	Löse- und Verdünnungsmittel	Säuren, Laugen

Symbol	 Totenkopf	 Gesundheitsgefahr	 Ausrufezeichen	 Umweltgefahr	 Gasflasche
Kodierung	**GHS 06**	**GHS 08**	**GHS 07**	**GHS 09**	**GHS 04**
Signalwort	Gefahr	Gefahr/Achtung	Achtung	Achtung	Achtung
Beispiele	Versiegelungslacke	Lösungsmittel wie Toluol	Zusatzkennzeichnung zu einem anderen Symbol	Wasserlacke, Holzschutzmittel	Flammstrahler

Gefahrenhinweise H nach GHS

H200-Reihe: Physikalische Gefahren	H300-Reihe: Gesundheitsgefahren
H200 Instabil, explosiv.	H300 Lebensgefahr bei Verschlucken.
H201 Explosiv, Gefahr der Massenexplosion.	H301 Giftig bei Verschlucken.
H202 Explosiv; große Gefahr durch Splitter, Spreng- und Wurfstücke.	H302 Gesundheitsschädlich bei Verschlucken.
H203 Explosiv; Gefahr durch Feuer, Luftdruck oder Splitter, Spreng- und Wurfstücke.	H304 Kann bei Verschlucken und Eindringen in die Atemwege tödlich sein.
H204 Gefahr durch Feuer oder Splitter, Spreng- und Wurfstücke.	H310 Lebensgefahr bei Hautkontakt.
H205 Gefahr der Massenexplosion bei Feuer.	H311 Giftig bei Hautkontakt.
H220 Extrem entzündbares Gas.	H312 Gesundheitsschädlich bei Hautkontakt.
H221 Entzündbares Gas.	H314 Verursacht schwere Verätzungen der Haut und Augenschäden.
H222 Extrem entzündbares Aerosol.	H315 Verursacht Hautreizungen.

Gefahrenhinweise H nach GHS (Forts.)	
H400-Reihe: Umweltgefahren (vollständig)	Europäische H-Sätze, die im GHS nicht vorhanden sind (Auswahl)
H400 Sehr giftig für Wasserorganismen.	EUH001 In trockenem Zustand explosiv.
H410 Sehr giftig für Wasserorganismen mit langfristiger Wirkung.	EUH014 Reagiert heftig mit Wasser.
H411 Giftig für Wasserorganismen, mit langfristiger Wirkung.	EUH018 Kann bei Verwendung explosionsfähige/entzündbare Dampf-Luft-Gemische bilden.
H412 Schädlich für Wasserorganismen, mit langfristiger Wirkung.	EUH019 Kann explosionsfähige Peroxide bilden.
H413 Kann für Wasserorganismen schädlich sein, mit langfristiger Wirkung.	EUH029 Entwickelt bei Berührung mit Wasser giftige Gase.
H420 Schädigt die öffentliche Gesundheit und die Umwelt durch Ozonabbau in der äußeren Atmosphäre.	EUH031 Entwickelt bei Berührung mit Säure giftige Gase.
	EUH032 Entwickelt bei Berührung mit Säure sehr giftige Gase.
	EUH044 Explosionsgefahr bei Erhitzen unter Einschluss.
	EUH059 Die Ozonschicht schädigend.

Sicherheitshinweise P nach GHS	
P100-Reihe: Allgemeines (vollständig)	P300-Reihe: Reaktion (Auswahl)
P101 Ist ärztlicher Rat erforderlich, Verpackung oder Kennzeichnungsetikett bereithalten.	P301 + P310 Bei Verschlucken: Sofort Giftinformationszentrum, Arzt oder ... anrufen.
P102 Darf nicht in die Hände von Kindern gelangen.	P314 Bei Unwohlsein ärztlichen Rat einholen/ärztliche Hilfe hinzuziehen.
P103 Vor Gebrauch Kennzeichnungsetikett lesen.	P315 Sofort ärztlichen Rat einholen/ärztliche Hilfe hinzuziehen.
P200-Reihe: Prävention (Auswahl)	P400-Reihe: Aufbewahrung (Auswahl)
P201 Vor Gebrauch besondere Anweisungen einholen.	P402 An einem trockenen Ort aufbewahren.
P202 Vor Gebrauch alle Sicherheitshinweise lesen und verstehen.	P403 An einem gut belüfteten Ort aufbewahren.
P210 Von Hitze, heißen Oberflächen, Funken, offenen Flammen sowie anderen Zündquellenarten fernhalten. Nicht rauchen.	P404 In einem geschlossenen Behälter aufbewahren.
P211 Nicht gegen offene Flamme oder andere Zündquelle sprühen.	P405 Unter Verschluss aufbewahren.
P220 Von Kleidung/.../brennbaren Materialien fernhalten/entfernt aufbewahren.	P410 Vor Sonnenbestrahlung schützen.
P223 Kontakt mir Wasser wegen heftiger Reaktion und möglichem Aufflammen unbedingt verhindern.	P411 Bei Temperaturen von nicht mehr als ...°C/...°F aufbewahren.
P232 Vor Feuchtigkeit schützen.	P403 + P235 Kühl an einem gut belüfteten Ort aufbewahren.
P233 Behälter dicht verschlossen halten.	P500-Reihe: Entsorgung (Auswahl)
P260 Staub/Rauch/Gas/Nebel/Dampf/Aerosol nicht einatmen.	P501 Inhalt/Behälter ... zuführen. (Die vom Gesetzgeber offen gelassene Einfügung ist vom Inverkehrbringer zu ergänzen.)
P280 Schutzhandschuhe/Schutzkleidung/Augenschutz/Gesichtsschutz tragen.	P502 Informationen zur Wiederverwendung/Wiederverwertung beim Hersteller/Lieferanten erfragen.

Arbeits- und Gesundheitsschutz

Mit dem Begriff Arbeitsschutz werden alle rechtlichen, organisatorischen, technischen und medizinischen Maßnahmen umfasst, um die im Arbeitsprozess befindlichen Beschäftigten zu schützen und Persönlichkeitsrechte zu wahren.

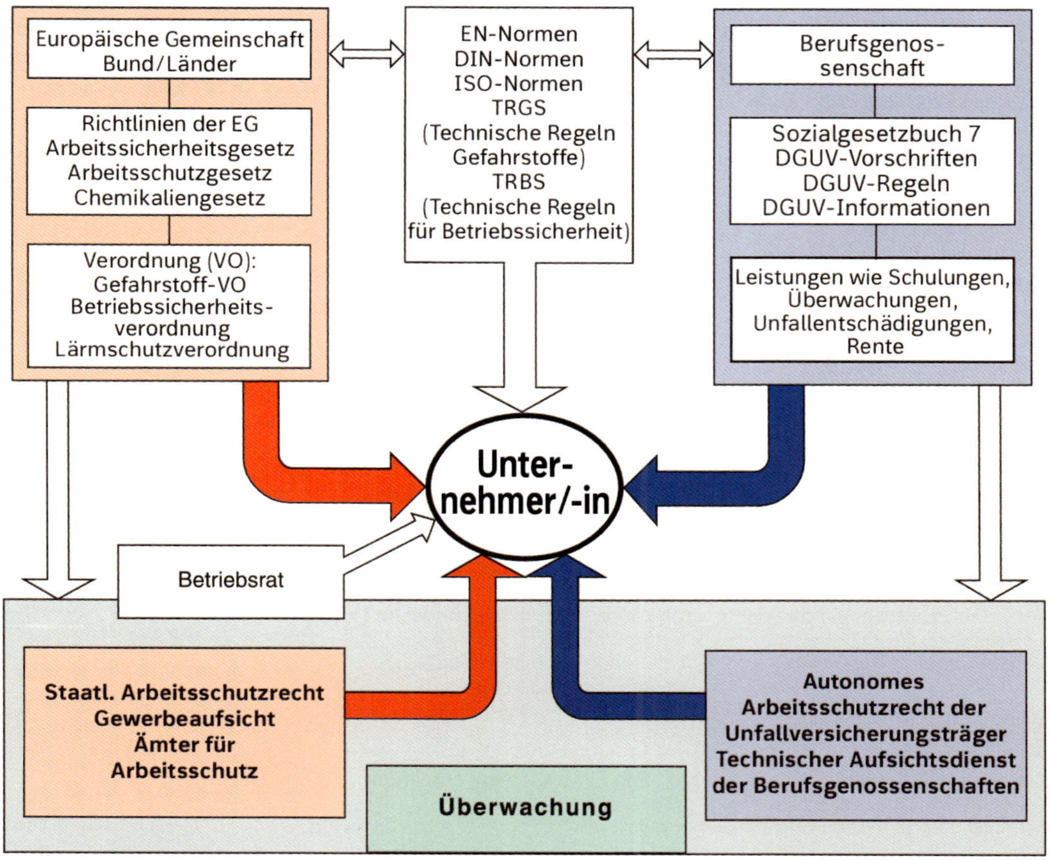

Gerätesicherheitsgesetz

Das Gerätesicherheitsgesetz regelt das Inverkehrbringen technischer Arbeitsmittel. Es sorgt dafür, dass diese Arbeitsmittel den sicherheitstechnischen Anforderungen wie Arbeitsschutzvorschriften, Unfallverhütungsvorschriften und Normen entsprechen. Eine zugelassene Prüfstelle kann das GS-Zeichen „Geprüfte Sicherheit“ vergeben.

GS geprüfte Sicherheit

Mit der CE-Kennzeichnung dokumentiert der Hersteller die Übereinstimmung seines Gerätes oder seiner Maschine mit den Vorgaben der europäischen Sicherheitsvorschriften, wie z. B. mit der EG-Maschinenrichtlinie oder der EG-Produktsicherheitsrichtlinie. Das CE-Zeichen ist kein Prüfsiegel. Es ist ein Konformitätszeichen.

CE

Betriebssicherheitsverordnung — BetrSichV

Grundlage	Die Betriebssicherheitsverordnung regelt den Einsatz von Arbeitsmitteln und soll die Sicherheit der Beschäftigten verbessern. Im Abschnitt 3 wird die Lagerung von Stoffen behandelt.

Einstufung nach Gefahrstoffrecht

Bezeichnung	Gefahren-symbol	Kritierien
hochentzündlich (früher A I bzw. B)	F+	Zubereitung bzw. flüssige Stoffe mit Flammpunkt (FP) < 0 °C und einem Siedepunkt (SP) von < 35 °C
leichtentzündlich (früher A I bzw. B)	F	Leichtentzündlich: flüssige Stoffe bzw. Zubereitungen mit FP < 21 °C
		Reagiert mit Wasser unter Bildung hochentzündlicher Gase: Stoffe/Zubereitungen, die bei Berührung mit Wasser bzw. feuchter Luft hochentzündliche Gase in gefährlichen Mengen entwickeln.
		Selbstentzündlich an der Luft: Stoffe/Zubereitungen, die sich bei gewöhnlicher Temperatur an der Luft ohne Energiezufuhr erhitzen und schließlich entzünden können.
entzündlich (früher A II)	–	Flüssige Stoffe/Zubereitungen mit FP von mindestens 21 °C und höchstens 55 °C

Erlaubnispflicht nach BetrSichV

Die Erlaubnispflicht gilt für leichtentzündliche und hochentzündliche Flüssigkeiten bei

Lageranlagen > 10 000 Liter	Füllstellen mit einer Umschlagsmenge von > 1 000 Litern/h	Tankstellen

Anzeigepflicht nach BetrSichV

Sie entfällt ganz, auch für Lageranlagen und Füllstellen mit entzündlichen Flüssigkeiten.

Technischen Regeln für Betriebssicherheit — TRBS

Die TRBS konkretisieren die Anforderungen, die aus der Betriebssicherheitsverordnung erwachsen.
- TRBS 1203: Sie konkretisiert, wer eine befähigte Person im Sinne der BetrSichV ist.
- TRBS 2152: Sie konkretisiert die Gefährdung durch explosionsfähige Atmosphären.

Weitere Inhalte der Betriebssicherheitsverordnung – in Verbindung mit dem Produktsicherheitsgesetz

Geltungs-bereich	Diese Verordnung gilt für die Bereitstellung von Arbeitsmitteln durch Arbeitgeberinnen und Arbeitgeber sowie für die Benutzung von Arbeitsmitteln durch Beschäftigte bei der Arbeit. Sie gilt für überwachungsbedürftige Anlagen, Anlagen in explosionsgefährdeten Bereichen, Bauaufzüge mit Personenbeförderung usw.
Bedeutung	Die Verordnung hat zum Ziel, die Arbeitsmittel im Sinne dieser Verordnung wie Werkzeuge, Geräte, Maschinen oder Anlagen für Arbeitnehmende im Sinne einer gesunden und sicherheitszuträglichen Benutzung zu regeln. Die Verordnung legt fest, dass der Arbeitgeber oder die Arbeitgeberin eine Gefährdungsbeurteilung durchführen muss und daraus Maßnahmen ableiten muss (siehe auch § 5 Arbeitsschutzgesetz). Dabei hat er bzw. sie insbesondere die Gefährdungen zu berücksichtigen, die mit der Benutzung des Arbeitsmittels selbst verbunden sind und die am Arbeitsplatz durch Wechselwirkungen der Arbeitsmittel untereinander oder mit Arbeitsstoffen oder der Arbeitsumgebung hervorgerufen werden.

Gefährdungen durch Gefahrstoffe im Betrieb – Gefahrstoffverordnung	
Grundlagen	Die Ermittlungspflicht des Unternehmers oder der Unternehmerin nach §§ 7 und 8 und die Unterweisungspflicht nach § 14 Gefahrstoffverordung umfasst: • Liegt ein Umgang mit Gefahrstoffen vor? • Welche Gefahren sind damit verbunden? • Werden Grenzwerte überschritten? • Welche Maßnahmen zur Gefahrenabwehr sind nötig (TRGS 400)?
Zielsetzung	Ermittlung und Beurteilung der Gefährdungen durch Gefahrstoffe
Unterstützung	Bau BG, Handwerkskammern, Innungen
Notwendige Schritte nach TRGS 400 in Kurzform	
Schritt 1: Ermittlungs-pflicht	Hierzu zählt die Ermittlung der verwendeten Arbeitsstoffe, Einschätzung der Gefährlichkeit, Erstellung eines Gefahrstoffverzeichnisses (Name Gefahrstoff, Einstufung, Mengen, Arbeitsbereiche), Prüfung von Ersatzstoffen bzw. mögliche Änderungen der Arbeitsabläufe und Maschinen (Absaugungen), Maßnahmen zur Gefahrenabwehr benennen
Schritt 2: Überwachungspflicht	Durch Luftmessungen ist festzustellen, ob das Auftreten von Gefahrstoffen in der Luft vorhanden ist bzw. ob die Arbeitsplatzgrenzwerte nach TRGS 900 unterschritten sind.
Schritt 3: Dokumentationspflicht	Die Ergebnisse der Ermittlungen und die Messungen im Rahmen der Arbeitsbereichsanalyse sind zu dokumentieren und 30 Jahre aufzubewahren. Betriebsanweisungen (§ 14 Gefahrstoffverordnung) sind zu erstellen.
Das Computerprogramm WINGIS liefert u. a. hierzu die notwendigen Informationen. Messstellenverzeichnis bei der Zentralstelle der Länder für Sicherheitstechnik (www.zls-muenchen.de) erhältlich.	

Dichlormethan-Abbeizer	IFA Institut für Arbeitsschutz
Rechtliche Grundlagen	• Die Pflichten des Unternehmers nach § 7 und § 14 Gefahrstoffverordung • **Nach TRGS 612 sind dichlormethanhaltige Abbeizer verboten.** • Ab 2013 gilt ein Verwendungsverbot EU-weit.
Ergebnisse	Das IFA hat Arbeiten mit diesem Abbeizertyp durchgeführt und ausgewertet. Die messtechnische Aufbereitung der örtlichen Messungen entsprechend der TRGS 402 und 403 ergibt: • Ein Überschreiten der Grenzwerte um ein Vielfaches ist bei allen durchgeführten Arbeiten über 0,5 m^2 Fläche immer gegeben – auch an der Fassade. • Es sind immer die unten aufgeführten Schutzmaßnahmen zu treffen.
Maßnahmen	• Technik: Einsatz von Absauggeräten im Innenbereich, was aber nach aller Erfahrung nicht passiert, bzw. Ersatztechniken • Organisation: Entfernung aller nicht direkt mit dem Abbeizen beschäftigten Mitarbeiter/-innen aus dem Arbeitsbereich • PSA: Atemschutzfiltergeräte sind nach kurzer Zeit wirkungslos und deswegen nicht erlaubt. Umgebungsluftunabhängige Atemschutzgeräte nötig
Empfehlung	• Einsatz von dichlormethanhaltigen Abbeizern nach Testung von nicht dichlormethanhaltigen Abbeizern. Entsorgungsproblematik an Fassaden sehr groß • Ersatztechniken wie Kugelstrahlen bei Böden, Fräsern und Höchstdruckreinigern an Fassaden, Feucht- bzw. Trockenstrahlen bei Metall einsetzen • Die Unternehmen unterliegen immer einer Ersatzstoffprüfung, die sie dokumentieren müssen.

Vorstriche und Klebstoffe für Bodenbeläge	
Grundlagen	• Die Pflichten von Unternehmer/-innen nach § 7 und § 14 Gefahrstoffverordung • Nur bei Magnesia/Steinholz und calciumsulfatgebundenen Unterböden kann bei der Verlegung von Holzfußböden ein stark lösemittelhaltiger Vorstrich notwendig sein: entsprechend S 1 bis S 6 Giscode (TRGS 610). • Stark lösemittelhaltige Klebstoffe (Giscode S 1 bis S 6) können notwendig sein bei der Verlegung von PVC und Gummiprofilen auf Treppen, Gussasphalt- und calciumsulfatgebundene Unterböden.
Ergebnisse	Nach der messtechnischen Aufbereitung der örtlichen Messungen entsprechend der TRGS 402 und 403 ergeben sich folgende Ergebnisse: • Ein Überschreiten der Grenzwerte um ein Vielfaches ist bei allen durchgeführten Arbeiten mit den Klebstoffen und Vorstrichen Giscode S 1 bis S 6 sowie D 4 (lösemittelarm und lösemittelhaltig), D 5 bis D 7 gegeben. • Es sind immer die unten aufgeführten Schutzmaßnahmen zu ergreifen.
Maßnahmen	• Technik: Einsatz von Absauggeräten im Innenbereich, was aber nach aller Erfahrung nicht passiert, bzw. Ersatzstoffe • Organisation: Entfernung aller nicht direkt mit den Arbeiten beschäftigten Mitarbeiter/-innen aus dem Arbeitsbereich • PSA: Atemschutzfiltergeräte sind nach kurzer Zeit wirkungslos, daher umgebungsluftunabhängige Atemschutzgeräte nötig • Bei Arbeiten über 80 m^2 ist eine Ausnahmegenehmigung der zuständigen Behörde (Gewerbeaufsichtsamt) erforderlich.
Empfehlung	• Verwendung lösemittelfreier und -armer Vorstriche, Klebstoffe mit Giscode D 1 bis D 3 • Nicht saugende (dichte) und feuchtigkeitsempfindliche Unterböden können durch Spachteln bzw. der Verwendung lösemittelarmer Dispersionsklebstoffe (mit entsprechender Ablüftezeit) beklebt werden. • Das Unternehmen unterliegt immer einer Ersatzstoffprüfung, die es dokumentieren muss.

Oberflächenbehandlung von Holzfußböden	
Grundlagen	• Die Pflichten des Unternehmers bzw. der Unternehmerin nach § 7 und § 14 GefStoffV • Für den Bereich Oberflächenbehandlung von Holzfußböden gibt es eine BGIA-Empfehlung Nr. 1014 (Branchenregelung). • Nach dem Verlegen des Holzfußbodens und bei Renovierungsarbeiten wird mit Schleifmaschine und Staubabsaugung geschliffen. Mit Holzkitten werden Fugen geschlossen. Das Versiegeln ist nach TRGS 617 nur noch mit stark lösemittelhaltigen Lacken (G 1 bis G 3, KH 1 und KH 2, DD 1 und DD 2; Giscode) erforderlich, z. B. bei Holzpflaster, Sportböden, kritischen Holzarten, Hirnholzböden.
Ergebnisse	Die Aufbereitung der örtlichen Messungen (TRGS 402, 403) ergibt folgende Ergebnisse: • Ein Überschreiten der Grenzwerte um ein Vielfaches ist bei allen durchgeführten Arbeiten mit den oben genannten Lacken gegeben. • Beim Schleifen wird in der Regel trotz Absaugung der Grenzwert für Holzstaub überschritten • Es sind immer die unten aufgeführten Schutzmaßnahmen zu treffen.
Maßnahmen	• Technik: Einsatz von explosionsgeschützten Absauggeräten • Organisation: Entfernung aller nicht direkt mit den Arbeiten beschäftigten Mitarbeiter/-innen aus dem Arbeitsbereich, Aufstellen von Schildern: Vorsicht Explosionsgefahr • PSA: Beim Schleifen Atemschutzfiltergeräte benutzen, beim Beschichten umgebungsluftunabhängiges Atemschutzgerät benutzen
Empfehlung	• Verwendung von lösemittelfreien und lösemittelarmen Versiegelungen mit Giscode W 2 bis W 3, um die umfangreichen Maßnahmen nicht durchführen zu müssen • Das Unternehmen unterliegt nach § 16 einer Ersatzstoffprüfung mit Dokumentation.

Gefährdungs- und Belastungsanalyse			§ 6 Gefahrstoffverordnung
Grundlage: Arbeitsschutzgesetz, ab zehn Mitarbeiter/-innen, Dokumentation			
Zielsetzungen	Durchführungszeitpunkt	Verantwortlichkeiten	Unterteilung
• Aufspüren unfallträchtiger Bereiche • Verringerung der Ausfallzeiten • Verringerung der Gefährdungen • Info über Bau BG: Thema „Gefährdungsbeurteilung"	• Als Erstanalyse bei bestehenden Arbeitsplätzen • Bei Umbau bzw. Nutzungsänderungen von Gebäuden • Nach Arbeitsunfällen • Zur laufenden Qualitätskontrolle und damit in regelmäßigen Abständen • Ersatzstoffe und Ersatztechniken festlegen	• Unternehmer/-in ist immer verantwortlich • Unterstützung durch Sicherheitsbeauftragte in Betrieben ab 21 Beschäftigten (z. B. Sicherheitsfachkraft, Betriebsarzt bzw. -ärztin je nach Größe)	• Technik (schlecht sitzende Schutzbrille und damit keine Akzeptanz bei Mitarbeiter/-innen) • Organisation (Schutzbrillen z. B. nicht vorrätig oder nicht im Baustellenfahrzeug) • Verhalten der Mitarbeiter/-innen (zum Tragen wird nicht aufgefordert, nicht gelobt)

Beispiel Gefährdungs- und Belastungsanalyse

Entrostungs- und Schleifarbeiten					
Gefährdung, Belastung durch	Fragen	Maßnahmen	Bestehen Mängel bezüglich Technik/Organisation/Verhalten	Mängel beseitigt bis wann?	Beratungsbedarf durch Bau BG?
Eisen- und Holzsplitter	Wie werden Gefahren durch wegfliegende Teile verhindert?	Handschuhe, Schutzbrille	Beispiele: falsche Handschuhe, zu alte Maschinen	Monatsende	Neue Vorschriften für Maschinen einholen
Entstehen von Stäuben	Wie wird eine Staubbelastung verhindert?	Ermitteln der Gefahrstoffe, Absaugen, Atemschutz, Schutzbrille	Beispiele: Betriebsanweisungen nicht vollständig, keine Unterweisung der Mitarbeiter/-innen, Schwingschleifer ohne Innenabsaugung	Quartalsende	Bau BG, WINGIS
Firma: ________________ Datum: ____________________ Unterschrift: ____________________					

Betriebsanweisung		
Grundlage: § 14 Gefahrstoffverordnung		
Durchführung	Erstellung einer Betriebsanweisung	Inhalte gemäß § 14 Gefahrstoffverordnung
• Die Unternehmer/-innen müssen eine arbeitsbereichs- und stoffbezogene Betriebsanweisung erstellen • In der Gefährdungsanalyse (siehe Tabelle oben) haben die Unternehmer/-innen auch festzustellen, ob es Ersatzstoffe gibt • Die Unternehmer/-innen müssen mit der Betriebsanweisung die Mitarbeiter/-innen mindestens einmal jährlich in ihrer Muttersprache unterweisen • Dokumentationspflicht	• Eine Betriebsanweisung kann eine fachkundige Kraft aus einem Sicherheitsdatenblatt erstellen (TRGS 400) • Dieser Weg ist jedoch aufwendig • Einfacher geht es mit dem GISBAU-Programm WINGIS, in dem alle gängigen Produkte zu finden sind (s. S. 278) • Schulungen der Mitarbeiter/-innen	• Hinweise auf die Gefahren für Mensch und Umwelt • Schutzmaßnahmen und Verhaltensregeln • Verhalten im Gefahrenfall • Erste Hilfe • Sachgerechte Entsorgung

WINGIS Computerprogramm

- Das Gefahrstoffinformationssystem der Berufsgenossenschaften der Bauwirtschaft (GISBAU) für Windows stellt eine sehr konzentriert aufbereitete Informationsplattform dar.
- Die Oberfläche dieses EDV-Programmes ist per Mausklick zu bedienen.
- Mit der Menüleiste und der Funktionsleiste sind die Inhalte hervorholbar.
- Ein Onlinedienst ist unter www.wingisonline.de abrufbar.

Inhalte

- Informationen zu Produktgruppen (z. B. Epoxidharze, lösemittelhaltig)
- Informationen zu Produkten (z. B. Fassadenfarbe Diwaloxan)
- Informationen zu Stoffgruppen (z. B. Lösemittel, Aromate)
- Informationen zu Stoffen (hiermit sind chemisch reine Stoffe wie Ammoniak, Toluol gemeint)

Im nächsten Schritt ist festzulegen, für wen die Informationen gedacht sind. Entsprechend ist bereits die äußere Form und der inhaltliche Umfang gestaltet:
für Unternehmer/-innen – für den Arbeitsmediziner/die Arbeitsmedizinerin – für die Fachkraft für Arbeitssicherheit – für den Betriebsrat – als Betriebsanweisung gemäß § 14 Gefahrstoffverordnung (siehe Gisbau). Letztere kann mit örtlichen Informationen wie Telefonnummern von Notdiensten ergänzt und in den meisten Sprachen ausgedruckt werden.

Ergänzt werden diese Basisinformationen durch Listen überwachungsbedürftiger Abfälle mit EAK-Nummern, Listen mit Giscodes und Produktcodes und der Erklärung wesentlicher Fachbegriffe. Außerdem sind die maximalen Arbeitsplatzgrenzwerte (AGW) aufgelistet.

Kennzeichnung von Rohrleitungen nach dem Durchflussstoff — DIN 2403:2018-10

Die Kennzeichnung nicht erdverlegter Rohrleitungen kann erfolgen durch:
- Schilder, die nach DIN 2403 aufgebaut sind
- Farbringe
- Anstrich der Rohrleitungen in ihrer ganzen Länge

Hinweis: Der Maler oder die Malerin wird vor allem Aufträge bearbeiten, bei denen die Rohrleitungen in ihrer ganzen Länge zu bearbeiten sind. Das Anbringen der Schilder wird in aller Regel das Schilder- und Lichtreklamehandwerk ausführen. Schilder werden vor allem bei denjenigen Rohrsystemen montiert, wo es wichtig ist, den genauen Inhaltsstoff, z. B. der Gruppe 1, zu kennzeichnen. Hierzu gibt es Kennzahlen (z. B. 1.7 für Schweres Wasser), die auf den Schildern vermerkt werden.

Durchflussstoff	Gruppe	Farbname	Nächstliegendes Farbmuster nach RAL Farbregister 840 HR
Wasser	1	Grün	RAL 6018
Wasserdampf	2	Rot	RAL 3000
Luft	3	Grau	RAL 7001
Brennbare Gase	4	Gelb	RAL 1021
Nichtbrennbare Gase	5	Gelb mit Zusatzfarbe Schwarz	RAL 1021 mit RAL 9005
Säuren	6	Orange	RAL 2003
Laugen	7	Violett	RAL 4001
Brennbare Flüssigkeiten	8	Braun	RAL 8001
Nichtbrennbare Flüssigkeiten	9	Braun mit Zusatzfarbe Schwarz	RAL 8001 mit RAL 9005
Sauerstoff	0	Blau	RAL 5015

- Feuerlöschrohre sind in Rot RAL 3000 so zu kennzeichnen, dass eine Verwechslung mit der Gruppe 2 „Wasserdampf“ ausgeschlossen werden kann.
- Ist das nicht der Fall, sind an den Rohren Schilder bzw. auf den Rohren weiße Felder mit einem F aufzubringen.
- Das F ist in Grün RAL 6018 für den Durchflussstoff Wasser und in Rot für den Durchflussstoff Wasserdampf RAL 3000 zu kennzeichnen.

Baustellenverordnung	
Grundlagen	Baustellenrichtlinie 92/57/EWG, Baustellenverordnung § 2, Arbeitsschutzgesetz
Geltungsbereich	Die Verordnung gilt für Bauvorhaben, bei denen bauliche Anlagen errichtet, verändert oder abgebrochen werden. Unternehmer/-innen tragen immer die Verantwortung.
Vorankündigung	• Die voraussichtliche Dauer der Arbeiten beträgt mehr als 30 Arbeitstage und auf der Baustelle arbeiten mehr als 20 Beschäftigte gleichzeitig oder • Der Umfang der Arbeiten überschreitet 500 Personentage. • 2 Wochen vorher ist der zuständigen Behörde die Vorankündigung zu übermitteln.
Koordinator	• Sind auf der Baustelle mehrere Unternehmen tätig, ist ein/-e Koordinator/-in (Sicherheitsfachkraft) zu bestellen. • Sie müssen einen Sicherheits- und Gesundheitsplan erstellen, wenn eine Vorankündigung erfolgt oder besonders gefährliche Arbeiten nach Anhang 2 ausgeführt werden. • Der Koordinator/die Koordinatorin achtet auf die Umsetzung der Arbeitsschutzbestimmungen, der Schutzmaßnahmen und des Bauablaufplanes. • Schulung von 4 Tagen mit Zertifikat erforderlich.
Bedeutung für den Malerbetrieb	Diese Verordnung wird nicht bei Reparaturaufträgen oder Schönheitsreparaturen eingesetzt. Kommt der Maler/die Malerin als Subunternehmer/-in auf eine Großbaustelle, gilt für ihn der Sicherheits- und Gesundheitsplan. Er muss sich mit dem Koordinator/der Koordinatorin in Verbindung setzen und dessen bzw. deren Hinweisen folgen.

Bolzensetzgeräte	
Grundlagen	UVV „Arbeiten mit Schussapparaten" (DGUV Vorschrift 57)
Prüfungen	• Bolzenschubwerkzeuge mit Zulassungszeichen (PTB) und gültigem Prüfzeichen verwenden. • Die Zahl auf der Prüfplakette, die zur Mündung weist, zeigt das Prüf- bzw. Auslieferungsquartal an. • Nach Ablauf von zwei Jahren nach Auslieferung bzw. letzter Prüfung ist eine Wiederholungsprüfung bei einer Fachfirma durchzuführen.
Munition	• Es darf nur Munition mit dem für den jeweiligen Verwendungszweck erforderlichen Stärkegrad verwendet werden. • Die Bezeichnung der vorgeschriebenen Munition muss auf dem Gerät stehen.

Stärkegrade der Ladungen (L)					
Weiß, schwächste L.	Grün, schwache L.	Gelb, mittlere L.	Blau, starke L.	Rot, sehr starke L.	Schwarz, stärkste L.

Mindestabstände			
Baustoff	Stahl	Vollsteinmauerwerk, Beton, Stahlbeton	Lochziegel, Hohlblocksteinmauerwerk, Lochsteinmauerwerk, Leichtbaustoffe
Mindestabstand der Setzbolzen untereinander	5-facher Bolzenschaftdurchmesser	10-facher Bolzenschaftdurchmesser	Nicht erlaubt
Mindestabstand zu freien Kanten	3-facher Bolzenschaftdurchmesser	5 cm	Nicht erlaubt

Beschäftigungsbeschränkungen

Der Unternehmer/die Unternehmerin darf an diesen Geräten beschäftigen:

- Beschäftigte, die das 18. Lebensjahr vollendet haben und die eine Einweisung erhalten haben.
- Jugendliche über 16 Jahre, soweit es für die Erreichung des Ausbildungszieles erforderlich ist, eine Einweisung erhalten haben und ihr Schutz durch eine aufsichtführende Person vorhanden ist.
- Bei Lagerung der Munition sind die behördlichen Vorschriften wie Sicherung durch entsprechende Türen zu beachten (Gewerbeaufsichtsamt). Kleinstmengenregelung beachten.

Elektrische Anlagen auf Baustellen	**DGUV Vorschrift 3**
Grundlagen	UVV „Elektrische Anlagen" (**DGUV Vorschrift 3**) gilt auch für Arbeiten in der Nähe von elektrischen Anlagen z. B. bei Fassadenanstrichen.
Grundsatz	Elektrische Anlagen und Betriebsmittel dürfen nur von Elektrofachkräften oder von elektrotechnisch unterwiesenen Personen unter Leitung und Aufsicht von Elektrofachkräften instandgesetzt und geprüft werden. Falls ein Mangel festgestellt wird, hat der Unternehmer/die Unternehmerin dafür zu sorgen, dass er unverzüglich behoben wird bzw. keine Gefahr von ihm ausgeht.

Prüffristen		**Durchführungsanweisung**
Anlage/Betriebsmittel	Prüffrist	Prüfer
Elektrische Anlagen und Betriebsmittel	Vor der ersten Inbetriebnahme	Elektrofachkraft
Elektrische Anlagen und ortsfeste elektrische Betriebsmittel	Mindestens alle 4 Jahre	Elektrofachkraft
Nicht ortsfeste elektrische Betriebsmittel, Anschlussleitung mit Steckern, Verlängerungen	Mindestens alle 6 Monate (falls benutzt)	Elektrofachkraft bzw. bei Verwendung von Prüfgeräten auch elektrotechnisch unterwiesene Personen
Fehlerstrom- und Fehlerspannungseinrichtungen bei stationären Anlagen durch Drücken der Prüftasten	Mindestens alle 6 Monate	Benutzer/-in
Fehlerstrom- und Fehlerspannungseinrichtungen bei nichtstationären Anlagen durch Drücken der Prüftasten	Täglich	Benutzer/-in
Hinweis: Empfehlenswert ist die Dokumentation der Prüfungen durch Prüflisten.		

Schutzabstände bei Anstricharbeiten			**Durchführungsanweisung**
Gelten für Anstricharbeiten in der Nähe aktiver Teile elektrischer Anlagen, die nicht gegen direktes Berühren geschützt sind.			
Mit dauernder Aufsicht durch Elektrofachkraft		Ohne dauernde Aufsicht durch Elektrofachkraft	
Nennspannung	Schutzabstand	Nennspannung	Schutzabstand
Bis 1 000 V	0,5 m	Bis 1 000 V	1 m
Über 1 bis 30 kV	1,5 m	Über 1 bis 110 kV	3 m
Über 30 bis 110 kV	2 m	Über 110 bis 220 kV	4 m
Über 110 bis 220 kV	3 m	Über 220 bis 380 kV	5 m
Über 220 bis 380 kV	4 m	–	–
Vor Arbeiten an Fassaden in der Nähe von Freileitungen u. Ä. empfiehlt sich die Rücksprache mit dem Energieversorger. Da bis 1 000 Volt ein Abstand von 1 m gilt, ist hier aber zu beachten, dass Ausschwingungen von Lasten und Leitern berücksichtigt werden müssen. Ein Abdecken der Leitungen ist in der Regel erforderlich.			

Schutzsymbole auf elektrischen Betriebsmitteln									
	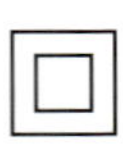								
Gefährliche Spannung	Schutzisoliert	Schutzkleinspannung	Trenntransformator	Explosionsgeschützt	Steckvorrichtung für erschwerte Bedingungen	Staubgeschützt	Regengeschützt	Spritzwassergeschützt	Strahlwassergeschützt

Atemschutz (Filtergeräte)

Grundlagen	TRGS, GefStoffV, DIN EN 134 ff, DGUV Regel 112-190
Einsatz	Sind Ersatzstoffe (siehe auch TRGS 600 ff) nicht einsetzbar und lässt sich durch technische oder organisatorische Maßnahmen das Auftreten von Stäuben und gesundheitsgefährlichen Gasen nicht vermeiden, sind vom Unternehmer/von der Unternehmerin Geräte zur Verfügung zu stellen und zu benutzen.
Arten der Atemschutzgeräte	Isoliergeräte: Umgebungsluftunabhängige Atemschutzgeräte. Diese Isoliergeräte haben höchste Schutzwirkung und werden auch bei Sauerstoffkonzentrationen unter 17 Vol.-% Sauerstoff eingesetzt. Umfangreiche Schulungen und Voruntersuchungen nötig. Ersatzstoffe nehmen!
	Filtergeräte (siehe unten)

Unterteilung der Filtergeräte

Halbmasken	Vollmasken	Atemschutzhauben
Sie umschließen nur Mund und Nase. Ungeeignet gegen sehr giftige, giftige, und gesundheitsschädliche Gase sowie augenreizende Stoffe.	Sie umschließen das ganze Gesicht einschließlich Augen. Für Brillenträger/-innen gibt es besondere Masken.	Sie umschließen den ganzen Kopf und haben Filter oder aber eine Frischluftzufuhr über Gebläse.

Anforderungen

Atemschutzgeräte sind nur bis zu einer Einsatzdauer von 2 Stunden einzusetzen (Atemschutzgeräte BGR 190). Danach ist eine 30-minütige Erholungszeit einzulegen. Eine Einweisung der atemschutztragenden Person und eine regelmäßige Unterweisung ist durchzuführen. Die Eignung ist durch eine arbeitsmedizinische Vorsorgeuntersuchung VBG 23 bis G 26 festzustellen – gilt nicht bei gebläseunterstützten Schutzhauben.

Auswahlhilfen für Filter

Stoffbezeichnung	Gasfilter					Partikelfilter	
	AX	A	B	E	K	P2	P3
Ammoniak (Salmiakgeist)					x		
Antifouling-Farben (nur noch als Altanstrich), TBT-Verbot (Tributylzinn)		x					x
Asbest						x	x
Barium-Verbindungen						x	
Buchen-, Eichenholzstaub (sonstiger Holzstaub P 2)							x
Chromate (z. B. Korrosionsschutzanstriche)							x
Dichlormethan (Abbeizer), nur umgebungsluftunabhängiges Atemschutzgerät erlaubt, kein Filter ist zugelassen							
Epoxidharz lösemittelbeständig		x					
Flusssäure, Salzsäure (entweder B oder E nehmen)			x	x		x	
Holzschutzmittel lösemittelhaltig		x				x	
Wasserlösliche Holzschutzmittel und Lacke						x	
Isocyanate (z. B. bei 2-K-Lacken)		x				x	
Mineralwolle						x	
Nitroverdünnung, lösemittelhaltige Lacke		x					
Polycyclische aromatische Kohlenwasserstoffe		x				x	
Terpentinöl und Terpentinersatz		x					
Schleifstaub (Estrichschleifen, Anstriche)						x	

Filter-Kennfarben: **A** Braun, **B** Grau, **E** Gelb, **K** Grün. **AX** Filter sind in der Bauwirtschaft unzulässig.

Persönliche Schutzausrüstung: Hautschutz — TRGS 907:2011-11, TRGS 401:2008-06

Grundlagen	TRGS 401: Gefährdung durch Hautkontakt – Ermittlung, Beurteilung, Maßnahmen TRGS 907: Sensibilisierende Stoffe
Hinweis	Tabellen zu den Themen Schutzhandschuhe und Hautschutzplan: siehe nachfolgende Seiten

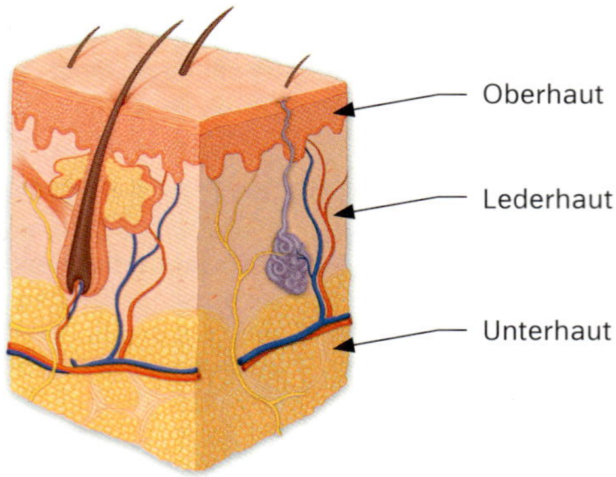

Die **Oberhaut** (mit der Hornschicht und den Hornzellen) ist die Schutzhülle und bildet ständig Hautzellen.

Die **Lederhaut** (mit der Haarwurzel und der Talgdrüse) versorgt u. a. die Haut mit Nährstoffen. Sie enthält außerdem die Bindegewebsfasern (Kollagenfasern), die für die Zugfestigkeit und Elastizität der Haut wichtig sind.

Die **Unterhaut** besteht aus Bindegewebe mit Fettzellen und Blutbahnen.

Name	Aufgaben	Berufstypische Schädigung
Hornschicht	Barriere durch eine Wasser-Fett-Schicht (Hydrolipidfilm), der das Eindringen von Bakterien und Pilzen verhindert. Sie ist vom pH-Wert eher sauer und kann alkalische Stoffe etwas neutralisieren.	Durch Alkalien wie Putz, Beton Durch Lösemittel wie Nitro Durch Feuchtarbeit, wenn z. B. dichte Handschuhe getragen werden müssen.
Hornzellen	Sie bilden im Rahmen der 28 Tage dauernden Hauterneuerung die neuen Hautzellen.	Aufnahme z. B. von Lösemitteln in die Blutbahn
Lederhaut	Enthält die Kollagenfasern, die für Elastizität und Zugfestigkeit sorgen.	Schädigung und Verlust der Elastizität durch zu viel UV-Strahlung, durch das Eindringen von Lösemitteln

Hautschädigungen durch Gefahrstoffe

- Gefahrstoffe können die Haut gefährden durch entfettenden Hautkontakt, z. B. Reinigung der Hände mit Nitro, Terpentin, Spezialverdünnern von Expoxidlacken (atopisches Ekzem)
- Gefahrstoffe können über die Haut aufgenommen werden (Hautresorption)
- Gefahrstoffe können bei Hautkontakt allergische Reaktionen (Kontaktallergie) hervorrufen, sind somit hautsensibilisierend. So ein Gefahrstoff kann z. B. ein Epoxidharz sein.

Betrieblicher Umgang durch eine Gefährdungsbeurteilung — TRGS 401:2008-06

Gefährdungs-ermittlung	Nach Kapitel 3 der TRGS 401 hat der Arbeitgeber/die Arbeitgeberin die Ermittlungen aufzunehmen: Einsatz hautgefährdender Arbeitsstoffe, Einwirkzeiten (Expositionen), Mengen.
Gefährdungs-beurteilung	Nach Kapitel 4 der TRGS 401 werden die Hautgefährdungen in drei Stufen eingeteilt: Handelt es sind um eine geringe, mittlere und hohe Gefährdung?
Ersatz	Der Arbeitgeber/die Arbeitgeberin hat bei einer mittleren und hohen Gefährdung einen Ersatz des Stoffes durchzuführen (Substitutionsgebot).
Schutz-maßnahmen	Die Maßnahmen zur Verringerung des Hautkontakts sind z. B.: Handschuhe, Hautschutzcremes, technische Maßnahmen, Verbesserung der Organisation.

Handschutz	**DIN EN ISO 21420:**2020-06, **PSA Verordnung EU 2016/425**
Grundlagen	TRGS 401 Gefährdung durch Hautkontakt, WINGIS, DGUV Regel 112-195
Einsatz	Lassen sich durch technische und organisatorische Maßnahmen Hand- und Hautverletzungen oder Hautkontakt mit Gefahrstoffen oder z. B. splitternden Gegenständen wie Holz nicht vermeiden, sind vom Unternehmer/von der Unternehmerin Schutzhandschuhe zu stellen und von den Beschäftigten zu tragen.
Handschuhformen	• Fausthandschuhe für grobe Arbeiten • Dreifingerhandschuhe für grobe Arbeiten (Daumen, Zeigefinger, Rest) • Fünffingerhandschuhe mit der Beweglichkeit aller Finger
Belastungsbereiche	• Mechanische Belastungen wie Abriebfestigkeit, Schnittfestigkeit • Chemische Belastung • Thermische Belastung wie Altersbeständigkeit

Auswahlhilfe für Schutzhandschuhe gegen chemische Belastungen

Stoffgruppe	Stoffe	Naturlatex NR	Chloropren CR	Nitril NBR	Butylkautschuk IBR	Viton FKM
Alkohole	Methanol				x	
	Propanol, Ethanol				x	x
Laugen	Natronlauge	x	x	x	x	x
	Ammoniaklösung				x	
	Calciumhydroxidlösung	x	x		x	x
	Natron-, Kaliwasserglas, Sodalösung	x	x	x		
Ketone	Butanon (MEK)				Max. 2 Std.	
	Aceton				Max. 4 Std.	
Säuren	Essigsäure				x	
	Ameisensäure				x	x
	Schwefelsäure					x
	Flusssäure, Phosporsäure, Salzsäure		x		x	x
Sonstige	Dichlormethanfreie Abbeizer		x	x	Max. 2 Std.	
	Testbenzin			x		x
	Terpentin					x
	Epoxidharz			x	x	
	Holzschutzmittel lösemittelhaltig			x		
	Holzschutzmittel wasserlös., Salze	x	x	x		
	Ölfarben			x		
	Toluol, Xylol, Benzole					x

Schutzhandschuhe gegen mechanische Belastungen

Die Eigenschaften sind je nach Ausprägung des Futters und der Beschichtung (z. B. Nitril) sehr unterschiedlich. Für bestimmte Arbeiten ist ein sehr gutes Tastgefühl nötig, für andere Arbeiten ist die Abriebfestigkeit und Schnittsicherheit wesentlicher.
Baumwollbeflockte bzw. Baumwollunterziehhandschuhe verbessern den Tragekomfort bei diffusionsdichten Handschuhen.
Fluorkautschukhandschuhe sind maximal 2 Stunden bei dichlormethanhaltigen Abbeizern tragbar.

Die Auswahl der notwendigen Handschuhe hat durch eine Belastungs- und Gefährdungsanalyse zu erfolgen. Die Durchbruchzeit des Stoffes (Permeation) ist beim Hersteller zu erfragen. Das Gefahrstoffinformationssystem WINGIS gibt ebenfalls bei der Auswahl entsprechende Hilfen.

Persönliche Schutzausrüstung: Hand- und Hautreinigung (Hautschutzplan)

Grundlagen	Merkblatt „Hautschutz“ (M 042), WINGIS, DGUV Information 212-014
Hinweise	• Den Hautschutzplan für Maler- und Malerinnenbetriebe gibt es bei den Herstellern von Hautschutzprodukten zum Download. • Erleichterung der Hautreinigung, wenn vor Arbeitsbeginn eingecremt wird. • Die Reinigungpasten in die trockenen Hände einreiben, dann waschen. • Wurzelbürsten meiden. • Spender am Waschbecken erhöhen die Akzeptanz.

Hautbelastungen (bezogen auf den Beruf Maler/-in)	Hautschutz (vor und während der Arbeit)	Hautreinigung	Hautpflege (nach der Arbeit)
Stark haftende Arbeitsstoffe (Kleber, lösemittelhaltige Lacke, Benzin, Kaltreiniger)	Wasserlöslich, ölabweisend, nicht fettende Salbe	• Bei starken Verschmutzungen auch mit Reibemitteln • Seifenfreie, schwach alkalische oder schwach saure Reinigungsmittel ohne Reibemittel • Mit unbedenklichen Lösemitteln	Je nach Hauttyp • leicht fettende, • mittelstark fettende, • stark fettende Hautpflegesalbe verwenden.
UV-aushärtende Lacke	Wasserlöslich, Öl-in-Wasser-Emulsion		
Wasserbasierende Lacke	Wasserlöslich, Öl-in-Wasser-Emulsion		
Harze wie Epoxidharze, Polyesterharze	Wasserlöslich, Öl-in-Wasser-Emulsion		
Wässrige Lösungen (Kalk, Säuren, Laugen, Zement)	Wasserunlöslich, fettend, Öl-in-Wasser-Emulsion		

Lärmschutz — **Lärm- und Vibrations-Arbeitsschutzverordnung**

Grundlagen	Seit dem 8. März 2007 gilt die Lärm- und Vibrations-Arbeitsschutzverordnung. Damit wurden die EG-Richtlinien 2003/10/EG „Physikalische Agenzien, Lärm“ und die EG-Richtlinie 2002/44/EG „Vibrationen“ ins deutsche Recht umgesetzt. Weiterhin gültig sind die Regeln für den Einsatz von Gehörschützern (DGUV Regel 112-194) sowie die Vorsorgeuntersuchung G 20.
Erneuerungen	• Absenkung der Schallpegel für Maßnahmen am Arbeitsplatz um 5 dB • Einführung neuer Kennwerte für eine 8-Stunden-Lärmbelastung

Aufgaben von Arbeitgebenden — **Lärm- und Vibrations-Arbeitsschutzverordnung**

Fundstelle	Aufgabe	Erklärung
§ 3	Gefährdungsbeurteilung nach § 5 Arbeitsschutzgesetz (siehe dieses Tabellenbuch)	Der arbeitgebende Betrieb muss die auftretenden Lärmquellen (z. B. Stemmhammer für die Betoninstandsetzung, Bolzensetzgeräte – siehe dieses Tabellenbuch) erfassen hinsichtlich z. B. Art des Lärms, Schalldruck, zeitliche Dauer, Ersatzgeräte auflisten.
§ 3 Absatz 4	Dokumentationspflicht	Der arbeitgebende Betrieb hat die obigen Angaben und Maßnahmen der Vermeidung zu notieren und umzusetzen.

Aufgaben von Arbeitgebenden (Fortsetzung)		**Lärm- und Vibrations-Arbeitsschutzverordnung**
Fundstelle	Aufgabe	Erklärung
§ 4	Messungen	Der arbeitgebende Betrieb hat die Messungen entsprechend anhand standardisierter Arbeiten durchzuführen. Die Ergebnisse sind 30 Jahre zu dokumentieren.
§ 5	Fachkunde	Der arbeitgebende Betrieb hat eine fachkundige Person mit den Messungen zu beauftragen.
§ 6	Auslösewerte zu den Pegeln und Maßeinheiten dB: siehe dieses Tabellenbuch	Ab Tageslärmpegel 8 Stunden 85 dB, Spitzenschalldruckpegel kurzzeitig 137 dB gilt: Der Arbeitsbereich ist umfassend zu kennzeichnen und abzugrenzen, technische Maßnahmen zur Lärmminderung haben Vorrang vor Gehörschutz. Ab Tageslärmpegel 8 Stunden 80 dB, Spitzenschalldruckpegel kurzzeitig 135 dB gilt: Technische Maßnahmen sind weiterhin durchzuführen, aber Gehörschutz ist zu tragen.
§ 7	Maßnahmen zum Schallschutz	Hier werden Maßnahmen gelistet: Abkapseln, alternative Arbeitsverfahren, neue Maschinen und Geräte.
§ 8	Gehörschutz	Der arbeitgebende Betrieb hat Gehörschutz zur Verfügung zu stellen. Der maximale Schallpegel mit Gehörschutz darf 85 dB nicht überschreiten.

Aufbau des Ohrs und Gehörschutz — DIN EN 352-1:2021-03

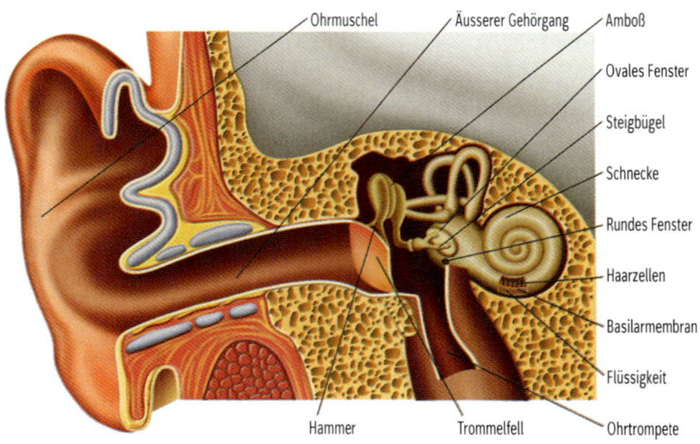

Die Ohrmuschel fängt den Schall ein und leitet ihn zum Trommelfell.
An dem Trommelfell sind Amboss und Steigbügel, zwei winzige Knochen, befestigt (Mittelohr). Diese verstärken den Schall mittels Hebelwirkung auf das Innenohr, das die Bewegungen in elektrische Reize umsetzt. Der Hörnerv leitet die Impulse in das Gehirn. Der Gehörstöpsel liegt eng an der Muschel an und verhindert das Eindringen des Schalls um einen bestimmten dB-Wert, der in SNR gemessen wird (Single Number rating – allgemeine Dämmung in dB). Der SNR-Wert hängt sehr stark von der Frequenz der Lärmquelle ab.

Schädigung des Ohrs

Das Ohr wird durch Lärm geschädigt, der dauerhaft über 80 dB liegt. Schädigungen sind z. B.: Lärmschwerhörigkeit, Einengung des gehörten Frequenzbandes – hohe Töne ab z. B. 2000 Hertz werden nicht mehr gehört –, dauernder Pfeifton (Tinnitus). Weiterhin wirkt Lärm auf die Psyche, der Mensch wird reizbar, ist unkonzentriert, hat nicht mehr einen so tiefen Schlaf.

Maßnahmen der persönlichen Schutzausrüstung durch Gehörschützer — DIN EN 352-1:2021-03

Maßnahme	Einsatzgebiete	SNR-Wert (siehe oben)
Gehörschutzstöpsel	Siehe Zeichnung oben: Elastisch, mehrfach verwendbar, nicht so schnell entfernbar.	Bis 30 dB Dämmung
Gehörschutzbügel	Wie zuvor, doch sind die Stöpsel an einem Bügel wie bei einem Kopfhörer befestigt, schnell entfernbar, liegt dann um den Hals	Bis 22 dB Dämmung
Kapselgehörschützer	Auch Mickeymaus genannt, wie ein großer Kopfhörer, hoher Tragekomfort, z. T. mit Radio bzw. Baustellenfunk	Bis 32 dB Dämmung, auch für tiefe Frequenzen je nach Bauart

Asbest	**TRGS 519:**2014-01
Grundlagen	Gefahrstoffverordnung, TRGS 519, Arbeitsbücher „Asbest“ Herausgeber Bau BG Abruf Nr. 611 und 622 (www.bgbau-medien.de)
Unterscheidungen	Es werden in der TRGS 519 drei verschiedene Arbeiten unterschieden: • Abbrucharbeiten (z. B. von Bauten und Schiffen) • Sanierungsarbeiten (Entfernung und Ersatz von Asbestmaterialien) • Instandhaltungsarbeiten (Wartung der asbesthaltigen Flächen, also auch Beschichtungen, Ausbessern von Beschädigungen und Verfugungen)
Gefahren	Gesundheitschädigungen mit schweren und zum Teil nicht mehr heilbaren Erkrankungen (Rippen- und Bauchfellkrebs, Lungenkrankheiten wie Asbestose oder Lungenkrebs)
Abbruch und Sanierungsarbeiten	
Qualifikationen	• Sachkundenachweis gemäß TRGS 519 Anlage 4, Sachkundenachweis nach Anlage 3 • Abbruch und Sanierungsarbeiten schwachgebundenen Asbests dürfen nur Unternehmen durchführen, deren personelle und sicherheitstechnische Ausstattung dafür geeignet ist und die von der Gewerbeaufsicht zugelassen sind.
Vorsorge-untersuchungen	Arbeitsmedizinischer Dienst, Vorsorgeuntersuchung „asbesthaltiger Staub“ und „Atemschutzgeräte“
Anzeigepflicht	Nach TRGS 519 Anlage 1 an die Gewerbeaufsicht und Bau BG, weiterhin ist ein objektbezogener Arbeitsplan und eine Betriebsanweisung zu erarbeiten
Sicherheitstechnische Maßnahmen	• Erfassung der frei gewordenen Asbestfasern, z. B. durch Faserbindung oder Luftreinigung, aber auch durch Industriesauger der Verwendungskategorie K 1 (H) mit C-Filter nach BGIA • Je nach Asbestfaserkonzentration Halbmasken, Vollmasken oder auch Isoliergeräte, weiterhin Ganzkörperanzüge, Handschuhe, eventuell auch Schleusenanlagen
Abfälle	Annahmezusage und die Form der Anlieferung durch eine Deponie oder ein Entsorgungsunternehmen vor den Arbeiten einholen. Zerkleinern und Schütten sind verboten. Das Betreten durch Unbefugte ist durch Absperrungen usw. zu verhindern.
Beschäftigungs-verbote	Für stillende und werdende Mütter, für Jugendliche – auch nicht zu Ausbildungszwecken
Hinweise	Für den durchschnittlichen Malerinnen- und/oder Malerbetrieb dürften Abbruch- und Sanierungsarbeiten von festgebundenen Asbestzementprodukten (Platten, Fußböden, Attikablenden) infrage kommen. Sanierungsarbeiten wie das Entfernen schwachgebundener, asbestgespritzter Trockenbauwände sollte einer zugelassenen Fachfirma überlassen werden.
Instandhaltungsarbeiten nach Nr. 15 TRGS 519: z. B. die Verfahren nach BT 12, 19, 33	
Übereinstimmungen mit vorheriger Tabelle	Vorsorgeuntersuchungen, sicherheitstechnische Maßnahmen, Beschäftigungsverbote, Anzeigepflicht (auch für die „Storch Krake“!), Abfallentsorgung nach Genehmigung
Qualifikationen	Kurzlehrgang nach Anlage 4 TRGS 519 (Arbeiten mit geringer Exposition der Arbeitnehmer), 1 Tag durch zugelassenen Schulungsbetrieb
Hinweise	• Maler- und Malerinnenbetriebe führen Instandhaltungsarbeiten wie Beschichtungen aus. • Diese Arbeiten unterliegen immer der TRGS 519. • Um die Rechtssicherheit zu erhöhen, führt das IFA (Institut für Arbeitsschutz) die Liste geprüfter Verfahren geringer Exposition. Nach diesen Hinweisen haben die Arbeiten zu erfolgen (s. folgende Seiten). • Die oben beschriebenen Forderungen bleiben hiervon unberührt.

Beschichtung von Asbestzementflächen (Verfahren BT 19) DGUV-Information 201-012/BT 19

Hinweis

Die folgenden Ausführungen beziehen sich auf die Beschichtung von Asbestzementflächen an Fassaden oder auf Dächern. Im Regelfall wird die zuständige Behörde, z. B. Gewerbeaufsichtsamt, **keine** Genehmigung erteilen. Sie vertreten in der Regel die Meinung, dass durch die Beschichtung die Verweildauer der Asbestflächen erhöht wird und das Problem der Asbestbelastung der Umwelt und der Menschen erhöht wird. Die Behörde wird dann z. B. auf Eigentümer/-innen einwirken, die Platten auszutauschen.

Grundlagen	Anhang III und Anhang IV Gefahrstoffverordnung, TRGS 519, umfangreiches Arbeitsbuch „Asbest“ Herausgeber Bau BG Abruf Nr. 611, 622, BFS-Merkblatt 14, DGUV Information 201-012
Erkennung	Die Erkennung von Fassadenbekleidungen und Bedachungen aus Asbestzement kann erfolgen durch • Erkennung der DIN-Formate (DIN 274), Stempel AT (Asbest Technologie) bzw. NT (Neue Technologie) • Rechnungen, Vergleich der Namen und Nachfragen beim Hersteller (u. a. Weiß-Eternit, Weiss-Fulgurit, Glasal, Fulgural, Colorit 2000, Well Eternit und aus DDR-Produktion: Sokalit, Baufatherm, Baufanit, Neptunit) • Laborprüfungen • Die Farbe bietet keinen sicheren Anhaltspunkt. Auch das Herstellungs- und Verwendungsverbot für Asbest vom 1.11.1993 bietet keinen sicheren Ausschluss, da Lagerbestände eventuell noch verbaut wurden.

Arbeitsabfolge

- Prüfen der Konstruktion und des Erhaltungszustandes der Flächen (Architekt/-in, Dachdecker/-in)
- Verfahren (siehe unten) testen, Probeflächen anlegen, Angebot erstellen
- Anzeige an das Gewerbeaufsichtamt und Bau BG 14 Tage vorher nach TRGS Anlage 1 abgeben (siehe Arbeitsbuch Asbest), hierbei Sachkundige/-n benennen
- Einleitgenehmigung für das Reinigungswasser bei der unteren Abwasserbehörde einholen
- Annahmebedingungen für das Sediment und die Annahmeerklärung der Deponie beschaffen
- Beginn der Arbeiten, Baustelle mit Schildern „Halt! Zutritt verboten“ sichern
- Entsorgungsunterlagen zu den Akten nehmen

Künstliche Mineralfaser TRGS 521: 2008-02 (gilt für alte Mineralwolle bis 1996)

Begriff	Als künstliche Mineralfaser (KMF) bezeichnet man anorganische synthetisch hergestellte Fasern. Sie werden aus mineralischer Schmelze gewonnen. Glaswolle (Mineralwolle) wird aus Mischungen von Recyclingglas mit Sand, Soda, Kalk und Flussmitteln hergestellt. Weitere KMF sind: Steinwollen, Textilglasfasern. Asbest kommt dagegen bereits faserig und verfilzt in der Natur vor.
Gesundheitsgefährdung	KMF setzen bei der Verarbeitung Fasern frei, aber nicht alle Fasern sind krebserzeugend. Von den lungengängigen Fasern mit einer Länge von < 250 µm und einer Dicke < 3 µm sind Fasern mit folgenden Werten kritisch (nach WHO und TRGS 521): länger als 5 µm und dünner als 3 µm, Verhältnis von Länge zu Durchmesser > 3

Merkmal	Fasern der KMF	Fasern des Minerals Asbest
Fasermaße	3 bis 8 µm in variierenden Anteilen	Asbestfaser Chrysotil (Hohlfaser) 2 bis 4 µm Massivfaser Asbest: 0,1 µm
Faserbrüche	In der Regel keine Längsspaltung der Fasern, Brüche erfolgen quer zur Längsachse	Längsspaltung der Fasern erzeugt lungengängige Fasern mit Werten von 0,1 bis 3 µm

Bewertung: Zur Zeit werden KMF-Materialien mit einem Kanzerogenitätsindex von > 40 nach TRGS 905 angeboten. Weiterhin gilt seit dem Jahr 2000, dass nur noch KMF mit dem RAL-Gütezeichen in den Verkehr gebracht werden dürfen.

Der Ausbau und der Einbau sollte so erfolgen, dass Stäube vermieden werden (Messerschnitt statt Säge, Abluftventilatoren) und P 2 Filter zu tragen sind. Die Entsorgung des besonders überwachungsbedürftigen Abfalls erfolgt in der Regel über die Verwertung (Nachweisverfahren über Begleitpapiere).

Asbestarbeiten	**Verfahren BT 12 (Gerüstanker), BT 33 (Asbestbodenplatten)**
Hinweise	TRGS 519, DGUV Information 201-012
Besonderheiten	Nach TRGS 519 können ohne messtechnische Ermittlungen des Unternehmers/der Unternehmerin auch geprüfte Verfahren für Asbestarbeiten mit geringer Exposition angewendet werden. Geringe Exposition liegt vor, wenn eine Faserkonzentration von weniger als 1 500 Fasern/m^2 durch die Beachtung der Vorschriften sichergestellt ist.
Verfahren	Es liegen im Bereich des Maler- und Malerinnenhandwerks z. B. geprüfte Verfahren vor: • Ausbau asbesthaltiger Vinyl-Asbestbodenplatten auf Bitumenkleber BT 33 • Abschleifen asbesthaltiger Kleber (BT 17) • Bohren von Gerüstverankerungen nach BT 12
Hinweise	• Maler- und Malerinnenbetriebe müssen sich für diese Arbeiten qualifizieren (siehe vorherige Tabellen). • Verfahrensanweisungen beachten. Mitarbeitende sind entsprechend zu schulen. • Da die Materialien bis etwa 1980 verarbeitet wurden, ergibt sich ein steigender Sanierungsbedarf. • Das Überkleben intakter Flächen mit elastischen Belägen verzögert die Sanierung.

Transport gefährlicher Güter	**Gefahrgutverordnung (GGVSEB)**
Gefahrgutklassen	
Die Gefahrgutklasse bezeichnet die Transportklasse zur Kennzeichnung der Gefährlichkeit von Chemikalien. Es gibt 9 Klassen. Die Einteilung wird u. a. gebraucht, um die von Maler/-innen und Lackierer/-innen transportierten Stoffe in ihrer Gefährlichkeit einzuteilen und damit die Mengen für die drei genau geregelten Transportarten (wie Kleinstmengenregelung, siehe Tabelle unten) zu bestimmen.	
Klasse 1	Explosive Stoffe (wie Patronen für Bolzensetzgeräte)
Klasse 2	Gase (wie Flüssiggas)
Klasse 3	Entzündbare flüssige Stoffe (wie Kraftstoff, brennbare Lacke und Farben)
Klasse 4.1	Entzündbare feste Stoffe
Klasse 4.2	Selbstentzündliche Stoffe
Klasse 4.3	Stoffe, die in Berührung mit Wasser entzündliche Gase entwickeln
Klasse 5.1	Entzündend (oxidierend) wirkende Stoffe
Klasse 5.2	Organische Peroxide (wie Härter für UP)
Klasse 6.1	Giftige Stoffe (wie fluoridhaltige Holzschutzmittel)
Klasse 6.2	Ansteckungsgefährdende Stoffe
Klasse 7	Radioaktive Stoffe
Klasse 8	Ätzende Stoffe (wie Epoxidharzhärter- und masse, Reiniger)
Klasse 9	Verschieden gefährliche Stoffe wie Asbest, auch EP-Härter

Arten des Transports gefährlicher Güter

Transport kleinster Mengen (Kleinstmengenregelung)	Transport von kleinen Mengen (Kleinmengenregelung)	Transport von größeren Mengen gefährlicher Güter
• Die Ladung ist rutschfest zu sichern • Gesamtmenge je Fahrzeug bis 50 kg • Die Höchstmengen richten sich nach der Gefährlichkeit der Stoffe (s. Tabelle)	• Die Ladung ist rutschfest zu sichern • Höchstmengen dürfen nicht überschritten werden (siehe Tabelle nächste Seite) • Gefahrzettel und Beschriftung notwendig	• Wenn die Kleinmengenregelung nicht gilt, erfolgt der Transport nach der Gefahrgutverordung • Gefahrgutführerschein • Warntafeln • Beförderungspapiere

Hinweis: Für Maler/-innen und Lackierer/-innen ist der Transport im Bereich der Kleinstmengenregelung der einfachste, da hierbei keine Formalitäten zu erfüllen sind. Sollten jedoch größere Mengen auf einer Baustelle nötig sein, bietet es sich an, das Großhandelsunternehmen das Material just in time anliefern zu lassen.

Transportregelungen nach GGVSEB Absatz 1 Nr. 3 — BG Bau Abruf Nr. 659.5

Kleinstmengenregelung (Beispiele)

Klasse 1, Ziffer 47	Kartuschen für Bolzensetzgeräte bis 5 kg
Klasse 2, Ziffer 5	Druckgaspackungen wie Farbspraydosen, bis 30 kg
Klasse 3, Ziffer 6.1	Verdünner bis zu 25 Litern, Farben bis zu 50 Litern
Klasse 9, Ziffer 11 c	Epoxidharze bis 50 Litern

Kleinmengenregelung (es ist nach der folgenden Tabelle die Summe aller Einzelprodukte zu ermitteln)

Klasse	UN-Nr. Stoff-Nr.	Bezeichnung	300 Liter (kg) Höchstmenge Risikofaktor 3	1 000 Liter (kg) Höchstmenge Risikofaktor 1	Unbegrenzt
2 Ziffer 5 f	1950	Druckgaspackungen	x		
3 Ziffer 3 b	1203	Benzin	x		
3 Ziffer 4 b	2059	Zellulosenitratfarben NC	x		
3 Ziffer 5 b	1133	Klebstoff	x		
3 Ziffer 31 c	1263	Farbe		x	
3 Ziffer 71	–	Verunreinigte Verpackungen			x
6.1 Ziffer 15 c	1593	Dichlormethan	x		
8 Ziffer 5 b	1789	Salzsäure ätzend	x		
8 Ziffer 5 c	1789	Salzsäure reizend		x	
8 Ziffer 8 b	1778	Fluorkieselsäure	x		
8 Ziffer 42 b	1823	Natronlauge ätzend	x		
8 Ziffer 42 c	1824	Natronlauge reizend		x	

Beispiel: Es sollen 100 Liter Farbe und 200 Liter dichlormethanhaltiger Abbeizer transportiert werden. Rechnung: 100 Liter Farbe x Faktor 1 ergibt Index 100, 200 Liter Abbeizer x Faktor 3 ergibt Index 600. Die Indexsumme ergibt 700. Als Kleinmengentransporte gelten nur Transporte, bei denen die Aufaddierung der Multiplikationsergebnisse wie im Beispiel die Indexzahl 1 000 nicht überschreitet.

Installationszonen für Wohnungen — DIN 18015-3:2016-09

Vorzugsmaße für Wohnräume

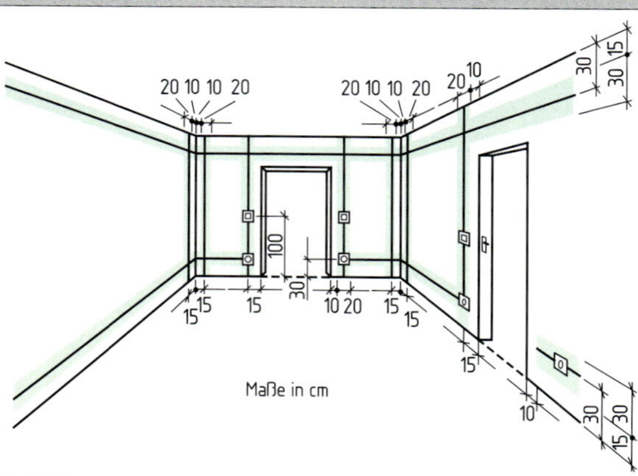

Installationszonen
Vorzugsmaße für elektrische Leitungen
Vorzugshöhe für Schalter
Vorzugshöhen für Steckdosen

Es gibt Stromleitungsprüfgeräte für die genaue Findung.

- Bei Räumen mit Arbeitsflächen (z. B. Küchen) befindet sich die waagerechte Installationszone von Elektroleitungen 90 bis 120 cm über der fertigen Fußbodenkante (Vorzugsmaß: 115 cm).
- Bei schrägen Wänden (z. B. Dachgeschossausbauten) gilt „senkrechte Installationszone“.
- Für Fußböden/Decken gibt es keine Installationszone, aber rechtwinklige Verlegung ist anzustreben.

Schimmelpilzsanierung – Arbeitsschutz — Biostoffverordnung, DGUV Information 201-028

Begriff	Das Thema Schimmelpilzsanierung wird auf dieser Seite in der Hinsicht „Arbeitsschutz bei der Entfernung von Schimmelpilz in Häusern“ verstanden. Die bauphysikalischen und arbeitstechnischen Hintergründe sind auch in diesem Buch behandelt. Für den Bereich Taubenkot siehe Unterlage DGUV Information 201-031.
Qualifikationen	Der Bundesverband Schimmelpilzsanierung e.V. führte bundesweit Zertifizierungen durch: Fachkraft für Schimmelpilzsanierung, Koordinator/-in Schimmelpilzsanierung, Sachverständige/-r für mikrobielle Schäden an und in Gebäuden. Weitere anbietende Unternehmen sind ebenfalls aktiv.
Info	• Umweltbundesamt, Schimmelpilzsanierungs-Leitfaden, 2017 • LGA Baden-Württemberg, Leitfaden: Handlungsempfehlung für die Sanierung • BGI 858 der Berufsgenossenschaft: Handlungsanleitung-Gesundheitsgefährdungen durch biologische Arbeitsstoffe bei der Gebäudesanierung, 2006 • DHBV Dt. Holz- und Bautenschutzverband, Merkblatt Nr. 01/10/S, Fachgerechte Schimmelpilzbeseitung in Innenräumen, 2010 • Biostoffverordnung, 2017 • Handlungsanleitung der Berufsgenossenschaft Bau, Abruf Nr. 785, 2005

Gefährdungsermittlung — Biostoffverordnung

Nach § 5 Biostoffverordnung hat eine Analyse der zu erwartenden biologischen Arbeitsstoffe zu erfolgen. Biologische Arbeitsstoffe sind: Schimmelpilze, Bakterien, Viren. Die Analyse erfolgt über Probennahme und Laboruntersuchungen. Die Pilze usw. werden dann eingeteilt in Risikogruppen.

Einteilung (§ 3)	**Risikogruppe 1**	**Risikogruppe 2**	**Risikogruppe 3**	**Risikogruppe 4**
	Pilze usw. verursachen keine Infektion	Stellen Infektionsrisiko dar, behandelbar	Ernsthafte Erkrankungen möglich, noch behandelbar	Erkrankung nicht behandelbar
Schutzstufen (§ 6)	keine	Schutzstufe 2	Schutzstufe 3	Schutzstufe 4
Risiken	Der Mensch nimmt über die Haut, über kontaminierte Speisen und über die Atemluft die Pilzsporen auf. Diese können zu Erkrankungen führen.			
Anzeigepflicht (§ 6)	Die zuständige Behörde (z. B. Gewerbeaufsichtamt) hat 30 Tage vor Aufnahme der Arbeiten den Ort, den Betriebsnamen, die Risikogruppe, die Gefährdungsbeurteilung usw. mitgeteilt zu bekommen (siehe hierzu auch die Vordrucke der DGUV Information 201-028).			

Gefährdungsbeurteilung — DGUV Information 201-028 Muster-Gefährdungsbeurteilung

Arbeitgebende haben sich bei der Erstellung beraten zu lassen. Bei den Lehrgängen (siehe oben) spielt die Gefährdungsbeurteilung eine wichtige Rolle. Die Einstufung der Schutzstufen nach § 6 Biostoffverordnung hat zu erfolgen. Die Sicherheitsmaßnahmen sind festzulegen. Betriebsanweisungen für die Mitarbeiter/-innen sind zu erstellen, Schulungen sind durchzuführen.

Schutzmaßnahmen

Je nach Arbeitsdauer und Schutzstufe umfassen die Schutzmaßnahmen folgende Überlegungen:

Schutzstufe 1	Nicht im Arbeitsbereich essen, Hygiene einhalten (Hände waschen usw.)
Schutzstufe 2	Absaugungen verwenden, vor dem Entfernen leicht befeuchten, nicht bürsten, Industriesauger mit Filter H (high), Halbmaske P 2, Handschuhe, Entlüftung
Schutzstufe 3	Wie vor, Einwegkleidung, Abdichtung der Räume, Kennzeichnungen, P 2 mit Gebläseunterstützung, Haube, staubdichte Schutzbrille
Schutzstufe 4	Wie vor, Schleusensystem, Einwegkleidung, Vollmaske

Flammstrahlen	**TRAC 206**
Qualifikationen	Kenntnisse: DGUV Vorschrift 1, Acetylenverordnung, TR Acetylenanlagen, z. B. TRAC 206, TR Druckgase (TRG 280), Merkblätter des Dt. Verbandes für Schweißen DVS Nr. 0212, 0301, 0302, Betriebsanweisung erstellen
Vorsorgeuntersuchungen	Arbeitsmedizinische Vorsorge DGUV Vorschrift 6, Atemschutzgeräte
Anzeigepflicht	Keine
Sicherheitstechnische Maßnahmen	• Anforderungen für die Brenngasversorgung mit Acetylen beachten, Schutzzonen um die Druckgasflaschen-Batterien beachten • Der Gasabbrand und gesundheitsgefährdende Gase alter Anstriche erfordern Atemschutzgeräte, Brandschutz • Persönliche Schutzausrüstung: Schutzbrille mit Schweißerschutzfilter, schwer entflammbarer Schutzanzug, Gehörschutz, Sicherheitsschuhe, Sicherheitshandschuhe, Sicherheitshelm, Atemschutz
Abfälle	Entsorgung nach Abfallschlüssel über Deponie
Beschäftigungsverbote	• Beschäftigung erst ab 18 Jahren möglich • Ab 16 Jahren nur zu Ausbildungszwecken und unter Schutz einer aufsichtführenden Person
Hinweise	• Strahlarbeiten von Leitern und Behelfsgerüsten aus sind nicht zulässig • Der durchschnittliche Malerinnen- und/oder Malerbetrieb wird angesichts der Fülle der zu beachtenden Verordnungen nicht mit Flammstrahlen Entrostungsarbeiten durchführen. Dies geschieht durch spezialisierte Firmen; Alternativen siehe unten

Strahlarbeiten mit körnigen Strahlmitteln („Sandstrahlen")	**TRGS 524:** 2010-02
Qualifikationen	Kenntnisse: TR Druckbehälter, Betriebsanweisung, Druckbehälterverordnung
Vorsorgeuntersuchungen	Arbeitsmedizinische Vorsorge DGUV Vorschrift 6, Atemschutzgeräte
Anzeigepflicht	• Bei krebserregenden Beschichtungen (z. B. Zinkchromat) Umweltgefährdung durch Gerüstabplanungen verhindern (TRGS 524) • Eventuell Parkverbotschilder genehmigen und aufstellen lassen
Sicherheitstechnische Maßnahmen	• Wenn kein Sichtkontakt zwischen Freistrahler/-in und Maschinenführer/-in vorhanden ist, muss Freisprecheinrichtung vorhanden sein • Prallschutzanzug mit Strahlerhelm und Frischluftversorgung, Gehörschutz • Strahlanlage täglich bzw. nach Standortwechseln prüfen • Prüffristen für Kompressor, Strahlkessel einhalten (nur durch Sachverständige) • Strahlarbeiten auf Leitern und auf Behelfsgerüsten sind untersagt
Abfälle	• Strahlschutt (Strahlmittel und Altbeschichtung) auf Deponie entsorgen • Besondere Angabe, ob Strahlschutt blei- oder zinkchromathaltige Altbeschichtungen enthält
Beschäftigungsverbote	• Beschäftigung erst ab 18 Jahren möglich • Ab 16 Jahren nur zu Ausbildungszwecken und unter Schutz einer aufsichtführenden Person
Hinweise	• Der durchschnittliche Malerinnen- und/oder Malerbetrieb wird sich bei Bedarf Kompressor und Strahlkessel samt Strahlgut und Schläuchen ausleihen • Hierbei bestätigen lassen, dass die Prüffristen eingehalten sind. Zustand der Anlage überprüfen • Nur durch Materialprüfstellen zugelassene Strahlmittel (also keine silikogene Strahlmittel wie Quarze, Sand) verwenden; Strahlpartikelgröße und dessen Form sowie der Arbeitsdruck sind die wichtigsten Bestimmungsgrößen für rationelles Abstrahlen • Das richtige Strahlmittel ist durch Testen herauszufinden

Flüssigkeitsstrahler („Hochdruckreiniger“)	**Merkblatt DWA M 370:**2020-07
Qualifikationen	Dt. Vereinigung für Wasserwirtschaft, Abwasser und Abfall e. V., www.dwa.de, Wasserhaushaltsgesetz, Betriebsanweisungen Reiniger, Bundes-Bodenschutzgesetz
Vorsorge	Vorsorgeuntersuchung DGUV Vorschrift 6 Atemschutz, Lärm
Anzeigepflicht	Einholen der behördlichen Einleitgenehmigung, Umweltbelästigung durch Gerüstabplanungen verhindern, eventuell Parkverbotschilder genehmigen und aufstellen lassen
Sicherheitstechnische Maßnahmen	• Betriebsanweisung Hochdruckreiniger (siehe unten) • Schulung der Mitarbeiter/-innen mindestens einmal jährlich • Schutzmaßnahmen bei Verwendung eines Gefahrstoffes (Reiniger wie Flusssäure und Laugen, Abbeizer wie Dichlormethan, Konservierer wie Silikone und Siloxane – siehe hierzu immer die jeweiligen Betriebsanweisungen bei WINGIS) festlegen • Lagerung (siehe Tabelle Lagerung) und Handhabung • Persönliche Schutzausrüstung wie Kopf-/Gesichtsschutz, eventuell Atemschutz • Ökologie (siehe Zeile tiefer) und Schutz der Anwohner/-innen • Strahlarbeiten von der Leiter und von Behelfsgerüsten sind untersagt
Abwasseraufbereitung, Abfallentsorgung	• Einleitungsgenehmigung der unteren Wasserbehörde einholen, Grundlage sind die Arbeitsblätter der Abwassertechnischen Vereinigung Merkblatt 370: Erfassung und Behandlung von Fassadenabwässern und -abfällen • Mobile Wasseraufbereitungsanlage muss eine amtliche Bauartzulassung haben • Anlagenprotokoll und Baustellenprotokoll führen • Farbschlammentsorgung durch zugelassenes Entsorgungsunternehmen, durch Ausfällungen oder Ausflockungen des Abwassers entstandener Schlamm ebenso entsorgen lassen
Verbote	Keine Beschäftigungsverbote, Jugendliche über 16 Jahre dürfen unter Aufsicht einer fachkundigen Person und wenn es die Ausbildung erfordert, mit den Geräten arbeiten
Hinweise	• Bei der Reinigung ohne jegliche Zusätze sind ebenfalls Einleitungsgenehmigungen einzuholen und Schutzausrüstungen anzulegen • Bei Eigentransport Genehmigungen einholen • Angesichts des umfangreichen Regelwerks haben sich Dienstleistungsunternehmen in diesem Bereich etabliert. Diese sollten die Forderungen der „Entsorgungsfachbetriebeverordnung im Rahmen des § 52 Kreislaufwirtschafts- und Abfallgesetzes“ erfüllen.
Beispiel: Betriebsanweisung für Flüssigkeitsstrahler	§ 14 Gefahrstoffverordnung
Allgemeines	Briefkopf, Ausgabedatum, Bezug (Betriebsanweisung nach § 14 Gefahrstoffverordnung), Personelle Verantwortungen festschreiben für Geräteführer, Aufsicht und Sachkundige/-n
Gefahren für Mensch und Umwelt	• Benennung, welche Inhaltsstoffe der Sprühnebel enthält (z. B. Abbeizstoffe) • Benennung, welche Gefahr vom Abwasser ausgeht (z. B. Bodenschädigung) • Beschreibung der Lärmemission
Schutzmaßnahmen	• Benennung der Persönlichen Schutzausrüstung wie Gehörschutz usw. in Bezug auf die Inhaltsstoffe des Sprühnebels (siehe ersten und dritten Punkt vorherige Zeile) • Benennung der Gefahrenabwehr von Bodenschädigung (siehe vorherige Zeile)
Verhalten bei Störungen	• Es sollen die Punkte aufgeführt werden, die z. B. in den Checklisten der Betriebsanleitung aufgeführt sind. Ferner ist aufzuführen, wie Schläuche geschützt verlegt werden und wie mit beschädigten Schläuchen umgegangen wird. • Hinweis, wer für Reparaturen, Wartungen, Schläuche zuständig ist
Inbetriebnahme	Kann bei Maschinen mit hoher Lärmemission durchaus zu Einschränkungen in der zeitlichen Nutzung führen.
Außerbetriebnahme	Hier benennen, wie oft die Wartungsprüfungen durchzuführen sind
Unterschriften	Unterschriften der Mitarbeiter/-innen, denen im Rahmen einer mindestens einmal jährlichen stattfindenden Unterweisung diese Betriebsanweisung in ihrer Landessprache erklärt worden ist, Unterschrift des Unternehmers/der Unternehmerin, Datum

Entsorgung von Stoffen — KrWG: 2012-06

Nach Kreislaufwirtschaftsgesetz (KrWG) ist Abfall eine bewegliche Sache, die im Interesse der Allgemeinheit und der Umwelt entsorgt werden muss.

Grundsätze nach KrWG § 2 sind:
- Abfallvermeidung, z. B. durch reststoffarme Verfahren
- Abfallverwertung durch Recycling
- Abfallentsorgung an Entsorgungsunternehmen

Entsorgung und Entsorgungsunternehmen	
Entsorgung im Rahmen der Verpackungsverordung	• Verpackungen werden je nach Aufdruck über Interseroh entsorgt. • Nach einer Abfallberatung werden die Entsorgungszyklen festgelegt. • Es wird in vier Fraktionen (Papier/Karton, Kunststoff, Metall und Glas) gesammelt. • Sollten auch mal Verpackungen ohne Interseroh-Marke vorhanden sein, wird gegen Gebühr entsorgt. • Kostenlose Abholung, da die Entsorgung durch die Industrie bezahlt wird. • Interseroh ist ein Garantiegeber für die Duales System Deutschland AG. • Weitere Abfallentsorgungen sind möglich.
Entsorgung nach Kreislaufwirtschaftsgesetz	• Hier werden Produktreste (siehe Tabelle unten) durch ortsnahe Entsorgungsunternehmen kostenpflichtig entsorgt. • Kosten je nach Tonnage und Überwachungsbedürftigkeit. • Klarheit schaffen die Abfallberater/-innen für gewerbliche Betriebe beim zuständigen staatlichen Müllentsorgungsunternehmen.
Eigene Entsorgung	• Sie ist aufwendig, da Annahmestelle des Wertstoffhofes angefahren werden muss. • Eigener Transport kann Kosten reduzieren, aber Transportregelung unbedingt beachten (Kleinstmengenregelung). • Gebühren und Lohnkosten einrechnen. • Transportbescheinigungen und Beförderungspapiere sind zu bearbeiten.

Abfallkatalog (Auswahl) — AVV Abfallverzeichnis-Verordnung: 2017

Abfall	EWC-Code	Abfall	EWC-Code
PVC-Bodenbelag	120105	Pappe	150101
Lackreste, nicht ausgehärtet	080111	Altpapier, Abdeckpapier	200101
Eimer, entleert	150104	Reste von Wasserlacken	080103
Filtermatten, Filter	150299	Organische Holzschutzmittel	070404
Halogenierte Lösemittel aus Destillationen	140502	Nicht halogenierte Lösemittel aus Destillationen	140503
Lösemittel	200113	Wischtücher, Schutzkleidung	150201
Ausgehärtete Lackreste	080112	Abbeizreste, nicht halogenartig	080107
Strahlgut, trocken	120116	Abbeizreste, halogenartig	080106
Folien	150102	Wässrige Farbschlämme	080108
Abfälle aus Abwasserbehandlungsanlagen	190205	–	–

Erläuterungen:
- Nach dem europäischen Abfallkatalog (engl.: European Waste Catalogue) erhält jeder Abfall eine EWC-Nummer. Mit dieser Nummer ist auch die Einstufung der Gefährlichkeit des Stoffes in nicht überwachungsbedürftig, überwachungsbedürftig und besonders überwachungsbedürftig verbunden. Je nach anfallender Menge je Jahr sind Nachweise und entsprechende Verordnungen einzuhalten.
- Entsprechend sind die Entsorgungswege mit dem Abfallberater bzw. der Abfallberaterin des kommunalen Entsorgungsunternehmens abzustimmen.
- Entsorgungspapiere unterliegen einer Aufbewahrungspflicht.

Nachleuchtende Farbsysteme – Sicherheitsleitsysteme	DIN 67510-1:2020-05, ASR-A.2
Einordnung	• Diese Beschichtungssysteme haben Pigmente mit Nachleuchteffekt. • Systeme sind stromunabhängig, wartungsfrei und zugelassen, wenn sie bestimmte Nachleuchtzeiten einhalten. • Ein schnelles Auffinden der Rettungswege ist bei Notfällen wie plötzlicher Dunkelheit und Verrauchung möglich. • Einsatz auch als Effektbeschichtung z. B. in Diskos
Funktionsweise	• **Anregungsphase** der nachleuchtenden Pigmente durch Tageslicht, weiße Leuchtstofflampe (ca. 4000 Kelvin Farbtemperatur – Erklärungen zu den Begriffen zum Thema Licht: siehe dieses Tabellenbuch) • Weniger optimal: Glühlampenlicht, Halogenlicht, warmweiße Leuchtstofflampen • Nicht geeignet: Natriumdampflampen (monochromes, gelbbräunliches Licht), Rotlicht, Gelblicht • **Abklingphase** oder Nachleuchtphase: Die Leuchtkraft nimmt in der Intensität kontinuierlich mit der Geschwindigkeit ab, wie sich das menschliche Auge an die Dunkelheit anpasst.
Physikalische Größen	• Beleuchtungsstärke in Lux: Je intensiver die Einstrahlung in der Anregungsphase, desto höher die Leuchtdichte. • Zeit in Minuten: Je länger die Anregung anhält, desto intensiver die Abstrahlung. • Leuchtdichte in mcd/m² (Milli-Candela): Der Wert nimmt mit der Zeit ab und ist abhängig von der Einstrahlung, aber auch von der Güte der Pigmente.

Abklingverhalten von nachleuchtenden Systemen in Bezug auf die Zeit

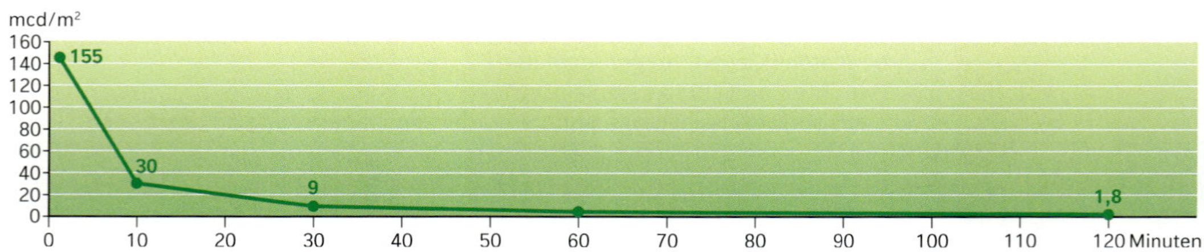

Hinweis: Die Wahrnehmungsgrenze des menschlichen Auges beträgt 0,01 mcd/m².

Aufbau von nachleuchtenden Beschichtungssystemen	
Vorbehandlung	Es gelten die „Allgemeinen Regeln der Technik“: „trocken, fest, sauber, rissfrei“, z. B. schleifen, abstrahlen, fräsen.
Grundierung	Neben der üblichen Grundierung, z. B. zur Regulierung des Saugvermögens oder zum Korrosionsschutz, ist eine weiße Grundierung als Reflektionsschicht notwendig.
Nachleuchtende Schicht	Optimal ist ein Auftrag im Airlessverfahren, da eine gleichmäßig glatte Oberfläche erzeugt wird. Pinsel und Rollenbeschichtungen sind jedoch auch möglich. Je höher die Schichtdicke, desto höher die Leuchtdichte.
UV-Schutzlack	Er ist im Innenbereich im Allgemeinen nicht notwendig. Der Lack schützt aber auch vor Lackabtrag durch Reinigungsmaßnahmen.

Regelwerke für den Aufbau von Systemen (ASR: Technische Regeln für Arbeitsstätten)	
ASR A2.3	Optische Sicherheitsleitsysteme (einschließlich Sicherheitsbeleuchtung): Grundlagen
ASR A3.4	Sicherheits- und Gesundheitsschutzkennzeichnung am Arbeitsplatz: Konkrete Forderungen
DIN 67510-1	Langnachleuchtende Pigmente und Produkte: Messung von langnachleuchtenden Produkten am Ort der Anwendung, langnachleuchtendes Sicherheitsleitsystem, Produkte für langnachleuchtendes Sicherheitsleitsystem; Markierungs- und Kennzeichnungshinweise

Nachleuchtende Farbsysteme – Sicherheitsleitsysteme (Fortsetzung)

Grundlage

§ 4 Abs. 4 S. 2 Arbeitsstättenverordnung: „Der Arbeitgeber hat Vorkehrungen zu treffen, dass sich die Beschäftigten bei Gefahr unverzüglich in Sicherheit bringen und schnell gerettet werden können."

Übersicht über die Sicherheitsleitsysteme

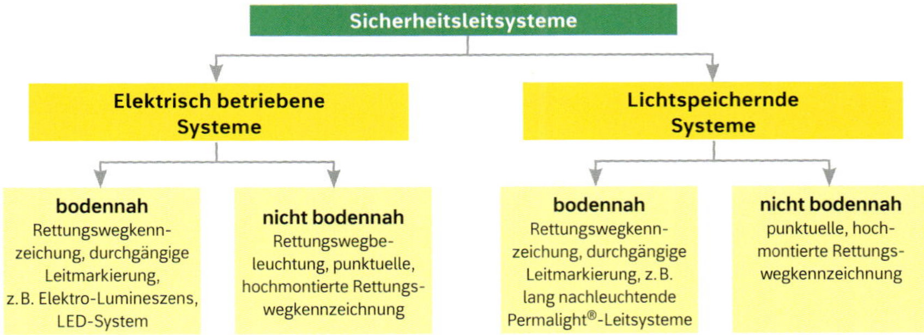

Mögliche Komponenten

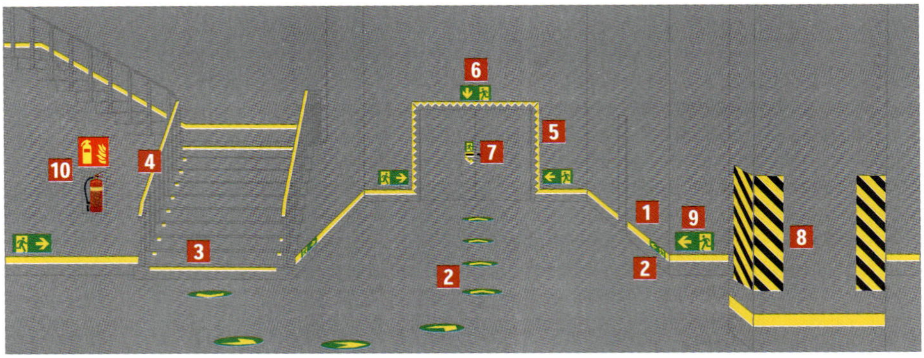

1. **Leitmarkierungen** im unteren Wandbereich sorgen bei Dunkelheit und Verrauchung für räumliche Orientierung.
2. **Richtungspfeile** an Wand und Boden geben die eindeutige Fluchtrichtung bis zum nächsten Notausgang an.
3. **Treppenstufenprofile** verhindern die Stolpergefahr. Die einzelnen Stufen und Podeste sind nicht zu übersehen.
4. Die **Handlaufmarkierung** gibt in der Dunkelheit zusätzliche Sicherheit.
5. Die **Türmarkierung** macht die Umrisse der Fluchttür leicht erkennbar.
6. Die **Rettungszeichenleuchte** markiert normgerecht den nächsten Notausgang.
7. Die **Türgriffhinterlegung** lässt Türklinke und Öffnungsrichtung sofort erkennen.
8. **Warnmarkierungen** (Bänder oder Profile) kennzeichnen Hindernisse im Verlauf des Fluchtwegs, z.B. Pfeiler, Wandvorsprünge oder niedrige Deckenabsätze.
9. **Rettungswegzeichen** markieren die Fluchtrichtung. Sie sollten zusätzlich in Bodennähe angebracht werden, damit sie auch im Brandfall bei Verrauchung zu erkennen sind.
10. **Brandschutz- und Rettungseinrichtungen** sind in das Sicherheitsleitsystem integriert. Die Schilder sind lang nachleuchtend. Die Objekte (im Beispiel: Feuerlöscher) sind ebenfalls lang nachleuchtend hinterlegt oder markiert.

Bodenmarkierungen

Grundlagen
Werkstoffe, Hilfsstoffe
Werkzeuge, Geräte, Gerüste
Arbeitstechniken
Gestaltung
Arbeitsschutz, Umweltschutz
Aufmaß, Abrechnung
Betriebsführung
Quellen

Regelungen des Auftrags- und Vergabewesens — VOB 2016

- Für den Handwerksbetrieb ist es in der Regel günstiger, wenn statt des Werksvertragsrechts des BGB (Bürgerlichen Gesetzbuches) die VOB (Vergabe- und Vertragsordnung für Bauleistungen) vereinbart wird. Unterschiede zwischen BGB-Werkvertrag und VOB-Bauvertrag sind z. B. Ausführungsunterlagen, Vorbereitung der Baustelle durch Auftraggeber oder Auftraggeberin, Leistungsverzögerung, Gefahrverteilung, Abnahme, Verjährungsfrist, Gewährleistungsansprüche, Abschlagszahlungen.
- Grundsätzlich sollte deswegen die VOB vereinbart werden. Die VOB wird in der Regel immer bei Aufträgen öffentlicher Auftraggeber wie Staatshochbauamt vereinbart.
- Die VOB ist kein Gesetz, sondern eine Vertragsordnung. Sie muss deswegen zwischen den Parteien ausdrücklich vereinbart werden. Versäumen dies beide Vertragsparteien, gelten die Bestimmungen des BGB.

Vorschrift	Bezeichnung
VOB/A	Allgemeine Bestimmungen für die Vergabe von Bauleistungen (DIN 1960)
VOB/B	Allgemeine Vertragsbedingungen für die Ausführung von Bauleistungen (DIN 1961)
VOB/C	Allgemeine Technische Vertragsbedingungen (ATV), z. B.: • Allgemeine Regelungen für Bauarbeiten jeder Art (DIN 18299) • Betonerhaltungsarbeiten (DIN 18349) • Putz- und Stuckarbeiten (DIN 18350) • Maler- und Lackierarbeiten (DIN 18363) • Korrosionsschutzarbeiten an Stahlbauten (DIN 18364)

VOB Teil A Allgemeine Bestimmungen für die Vergabe von Bauleistungen

Mit der VOB – Ausgabe 2016 – sind umfassende Änderungen der VOB/A sowie punktuelle Änderungen der VOB/B erfolgt. Alle DIN-Normzitate wurden geprüft und ggf. aktualisiert.

Wesentliche Inhalte der VOB Teil A — **DIN 1960:**2019-09

Basisparagraf	Bestimmungen (Auswahl)
§ 6 „Teilnehmer am Wettbewerb"	Unternehmen dürfen als Teilnehmer vom Wettbewerb ausgeschlossen werden über deren Vermögen das Insolvenzverfahren oder ein vergleichbares gesetzlich geregeltes Verfahren eröffnet oder die Eröffnung beantragt worden ist oder der Antrag mangels Masse abgelehnt wurde. Zum Wettbewerb mit gewerblichen Unternehmen sind Aus- und Fortbildungsstätten, Einrichtungen der Jugendhilfe u. a. nicht zugelassen.
§ 7 „Leistungsbeschreibung"	Ohne umfangreiche Vorarbeiten muss die Leistung eindeutig und so erschöpfend beschrieben werden, dass alle Unternehmen die Beschreibung im gleichen Sinne verstehen müssen und ihre Preise sicher berechnen können. In Leistungsbeschreibungen dürfen Bedarfspositionen (Eventualpositionen) nur ausnahmsweise aufgenommen werden. Nur unbedingt erforderliche angehängte Stundenlohnarbeiten dürfen in die Leistungsbeschreibung aufgenommen werden.
§ 8 „Vergabeunterlagen"	(1) Die Vergabeunterlagen bestehen aus (a) dem Anschreiben (Aufforderung zur Angebotsabgabe, ggf. Bewerbungsbedingungen) und (b) den Vertragsunterlagen
§ 8 Nr. 6 „Vergabeunterlagen"	z. B.: Fristen, Abnahme, Zahlungen, Stundenlohnarbeiten, Zufahrtswege, Haftung, Sicherheitsleistungen

VOB Teil A Allgemeine Bestimmungen für die Vergabe von Bauleistungen (Fortsetzung)	
Wesentliche Inhalte der VOB Teil A (Fortsetzung)	**DIN 1960:**2019-09
Basisparagraf	Bestimmungen (Auswahl)
§ 9 Nr. 7 „Sicherheitsleistung"	Wenn Mängel der Leistung voraussichtlich nicht eintreten oder wenn der Auftragnehmer/die Auftragnehmerin hinreichend bekannt ist und genügende Gewähr für die vertragsgemäße Leistung und die Beseitigung etwa auftretender Mängel bietet, soll ganz oder teilweise auf Sicherheitsleistung verzichtet werden. Sicherheitsleistungen sollen bei beschränkten Ausschreibungen sowie freihändiger Vergabe nicht verlangt werden.
§ 10 „Fristen"	Mit Öffnung der Angebote, läuft die Angebotsfrist ab. Der Eröffnungstermin ist maßgebend. Angebote können bis zum Ablauf der Angebotsfrist in Textform zurückgezogen werden.
§ 12 „Bekanntmachung, Versand der Vergabeunterlagen"	Anzugeben sind Unterlagen, die auch digital eingesehen und angefordert werden können. Anschrift, an die die Angebote schriftlich auf direktem Weg oder per Post zu richten sind; ggf. auch Anschrift, an die Angebote digital zu richten sind. Für Leistungsbeschreibungen und andere Unterlagen darf bei öffentlichen Ausschreibungen ein Entgeld gefordert werden. Das Entgelt darf nicht die Selbstkosten des Auftraggebers/der Auftraggeberin für Vervielfältigung, Versendung sowie bei digitaler Übermittlung übersteigen.
§ 13 „Form und Inhalt der Angebote"	Angebote schriftlich einreichen und unterzeichnen. Zulassung von Auftraggebenden von digitalen Angeboten mit digitaler Signatur, im Sinne des Signaturgesetzes, die verschlüsselt eingereicht werden müssen.
§ 14 „Öffnung der Angebote, Eröffnungstermin"	Beim Eröffnungstermin dürfen nur Bieter/-innen und ihre Bevollmächtigten zugegen sein. Angebote, auch digitale, sind bis dahin zu kennzeichnen und unter Verschluss zu halten.
§ 16 „Wertung der Angebote"	Angebote von Bietern und Bieterinnen können nach § 6 oder wenn sie dem § 13 nicht entsprechen, ausgeschlossen werden (Nebenangebote).

VOB Teil B Allgemeine Vertragsbedingungen für die Ausführung der Bauleistungen				
Wesentliche Inhalte der VOB Teil B 2016				**DIN 1961:**2016-09
§§ VOB/B	Gegenstand der VOB	Mitteilung durch	Formvorschrift nach VOB/B	Bemerkung
§ 2 Nr. 3 Abs. 1	Mengenüberschreitung: Verlangen eines neuen Einheitspreises	Auftrageber/-in oder Auftragnehmer/-in	Keine	Schriftform empfohlen (evtl. in Form eines Nachtragsangebotes)
§ 2 Nr. 3 Abs. 2	Mengenunterschreitung: Verlangen eines erhöhten Einheitspreises	Auftragnehmer/-in	Keine	Schriftform empfohlen (evtl. in Form eines Nachtragsangebotes)
§ 2 Nr. 4	Herausnehmen eines Leistungsteils aus dem Leistungsumfang 1) Mitteilung 2) Abrechnung	Auftraggeber/-in Auftragnehmer/-in	Schriftform Keine	Teilkündigung nach § 8 Nr. 3 VOB/B; Auftraggeber/-in schriftlich über die Abrechnung nach § 8 Nr. 3 VOB/B unterrichten

VOB Teil B Allgemeine Vertragsbedingungen für die Ausführung der Bauleistungen (Forts.)				
Wesentliche Inhalte der VOB Teil B 2016 (Fortsetzung)				**DIN 1961:**2016-09
§§ VOB/B	Gegenstand der VOB	Mitteilung durch	Formvorschrift nach VOB/B	Bemerkung
§ 2 Nr. 5	Änderung Bauentwurf: Anordnungen des Auftragsgebers/der Auftraggeberin, verlangen eines neuen Preises	Auftragnehmer/-in	Keine	Schriftform aus Beweisgründen empfohlen.
§ 2 Nr. 6	Anspruch auf besondere Vergütung bei Forderung einer im Vertrag nicht vorgesehenen Leistung	Auftragnehmer/-in	Keine	Schriftform aus Beweisgründen. Vor Ausführung der Leistung.
§ 2 Nr. 8 Abs. 2	Ausführung von Leistungen, die für die Erfüllung des Vertrages notwendig waren und dem mutmaßlichen Willen des Auftraggebers/der Auftraggeberin entsprachen	Auftragnehmer/-in	Keine	Schriftform aus Beweisgründen empfohlen.
§ 3 Nr. 3	Hinweispflicht des Auftragnehmers/der Auftragnehmerin gegenüber dem Auftraggeber/der Auftraggeberin bei Feststellung eines offensichtlichen oder vermuteten Fehlers in den Ausschreibungsunterlagen	Auftragnehmer/-in	Keine	Schriftform aus Beweisgründen empfohlen.
§ 4 Nr. 3	Bedenken des Auftragnehmers/der Auftragnehmerin gegen die vorgesehene Art der Ausführung (Weitere Hinweise in diesem Buch)	Auftragnehmer/-in	Schriftform	Schriftform zwingend vorgeschrieben. Unverzügliche schriftliche Mitteilung an die Auftraggebenden, möglichst schon vor Beginn der Arbeit.
§ 4 Nr. 8	Übertragung von Leistungen an Nachunternehmer/-innen	Auftraggeber/-in	Schriftform	Die Parteien können die Schriftform auch noch nachträglich vertraglich ausschließen.
§ 5 Nr. 2 Satz 1	Mitteilung des Ausführungstermins	Auftraggeber/-in	Keine	Schriftform aus Beweisgründen empfohlen.
§ 5 Nr. 2 Satz 3	Anzeige über Beginn der Ausführung	Auftragnehmer/-in	Keine	Schriftform aus Beweisgründen empfohlen.
§ 6 Nr. 1	Mögliche Behinderung des Auftragnehmers/der Auftragnehmerin in der ordnungsgemäßen Ausführung der Leistung	Auftragnehmer/-in	Schriftform	Mündliche Anzeige kann ausreichen, weil Schriftform nur zu Beweiszwecken dient. Keine Anzeige, wenn die Behinderung für Auftraggeber/-in offenkundig ist.
§ 6 Nr. 3	Benachrichtigung vom Wegfall hindernder Umstände	Auftragnehmer/-in	Keine	Schriftform aus Beweisgründen empfohlen.

VOB Teil B Allgemeine Vertragsbedingungen für die Ausführung der Bauleistungen (Forts.)

Wesentliche Inhalte der VOB Teil B 2016 (Fortsetzung) **DIN 1961**:2016-09

§§ VOB/B	Gegenstand der VOB	Mitteilung durch	Formvorschrift nach VOB/B	Bemerkung
§ 6 Nr. 7	Kündigung bei Unzumutbarkeit der Hinnahme des durch die Unterbrechung der Arbeiten herbeigeführten Zustandes	Auftragnehmer/-in, Auftraggeber/-in	Schriftform	Bei Kündigung ist die Schriftform zwingend vorgeschrieben.
§ 8 Nr. 5	Kündigung des Vertrags durch Auftraggeber/-in	Auftraggeber/-in	Schriftform	Bei Kündigung Schriftform zwingend
§ 9 Nr. 2	Kündigung des Vertrags durch Auftragnehmer/-in	Auftragnehmer/-in	Schriftform	Bei Kündigung Schriftform zwingend
§ 11 Nr. 4	Vorbehalt der Vertragsstrafe bei Abnahme	Auftraggeber/-in	Keine	Bei förmlicher Abnahme ist der Vorbehalt der Vertragsstrafe nur wirksam erklärt, wenn er in das Abnahmeprotokoll aufgenommen worden ist.
§ 12 Nr. 1	Verlangen der Abnahme der Leistung binnen 12 Tagen	Auftragnehmer/-in	Keine	Schriftform aus Beweisgründen empfohlen.
§ 12 Nr. 4	Verlangen einer förmlichen Abnahme	Auftragnehmer/-in, Auftraggeber/-in	Keine	Schriftform aus Beweisgründen empfohlen.
§ 13 Nr. 3	Leistungsmängel auftraggebende Seite	Auftragnehmer/-in	Schriftform	Vgl. § 4 Nr. 3
§ 13 Nr. 5	Verlangen auf Mängelbeseitigung	Auftraggeber/-in	Schriftform	Schriftform ist keine Wirksamkeitsvoraussetzung für das Entstehen des Nachbesserungsanspruches. Sie bewirkt den erneuten Lauf der Verjährungsfrist.
§ 15 Nr. 3	Ausführungsarbeiten von Stundenlohnarbeiten	Auftragnehmer/-in	Keine	Schriftform aus Beweisgründen empfohlen.
§ 16 Nr. 3 Abs. 1	Anspruch auf Schlusszahlung innerhalb 2 Monaten	Auftragnehmer/-in	Keine	Schriftform aus Beweisgründen empfohlen.
§ 16 Abs. 3 Satz 5	Begründung des Vorbehalts innerhalb von 24 Werktagen	Auftragnehmer/-in	Keine	Schriftform aus Beweisgründen empfohlen.
§ 18 Nr. 2 Satz 2	Entscheidung der vorgesetzten Stelle des öffentlichen Auftraggebers/der öffentlichen Auftraggeberin bei Streitigkeiten innerhalb von zwei Monaten	Auftraggeber/-in	Schriftform	Entscheidung innerhalb von 2 Monaten.

Die Allgemeinen Vertragsbedingungen für die Ausführung von Bauleistung sind Allgemeine Geschäftsbedingungen, die das Werkvertragsrecht des BGB um die bauspezifisch notwendigen Bedingungen ergänzen. Sie enthalten insgesamt einen ausgewogenen Interessenausgleich der Rechte und Pflichten der Auftraggeber/-innen und Auftragnehmer/-innen.

Gegenüberstellung von Aufmaßvorschriften verschiedener Gewerke **VOB Teil C 2016**

Zu der VOB DIN 18363 Maler- und Lackierarbeiten siehe die folgenden Seiten.

DIN	Übermessen werden ...	Abzüge sind ...	Abrechnungsmaße
18451 Gerüstarbeiten	Öffnungen in der eingerüsteten Fläche bei Arbeits- und Schutzgerüsten	–	Üblich: Die einzurüstende Fläche – aber auch: Anzahl der Felder
18366 Tapezierarbeiten 18363 Maler- und Lackierarbeiten	• Aussparungen, Öffnungen und Nischen bis 2,50 m² Einzelgröße • Fachwerkbalken, Ständer bis 0,30 m Einzelbreite • Fußleisten usw. bis 0,10 m Höhe	• Aussparungen, Öffnungen, Nischen über 2,50 m² Einzelgröße • Unterbrechungen über 1,00 m Einzellänge	Flächenmaß, Längenmaß
18365 Bodenbelagarbeiten	• Aussparungen bis 0,10 m² Einzelgröße • In Böden nachträglich eingearbeitete Flächen wie Intarsien	• Aussparungen über 0,10 m² Einzelgröße • Unterbrechungen über 1,00 m Einzellänge	Flächenmaß, Längenmaß, Anzahl
18364 Korrosionsschutz an Stahlbauten	• Überdeckungen und Aussparungen bis 0,10 m² Einzelgröße • Einbetonierte Teile bei der Abrechnung nach Gewicht	• Überdeckungen und Aussparungen über 0,10 m² Einzelgröße • Unterbrechungen über 1,00 m Einzellänge	Flächenmaß, Längenmaß, Anzahl, Gewicht
18356 Parkettarbeiten	• Aussparungen bis 0,10 m² Einzelgröße • In Böden nachträglich eingearbeitete Teile wie Intarsien	• Aussparungen über 0,10 m² Einzelgröße • Unterbrechungen über 1,00 m Einzellänge	Flächenmaß, Längenmaß, Anzahl
18350 Putz- und Stuckarbeiten	• Aussparungen, Öffnungen und Nischen bis 2,50 m² Einzelgröße (in Böden 0,5 m²) • Fußleisten usw. bis 0,10 m Höhe • Fachwerkbalken, Ständer	• Aussparungen, Öffnungen, Nischen über 2,50 m² Einzelgröße • Unterbrechungen über 1,00 m Einzellänge	Flächenmaß, Längenmaß, Anzahl (Flächen bis 2,50 m²)
18349 Betonerhaltungsarbeiten	• Aussparungen, Öffnungen und Nischen bis 2,50 m² Einzelgröße • Balken, Ständer usw. aus Holz, Metall, Beton bis 0,30 m Einzelbreite	• Aussparungen, Öffnungen und Nischen über 2,50 m² Einzelgröße • Unterbrechungen über 1,00 m Einzellänge	Flächenmaß, Längenmaß, Anzahl, Gewicht (bei Einbau von Bewehrungsstahl)
18340 Trockenbauarbeiten	• Aussparungen, Öffnungen und Nischen bis 2,50 m² Einzelgröße • Unterbrechungen bis 0,30 m Einzelbreite	• Aussparungen, Öffnungen, Nischen über 2,50 m² Einzelgröße • Unterbrechungen über 1,00 m Einzellänge • Aussparungen über 0,50 m² Einzelgröße	Anzahl (Flächen bis 5 m²), Flächenmaß (Flächen über 5 m²), Längenmaß
18345 WDVS	• Aussparungen, Öffnungen und Nischen bis 2,50 m² Einzelgröße • Unterbrechungen bis 0,30 m Einzelbreite	• Aussparungen, Öffnungen, Nischen über 2,50 m² Einzelgröße • Unterbrechungen über 1,00 m Einzellänge	Anzahl (Flächen bis 2,50 m²), Flächenmaß, Längenmaß

Hinweis zu DIN 18340, 18345, 18349, 18350, 18363, 18366: Bearbeitete Leibungen werden unabhängig von der Größe der Aussparung nach Längenmaß gerechnet.

Abrechnung von Mal- und Lackierarbeiten und Tapezierarbeiten

Die gesetzlichen Grundlagen für die Ausführung und Abrechnung von Mal- und Lackierarbeiten bilden das Bürgerliche Gesetzbuch (BGB) und die Vergabe- und Vertragsordnung für Bauleistungen (VOB).
Seit dem 1. Januar 2009 wirkt sich das neue Forderungssicherungsgesetzes (FoSiG) massiv auf die Vertragsgestaltung von Mal- und Lackierarbeiten aus. Bei der Vertragsgestaltung muss zwischen öffentlichen bzw. gewerblichen Auftraggeber/-innen und privaten Auftraggeber/-innen unterschieden werden:

- Bei Verträgen mit öffentlichen und gewerblichen Auftraggeber/-innen wurde die VOB/B als Vertragsgrundlage gesetzlich festgeschrieben. Entsprechend gelten auch die Aufmaßvorschriften der VOB/C.
- Bei Verträgen mit privaten Auftraggeber/-innen (Verbraucher/-innen) muss die VOB extra vereinbart werden (siehe folgenden Abschnitt).

Auswirkungen auf die Aufmaßvorschriften der VOB

Die bisher häufig in Angeboten und Rechnungen verwendete Formulierung „Aufmaß und Abrechnung erfolgt nach VOB/C in der jeweils neuesten Fassung" wurde durch verschiedene Gerichtsurteile infrage gestellt. Demnach sind die Aufmaßvorschriften wie Allgemeine Geschäftsbedingungen zu sehen, d.h., sie müssen als AGB mit dem Auftaggeber/der Auftraggeberin (Kunden/Kundin) vereinbart werden.
Als Konsequenz daraus wird vorgeschlagen, dem unkundigen Verbraucher den Wortlaut der VOB/B und VOB/C DIN 18363 schriftlich zu übergeben. Das einfache Kopieren und Anhängen dieser Texte an Angebote und Rechnungen ist aber aus Urheberrechtsgründen nicht zulässig.
Von anderer Seite wird dem Auftragnehmer/der Auftragnehmerin (Malermeister/-in) empfohlen, bei Privatkund/-innen grundsätzlich auf die VOB als Vertragsgrundlage zu verzichten und nur noch Festpreisangebote (Pauschalpreisvertrag) abzugeben oder nach Einheitspreisen (Einheitspreisvertrag) abzurechnen. Das lässt aber offen, wie der Auftragnehmer/die Auftragnehmerin zu den Angebotspreisen kommt. Manche Landesinnungsverbände haben für ihre Mitglieder eigene, der VOB/C ähnelnde Aufmaßregeln erarbeitet.
Bei Verträgen mit Privatkund/-innen kann der Auftragnehmer/die Auftragnehmerin auf Grundlage des BGB abrechnen, d.h., es werden NUR die Flächen/Längen abgerechnet, die tatsächlich bearbeitet wurden (Übermessungs- oder Vereinfachungsregelungen entfallen), **oder** mit dem Kunden/der Kundin sind individuelle Vertragsbedingungen ausgehandelt worden. Dazu hat der Bundesverband Farbe Gestaltung Bautenschutz (www.farbe.de) eine Sammlung von Formularen und Musterschreiben entwickelt, die diese Problematik berücksichtigen.

Vorschriften und Normen für die Abrechnung mit öffentlichen und gewerblichen Auftraggeber/-innen

Vorschrift	Bezeichnung
VOB/A DIN 1960	**Vergabe- und Vertragsordnung für Bauleistungen** • Teil A: Allgemeine Bestimmungen für die Vergabe von Bauleistungen
VOB/B DIN 1961	**Vergabe- und Vertragsordnung für Bauleistungen** • Teil B: Allgemeine Vertragsbedingungen für die Ausführung von Bauleistungen
VOB/C DIN 18299	**Vergabe- und Vertragsordnung für Bauleistungen** • Teil C: Allgemeine Technische Vertragsbedingungen für Bauleistungen (ATV) – Allgemeine Regelungen für Bauarbeiten jeder Art
• DIN 18340	– Trockenbauarbeiten
• DIN 18345	– Wärmedämm-Verbundsysteme
• DIN 18349	– Betonerhaltungsarbeiten
• DIN 18350	– Putz- und Stuckarbeiten
• DIN 18356	– Parkettarbeiten
• DIN 18363	– Maler- und Lackierarbeiten – Beschichtungen
• DIN 18364	– Korrosionsschutzarbeiten an Stahlbauten
• DIN 18365	– Bodenbelagarbeiten
• DIN 18366*	– Tapezierarbeiten (*weitgehend identisch mit DIN 18363)
• DIN 18451	– Gerüstarbeiten
BGB	Bürgerliches Gesetzbuch
FoSiG	Forderungssicherungsgesetz

Zu allen Vorschriften liegen Kommentare mit ausführlichen Erläuterungen, Bildern und Fallbeispielen vor.

Leistungsermittlung nach VOB Teil C ATV DIN 18299:2019-09, 18363:2019-09, 18366:2019-09

Hinweis: Da im Maler- und Malerinnenhandwerk auch Trockenbau-, Wärmedämm- und Putzarbeiten ausgeführt werden, müssen bei der Abrechnung die entsprechenden ATV (DIN 18340, 18345, 18350) berücksichtigt werden. Die Abrechnungsvorschriften der ATV DIN 18366 Tapezierarbeiten gleichen weitgehend denen der ATV DIN 18363 und werden deshalb infolge zusammen behandelt.
Wichtig: Diese Markierung A ▸ T,W,P weist auf den folgenden Seiten daraufhin, dass bei Trockenbau-, Wärmedämm- und Putzarbeiten abweichende Aufmaßregeln beachtet werden müssen!
Bei der Abrechnung nach VOB ermittelt der/die Maler/-in und Lackierer/-in mithilfe von **Aufmaßen** die Größe der bearbeiteten Flächen oder Längen. Sie bilden die Grundlage für die Angebots- bzw. Rechnungserstellung. Deshalb müssen Aufmaße so geschrieben werden, dass der Kunde/die Kundin sie nachvollziehen kann.
Entgegen der früher üblichen Unterscheidung von Abrechnung nach Zeichnung/Aufmaß am Objekt gilt jetzt: Es wird grundsätzlich mit den Maßen der bearbeiteten Flächen (**Fertigmaßen**) gerechnet; d. h., es wird mit den **Maßen des fertigen** Bauteils, der Aussparung bzw. Öffnung gerechnet. Dabei sind die Abrechnungseinheiten **m²** (Fläche), **m** (Länge), kg (Masse) bzw. Anzahl (Stück) zu verwenden. Wenn nach Zeichnung abgerechnet werden muss, ist das Fertigmaß aus den vorhandenen Rohbaumaßen zu ermitteln. A ▸ T,W,P

Allgemeine Regeln für das Schreiben von Aufmaßen

Die VOB enthält keine allgemeinen Vorschriften über die Darstellung und die Schreibweise von Aufmaßen. Sie verlangt aber die **Überprüfbarkeit der Aufmaße** und eine übersichtliche Rechnungsstellung.
Grundregeln für ein überprüfbares Aufmaß:

- Aufmaße sollten analog zum Leistungsverzeichnis (Position) gekennzeichnet und in der entsprechenden Reihenfolge aufgestellt werden.
- Aufmaße müssen klar, einfach, eindeutig und übersichtlich sein.
- Nur aus Bauzeichnungen entnommene oder am Objekt gemessene Maße dürfen verwendet werden.
- Es dürfen keine errechneten Maße im Aufmaß verwendet werden. Sollte es erforderlich und sinnvoll sein, errechnete Maße einzusetzen, so sollten sie als solche gekennzeichnet werden, z. B. **„err“**. Zusätzlich kann das errechnete Maß **Rot** in die Zeichnung eingetragen werden.
- Als Maße werden nur Längenmaße verwendet.
- Alle Maße werden mit zwei Dezimalstellen in Meter geschrieben, wobei die Einheit „m“ nicht geschrieben wird: nicht „2 m“, sondern **„2,00“**.
- Haben Maße drei Dezimalstellen, z. B. **1,385**, so wird nach den üblichen Rundungsregeln auf zwei Dezimalstellen (**1,39**) gerundet. Ergebnisse (Messgehalt) ebenfalls.
- Die typische Berechnungsformel der Flächen/Längen muss im Aufmaß verwendet werden.
- Am **Zahlenbild** des Maßansatzes soll die bearbeitete Fläche wiedererkannt werden.
- Anzahl mehrerer gleicher Teile – **direkte Stückzahlen** – vor dem Flächenansatz.
- Angabe der beschichteten Seiten eines Teiles – **indirekte Stückzahl** – hinter dem Flächenansatz.
- Klammern sind nur dort zu setzen, wo sie mathematisch erforderlich sind.

Weitere Hinweise

- Die Tabellenform erleichtert das Aufmaßschreiben und -lesen. So lassen sich Maßansätze leicht den jeweiligen Bauteilen zuordnen. Das Setzen von Klammern lässt sich auf ein Minimum reduzieren.

Tabellenform		Zeilenschreibweise
Wand	6,50 x 2,50 = **16,25 m²**	6,50 x 2,50 – 2 x 1,80 x 1,40 = **11,21 m²**
Fenster	–2 x 1,80 x 1,40 = **5,04 m²**	
	11,21 m²	

- Bei mehreren Räumen in Wohnungen: Beginnend links neben dem Eingang, dann weiter im Uhrzeigersinn. Der Flur wird zuletzt aufgemessen.
- Flächen innerhalb von Gebäuden (Decken, Fußböden usw.): Das Maß parallel zur Straßenseite wird zuerst geschrieben! Dadurch lässt sich die Lage der Räume zueinander besser darstellen.
- Die Abrechnung der Leistung als Positionsaufmaß oder als Raumaufmaß ist freigestellt:

Positionsaufmaße	Raumaufmaße
fassen **alle gleichartigen Leistungen** zusammen, gleich in/an welchem Gebäudeteil sie erbracht wurden. **Vorteil:** Jede Position beinhaltet eine bestimmte Leistung.	beinhalten alle Leistungen in **einem** Raum. **Vorteil:** Alle Leistungen eines Raumes sind zusammengefasst. **Nachteil:** Gleiche Leistungen innerhalb eines Gebäudes erscheinen mehrmals unter verschiedenen Positionen.

Aufmaßblätter

Das Schreiben von Aufmaßen wird durch die Verwendung von vorgedruckten Aufmaßblättern erleichtert. Vergleichbare Aufmaßblätter sind als Formularblöcke im Handel erhältlich oder in PC-Aufmaßprogrammen enthalten.

Beispiel

Das unten stehende Appartement wurde anhand einer Bauzeichnung unter Zuhilfenahme eines Aufmaßblattes aufgemessen.

Pos. 1: Eine einmalige Beschichtung der Wände mit Dispersionsfarbe, Nassabriebklasse 3 nach DIN EN 13300, hochdeckend, weiß oder hell getönt.

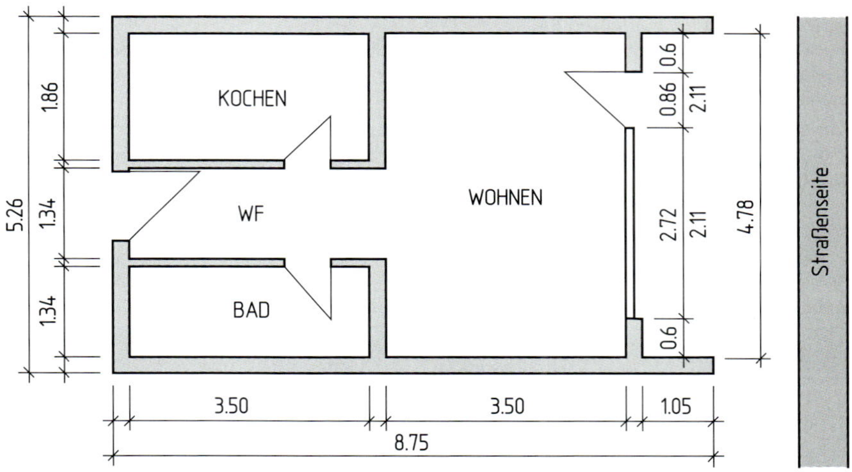

Aufmaßblatt (auf der Baustelle ausgefüllt)

Aufmaßblatt | **Blatt-Nr.:** *1*

Kunde/-in/Baustelle: *CS-Hausverwaltung* | Datum: *5.6.*

Lage/Etage: *Westring 11, App. 2, 4. OG*

Pos.	Bauteil/ Bezeichnung	Stück +	Stück −	Maßansatz	Messgehalt m, m²	Abzug m, m²	Reiner Messgehalt m, m²
1	*Küche*	*1*		*(1,86 + 3,50) · 2 · 2,50*	*26,80*		
	Wohnraum	*1*		*(4,78 + 3,50) · 2 · 2,50*	*41,40*		
			1	*(2,72 + 0,86) · 2,11*		*7,55*	
	Bad	*1*		*(1,34 + 3,50) · 2 · 2,50*	*24,20*		
	Flur	*1*		*(1,34 + 3,50) · 2 · 2,50*	*24,20*		*109,05*
				Summe/Übertrag			

Grundlagen
Werkstoffe, Hilfsstoffe
Werkzeuge, Geräte, Gerüste
Arbeitstechniken
Gestaltung
Arbeitsschutz, Umweltschutz
Aufmaß, Abrechnung
Betriebsführung
Quellen

Abrechnungsvorschriften der VOB

Die Zuordnung von **Abrechnungseinheiten** zu den Bauteilen dient dazu, einheitliche Grundlagen für die Abrechnung zu schaffen. Dabei liegt der Schwerpunkt auf der Abrechnung nach Flächenmaß.

Nach **Flächenmaß** (m^2) werden abgerechnet:
- Decken, Wände, Böden und Bekleidungen bei Flächen über 2,50 m^2 Einzelgröße
- Pfeiler, Lisenen, Stützen, Unterzüge, Vorlagen, Gesimse, Untersichten von Dachüberständen, Pilaster und dergleichen mit einer **Breite von mehr als 1,00 m** je Ansichtsfläche
- Holzschalungen, Treppenuntersichten, Türen, Tore, Zargen
- Stahlprofile und Rohre mit einem Umfang **von mehr als 90 cm**
- Heizkörper, Gitter, Geländer, Zäune, Einfriedungen, Roste, Trapezprofile, Wellbleche

Nach **Längenmaß** (m) werden abgerechnet:
- Leibungen, Faschen, Umrahmungen, Abschlussstriche, Eckverbände, Farbabgrenzungen
- Pfeiler, Lisenen, Stützen, Unterzüge, Vorlagen, Gesimse, Untersichten von Dachüberständen, Pilaster und dergleichen mit einer **Breite bis 1,00 m** je Ansichtsfläche
- Treppenwangen, Leisten, Deckenbalken, Fachwerke und dergleichen aus Holz oder Beton
- Stahlprofile und Rohre mit einem Umfang **bis 90 cm**
- Eckprofile, Gewebewinkel, Fugenprofile, Rollladenführungen, Dachrinnen, Fallrohre, Schneefanggitter

Nach **Anzahl/Stück** werden abgerechnet:
- **Decken, Wände, Böden und Bekleidungen bis 2,50 m^2 Einzelgröße**
- Türen, Tore, Zargen, Fenster, Rollläden, Fensterläden
- Gitter, Roste, Rahmen, Heizkörper, Heizkörperkonsolen, Halterungen

Abrechnungsvorschriften: VOB Maler- und Lackierarbeiten – Beschichtungen

5.1.1 A ▸ T,W,P	Der Ermittlung der Leistung – gleichgültig, ob sie nach Zeichnung oder Aufmaß erfolgt – sind die Maße der behandelten Flächen zugrunde zu legen.
5.1.2 A ▸ T,W,P	Leisten, Sockelfliesen und dergleichen bis 10 cm Höhe werden übermessen.
5.1.3	Rückflächen von Nischen sowie Leibungen werden unabhängig von ihrer Einzelgröße gesondert gerechnet (s. Seite 309).
5.1.4	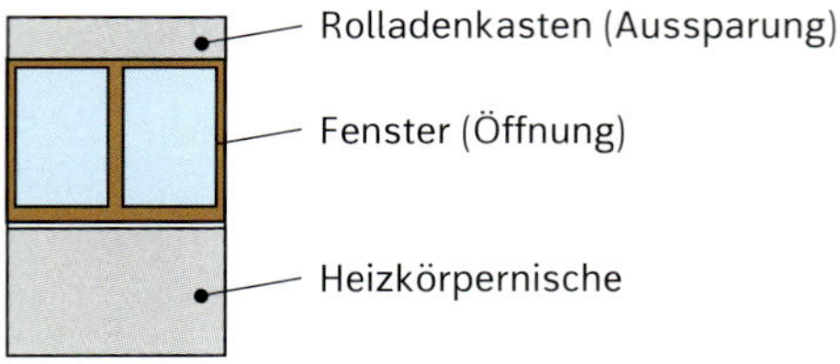 Unmittelbar zusammenhängende, verschiedenartige Aussparungen, z. B. Öffnungen mit angrenzender Nische, werden getrennt gerechnet. *Jedes einzelne Bauteil (Rollladenkasten, Fenster, Heizkörpernische) wird bis zu einer Größe von 2,50 m^2 übermessen, auch wenn alle 3 Teile zusammenhängend sind.*
5.1.5	Gesimse, Lisenen, Eckverbände, Umrahmungen und Faschen von Füllungen oder Öffnungen werden unabhängig davon, ob sie behandelt werden, beim Ermitteln der Fläche übermessen.
5.1.6	Fenster, Türen, Trennwände, Bekleidungen und dergleichen werden je beschichtete Fläche gerechnet; Verglasungen, Füllungen und dergleichen werden übermessen.
5.1.7	Bei Türen über 60 mm Dicke, bei Blockzargen über 60 mm Tiefe, bei Futter und Bekleidungen von Türen und Fenstern sowie bei Stahltürzargen und dergleichen wird die abgewickelte Fläche gerechnet.
5.1.8	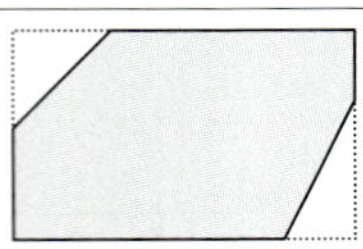 Bei vieleckigen Einzelflächen z. B. bei Treppenwangen, Eckverbänden ist zur Ermittlung der Maße das kleinste umschriebene Rechteck zugrunde zu legen.
5.1.9	Fenstergitter, Scherengitter, Rollgitter, Roste, Zäune, Einfriedungen und Stabgeländer werden einseitig gerechnet.

Abrechnungsvorschriften: VOB Maler- und Lackierarbeiten – Beschichtungen	
5.1.10	Rohrgeländer werden nach Länge der Rohre und deren Durchmesser gerechnet (Seite 320)
5.1.11	Profile, Heizkörper, Trapezprofile, Wellbleche und dergleichen werden nach abgewickelter Fläche oder, soweit vorhanden, nach Tabellen gerechnet (Seite 321 ff.)
5.1.12	Bei Rohrleitungen werden Schieber, Flansche und dergleichen übermessen und gesondert gerechnet.
5.1.13	Werden Türen, Fenster, Rollläden und dergleichen nach Anzahl gerechnet, bleiben Abweichungen von den vorgeschriebenen Maßen bis jeweils 5 cm in der Höhe und der Breite sowie 3 cm in der Tiefe unberücksichtigt.
5.1.14	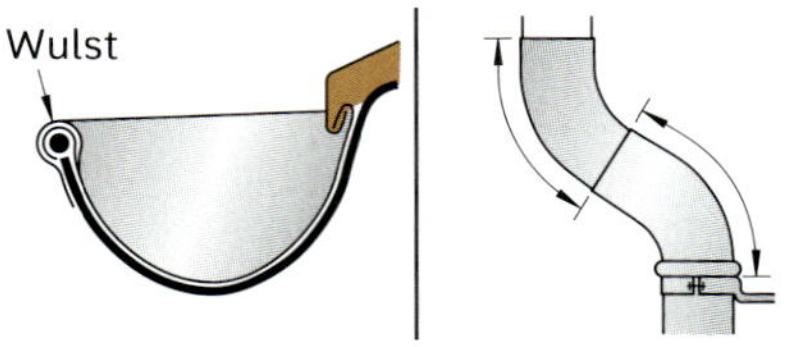 Bei der Ermittlung der Maße von Gesimsen, Umrahmungen, Faschen und dergleichen wird jeweils das größte, gegebenenfalls abgewickelte Bauteilmaß zugrunde gelegt. Dachrinnen werden am Wulst, Fallrohre im Außenbogen gemessen.
5.1.15	Silikon-Imprägnierungen und Kieselsäureester-Imprägnierungen werden nach verbrauchter Menge gerechnet.
5.2.1	Es werden abgezogen, bei Abrechnung nach Flächenmaß:
5.2.1.1	Aussparungen, z. B. Öffnungen (auch raumhoch), Nischen über 2,50 m² Einzelgröße, in Böden über 0,5 m² Einzelgröße. Bei der Ermittlung sind die kleinsten Maße der Aussparung zugrunde zu legen.
5.2.1.2	Unterbrechungen in der zu beschichteten Fläche durch Bauteile, z. B. durch Fachwerkteile, Stützen, Unterzüge, Vorlagen mit einer Einzelbreite über 30 cm.
5.2.2	Bei Abrechnung nach Längenmaß: Unterbrechungen über 1,00 m Einzellänge

Abweichende Vorschriften anderer ATV: Trockenbau	Auswahl **DIN 18340:**2019-09
5.1.1	Der Ermittlung der Leistung – gleichgültig, ob sie nach Zeichnung oder nach Aufmaß erfolgt – sind für Bekleidungen, Unterkonstruktionen, Dampfbremsen, Dämmstoff-, Trenn- und Schutzschichten, Schüttungen, Oberflächenbehandlungen, Schutzfolien, Haftbrücken und dergleichen die Maße der Bekleidung zugrunde zu legen.
5.1.2	Bei Flächen mit begrenzenden Bauteilen werden die Maße bis zu den sie begrenzenden, ungeputzten, ungedämmten, unbekleideten Bauteilen zugrunde gelegt. Systemböden, Trockenunterböden, Estriche, leichte Trennwände sowie Unterdecken und abgehängte Decken gelten als begrenzende Bauteile, sofern ihre Oberflächen nicht durchdrungen werden.
5.1.9	Gehrungen bei Friesen, Fugen, Nuten, Profilen usw. werden je Richtungswechsel nur einmal gerechnet.
5.1.11	Flächen bis 5,00 m² werden getrennt gerechnet.
5.2.1	Es werden abgezogen, bei Abrechnung nach Flächenmaß:
5.2.1.2	Unterbrechungen in der Bekleidung oder zu bekleidenden Fläche durch Bauteile, z. B. durch Fachwerkteile, Stützen, Unterzüge, Vorlagen mit einer Einzelbreite über 30 cm.

Abweichende Vorschriften anderer ATV: Wärmedämm-Verbundsysteme	Auswahl **DIN 18345:**2019-09
5.1.1	Der Ermittlung der Leistung – gleichgültig, ob sie nach Zeichnung oder Aufmaß erfolgt – sind für Wärmedämm-Verbundsysteme die Maße der fertigen Oberfläche zugrunde zu legen.
5.1.2	Bei der Ermittlung der Maße wird jeweils das größte, gegebenenfalls abgewickelte Bauteilmaß zugrunde gelegt, z. B. bei Wandanschlüssen, umlaufenden Friesen, Faschen, An- und Einarbeitungen von vorhandenen Bauteilen, Einbauteilen usw. Fugen werden übermessen.
5.1.3	Dekorprofile und Dekorelemente werden übermessen und gesondert gerechnet.
5.1.5	Rückflächen von Nischen, auch wenn sie durch geringere Dämmstoffdicken gebildet werden, sowie Leibungen werden unabhängig von ihrer Einzelgröße mit ihren Maßen gesondert gerechnet.

Aufmaß von Räumen

Beim Aufmessen einer ganzen Wohnung/Etage beginnt man mit dem Aufmaßschreiben im Raum **links neben dem Eingang** und geht dann im Uhrzeigersinn weiter zum nächsten Raum. Die Räume werden fortlaufend nummeriert und enden mit dem letzten Raum, dem Flur/Windfang.

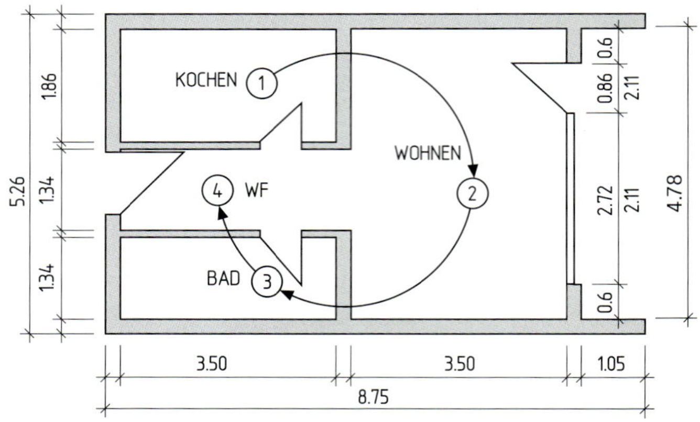

Je nach Lage der Flächen ergeben sich unterschiedliche Schreibweisen. Man unterscheidet zwischen liegenden und stehenden Flächen.

Liegende Flächen

Bei **liegenden Flächen**, z. B. Fußböden, Decken, Tischplatten usw., beginnt man mit dem wichtigsten Kantenmaß (normalerweise mit der längsten Seite).

Bei Räumen in Gebäuden wird das Maß der **Fenster- oder Straßenseite zuerst**, unabhängig von der Länge bzw. Breite des Raumes, geschrieben.

Beispiel: Deckenflächen aller Räume in obigem Appartement beschichtet

Pos.1: Eine einmalige Beschichtung mit Dispersionsfarbe, Nassabriebklasse 3 nach DIN EN 13300

Raum 1:	1,86 x 3,50 = 6,51 m²
Raum 2:	4,78 x 3,50 = 16,73 m²
Raum 3:	1,34 x 3,50 = 4,69 m²
Raum 4:	1,34 x 3,50 = 4,69 m²
	32,62 m²

Bei liegenden Flächen mit veränderbarer Lage wird das Maß der **längsten Seite zuerst** geschrieben.

Beispiel: Tischplatte beschichtet

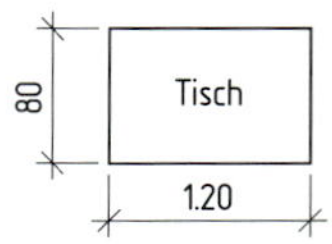

Pos. 1: eine Schlussbeschichtung mit KH-Lackfarbe, SG, weiß oder hell getönt
Tischplatte: 1,20 x 0,80 = **0,96 m²**

Stehende Flächen

Damit **stehende Flächen** wie Wände auch als solche im Aufmaß erkannt werden, wird im Maßansatz das Maß der **Grundlinie zuerst** geschrieben.

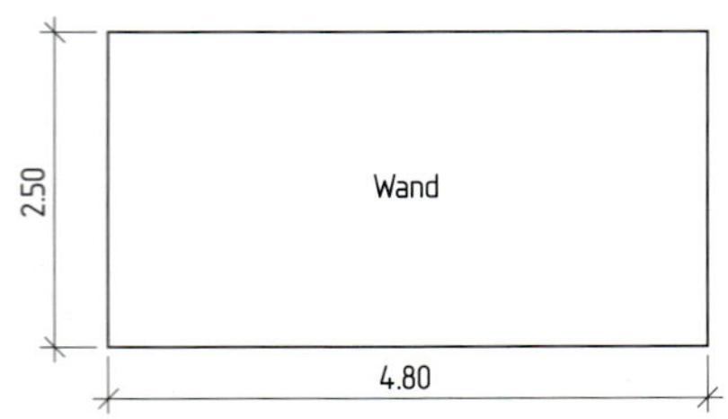

Maßansatz:
Wand: 4,80 x 2,50 = **12,00 m²**

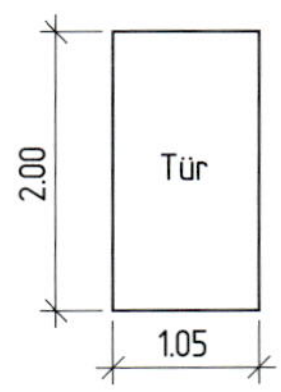

Maßansatz:
Tür: 1,05 x 2,00 = **2,10 m²**

Stückzahlen in Aufmaßen

- Sind in oder an einem Gebäude mehrere gleichartige Bauteile mit identischen Maßen (Türen, Fenster usw.) vorhanden, wird deren Anzahl im Aufmaß in Form von Stückzahlen angegeben.
- Türen, Fenster, Tischplatten und vergleichbare Bauteile werden häufig von zwei Seiten bearbeitet. Dies muss im Maßansatz erkennbar sein.

Direkte Stückzahl	Indirekte Stückzahl
Werden **mehrere Einzelflächen** aufgemessen, wird deren Anzahl als direkte Stückzahl vor das Flächen- oder Längenaufmaß gesetzt.	Wird **dasselbe Bauteil** von mehreren Seiten (meist beidseitig) bearbeitet, erscheint die Anzahl der bearbeiteten Seiten als indirekte Stückzahl **hinter** dem Flächenaufmaß.
Beispiel: In einer Wohnung wurden 5 gleich große Türblätter **einseitig** beschichtet (Türblattmaße: Breite = 0,86 m; Höhe = 2,01 m). **Pos. 1:** Eine Schlussbeschichtung mit KH-Lackfarbe, SG, weiß oder hell getönt Türen: **5** x 0,86 x 2,01 = **8,64 m²** **Direkte Stückzahl vorne**	Beispiel: In einer Wohnung wurden 8 gleich große Türen **beidseitig** beschichtet (Maße der Türen: Breite = 1,05 m; Höhe = 2,10 m). **Pos. 1:** Eine Schlussbeschichtung mit KH-Lackfarbe, SG, weiß oder hell getönt Türen: 8 x 1,05 x 2,10 x **2** = **35,28 m²** **Indirekte Stückzahl hinten**

- Stückzahlen dürfen nicht mit Dezimalstellen angegeben werden!
- Eine Zusammenfassung der direkten und der indirekten Stückzahl zu einem Faktor ist nicht erlaubt!

Aufmaß von Längen und Umfängen

Manche Maler- und Malerinnenarbeiten werden **nicht** nach dem Flächenmaß in m^2, sondern nach dem **Längenmaß in m** abgerechnet. Dabei werden **alle Unterbrechungen bis 1,00 m Einzellänge übermessen.**

- Leibungen, Faschen, Fußleisten, Umrahmungen, Abschlussstriche, Eckverbände, Farbabgrenzungen
- Pfeiler, Lisenen, Stützen, Unterzüge, Vorlagen, Gesimse, Untersichten von Dachüberständen, Pilaster und dergleichen mit einer **Breite bis 1,00 m** je Ansichtsfläche
- Treppenwangen, Leisten, Deckenbalken, Fachwerke und dergleichen aus Holz oder Beton
- Stahlprofile und Rohre mit einem Umfang bis **90 cm**
- Eckprofile, Gewebewinkel, Fugenprofile, Rollladenführungen, Dachrinnen, Fallrohre, Schneefanggitter

Vorteil: Beim Aufmaß von z. B. Fußleisten werden die meisten Türöffnungen übermessen.

Wandabwicklungen

Bei den meisten Räumen werden alle Wandflächen in derselben Technik bearbeitet, z. B. alle Wände werden tapeziert oder alle Wände werden gestrichen. Räume mit gleich hohen Wänden werden mathematisch abgewickelt und zu einer Fläche zusammengefasst.

Wandabwicklung: Raumumfang (mit typischer Formel berechnet) x Raumhöhe = Wandfläche

Beispiel: Alle Wände eines Raumes wurden in gleicher Technik beschichtet.

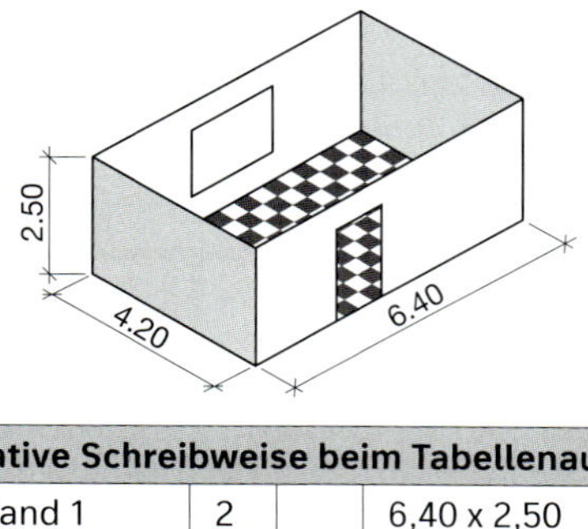

Zeichnerische Abwicklung:

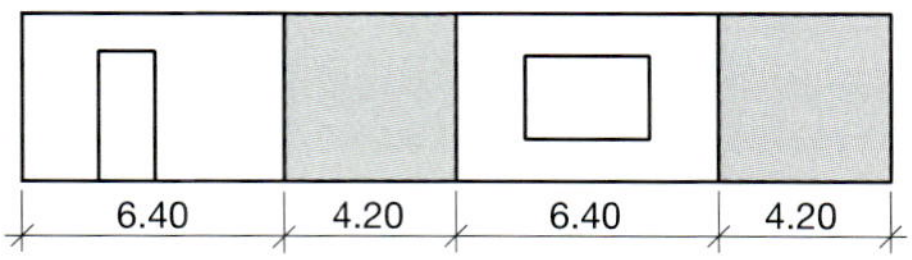

Pos. 1: Eine Beschichtung mit Dispersionsfarbe, Nassabriebklasse 3 nach DIN EN 13300, hoch deckend, weiß oder hell getönt
Wände: (6,40 + 4,20) x 2 x 2,50 = **53,00 m²**
(Länge + Breite) x 2 x Höhe

Alternative Schreibweise beim Tabellenaufmaß

1	Wand 1	2		6,40 x 2,50	32,00		
	Wand 2	2		4,20 x 2,50	21,00		53,00

Aufmaß von Flächen mit Aussparungen

Unter dem Oberbegriff **Aussparungen** versteht die VOB **alle nicht oder anders bearbeiteten Flächen** innerhalb einer größeren Fläche, z. B. **Fenster**, Nischen, Fliesenspiegel, Rohr- und Kamindurchführungen, Rollladenkästen, Lichtkuppelausschnitte usw. Dazu gehören auch raumhohe Aussparungen, z. B. **raumhohe** Durchgänge, Türen und Fenster.

Aufmaßregeln

- Aussparungen **bis zu 2,50 m²** Einzelgröße werden **übermessen**.
- Aussparungen **über 2,50 m²** Einzelgröße werden **abgezogen**.
- Haben die Aussparungen (z. B. Fenster, Nischen, ...) beschichtete Leibungen, so werden diese unabhängig von der Aussparungsgröße immer gesondert nach Längenmaß abgerechnet. Dabei erscheinen Leibungen und Faschen als eigene Position im Leistungsverzeichnis. Ggf. muss ein Nachtragsangebot für diese Leistung abgegeben werden.

Beispiel: Beschichtung einer Einzelwand

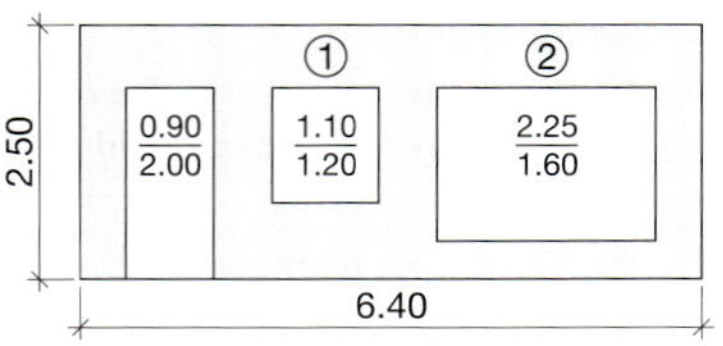

Anmerkung: Fenster haben dreiseitig beschichtete Leibungen, 0,24 m tief.
Tür ohne bearbeitete Leibung

Kommentar:
Alle bearbeiteten Leibungen werden gesondert nach Längenmaß abgerechnet. Im LV ist eine 2. Position erforderlich.

Pos. 1: Wand mit Dispersionsplastik in Glättetechnik (Marmoreffekt) seidenmatt, beschichtet

Wand:	6,40 x 2,50 = 16,00 m²
Fenster 2:	– 2,25 x 1,60 = 3,60 m²
	12,40 m²

Kommentar:
- Grundlinie x Höhe
- Fenster 2 abziehen, da über 2,50 m²
- Fenster 1 wird übermessen, da unter 2,50 m²

Pos. 2: Fensterleibungen 0,24 tief, dreiseitig beschichtet

Fensterleibung 1	1,10 + 1,20 x 2 = 3,50 m
Fensterleibung 2	2,25 + 1,60 x 2 = 5,45 m
	8,95 m

Leibungen werden unabhängig von der Öffnungsgröße, gesondert nach Länge abgerechnet.

Die Bearbeitung von Leibungen und ggf. zusätzlich Faschen erfordert einen zeitlichen Mehraufwand, der vergütet werden muss.
Wegen der unterschiedlichen Abmessungen (Tiefe, Breite) von Leibungen und Faschen sowie des je nach Form und Ausführung sehr unterschiedlichen Arbeitsaufwands ist eine Abrechnung nach bearbeiteter Fläche nicht sinnvoll. Bei der Abrechnung nach Längenmaß muss der Auftragnehmer/die Auftragnehmerin entsprechend der vorliegenden Situation einen Einheitspreis (EUR/m) bilden und ihn mit den ermittelten Längen multiplizieren.
Wichtig: Unabhängig von ihrer Einzelgröße werden **alle** bearbeiteten Leibungen/Faschen bei der Längenermittlung berücksichtigt. Die Übermessensgröße von 2,5 m² beim Flächenaufmaß hat hier keine Bedeutung!

Zusammenhängende Aussparungen

Ist ein Fenster-Tür-Element eine **konstruktive Einheit**, wird es als **eine** Aussparung behandelt:

- **Fenster + Tür** unter 2,50 m²: **übermessen**
- **Fenster + Tür** über 2,50 m²: **abziehen**

Sind zwei Aussparungen durch Mauerstreifen oder Pfeiler getrennt, werden sie wie **zwei** Einzelaussparungen behandelt.

- **Jede Öffnung** unter 2,50 m²: **übermessen**
- **Jede Öffnung** über 2,50 m²: **abziehen**

Zusammenhängende Aussparungen (Fortsetzung)

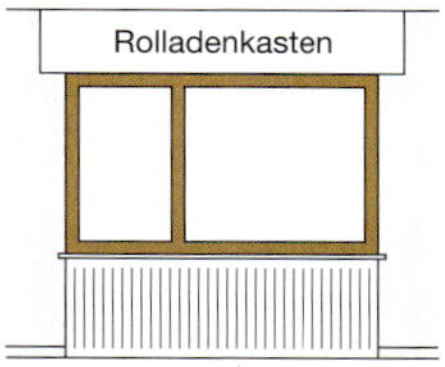

- Eine Aussparung ist eine nicht bearbeitete Fläche innerhalb einer Fläche.
- Zusammenhängende Aussparungen (Öffnungen, Nischen, ...) werden, auch wenn sie über Eck gehen, je Wandfläche getrennt gerechnet: Für jede Aussparung gilt die Größe 2,50 m².

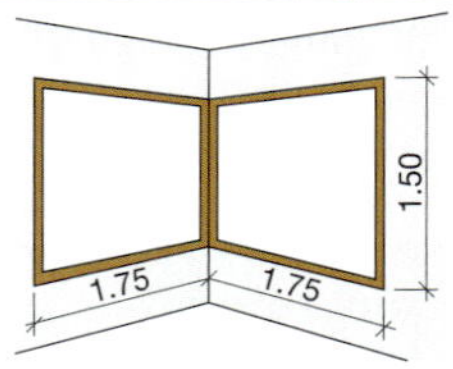

Es werden übermessen:

- Aussparungen, z. B. Öffnungen und Nischen **bis 2,50 m² Einzelgröße**
- Gesimse, Lisenen, Eckverbände, Umrahmungen und Faschen von Füllungen/Öffnungen unabhängig davon, ob sie behandelt werden, beim Ermitteln der Fläche, ohne Rücksicht auf ihre Größe
- Unterbrechungen bis zu 30 cm Einzelbreite innerhalb von bearbeiteten Flächen (durch z. B. Rahmen, Riegel, Ständer, Fachwerkteile aus Holz oder Beton) werden übermessen.

Aussparungen in Böden

Aussparungen in **Böden über 0,50 m²** Einzelgröße werden abgezogen.

Aufmaß von Flächen mit Nischen

Das Bearbeiten von Nischen, besonders Heizkörpernischen, erfordert zusätzlichen Arbeitsaufwand, weshalb hier ergänzende Aufmaßregeln zu den Regeln für das Aufmessen von Aussparungen hinzukommen.

Aufmaßregeln:

- **Nischen bis 2,50 m²** werden **übermessen**, ggf. bearbeitete Leibungen gesondert gerechnet.
- Nischen über 2,50 m² mit in anderer Technik bearbeiteter Rückwand werden abgezogen, ggf. bearbeitete Leibungen werden gesondert gerechnet.
- Bei Nischen mit in gleicher Technik beschichteter Rückwand und Leibungen **bis zu 2,50 m²** Einzelgröße werden **Nischenrückwand und Leibungen** gesondert gerechnet.
- Bei Nischen mit in gleicher Technik beschichteten Leibungen **über 2,50 m²** Einzelgröße werden **nur die Leibungen** gesondert gerechnet.
- Nach Vereinbarung oder wenn im Leistungsverzeichnis gefordert, ist auch eine Einbeziehung in das Flächenaufmaß möglich.

Beispiel: Beschichtung einer Einzelwand mit Öffnungen und Nischen.

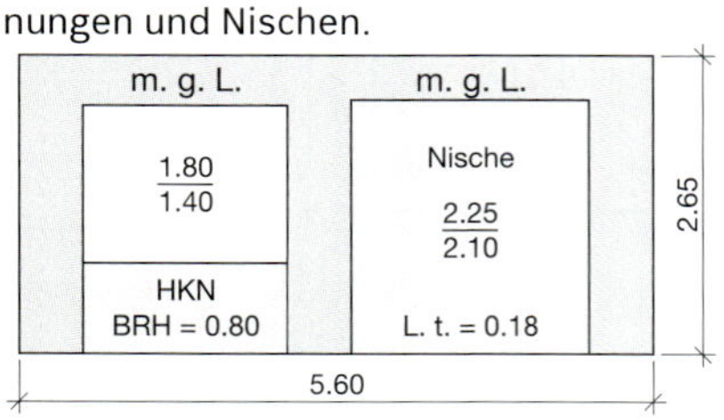

Anmerkung:

- Heizkörpernische (HKN) mit tapezierten Leibungen; Rückwand weiß gestrichen
- Wandnische mit tapezierter Rückwand und tapezierten Leibungen

Abkürzungen in der Zeichnung:

HKN: Heizkörpernische
BRH: Brüstungshöhe
m. g. L.: mit gestrichener Leibung
L. t.: Leibungstiefe

Pos. 1: Auf vorbereitete Wandfläche schwere Textiltapete auf Stoß tapeziert

Wand:	5,60 x 2,65 =	**14,84 m²**	**Kommentar:** HKN übermessen, unter 2,5 m²

Pos. 2: Leibungen tapeziert

HKN:	1,80 + 0,80 x 2 =	3,40 m	Leibungen werden nach Länge abgerechnet
Fensterleibung:	+ (1,80 + 1,40 x 2) =	4,60 m	
Nischenleibung:	+ (2,25 + 2,10 x 2) =	6,45 m	
		14,45 m	

Pos. 3: Beschichten mit Innendispersionsfarbe, weiß

HKN-Rückwand:	1,80 x 0,80 =	**1,44 m²**	HKN-Rückwand in anderer Technik, deshalb gesonderte Abrechnung

Treppenhausberechnung

Für das Aufmessen von Treppenhäusern gelten die gleichen Regeln wie für das Aufmaß normaler Räume. Wegen der oft komplizierteren Raumform ergeben sich aber aufwendigere Maßansätze. Die Anwendung der jeweiligen Aufmaßtechnik hängt sowohl von der Bauart der Treppen als auch der Vereinbarung mit dem Auftraggeber oder der Auftraggeberin ab.

Gesamtaufmaß

Beim Treppenhausgesamtaufmaß betrachtet man das Treppenhaus als einen hohen Raum.

- Bei Räumen mit gleich hohen Wänden empfiehlt sich eine Abwicklung der Wandflächen.
- Haben die Wändflächen unterschiedliche Formen (Dachschrägen o. Ä.) und Höhen, sollten die Wände nacheinander aufgeführt werden.
- Die wandberührenden Flächen der Treppenläufe werden übermessen, da sie meist unter 2,50 m² betragen und somit nicht als Aussparung anzusehen sind. Zur Vereinfachung der Abrechnung wird in der Praxis häufig ein pauschaler Abzug von 5 bis 7 % für diese Flächen mit dem Kunden oder der Kundin vereinbart.

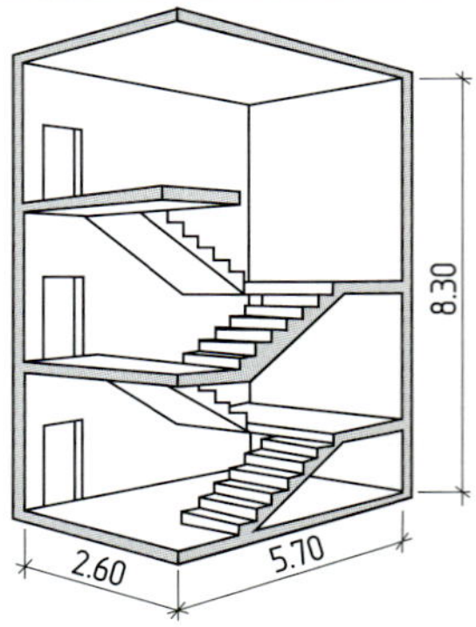

Beispiel: Im obenstehenden Treppenhaus wurden die Wandflächen verputzt.

Pos. 1: Flächen mit einem KH-Rollputz in mittlerer Struktur, weiß oder hell getönt beschichten.
Treppenhauswände: (5,70 + 2,60) x 2 x 8,30 = **137,78 m²**

Einzelgeschossaufmaß

Beim Einzelgeschossaufmaß werden die Wandflächen **eines** Geschosses abgewickelt und mit der Anzahl der Einzelgeschosse multipliziert. Hierbei ergeben sich meist beim Erdgeschoss und dem letzten Obergeschoss abweichende Maßansätze. Bei dieser Vorgehensweise werden die wandberührenden Flächen der Treppenläufe nicht als Aussparung übermessen.

Beispiel: Pos. 1: Podest- und Treppenuntersichten gestrichen, Pos. 2: Wandflächen wurden mit Glasgewebe tapeziert.

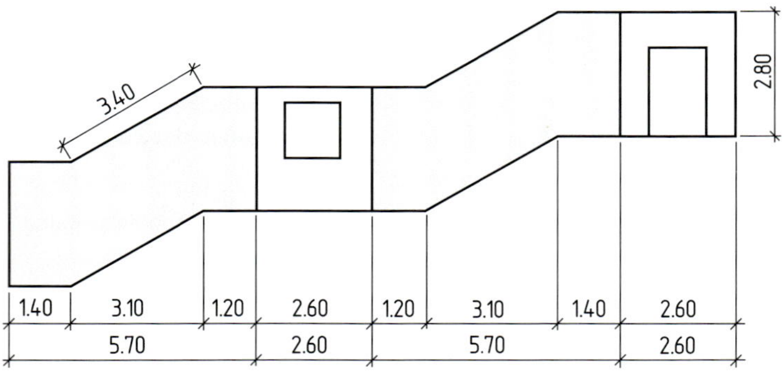

Hinweis: Die Maßansätze gelten nur für 1 Geschoss!

Pos. 1: Eine einmalige Beschichtung mit Dispersionsfarbe, Nassabriebklasse 3 nach DIN EN 13300, hochdeckend, weiß oder hell getönt

Podestuntersicht 1	1,40 x 2,60 =	3,64 m²
Podestuntersicht 2	+ 1,20 x 2,60 =	3,12 m²
Treppenuntersichten	+ 2 x 3,40 x 1,10 =	7,48 m²
		14,24 m²

Pos. 2: Auf die vorbereiteten Flächen Glasgewebetapete auf Stoß tapeziert
Treppenhauswände: (5,70 + 2,60) x 2 x 2,80 = **46,48 m²**

Aufmaß von einzelnen Fassadenflächen

Für das Aufmessen von Fassaden gelten die gleichen Aufmaßregeln wie für Innenräume.
Zwecks einfacherer Berechnung muss die Fassadenfläche oft in mehrere geometrische Einzelflächen zerlegt werden, z. B. Dreieck, Trapez, Rechteck usw.
Beim Aufmessen wird mit der obersten Fläche begonnen, anschließend folgen die darunterliegenden Flächen. Es gelten die Maße der bearbeiteten Fläche (Fertigmaße).

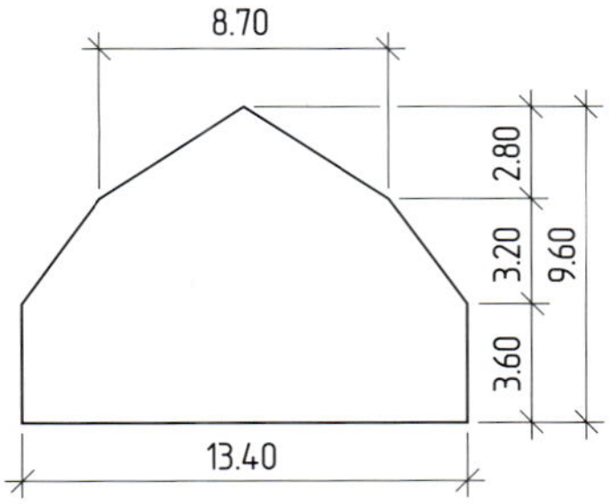

Pos. 1: Eine Schlussbeschichtung mit Dispersions-Fassadenfarbe, Farbstufe 2

Pos.	Bauteil/ Bezeichnung	Stück +	Stück –	Maßansatz	Messgehalt m, m²	Abzug m, m²	Reiner Messgehalt m, m²
1	Fassade	1		$\frac{8,70 \times 2,80}{2}$	12,18		
		1		$\frac{13,40 + 8,70}{2} \times 3,20$	35,36		
		1		13,40 x 3,60	48,24		**95,78 m²**

Aufmaß von kompletten Fassaden

Beim Aufmessen von ganzen Gebäudefassaden sollten die Maßansätze für Traufseiten und Giebelseiten so geschrieben werden, dass die Gebäudeform an der Form des Maßansatzes erkennbar ist.

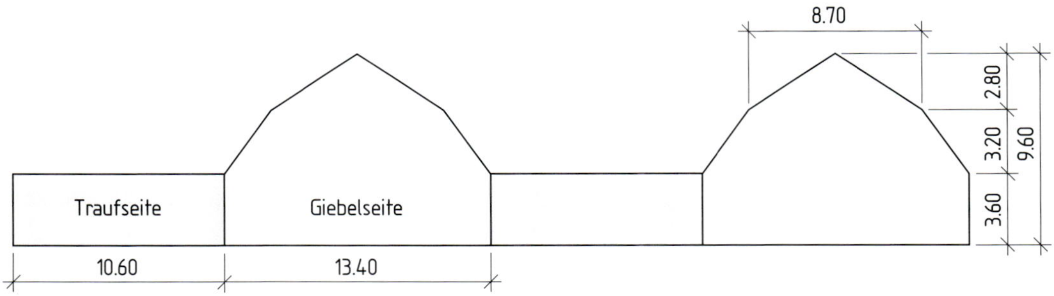

Pos. 1: Ausführung der Fassaden-Zwischen- und Schlussbeschichtung mit Silikonharz-Fassadenfarbe

Pos.	Bauteil/ Bezeichnung	Stück +	Stück –	Maßansatz	Messgehalt m, m²	Abzug m, m²	Reiner Messgehalt m, m²
1	Traufseiten	2		10,60 x 3,60	76,32		
	Giebelseiten	2		$\frac{8,70 \times 2,80}{2}$	24,36		
		2		$\frac{13,40 + 8,70}{2} \times 3,20$	70,72		
		2		13,40 x 3,60	96,48		**267,88 m²**

Aufmaß von Sockelflächen

- Bei gleichmäßiger Sockelhöhe empfiehlt sich eine Flächenabwicklung.
- Bei unterschiedlichen Sockelhöhen wird jede Seite separat aufgeführt.

Fassaden: Leibungen, Faschen, Gesimse

Bei der Berechnung der Fassadenfläche werden Leibungen, Faschen, Gesimse*, Eckverbände, Lisenen, Umrahmungen grundsätzlich übermessen.
** Durchgehende waagerechte Gesimse dürfen nur bis zu einer Höhe von 30 cm übermessen werden!*

- Leibungen, Faschen, Gesimse, usw. werden **gesondert nach Längenmaß** abgerechnet. Deshalb müssen sie im Leistungsverzeichnis als eigene Position erscheinen.
- Fehlt diese Position im Leistungsverzeichnis, ist ggf. ein Nachtragsangebot für diese Leistung abzugeben.
- Unabhängig von ihrer Einzelgröße werden alle bearbeiteten Leibungen/Faschen bei der Längenermittlung berücksichtigt. Die Übermessensgröße von 2,50 m² beim Flächenaufmaß hat hier keine Bedeutung!
- Im Maßansatz sollten wegen der besseren Zuordnung Leibungen/Faschen von klein nach groß geordnet und zur Information deren jeweilige Tiefe/Abwicklung angegeben werden.
- Nach Vereinbarung, oder wenn im LV gefordert, ist auch eine Einbeziehung in das Flächenaufmaß möglich.

Gründe für das Längenaufmaß: Da der Arbeitsaufwand je nach Leibungs- und Faschenform (Bilder) und evtl. wegen dem Einsatz mehrerer Farbtöne bzw. Werkstoffe sehr unterschiedlich ist, muss der/die Auftragnehmer/-in einen Einheitspreis pro Meter festlegen. Eine Abrechnung nach Fläche wird dem nicht gerecht.

Beispiel: Die abgebildete Einfamilienhausfassade wurde mit einem neuen Fassadenanstrich versehen. Die Leibungen und Faschen wurden farbig abgesetzt (vgl. Bild 1 oben).

Leibungstiefe
0,16

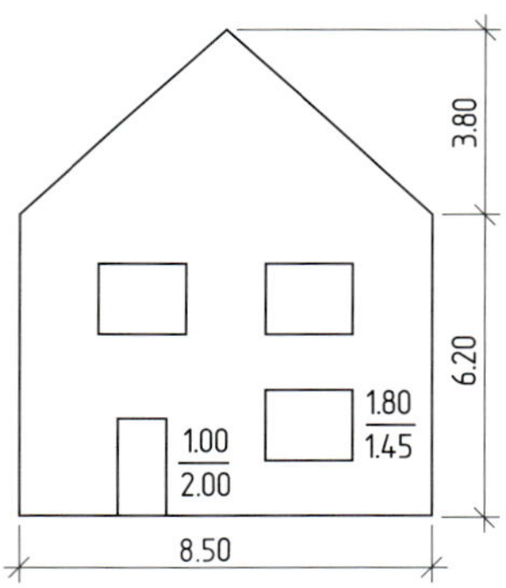

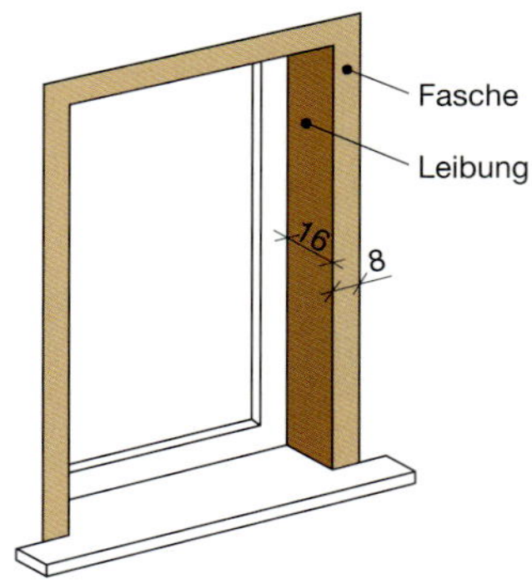

Pos. 1: Eine Zwischen- und eine Schlussbeschichtung mit 2K-Silikatfarbe, matt, wetterbeständig
Pos. 2: Leibungen und Faschen mehrfarbig abgesetzt

Pos.	Bauteil/ Bezeichnung	Stück +	Stück –	Maßansatz	Messgehalt m, m²	Abzug m, m²	Reiner Messgehalt m, m²
1	Fassade	1		$\frac{8{,}50 \times 3{,}80}{2}$	16,15		
		1		8,50 x 6,20	52,70		
	Fenster		3	1,80 x 1,45		7,83	**61,02 m²**
2	Fensterleibung AW 24	3		1,80 + 1,45 x 2	14,10		
	Haustürleibung AW 24	1		1,00 + 2,00 x 2	5,00		**19,10 m**

Stuckgesimse

Gesimse werden unter **Angabe ihrer Ausladung und Höhe** in ihrer größten Länge nach **Längenmaß** abgerechnet. Unterbrechungen bis zu 1,00 m werden übermessen.

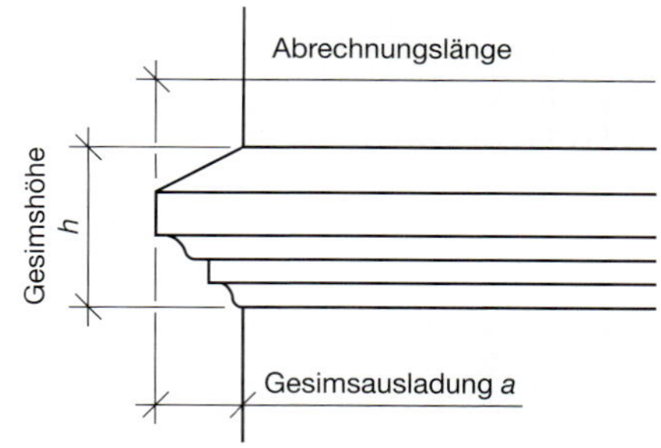

Begründung: Da der Arbeitsaufwand je nach Profilierung des Gesimses und evtl. dem Einsatz mehrerer Farbtöne oder Techniken sehr unterschiedlich ist, muss der Auftragnehmer einen Einheitspreis je Meter festlegen. Eine Abrechnung nach Fläche wird dem nicht gerecht.

Pos. 1: Stuckgesims farbig gestaltet; **Ausladung: 0,16; Höhe: 0,22** (muss angegeben werden!)
Maßansatz: Addition aller Einzellängen des Gesimses = Gesamtlänge (m)
(es wird jeweils die größte Länge gemessen)

Fachwerkfassaden

Zusätzlich zu den bekannten Aufmaßregeln für Fassaden gilt Folgendes:

- Beim Aufmaß der Beschichtungsfläche von Gefachen in Fachwerkfassaden werden Rahmen, Riegel, Ständer, Deckenbalken, Vorlagen und Fachwerksteile bis 30 cm Einzelbreite übermessen.
- Eckständer dürfen nicht übermessen werden!
- Fachwerkbalken bis zu einer Breite von 30 cm werden unter Angabe ihrer Breite gesondert nach Längenmaß abgerechnet. Kreuzungen von zwei Balken dürfen nur einmal berechnet werden. Bei der Auflistung im Maßansatz werden die Balken zunächst geordnet nach ihrer Breite aufgeführt. Innerhalb gleich breiter Balken sollte die Reihenfolge waagerecht (Schwellen, Rähme, Riegel usw.), senkrecht (Pfosten/Ständer usw.) und zum Schluss die schrägen Balken (Streben, Andreaskreuz usw.) eingehalten werden.
- Für Öffnungen, Aussparungen und Nischen gelten die gleichen Aufmaßregeln wie für normale Fassaden: Übermessen bis 2,50 m²; Abziehen über 2,50 m².

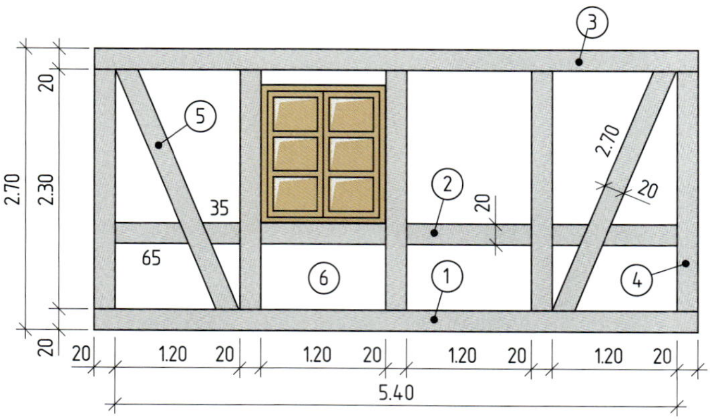

Benennung von wesentlichen Fachwerkteilen:
① Schwelle
② Riegel
③ Rähm
④ Pfosten/Ständer
⑤ Strebe
⑥ Gefach

Beispiel: Diese Fachwerkwand wurde komplett beschichtet

Pos. 1: Eine Schlussbeschichtung mit 2-K-Silikatfarbe, matt, wetterbeständig
Gefache 5,40 x 2,30 = **12,42 m²**

Pos. 2: Fachwerkbalken: Eine Schlussbeschichtung mit Wetterschutzfarbe, schwarz

Schwelle ①, Riegel ②, Rähm ③, *b* = 0,20:		2 x 5,80 + 2 x 1,20 + 2 x 0,65 + 2 x 0,35 = 16,00 m
Pfosten ④, *b* = 0,20:	+	5 x 2,30 = 11,50 m
Streben ⑤, *b* = 0,20:	+	2 x 2,70 = 5,40 m
		32,90 m

Aufmaß von Dachuntersichten

- Untersichten von **Dachüberständen bis 1,00 m Breite** werden nach **Längenmaß** abgerechnet.
- Ortgangverkleidungen sollten ebenfalls nach Länge abgerechnet werden.
- Liegt die Breite von Dachuntersichten **über 1,00 m**, so wird nach **abgewickelter Fläche** gerechnet. Die Flächen der Balkenköpfe werden hinzugerechnet.

Ebene Dachuntersichten über 1,00 m Breite

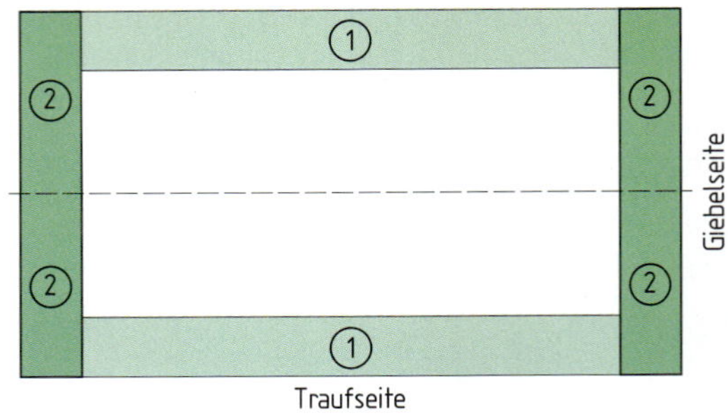

Beispiel: Ebener, traufseitiger Dachüberstand (ohne sichtbare Sparren).

Pos. 1: Eine Schlussbeschichtung mit Imprägnierlasur, lösemittelhaltig

Traufseiten:		2	x	10,45	x	1,10	= 22,99 m²
		Traufseiten x		*Gebäudelänge*		*x traufseitiger Überstand*	
Giebelseiten:	+	4	x	1,10	x	7,20	= 31,68 m²
		Seiten x giebelseitiger Überstand x Ortganglänge					**54,67 m²**

Dachuntersichten mit sichtbaren Balken über 1,00 m Breite

Bei sichtbaren Sparren an den Traufseiten werden die Sparren abgewickelt. Zur ebenen Fläche werden die Seiten- und Stirnflächen der Sparren hinzugerechnet.

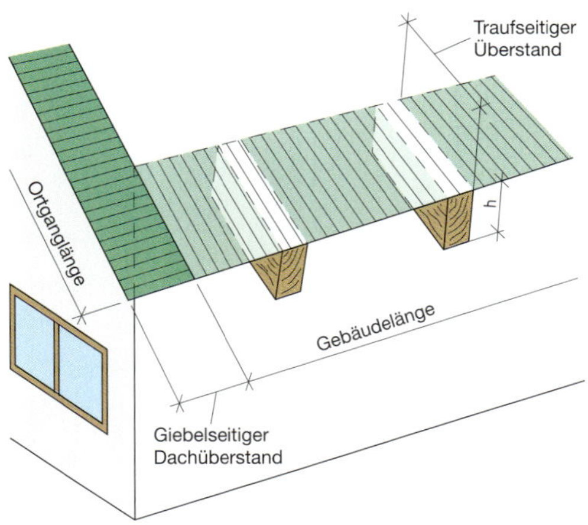

Beispiel: Traufseitiger Dachüberstand mit je 15 Sparren, 0,12 breit, 0,18 hoch

Pos. 1: Eine Schlussbeschichtung mit Wetterschutzfarbe, weiß, wasserverdünnbar

Traufseiten:	2 x 10,45	x 1,10	= 22,99 m²
Sparrenseiten:	+ 2 x 15	x 1,10 x 0,18 x 2	= 11,88 m²
Sparrenköpfe:	+ 2 x 15	x 0,12 x 0,18	= 0,65 m²
Giebelseiten:	+ 4 x	1,10 x 7,20	= 31,68 m²
			67,20 m²

Fensterberechnung

Aufmaßregeln/Aufmaßtechnik

- Fenster werden je beschichtete Seite nach Fläche gerechnet; Glasfüllungen werden übermessen, d. h., die nicht beschichtete, aber berechnete Glasfläche dient als Ausgleich für den Mehraufwand beim Beschneiden der Rahmen- und Flügelprofile. Die Glasfläche als Ausgleichsfläche zu betrachten, wird in letzter Zeit häufig von Auftrageber/-innen abgelehnt, was auch durch Gerichtsurteile bestätigt wurde. Eine endgültige Lösung dieser Problematik steht zurzeit noch aus.
- Es wird eine Seite des Fensters gemessen und berechnet. Wurden beide Seiten des Fensters bearbeitet (innen und außen), erscheint hinter dem Maßansatz eine 2 als indirekte Stückzahl. Wenn Verbund- oder Kastenfenster allseitig beschichtet wurden, wurden insgesamt 4 Seiten beschichtet. Bestehen große Maßunterschiede zwischen Innen- und Außenseite, muss jede Seite getrennt aufgemessen werden. **Achtung:** Bei Ausschreibungen muss darauf geachtet werden, ob die **Fensterfläche** oder die **Beschichtungsfläche** angegeben ist. Wenn die Fensterfläche angegeben ist, ergibt sich bei allseitiger Beschichtung eine **Verdoppelung**, bzw. **Vervierfachung** der Beschichtungsfläche!

Bezeichnungen am Fenster und am Baukörper, Fensterarten

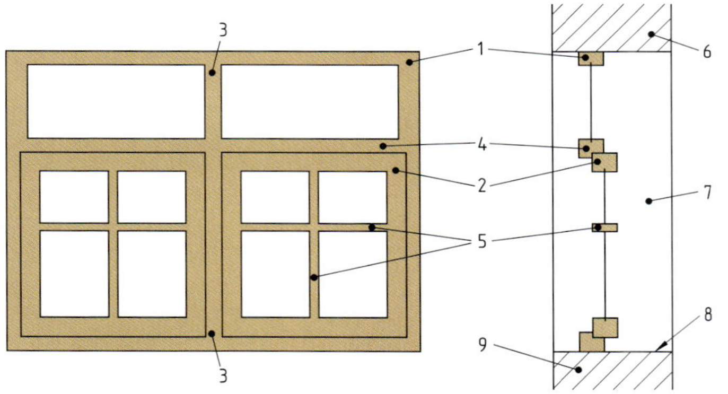

1. Blendrahmen
2. Flügelrahmen
3. Pfosten
4. Riegel (Kämpfer)
5. Sprossen
6. Fenstersturz
7. Fensterleibung
8. Fenstersims
9. Fensterbrüstung

Fensterarten

Die Bauart des Fensters bestimmt den Arbeitsaufwand. Abhängig von den unterschiedlichen Fensterbauarten ergibt sich oft ein sehr unterschiedlicher Arbeitsaufwand und damit Preis.

Einfachfenster	Verbundfenster	Kastenfenster
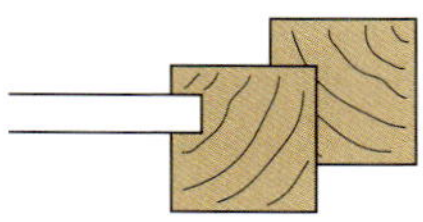	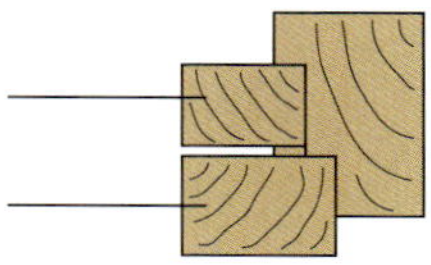	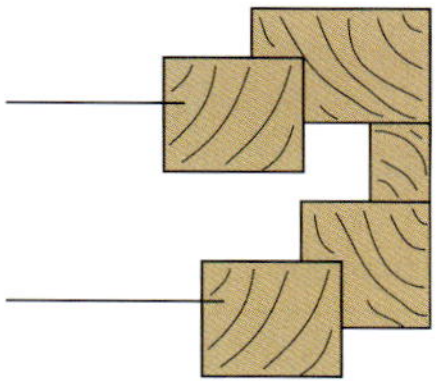
Am Blendrahmen ist **nur ein Fensterflügel** angeschlagen	Am Blendrahmen sind **zwei miteinander verbundene Fensterflügel** angeschlagen	**Zwei** voneinander **unabhängige Einfachfenster** sind konstruktiv miteinander verbunden

Abrechnung von Fenstern

- Es ist üblich, Fenster **als Stück** abzurechnen, d. h. in der Rechnung wird die Anzahl der Fenster mit gleichen bzw. weitgehend gleichen Maßen unter Angabe der Fensterabmessungen angegeben.
- Werden Fenster gestrichen, die durch ihre Konstruktion (Sprossen, Oberlicht, Querriegel usw.) einen größeren Arbeitsaufwand erfordern, kann der Preis mit einem **Schwierigkeitsfaktor** multipliziert werden. Dabei gilt das Normalfenster als 100 %. (Schwierigkeitsfaktoren beruhen auf Erfahrungswerten und sind nicht in einer Norm oder Vorschrift festgeschrieben.)

Schwierigkeitsfaktoren für Fenster

Fensterart	Schwierigkeitsfaktor	Zuschlag in %
Zweiflügeliges Normalfenster	× 1,00	0
Zweiflügelfenster mit mehreren Sprossen	× 1,10	10
Dreiflügelfenster mit Querriegel	× 1,20	20
Dreiflügelfenster mit Querriegel und mehreren Sprossen	× 1,40	40
Dreiflügelfenster mit Querriegel, unterer Flügel mit einer, oberer Flügel mit mehreren Sprossen	× 1,60	60
Dreiflügelfenster mit Querriegel, unterer Flügel mit zwei Sprossen, oberer Flügel mit mehreren Sprossen	× 1,75	75
Vierflügelfenster mit Querriegel, untere Flügel mit einer Sprosse	× 1,30	30
Schiebefenster ohne Sprossen	× 1,20	20
Kleinscheibenfenster, Fabrikfenster, Butzenscheibenfenster	× 2,80	180

Beispielaufmaße

Beispiel: 5 zweiflügelige Einfachfenster wurden innen und außen lackiert. Fenstermaße: 0,85 · 1,36
Pos. 1: Je eine Vor-, Zwischen- und Schlussbeschichtung mit Fensterlack, weiß

Einfachfenster:	5	x 0,85	x 1,36	x **2**	= **11,56 m²**
	direkte Stz.	*x Breite*	*x Höhe*	*x indirekte Stz.*	

Beispiel: 8 Kastenfenster, allseitig; Fenstermaße: 1,85 · 1,32
Pos. 1: Eine Schlussbeschichtung mit Dickschichtlasur, lösemittelhaltig

Kastenfenster:	8	x 1,85	x 1,36	x 4	= **80,51 m²**

Hinweis: Ein Verbundfenster hat **4** bearbeitete Flächen!

Stückpreis und Gesamtpreis

Beispiel: 5 zweiflügelige Blendrahmenfenster wurden innen und außen lackiert.
Fenstermaße: 0,85 × 1,36; m²-Preis: 18,60 EUR
Pos. 1: Eine Schlussbeschichtung mit KH-Fensterlack, weiß

Blendrahmenfenster	0,85 x 1,36	x 2	= **2,31 m²**
	Breite · Höhe	*× indirekte Stz.*	= *Beschichtungsfläche*
Stückpreis:	2,31	x 18,60	= **42,97 EUR**
	Beschichtungsfläche (m²)	*× m²-Preis*	

Gesamtpreis für 5 Fenster: 5 x 42,97 = **214,85 EUR**

Stück- und Gesamtpreisberechnung mit Schwierigkeitsfaktor

Beispiel: 12 dreiflügelige Verbundfenster mit Querriegel, allseitig lackiert.
Fenstermaße: 1,85 · 1,27; m²-Preis: 16,80 EUR, Schwierigkeitsfaktor: 1,20 (aus Tabelle)
Pos. 1: Eine Schlussbeschichtung mit Dickschichtlasur, lösemittelfrei

Verbundfenster:	1,85 x 1,27	x 4	= **9,40 m²**
Stückpreis:	9,40 x 16,30	x 1,20	= **183,86 EUR**
	Beschichtungsfläche (m²)	*× m²-Preis × Schwierigkeitsfaktor*	

Gesamtpreis für 12 Fenster: 12 x 183,86 = **2206,32 Euro**

Erläuterung:
Der bauartbedingte Mehraufwand soll durch den Schwierigkeitsfaktor aufgefangen werden. Die errechnete Fensterfläche darf nicht durch Multiplikation mit dem Schwierigkeitsfaktor erhöht werden! Der **Schwierigkeitsfaktor** erscheint in der Berechnung **als Zuschlag zum m²-Preis**!

Türberechnung

Türen werden unter Angabe ihrer Bauart und ihrer Abmessungen als Stück oder nach Aufmaß abgerechnet. Eine Abrechnung nach Stück ist ebenso erlaubt.

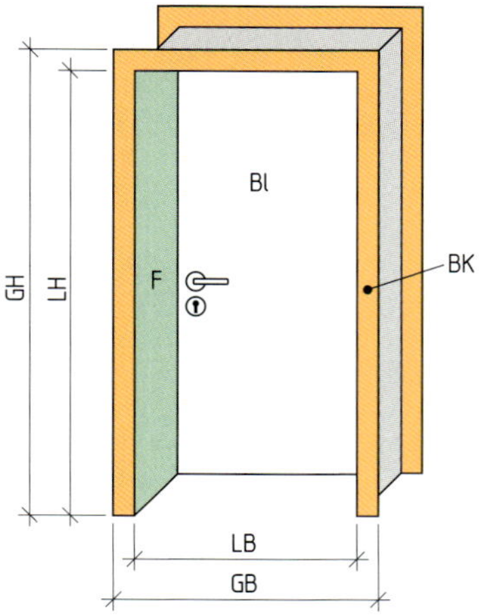

Erläuterungen:

GB Gesamtbreite
GH Gesamthöhe
LB lichte Breite
LH lichte Höhe
Bl Türblatt
F Futter/Futtertiefe
Bk Bekleidung/Bekleidungsbreite

Blockzarge

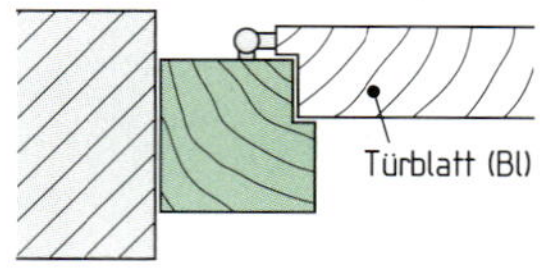

Umfassungszarge

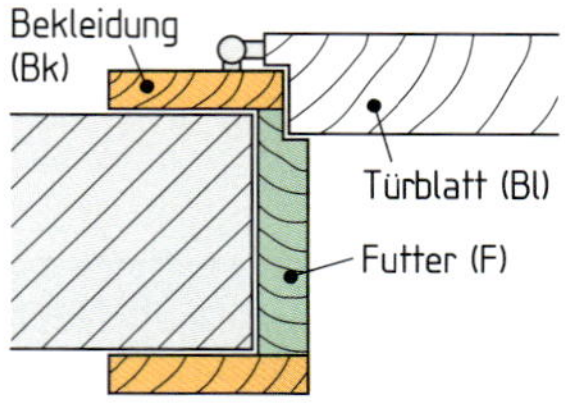

Aufmaßregeln/Aufmaßtechnik

- **Abrechnung nach Zeichnung:** Hier gelten als Breite und Höhe der Tür die Öffnungsmaße in der Zeichnung (Türhöhe = Zeichnungsmaß **abzüglich der Estrichdicke**).
- **Abrechnung nach Aufmaß:** Hier gelten die Maße des fertigen Bauteils (wie gemessen!). Es wird jeweils die **größte Türblattbreite** und die **größte Türblatthöhe** eingesetzt.
- Nach Aufmaß werden Türen je beschichtete Seite gerechnet, Füllungen, Fenster und dergleichen werden übermessen.
- Sind die **„Türrahmen"** (Blendrahmen, Blockzarge, Futter und Bekleidungen, Eckzargen, Umfassungszarge) **dicker als 60 mm**, wird die abgewickelte Fläche gerechnet; die Stirnseite des Türblattes bleibt unberücksichtigt.
- Sind die **Türblätter unter 60 mm** dick, werden nur die beiden Türblattflächen gerechnet, sind sie **dicker als 60 mm**, werden auch die Falze abgewickelt.

Beispiel: Tür mit Blockzarge; **Zargendicke unter 60 mm**, beidseitg lackiert

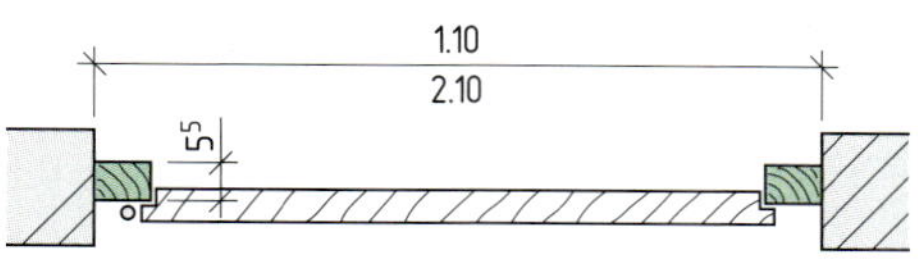

Pos.1: Eine Schlussbeschichtung mit Kunstharz-Lackfarbe, seidenglänzend, weiß oder hell getönt
Türseiten: 1,10 x 2,10 x 2 = **4,62 m²**

Kommentar:
GB · GH · 2; es werden nur die beiden Türseiten gemessen, da die Blockzarge **unter 60 mm** dick ist.

Beispiel: Tür mit Blockzarge; **Zargendicke über 60 mm**, beidseitig lackiert

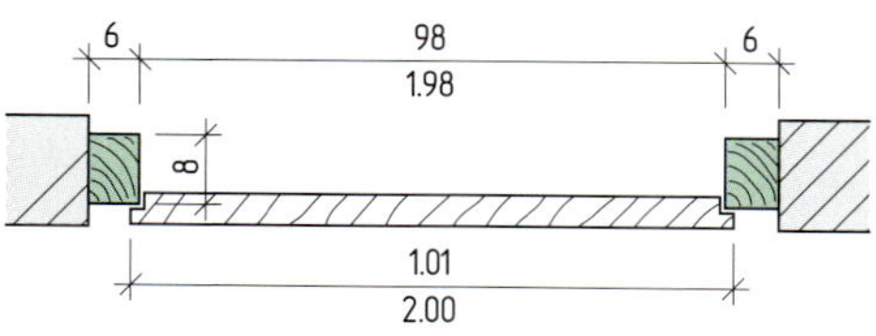

Pos.1: Eine Schlussbeschichtung mit Kunstharz-Lackfarbe, glänzend, weiß oder hell getönt

Türblatt:	1,01 x 2,00 x 2 = 4,04 m²
Zarge:	+ (0,98 + 1,98 x 2) x 0,20 = 0,99 m²
	5,03 m²
Zargenumfang:	0,06 x 2 + 0,08 = **0,20 m**

Kommentar:
Zarge abgewickelt, da **über 60 mm**

Grundlagen
Werkstoffe, Hilfsstoffe
Werkzeuge, Geräte, Gerüste
Arbeitstechniken
Gestaltung
Arbeitsschutz, Umweltschutz
Aufmaß, Abrechnung
Betriebsführung
Quellen

Türberechnung

Beispiel: Tür mit Futter und Bekleidungen, allseitig beschichtet.

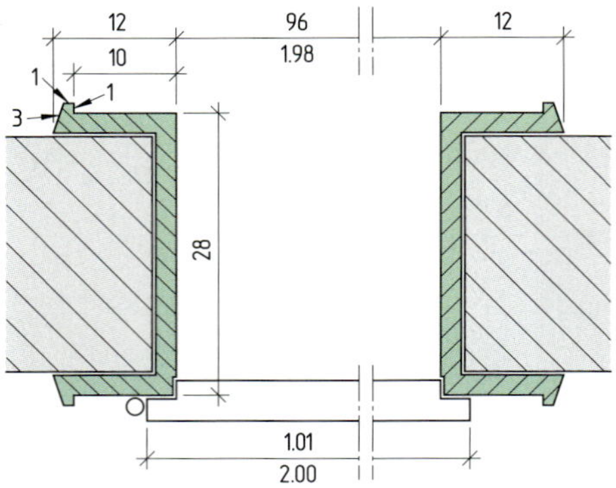

Pos.1: eine Schlussbeschichtung mit Kunstharz-Lackfarbe, seidenglänzend, weiß oder hell getönt

Türblatt:	1,00 x 2,00 x 2 = 4,00 m²
Zarge:	+ (0,96 + 1,98 x 2) x 0,58 = 2,85 m²
	6,85 m²

Zargenumfang:
(0,03 + 0,01 + 0,01 + 0,10) x 2 + 0,28 = **0,58 m**

Kommentar:
Futter und Bekleidungen werden abgewickelt, da über 60 mm dick. Die Abwicklung von Futter und Bekleidungen ermöglicht, den Mehraufwand bei profilierten Leisten an den Bekleidungen zu erfassen.

Stahl-Türzargen

Stahlzargen sind in verschiedenen Ausführungen im Handel. Man unterscheidet Eckzargen und Umfassungszargen.
Die hier aufgeführten Beschichtungsflächen gelten für Zargen **ohne Gummidichtung**.

M in cm	RR *B* × *H* in mm	LM *B* × *H* in mm	*A* **in m²**	*M* in cm	RR *B* × *H* in mm	LM *B* × *H* in mm	*A* **in m²**
Stahl-Eckzargen			2000 mm hoch	Stahl-Eckzargen			2125 mm hoch
entfällt	625 × 2000	561 × 1968	**0,53**	entfällt	625 × 2125	561 × 2093	**0,56**
	750 × 2000	686 × 1968	**0,54**		750 × 2125	686 × 2093	**0,57**
	875 × 2000	811 × 1968	**0,56**		875 × 2125	811 × 2093	**0,58**
	1000 × 2000	936 × 1968	**0,57**		1000 × 2125	936 × 2093	**0,60**
Stahl-Umfassungszargen			2000 mm hoch	Stahl-Umfassungszargen			2125 mm hoch
8	625 × 2000	561 × 1968	**0,84**	8	625 × 2125	561 × 2093	**0,89**
	750 × 2000	686 × 1968	**0,87**		750 × 2125	686 × 2093	**0,91**
	875 × 2000	811 × 1968	**0,89**		875 × 2125	811 × 2093	**0,94**
	1000 × 2000	936 × 1968	**0,91**		1000 × 2125	936 × 2093	**0,96**
9	625 × 2000	561 × 1968	**0,90**	9	625 × 2125	561 × 2093	**0,94**
	750 × 2000	686 × 1968	**0,92**		750 × 2125	686 × 2093	**0,96**
	875 × 2000	811 × 1968	**0,94**		875 × 2125	811 × 2093	**0,99**
	1000 × 2000	936 × 1968	**0,96**		1000 × 2125	936 × 2093	**1,01**
10	625 × 2000	561 × 1968	**0,93**	10	625 × 2125	561 × 2093	**0,99**
	750 × 2000	686 × 1968	**0,96**		750 × 2125	686 × 2093	**1,01**
	875 × 2000	811 × 1968	**0,99**		875 × 2125	811 × 2093	**1,04**
	1000 × 2000	936 × 1968	**1,01**		1000 × 2125	936 × 2093	**1,06**

M Mauerdicke einschließlich Putz
RR Rohbau-Richtmaß (***B*** Breite, ***H*** Höhe)
LM Lichtes Maß (***B*** Breite, ***H*** Höhe)
A Beschichtungsfläche

Stahl-Türzargen (Fortsetzung)

Stahl-Umfassungszargen 2000 mm hoch				Stahl-Umfassungszargen 2125 mm hoch			
M in cm	**RR** ***B* × *H*** in mm	**LM** ***B* × *H*** in mm	***A*** **in m²**	***M*** in cm	**RR** ***B* × *H*** in mm	**LM** ***B* × *H*** in mm	***A*** **in m²**
13	625 × 2000	561 × 1968	**1,08**	13	625 × 2125	561 × 2093	**1,13**
	750 × 2000	686 × 1968	**1,10**		750 × 2125	686 × 2093	**1,16**
	875 × 2000	811 × 1968	**1,13**		875 × 2125	811 × 2093	**1,19**
	1000 × 2000	936 × 1968	**1,15**		1000 × 2125	936 × 2093	**1,22**
14,5	625 × 2000	561 × 1968	**1,15**	14,5	625 × 2125	561 × 2093	**1,20**
	750 × 2000	686 × 1968	**1,17**		750 × 2125	686 × 2093	**1,23**
	875 × 2000	811 × 1968	**1,20**		875 × 2125	811 × 2093	**1,26**
	1000 × 2000	936 × 1968	**1,23**		1000 × 2125	936 × 2093	**1,29**
16	625 × 2000	561 × 1968	**1,20**	16	625 × 2125	561 × 2093	**1,27**
	750 × 2000	686 × 1968	**1,24**		750 × 2125	686 × 2093	**1,30**
	875 × 2000	811 × 1968	**1,27**		875 × 2125	811 × 2093	**1,34**
	1000 × 2000	936 × 1968	**1,30**		1000 × 2125	936 × 2093	**1,37**
18	625 × 2000	561 × 1968	**1,29**	18	625 × 2125	561 × 2093	**1,36**
	750 × 2000	686 × 1968	**1,33**		750 × 2125	686 × 2093	**1,40**
	875 × 2000	811 × 1968	**1,36**		875 × 2125	811 × 2093	**1,44**
	1000 × 2000	936 × 1968	**1,40**		1000 × 2125	936 × 2093	**1,47**
20,5	625 × 2000	561 × 1968	**1,42**	20,5	625 × 2125	561 × 2093	**1,48**
	750 × 2000	686 × 1968	**1,45**		750 × 2125	686 × 2093	**1,52**
	875 × 2000	811 × 1968	**1,48**		875 × 2125	811 × 2093	**1,58**
	1000 × 2000	936 × 1968	**1,52**		1000 × 2125	936 × 2093	**1,60**
27	625 × 2000	561 × 1968	**1,71**	27	625 × 2125	561 × 2093	**1,79**
	750 × 2000	686 × 1968	**1,75**		750 × 2125	686 × 2093	**1,84**
	875 × 2000	811 × 1968	**1,79**		875 × 2125	811 × 2093	**1,91**
	1000 × 2000	936 × 1968	**1,84**		1000 × 2125	936 × 2093	**1,93**
29	625 × 2000	561 × 1968	**1,79**	29	625 × 2125	561 × 2093	**1,89**
	750 × 2000	686 × 1968	**1,83**		750 × 2125	686 × 2093	**1,94**
	875 × 2000	811 × 1968	**1,89**		875 × 2125	811 × 2093	**1,99**
	1000 × 2000	936 × 1968	**1,94**		1000 × 2125	936 × 2093	**2,03**
33	625 × 2000	561 × 1968	**1,97**	33	625 × 2125	561 × 2093	**2,08**
	750 × 2000	686 × 1968	**2,02**		750 × 2125	686 × 2093	**2,13**
	875 × 2000	811 × 1968	**2,08**		875 × 2125	811 × 2093	**2,19**
	1000 × 2000	936 × 1968	**2,13**		1000 × 2125	936 × 2093	**2,24**

M Mauerdicke einschließlich Putz
RR Rohbau-Richtmaß (***B*** Breite, ***H*** Höhe)
LM Lichtes Maß (***B*** Breite, ***H*** Höhe)
A Beschichtungsfläche

Berechnung von Rohren, Stangen, Rinnen

Stangen unterscheiden sich von Rohren dadurch, dass sie aus Vollmaterial bestehen.

Aufmaßregeln

- Rohre/Stangen mit einem **Umfang bis zu 90 cm** werden nach dem Längenmaß in **Meter** abgerechnet. **Hinweis:** 90 cm Umfang entsprechen einem Außendurchmesser von 280 mm bzw. DN 250.
- Bei Rohren mit einem **Umfang von mehr als 90 cm** wird die abgewickelte Oberfläche nach dem Flächenmaß in **m²** berechnet.
- Bei nicht genormten Rohrdurchmessern muss eine rechnerische Abwicklung erfolgen. Dabei kommen folgende Formeln zur Anwendung:

Runde Rohre	Quadratische Rohre	Rechteckige Rohre	Konische Rohre
$D \times 3{,}14 \times l$	$4 \times a \times l$	$(a + b) \times 2 \times l$	$\frac{D+d}{2} \times 3{,}14 \times l$

Beispiel: Brandschutzbeschichtung von 168,00 m Rohrisolierung, Durchmesser = 380 mm

Pos. 1: Eine Schlussbeschichtung mit Brandschutz-Decklack
Rohrisolierung: 0,38 x 3,14 x 168,00 = **200,46 m²**
$D \times \pi \times l$

- Rohrgeländer werden nach Länge der verarbeiteten Rohre unter Angabe des Durchmessers abgerechnet.
- Da Dachrinnen halbierte Rohre mit einem Wulst sind, sollte ihr genauer Umfang durch Messen am Objekt (Bauwerk) ermittelt und mit ihrer Länge multipliziert werden. Die Länge der Rinne wird am Wulst gemessen.
- Die Länge von Fallrohren wird im Außenbogen gemessen.
- Bei Rohrleitungen werden Schieber, Flansche und dergleichen übermessen.

Berechnung mithilfe von Tabellen

Weil die überwiegende Mehrheit der verarbeiteten Rohre genormte Durchmesser hat, lassen sich deren Oberflächen mithilfe von Tabellen einfach berechnen. Diese Tabellen erlauben es, für genormte Nennweiten (DN) **die Anstrichfläche in m² je Meter** abzulesen.

Beispiel: 36,50 m nahtlose Stahlrohre DN 300, DIN EN 10220 wurden beschichtet

Pos. 1: Auf die gereinigte Fläche eine Grundbeschichtung mit 2-K-Grundanstrichstoff aufbringen
Stahlrohre, DN 300: **1,017** x 36,50 = **37,12 m²**
Tabellenwert × *Länge*

Nahtlose Stahlrohre und geschweißte Stahlrohre

Auszug **DIN EN 10220:**2003-03

DN (Nennweite)	*D* mm	***A* m²/m**	DN (Nennweite)	*D* mm	***A* m²/m**
20	26,9	**0,0845**	150	168,3	**0,528**
40	48,3	**0,1517**	200	219,1	**0,688**
50	60,3	**0,1893**	250	273,0	**0,857**
65	76,1	**0,239**	300	323,9	**1,017**
80	88,9	**0,279**	350	355,6	**1,117**
100	114,3	**0,359**	400	406,4	**1,276**
125	139,7	**0,439**	500	508,0	**1,595**

DN Diameter Nominal = Angabe nach DIN EN ISO 6708, dimensionslose Zahl zur Angabe der Rohrmaße. Alle Rohre mit dem gleichen DN haben den gleichen Außendurchmesser.
D Rohrdurchmesser
A Beschichtungsfläche

Mittelschwere und schwere Gewinderohre

Auszug **DIN EN 10255:**2015-05

DN	R	*D* mm	***A* m²/m**	DN mm	R	*D* mm	***A* m²/m**
80	R3	88,9	**0,279**	125	R5	139,7	**0,439**
100	R4	114,3	**0,359**	150	R6	165,1	**0,519**

Quadratische Rohre

Auszug **DIN EN 10210-1, -2:**2016-01

Größe	*a* mm	***A* m²/m**	Größe	*a* mm	***A* m²/m**
80	80	**0,312**	140	140	**0,543**
90	90	**0,352**	160	160	**0,613**
100	100	**0,391**	180	180	**0,693**
120	120	**0,467**	200	200	**0,773**

Rechteckige Rohre

Auszug **DIN EN 10210-1, -2:**2016-01

Größe	*a* mm	*b* mm	***A* m²/m**	Größe	*a* mm	*b* mm	***A* m²/m**
100 x 40	100	40	**0,280**	140 x 80	140	80	**0,428**
100 x 50	100	50	**0,300**	160 x 90	160	90	**0,481**
100 x 60	100	60	**0,312**	180 x 100	180	100	**0,536**
120 x 60	120	60	**0,348**	200 x 120	200	120	**0,613**

DN Kurzzeichen für Nennweite
D Rohrdurchmesser
R Rohrgewinde
a Kantenlänge, Seite a
b Kantenlänge, Seite b
A Beschichtungsfläche

Berechnung von Stahlbauteilen

Stahlbauteile werden sowohl aus genormten Stahlprofilen mit unterschiedlichen Querschnitten (**I**, **T**, **U**, **Z** oder **L**-Profil), als auch aus beliebig geformten und verbundenen Blechen hergestellt.

Aufmaßregeln

Flächen von **Profilen**, Heizkörpern, **Wellblechen** und dergleichen werden, soweit Tabellen vorhanden sind, nach diesen gerechnet. Sind Tabellen nicht vorhanden, wird nach abgewickelter Fläche gerechnet.
Wichtig: Die in Stahlbauzeichnungen verwendeten **Millimetermaße** müssen für das Aufmaß **in Meter umgerechnet** werden.
Die Berechnung von Stahlbauteilen ist in der **DIN 18364** „Korrosionsschutzarbeiten an Stahlbauten" geregelt. Danach ergeben sich verschiedene Berechnungsmöglichkeiten:

1. Stahlbauteile mit einer **Abwicklung bis zu 90 cm** werden nach dem **Längenmaß** abgerechnet.
2. Stahlbauteile mit einem **abgewickelten Umfang von über 90 cm** werden nach dem **Flächenmaß** abgerechnet.

2a. Da die meisten in Stahlkonstruktionen verbauten Profile genormt sind, lassen sich deren Beschichtungsflächen je Meter aus **Tabellen** entnehmen. Dabei ist aber unbedingt auf die genaue Profilbezeichnung und die DIN-Nummer zu achten, damit die zutreffende Tabelle zum Einsatz kommt.

2b. Bei **nicht genormten Profilquerschnitten** kann auch eine rechnerische **Profilabwicklung** erfolgen.

3. Die ATV DIN 18364, „Korrosionsschutzarbeiten" erlaubt auch eine Abrechnung nach der Masse (Gewicht) der Konstruktion. Das aus den Bauunterlagen ersichtliche Konstruktionsgewicht wird mit der **Anstrichfläche je Tonne**, die den Tabellen entnommen werden kann, multipliziert und ergibt dann die Gesamt-Beschichtungsfläche. Dieses Verfahren ist nur dann hinreichend genau, wenn ähnliche Profilformen und -größen verbaut wurden und genaue Gewichtsangaben aus Stücklisten oder sonstigen Bauunterlagen vorhanden sind.

Hinweise zur Benutzung der Stahlprofiltabellen

Profilgrößen unter 30 cm Abwicklung sind nicht aufgeführt.

L	Kurzzeichen für Profilstahl	*s*	Schenkeldicke
a	Schenkelbreite a	A_m	Beschichtungsfläche in m² je Meter
b	Schenkelbreite b	A_t	Beschichtungsfläche in m² je Tonne

Gleichschenkliger Winkelstahl (L-Profil)

Auszug **DIN EN 10056-1:**2017-06

L *a* × *s* in mm	**A_m in m²/m**	A_t in m²/t	L *a* × *s* in mm	**A_m in m²/m**	A_t in m²/t	L *a* × *s* in mm	**A_m in m²/m**	A_t in m²/t
80 × 7	**0,311**	36,63	110 × 10	**0,430**	25,90	150 × 18	**0,586**	14,61
80 × 8		32,20	110 × 12		21,83	150 × 20		13,26
80 × 10		26,13	110 × 14		18,86	160 × 15	**0,625**	17,27
80 × 12		22,06	120 × 11	**0,469**	23,57	160 × 17		15,36
80 × 14		19,32	120 × 12		21,71	160 × 19		13,86
90 × 8	**0,351**	32,20	120 × 13		20,13	180 × 16	**0,705**	16,21
90 × 9		28,77	120 × 15		17,63	180 × 18		14,51
90 × 11		23,88	130 × 12	**0,508**	21,53	180 × 20		13,13
90 × 13		20,53	130 × 14		18,68	180 × 22		12,03
90 × 16		16,96	130 × 16		16,44	200 × 16	**0,785**	16,19
100 × 8	**0,390**	31,97	140 × 13	**0,547**	19,89	200 × 18		14,46
100 × 10		25,83	140 × 15		17,42	200 × 20		13,11
100 × 12		21,91	150 × 12	**0,586**	21,47	200 × 24		11,04
100 × 14		18,93	150 × 14		18,54	200 × 28		9,57
100 × 16		16,81	150 × 15		17,34			
100 × 20		13,73	150 × 16		16,32			

Ungleichschenkliger Winkelstahl (L-Profil)

Auszug **DIN EN 10056-1:**2017-06

L *a* × *b* × *s* in mm	**A_m in m²/m**	A_t in m²/t	L *a* × *b* × *s* in mm	**A_m in m²/m**	A_t in m²/t	L *a* × *b* × *s* in mm	**A_m in m²/m**	A_t in m²/t
90 × 75 × 7	**0,322**	36,84	120 × 80 × 14	**0,391**	19,07	150 × 100 × 10	**0,489**	25,74
100 × 50 × 6	**0,292**	42,63	130 × 65 × 8	**0,381**	32,02	150 × 100 × 12		21,64
100 × 50 × 8		32,48	130 × 65 × 10		26,10	150 × 100 × 14		18,74
100 × 50 × 10		26,31	130 × 65 × 12		22,02	160 × 80 × 10	**0,469**	25,77
100 × 65 × 7	**0,321**	36,60	130 × 75 × 8	**0,401**	32,08	160 × 80 × 12		21,71
100 × 65 × 9		28,92	130 × 75 × 10		26,04	160 × 80 × 14		18,76
100 × 65 × 11		23,96	130 × 75 × 12		21,91	180 × 90 × 10	**0,528**	25,63
100 × 75 × 7	**0,341**	36,59	130 × 90 × 10	**0,430**	25,90	180 × 90 × 12		21,55
100 × 75 × 9		28,90	130 × 90 × 12		21,83	180 × 90 × 14		18,66
100 × 75 × 11		23,85	150 × 75 × 9	**0,441**	28,82	200 × 100 × 10	**0,587**	25,52
120 × 80 × 8	**0,391**	32,05	150 × 75 × 11		23,71	200 × 100 × 12		21,50
120 × 80 × 10		26,07	150 × 90 × 10	**0,469**	25,77	200 × 100 × 14		18,58
120 × 80 × 12		21,97	150 × 90 × 12		21,71	200 × 100 × 16		16,35

Nutzung der Stahlprofiltabellen: Profilformen, Kurzzeichen, U/A-Wert

T-Profil nach DIN EN 10055	L-Profil nach DIN EN 10056-1	Z-Profil nach DIN 1027	U-Profil nach DIN 1026-1, DIN EN10279	I-Profil nach DIN EN 10034

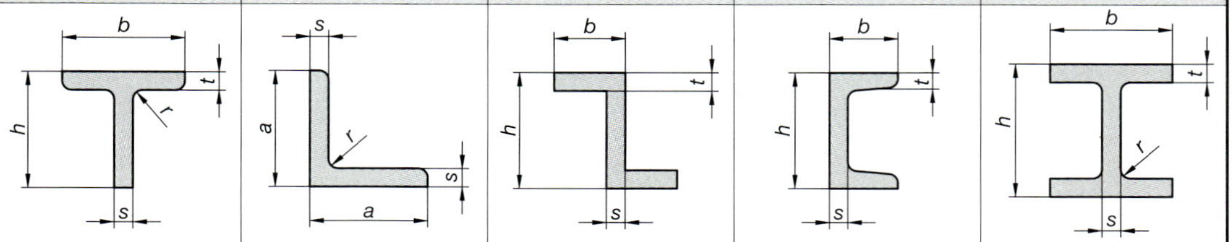

U, Z, T	Kurzzeichen für Profilstahl	A_m	Beschichtungsfläche in m² je Meter
h	Profilhöhe/Steghöhe	A_t	Beschichtungsfläche in m² je Tonne
b	Profilbreite/Flanschbreite	*U/A*	Wert für Brandschutzbeschichtungen
s/t	Schenkeldicke		

Profilgrößen unter 30 cm Abwicklung sind nicht aufgeführt.

***U/A*-Wert (Profilfaktor für den Brandschutz von Stahlbauteilen)**
Der *U/A*-Wert stellt eine wichtige Bemessungsgröße für die Ermittlung der Schichtdicken von dämmschichtbildenden Brandschutzbeschichtungen dar.
Wenn sich Stahlprofile bei einem Feuer auf Temperaturen von über 500 °C erwärmen, verlieren sie an statischer Festigkeit. Die Temperatur des Stahlteils steigt umso schneller, je größer die dem Feuer ausgesetzte Oberfläche im Verhältnis zum Profilquerschnitt ist.
Der Profilfaktor (*U/A*-Wert) gibt das Verhältnis des beflammten Umfangs (*U*) zum Nennquerschnitt (*A*) des Stahlprofils an und ist damit ein Maß für die Geschwindigkeit der Erwärmung des Bauteils.
Die Tabellenangaben beziehen sich auf eine vierseitige Beflammung von 1 m Profillänge.

Kennzeichnung von I-Profilen — Euro-Norm 53-62

DIN EN-Nummer	frühere DIN-Nummer	Kurzzeichen nach DIN	Euro-Kurzzeichen
DIN EN 10034 Blatt 1	DIN 1025-1	I	Keine
DIN EN 10034 Blatt 2	DIN 1025-2	IPB	HE-B
DIN EN 10034 Blatt 3	DIN 1025-3	IPBI	HE-A
DIN EN 10034 Blatt 4	DIN 1025-4	IPBv	HE-M
DIN EN 10034 Blatt 5	DIN 1025-5	IPE	Keine

U-Stahl

Auszug **DIN EN 10279:**2000-03, **DIN 1026-1:**2009-09

U	*h* mm	*b* mm	**A_m m²/m**	U	*h* mm	*b* mm	**A_m m²/m**
80	80	45	**0,312**	160	160	65	**0,546**
100	100	50	**0,372**	180	180	70	**0,611**
120	120	55	**0,434**	200	200	75	**0,661**
140	140	60	**0,489**	300	300	100	**0,950**

Z-Stahl

Auszug **DIN 1027:**2004-04

Z	*h* mm	*b* mm	**A_m m²/m**	Z	*h* mm	*b* mm	**A m²/m**
80	80	50	**0,339**	160	160	70	**0,569**
100	100	55	**0,397**	180	180	75	**0,626**
120	120	60	**0,454**	200	200	80	**0,683**
140	140	65	**0,511**				

Hinweise zur Benutzung der Stahlprofiltabellen

Profilgrößen unter 30 cm Abwicklung sind nicht aufgeführt.

I	Kurzzeichen für Profilstahl	A_m	Beschichtungsfläche in m² je Meter
h	Profilhöhe	A_t	Beschichtungsfläche in m² je Tonne
b	Profilbreite	*U/A*	Wert für Brandschutzbeschichtungen

T-Stahl

Auszug **DIN EN 10055:**1995-12

T	*h* mm	*b* mm	A_m m²/m	T	*h* mm	*b* mm	A_m m²/m
70	70	70	**0,268**	100	100	100	**0,383**
80	80	80	**0,307**	120	120	120	**0,459**
90	90	90	**0,345**	140	140	140	**0,537**

Schmale I-Profile

Auszug **DIN EN 10034:**1994-03 **Blatt 1 (DIN 1025-1:**2009-04**)**

I	*h* mm	*b* mm	A_m m²/m	A_t m²/t	*U/A*-Wert	I	*h* mm	*b* mm	A_m m²/m	A_t m²/t	*U/A*-Wert
80	80	42	**0,304**	51,17	402	180	180	82	**0,640**	29,22	229
100	100	50	**0,370**	44,36	349	200	200	90	**0,709**	27,06	212
120	120	58	**0,439**	39,54	309	220	220	98	**0,775**	24,91	196
140	140	66	**0,502**	35,10	276	260	260	113	**0,906**	21,62	170
160	160	74	**0,575**	32,12	252	300	300	125	**1,03**	19,00	149

Mittelbreite I-Profile

Auszug **DIN EN 10034:**1994-03 **Blatt 5 (DIN 1025-5:**1994-03**)**

I PE	*h* mm	*b* mm	A_m m²/m	A_t m²/t	*U/A*-Wert	I PE	*h* mm	*b* mm	A_m m²/m	A_t m²/t	*U/A*-Wert
80	80	46	**0,328**	54,66	429	200	200	100	**0,768**	34,28	269
100	100	55	**0,400**	49,38	388	220	220	110	**0,848**	32,36	254
120	120	64	**0,475**	45,67	360	240	240	120	**0,922**	30,03	236
140	140	73	**0,551**	42,71	336	270	270	135	**1,04**	28,81	227
160	160	82	**0,623**	39,43	310	300	300	150	**1,16**	27,48	216
180	180	91	**0,698**	37,12	292	330	330	160	**1,25**	25,45	200

Breite I-Profile, parallele Flanschflächen

Auszug **DIN EN 10034:**1994-03 **Blatt 2 (DIN 1025-2:**1995-11**)**

I PB (HE-B)	*h* mm	*b* mm	A_m m²/m	A_t m²/t	*U/A*-Wert	I PB (HE-B)	*h* mm	*b* mm	A_m m²/m	A_t m²/t	*U/A*-Wert
100	100	100	**0,567**	27,79	218	220	220	220	**1,27**	17,76	140
120	120	120	**0,686**	25,69	202	240	240	240	**1,38**	16,58	130
140	140	140	**0,805**	23,88	187	260	260	260	**1,50**	16,12	127
160	160	160	**0,918**	21,54	169	280	280	280	**1,62**	15,72	124
180	180	180	**1,04**	20,31	159	300	300	300	**1,73**	14,78	116
200	200	200	**1,15**	18,76	147	320	320	320	**1,77**	13,93	110

Breite I-Profile, parallele Flanschfl., leichte Ausführung

Auszug **DIN EN 10034:**1994-03 **Blatt 3** (**DIN 1025-3:**1994-03)

I PBl (HE-A)	*h* mm	*b* mm	A_m **m²/m**	A_t m²/t	*U/A*-Wert	I PBl (HE-B)	*h* mm	*b* mm	A_m **m²/m**	A_t m²/t	*U/A*-Wert
100	96	100	**0,561**	33,59	265	220	210	220	**1,26**	24,95	196
120	114	120	**0,677**	34,02	268	240	230	240	**1,37**	22,72	178
140	133	140	**0,794**	32,15	253	260	250	260	**1,48**	21,70	171
160	152	160	**0,906**	29,80	234	280	270	280	**1,60**	20,94	164
180	171	180	**1,02**	18,73	225	300	290	300	**1,72**	19,48	154
200	190	200	**1,14**	26,95	212	320	310	300	**1,76**	18,03	142

Breite I-Träger parallele Flanschfl., verstärkte Ausführung

Auszug **DIN EN 10034:**1994-03 **Blatt 4** (**DIN 1025-4:**1994-03)

I PBv (HEM)	*h* mm	*b* mm	A_m **m²/m**	A_t m²/t	*U/A*-Wert	I PBv (HEM)	*h* mm	*b* mm	A_m **m²/m**	A_t m²/t	*U/A*-Wert
100	120	106	**0,619**	14,81	116	240	270	248	**1,46**	9,30	73
120	140	126	**0,738**	14,17	111	260	290	268	**1,57**	9,13	71
140	160	146	**0,857**	13,56	106	280	310	288	**1,69**	8,94	70
160	180	166	**0,970**	12,73	100	300	340	310	**1,83**	7,69	60
180	200	186	**1,09**	12,26	96	320/305	320	305	**1,78**	10,06	79
200	220	206	**1,20**	11,56	92	320	359	309	**1,87**	7,63	60
220	240	226	**1,32**	11,28	89	340	377	309	**1,90**	7,66	60

Wellbleche eingedeckt und nicht eingedeckt (nach R. Arhelger)

DIN 59231:2003-11

Hinweis: Die abgewickelte Fläche (Beschichtungsfläche) bei Profilen ist größer als die überdeckte Fläche, weshalb in jedem Fall eine Abrechnung nach Tabelle zu empfehlen ist.

Die Beschichtungsfläche kann auch mithilfe von **Faktoren** ermittelt werden, mit denen die aufgemessene Fläche multipliziert wird:

- Aufgemessene Fläche × Faktor F_1 aus Spalte 4 = Anstrichfläche je m² **eingedeckter** Fläche
- Aufgemessene Fläche × Faktor F_2 aus Spalte 5 = Anstrichfläche je m² **nicht eingedeckter** Fläche

Profilbezeichnung Höhe/Breite in mm	Baubreite in mm	Fläche **je Tafel** bei 2000 mm Länge in m²	Anstrichfläche in m² je m² **eingedeckter** Fläche	Anstrichfläche in m² je m² **nicht eingedeckter** Fläche
20/40	640	1,28	$F_1 = 1{,}54$	$F_2 = 1{,}57$
18/76	836	1,67	$F_1 = 1{,}16$	$F_2 = 1{,}20$
27/100	800	1,60	$F_1 = 1{,}20$	$F_2 = 1{,}25$
30/135	810	1,62	$F_1 = 1{,}17$	$F_2 = 1{,}24$
45/150	750	1,50	$F_1 = 1{,}27$	$F_2 = 1{,}34$
48/100	600	1,20	$F_1 = 1{,}60$	$F_2 = 1{,}67$
67/90	450	0,90	$F_1 = 2{,}17$	$F_2 = 2{,}23$
88/100	400	0,80	$F_1 = 2{,}45$	$F_2 = 2{,}52$

Heizkörperberechnung

Flächen von Profilen, Heizkörpern, Trapezblechen, Wellblechen und dergleichen werden, soweit Tabellen vorhanden sind, nach diesen gerechnet. Sind Tabellen nicht vorhanden, wird nach abgewickelter Fläche gerechnet.
Heizkörper werden nach ihrer Heizfläche berechnet. Die Ermittlung der Heizfläche nach Tabelle hat nicht nur den Vorteil, dass die Maßansätze einfacher werden, sondern bei Gliederheizkörpern ergibt sich auch eine größere Heizfläche pro Heizkörperglied gegenüber dem Aufmaß nach Abwicklung, da die Wölbungen dort nicht einwandfrei erfasst werden können.

Heizkörperberechnung nach Tabelle

Da die meisten Heizkörper genormte Abmessungen haben, lässt sich deren Anstrichfläche in m² pro Heizkörperglied leicht aus Tabellen ablesen. Sie wird mit der Anzahl der Glieder und evtl. mit der Stückzahl der Heizkörper multipliziert.

Beispiel: 4 Stahlradiatoren nach DIN EN 442 mit 24 Heizgliedern, Bauhöhe = 1 000 mm, Bautiefe = 160 mm, wurden lackiert.

Pos. 1: Eine Schlussbeschichtung mit Heizkörperlackfarbe, wasserverdünnbar, weiß oder hell getönt

4	x	0,345	x	24	=	**33,12 m²**
Anzahl	*x*	***Tabellenwert***	*x*	*Giederzahl*	*=*	*Gesamtfläche der 4 Heizkörper*

Beschichtungsfläche je Glied

Stahl-Gliederheizkörper (nur für Beschichtungsarbeiten relevante Daten)

DIN EN 442:2015-03 (**DIN 4703-1:**1999-12)

Bauhöhe *h* mm	Nabenabstand *n* mm	Bautiefe *t* mm	**Anstrichfläche je Glied m²/m**
300	200	250	**0,160**
450	350	160	**0,155**
		220	**0,210**
600	500	110	**0,140**
		160	**0,205**
		220	**0,285**
1 000	900	110	**0,240**
		160	**0,345**
		220	**0,480**

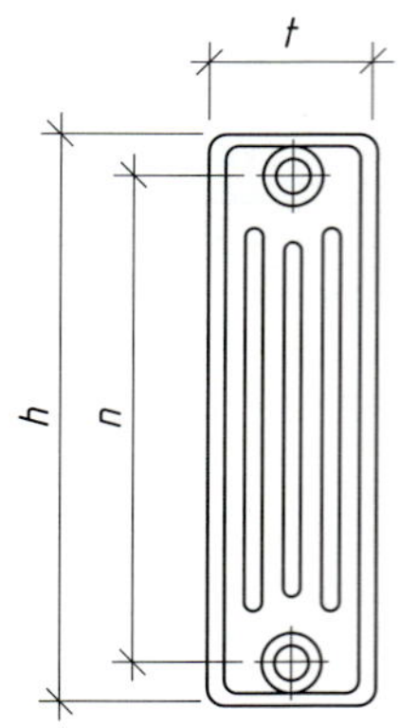

Heizkörperberechnung nach Aufmaß

Ältere Heizkörper mit nicht genormten Abmessungen werden im Aufmaß rechnerisch abgewickelt:
Allgemeine Formel: *Bautiefe x 2 x Bauhöhe x Gliederzahl*

Beispiel: Gleiches Berechnungsbeispiel wie oben
Pos. 1: Eine Schlussbeschichtung mit Heizkörperlackfarbe, wasserverdünnbar, weiß oder hell getönt
4 x 0,16 x 2 x 1,00 x 24 = **30,72 m²**
Anzahl x Bautiefe x Seiten x Bauhöhe x Gliederzahl = Gesamtfläche der 4 Heizkörper
Diese Art der Abrechnung berücksichtigt nicht die Wölbung der Heizkörperglieder, weshalb sich eine geringere Beschichtungsfläche ergibt!

Gegenüberstellung der Ergebnisse		
	bei Abrechnung nach Tabelle	**33,12 m²**
	bei Abrechnung nach Aufmaß	**30,72 m²**
	Differenz	**2,40 m²**

Heizkörperbauformen

Stahlradiatoren

Stahlrohrradiator

Gussradiator (älter)

Plattenheizkörper

Plattenheizkörper

Heizkörpertabellen

Hinweise zur Benutzung der Tabellen: Mithilfe der Heizkörperkenndaten (Nabenabstand *n* oder Bauhöhe *h* **und** Bautiefe *t*) oder der DIN-Nummer kann in der zutreffenden Tabelle die Heizfläche (Beschichtungsfläche je Heizkörperglied) abgelesen und mit der Anzahl der Glieder multipliziert werden, um die Gesamt-Beschichtungsfläche des Heizkörpers zu ermitteln.

Stahlradiatoren (neue Form ab 1961) — DIN EN 442:2015-03

Nabenabstand *n* mm	Bauhöhe *h* mm	Bautiefe *t* in mm			
		100	160	220	250
		Heizfläche je Heizkörperglied in m²			
200	300	–	–	–	0,160
350	450	–	0,155	0,210	–
500	600	0,140	0,205	0,285	–
900	1 000	0,240	0,345	0,480	–

Stahlrohrradiatoren — DIN EN 442:2015-03

Nabenabstand *n* mm	Bauhöhe *h* mm	Bautiefe *t* in mm				
		64	101	139	177	215
		Heizfläche je Heizkörperglied in m²				
128	190	0,027	0,048	0,065	0,082	0,099
230	300	0,043	0,071	0,096	0,121	0,146
280	350	0,051	0,083	0,112	0,141	0,170
330	400	0,059	0,094	0,127	0,160	0,193
380	450	0,067	0,106	0,143	0,180	0,217
430	500	0,075	0,118	0,159	0,200	0,241
480	550	0,083	0,130	0,175	0,219	0,264
530	600	0,091	0,142	0,190	0,239	0,288
680	750	0,114	0,177	0,237	0,298	0,358
830	900	0,138	0,212	0,284	0,357	0,429
930	1 000	0,153	0,236	0,316	0,396	0,476
1 130	1 200	0,185	0,283	0,379	0,475	0,570
1 430	1 500	0,232	0,354	0,473	0,592	0,712
1 730	1 800	0,279	0,424	0,567	0,710	0,835
1 930	2 000	0,310	0,471	0,630	0,789	0,947
2 430	2 500	0,389	0,589	0,787	0,985	1,183
2 730	2 800	0,436	0,660	0,881	1,103	1,324

Gussradiatoren		DIN EN 442:2015-03 (DIN 4703-1:1999-12)				
Nabenabstand *n* mm	Bauhöhe *h* mm	Bautiefe *t* in mm				
		70	110	160	220	250
		Heizfläche je Heizkörperglied in m²				
200	280	–	–	–	–	0,185
350	430	0,090	0,128	0,185	0,255	–
500	580	0,120	0,180	0,225	0,345	–
600	680	–	0,226	0,313	–	–
900	980	0,205	–	0,440	0,580	–

Neben genormten Heizkörperbauarten werden von vielen Firmen eigene Heizkörpertypen unterschiedlichster Bauform angeboten. Für diese Heizkörper stellen die Firmen meist eigene Tabellen zur Verfügung.

Fix-Flachheizkörper, Typ E (einlagig, ohne Konvektor), Bautiefe: 17 mm

Baulänge in mm	Beschichtungsfläche je Heizkörper in m² (bei Typ E und Bauhöhe in mm)						
	E 200	E 300	E 400	E 500	E 600	E 700	E 900
600	0,30	0,43	0,56	0,70	0,83	0,97	1,25
800	0,40	0,57	0,74	0,93	1,11	1,29	1,66
1000	0,49	0,71	0,93	1,16	1,39	1,62	2,08
1200	0,59	0,85	1,11	1,39	1,67	1,94	2,50
1400	0,68	0,99	1,30	1,62	1,94	2,27	2,93
1600	0,78	1,13	1,48	1,85	2,22	2,59	3,32
1800	0,89	1,28	1,67	2,09	2,50	2,92	3,76
2000	0,99	1,42	1,85	2,32	2,78	3,24	4,16
2200	1,07	1,56	2,05	2,55	3,06	3,56	4,58
2400	1,17	1,70	2,23	2,78	3,34	3,89	4,99
2600	1,28	1,85	2,42	3,02	3,61	4,21	5,41
2800	1,38	1,99	2,60	3,25	3,89	4,54	5,82
3000	1,47	2,13	2,79	3,48	4,17	4,86	6,24

Fix-Flachheizkörper, Typ D (doppellagig, ohne Konvektor), Bautiefe: 75 mm

Baulänge in mm	Beschichtungsfläche je Heizkörper in m² (bei Typ D und Bauhöhe in mm)						
	D 200	D 300	D 400	D 500	D 600	D 700	D 900
600	0,60	0,86	1,12	1,40	1,66	1,94	2,50
800	0,80	1,14	1,48	1,85	2,22	2,60	3,32
1000	0,98	1,42	1,86	2,32	2,78	3,25	4,16
1200	1,18	1,70	2,22	2,78	3,34	3,90	5,00
1400	1,36	1,98	2,60	3,25	3,89	4,55	5,86
1600	1,58	2,27	2,96	3,71	4,45	5,20	6,64
1800	1,78	2,56	3,34	4,18	5,00	5,85	7,52
2000	1,98	2,84	3,70	4,64	5,56	6,50	8,32
2200	2,15	3,12	4,09	5,10	6,12	7,15	9,15
2400	2,36	3,41	4,46	5,57	6,67	7,80	9,98
2600	2,54	3,69	4,84	6,03	7,23	8,45	10,82
2800	2,74	3,98	5,21	6,50	7,78	9,10	11,65
3000	2,94	4,26	5,58	6,96	8,34	9,75	12,48

Grundlagen
Werkstoffe, Hilfsstoffe
Werkzeuge, Geräte, Gerüste
Arbeitstechniken
Gestaltung
Arbeitsschutz, Umweltschutz
Aufmaß, Abrechnung
Betriebsführung
Quellen

Heizkörpertabellen

- Mithilfe von Aufmaßen ist es kaum möglich, die wirkliche Beschichtungsfläche von profilierten Flachheizkörpern, besonders solchen mit aufgeschweißten Konvektoren, zu ermitteln. Deshalb sollte die genaue Heizfläche = Beschichtungsfläche aus Tabellen entnommen werden.
- Neue Plattenheizkörper besitzen häufig eine planebene Vorderfront mit oberem Abdeckgitter und seitlichen, geschlossenen Abdeckungen. Hier empfiehlt sich eine Abwicklung der Oberfläche im Aufmaß, wenn keine Tabellen des Herstellers zur Verfügung stehen.
- Neben den aufgeführten Fix-Flachheizkörpern werden ähnliche Flachheizkörpertypen von anderen Herstellern angeboten, für die meist eigene Tabellen mit Heizflächenangaben bereitgestellt werden.

Hinweis: Heizkörper werden fast ausnahmslos fertig beschichtet geliefert. Überholungsbeschichtungen werden in der Regel nur an älteren Heizkörpern ausgeführt. Deshalb sind im Folgenden nur die Werte für die Fix-Flachheizkörper älterer Bauart aufgeführt.

Fix-Flachheizkörper, Typ EK (einlagig, mit Konvektor), Bautiefe: 34 mm

Baulänge in mm	Beschichtungsfläche je Heizkörper in m² (bei Typ EK und Bauhöhe in mm)						
	EK 200	EK 300	EK 400	EK 500	EK 600	EK 700	EK 900
600	0,56	0,83	1,10	1,38	1,65	1,93	2,48
800	0,73	1,10	1,47	1,84	2,20	2,57	3,30
1000	0,92	1,38	1,84	2,30	2,75	3,21	4,13
1200	1,10	1,65	2,20	2,75	3,30	3,85	4,95
1400	1,29	1,93	2,57	3,21	3,85	4,50	5,78
1600	1,45	2,20	2,94	3,67	4,40	5,14	6,60
1800	1,66	2,48	3,30	4,13	4,95	5,78	7,43
2000	1,84	2,75	3,66	4,59	5,50	6,40	8,25
2200	2,04	3,03	4,02	5,05	6,05	7,04	9,08
2400	2,20	3,30	4,40	5,50	6,60	7,70	9,90
2600	2,39	3,58	4,77	5,96	7,15	8,34	10,73
2800	2,57	3,85	5,13	6,42	7,70	8,99	11,60
3000	2,76	4,13	5,50	6,88	8,25	9,63	12,38

Fix-Flachheizkörper, Typ DK (doppellagig, mit Konvektor), Bautiefe: 75 mm

Baulänge in mm	Beschichtungsfläche je Heizkörper in m² (bei Typ DK und Bauhöhe in mm)						
	DK 200	DK 300	DK 400	DK 500	DK 600	DK 700	DK 900
600	1,10	1,65	2,20	2,75	3,30	3,85	4,95
800	1,47	2,20	2,93	3,67	4,40	5,13	6,60
1000	1,83	2,75	3,67	4,59	5,50	6,42	8,25
1200	2,20	3,30	4,40	5,50	6,60	7,70	9,90
1400	2,57	3,85	5,13	6,42	7,70	8,99	11,55
1600	2,93	4,40	5,87	7,34	8,80	10,27	13,20
1800	3,31	4,95	6,59	8,26	9,90	11,56	14,85
2000	3,68	5,50	7,32	9,18	11,00	12,80	16,50
2200	4,07	6,05	8,03	10,10	12,10	14,08	18,15
2400	4,40	6,60	8,80	11,00	13,20	15,40	19,80
2600	4,77	7,15	9,53	11,92	14,30	16,68	21,45
2800	5,14	7,70	10,26	12,84	15,40	17,98	23,10
3000	5,51	8,25	10,99	13,76	16,50	19,20	24,75

Kalkulation

Für Maler- und Malerinnenarbeiten lassen sich kaum allgemeingültige Preise ermitteln, da es keine absolut feststehenden Werte an Lohnaufwendungen und Werkstoffverbrauch gibt. Anhaltspunkte gibt das „Handbuch für das Maler- und Lackiererhandwerk" von Hans Lowey, Kleffmann Verlag.

Die Gemeinkosten (Materialgemeinkosten, Fertigungsgemeinkosten, Verwaltungsgemeinkosten, Vertriebsgemeinkosten) sind immer betriebsindividuell und müssen jeweils errechnet werden.

In kleinen Betrieben, in denen eine klare Trennung von Kostenstellen nicht oder nur schwer möglich ist, wird vielfach keine Differenzierung der Gemeinkosten vorgenommen, sondern ein gemeinsamer Gemeinkostensatz auf die **direkt verrechenbaren Lohnkosten** angesetzt.

Eine Reihe von Gemeinkostenarten sind direkt proportional zum Lohneinsatz, so zumindest die lohngebundenen und fertigungsbedingten Gemeinkosten.

Für eine handwerksgerechte Leistung, zum Wohle des gesamten Handwerks, ist unbedingt eine gesunde kostendeckende und gewinnbringende Kalkulation erforderlich.

Verbrauchssätze zur Preisfindung (nach VOB Teil C Ausführung)

- Bei den hier aufgelisteten Verbrauchsmengen und Materialpreisen handelt es sich um Durchschnittswerte auf mittlere Objekte bezogen.
- Die Zeiten sind in der Praxis ermittelt worden und gelten als Richtwerte, die jedoch für jeden Betrieb individuell ermittelt werden sollten.
- Der **Werkstoffpreis** ist hier als unverbindlicher Richtpreis anzusehen.
- Die werkstoffabhängigen Gemeinkosten sowie Gewinn- und Wagniszuschlag müssen zuzüglich berechnet werden.
- Die **Lohnminute** wird, wie oben bereits erwähnt, je nach Betrieb individuell kalkuliert. Bei diesen Beispielen wurde ein Stundenlohn von 33,75 EUR angenommen, somit beträgt die Lohnminute 0,56 EUR. Die lohnabhängigen Gemeinkosten sowie Gewinn- und Wagniszuschlag sind enthalten.

Leistungsbeschreibung und Verbrauchswerte (Preise in EUR) Fallbeispiel 1 m² Raufaser tapezieren		Einzelpreis	Gesamtpreis
Einrichtungsgegenstände mit Folie 0,005 mm gegen Verschmutzung abdecken und verkleben, nach Gebrauch wieder entfernen	1,150 m² PE Flachfolie 2,50 m Kreppband 25 mm 3,5 min. Arbeitszeit	0,13 0,06 0,56	0,15 0,14 1,97
		Preis/m²	2,26
Bodenflächen mit Abdeckpapier gegen Verschmutzung abdecken, nach Gebrauch wieder entfernen	1,150 m² Abdeckpapier 2,5 min. Arbeitszeit	0,44 0,56	0,51 1,41
		Preis/m²	1,92
Alte Tapete einlagig entfernen	0,010 l Tapetenablöser 6 min. Arbeitszeit	1,28 0,56	0,02 3,36
		Preis/m²	3,38
Kleine Schäden und Untergrundunebenheiten mit Füllspachtel (fein) spachteln, schleifen und entstauben	0,010 m Schleifpapier K 100 0,100 kg Füllspachtel 2 min. Arbeitszeit	0,35 0,65 0,56	0,175 0,065 1,12
		Preis/m²	1,36
Grundbeschichtung mit Grundierkonzentrat, 1 : 4 mit Wasser verdünnt (wasserverdünnbare LF-Grundierung)	0,060 l Tiefengrund LF 10 l 3,5 min. Arbeitszeit	3,60 0,56	0,22 1,97
		Preis/m²	2,17
Raufaser (mittel) auf Stoß tapezieren, einschließlich Lieferung	0,010 kg Spezialkleister 1,100 m² Raufaser weiß 6,5 min. Arbeitszeit	17,00 6,80 0,56	0,17 0,43 3,66
		Preis/m²	4,26

Verbrauchssätze zur Preisfindung (nach VOB Teil C Ausführung, Fortsetzung)			
Leistungsbeschreibung und Verbrauchswerte (Preise in EUR)		Einzelpreis	Gesamtpreis
Zwischenbeschichtung mit waschbeständiger Dispersionsfarbe LF nach DIN EN 13300, Klasse 3	0,150 l Dispersionsfarbe 12,5 l 3 min. Arbeitszeit	1,56 0,56	0,23 1,69
		Preis/m²	1,92
Schlussbeschichtung mit waschbeständiger Dispersionsfarbe LF nach DIN EN 13300, Klasse 3	0,200 l Dispersionsfarbe 12,5 l 4 min. Arbeitszeit	1,56 0,56	0,31 2,25
		Preis/m²	2,56
Endsumme für eine Tapezierung (für den Kunden: plus 19 % MwSt)		Preis/m²	**19,75**
Auszüge aus Leistungsbeschreibungen und Verbrauchswerte (Preisänderungen vorbehalten)		Einzelpreis	Gesamtpreis
Ganze Fläche mit Füllspachtel bis zur Glätte spachteln, nachschleifen und entstauben	0,200 Stück Schleifpapier K 100 0,800 kg Füllspachtel 25 kg Sack 9 min. Arbeitszeit	0,35 0,65 0,56	0,000 0,52 5,06
		Preis/m²	5,58
Grundbeschichtung mit Makulatur	0,070 kg Makulatur 4 min. Arbeitszeit	2,70 0,56	0,19 2,25
		Preis/m²	2,44
Mit Makulatur auf Stoß tapezieren, einschließlich Lieferung	1,100 m² Makulaturpapier 0,010 kg Spezialkleister 5 min. Arbeitszeit	3,81 17,00 0,56	0,47 0,17 2,81
		Preis/m²	3,45
Prägetapeten oder waschbeständige Tapeten auf Stoß tapezieren, Tapeten werden gesondert berechnet	0,010 kg Spezialkleister 14 min. Arbeitszeit	17,00 0,56	0,17 7,84
		Preis/m²	8,01
Beschichtung mit Latexfarbe (seidenglänzend, scheuerbeständig nach DIN EN 13300, Klasse 2)	0,180 kg Latexfarbe LF 12,5 l 4 min. Arbeitszeit	2,89 0,56	0,52 2,25
		Preis/m²	2,77
Latexplastik (seidenglänzend, scheuerbeständig) auftragen und gleichmäßig strukturieren	0,500 kg Glanzplastik 15 kg 7 min. Arbeitszeit	4,42 0,56	2,21 3,94
		Preis/m²	6,15
Zwischen- und Schlussbeschichtung mit Siloxan Fassadenfarbe, wetterbeständig nach DIN 18363	0,350 l Siloxan Fassadenfarbe 12,5 l 7 min. Arbeitszeit	5,62 0,56	1,97 3,94
		Preis/m²	5,91
Beschichtung mit Reibeputz 2 mm (außen) DIN 18558, mit rostfreier Stahlkelle auftragen, mit Kunststoffkelle strukturieren	2,800 kg Reibeputz bis 2 mm 11 min. Arbeitszeit	2,36 0,56	6,61 6,19
		Preis/m²	12,80
Fenster: Altanstrich mattschleifen und entstauben	0,500 Stück Schleifpapier K 100 10 min. Arbeitszeit	0,350 0,56	0,175 5,62
		Preis/m²	5,79
Zwischenbeschichtung mit Ventilationsgrund streichen	0,120 l Ventilationsgrund 2,5 l 8,5 min. Arbeitszeit	8,00 0,56	0,96 4,78
		Preis/m²	5,74

Grundlagen
Werkstoffe, Hilfsstoffe
Werkzeuge, Geräte, Gerüste
Arbeitstechniken
Gestaltung
Arbeitsschutz, Umweltschutz
Aufmaß, Abrechnung
Betriebsführung
Quellen

Zuschlagskalkulation

- Die Zuschlagskalkulation ist ein Kalkulationsverfahren, bei dem die Gemeinkosten als prozentuale Zuschläge den Einzelkosten hinzugerechnet werden.
- Für Mal- und Lackierarbeiten sind allgemeingültige Preise nicht vorhanden, da es keine absolut feststehenden Werte für Leistungszeiten und Werkstoffverbrauchsmengen gibt.
- Der Werkstoffverbrauch schwankt je nach Art des Untergrundes und Ergiebigkeit des Materials. Je nach wirtschaftlicher Struktur ist die Höhe des Gemeinkostensatzes unterschiedlich.
- Die durch mögliche Fehlansätze in der Nettokalkulation entstandenen Verluste, werden mit dem „Kalkulatorischen Zuschlag für Gewinn und Wagnis“ abgedeckt.
- Bei der summarischen Zuschlagskalkulation (s. Lohnpreisberechnungsbeispiel unten) verzichtet man auf eine Kostenstellenbildung. Die Kostenträgergemeinkosten werden als ein geschlossener Block, d. h. summarisch kalkuliert. Für die Verrechnung der gesamten Kostenträgergemeinkosten wird nur eine einzige Zuschlagsbasis verwendet, z. B. die Summe der für ein Erzeugnis erfassbaren Einzelkosten oder lediglich bestimmte Arten von Einzelkosten (z. B. Lohnkosten, Materialeinzelkosten).
- Für Maler/-innen und Lackierer/-innen bieten sich hierfür die **direkt verrechenbaren Löhne** an, weil einige Gemeinkostenarten direkt proportional zum Lohneinsatz sind, so zumindest die lohngebundenen und fertigungsbedingten Gemeinkosten.

Die Obergrenze des Gemeinkostenzuschlags für Maler- und Malerinnenbetriebe liegt bei etwa 199 %, die Untergrenze bei etwa 145 %. Bei der Untergrenze sind die kalkulatorischen Kosten (Eigenmiete, Unternehmer/-innenlohn, Abschreibungen und die kalkulatorische Verzinsung) unberücksichtigt geblieben.

Um die Grundlagen der Preisberechnung zu verstehen und richtig anzuwenden, ist es nützlich, mit dem vom Bundesverband Farbe Gestaltung Bautenschutz herausgegebenen Werk „Grundlagen der Preisberechnung“ zu arbeiten.

Vorkalkulation

Vor Annahme eines Auftrages findet eine Vorkalkulation statt. Sie hat die Aufgabe, für ein einzelnes Stück oder eine einzelne Leistung die Selbstkosten und auf deren Grundlage den Angebotspreis zu berechnen. Neben den Selbstkosten wird noch ein Zuschlag für Wagnis und Gewinn berücksichtigt. Folgende Fragen stellen sich dabei im Vorfeld:

- Wie viel Arbeitszeit ist erforderlich?
- Wie hoch ist der Preis für das benötigte Material?
- Ist eine Aufteilung in Maschinen- und Handarbeit zu erwarten?
- In welche der drei Leistungsgruppen ist der Auftrag einzureihen?
- Nach welcher Verrechnungsart sollen die Gemeinkosten aufgeschlagen werden? Welcher Gewinnzuschlag entspricht der Besonderheit des Auftrages und der jeweiligen betrieblichen Lage?

Erfahrungswerte aus der Vergangenheit spielen bei der Beantwortung dieser Fragen eine wichtige Rolle. Die aus der Vergangenheit gewonnenen Ist-Werte als Durchschnitts- oder Erfahrungswerte gehen in die Vorkalkulation ein. Diese Werte müssen stets an Veränderungen angepasst und aktualisiert werden. Dennoch bleiben Unsicherheitsfaktoren wie Preisänderungen, Lohnerhöhungen usw. als Restrisiko.

Lohnpreisberechnungsbeispiel

Lohn für einen Helfer oder eine Helferin	14,73 EUR
+ Zuschlag für Gemeinkosten 187 %	27,55 EUR
= Selbstkosten	42,28 EUR
+ 8 % Zuschlag für Gewinn und Wagnis	3,38 EUR
= Nettolohnpreis für eine Stunde	45,66 EUR

Kalkulationsgrundlagen wie Effektivlöhne, Gemeinkosten, Sonderkosten, Gewinn- und Wagniszuschläge sind betriebsindividuell zu ermitteln.

Nachkalkulation

Nach Abschluss der Leistungserstellung findet eine Nachkalkulation statt. Hierbei sind die tatsächlich angefallenen Kosten je Stück, je Auftrag oder je Abrechnungsszeitraum zugrunde zu legen.

In erster Linie dient die Nachkalkulation
- der Kostenermittlung und Kostenkontrolle,
- der Ermittlung des Reingewinns und der Gewinnspanne,
- der Kontrolle der Vorkalkulation und ihrer Wirtschaftlichkeit durch Gegenüberstellung der Ist- und Soll-Werte.

Folgende Fragen stellen sich dabei im Vorfeld:
- Welche Materialkosten sind bei den Arbeiten entstanden?
- Wie viel Lohn ist angefallen?
- Welcher Gemeinkostenzuschlagssatz ist in Ansatz zu bringen?
- Welche Höhe des Gewinnzuschlages ist vertretbar?

Beispiel einer Nachkalkulation

Auftragsdaten
- Bruttoerlös: 10611,10 EUR
- Es wurden 390 m^2 Wandfläche mit Glasgewebe tapeziert
- Wandfläche mit Latex Sg. gestrichen
- In diesem Fall gezahlter Stundenlohn: 13,05 EUR
- Gemeinkosten der direkt verrechenbaren Löhne: 187,5 %
- Insgesamt sind 175,5 Stunden angefallen
- Netto-Materialpreise und Verbrauchswerte:

Gewebekleber	1,43 EUR/kg	Verbrauch 250 g/m^2
Glasgewebe	2,24 EUR/m^2	Verbrauch 1,10 m^2/m^2
Latexfarbe seidenglänzend	3,83 EUR/l	Verbrauch 400 ml/m^2

Lösung

Erzielter Bruttoerlös		10611,10 EUR	
– Mehrwertsteuer (19 % MwSt. gerechnet)		2016,11 EUR	
= Erzielter Nettoerlös			+ 8594,99 EUR
Werkstoffkosten (laut Werkstoffzettel)			
Gewebekleber	390 · 0,25 · 1,43	139,43 EUR	
Gewebe	390 · 1,10 · 2,24	960,96 EUR	
Latexfarbe	390 · 0,40 · 3,83	597,48 EUR	
Gemeinkosten auf Werkstoffkosten		./.	
Direkt verrechenbare Löhne	175,5 · 13,05	2290,28 EUR	
Gemeinkosten auf die Löhne	187,5 %	4294,28 EUR	
Sondereinzelkosten		./.	
= Gesamtkosten			– 8282,43 EUR
Ergebnis (vor Steuern)			+ 312,56 EUR
Ergebnis in % des erzielten Nettoerlöses		$\frac{\text{Gewinn} \cdot 100\,\%}{\text{erzielter Nettoerlös}}$	$\frac{312{,}56 \cdot 100\,\%}{8594{,}99} = 3{,}63\,\%$

Kosten einer Arbeitsstunde	
Kosten in EUR	Lohn
1. Direkt verrechenbarer Lohn (pro Stunde, Helfer/-in)	13,68
2. Gemeinkosten	
2.1 Lohngebundene Kosten (etwa 80 %)	10,94
2.2 Leistungsbedingte Gemeinkosten (20 %) – Hilfs- und Betriebsstoffe – Geringwertige Wirtschaftgüter – Instandhaltung für Werkzeuge und Geräte – Betriebskosten des Fuhrparks – Beiträge, z. B. Berufsorganisation, Sachversicherung – Verzinsung des Betriebsmittelbedarfs	2,74
= Leistungabhängige Gemeinkosten	13,68
= Variable Kosten (1 + 2.1 + 2.2)	27,36
2.3 Personalgemeinkosten (Fixe Kosten etwa 45 %) – Kalkulatorischer Unternehmer/-innenlohn – Gehälter für kfm./technisches Personal – Löhne für Lagerarbeiter/-innen, Fahrer/-innen usw.	6,16
2.4 Sachgemeinkosten (Fixe Kosten etwa 42 %) – Kalkulatorische effektive Miete – Kalkulatorische Abschreibung – Energie, Heizung, Reinigung – Steuer- und Rechtsberatung – Büromaterialien, Telefon, Porto – Steuern, Gebühren und Umlagen – Reisespesen, Werbungskosten – Bereitschaftskosten Fuhrpark – Verzinsung des Anlagevermögens – Sonstige Gemeinkosten	5,75
= Fixe Gemeinkosten (2.3 + 2.4)	11,91
= Summe der Gemeinkosten (etwa 187 %)	25,59
3. Lohn und Gemeinkosten	39,27
4. Wagnis und Gewinn (3 bis 15 %) hier mit 5 %	1,96
5. Lohnpreis je Arbeitsstunde (netto)	41,23 EUR plus Mehrwertsteuer

Errechnung und Handhabung des Lohnmalnehmers			
Zur Vereinfachung der Preisberechnung bedient man sich eines sogenannten Lohnmultiplikators.			
Beispiel	Hundertsatz	Lohn	Durchschnitt
Errechneter Stundenlohn 100 %	100 %	14,73 EUR	13,49 EUR
+ Gemeinkostenzuschlag 187 %	187 %	27,55 EUR	25,23 EUR
= Selbstkosten	**287 %**	42,28 EUR	38,72 EUR
+ Gewinn und Wagnis 8 %	22,96 %	3,38 EUR	1,93 EUR
Lohnpreis je Stunde	**309,96 %**	45,66 EUR	40,65 EUR
Lohnmultiplikator 3,10 (310 %)			
Vereinfachte Rechnungsart		14,73 · 3,10	13,49 · 3,01
Lohnpreis je Stunde		45,66 EUR	40,60 EUR
Lohnpreis je Minute		0,76 EUR	0,68 EUR
	45,66 : 60 min = 0,76 EUR		

Marketing für Malerbetriebe

Marketing ist eine unternehmerische Denk- und Führungsweise, die den Markt und die Kundschaft in den Mittelpunkt aller Überlegungen und Maßnahmen stellt.

Ausgangspunkt und Grundlage ist die **Marktanalyse und -beobachtung**, um zukünftige Entwicklungen prognostizieren zu können. Mit den Methoden der Marktforschung werden Informationen über die Zielgruppen, ihr Konsumverhalten, die Konkurrenzsituation, die Produkte und das Unternehmensimage systematisch gesammelt, ausgewertet und aufbereitet.

Zielgruppe (Kriterien)	Geografisch und soziodemografisch: Wohnort, Wohnumfeld, Geschlecht, Alter, Fami-lienstand, Ausbildung, Beruf, Einkommen
	Psychografisch: Einstellung, Werte, Zufriedenheit, Motive, Emotionen
Konsumverhalten	Erst-/Wiederkäufer/-in, Innovationsverhalten, Mediennutzung, Kaufhäufigkeit, Meinungsführerschaft
Konkurrenzsituation	Wir groß ist der Gesamtmarkt in der Region? Wie groß ist mein Marktanteil? Wie wird sich der Markt entwickeln?
Produkte	Was biete ich meiner Kundschaft, was andere nicht anbieten? Produkteigenschaften
Unternehmensimage	Wie ist die Außenwirkung meines Unternehmens auf die Kunden und Kundinnen und das sonstige Umfeld?
Festlegung der Marketingziele	Konkrete Zielsetzungen hinsichtlich Leistungsumfänge und Kundschaft erarbeiten, z. B. Anlegen eines Ideenbuchs, Mitarbeit in einer Erfahrungsgruppe wie www.farbe.de, Marketingseminare
Marketinginstrumente und Marketing-Mix	Basierend auf den Marketingzielen werden im Marketing-Mix alle Entscheidungen bezüglich des Produktangebots und der Produktgestaltung, des Preises und der Konditionen, der Kommunikation, insbesondere der Werbung, und des Vertriebsweges festgehalten.
Kontrolle	Erfolg des Marketings durch gezieltes Nachfragen bei den Kund/-innen ermitteln

Franchise

Grundlagen	• In einem Franchise wird eine Geschäftsidee gegen Gebühren überlassen. Der gesamte Marktauftritt und das Marketing sind enthalten. Betriebsinhaber/-innen greifen damit auf die Erfahrungen der Franchisegebenden zurück. • In dem Paket sollte in jedem Falle eine genaue Übersicht der Leistungen (Gebührenstaffel, Beratungsstunden, Preise der Promotionmaßnahmen usw.) gelistet sein. • Ein Gebietsschutz ist immer zu vereinbaren. • Die Befragung eines/einer etablierten Franchisenehmenden durch die Interessenten ist ratsam.
Hinweise	Weitere Infos gibt der Deutsche Franchise-Verband e. V. (www.franchiseverband.com). Im Maler- und Malerinnenbereich gibt es folgende Franchisegebende: Optimaler, Arta, Etras.

Marketingbereiche

- Die Marketingbereiche umschreiben genau umrissene Leistungen und Zielgruppen.
- Die bekannten Leistungen werden mit einer Idee, die für die Kundschaft einen Nutzen haben muss, kombiniert.
- Diese Bereiche, sie sind ergänzbar und kombinierbar, werden mit besonderen Aktionen beworben.

Marketingbereich	Ideenbeschreibung	Werbung
Senioren	Menschen (ab 55 Jahre Vorruheständler) lassen aus verschiedenen Gründen (Reichtum, Prestige, Kinderlosigkeit) Arbeiten vom Handwerk erledigen, auch mit Full-Service und Urlaubsservice	Anzeigen und Faltblätter, z. B. in Seniorenzeitungen
Frauen	Malermeisterinnen und Gesellinnen arbeiten nur für Kundinnen	Direct Mailing, Anzeigen in Frauenmagazinen

Marketingbereiche (Fortsetzung)

Marketing-bereich	Ideenbeschreibung	Werbung
Full-Service	Übernahme aller anfallenden Arbeiten bei Überholungsarbeiten – Leistungen in den Bereichen Raumausstattung, Elektrik, Sanitätsinstallation – in der Regel durch bekannte Fachbetriebe.	Direct Mailing an Büros von Architekten und Architektinnen, Gebäudeverwalter/-innen, Anzeigen
Facility Management	Facility Management meint das wirtschaftliche Betreiben eines Gebäudes von der Planung über Nutzung bis zum Abriss. Hauswartungsverträge, Ingenieurbüros planen und vergeben.	Als Subunternehmen, aber auch als Handwerker-zusammenschluss über Ausschreibungen
Ökologie	Verarbeitung ökologisch orientierter Produkte (Farben, Lacke, WDVS usw.) bei ökologisch interessierten Kund/-innen.	Anzeigen
Singles	Gut ausgebildete Berufstätige mit wenig Zeit erhalten einen Full-Service bei der Wohnungsrenovierung.	Anzeigen
Illusions-malerei	Repräsentative Räume (z. B. auch Swimming-Pools) erhalten Flächengestaltung in Form eines Gemäldes.	Direct Mailing, Mund-zu-Mund, Berichte im redaktionellen Zeitungsteil
Urlaubsservice	Renovierung während der urlaubsbedingten Abwesenheit der Kunden und Kundinnen	Anzeigen
Design-Maler	Komplettprogramm der Innenraumgestaltung, also Raumausstattung, Parkett, Tapezierung, Lackierung, Sondertechniken wie Spanndecken, Fresko und Sekkotechniken, oft auch schon mit Beratungsstudio.	Direct Mailing, Anzeigen
Abbeiz- und Lackierservice	Ein stationärer Abbeizservice mit anschließender Spritzlackierung (Türen, Möbel, Industrieteile), auch ohne Abbeizservice, z. B. Pulverbeschichtungen	Anzeigen, Direct Mailing
Graffitiservice	Innerhalb einer vertraglich beschriebenen Zeit garantiert der Maler- und/oder Malerinnenbetrieb die Entfernung der Graffitis.	Hausverwaltungen, Anzeigen, Direct Mailing
Wartungs-dienst	Nicht umfangreiche Arbeiten, z. B. bis 7 Gesell/-innenstunden, wie Wasserfleckenentfernungen, Ausbesserungen werden von einem Dienstfahrzeug des Kunden/der Kundin umgehend ausgeführt („Maler/-innenschnelldienst").	Über die Auftragsannahme
Night-Service	Arbeiten, bei denen der Tagesablauf nicht gestört werden soll, werden nach Arbeitsschluss (15 bis 17 Uhr) ausgeführt (auch „Weekendservice" möglich).	Direct Mailing
Wartungs-verträge	Diese Verträge binden Kund/-innen und sind hinsichtlich Leistungen und Zeitumfängen genau zu beschreiben.	Direct Mailing

Corporate Identity

Idee	• Corporate Identity (Unternehmenspersönlichkeit) möchte eine Verbindung und eine Einheitlichkeit der drei Unterbereiche Verhalten, Kommunikation und Erscheinungsbild ermöglichen. • Der Handwerksbetrieb soll erreichen, dass sein Unternehmen nach innen – also zu den Beschäftigten – und nach außen – also zu den Kunden und Kundinnen und dem Marktumfeld – als eine Persönlichkeit, also als ein Unternehmen, auftritt.
Bereiche	Corporate Identity unterteilt sich in einem Handwerksunternehmen in drei Bereiche: • Das Unternehmensverhalten (Corporate Behaviour) • Die Unternehmenskommunikation (Corporate Communication) • Das Unternehmenserscheinungsbild (Corporate Design)

Corporate Identity (Fortsetzung)

Unternehmensverhalten	Unternehmenskommunikation	Unternehmenserscheinungsbild
• Leistungsangebote • Lohnpolitik • Umgang mit Kundschaft • Qualitätsmanagement • Preisgestaltung • Umgang mit Lieferunternehmen • Verhalten von Beschäftigten • Auswahl von Lieferunternehmen	• Pressearbeit • Sponsoring • Werbung • Ausstellungen • Schulung für Beschäftigte • Information für Beschäftigte	• Gestaltungskonzept mit Firmenlogo, Firmenschrift, Firmenfarben und Gestaltungsraster • Kontakte zu Kund/-innen wie Briefe, Visitenkarten, Plakate, Anzeigen, Briefformulare • Werkstatt und Baustellen (Abfallplätze, Planenwerbung, Bürogestaltung, Gebäudewerbung) • Sachmittelbereich wie Fahrzeuggestaltung, Arbeits- und Schutzkleidung

Eine einheitliche und klare Linie in allen drei Bereichen führt zu einer besseren Erkennbarkeit der Firma durch den Kunden oder die Kundin und zu einem reibungsloseren Umgang innerhalb der Belegschaft.

Bedenken anmelden

Grundlagen	VOB/B § 4 Nr. 3 Mitteilung von Bedenken, VOB/B § 13 Nr. 3 Befreiung von der Gewährleistung von diesen Mängeln, VOB DIN 18363, BFS-Merkblatt 20 (mit Formulierungen)
Form	• Es wird immer die schriftliche Form empfohlen. • Die Absicherung des Auftragnehmers/der Auftragnehmerin durch die Bedenken soll die Gewährleistung einschränken. • Deshalb ist auch das Gespräch mit dem Auftraggeber/der Auftraggeberin wesentlich, um eine Einsicht zu erzeugen. • Der Eindruck sollte vermieden werden, dass durch das Bedenken anmelden der Auftragnehmer/die Auftragnehmerin keine Gewährleistung geben will.

Mustertext (in Briefform zu schreiben und zu unterschreiben)

Briefkopf Betrieb, Datum, Bearbeiter/-in

Adresse Auftraggebende

Auftrag: ...... Leistungsverzeichnis Nr.: ......
Vorbehalt nach VOB/B § 4 Nr.3

Sehr geehrte Damen und Herren,

bei der Prüfung der von uns zu bearbeitenden Untergründe haben wir Folgendes festgestellt:

Hier Textbausteine einsetzen (siehe nächste Seite)

Wir sind nach VOB/B § 4 Nr.3 verpflichtet, Sie auf die oben genannten Bedenken hinzuweisen. Diese Hinweise sind in Ihrem Interesse, denn durch rechtzeitige Abhilfe bzw. Änderung der Bearbeitungstechnik können wir Ihnen die volle Gewährleistung für unsere Arbeit zusichern. Wir möchten Sie bitten, sich baldmöglichst mit uns in Verbindung zu setzen, um das weitere Vorgehen abzustimmen. Sollten wir dagegen bis zum ... nichts von Ihnen hören, gehen wir davon aus, dass Sie trotz unserer Bedenken auf die Durchführung der Arbeiten durch uns bestehen. In diesem Falle sind wir aber nach VOB/B § 13 Nr. 3 von der Gewährleistung für diesen Mangel frei, falls es zu Schäden kommt.

Mit freundlichen Grüßen

Bedenken anmelden (Fortsetzung)	
Anlass/ Schaden	Textbausteine
Dunkle Lasuren	„Die Aufheizung dunkler Lasurtöne ist wesenlich stärker als diejenige heller Lasurtöne. Harz kann austreten und Beschichtungsstörungen verursachen. Mit der Anstrichtechnik kann dieser Vorgang nicht verhindert werden."
Fleckenbildung Gipsplatten	„Gipsplatten sind als unproblematische Untergründe bekannt. Inhaltsstoffe des Kartons können jedoch zu Braunverfärbungen der Beschichtungen bzw. der Tapezierung führen. Dies passiert vor allem dann, wenn zwischen der Montage und der Bearbeitung durch den Maler oder die Malerin die UV-Strahlung längere Zeit auf den Karton einwirkt. Die Vorgänge sind nicht in ihren Auswirkungen vorhersehbar."
Helle Lasuren	„Der von Ihnen gewünschte Farbton xy (z. B. Kiefer) schützt das außen verbaute Holz nicht vor der UV-Strahlung. Gering pigmentierte Lasuren stellen keinen geeigneten Holzschutz dar, weil das Holz durch Ligninabbau vergrauen wird. Eine Gewährleistung lehnen wir deshalb ab." (Bei Klarlackwünschen der Kundschaft ist entsprechend zu formulieren).
Dispersionslackfarben	„Die von Ihnen für die Lackierung der Fenster (Türen, Heizung) gewünschte Dispersionslackfarbe gehört zu einer Produktgruppe, die nicht die Eigenschaften wie Strapazierfähigkeit und Reinigungsfähigkeit aufweist wie vergleichbar lösemittelhaltige Produkte auf Alkydharzbasis."
Profilbretter	„Die von mir zu bearbeitenden Kiefer-Profilbretter sind unbehandelt auf einer Konterlattung aufgebracht worden. Der nach dem Stand der Technik (BFS Nr. 18) erforderliche Bläueschutzanstrich und ein Dünnschichtlasurauftrag vor dem Einbau konnten nicht durchgeführt werden. Durch Schwund entstehende hellere Stellen im Federbereich und Bläuepilzbefall von hinten sind nicht auszuschließen."
Anschlussfugen Gipsplatten	„Die Anschlussfugen zwischen den Gipsplatten und dem Mauerwerk sind mit einem Dichtstoff verfugt. Diese Fugen werden neu ausgespritzt und aus optischen Gründen überstrichen (übertapeziert). Fugenabrisse bzw. Farbtonänderungen sind möglich und können von uns nicht beeinflusst werden." Alternativ: Gleitfugenprofile vorschlagen.
Alkydharzlacke	„Die von Ihnen ausgewählte Produktgruppe Alkydharzlack ergibt glatte, strapazierfähige und reinigungsfähige Oberflächen. Die Alkydharze neigen zum Vergilben und zwar um so stärker, je dunkler der Raum ist. Im direkten Kontrast zu gleichfarbigen Anstrichen mit Acryldispersionsfarben können hier Unterschiede bemerkt werden. Sie liegen außerhalb unserer Einflussmöglichkeiten."
Holztüren	„Holztüren mit Füllungen können nach fachgerechtem Anstrichaufbau – wozu auch die Einhaltung der Holzfeuchtemesswerte zählt – an der Anschlussstelle Füllung und Rahmen durch Quellen und Schwinden reißen. Das Ergebnis ist kein Grund zur Beanstandung."
Balkone	„Die von uns zu bearbeitenden Bodenbretter aus Holz haben einen Ablaufwinkel, der unter 15 % liegt. Die Verweildauer des Wassers ist damit hoch, ein beschleunigter Abbau der Beschichtung kann erfolgen. Die Gewährleistung nach VOB ist damit nicht möglich. Weiterhin können ausgewaschene Holzinhaltsstoffe zu Verfärbungen an ihrer Fassade bzw. ihren Balkonflächen führen."
Algenbildung auf WDVS	„Während bei einer ungedämmten Fassade die Wärmetransmission für ein rasches Abtrocknen der Fassadenfläche nach Regen sorgt, wird durch das WDVS erreicht, dass die Wärme im Mauerwerk verbleibt und nicht zum Außenputz gelangt. Der Regen kann weniger rasch abtrocknen. Unter ungünstigen klimatischen und örtlichen Bedingungen kann es zur Algen- und Pilzbildung kommen. Eine fungizide und algizide Ausrüstung der Schlussbeschichtung kann das Problem zunächst unterdrücken, aber auf Dauer nicht zuverlässig unterbinden."
Gerüste	„Das von uns vorgefundene Gerüst entspricht nicht den Aufbauvorschriften der Bau BG und stellt für meine Mitarbeiter und Mitarbeiterinnen ein Risiko dar. So fehlen Gerüstanker, Gerüstholme und Aufstiegsleitern. Veranlassen Sie umgehend das Gerüstbauunternehmen zu einer Behebung der Mängel."

Qualitätsmanagement

Zielsetzungen:
Ein Qualitätsmanagementsystem möchte zum einen die Zufriedenheit der Kundinnen und Kunden erhöhen und zum anderen die innerbetrieblichen Ablaufprozesse reibungsloser gestalten.

Begriffe — **DIN EN ISO 9000:**2015-11

Begriffe (Auswahl)	Erklärung
Qualität	Grad, in dem ein Satz innewohnender Merkmale Anforderungen erfüllt
Einheit	Kann z. B. ein Produkt, eine Tätigkeit, eine Dienstleistung sein
Kunde/-in	Empfänger/-in der von Liefernden bereitgestellten Produkte oder Dienstleistungen
Dienstleistung	Ein im Kontakt zwischen der Kundschaft und dem Lieferanten/der Lieferantin sowie durch die Arbeit bzw. der Liefernden erbrachtes Ergebnis zur Erfüllung der Erfordernisse der Kundschaft
Qualitätsmanagement	Aufeinander abgestimmte Tätigkeiten zum Leiten und Lenken einer Organisation bezüglich Qualität
QM-System	Organisationstrukturen, Verfahren und Abläufe, um ein Qualitätsmanagementsystem in einem Betrieb zu installieren
Qualitätssicherung	Begleitende Dokumentation aller wesentlichen Tätigkeiten im Herstellungsbereich
Qualitätskontrolle	Bezeichnet die Endkontrolle und betrachtet nur das fertige Produkt
Qualitätshandbuch	Dokument, in dem das QM-System eines Betriebes mit den Verfahrensanweisungen beschrieben ist
Zertifizierer, Auditor	Prüfer/-in eines QM-Systems von einer anerkannten Zertifizierungsgesellschaft
Qualitätsaudit	Momentaufnahmen zur Überprüfung des QM-Systems
Produkt	Ergebnis von Prozessen wie Beschichtungen, Montagen, Entwürfe
Verfahrensanweisung	In der DIN EN ISO 9000 festgelegte Tätigkeit (siehe Tabelle), um ein QM-System durchzuführen
Arbeitsanweisung	Genaue Vorgaben für die Tätigkeiten der Beschäftigten, die bei den jeweiligen Verfahrensanweisungen durchzuführen sind

Qualitätsmanagementnorm — **DIN EN ISO 9001:**2015-11

- Für Maler- und Malerinnenbetriebe kommt in der Regel die DIN EN ISO 9001 in Betracht.
- Diese Norm wird bei denjenigen Betrieben angewendet, die alle Tätigkeitsbereiche umfassen.
- Grundlage der Norm ist der Prozessgedanke.
- Jedes Produkt und auch jede Dienstleistung wird durch ein Netzwerk von ablaufenden Prozessen, die ineinander verzahnt sind, geschaffen.
- Nach DIN EN ISO 9001 sind 20 Verfahrensanweisungen nötig, um eine Dienstleistung erfüllen zu können.

Verfahrensanweisungen (VA) Prozessbeschreibungen — **DIN EN ISO 9001:**2015-11

Nr.	Bezeichnung	Inhalte für Maler- und Malerinnenbetriebe
1	Verantwortung der Leitung	Festlegung der Zielsetzung, Organisationsdiagramm des Betriebes
2	QM-System	Dokumentation des Systems beim Betrieb
3	Vertragsüberprüfung	Abstimmung von Wunsch der Kundschaft und Vertragsgestaltung
4	Designlenkung	Planung der Aufträge von Kundinnen und Kunden
5	Lenkung der Dokumente	Kennzeichnung, Archivierung, Freigabe von Dokumenten

Grundlagen
Werkstoffe, Hilfsstoffe
Werkzeuge, Geräte, Gerüste
Arbeitstechniken
Gestaltung
Arbeitsschutz, Umweltschutz
Aufmaß, Abrechnung
Betriebsführung
Quellen

Verfahrensanweisungen (Fortsetzung)

Nr.	Bezeichnung	Inhalte für Maler- und Malerinnenbetriebe
6	Beschaffung	Regelung der Lieferung, Kontrolle der Lieferant/-innen, Eingangsprüfungen der Lieferungen
7	Von Auftraggebenden beigestellte (gelieferte) Produkte	Trifft für Maler- und Malerinnenbetriebe kaum zu
8	Rückverfolgbarkeit der Produkte	Identifizierung der bei einem Auftrag gebrauchten Produkte, wesentlich vor allem bei Schäden
9	Prozesslenkung	Planung und Steuerung aller Arbeitsabläufe
10	Prüfungen	Erstellung eines Prüfplans für alle anfallenden Prüfungen wie Eingangsprüfung, Zwischenprüfungen, Untergrundprüfungen, Bauabnahmeprüfung
11	Prüfmittelüberwachung	Überwachung der Eichung und Normgerechtigkeit der Prüfmittel wie Holzfeuchtemessgeräte, Schmidt Hammer
12	Prüfstatus	Feststellung welche Prüfungen beim konkreten Auftrag der Kundschaft erfolgt sind, in der Projektmappe eingeordnet
13	Lenkung fehlerhafter Produkte	Umgang mit Reklamationen: Registrierung, Bewertung, Behebung
14	Korrekturmaßnahmen	Auswertung von Reklamationen, Entdeckung von Schwachstellen
15	Lagerung	Transport und Lagerung von Material und Fertigprodukten, Einhaltung von Temperaturen und Umweltschutzbestimmungen
16	Qualitätsaufzeichnungen	Archivierung und Registrierung der Kunden- und Kundinnenaufträge
17	Qualitätsaudits	Überprüfungen der betrieblichen QM-Standards
18	Schulungen	Durchführung und Dokumentation von Schulungen
19	Wartung und Service	Festlegung der Wartungsverträge bzw. Serviceteams für kleine Aufträge
20	Statistik	Findet hier kaum Anwendung

Umsetzung der DIN EN ISO 9001:2015-11 **in Maler- und Malerinnenbetrieben**

Notwendigkeit	Die gesetzgebende Instanz schreibt nicht vor, nach einem QM-System zu arbeiten. Dies kann jedoch bei der Auftragsvergabe vom Auftraggeber/von der Auftraggeberin verlangt werden. Generalunternehmen können durchaus von Subunternehmen die Zertifizierung verlangen.
Kosten	Je nach Größe um 5000,00 bis 15000,00 EUR, Gruppenzertifizierung möglich und preiswerter, da alle Erarbeitungen mit dem Auditor/mit der Auditorin mit mehreren Betrieben erfolgen, Dauer 1 bis 2 Jahre
Nutzen	Erfahrungen bisher zertifizierter Betriebe belegen einen reibungsloseren Betriebsalltag, da die Beschäftigten durch die Erarbeitung der Arbeitsanweisungen wissen, welche Kompetenzen und welche Aufgaben sie haben. Der Imagegewinn wird von einigen Betrieben ebenfalls hervorgehoben.
Arbeitstechniken	Die 20 Verfahrensanweisungen werden jeweils in Gesprächen mit den Beschäftigten in Arbeitsanweisungen umgesetzt. Diese können z. B. Checklisten beinhalten. Je detailgetreuer diese Listen, desto weniger Fehler können auftreten. Da alle Papiere zu einem Auftrag dokumentiert und archiviert werden, können im Schadensfalle z. B. alle Prüfungen schnell und problemlos belegt werden.
Beschäftigte	Die Einbeziehung der Beschäftigten ist für die Akzeptanz wichtig. Durch das System der Dokumentation der betrieblichen Vorgänge fällt zu Beginn mehr Papier an; es führt aber auch dazu, dass sich alle Gedanken machen über eingefleischte Wege. Da jede Checkliste (z. B. Prüfungen nach VA 10) immer auch Hinweise zu der Durchführung und zu der Prüfperson enthalten, sind einige Reiberen und Unklarheiten eher zu beseitigen.

Umsetzung einer Verfahrensanweisung in eine Arbeitsanweisung			**DIN EN ISO 9001:**2015-11
Arbeitsanweisung Checkliste für die VA 3: Vertragsüberprüfung AA-03-01			
Prüfmerkmal	Eintragungen nach Vorgaben der Kundschaft	Eintragungen nach erstelltem Angebot	Eintragungen bei Auftragserteilung durch Kund/-innen
Kaufmännische Überprüfung			
Angebotsart	Architekt Sommer		
Submissionstermin	25.11.		
Auftraggeber/-in, Art der Arbeiten	Fam. Lüder,1 400 m^2 WDVS, PS, Min. Putz		
Bonität	Schufa		
Höhe des Auftrages	Etwa 92 000,00 EUR		
Wettbewerber/-innen	Heins, Wettrock, Klink		
Entfernung	34 km		
Vergabebedingungen	Billigst		
Mindesthöhe Ausgangsrechnung		87 000,00 EUR	
Erfüllungsbürgschaften			Beantragt
Zahlungsziele			Vertragsseite 3
Gewährleistung			Nach VOB
Verantwortliche			Architekt Sommer
Technische Überprüfung			
Technische Machbarkeit	Mit Gerüstbauer, Silo		
Liefertermine			Siehe Beiblatt 4 zur Projektmappe
Fertigstellungstermin			5. KW
Eigene Personalkapazität	Etwa 5 Mitarbeitende, Team 4		
Montageerschwernisse	Abhängigkeit vom Fensterbauer Sedl		
Einsatzbedingungen	Keine befestigten Wege		
Einhaltung technischer Vorschriften	BFS, GEG	BFS, GEG	BFS, GEG
Benötigte Materialien		Siehe Beiblatt Material Projektmappe	
Fremdleistungen		Gerüstbauer/-in, Silo	
Prüfungen	Prüfplan erstellen	Prüfungen im Angebot ausweisen	Eingangsprüfung Material, Montageprüfung Dämmplatten mit Architekten, Ebenheiten, Putzauftrag
Abnahmen		Abnahmeplan ausweisen	Zwischenabnahme vor Putz und Endabnahme

Managementsysteme	**DIN EN ISO 14001:**2015-11**, DIN ISO 45001:**2018 **und SCC, DIN EN ISO 50001:**2018-12
DIN EN ISO 14001	Umweltmanagement
DIN ISO 45001	Arbeitsschutzmanagement
DIN EN ISO 50001	Energiemanagement
DIN EN ISO 14001:2015-11	
Ziel der Norm	Erreichung der jeweils vom Betrieb beschriebenen Ziele in Bezug auf die Umweltleistung
Zielsetzungen	Bezogen auf Mal- und Kfz-Lackierbetriebe sind Ziele: Aufbau eines Entsorgungssystems, Verringerung des Energieeinsatzes, Analyse der Warenströme innerhalb des Betriebs
Methoden	Kontinuierlicher Verbesserungsprozess KVP mit dem Vierschritt Planen, Ausführen, Kontrollieren, Optimieren (und dann wieder beginnen mit der Planung)
Zertifizierung	Durch akkreditierte Zertifizierende wie Dekra, DQS usw.
DIN ISO 45001:2018	
Ziel der Norm	Aufbau eines nachvollziehbaren Arbeits- und Gesundheitsschutzes
Zielsetzungen	Vermeidung von Arbeitsunfällen, Reduzierung betrieblich hervorgerufener Krankheitstage, Verringerung von Haftungsrisiken durch Arbeitsunfälle, Schulungen, Dokumentationen
Methoden	In Anlehnung an bekannte Systeme wie DIN EN ISO 9001 und 14001: Kontinuierlicher Verbesserungsprozess, Gefährdungsanalyse, Risikoanalysen, Aufbau eines Inventars an relevanten Gesetzen, Notfallmanagement
Zertifizierung	Zentralverband des Deutschen Handwerks ZDH Zert, DQS, usw.
DIN EN ISO 50001:2018-12	
Ziel der Norm	Verbesserung der energiebezogenen Leistung eines Unternehmens
Zielsetzungen	Erreichung eines Wettbewerbvorteils durch Verringerung von Energie,
Methoden	Energieanalyse, Planung, Formulierung von Zielen, Aktionspläne entwickeln, Umsetzungskontrollen, siehe kontinuierlicher Verbesserungsprozess KVP
Zertifizierung	DQS u. a.

Kontinuierlicher Verbesserungsprozess KVP, auch Plan-Do-Check-Act-Kreis genannt, nach Deming

Der sogenannte Deming-Kreis ist im Grunde auf alle Verbesserungsprozesse, auf alle Qualitätssicherungssysteme anwendbar.
Er kann durch Mitarbeiter/-innen durchgeführt werden.

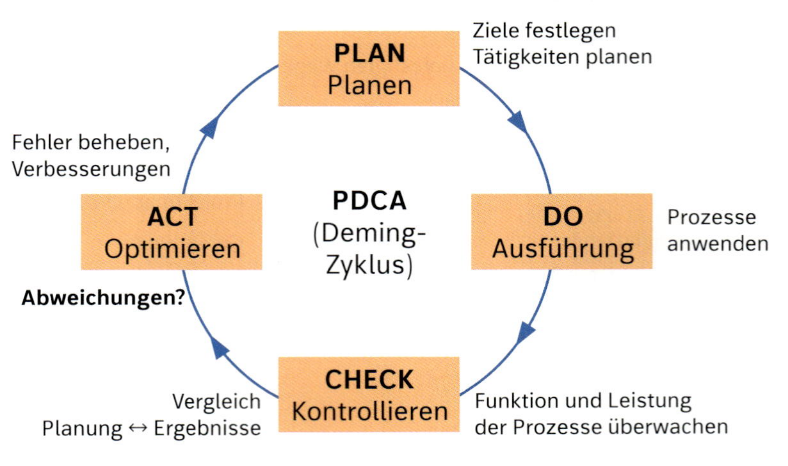

Tarifwerk	
Grundlagen	• Grundgesetz Artikel 9/3: Tarifverträge werden ohne Einfluss des Staates von den Tarifpartnern ausgehandelt • Tarifvertragsgesetz: Ermöglicht durch kartellähnliche Regelungen die Ausgestaltung der Arbeitsbedingungen in der Wirtschaft • Betriebsverfassungsgesetz: Regelt die Zusammenarbeit der Arbeitgebenden und Arbeitnehmenden (Betriebsrat) auf Betriebsebene
Tarifparteien	• Industriegewerkschaft IG BAU (Bauen-Agrar-Umwelt) und der • Arbeitgeberverband: Bundesverband Farbe Gestaltung Bautenschutz Bundesinnungsverband des deutschen Maler- und Lackiererhandwerks
Tarifgebundenheit	Tarifgebunden sind die Mitglieder der beiden Tarifparteien. Die Bindung an den Vertrag besteht solange, wie der Tarifvertrag besteht. Eine Kündigung der Mitgliedschaft in der jeweiligen Tarifpartei kann somit umgehend erfolgen, nicht aber ein Austritt aus dem jeweiligen Tarifvertrag. Seit 01.01.2009 ist der Rahmentarifvertrag allgemein verbindlich – siehe unten.

Rahmentarifvertrag für die gewerblichen Arbeitnehmer/-innen seit 01.01.2009 RTV

Er regelt den Rahmen, also die allgemeinen Grundlagen der Arbeitsverhältnisse. Der Rahmentarifvertrag ist allgemein verbindlich, er gilt also für alle gewerblichen Arbeitnehmer/-innen des Maler- und Lackiererhandwerks Deutschlands (ohne Saarland).

Zuschläge (in %, zuzüglich regulärem Lohn) nach § 36 RTV	
Mehrarbeit (Arbeitszeit über die Arbeitszeit von 39 Std pro Woche „Überstunden")	25 %
Nachtarbeit zwischen 20 und 6 Uhr	25 %
Nachtarbeit und Mehrarbeit	50 %
Arbeit an Sonntagen	50 %
Arbeit an Sonntagen und Mehrarbeit	75 %
Arbeit an Sonntagen und Mehrarbeit und Nachtarbeit	100 %
Arbeit an gesetzl. Feiertagen (auch wenn diese auf einen Sonntag fallen)	125 %
Arbeit an gesetzl. Feiertagen und Mehrarbeit	150 %
Arbeit an gesetzl. Feiertagen und Mehrarbeit und Nachtarbeit	175 %
Arbeit am Oster- oder Pfingstmontag, am 1. Mai, am 1. und 2. Weihnachtstag, am 1. Januar	200 %
Wie zuvor, aber Mehrarbeit	225 %
Wie zuvor, aber Mehrarbeit und Nachtarbeit	250 %

Hinweise: Vergütung je Stunde bei Auszubildenden 1/169 der monatlichen Ausbildungsvergütung plus Zuschlag. Auszubildende bis 18 Jahre dürfen Mehrarbeit, nicht aber Nachtarbeit, Arbeit an Sonntagen usw. machen. Bei Auszubildenden über 18 Jahren gelten die oben genannten Zuschläge.

Fahrtkosten § 38 ff. RTV

Fallbeispiele	Erstattung
Fahrten innerhalb der Arbeitszeit zwischen den Arbeitsstellen	Ersatz der Kosten für öffentliches Verkehrsmittel oder eigenen Pkw mit Kilometerpauschale (0,30 EUR/km)
Nahentsendung (d.h., Arbeitsantritt) ist direkt auf der Arbeitsstelle) bei einer Entfernung von bis zu 20 km von der Wohnung und länger als 8 Std. Arbeitszeit je Tag	Ersatz der Fahrtkosten und Mehraufwandsvergütung von 4,09 EUR je Tag (Tarifgebiet Ost 2,56 EUR)
Wie zuvor, aber 20 bis 30 km	Wie zuvor, nur 6,14 EUR (Tarifgebiet, Ost 4,09 EUR)
Wie zuvor, aber über 30 km	Wie zuvor, nur 8,18 EUR (Tarifgebiet, Ost 6,65 EUR)
Fernentsendung (Auslöse, mit Übernachtung, wenn der einfache Fahrweg mehr als 1¼ Stunden betragen wird, ohne gestellte Unterkunft)	Die Auslösung beträgt 24,00 EUR. Der Arbeitgeber trägt die Kosten der Unterkunft ohne Verpflegung. Fahrtkostenerstattung

Hinweise: Für Auszubildende gelten die gleichen Regelungen. Die Auslösung beträgt je Kalendertag 10/169 der tariflichen monatlichen Ausbildungsvergütung.

Rahmentarifvertrag für die gewerblichen Arbeitnehmer/-innen (Fortsetzung)

Urlaubsanspruch

Personenkreis	Dauer
Jugendliche und Auszubildende, die noch nicht 16 Jahre alt sind	25 Arbeitstage
Jugendliche und Auszubildende, die noch nicht 17 Jahre alt sind	23 Arbeitstage
Auszubildende nach dem 18. Lebensjahr	21 Arbeitstage
gewerbliche Arbeitnehmer/-innen nach dem 18. Lebensjahr	25 Arbeitstage
gewerbliche Arbeitnehmer/-innen nach dem 35. Lebensjahr	28 Arbeitstage
gewerbliche Arbeitnehmer/-innen nach dem 45. Lebensjahr	30 Arbeitstage

Hinweise
- Samstage zählen nicht als Urlaubstage
- Urlaubsjahr ist das Kalenderjahr
- Für die Berechnung des Lebensalters, der Betriebszugehörigkeit und des Ausbildungsverhältnisses ist als Stichtag der 1. Januar des Urlaubsjahres maßgebend
- 1 Woche hat 5 Arbeitstage bzw. 6 Werktage

Erschwerniszuschläge nach RTV § 35

Grund	Zuschlag
Ablaugen, Abbeizen oder Abbrennen alter Anstriche	10 %
Arbeiten mit außergewöhnlicher Staubentwicklung oder Verschmutzung	10 %
Auf- und Abbau von Gerüsten für die 1 Stunde je Tag überschreitende Zeit	10 %
Arbeiten in außergewöhnlich einengenden Räumlichkeiten (Kanäle, Schächte)	10 %
Arbeiten, die mit Sicherheitsgurt und Fangleine ausgeführt werden müssen	10 %
Erschwernisse (Stemmarbeiten, Bohrarbeiten) bei Betonschutz-, Oberflächensanierungs- und Wärmedämmverbundsystemarbeiten für die 1 Stunde je Tag überschreitende Zeit	10 %
Arbeiten auf beweglichen Hängegerüsten oder Arbeiten auf Gerüsten über einer Höhe von 20 Metern über der Erdoberfläche	15 %
Arbeiten, bei denen wegen gesundheitlicher Gefährdung eine Schutzmaske getragen werden muss (bei Spritzarbeiten, wenn eine Absaugeinrichtung nicht vorhanden ist oder nicht gestellt werden kann), bei Schimmelsanierung	20 %

Hinweise
- Fallen mehrere Erschwerniszuschläge zusammen, so ist bis zu einer addierten Obergrenze von 30 % zu zahlen.
- Für Arbeiten in strahlungsgefährdeten Bereichen gelten besondere Zuschläge bis 45 %.

Lohnarten

Lohn (West)	Berechnung	ab 01.01.2023 (EUR)
Gesell/-innenlohn im 1. Jahr	90 %	16,55
Gesell/-innenlohn im 2. Jahr	95 %	17,47
Ecklohn ab dem 3. Jahr	100 %	18,39
Vorarbeiter/-in	115 %	21,15
Meister/-in mit Weisungsbefugnis (seit 1.6.2013) 3695 bis 3911 EUR		
Ecklohn (Ost)	100 %	17,86

Ausbildungsjahr	Alle Bundesländer ab 01.08.2023
1	770,00 EUR
2	850,00 EUR
3	1.015,00 EUR

Mindestlöhne Maler/-in ab 01.04.2023	
Gelernte (Gesell/-innen)	14,50 EUR
Ungelernte	12,50 EUR

Fort- und Weiterbildungsmöglichkeiten		
Name der Fort- und Weiterbildung	Inhalte	Träger
Baustellenleiter/-in	Nach Vorarbeiter/-in die nächste Stufe	Einige Landesinnungsverbände des Maler- und Malerinnenhandwerks, Bundesverband Farbe
Berufsschullehrer/-in, Fachpraxislehrer/-in (Lehrer/-in an berufsbildenden Schulen)	Nach der Prüfung zur Meisterin/zum Meister erfolgt ein zweijähriger Vorbereitungsdienst, dann Verbeamtung	Kultusministeradressen der Länder über Kultusministerkonferenz Bonn
Berufsschullehrer/-in, Theorielehrer/-in (Lehrer/-in an berufsbildenden Schulen)	Mindestens 1 Jahr Betriebspraktikum, Universitätsstudiengang Lehramt Gestaltungstechnik, zweijähriger Vorbereitungsdienst, dann Verbeamtung	Über Arbeitsamt, Kultusministerkonferenz Bonn, Universitäten Essen, Hannover, Wuppertal, Dresden
Beschichtungsinspektor/-in	Korrosionsschutz nach EN V 12837, 2 Wochen, Gelernte und Meister/-innen	Institut für Korrosionsschutz Dresden
Betriebsassistent/-in im Handwerk	Kaufmännische Tätigkeiten im Handwerksbetrieb im mittleren Management, z. T. parallel zur Erstausbildung	Unterschiedliche Ausformungen in den jeweiligen Bundesländern, Agentur für Arbeit, Handwerkskammern
Betriebswirt/-in des Handwerks	Kurs in Abend- oder Wochenendformen für Meister/-innen, Kaufleute (umfangreiche Ausnahmen)	Handwerkskammern, Agentur für Arbeit
Bürofachwirt/-in im Personal- und Rechnungswesen	Abwicklung des betrieblichen Personal- und Rechnungswesens	Agentur für Arbeit
Dipl.-Betriebswirt/-in Fachrichtung Handwerk	Leitungsfunktionen	Agentur für Arbeit
Diplom-Ingenieur/-in	An der Fachhochschule bzw. an der Universität: Chemie, Architektur, Bau	Über Agentur für Arbeit
Energieberater/-in	Seminar vor allem im Rahmen der RAL Gütegemeinschaft für Wärmedämmung, aber auch frei	Bundesverband Farbe Gestaltung Bautenschutz, Landesinnungsverbände Maler/-innen und Lackierer/-innen
Existenzgründungsseminare	Aufbau einer Betriebsgründung, Recht, Finanzen, Partner	Handwerkskammer, Industrie- und Handelskammern
Fachkauffrau/-mann im Handwerk	Kurs in Abend- oder Wochenendformen für Meister/-innen, Gesell/-innen	Handwerkskammern, Agentur für Arbeit
Fachkauffrau/-mann Handwerkswirtschaft	Selbstständiges Lösen kaufmännischer Aufgaben	Agentur für Arbeit
Fachschulen (Technikerschulen)	In 2 Jahren Prüfung zum/zur Techniker/-in und in der Regel Prüfung zur Meisterin/zum Meister, Hochschulreife (Bachelor)	Fachschulen in Hildesheim, Berlin, Hamburg, Fulda, Münster, Stuttgart, München
Führungskraft im Qualitätsmanagement	Kurs in Abend- oder Wochenendformen für Meister/-innen, Gelernte	Handwerkskammern, Agentur für Arbeit
Fugentechnik	Schulungen durch: Baufugentechnik Maler- und Lackiererhandwerk e. V.	Über Bundesverband Farbe Gestaltung Bautenschutz
Gestalter/-in im Handwerk	Kurs in Abend- oder Wochenendformen für Meister/-innen, Gesell/-innen	Handwerkskammern, Agentur für Arbeit

Fort- und Weiterbildungsmöglichkeiten (Fortsetzung)		
Name der Fort- und Weiterbildung	Inhalte	Träger
Korrosionsschutz-seminar	Fortbildung über 3 Wochen für Meister/-innen, Gelernte, Korrosionsschutz-schein	Bildungszentrum Hansemann, Handwerkskammer Dortmund
Lacktechnologie	Angebote für verschiedene Bereiche der Anwendung	Vincentz Network
Marketingseminare, Betriebsführungs-seminare	Werbung, Kostenrechnung, EDV-Einsatz	Akademie des Maler- und Lackierer-handwerks e.V., Frauenkolleg
Kurse für Meister und Meisterinnen	Vorbereitungskurs, der in etwa 6 bis 9 Monaten mit der Prüfung zur Meiste-rin/zum Meister abschließt (z. T. auch in Abendform über zwei Jahre)	Über Agentur für Arbeit, Handwerks-kammern, Bundesverband Farbe Gestaltung Bautenschutz, Deutscher Stuckgewerbebund
Restaurator/-in im Handwerk	Kurs in Abend- oder Wochenendfor-men für Meister/-innen, Gelernte	Handwerkskammern, Agentur für Arbeit
Sachkunde Asbestzement (ASI)	Nach TRGS 519 unbedingt notwendig	z. B. Bauakademie
Schulungen	Kaufmännische, fachliche Schulungen	Frauenkolleg
Sicherheitsfachkraft	Nach Gefahrstoffverordnung	BG BAU
Sicherheits- und Gesundheitsschutz-koordination	Sachkunde gemäß Baustellenverord-nung, Baustellenkoordinator/-in	BauAkademie
SIVV – Schützen, Instandsetzen, Verbinden und Ver-stärken von Beton	Befähigungsnachweis Betoninstand-setzung, 2-Wochen-Lehrgang	Infos über die Bundesgütegemeinschaft: www.bgib.de
Sondertechniken und Denkmalpflege	z. B. Sgraffito, Marmorieren, Vergol-dung, Fachwerksanierung	Eytzinger, Görlitzer Fortbildungszentrum
Tapeten und Boden-beläge	Marketing, Produkterklärungen	FDTB Römerstein, Witex, Uzin
Umweltschutz-berater/-in im Handwerk	Kurs in Abend- oder Wochenend-formen für Meister/-innen, Gelernte (mit Ausnahmeregelungen). Mögliche Abschlüsse: • Sachkunde als Abfallbeauftragte/-r • Fachkundenachweis nach der Ent-sorgungsfachbetriebsordnung • Fachkundenachweis nach Transport-genehmigungsverordnung	Handwerkskammern, Agentur für Arbeit; die jeweiligen Abschlüsse sind je nach Lehrgang unterschiedlich
Vorarbeiter/-in	Nächste Stufe nach dem Gesellen und der Gesellin, Gruppenleiter/-in	Einige Landesinnungsverbände des Malerhandwerks, Adressen über Bundes-verband Farbe Gestaltung Bautenschutz

Normenverzeichnis

Normenverzeichnis

Normenverzeichnis

DIN IEC	Seite	DIN IEC	Seite	DIN IEC	Seite
61340	196, 197	61340-4-1	196	61340-5-1	196

ISO	Seite	ISO	Seite	ISO	Seite
3233-1	87	8501	141, 153	12944	156
4628-3	141, 153				

BFS-Merkblatt	Seite
Nr. 1	165–167, 170
Nr. 2	172, 173
Nr. 3	105
Nr. 4	156
Nr. 5	156–158
Nr. 6	158, 159
Nr. 8	165, 166, 169, 170
Nr. 9	140, 169–171, 179
Nr. 10	169, 170
Nr. 11	165, 166, 169, 170
Nr. 12	181
Nr. 13	105, 172, 173
Nr. 14	169, 170
Nr. 15	103
Nr. 18	99, 162–164, 179
Nr. 19	172
Nr. 20	200
Nr. 21	174
Nr. 22	140, 160, 161
Nr. 23	99, 162, 163
Nr. 24	104

Sonstige	Seite
ASTM D 7089	142
AVV	293
Baustellenverordnung	279
BG Bau Abruf Nr. 659.5	289
Biostoffverordnung	290
BS OHSAS	342
BT 12	286, 288
BT 19	286, 287
BT 33	286, 288
DGUV-Information 201-012	287
DGUV-Information 201-028	290
DGUV-Vorschrift 3	280
DIN IEC 61340	198, 199
DIN CEN ISO/TS 80004-12	106
DIN SPEC 52400-12	106
DIN V 18550	83
DIN VDE 0100	198
Gebäudeenergiegesetz (GEG)	177, 178
Gefahrgutverordnung (GGVSEB)	288, 289
Gefahrstoffverordnung	275, 277, 292
GHS	271, 272

Sonstige	Seite
IVD-Merkblatt 2	99, 100
KrWG	293
Merkblatt DWA M 370	292
PSA Verordnung EU 2016/425	283
SCC	342
STM 97.2	198
TRAC 206	291
TRGS 400	275
TRGS 401	282
TRGS 519	286
TRGS 521	287
TRGS 524	291
TRGS 612	275
TRGS 907	282
VOB	143, 144, 149, 156, 158, 159, 164, 167, 169, 171, 173, 181, 182, 183, 185, 189, 203, 296–331
WTA-Merkblätter	53, 85, 179

Wichtige Fachbegriffe Deutsch – Englisch/basic technical terms German – English

A

Abbeizen – removing of paint
Abbeizmittel – paint remover, paint stripper
Abdichtung – sealing
Absperrmittel – separating agent
abstrahlen – to blast
Acrylharz – acrylic resin
Additive – additives
Adhäsion – adhesion
Alkalität – alkalinity
Alkydharz – alkyd resin
Alkydharzlackfarbe – alkyd paint
Anstrich – coating
Anstrichmittel – coating agent, coating material
Anstrichstoff – paint
Applikation – application
Arbeitssicherheit – safety at work
Architekt/-in – architect
Architektur – architecture
Asbest – asbestos
Atemschutz – respiratory protection
Atemschutzmaske – respiraor mask
Aufmaß – site measuring
Aufriss – front view, front elevation
Ausblühungen – efflorences
außen – outside

B

Balkon – balcony, gallery
Baustelle – building site
Baustellenleiter/-in – site manager
Baustoff – building material
Belag – flooring (Boden-), coating
Beschichtungsmittel – paint, coating material
Beton – concrete
Betrieb (techn.) – operation
Bindemittel – binder
Blattgold – leaf gold
Blau – blue
Blei – lead
Bodenbelag – flooring
Bodenbeschichtung – floor coating
Borsten – bristles
Brandschutz – fire protection
Breite – width
Buntheit – chroma

C

Cellulose – cellulose
Chemie – chemistry
chemisch – chemical
Chroma – chroma
CO_2-Fußabdruck – CO_2-footprint
Cyan – cyan

D

Dach – roof
Dachdecker/-in – roofer
Dachrinne – roof gutter
Dämmstoff – insulating material
Dampfsperre – vapour barrier
Decke – ceiling
deckend (opak) – opaque
Deckvermögen – opacity
Dichte – density
Dichtstoff – sealant
Diffusion – diffusion
diffusionsoffen – diffusion open
diffusionshemmend – diffusion-impending
Dispersionsfarbe – emulsion paint
dunkel – dark
Dünnschichtlasur – thin-layer varnish

E

Eiche – oak
Eimer – bucket
einkleistern – to paste
Eisen – iron
elektrischer Strom – electric current
Elektrizität – electricity
Emulsion – emulsion
Endanstrich – finishing paint
Entsorgung – disposal
Epoxidharzfarbe – epoxy paint
Erdpigment – earth pigments
Erstanstrich – first coat
Estrich – screed, floor fill
Exzenterschleifer – orbital sander

F

Fachwerk – half-timbered construction
Farbe – colour
Farbkreis – colour wheel, colour circle
Farbkontrast – color-contrast
Farbmessung – color measurement
Farbmittel – colourant
Farbordnung – color scheme
Farbspritzverfahren – paint spraying
Farbsystem – colour system
Farbton – hue
Farbwalze – paint roller
Fassade – facade
Fenster – window
Fensterkitt – window putty
Fensterleibung – window reveal
Fenstersturz – window linte
Feuchtigkeit – humidity, moisture
Feuchtigkeitsmessung – moisture analysis, humidity measurement
Fläche (Oberfläche) – surface
Flachpinsel – flat brush, trim brush

Fliese – tile
Flüssigkeit – fluid
Fräse – milling machine
Fuge – joint, gap
Fugenband – joint tape
Fungizid – fungicide
Fußleiste – wash board

G

Gasfilter – gas filter
Gebinde – trading unit
Gefahrensymbole – hazard symbols
Gelb – yellow
Gerüst – scaffolding
Geschwindigkeit – velocity
Gesell/-in – journeyman or woman/skilled worker
Giebel – gable
gießen (Beton) – to pour concrete
gießen (Metall, Glas) – to found (techn.)
Gips – gypsum
Gips-Kalkputz – gypsum lime plaster
Gipskartonplatten – gypsum plaster board
Gipsmörtel – gypsum mortar
Glanz – gloss, sheen
Glanzmessung – gloss measurement
glätten – to smooth, to burnish
Glättkelle – Glättkelle
Goldener Schnitt – Golden Ratio
Graffiti – graffiti
Graureihe – grey-step scale, range of greys
Grundierung – primer
Grundriss – outline, groundplan, horizontal section

H

Haftgrund – wash primer
Hammer – hammer
Harz – resin
Hautschutz – skin protection
Heizkörper – radiator
Hell-dunkel-Kontrast – light-dark contrasts
Hellbezugswert – lightness coefficient
Historismus – historism
Hochdruck – high pressure
Hochdruckreiniger – high-pressure water blaster
Höhe – height
Hohlstelle – void, cavity
Holz – wood
Holzbeize – wood stain
Holzfußboden – timber flooring, woodden floor
Holzöl – wood oil
Holzschutzmittel – wood preserver
Holzwerkstoff – wood based material
Hubarbeitsbühne – aerial work platform

I

Imitation – imitation
imitieren – to imitate, to copy
imprägnieren – to impregnate, to proof
Imprägnierung – impregnation, waterproofing
Indikatorpapier – indicator paper
innen – inside
Innenraumgestaltung – interior decoration
Insektizid – insecticide
Instandsetzung – maintenance, repair, overhaul

J

Japanspachtel – japanese spatula

K

Kaliwasserglas – potassium water glass, potassium silicate
Kalk – lime
Kalkmörtel – lime mortar
Kalksandstein – lime-sand brick
Kalter Fluss – cold flow
Kapillare – capillary
Karbonatisierung – carbonation
Kitt – putty
Klebeband – adhesive tape, cellotape
Kleber – glue, adhesive
Kleister – wallpaper paste
Kohäsion – cohesion
Kohlenstoff speichern und lagern – Carbon Capture and Storage (CCS)
komplementär – complementary
Komplementärfarben – complementary colors
Komposition – composition
Kompressor – compressor
Korrosion – corrosion
Korrosionsschutz – corrosion protection
kratzen – to scratch
Kreide – chalk
Kunst – art
Kunstharz – synthetic resin
Kunstmaler/-in – artist, painter
Kunststoff – plastics

L

Lack – varnish
Lackierer/-in – varnisher
Lackierpistole – spray gun
Lackierung – varnish, spraying
Lagerung – storage
Länge – length
Lärmschutz – noise protection
Lasur – glaze
Lehmputzmörtel – clay plaster mortar
Lehrling – apprentice
Leibung – reveal
Leim – glue
Leiter – ladder
Leuchtpigment – luminous pigment
Lichtfarbe – light color
Lohn – wage, pay
Lösemittel – solvent
Luftdruck – air pressure
Luftkalk – air-hardening lime

M

Makulatur – waste paper
malen – to paint
Maler/-in – painter
Maschine – machine
Maßlinie – dimension line
Maßstab – scale
Mauer – wall
Mauerwerk – masonry
Maurer/-in – bricklayer
Metall – metal
mineralisch – mineral
mineralischer Untergrund – mineral undercoat
Mineralwolle – mineral rock woll
Mörtel – grout, cement
Mörtelzuschlagstoff – mortar aggregate
Muster – pattern

O

Oberfläche – surface
Ökologie – ecology
ökologische Baustoffe – ecological building (construction) material
Ölfarbe – oil-based paint
Orange – orange
Ornament – ornament
Oxidation – oxidation

P

Partikel- (Staub)- filter – particle filter
Pigment – pigment
Pinsel – brush
Putz – plaster

Q

Quader – ashlar
Qualität – quality
Quantität – quantity
Quarz – quartz
Quast – broad brush

R

Rapport (Musteransatz) – pattern repeat
Raufasertapete – woodchip wallpaper, ingrain wallpaper
Raumgestaltung – interior design
Reaktion (chem.) – chemical reaction
Reibeputz – structured plaster
Ringpinsel – paint brush
Riss – crack
Rohr – pipe, tube
Rost – rust
Rostgrad – rust degree, rust grade, rust scale
Rundbogen – round arch

S

Salz – salt
Salzausblühung – salt efflorescence
Sandstein – sandstone
sandstrahlen – to sandblast
Sättigung – saturation
Sauger – vacuum cleaner
Säule – column
Säure – acid
Schablone – stencil
Schablonierpinsel – stencil brush
Schadstoff – pollutant
Schallschutz – acoustic protection
Schellack – shellac
Schicht – layer
Schichtdicke – layer thickness
schleifen – to sand
Schleifgerät – sander
Schleifpapier – sand paper
Schleifvlies – abrasive fabric
Schrift – typeface, font
Schwamm – sponge
Schwarz – black
schweißen – to weld
Schweißgerät – welder, welding device
Senklot – plumb bob
Senkrechte – perpendicular
Silber – silver
Sicherheitshinweise – safety instructions
Silikat – silicate
Silikatfarbe – silicate paint
Silikatputz – silicate plaster
Silikon – silicone
Skizze – sketch, outline
Sockel – plinth, base
Spachtel – spatula
Spachtelmasse – filler, putty
spachteln – to putty, to trowel, to smooth over, to fill
Spezial Werkzeuge – special tools
Staub – dust
Stielspachtel – putty knife
Strom – electric current
Struktur – structure
Stuck – stucco, moulding
synthetisches Bindemittel – synthetic binder

T

Tapete – wallpaper
Tapetenbahn – strip of wallpaper
Tapezierarbeiten – paperhanging
Tapezierbürste – wallpaper brush
Tauchen (techn.) – dipping method
Teppichboden – carpeted floor
Testbenzin – white spirit
Textur – texture
Traufel – trowel
Trennmittel – seperating agent
Treppe – stairs
Treppenhaus – staircase
Trockenbau – drywall installation
Trockenschichtdicke – dry film thickness
Tür – door
Türzarge – door frame
Typografie – typography

U

überstreichen – to overcoat, to whithewash (übertünchen)
Umfang (Fläche, Raum) – perimeter
Umweltschutz – protection of the environment
unbunt – achromatic
uneben – uneven
Untergrund – undercoate, basecoat

V

Verbrauch – consumption
Verbundplatte – composite panel
Verdunsten – evaporate
vergilben – to turn yellow
Vergoldung – gilding
verlegen – to lay
versiegeln (techn.) – to seal
Viskosität – viscosity
Volumen – capacity, volume
Vorarbeiter/-in – foreman, forewoman
Vorsprung (arcktitekt.) – projection

W

Wand – wall
Wärmedämmung – thermal insulation
Wasseraufnahme – water absorption
Wasserdampfdiffusion – water vapour diffusion
Wassernase – water drip, weather drip
Weiß – white
Werkstoff – material
Werkzeug – tool
Winkel – angle

Z

Zarge – case, frame
Zement – cement
Zementmörtel – cement mortar
Ziegel – brick
Zink – zinc
Zoll (Einheit) – inch
Zunder – scale
Zuschlagstoffe – aggregates

Symbole

A

B

C

D

E

F

G

H

Q

R

S

T

X

Z

|Akzo Nobel GmbH, Köln: 167.1, 234.1, 234.2, 234.3. |Alamy Stock Photo, Abingdon/Oxfordshire: Balanenko, Pavlo 176.8; GL Archive 237.6; Panther Media GmbH 250.11. |Arbeitsbühnenvermietung Winkler GmbH, Gera: 129.1. |BC GmbH Verlags- und Medien-, Forschungs- und Beratungsgesellschaft, Ingelheim: 268.1, 268.2, 268.3, 268.4, 268.5, 268.6, 268.7, 268.8, 268.9, 268.10, 268.11, 268.12, 268.13, 268.14, 268.15, 268.16, 268.17, 268.18, 268.19, 268.20, 268.21, 268.22, 268.23, 268.24, 268.25, 268.26, 268.27, 268.28, 268.29, 268.30, 269.1, 269.2, 269.4, 269.5, 269.6, 269.7, 269.8, 269.9, 269.10, 269.11, 269.12, 269.13, 269.14, 269.15, 269.16, 269.17, 269.18, 269.19, 269.20, 269.21, 269.22, 269.25, 269.26, 269.27, 269.28, 269.29, 269.30, 270.1, 270.2, 270.3, 270.4, 270.5, 270.6, 270.7, 270.8, 270.9, 270.10, 270.11, 270.12, 270.13, 270.14, 270.15, 270.16, 270.17, 270.18, 270.19, 270.20, 271.1, 271.2, 271.3, 271.4, 271.5, 271.6, 271.7, 271.8, 271.9. |Beermann, Marian, Elze: 57.1, 152.6, 153.1, 157.1, 157.2, 160.1, 161.1, 161.2, 162.1, 163.1, 163.2, 163.3, 165.1, 169.1, 169.2, 170.1, 170.2, 172.1, 179.1, 179.2, 179.3, 210.1. |Beermann, Werner, Elze: 252.5, 252.6, 252.7, 252.8, 252.9, 252.10, 252.11, 252.12, 252.13, 253.1, 253.2. |Brauner, Angelika, Hohenpeißenberg: 114.1, 115.3, 146.1, 146.2, 255.1, 255.2, 255.3, 255.4, 255.5, 255.6, 255.7, 255.8, 255.9, 255.10, 255.11, 256.2, 256.3, 256.4, 256.6, 256.7, 256.9, 256.10, 257.2, 257.3, 257.5, 257.6, 257.7, 257.8, 258.2, 258.3, 258.4, 258.5, 258.6, 258.7, 258.8, 258.9. |BÜNDNIS 90/ DIE GRÜNEN/gruene.de, Berlin: 237.5. |C.A.T.S.-Soft GmbH, Gladenbach: 252.1, 252.2, 252.3, 252.4. |CAPAROL Farben Lacke Bautenschutz GmbH, Ober-Ramstadt: 232.3, 232.4. |Deutsches Tapeten-Institut GmbH, Düsseldorf: 256.1, 256.5, 256.8, 257.1, 257.4, 258.1. |Di Gaspare, Michele (Bild und Technik Agentur für technische Grafik und Visualisierung), Bergheim: 13.1, 19.1, 24.1, 32.1, 35.1, 35.2, 35.3, 36.1, 36.2, 42.1, 42.2, 42.3, 43.1, 46.1, 57.3, 58.1, 58.2, 58.3, 58.4, 73.1, 96.1, 114.2, 114.3, 115.1, 115.2, 115.4, 115.5, 115.6, 116.1, 116.2, 116.3, 116.4, 118.1, 120.1, 120.2, 120.3, 121.1, 121.2, 123.1, 123.2, 124.1, 125.1, 125.2, 125.3, 125.4, 136.2, 152.1, 152.2, 152.3, 152.4, 152.5, 152.7, 176.6, 186.1, 187.1, 192.3, 192.4, 192.5, 192.6, 220.1, 227.1, 227.2, 227.3, 227.4, 231.1, 233.4, 250.6, 259.1, 259.2, 259.3, 259.4, 259.5, 259.6, 260.1, 260.2, 260.3, 260.4, 260.5, 260.6, 266.2, 267.1, 267.2, 295.1, 295.2, 306.1, 323.1, 323.2, 323.3, 323.4, 323.5; 2. ISO/CIE 11664-1:2019(E) Colorimetry - Part 1:CIE Standard Colorimetric Observers, International Commission on Illumination, Vienna, Austria, 2019 236.3; CIE 015:2018 Colorimetry 4th Edition, International Commission on Illumination, Vienna, Austria, 2018 236.2. |E. A. Seemann Verlag, Leipzig: 261.1, 261.2, 261.3, 261.4, 261.5, 261.6, 262.1, 262.2, 262.3, 262.4, 262.5, 262.6, 266.1. |Elcometer Instruments GmbH, Leer: 130.1, 130.2, 167.2, 167.3. |ERICHSEN GmbH & Co. KG, Hemer: 130.3, 131.1, 131.2, 132.1, 133.1, 133.2, 133.3, 134.1, 134.2, 134.3, 134.4, 134.5, 135.1, 135.2, 135.3, 136.1, 137.1, 137.2, 137.3, 138.1, 138.2. |fotolia.com, New York: eliaskordelakos 237.3; Stephen Meese 237.2. |Galas, Elisabeth, Essen: 113.1, 118.3, 186.2, 186.3, 198.1, 198.2, 198.3, 199.1, 199.2, 199.3, 304.1. |Hailo-Werk Rudolf Loh GmbH & Co. KG, Haiger: 126.1. |HG-TEC GmbH, Wuppertal: 327.1. |IBC Heiztechnik & Nostalgie Wohnprodukte, Sondershausen: 327.3. |James Hardie Europe GmbH, Düsseldorf: 189.1, 189.2, 189.3, 189.4, 189.5, 189.6. |Manuscriptum Verlagsbuchhandlung Thomas Hoof e.K, Lüdinghausen: 241.1, 241.2, 241.3, 241.4, 262.7, 263.1, 263.2, 263.3, 264.1, 264.2, 264.3, 264.4, 265.1, 265.2, 265.3. |NCS Colour AB, Stockholm: 233.1, 233.2, 233.3. |Picture-Alliance GmbH, Frankfurt a.M.: Design Pics 282.1; dieKLEINERT.de / Fritzmann, Claus 285.1. |Purmo (PG Germany GmbH), Goslar: www.purmo.de 327.2. |RAL gGmbH, Bonn: Die Darstellung des RAL 3D Farbraummodells erfolgt mit freundlicher Genehmigung der RAL gGmbH, Bonn. 232.2; Die Darstellung des RAL Farbkreises erfolgt mit freundlicher Genehmigung der RAL gGmbH, Bonn. 232.1. |RB Messwerkzeuge GmbH, Albstadt: 57.2. |Saint-Gobain Rigips GmbH, Gelsenkirchen: 185.1, 185.2. |Schmuck, Prof. Friedrich, Dinslaken: Verena Schmuck-Schaefer, Die Mappe 247.2, 247.3, 247.4, 247.5, 247.6, 247.7, 247.8, 247.9, 247.10, 248.1, 248.2, 248.3, 248.4, 248.5, 248.6, 248.7, 248.8, 248.9, 249.1, 249.2, 249.3, 249.4, 249.5, 249.6, 249.7, 249.8, 249.9, 249.10, 249.11, 249.12, 250.1, 250.2, 250.3, 250.4, 250.5, 250.7, 250.8, 250.9. |Sto SE & Co. KGaA, Stühlingen: 124.2, 124.3, 124.5, 176.1, 176.2, 176.3, 176.4, 176.5, 176.7, 176.9, 176.10, 176.11, 176.12, 176.13, 176.14, 176.15, 235.1, 235.2, 235.3, 235.4. |stock.adobe.com, Dublin: Alford, Clarence 237.7; Andrushchenko, Vadim 254.2, 254.5; Bartussek, Ingo 31.2, 31.3; bilderzwerg 269.3; crimson 312.2; deagreez 3.1; detailfoto 312.1; DigitalGenetics 254.7; electriceye 31.1; Furian, Peter Hermes 236.1; imagophotodesign 254.1; Kwest 237.4; LIGHTFIELD STUDIOS 312.4; macrovector 327.4; maho 129.2; Maridav 237.1; Marina P. 312.3; mbongo 154.2; Mi.Ti. 250.10; mitifoto Titel, 183.1; NMW Titel; nsdpower 3.2; oliavlasenko 254.8; peterschreiber.media 154.1, 254.4; Photographee.eu 254.3; photopixel 327.5; SAKARIN/sakarin14 117.1; schulzfoto 124.4; Seetwo 269.24; Superingo 254.6; tehnika 239.1; trek6500 Titel; vektorisiert 269.23; vimax001 122.1; Zajda, Tomasz 247.1. |STORCH Malerwerkzeuge & Profigeräte GmbH, Wuppertal: 117.2, 117.3, 117.4, 117.5, 117.6, 118.2. |TQC Sheen eine Marke von Industrial Physics: 138.3. |Unternehmensgruppe fischer, Waldachtal: 192.1, 192.2. |www.akustiktest.de: 191.1.